材料科学研究与工程技术系列

金属注射成型手册（第2版）

Handbook of Metal Injection Molding

[美] Donald F. Heaney　主编

王长瑞　田 威　李鹏程　　译

哈爾濱工業大學出版社
HARBIN INSTITUTE OF TECHNOLOGY PRESS

内容简要

《金属注射成型手册(第2版)》为金属注射成型技术及其应用提供了权威指南。本书共分为五个部分,第一部分为发展概述,第二部分讨论金属注射成型工艺的成型过程,第三部分介绍金属注射成型过程中存在的质量问题,第四部分介绍特殊金属注射成型工艺,第五部分探讨特殊金属材料注射成型。

本书涉及微电子、生物医学和航空航天工程等高科技行业中小型精密零件的大批量制造,可供机械、航空宇航制造和材料等相关专业高年级本科生、研究生以及相关工作者参考使用。

图书在版编目(CIP)数据

金属注射成型手册/(美)唐纳德·F.西尼
(Donald F. Heaney)主编;王长瑞,田威,李鹏程译.
—哈尔滨:哈尔滨工业大学出版社,2022.12
(材料科学研究与工程技术系列)
书名原文:Handbook of Metal Injection Molding
ISBN 978-7-5767-0506-5

Ⅰ.①金… Ⅱ.①唐… ②王… ③田… ④李… Ⅲ.
①金属材料-注射-成型加工-手册 Ⅳ.①TG14-62

中国版本图书馆CIP数据核字(2022)第255974号

策划编辑 许雅莹
责任编辑 张 颖
封面设计 高永利
出版发行 哈尔滨工业大学出版社
社 址 哈尔滨市南岗区复华四道街10号 邮编150006
传 真 0451-86414749
网 址 http://hitpress.hit.edu.cn
印 刷 哈尔滨市石桥印务有限公司
开 本 660mm×980mm 1/16 印张43.5 字数708千字
版 次 2022年12月第1版 2022年12月第1次印刷
书 号 ISBN 978-7-5767-0506-5
定 价 190.00元

黑版贸审字 08－2023－028 号
Handbook of Metal Injection Molding, 2nd Edition
Donald F. Heaney
ISBN:9780081021521

《金属注射成型手册(第 2 版)》(第 1 版)(王长瑞,田威,李鹏程 译)
ISBN: 9787576705065

注 意

本书涉及领域的知识和实践标准在不断变化。新的研究和经验拓展我们的理解,因此须对研究方法、专业实践或医疗方法做出调整。从业者和研究人员必须始终依靠自身经验和知识来评估和使用本书中提到的所有信息、方法、化合物或本书中描述的实验。在使用这些信息或方法时,他们应注意自身和他人的安全,包括注意他们负有专业责任的当事人的安全。在法律允许的最大范围内,爱思唯尔、译文的原文作者、原文编辑及原文内容提供者均不对因产品责任、疏忽或其他人身或财产伤害及/或损失承担责任,亦不对由于使用或操作文中提到的方法、产品、说明或思想而导致的人身或财产伤害及/或损失承担责任。

译 者 序

金属注射成型(MIM)是由塑料成型工艺、高分子化学、粉末冶金工艺和金属材料学等多学科相结合而形成的一种零部件净成型技术,同时也是将传统的粉末注射成型(PIM)和粉末冶金(PM)等多种技术交叉融合得到的综合性应用技术,因此 MIM 工艺所制得的产品兼有 PIM 和 PM 两种工艺的优点。

随着现代工业制造技术的不断发展,越来越多的新兴制造技术开始不断涌现,金属注射成型也有其独特的优势。作为一种近净成型技术,MIM 对于小型、形状复杂、大批量、高精度和高性能的金属零部件而言是一种行之有效的制造工艺。

MIM 不仅继承了传统粉末冶金少无切削、少无偏析、均匀结晶及节省材料等特点,而且可以成型形状更复杂、精度更高的产品,与塑料注射成型相媲美,其机械、物理和化学性能也与锻件相接近。MIM 技术非常适合于生产大批量、形状复杂、小型的高密度金属或金属化合物的产品。

自 20 世纪 70 年代 MIM 技术问世以来,许多国家都投入极大精力开始研究该技术,并将这一技术迅速推广,相关研究单位和制造企业如雨后春笋般出现在世界各地。有很多人认为,MIM 技术的发展将会给零件加工和产品成型带来一场革命,同时也引领着粉末冶金技术的发展。不锈钢粉末具有良好的耐腐蚀性、优越的成型性及良好的流动性,已成为注射成型、粉末冶金和涂料生产等行业中的重要原材料,目前已经被广泛应用于粉末冶金领域,其中在 MIM 零件中占 50% 以上。众所周知,不锈钢材质较硬,机械加工较困难,成本较高,而传统的成型工艺也只能加工结构较简单的零件。MIM 技术解决了不锈钢加工难题,可成型小型复杂零件并降低了生产成本。此外,MIM 技术也在钛及其合金、难熔合金、硬质合金、贵金属等材料成型领域得到了应用。

本书由韩国釜山国立大学的 S. Ahn、美国路易斯维尔大学的 S. V. Atre、美国DSH科技有限责任公司的S. Banerjee等36位专家学者共同撰写,并由美国先进粉末生产有限公司、美国宾夕法尼亚州立大学工程科学和力学兼职教授Donald F. Heaney编辑整理而成,以上专家学者均来自于科研或生产应用一线,在金属注射成型相关领域有多年的深入研究和积累。根据金属注射成型的特点,全书内容分五个部分进行详细阐述:发展概述、成型过程、质量问题、特殊金属注射成型工艺、特殊金属材料注射成型。

本书由王长瑞、田威、李鹏程译,同时参与翻译的人员还有陈阳、李彦朋、李治佑、刘江、杨子豪、李子寅、任东方。

本书可作为机械、航空宇航制造和材料等专业高年级本科生、硕士研究生或博士研究生的教学参考书,也可供从事金属注射成型和粉末注射成型等应用开发工作的技术人员参考使用。

限于译者的经验和水平,书中难免存在疏漏和不足之处,欢迎各位读者批评指正。

译　者

2022年5月

目　　录

第一部分　发展概述

第二部分　成型过程

第三部分 质量问题

第四部分　特殊金属注射成型工艺

第五部分 特殊金属材料注射成型

第一部分　发展概述

第1章　金属注射成型:主要发展趋势和市场

1.1　概述和背景

金属注射成型(MIM)是粉末注射成型工艺(PIM)的一个主要分支,因为原料为金属粉末,所以也称为金属粉末注射成型,它已经渗透到许多领域。本章介绍了 MIM 领域的现状,并为评估不同的运营情况、市场和地区提供了基础。与粉末冶金相同,MIM 通过对金属粉末颗粒成型,然后对这些颗粒进行烧结;与压制烧结粉末冶金不同,MIM 产品几乎是全致密的。与压铸相比,MIM 产品具有更高的强度;与熔模铸造或砂型铸造相比,MIM 产品具有更高的尺寸公差等级;与其他大多数成型工艺相比,MIM 产品具有更高的形状复杂性。因此,与其他大多数金属部件制造工艺相比,MIM 产品更具有竞争力。金属注射成型工艺可实现具有优异性能的形状复杂零件的大批量生产,而且相对于其他成型技术而言,其生产成本通常更低。注射成型工艺的起源可以追溯到20世纪30年代,金属注射成型的大规模发展是在1990年之后,经过几年的发展,其技术成熟度逐渐提高。

硬质合金、耐火陶瓷、冶金粉末、白色陶瓷、烧结磨料、难熔金属和电子陶瓷等材料的烧结技术具有重大的经济价值,这些产品每年在全球范围内的产值达1 000亿美元,其中北美市场大约占25%,仅北美每年的金属粉末产值就达40亿美元(包括装饰涂料、金属油墨、焊接电极等,不包括金属烧结产品)。北美地区的硬质合金和金属零件烧结产品生产价值接近80亿美元,其中金属结合剂金刚石切割工具、烧结磁体和半金属产品对汽车和消费品行业做出了巨大贡献。

粉末冶金行业在全球约有4 700个生产基地,涉及各种粉末或部件的生产。最常见的加压烧结,是在高温烧结过程中对硬质模具施加单向轴向压力的烧结技术;按施加的压力来划分,大约70%的加压烧结产品用于汽车工业;从产生的价值角度来看,情况却截然不同,金属切割行业和难熔金属行业产生的价值最大,这些产品包括钽电容器、钨丝灯泡、碳化钨金属切削刀片、金刚石涂层油气井钻头、高性能工具钢和钼二极管散热器。与其他粉末成型技术相比,MIM 技术仍然相对较新且发展规模较小,但它正在以每年14%的速度增长。2011年约有300家公司进行MIM产品的生产,其产品在全球的总价值约为10亿美元。

1.2 发展历史

金属注射成型是在塑料注射成型的基础上发展起来的。早期的聚合物是热固性化合物,大约在1909年,出现了第一种人造聚合物——酚醛塑料,之后随着聚乙烯和聚丙烯等热塑性塑料的出现,注射成型机促进了这些聚合物的混合成型。在20世纪30年代,美国和德国同时将PIM技术应用于陶瓷火花塞体的生产,在20世纪60年代早期,人们开始使用PIM技术来制作餐具,一般来说,这些零件允许具有较大的尺寸变化。MIM技术是在20世纪70年代应用于生产的,由于工艺设备不够先进,导致MIM的早期研究和应用存在一定的时间差。随着由微处理器控制的加工设备如注射成型机和烧结炉的出现,基础生产设施得到了显著改善,实现了具有严格尺寸公差产品的可重复、无缺陷的循环生产。

大约80%的粉末注射成型用于生产金属零件,即金属注射成型,但这通常不包括其他金属成型技术,如压铸、触变成型和流变铸造。第一个MIM专利是由Ron Rivers (Rivers)发明的,他使用了一种纤维素-水-甘油黏结剂,但没有成功,而随后研发的热塑性蜡基黏结剂已成功应用于几种金属注射成型中。

1979年,MIM领域赢得了两项设计奖,引起了人们的极大关注,第一项是用MIM制造的用于波音客机上的螺旋密封装置;第二项是根据空军火箭发动机项目开发的铌合金推力室和喷射器,它们是液体推进剂火箭发动机的重要组成部分。随后有几项专利公开,其中最有用的一项专利是1980年Ray Wiech发表的。从那以后,涌现了大量的发明专利、技术应用和MIM公司。到了20世纪80年代中期,大量公司参与到金属注射成型领域中,许多 MIM 公司都是在没有许可证的情况下成立的,只是雇用了早期 MIM 公司的员工,这些员工带来了对 MIM 技术更深层次的见解。

所有早期的黏结剂专利都已过期,Ray Wiech 发明的蜡基聚合物黏结剂体系仍然是该行业的支柱。自 19 世纪中期以来,黏结剂体系由石蜡基发展到聚乙二醇等黏结剂体系,使得部分黏结剂体系具有水溶性,解决了人们从注射成型部件中去除黏结剂困难的问题——只需将成型部件浸入热水中即可溶解大部分黏结剂。

塑料注射成型技术是将粉末聚合物喂料成型为所需的形状,因此,金属注射成型概念是从塑料注射成型中引申出来的,注射出的金属制品形状尺寸偏大以适应烧结过程中的收缩,注射成型后进行脱脂,然后通过高温烧结使颗粒致密化。烧结后的产品几乎全致密,通常远优于传统的加压烧结粉末冶金和熔模铸造,性能属性与手册值相当。这一成功技术被广泛应用于小型、昂贵、复杂零部件的生产,例如汽车喷油器和表壳等。

1.3　行业结构

金属注射成型行业结构表明,MIM 公司的业务围绕着定制制造商展开,聚焦在几个关键领域,主要为一些用户生产满足组件使用要求的零件,这些用户通常都是知名公司,如计算机领域的 Hewlett Packard、Dell、Apple、Seagate 公司,手机领域的 Motorola、Samsung、Apple 公司,手动工具领域的 Sears、Leatherman、Snap - on Tools,工业部件领域的 Swagelok、Pall、LG 公司和汽车领域的 Mercedes - Benz、Borg - Warner、Honda、BMW、Toyota、Chrysler 公司等。以 MIM 为主题的会议始于 1990 年,至今仍在举办,与会者们聚集在一起分享先进的技术,在这些会议上,行业参与者通常来自以下行业。

(1)喂料供应商。喂料供应商即提供自混合喂料或商业生产用的聚合物、粉末的公司,全球约有 400 家公司供应各种化学成分、粒度、颗粒形状和纯度的金属粉末,其中约有 40 家公司提供大部分 MIM 用粉末。例如,在钛行业,40 家供应商中约有 4 家公司生产 MIM 用粉末。

(2)喂料生产企业。喂料生产企业购买原材料并生产喂料以销售给注射成型公司。全球约有 12 家喂料供应商。

(3)注射成型企业。注射成型企业包括定制生产公司和专营公司在内共有近300家,大约有1/3是专营公司,为自己制造零部件,但也有许多专营公司进行定制产品的制造,所有零部件中有83%被归类为定制生产。

(4)热加工企业。热加工企业拥有提供收费服务的烧结炉和脱脂设备,目前只有6家公司提供这些服务,而且大多数公司与烧结炉制造商有关联,少数公司提供收费的热等静压技术,以满足医疗或航空航天领域零件致密度达到100%的要求。

(5)设计师。设计师主要是与MIM行业交叉的大型跨国公司有联系的系统设计公司的设计师,少数独立设计师可以处理临时项目。

(6)设备供应商。设备供应商是设计和定制烧结炉、模具、混炼机、脱脂设备、机器人系统和其他设备(如测试设备)的公司。大部分注射机主要采购于6家公司,烧结炉主要采购于8家公司,混炼机主要采购于4家公司,因此约有20家公司构成了关键设备供应商。

(7)耗材供应商。耗材供应商主要供应工艺气氛气体、化学品、模具、抛光化合物、加工嵌件、封装材料、加热元件和烧结基板。

(8)其他。其他包括研究人员、导师、顾问、设计顾问、会议组织者、行业协会人员、杂志编辑、专利律师等。

注射机是零部件生产的核心,可分为专用注射机和定制注射机两种,它的供应路线有两条,这取决于是自行进行喂料的制备还是购买使用预混料。一家使用MIM技术制造保险箱、扳机或瞄准具的枪械公司就是一个专用注射机的例子。定制注射机也可以制造一些相同的组件,但根据其客户群的需求,可能会涉及多个应用领域。

随着跨国公司外包的增加,定制生产也在增加;因此,像Rocketdyne、IBM、AMP和GTE等早期拥有MIM设备的大型公司转向专注于各应用领域内的专营公司购买注射机。一些早期的专用产品如下:

(1)由不锈钢或钴铬合金制成的牙齿正畸托槽。

(2)商用邮资计算器和打字机的机器零件。

(3)手表零件,包括挡板、表壳、表带和表扣。

(4)包括开关和按钮的摄像机零件。

(5)枪械钢制零件,如扳机护罩、瞄准具、枪身。

(6)硬质合金和工具钢切削工具,如木工刨刀、立铣刀和金属切削刀片。

(7)使用玻璃-金属密封合金电子系统的电子封装零件。

(8)个人护理用品,如使用工具钢的理发刀。

(9)特殊外科手术用的医用工具。

(10)使用铌等特殊材料的火箭发动机。

(11)采用可淬火不锈钢的汽车安全气囊执行器零件。

(12)特殊弹药,包括鸟弹、穿甲弹和易碎子弹。

(13)由高温不锈钢或镍高温合金制成的卡车和汽车涡轮增压器转子。

由于以前每一个MIM公司都有一个重点的聚焦领域,因此这部分产业几乎没有扩大;近几年来,随着向为各个领域提供定制服务的生产模式的转变,金属注射成型得以发展。定制生产公司通过协作营销、推广材料标准、发放年度奖励进行宣传以及共享商业数据,共同努力推进MIM行业的发展。尽管专营公司正在衰落,但其仍然是MIM行业的重要组成部分。虽然MIM行业每年的销售额增长率各不相同,但在最近一段时间内,全球销售额增长率保持在每年14%的水平。

1.4　统计概要

通过一些数据可以评估MIM的增长情况,包括以下数据。

(1)专利。自MIM技术出现以来,专利申请总量很大,到2000年已超过300项,但近年来专利申请速度有所减缓,目前大约有200项有效专利。

(2)粉末销售量。2010年,MIM领域在全球消耗了8 000多吨金属粉末,粉末吨位使用量的增长率每年接近20%,但由于粉末价格下降,其价值每年增长约14%。

(3)喂料采购。自混料或购买混炼好的喂料这两种选择各有优势。在排名靠前的企业中,71%的公司能独自生产喂料,这一比例对于各种规模的公司来说几乎是相同的,这表明购买喂料既不是优势也不是劣势;然而,自混料确实提供了更大的制造灵活性。

(4)每台混炼机产值。对于那些生产喂料的公司,2011年每台混炼机的产值达180万美元,排名前20家的混料公司每台混炼机每年产值达700万美元。

(5)每台注射机产值。在许多国家,特别是MIM行业比较发达的地区,每台注射机每年产值至少为100万美元。在整个行业中,每台注射机的年平均产值为53.6万美元,而大型公司每台注射机年产值为150万美元。

(6)每台烧结炉产值。烧结炉有许多不同的尺寸和形状,但整个MIM行业平均每台烧结炉每年产值约为100万美元;对于顶级的MIM公司(具有更大和连续烧结炉),平均每台烧结炉每年产值为320万美元。

(7)连续烧结炉。2011年,大容量连续烧结炉的装机容量达到4 500 t/a,其中亚洲、欧洲和北美的装机量分别占38%、47%和15%。

(8)专营生产与定制生产。大约有1/3的公司是专营公司,但只有21%的公司超过50%的销售额来自专营生产。2011年产值的17%是由专营生产提供的。

(9)每千克销售额。在整个MIM行业,平均每千克粉末的销售额约为125美元,从首饰、刀尖和精密引线键合工具的每千克10 000美元到铸造耐火材料的每千克16美元不等。陶瓷在航空航天铸造型芯中得到大规模的应用,其价格通常是每千克1 000美元。对于金属,不锈钢正畸托架的年销售额接近1亿美元,平均每千克粉末接近650美元。低公差钨合金手机振子的售价非常低,其成型粉末每千克60美元。

(10)每个零件销售额。在整个MIM行业中,典型零件的销售价格在1~2美元之间,但也有价值从5美分的手机振动器到35美元的螺线管和400美元的膝盖植入物不等。

(11)零件尺寸。最典型的MIM零件质量在6~10 g范围内,零件质量从低于0.02 g到超过300 g不等,但平均值低于10 g。最大的MIM零件是混合动力电动汽车中控制系统的散热器,质量为1.3 kg,一些具有相近质量的航空航天超耐热高应力耐蚀合金零件尺寸达200 mm。生产具有微米级特征的微型化元件是MIM的一个重要发展方向,该方向在2010年的年销售额接近6 800万美元。

(12)员工数量。全球有近8 000人受雇于PIM公司,其中近7 000人受雇于MIM公司,平均每个MIM公司有21人。规模较大的公司可达300~800人,最大的陶瓷注射公司曾近800人。

在过去,粉末注射成型领域中有约80%的公司从事金属注射成型;最近,这一比例已经增加到近90%。在目前采用粉末注射成型的366家公司中,大多数位于亚洲。在PIM方面,美国有106家公司、我国有69家(我国在这一领域的扩张速度很快)、德国有41家、日本有38家、韩国有14家、瑞士有12家;公司的数量并不一定代表财务规模,因为最大的MIM公司之一在印度,而印度只有5家MIM公司,美国的MIM公司最多,但规模往往较小。表1.1提供了PIM公司统计摘要,其中美国和我国拥有最多的PIM公司,而最大的公司在印度。

表1.1　PIM公司统计摘要

项目	摘要
北美PIM公司占比/%	31
欧洲PIM公司占比/%	28
亚洲PIM公司占比/%	37
其他地区PIM公司占比/%	4
PIM公司主要分布地	美国、中国、德国、日本
以专营为主的PIM公司占比/%	33
最大PIM公司分布地	印度、美国、德国、日本

PIM领域大约有1/3的公司属于专营公司,2/3属于定制生产公司。专营公司的产品包括陶瓷铸造芯、牙齿矫正工具、外科工具、医疗植入物等。

粉末注射成型包括金属注射成型、陶瓷粉末注射成型和碳化物注射成型,这些材料的注射产品在2010年的销售总额达到11亿美元,其中金属零件的销售额约为10亿美元。表1.2总结了全球销售业绩。2011年,在366家从事PIM的公司中,有些公司从事多种材料的注射成型;在整个PIM行业中,有超过80%的公司从事金属注射成型,20%的公司从事陶瓷粉末注射成型,4%的公司从事硬质合金注射成型,而不到1%的企业从事复合材料注射成型(主要是注射成型Al－SiC材料)。显然,大约有5%的公司从事多种材料的注射成型。

MIM或PIM都包含混料、注射、脱脂和烧结工序,表1.3列出了金属注射成型典型制造单元数量,值得注意的是,每种设备都是整数(1台、2台或3台混炼机),对于平均值可以是非整数,但中值必须为整数。

表1.2 PIM全球销售摘要

项目	摘要
2010年PIM全球销售总额/美元	11亿
PIM公司总数/家	366
PIM员工总数/人	8 000
利润率/%	11
每个全职员工销售额/美元	126 000
每台注射机产值/美元	538 000
每台烧结炉产值/美元	980 000
自混料公司占比/%	72
混炼机投产总数/台	380
注射机投产总数/台	1 750
烧结炉投产总数/台	850
使用热脱脂公司占比/%	49
使用溶剂脱脂公司占比/%	26
使用催化脱脂公司占比/%	14
使用其他脱脂方式公司占比/%	11
零件质量中位数/g	6

表1.3 金属注射成型典型制造单元数量

项目	数量
混炼机/台	1
注射机/台	4
脱脂炉/台	2
烧结炉/台	2
每个制造单元员工数量/人	20

另一个评价指标来自生产率,通常以销售额或每个员工的销售量来衡量。表1.4给出了全球PIM行业的几个统计生产率指标。在该表中,员工数量指的是全职员工,因为一些公司有大量的兼职员工。

表1.4 全球PIM行业生产率指标

指标	数量
每位员工平均销售额/美元	125 000
每台注射机分配员工数量中位数/人	5
每台注射机平均分配员工数量/人	4.2
每台烧结炉分配员工数量中位数/人	9
每台烧结炉平均分配员工数量/人	6.7
每台注射机平均产值/美元	536 000
每台注射产值中位数/美元	400 000
每台烧结炉平均产值/美元	976 000
每台烧结炉产值中位数/美元	667 000
每台混炼机平均产值(如果投产)/美元	180万
每台注射机产值中位数(如果投产)/美元	100万
销售额增长率中位数/%	11

1.5 行业变化

通过将2000年与2010年进行比较,可以明显看出MIM在全球的主要发展趋势。多年来,MIM领域保持了每年22%的复合销售额增长率,公司数量每年增长34%。近年来,北美的增长速度变得较为平缓,并稳定在每年近8%的水平,但在亚洲,每年的增长速度仍保持在30%,最近几年全球年平均增长率为14%左右。

以下是MIM领域2000—2010年的一些重要数据的变化:

(1)MIM公司数量减少34%。

(2)全球销售额增长100%。

(3)员工数量增加100%。

(4)注射机生产能力增长79%。

(5)烧结炉生产能力增长86%。

这些统计数据间接地表明,业务越来越集中到少数公司,尽管许多公司都参与到金属注射成型领域中,但在任何时候都有一些公司只是处于评估状态,特别是在2000年。典型的是由一个小团队(2或3个人)和1台或2台注射机组成的公司,这类公司通常购买喂料,甚至可能依赖于付费烧结服务,在调研之后,许多这样的尝试被终止或生产转移给外部供应商。从2000—2010年MIM公司数量的减少可以明显看出这一点,尽管整个MIM领域在发展壮大。如今,大型MIM公司往往拥有超过20台注射机。

1.6 销售情况

销售统计数据最早是20世纪80年代中期开始收集的,销售额的显著增长促进了MIM行业的成熟。金属注射成型工艺现已被一些成熟的公司接受,如Bosh、Siemens、Chrysler、Honeywell、Volkswagen、Mercedes Benz、BMW、Chanel、Apple Computer、Pratt and Whitney、Samsung、Texas Instruments、General Electric、Nokia、Motorola、Rolls Royce、Continental、Stryker、LG、Sony、Philips、Seagate、Toshiba、Ford、General Motors、IBM、Hewlett - Packard、Seiko、Citizen、Swatch以及类似的公司。

大多数常用的工程材料都可以应用在MIM领域,如图1.1所示,不锈钢的销售额占主导地位,全球材料销售额(价值,而非吨位)如下:53%的不锈钢、27%的钢、10%的钨合金、7%的铁镍合金(主要是磁性合金)、4%的钛合金、3%的铜、2%的工具钢和1%的电子材料(可伐合金和因瓦合金)。从消耗吨位来看,不锈钢在粉末消耗中所占比例最大,高达60%~65%;由于消耗量大,粉末价格较低,进一步扩大了不锈钢的应用范围。一些金属粉末的价格很高,比如钛,因此由于材料成本范围较宽,以材料消耗量和价值进行销售区分有一定的偏差。

2010年金属注射成型销售额约为10亿美元,2010年关于金属注射成型的独立报告估计销售额为9.55亿~9.84亿美元;由于大多数公司都是私营企业,不编制年度报告,因此很难收集到准确的信息;此外,在一年中货币汇率也会发生变化,导致估计不准确。2010年,粉末注射成型销售额最佳估值为11亿美元,金属注射成型销售额为9.55亿美元。2009年PIM的销售额估值为9.2亿美元,因此PIM 2009—2010年销售额增长了近20%,销售额的增长率主要是MIM提供的,并且高于全球经济增长率。

图1.2所示为自1986年开始记录粉末注射成型销售额为900万美元

以来的全球销售额的增长曲线,从图可以看出,陶瓷注射成型行业萎缩,而金属注射成型行业不断壮大,这主要是航空航天产业发展放缓导致的。

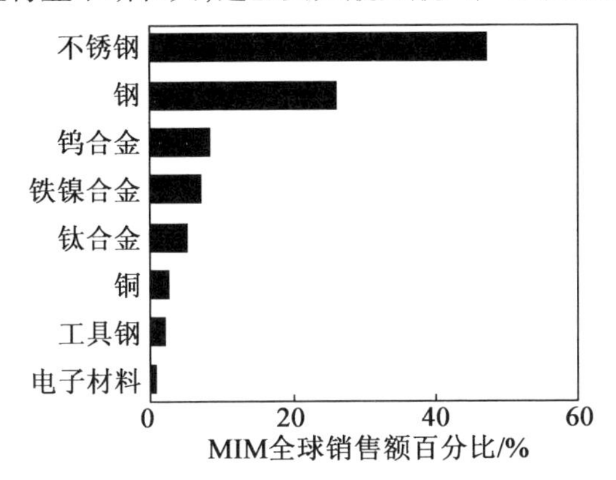

图1.1　金属注射成型用不同材料在全球的销售情况

(基于粉末在全球销售额的百分比,其他研究报告基于粉末的消耗吨位)

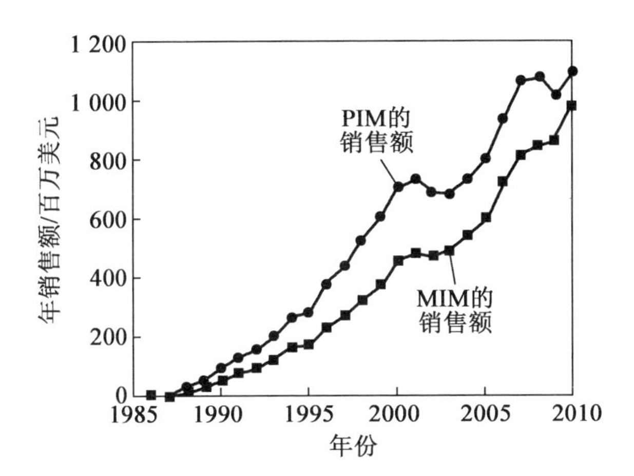

图1.2　1986年以来粉末注射成型全球销售额的增长曲线

1.7　市场统计

从历史上看,MIM最大的市场一直是工业部门,包括泵壳、螺线管、手柄、管道设备和配件,这些产品销售额占全球销售额的20%(日本占比高于20%,欧洲占比低于20%),和其他以零部件数量、从业公司数量或消耗粉末吨位作为统计数据的研究报告不同,该报告是基于零部件的销售额得到的。汽车零部件是MIM的第二大市场,占全球销售额的14%(按消耗粉末吨位计算,欧洲高于14%,北美低于14%)。消费品(通信类、计算机类和消费电子类产品)是第三大市场,占MIM销售额的11%,其中亚洲占比最多;其次是牙科、医疗、电子和枪械领域,各占全球MIM产品价值的7%~9%,其中北美占比最多;其他应用市场包括计算机、手工工具、行李装饰、化妆盒、机器人、运动器材和手表部件等行业。

据MIM公司的统计资料显示,全球约有一半的公司规模很小,MIM产品的年销售额低于100万美元,有时这些公司是一些大公司的试点区,但更多的是私营公司。表1.5为2009—2010年全球MIM行业统计摘要。大约有32%的MIM公司有自己的专营产品,但只有18%的MIM公司销售额主要来源于专营产品。根据Prado原则,在MIM行业中,前20%的MIM公司控制着80%的销售额,前10%的MIM公司控制着60%以上的销售额,其每年平均营业额为2 500万美元,公司拥有20台或更多的注射机,平均拥有120名员工。前10%的MIM公司平均给每台注射机配备5名员工,每台烧结炉配备9名员工,每台注射机的年产值达150万美元,每台烧结炉的年产值达320万美元,且其中70%的公司拥有自混料能力。

表1.5　2009—2010年全球MIM行业统计摘要

2009年MIM总销售额/亿美元	8.6
2010年MIM总销售额/亿美元	9.55
利润率/%	9
自混料MIM产品销售额占比/%	63
MIM混炼机投产数量/台	290
MIM注射机投产数量/台	1 450

1.8 金属注射成型市场划分

如图1.3所示,MIM的最大市场在亚洲,但美国仍然是陶瓷类注射零件的最大用户和生产国之一。表1.6为2009年末统计的各地区PIM销售额,2009年北美地区的PIM总销售额为3.16亿美元,其中MIM的销售额为1.86亿美元,MIM专营产品销售额为3 200万美元;在北美,MIM专营生产经常用于正畸托架和枪械领域,在医疗中也有应用,这些产品的估值比较困难,因为分销成本(作为支架出售给牙医时)可能是1亿美元,但交易成本(批量内部转移成本)更低。2009年,在欧洲MIM的专营产品主要是手表和类似的装饰部件,如特种行李箱紧固件。2009年,瑞士手表行业的手表销售额约为120亿美元,平均每只手表售价为566美元,并不是所有的手表都使用MIM生产的零件,但瑞士手表中确实有价值在1~8美元的金属注射成型零件,所以这2 100万块手表会为欧洲提供约3 200万美元的专属营业额。在亚洲,MIM专营产品主要用在富士康等组装厂生产的“3Cs”产品——计算机类、通信类和消费电子类产品。

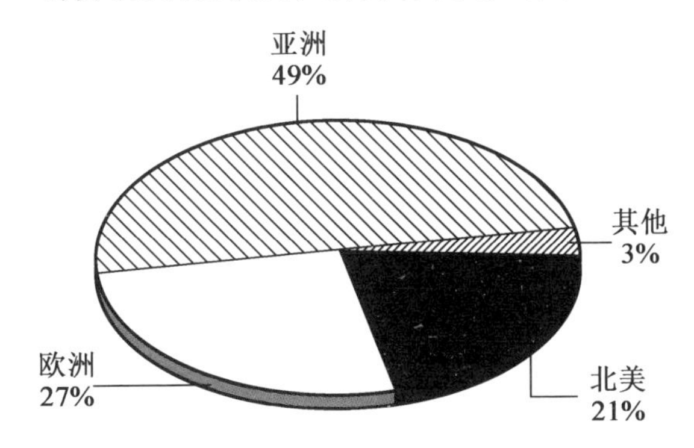

图1.3 主要地区的MIM销售占比

表1.6　2009年末统计的各地区PIM销售额

地区	PIM总销售额/亿美元
北美	3.16
欧洲	2.93
亚洲	4.46
其他	0.27
总计	10.82

1.9　金属注射成型应用市场

在一些行业协会之前的报告中,如2006年金属注射成型协会(Metal Powder Injection Molding)报告中,医疗零部件的销售额占MIM总销售额的36%,汽车零部件的销售额占MIM总销售额的14%,五金制品的销售额占MIM总销售额的20%。

2007年MIM市场根据地区和应用领域划分的市场份额见表1.7。最近,一些研究报告反映了MIM在体育、珠宝、手动工具、航空航天等领域应用逐渐增加。由于手表的产量没有增加,但插销、眼镜和行李箱的产量逐步增加,所以将消费品与手表分为两个应用市场,按MIM的应用领域划分的2011年行业报告见表1.8,其是根据公司数量和侧重领域组合得到的,例如一个MIM公司只做牙科产品则关注度算作1,若一个MIM公司既做牙科产品又做工业产品那么市场关注度各算0.5,依此类推。

表1.7　2007年MIM市场根据地区和应用领域划分的市场份额　%

应用领域	北美	欧洲	亚洲	其他地区
汽车	30	28	18	0
消费品	0	32	15	0
牙科	18	14	0	8
电子	6	0	41	0
火器	6	9	0	66

续表 1.7

应用领域	北美	欧洲	亚洲	其他地区
五金	0	0	1	0
工业	6	3	14	24
医疗	34	2	2	1
军事	0	1	2	1
其他	0	9	5	1

表1.8显示,工业零部件(阀门、电子配件、连接器)市场关注度最高,其次是消费品(厨房工具、牙刷零件、剪刀)以及电子零部件(热沉、封装材料、连接器),汽车和医疗是发展最快的领域,特别是在北美。

表1.8 基于2011年MIM公司主要营销重点的全球市场关注度 %

应用领域	百分比
航空航天	2
汽车	7
铸造	2
手机	2
计算机	3
消费品	10
刀具	2
牙科	4
电子	10
火器	6
手工工具	2
五金	2
日用品	0
工业	23
珠宝	1
照明	1
医疗	8

续表1.8

应用领域	百分比
军事	4
体育	2
通信	1
手表	2
首饰	5

表1.9为2011年全球各细分市场MIM销售额百分比,从表中可以看出MIM应用较多的领域和应用较少的领域其销售额差距很明显。

表1.9 2011年全球各细分市场MIM销售额百分比 %

应用领域	百分比
航空航天	0
汽车	14
铸造	0
手机	4
计算机	4
消费品	11
刀具	0
牙科	9
电子	9
火器	7
手工工具	3
五金	1
日用品	0
工业	20
珠宝	1
照明	0
医疗	8

续表 1.9

应用领域	百分比
军事	2
体育	2
通信	0
手表	2
首饰	0

1.10　市场机遇

本节列出了一些讨论较多的 MIM 市场机遇,以及与 MIM 未来发展趋势相关的信息。

(1)通信类、计算机类和消费电子类产品的应用不断增长。通过对比 2007 年和 2009 年的 MIM 应用市场,可以看到 MIM 产品从手机到便携式计算机中的应用越来越多,这些零件呈现小巧、复杂、坚固的特点,适用于开关、按钮、五金、插销和装饰设备中。由于大部分零件组装厂都在亚洲,因此为了缩短产品供应链,零部件生产逐渐转移到亚洲。

(2)军方对武器部件的采购已经开始放缓,较小的枪械制造商已经开始采用 MIM 技术。

(3)工业、手动工具、家用产品、阀门、管道、喷雾、扳手、多用途工具、胡椒研磨机、剪刀、圆锯、钉枪和类似设备对 MIM 仍有很大的需求。

(4)随着 MIM 在涡轮增压器、喷油器、控制部件(时钟支架、门锁、旋钮和操纵杆)和气门挺杆中的应用,其在汽车领域中的应用不断扩大。MIM 首先应用在美国的别克和克莱斯勒汽车的生产中,但随着在本田和丰田汽车的涡轮增压器和阀门制造中的应用,日本在 MIM 领域占据了主导地位。随后,欧洲公司开始关注新材料在性能更高但体积更小的发动机中的应用。尽管人们对采用 MIM 制造的汽车零部件存在一些偏见,但它的销量却很大,降低了汽车制造成本,而且人们普遍认为 MIM 在汽车领域的应用将不断扩大。

(5)MIM早期用于医疗领域的内窥镜设备中,随着MIM技术被广泛认可,其在医疗领域的应用潜力将变得巨大。由于MIM早期未获得医疗领域认可以及在许多手术工具上生产批次较小,其应用受挫,目前MIM在微创手术工具和机器人设备上的应用增长迅速。现在MIM在市场中的应用表明,制造更高价格的产品使得小批量的MIM生产有利可图,例如美国每年要进行一百万次左右的膝关节植入手术,但有左膝盖和右膝盖之分,会产生大约12种不同的植入零件设计尺寸或款式。目前的信息显示平均每个设计方案每年制造40 000个零件,该应用领域有3家大型公司,每个公司每年只能订购12 000个零件,因此其产量很小;然而,每个零件的销售价格可达到400万美元。到目前为止,只有少数MIM公司正在为植入物的生产做准备,而许多公司正在寻求外科手动工具的订单。微创手术工具是MIM的绝佳机会,微特征器件经常出现在新的遗传传感器中(微柱、微纹理和微阵列设计),这些小型设备将会大量用于快速血液测试和疾病识别中。

(6)MIM在牙科领域的应用很久以前就成熟了,如今有几家公司参与了正畸托槽的制造。然而,新的仪器和工具设计为微特征设计开辟了特殊的机会,因此,MIM在正畸托槽领域的强大历史地位将转向手动工具和特殊牙髓外科设备领域中。

(7)MIM在航空航天领域的应用已经持续了30年,为了降低成本和减重,MIM技术的新一轮变革已经开始。目前大约有12家公司参与到这个领域中,像医疗领域的应用一样,MIM产品在该领域的产量通常很小,每年在10 000件以内,但是每个产品的单价很高。

(8)MIM在照明领域的应用仅限于难熔金属和陶瓷,这一领域的发展掌握在三大巨头手中——Sylvania、Philips和General Electric。由于成本的降低和与发光二极管器件的竞争,MIM的可行性受到了严重的质疑。虽然已经有金属注射成型的铜制发光二极管器件安装支架,但是其生产成本却对MIM应用不利。

(9)MIM在体育领域中的应用已经持续了20年,但MIM产品的成本与该领域成本不匹配,导致MIM的渗透率仍然很小。MIM过去在体育行业的成功应用包括足球护膝、镖体、高尔夫球杆和跑步夹板的金属支架。

(10)珠宝行业是MIM一个新的应用领域,可能会随着替代材料(非金和非银)被人们接受而迅速发展,这些材料包括钛、高抛光不锈钢、钽及青铜。

在上述行业中,有些市场规模相当大,其他一些未列出的市场也在持续增长。但目前这些行业的参与者主要在亚洲,新的参与者能否发挥作用令人怀疑。

通过对 MIM 的发展过程进行研究,人们提出了 MIM 技术未来存在的机遇,如一些用于散热器的超高导热复合材料(例如铜 - 金刚石)。日本 MIM 公司已经研发了导热系数高达 580 W/(m · K)的金刚石 - 铜复合材料,可用于超级计算机、高端服务器、相控阵雷达系统、军用电子设备、混合车辆控制系统、游戏计算机和其他涉及高性能计算的设备中,其中金属注射成型电子散热用铜导热装置如图 1.4 所示。

图 1.4　金属注射成型电子散热用铜导热装置

金属注射成型电子散热的一个相关的应用领域是蒸气室设计,其通常是由铜制成的,在这种设计中,将热管散热技术应用于多孔金属的封闭内部腔以解决电子产品散热的问题。

金属注射成型电子散热的另一个应用领域是 LED 散热器,使用铜阵列来安装半导体,据报道,100 g 阵列的每次安装成本低至每个 0.75 美元,而这些样品展示大多来自亚洲。

用于微创医疗手术工具的金属粉末微注射成型零件是一个发展方向,其涉及用于末端操作器的非常小的部件,如切割器、握把和药物输送装置,这些产品大多数是由不锈钢制成的,每个产品的售价在 2 ~ 15 美元。图 1.5所示为金属注射成型不锈钢医疗植入物。

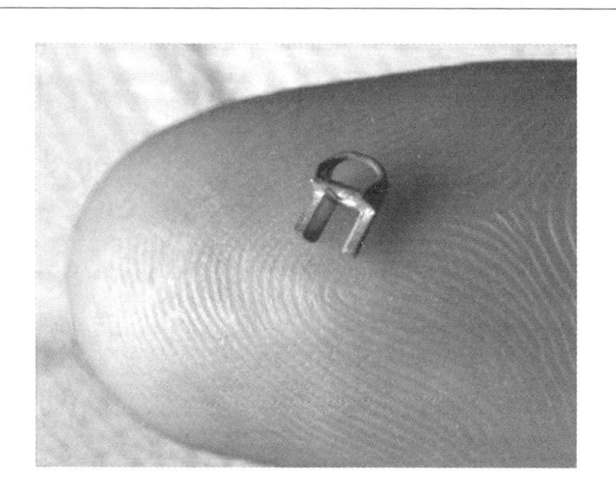

图1.5 金属注射成型不锈钢医疗植入物

其他金属粉末微注射成型技术应用包括手机、计算机、手持电子设备、用于治疗和牙齿清洁的牙科工具零件(如牙柱)、韧带对齐零件、耳道重建、药物输送、心脏瓣膜、人工膝关节、人工肩膀和人工髋关节等植入物,其市场价值有望达到10亿美元,但这需要相当大的资源投入才能实现。Stryker和Medtronic已经建立了内部生产线,Zimmer和Biomed已经选择与一些MIM公司合作,Accellent已经具有生产任何定制产品的资格。

具有成百上千个针脚、柱或孔的微阵列一次性芯片实验室设备被用于血液检测、疾病评估、预测疾病的DNA分析和蛋白质测试中;生物芯片市场的目标是在2013年达到38亿美元的销售额,并且大量的研究正在推进这一目标。惠普和俄勒冈州立大学利用一个金属粉末微注射成型设备来研究各种生物芯片,德国、新加坡和日本也在进行这项研究。

用于组织固定、植入物、手术工具,甚至是运动器械等纯钛生物相容性产品代表了另一个发展方向,大约有19家公司生产不同类型的钛合金产品,但很少有公司注意它的医疗特性。MIM多孔钛为羟基磷灰石骨灌注提供了可能性。用于牙科植入物的MIM零件如图1.6所示。

另一个应用领域是工具钢制成的五金零件,如铸铁管道或水管的螺纹装置、手工工具、阀门和配件、手柄、成型工具、钻头、模具等。此外,微电子领域的密封封装开始使用可伐合金,以实现玻璃-金属封接。图1.7所示为用铅密封的MIM零件,这种零件通常每件售价为30美元。

航空航天领域存在如IN625、713、718、723或Hastelloy X等高温合金零件,由于其具有精细结构、良好的表面光洁度和复杂的形状,因此在军事和商业领域具有经济吸引力。Polymer Technologies、Maetta Sciences、PCC

Advanced Forming、Parmatech、Advanced Materials Technology、Advanced Powder Processing 及其他几家公司都在这一领域占有一席之地。

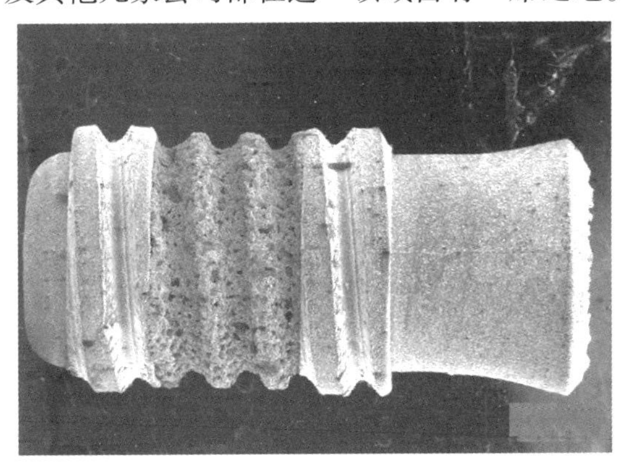

图 1.6　在特定多孔区域进行骨头生长的金属注射成型纯钛种植牙(15 kV, ×11)

图 1.7　具有玻璃-金属封接导线的可伐合金微电子封装

在所有的粉末注射成型公司中,大多数公司从事金属注射成型。图 1.8 所示为全球 MIM 公司销售额分布,其中销售额在 100 万~300 万美元的公司最多,几乎一半公司的规模都很小,年销售额不到 100 万美元,仅有 5 家公司年销售额超过 3 000 万美元。

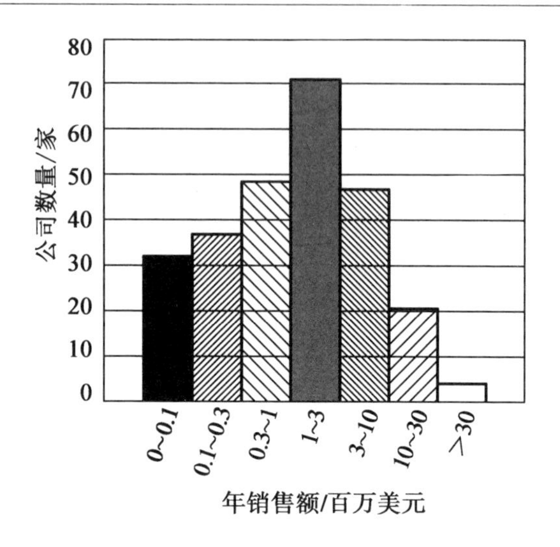

图1.8　全球MIM公司销售额分布

1.11　行业成熟度

据统计数据显示,金属注射成型作为一种近净成型技术,正处于早期成熟阶段。北美市场大约90%的公司完全符合ISO 9000/9001/9002标准之一,约25%的公司符合ISO 14000标准,但近60%的公司无意遵循这些标准。有几家公司已符合汽车行业标准,但很少有公司获得航空航天部件所需的AS 9100B认证;虽然有一些公司符合医疗器械所需的ISO 13485生产标准,但只有少数公司符合医疗植入物所需的标准。

销售额分布从另一个方面显示出行业的成熟度,年销售额在前10%的公司拥有大约60%的销售额,这些公司每名全职员工年销售额略低于30万美元,每台注射机年产值达150万美元,每台烧结炉年产值达320万美元,且它们参与制定行业的生产率标准。此外,统计数据中列出的50%的公司年销售额为100万美元或更低,这降低了粉末注射成型行业的统计数据。

与其他几种金属加工技术相比,金属注射成型的规模较小。MIM行业基于公司特征的相对成熟度如图1.9所示,第0阶段的公司处于项目评估阶段,主要是确定是否有合适的业务,例如,寻求材料多样化的塑料模具制造商。第1阶段的公司不会有很大的销售额,可能会因为技术问题而倒闭或闲置,金属注射成型行业很大一部分公司处于这种情况,少数公司可能会发展为行业领头羊,但大多数公司虽从业多年却始终找不到合适的客户,掌握不了关键技术。MIM行业中大约有150家公司符合这一类别,它们贡献了大约4 200万美元的销售额(大约每个公司每年25万美元)。

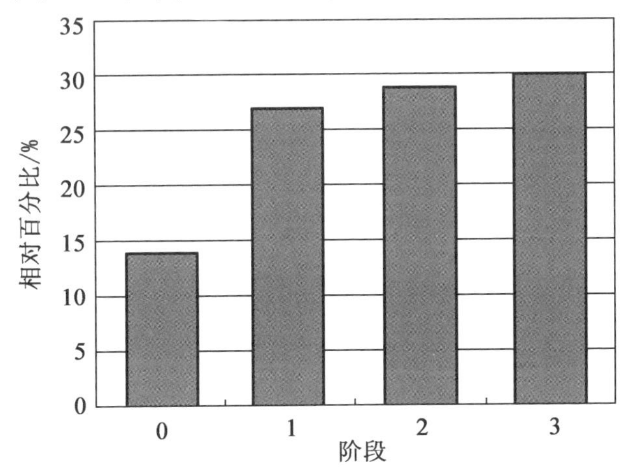

图1.9　MIM行业基于公司特征的相对成熟度

第2阶段的公司通常与几家成型厂商合作以推进其业务发展,这一发展阶段的公司有100多家,销售额约为1.16亿美元。

第3阶段的公司在行业中占主导地位,由略多于100家公司组成,销售额略低于7亿美元(每家公司700万美元),这些公司大多是牙科和枪械领域的专营公司及一些大的定制生产公司。

处于第2阶段的大多数公司都通过了国际标准化组织的审核,但只有较大的公司符合航空航天、汽车或医疗领域的质量认证标准。

1.12　结　　论

自1986年收集到PIM全球销售额为900万美元的第一份销售统计数据以来,粉末注射成型行业呈现出巨大的增长趋势,如今金属注射成型在粉末注射成型领域占主导地位,近年来保持了14%的年增长率。MIM公司的数量在最近几年没有显示出太大的变化,但其规模和成熟度都有了相当大的提升。以现代的观念来看,专利通常能够作为一个行业的销售额和销售利润的指导性指标,基于此,MIM的快速增长即将结束似乎早有预警。大多数公司的研发工作都转向了如何降低产品成本、提高产品质量、提高尺寸精度和降低产品杂质,而不是创新,这从另一方面体现了MIM的快速增长即将结束,因为这些短期收益不会解决MIM行业对新材料、新产品和新应用的长期需求,而这些需求是使MIM年销售额能够维持在20亿美元所必需的。

延伸阅读

[1] Anonymous (2007), 'China reaches for a vibrant future as MIM takes off', Metal Powder Report, November, 12 – 21.

[2] German, R. M. (2007), 'Global research and development in powder injection moulding', Powder Injection Moulding International, 1(2), 33 – 36.

[3] German, R. M. (2009), 'Titanium powder injection moulding: A review of the current status of materials, processing, properties, and applications', Powder Injection Moulding International, 3(4), 21 – 37.

[4] German, R. M. (2011), 'Metal Injection Molding: A Comprehensive MIM Design Guide', Metal Powder Industries Federation, Princeton, NJ.

[5] German R. M. ,Johnson, J. L. (2007), 'Metal powder injection molding of copper and copper alloys for microelectronic heat dissipation', International Journal of Powder Metallurgy, 43(5), 55 – 63.

[6] Itoh, Y. , Uematsu, T. , Sato, K. , Miura, H. , Niinomi, M. (2008), 'Fabrication of high strength alpha plus beta type titanium alloy compacts by metal injection molding', Journal of the Japan Society of Powder and Powder Metallurgy, 55,720 – 724.

[7] Johnson, P. K. (1979), 'Award winning parts demonstrate P/M de-

velopments', International Journal of Powder Metallurgy and Powder Technology, 15, 323 - 329.

[8] Kato, Y. (2007), 'Metal injection moulding in Asia: Current status and future prospects', Powder Injection Moulding International, 1(1), 22 - 27.

[9] Manison, P. (2007), 'UK - based producer looks to build on current success for precision ceramic components', Powder Injection Moulding International, 1(1), 45 - 47.

[10] Mills, B. (2007), 'Flexibility helps MIM producer meet the demands of a broad client base', Powder Injection Moulding International, 1 (1), 20 - 21.

[11] Moritz, T. and Lenk, R. (2009), 'Ceramic injection moulding: A review of developments in production technology, materials and applications', Powder Injection Moulding International, 32(3), 23 - 34.

[12] Park, S. J., Ahn, S., Kang, T. G., Chung, S. T., Kwon, Y. S., Chung, S. H., Kim, S. G., Kim, S., Atre, S. V., Lee, S., German, R. M. (2010), 'A review of computer simulations in powder injection molding', International Journal of Powder Metallurgy, 46 (3), 37 - 46.

[13] Piotter, V., Hanemann, T., Heldele, R., Mueller, M., Mueller, T., Plewa, K., Ruh, A., (2010), 'Metal and ceramic parts fabricated by microminiature powder injection molding', International Journal of Powder Metallurgy, 46(2), 21 - 28.

[14] Rivers, R. D. (1976), 'Method of injection molding powder metal parts', US Patent 4,113,480.

[15] Sakon, S., Hamada, T., Umesaki, N. (2007), 'Improvement in wear characteristics of electric hair clipper blade using high hardness material', Materials Transactions, 48, 1131 - 1136.

[16] Schlieper, G. (2007), 'Leading German manufacturer works to develop the market for MIM in the automotive sector', Powder Injection Moulding International, 1(3), 37 - 41.

[17] Schwartzwalder, K. (1949), 'Injection molding of ceramic materi-

als', Ceramic Bulletin, 28, 459 – 461.

[18] Venvoort, P. (2007), 'Developments in continuous debinding and sintering solutions for MIM', Powder Injection Moulding International, 1(2), 37 – 44.

[19] Whittaker, D. (2007), 'Developments in the powder injection moulding of titanium', Powder Injection Moulding International, 1, 27 – 32.

[20] Whittaker, D. (2007), 'Powder injection moulding looks to automotive applications for growth and stability', Powder Injection Moulding International, 1(2), 14 – 22.

[21] Wiech, R. E. (1980), 'Manufacture of parts from particulate material', US Patent 4,197,118.

[22] Williams, B. (2007), 'Powder injection moulding in the medical and dental sectors', Powder Injection Moulding International, 1, 12 – 19.

[23] Williams, N. (2007), 'European MIM pioneer drives the industry forward with quality and customer satisfaction', Powder Injection Moulding International, 1(2), 30 – 34.

[24] Ye, H., Liu, X. Y., Hong, H. (2008), 'Fabrication of metal matrix composites by metal injection molding – A review', Journal of Materials Processing Technology, 200, 12 – 24.

第二部分　成型过程

第2章　金属注射成型设计

2.1　概　　述

金属注射成型是利用与塑料注射成型非常相似的模具和注射成型机将粉末成型为复杂零件的过程，因此，金属注射成型零件的复杂性与塑料注射成型零件的复杂性相当。金属注射成型过程中所需的浇口、顶杆、分型线也与塑料注射成型类似，必须在模具设计中加以考虑。由于金属注射成型还需要大量的脱脂和烧结过程，因此在进行产品设计时，还需要考虑横截面厚度和几何特征等。

根据一般的经验法则，质量小于100 g且尺寸与手掌大小相当的零件是金属注射成型的优选，金属注射成型零件的平均质量一般为15 g，也有质量在0.030 g左右的注射件。表2.1将MIM工艺与其他制造工艺进行了比较。值得注意的是，金属注射成型仅限于生产尺寸较小的零件，注射件可以具有较薄的壁厚和高的表面光洁度，并且适合大批量生产。表2.2所示为金属注射成型产品典型属性。

表2.1　金属注射成型工艺与其他制造工艺比较

属性	金属注射成型	粉末冶金	铸造	机加工
零件质量/g	0.030～300	0.1～10 000	≥1	≥0.1
壁厚/mm	0.025～15	≥2	≥5	≥0.1
理论密度百分比/%	95～100	85～90	94～99	100
理论强度百分比/%	95～100	75～85	94～97	100
表面光洁度/μm	0.3～1	2	3	0.4～2
产量/件	≥2 000	≥2 000	≥500	≥1

表2.2 金属注射成型产品典型属性

属性	最小	典型	最大
零件质量/g	0.030	10~15	300
最大尺寸/mm	2(0.08 in)	25(1 in)	150(6 in)
最小壁厚/mm	0.025(0.001 in)	5(0.2 in)	15(0.6 in)
误差/%	0.2	0.5	1
密度/%	93	98	100
产量/件	1 000	100 000	100 000 000

注:1 in =2.54 cm。

本章将详细讨论以下设计注意事项。

(1)禁止厚度超过12.5 mm(0.5 in)的零件。使用羰基合金粉末注射的零件比使用大颗粒的气雾化合金粉末注射的零件具有更厚的壁厚,通过对黏结剂体系进行优化可使较厚部位脱脂顺利进行。

(2)禁止零件质量超过100 g。虽然对于某些技术来说,零件质量达到300 g也是可能的。

(3)禁止没有拔模斜度(2°)的长片零件,以便于顶出。

(4)禁止含有直径小于0.1 mm(0.003 9 in)的孔。

(5)禁止零件壁厚小于0.1 mm(0.003 9 in),尽管在某些情况下,0.030 mm的壁厚是可以制造出来的。

(6)保持壁厚均匀。避免细长的薄壁结构与厚壁结构连接,以增加注射过程中喂料的流动性;避免注射件存在下沉和空隙,以限制烧结过程中注射件的变形。

(7)避免尖角。倒角半径大于0.05 mm(0.002 in)。

(8)零件底面设计成平面以有助于烧结,否则需要定制陶瓷底座。

(9)避免零件具有封闭空腔,尽管一些技术如化学分解聚合物型芯或热解聚合物型芯技术可以做到,但并不常用。

(10)避免零件含有内部咬边,尽管可以使用镶嵌型芯或可拆型芯,但并不常用。

(11)带压印设计。凸起或凹陷。

(12)带螺纹设计。内螺纹和外螺纹。

2.2 使用材料及性能

金属注射成型用材料包括许多医疗、军事、五金、电子和航空航天领域用结构材料。如果粉末尺寸合适，小于 25 μm，粉末烧结致密度高，合金化不发生化学反应，则可以作为金属注射成型用材料。表 2.3 所示为理想的金属注射成型材料的特点和应用领域。

表 2.3 理想的金属注射成型材料的特点和应用领域

材料种类	应用领域	典型合金	特点
不锈钢	医疗、电子、五金、体育用品、航空航天、消费类产品	17-4PH	强度高、可热处理
		316L	耐腐蚀、延展性好、无磁性
		420、440C	硬度高、耐磨、可热处理
		310	耐腐蚀和耐高温
低合金钢	五金、轴承、座圈、消费品类产品、机械零件	1000 系列	表面可硬化
		4000 系列	通用
		52100	高耐磨性
工具钢	木材和金属切削工具	M2/M4	61～66 HRC
		T15	63～68 HRC
		M42	65～70 HRC
		S7	55～60 HRC
钛	医疗、航空航天、消费类产品	Ti	质量轻
		Ti-6Al-4V	质量轻、强度高
铜	电子、热管理材料	Cu	高热导率、电导率
		W-Cu、Mo-Cu	高热导率、低热膨胀系数
磁性材料	电子、螺线管、电枢、继电器	Fe-3% Si	低铁芯损耗、高电阻率
		Fe-50% Ni	高磁导率、低矫顽力
		Fe-50% Co	最高磁饱和度
钨	军事、电子、体育用品	W	高密度
		钨基重合金	高密度和韧性

续表 2.3

材料种类	应用	典型合金	特点
硬质金属	切削和磨削刀具	WC－5Co	高硬度
		WC－10Co	高韧性
陶瓷	耐磨产品、喷嘴、护板	氧化铝	通用
		氧化锆	高耐磨性

金属注射成型产品性能优于大多数铸造产品,略逊于锻造产品。由于加工方法的原因,铸造零件和金属注射成型零件都具有微结构气孔或空洞。由于铸造过程中金属的液－固冷却会导致铸件产生局部大空洞,而MIM零件的空洞在烧结后通常细小且均匀分布在注射件中。铸件的局部大空洞会导致零件性能较差,而MIM零件均匀分布的气孔使注射件具有良好的微观结构,这提高了产品性能。热等静压法可以获得全致密零件。MIM工艺的另一个特点是零件在经过烧结致密化后需要进行退火处理,因此在物理状态下呈现出加工硬化的材料可能需要某种形式的烧结后处理,以提高MIM零件烧结后的强度。典型金属注射成型结构材料参数见表2.4。

表 2.4 典型金属注射成型结构材料参数

材料	密度 /(g·cm^{-3})	屈服强度 /MPa	抗拉强度 /MPa	伸长率 /%	无缺口夏比冲击能量/J	宏观硬度	弹性模量 /GPa
316L SS	7.8	180	520	40	190	67 HRC	185
17－4PH SS	7.6	740	900	6	140	27 HRC	190
17－4PH SS H900	7.6	1 100	1 200	4	140	33 HRC	190
420 SS	7.5	1 200	1 370	—	44	44 HRC	190
440C SS	7.6	1 600	1 250	1	—	55 HRC	190
310 SS	7.5	—	—	—	—	—	185
Fe	7.6	—	—	20	—	—	190
2200(2Ni)	7.6	125	280	35	135	45 HRC	190

续表 2.4

材料	密度 /(g·cm^{-3})	屈服强度 /MPa	抗拉强度 /MPa	伸长率 /%	无缺口夏比冲击能量/J	宏观硬度	弹性模量 /GPa
2700(7.5Ni)	7.6	250	400	12	175	69 HRC	190
4605	7.55	210	440	15	70	62 HRC	200
4605 HT	7.55	1 480	4 650	1	55	48 HRC	210
4140 HT	7.5	1 200	1 600	5	75	46 HRC	200
4340	7.5	300	750	9	—	95 HRB	—
4340 HT	7.5	1 100	1 200	6	—	40 HRC	—
52100 HT	7.5	1 100	1 500	2	—	62 HRC	—
8620	7.5	130	320	25	—	100 HRB	—
9310	7.5	350	540	15	—	375 HV1	—
S7 HT	7.4	1 550	1 750	2	—	53 HRC	—

金属注射成型作为一种很有潜力的软磁材料成型方法,能够对近净成型零件进行退火处理,已满足材料最佳磁响应的要求,金属注射成型软磁合金材料的性能参数见表2.5,每种合金都具有不同的物理特性,这使它们成为不同应用领域的理想选择。2200合金的磁性与纯铁相似,但强度更高;Fe-50Ni合金具有高磁导率和低矫顽力,是电机、开关和继电器的理想材料;Fe-3Si表现出低铁损耗和高电阻率,可以应用在交流(AC)和直流(DC)中;Fe-50Co合金具有很高的磁饱和度,是高磁通密度应用的理想材料;如果需要良好的磁响应和耐腐蚀性,430L合金将是绝佳选择。

金属注射成型可生产铜制零件,且注射出的零件表现出良好的导热性和导电性,因此在电连接器和热管理领域具有较好的应用前景。采用金属注射成型与采用其他成型方法制备的铜制零件性能参数对比见表2.6。一般而言,如果注射件烧结后不存在开孔,则金属注射成型零件的电性能和热性能受金属污染(如铁)的影响最大,受密度影响最小。

表2.5　金属注射成型软磁合金材料的性能参数

材料	密度/(g·cm^{-3})	屈服强度/MPa	抗拉强度/MPa	伸长率/%	宏观硬度(HRC)	最大磁导系数(μ)	最大磁场强度/(A·m^{-1})
2200	7.6	120	280	35	45	2 300	120
Fe-50Ni	7.7	165	450	30	50	45 000	10
Fe-3Si	7.6	380	535	24	80	8 000	56
Fe-50Co	7.7	150	200	1	80	5 000	120
430L	7.5	230	410	25	65	1 500	140

表2.6　铜制零件性能参数对比

材料	1级MIM铜制零件	2级MIM铜制零件	锻造C11000	铸造81100	铸造83400
密度/(g·cm^{-3})	8.5	8.4	8.9	8.9	8.7
热导率/(W·m^{-1}·K^{-1})	330	290	380	350	180
近净成型能力	极好	极好	难以加工	铸造困难	铸造容易

可控膨胀合金的作用是当材料温度发生变化时,确保与其他材料具有良好的配合和(或)密封。可控膨胀合金F-15合金材料的各种参数见表2.7,F-15合金也称可伐合金,由质量分数为29%的镍、质量分数为17%的钴和铁组成,F-15合金的热膨胀系数与硼硅酸盐(Pyrex)和氧化铝陶瓷相匹配,其主要用于密封。其他的MIM可控膨胀合金,如合金36、合金42和合金48,基体是铁,合金后面的数字为添加的镍元素质量分数,以调控热膨胀系数。合金36在100 ℃以下的热膨胀系数为0,合金42在约300 ℃以下热膨胀系数很低,许多软玻璃具有相似的热膨胀行为,合金48的热膨胀系数与钠钙玻璃相匹配。

表2.7　可控膨胀合金材料参数

材料	密度 /(g·cm^{-3})	屈服强度 /MPa	抗拉强度 /MPa	伸长率 /%	硬度 (HRB)	CTE (100 ℃)	CTE (200 ℃)	CTE (300 ℃)
F-15	7.8	300	450	24	65	6.6	5.8	5.4

金属注射成型植入物的市场不断增长,其使用的合金主要是F-75、MP35N和钛基合金。金属注射成型F-75和MP35N生物相容性合金的参数见表2.8。金属注射成型钛类产品的各项性能参数与成型过程密切相关。MIM钛和MIM钛合金的性能容易受到碳元素和氧元素杂质的影响,因此监控这些合金中的杂质元素至关重要。

表2.8　可植入生物相容性合金的参数

材料	密度 /(g·cm^{-3})	屈服强度 /MPa	抗拉强度 /MPa	伸长率 /%	宏观硬度 (HRC)	弹性模量 /GPa
F-75	7.8	520	1 000	40	25	190
MP35N	8.3	400	900	10	8	—

最后一类合金是钨基重合金,由于其密度高而引起人们的关注。这些合金在军事、医疗、手机和体育用品方面都有应用,一些应用包括穿甲弹、手机振动器、高尔夫球杆配重块、医疗电极以及钓鱼和狩猎铅球等,钨基重合金的各项参数见表2.9。

表2.9　钨基重合金的各项参数

材料	ASTM-B-777-07	密度 /(g·cm^{-3})	屈服强度 /MPa	抗拉强度 /MPa	伸长率 /%	宏观硬度 (HRC)
90W-7Ni-3Fe	1级	17	607	860	14	25
90W-6Ni-4Cu	1级	17	620	758	8	24
95W-3.5Ni-1.5Fe	3级	18	620	860	12	27
95W-3.5Ni-1.5Cu	3级	18	586	793	7	27

2.3　尺寸精度

金属注射成型是一个重复性很强的过程,零件尺寸变化范围在0.2%～0.5%,这种尺寸变化与零件从注射成型开始到烧结后的收缩量有关。零件在成型过程中尺寸收缩约1%,烧结后收缩15%～25%;此外,在烧结期间用于支撑零件的陶瓷夹具尺寸可能会发生变化,这导致注射件从一个夹具移动到下一个夹具时尺寸发生变化。如果注射件上的特定特征有变形的趋势,或者特征位于分型面、顶杆或浇口处,则在某些极端情况下可能会发生很大的变形。如果零件对尺寸精度有很高要求,则零件的特征不应受到浇口、分型面和顶杆的负面影响。此外,成型孔的芯杆安装在模具的下模部分以防止注射过程中模具闭合导致该区域的内径发生变化。总体来说,注射成型零件尺寸精度要高于铸造件精度,低于精密加工件精度。

2.4　表面粗糙度

金属注射成型零件表面粗糙度很低,一般为0.8 μm,0.3～0.5 μm的表面粗糙度也可以达到。注射件表面粗糙度与所使用粉末粒径大小、化学性质、烧结条件以及后处理工艺(如喷丸或打磨)有关,喷砂和喷丸会产生点蚀使有些注射件表面粗糙度增加,而打磨有降低注射件表面粗糙度的趋势。注射件表面粗糙度也会受到模具表面粗糙度的影响。

2.5　模具结构

2.5.1　分型线

注射模具前模和后模相交处通常会留下0.008～0.03 mm的分界线,这条分界线称为分型线,分型线的大小在很大程度上取决于模具的质量。图2.1所示为MIM零件上的分型线瑕疵(显示了模具合模位置)。在一些模具产生严重磨损或制造精度不高的极端情况下,注射件会沿着分型线产生飞边,可以通过对模具打磨或在注射成型过程中模具处于开模状态下调整其结构以消除注射飞边,如果模具磨损严重,则必须对模具型腔进行电火花加工以使分型线良好结合。

模具分型线的位置必须考虑多方面因素,既能降低模具制造成本又能保证分型线不会对产品性能造成影响,最初设计分型线是为了简化模具结构。理想情况下,分型线的位置应保证零件的所有形状特征都在模具的一侧,而且当待测量的零件特征都在一侧时可以获得最大的尺寸精度。此外,由于在注射过程中模具表面有残余材料,因此每个注射周期中模具的开模和合模位置并不完全相同,导致分型线产生微小的位置误差,这可能使注射件产生 ±0.008 mm 的尺寸变化。

图2.1　MIM零件上的分型线瑕疵(显示了模具合模位置)

分型线的位置与拔模斜度有关。通常,对于长元件,分型线从拔模斜度起点开始,这使注射件从模具上的脱模变得容易。分型线通常位于一个平面内,以使成本最低;然而,分模线也可以是阶梯状的,以便于成型其他方式成型不出的零件特征或者满足对一些零件表面不能含有分型线以使其美观或具有功能性应用的要求。

2.5.2　顶杆痕迹

顶杆的作用是从模具上顶出注射件,为了使注射件顶出时不产生变形和开裂需要足够数量的顶杆。通常,顶杆顶出注射件时会在零件表面留下明显的印痕,图2.2所示为MIM零件上的典型顶杆印痕。当顶杆和顶杆所处的模具型腔产生磨损时,顶杆印痕将变得更加明显。顶杆通常是圆形的,因为圆形顶杆有标准尺寸,并且腔体中的顶杆外壳可以用电火花加工。在特殊情况下可以使用矩形顶杆,然而矩形顶杆拐角处的圆角半径会带来模具装配问题以及影响模具的长期完整性,因为在这些拐角处会产生应力集中,导致模具开裂。顶杆位于需要最大顶出力的地方,例如靠近注射件的凸台、芯孔和肋的位置。在选择顶杆位置时,还要考虑零件的美观性和功能性。

图2.2 MIM零件上的典型顶杆印痕

2.5.3 浇口位置

在金属注射成型过程中,浇口是注射料流入模具型腔的进料口,因此在成型坯的位置会出现浇口瑕疵。浇口位置通常在注射件壁厚最大的部位,以确保注射件之间有均匀的填充压力,防止在脱脂和烧结过程中产生变形。浇口的位置应面向腔壁或能使流入型腔的注射料与芯杆接触,从而避免熔融的喂料在型腔中喷射导致注射件表面产生流动缺陷,浇口位置的设置不能影响成型坯的外观,或布置在需要后续加工的部位。图2.3~2.6所示为不同的浇口位置。其中,图2.3所示为典型的位于分型线上的浇口缺陷;图2.4所示的内凹浇口缺陷能避免缺陷对零件功能的影响;图2.5所示为隧道形浇口缺陷;图2.6所示为中心浇口缺陷,这种圆形浇口能使注射料沿长度方向均匀填充。

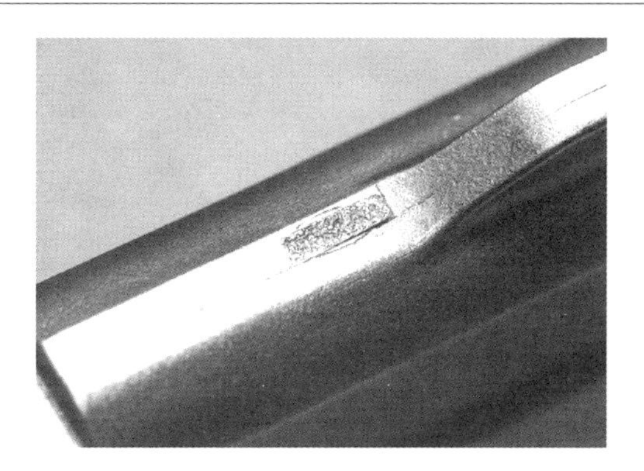

图 2.3　典型的位于分型线上的浇口缺陷

图 2.4　位于分型线上的内凹浇口缺陷

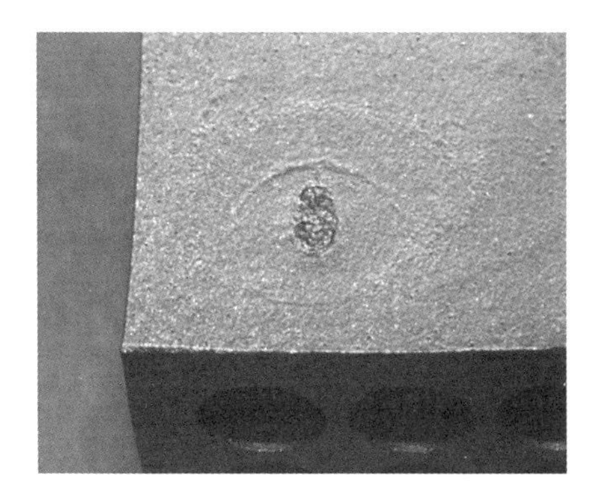

图 2.5　隧道形浇口缺陷

图2.6　中心浇口缺陷

2.6　设计注意事项

2.6.1　承烧板

设计金属注射成型零件时,应考虑的一个关键因素是在烧结过程中如何放置或固定零件,如果支撑不足,金属注射成型零件在热脱脂和烧结过程中容易产生变形。为了消除变形,承烧板通常设计为平面形式,也可以使用低成本的标准平面夹具作为承烧板。对于大多数金属注射成型材料来说,通常使用陶瓷夹具,而且为了容纳零件表面可能具有的凸台,可以采用含孔夹具。

在不能使用平面承烧板的情况下,可以使用与零件外形相同的陶瓷仿形夹具,这种夹具通常是按照注射生坯的尺寸设计的。有些夹具具有既能适应注射生坯尺寸又能适应生坯烧结后尺寸的特点,在这种设计中,夹具从生坯支撑状态收缩为烧结体支撑状态。一般来说,在生坯状态下零件需要支撑,因为在热脱脂工艺过程中聚合物的软化使得零件强度在整个MIM过程中是最低的。可以使用成型支架对零件进行支撑以代替仿形陶瓷夹具,这些支架在烧结后可通过辅助工艺进行去除;另外也可使用陶瓷切割片作为承烧板,将其切割成烧结零件所需的高度即可。

2.6.2　零件壁厚

零件壁厚应尽可能保持均匀,以避免加工过程中零件产生翘曲以及尺寸的变化。翘曲可能是不同厚度的横截面在注射期间填充压力的变化、热脱脂期间黏结剂去除时间的差异以及烧结期间热重的差异导致的,大横截面厚度带来的其他问题包括凹陷、潜在的孔洞以及黏结剂去除困难导致的气泡缺陷等。

零件壁厚应避免大于 15 mm (0.6 in),理想的壁厚应小于 10 mm (0.4 in),截面厚度应尽量保持一致。不同的壁厚设计如图 2.7 所示,通常零件的厚度变化不应小于零件主体的 60%,若出于设计考虑零件需要具有不均匀的壁厚,则过渡区域的长度应大于过渡区域厚度变化值 3 倍,如图 2.8 所示。

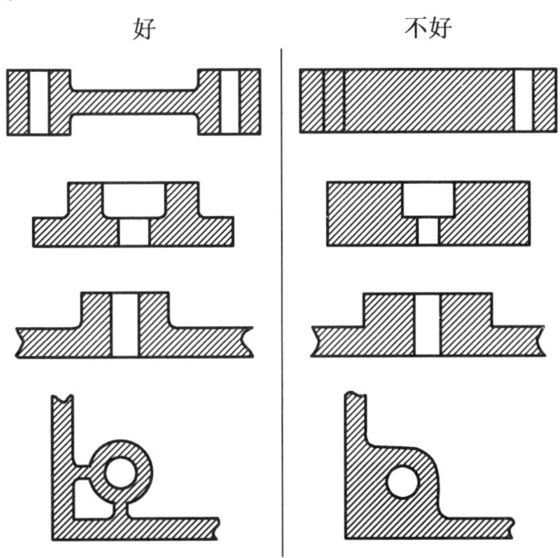

图 2.7　不同的壁厚设计

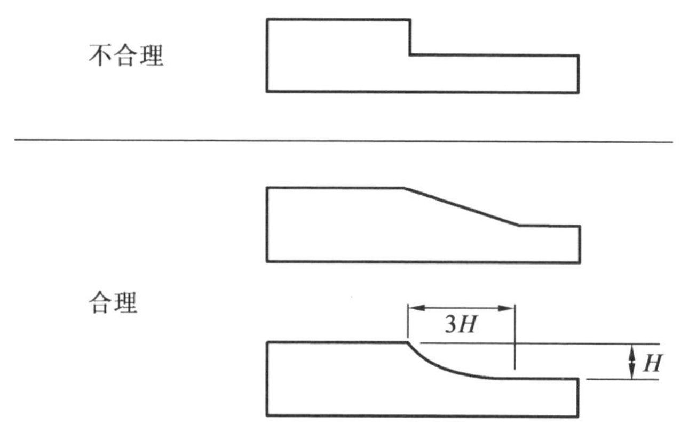

图 2.8　壁厚过渡说明

2.6.3　拔模

任何注射模具都具有标准的拔模要求,以确保零件从模具中脱模顺利,拔模是工具尺寸或角度在平行于工具运动方向上的变化,如图 2.9 所示。在设计允许的范围内拔模斜度应尽可能大,但是在金属注射成型过程中,由于一些黏结剂可以充当润滑剂,所以拔模斜度可以取最小值。名义上规定拔模斜度在 0.5° ~2°,当零件长度过长或者表面不平时,应使用更大的拔模斜度,通常在拔模斜度允许范围内选择对零件影响最小的拔模斜度。注射件的外壁脱模不需要最小的拔模斜度,因为在金属注射成型的冷却阶段,材料会发生收缩而远离模壁。

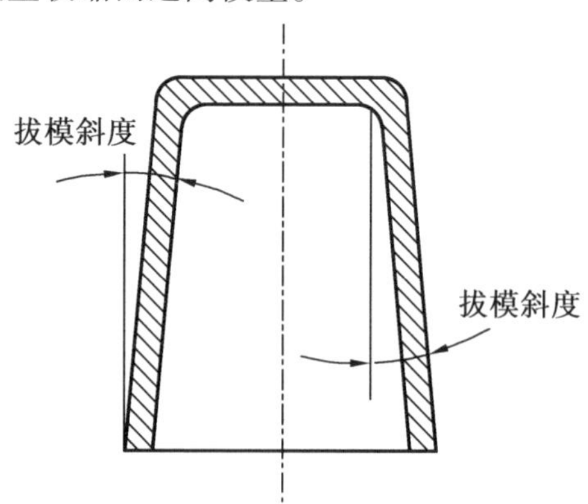

图 2.9　零件的内部拔模斜度和外部拔模斜度

金属粉末注射零件的收缩特性使得它能够轻易地完成脱模，例如拔模斜度为 0.5° ~ 1° 的芯杆，其最大直径尺寸部位位于芯杆端部，最小直径尺寸部位位于芯杆顶部，这使得零件能够以最小的摩擦力轻松地从芯杆上滑下，因为在初始顶出时，零件能够在所有表面上自由滑动。注射件在模具的定模部分可以具有拔模斜度，以便于模具开模过程中零件从定模上更容易脱模，而在模具的动模部分不能有拔模斜度，以确保零件始终在模具的动模侧，在此基础上可以使用顶杆将零件顶出，并且成型机可以连续自动运行。模具分型线的位置可以将拔模分为两个不同的方向，以尽量减小零件一侧到另一侧的尺寸变化。不同零件内部拔模形式如图 2.10 所示，两个拔模在零件中间相交与只具有一个拔模斜度的形式相比，其要求具有更小的尺寸公差。在一些特殊应用场景中也会使用反向拔模，即将零件从模具的定模一侧顶出，以便于成型难以在模具的动模中成型的零件特征。

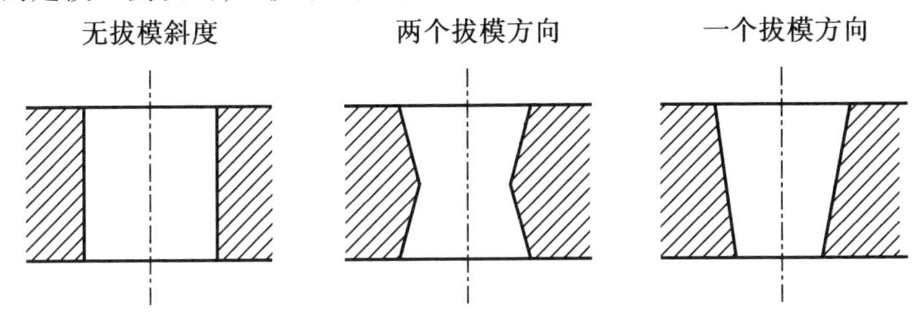

图 2.10　不同零件内部拔模形式

2.6.4　螺纹

金属注射成型也可以生产螺纹，在成型外螺纹时，模具分型线通常沿着螺纹的长度方向分布，如图 2.11 所示。此分型线可以包含每一条螺纹，或者沿着其长度方向有 0.13 ~ 0.25 mm 的平面，从而在分型线的两边产生不完整的螺纹。如果采用能成型完整螺纹的分型线设计，则当模具产生磨损时沿着分型线处产生的飞边会影响螺纹的功能；当模具合模时具有良好的闭合平面，如图 2.12 所示，虽然可以防止飞边或残留物对螺纹功能的影响，但会导致在某些应用场景下螺纹的啮合强度不足。此外，在成型后注射件的顶出阶段之前或顶出过程中，可以利用气动或液压驱动装置使零件进出旋转，形成外螺纹。在这种类型的模具中，作为注射成型过程的一部分，气动或液压驱动器用于在成型后以及在顶出阶段前或顶出阶段中旋转螺纹丝锥进出。由于这种加工方法设备非常昂贵,因此仅限于大批量生产应用。

图2.11 典型金属注射成型加工的外螺纹

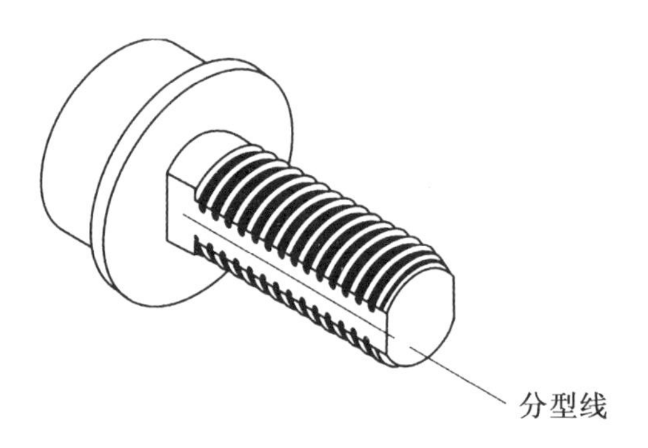

图2.12 带平面的螺栓结构(防止飞边影响螺纹功能)

使用金属注射成型工艺成型螺纹时,螺纹质量是一个需要关注的问题。注射成型螺纹比机加工螺纹质量差,由于MIM零件容易产生各向异性收缩,可能会导致整个零件的收缩差异达到十分之几,这表现为在紧固螺纹时产生的公差干涉。金属注射成型粗螺纹比细螺纹更加实用。由于MIM螺纹的尺寸收缩差异,螺纹与其他零件连接时,螺纹啮合长度应最大限度减小连接误差。在设计外螺纹时,螺纹公差等级应取e、f和g,在设计内螺纹时,螺纹公差等级应取G。一般来说,内螺纹中径应在取公差等级的上限,外螺纹中径应取公差等级的下限。

2.6.5 加强筋和腹板

加强筋和腹板用于加固薄截面,也可替代厚截面。加强筋可以通过增加零件的转动惯量从而增加零件的弯曲刚度(弯曲刚度 = E(弹性模量) $\times I$(转动惯量)),因此加强筋改善了金属注射成型零件的加工性能,促进了它的应用,在加工过程中进行强化有助于提高尺寸稳定性和防止翘曲。加强筋还能增强注射料沿薄截面的流动性,然而如果加强筋过大,则可能导致与加强筋相连接的零件主体平面的对面下沉,如图 2.13 所示,如果加强筋的厚度过大,也会导致零件产生翘曲。理想情况下,加强筋的厚度应该是其所在截面壁厚尺寸的 40% ~60%,高度不应超过加强筋厚度的 3 倍。此外,这些加强筋在它们的根部应该有一个合适的倒角,以防止开裂,图 2.14 所示为金属注射成型中加强筋的设计原则。如果两个加强筋相交,则相交部位的厚度将大于单个加强筋的厚度,因此可以将加强筋相交部位设置成空心结构,用于加固的角撑板也应遵循同样的设计规则。

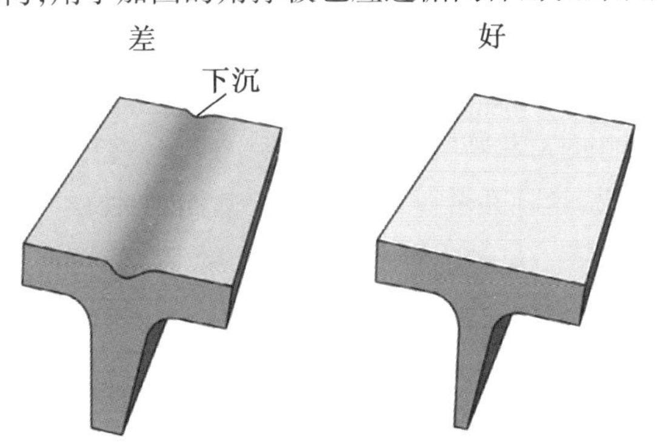

图 2.13　MIM 零件加强筋厚度设计比较(过大的加强筋将导致下沉)

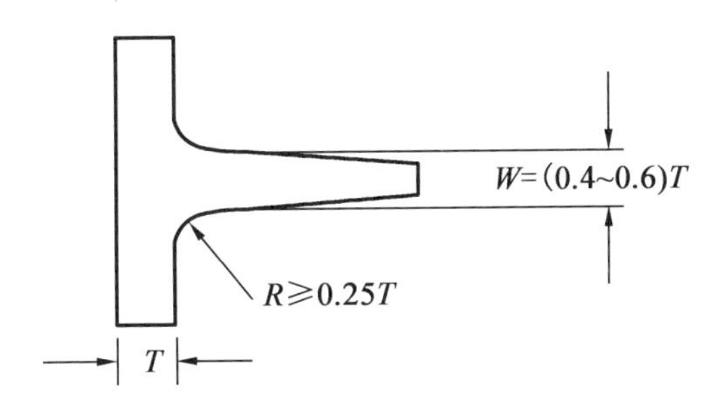

图 2.14　金属注射成型中加强筋的设计原则

2.6.6 倒角

金属注射成型工艺的一个优点是可以加工有倒角的零件,这也是提高注射成型性能所必需的,主要出于3个原因:消除应力集中、提高成型过程中喂料填充性能和简化模具结构。最重要的是,金属注射成型材料通常是脆性材料且具有"缺口敏感性",因此,倒角可以消除注射件的应力集中,并防止在顶出和后续处理以及热处理过程中产生开裂。从图2.15可以看出,当倒角半径 R 与壁厚厚度 T 的比值小于0.4时,随着 R/T 的减小,应力集中系数 K 急剧增大,理想情况下 R/T 应维持在0.5或以下,如图2.16所示。一般情况下,内倒角的半径应大于0.013 mm,但是在一些特殊场合下内倒角可以具有更小的半径。倒角还增加了在注射成型过程中材料在模具内的流动性,降低了材料不能完全填充模具尖角的可能性。在模具制造中,倒角比尖角更容易加工。采用不加倒角的模具设计从而降低成本的一个条件是注射件的形状特征只需在动模中成型,模具的定模不含零件的几何特征且为平面,这样在分型线上可以成型出零件的直角,模具结构得以简化而降低了成本。

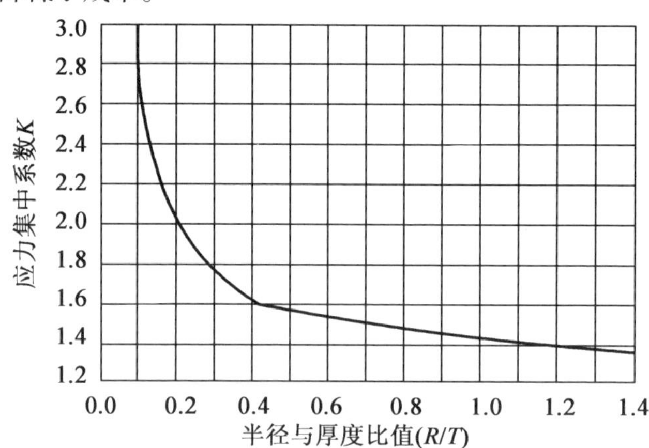

图2.15 应力集中系数 K 与半径和厚度比值(R/T)的关系

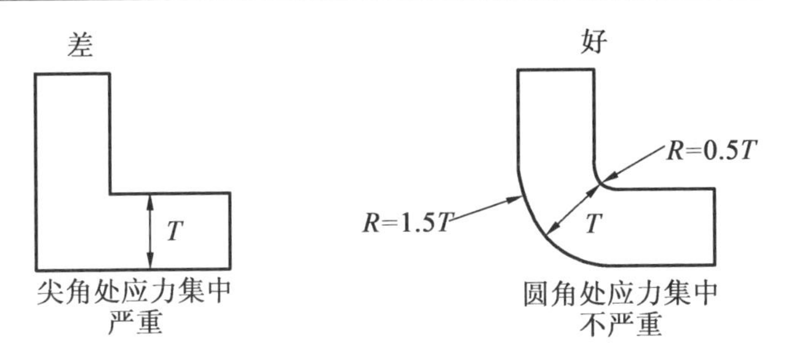

图2.16　金属注射成型零件倒角设计原则

2.6.7　凸台

在金属注射成型零件中通常使用凸台结构，其可以作为焊接点、对准/分度点、烧结支撑以及与其他零件的结合点。凸台的壁厚设计类似于加强筋，其中凸台厚度和零件局部壁厚之间的比率最好为0.4～0.6，以防止在零件的局部形成凹陷或变形。由于在金属注射成型零件中要将较厚的区域设置为空心结构，因此凸台可以作为螺栓的结构支撑，以适应螺栓连接产生的附加载荷。

2.6.8　凹陷

金属注射成型的零件上可能有外部凹陷，如果它们与拉动方向平行或与工具分型线呈90°角，则不会显著地增加工具成本。如果沿分型线定向，也可以使用工具滑块将它们添加到组件中。通过使用可折叠的型芯或可浸出的聚合物型芯，可以制造出内部凹陷。可折叠型芯的设计限制在于要具有相当大的型芯并且具有小的可折叠型芯的特征。内腔也可以通过使用牺牲聚合物来制造，聚合物在随后的金属注射成型操作过程中可以化学去除或热去除。制造时，必须选择聚合物型芯，使其能够承受随后的金属注射成型包覆成型的温度，并且可以很容易地热去除或使用不影响金属注射成型材料骨架聚合物的溶剂去除。

2.6.9　装饰

在注射件上可以很容易地加工具有装饰性或实用性的特征，这些特征包括滚花、纹理、字母、标识、零件编号、空腔标识等，它是通过在模具型腔或零件上雕刻相应的特征而产生的。如果需要加工凹陷的字母或特征,则必须使用电火花加工或车削来去除材料,以便在模具型腔相应部位加工出对应的凸起特征。有趣的是,可以使用凸起特征给零件提供颜色对比,例如,一个具有凸起黑色氧化物表面特征的零件可以采用后续的磨削工艺在黑色表面上加工出银色表面。图2.17所示为采用MIM工艺加工的字母。

图2.17 采用MIM工艺加工的字母

延伸阅读

[1] European Powder Metallurgy Association (EPMA) (2009), 'Metal InjectionMoulding – A Manufacturing Process for Precision Engineering Components', 2nd edition, updating 1st edition of 2004, EPMA, Shrewsbury, UK.

[2] German, R. M. (2003), 'Powder Injection Molding – Design and Applications',Innovative Materials Solutions, Inc., PA, USA.

[3] Metal Powders Industry Federation (MPIF) (2007), 'Material Standards for MetalInjection Molded Parts', MPIF, Princeton, NJ, USA, MPIF Standard # 35,1993 –942007 edition.

第3章　金属注射成型用粉末

3.1　概　　述

粉末粒径足够小(<45 μm)、在聚合物中的粉末装载量高、粉末烧结后致密度高的金属粉末可用于金属注射成型,平均粒径小于22 μm的粉末是最理想的。粉末的制备方法众多,但是不同的方法制备得到的粉末具有不同的特性,这些特性最终会影响注射件的致密度、尺寸以及变形等。由于采用小颗粒对粉末特性进行表征,因此许多表征方法(如筛析)不足以准确监测和预测金属注射成型工艺的结果。本章主要介绍金属注射成型用粉末、不同的粉末制备方法、金属注射成型粉末的特性以及粉末几何形状或制造方法对金属注射成型过程的影响。

3.2　MIM用粉末的理想特征

许多金属粉末都可用于金属注射成型,它们的粒径足够小、可烧结并且在脱脂温度下不会表现出很强的烧结能力。由于镁和铝熔点较低且具有较强的氧化性,从而影响烧结过程,因此不是典型的MIM用粉末。虽然铝已经成功地应用于MIM,但是它的商业价值是有限的。典型的金属注射成型材料包括不锈钢、低合金钢、工具钢、铜及铜合金、钛及钛合金、软磁材料、难熔金属及其重合金以及硬质合金。这些金属和合金粉末是气雾化或水雾化制备的,或者是基于化学法或机械法制备的。

金属注射成型用粉末的理想特征如下:

(1)对于大多数合金,如不锈钢、低合金钢等,颗粒尺寸小于22 μm;难熔金属和硬质合金粉末粒径一般小于5 μm。

(2)具有高的散装密度以提高粉末在聚合物中的装载量。

(3)表面纯度高以提高其在聚合物中的分散均匀性,促进烧结。

(4)难熔金属以及其他化学法制备的金属粉末无团聚现象。

(5)粉末颗粒为球形。虽然许多非球形粉末被用于MIM,但由于它们在黏结剂体系中的固体装载量低,因此在随后的烧结过程中出现较大的收缩。

(6)具有较大的粉末间摩擦力以保证注射件在脱脂过程中保形。随着颗粒尺寸的增大,单位体积内粉末与粉末之间的接触面积减小,因此较大的粉末粒径会导致脱脂过程中产生较大的变形。

(7)颗粒内部致密而没有孔隙以提高烧结密度和产品质量。

(8)爆炸性和毒性低。颗粒越细,表面积越大,爆炸的可能性就越大,尤其是钛粉、铝粉和锆粉。

3.2.1　粉末尺寸

使用较小的颗粒尺寸以提高金属注射成型零件的烧结致密性,通常使用的金属粉末平均粒径小于22 μm。由于难熔金属和碳化钨金属熔点较高,不能使用气雾化法制备金属粉末,而是使用化学法或氧化还原法制备的,因此利用这些粉末制备金属注射成型零件时,其粉末粒径通常小于5 μm。

如果零件具有微小特征或高的表面光洁度,则应使用更小粒径的粉末颗粒,如5 μm或10 μm。通过气雾化和母合金化技术制备得到的17-4PH SS材料颗粒尺寸对表面光洁度的影响如图3.1所示,(母合金化技术将在本章后面讨论)。对于采用预合金化和母合金化技术制备的5 μm的粉末都表现出更好的表面光洁度。母合金材料在烧结过程中发生的合金均匀化现象可能会导致零件表面粗糙度稍微增大,因此与母合金化材料相比,采用气雾化粉末制得的零件表面光洁度更好。

考虑到成本因素,可以使用较大粒径的粉末(>30 μm),但是较大的粒径可能会导致加工困难,例如颗粒可能被困在注射机止回环和筒体之间而导致螺杆卡住。此外,注射件脱脂后的强度也会降低,从而增加了产生变形和缺陷的可能性。在使用大颗粒粉末的情况下,注射机应具有较大的止回环间隙,同时黏结剂体系中的主链聚合物含量应较低。螺杆和筒体之间具有较大的间隙是为了防止在狭小区域内颗粒摩擦而导致止回环卡在筒体上,减少黏结剂体系中主链聚合物的含量是为了减少脱脂和烧结过程中缺陷的产生。当粒径较大的粉末颗粒堆积在一起时,它们的堆积强度较低,这是因为和小粒径的粉末相比大粒径粉末单位体积内的表面接触面积较小。当注射成型用粉末粒径较小时,使用矿物聚合物作为黏结剂能使注射件具有更高的强度。

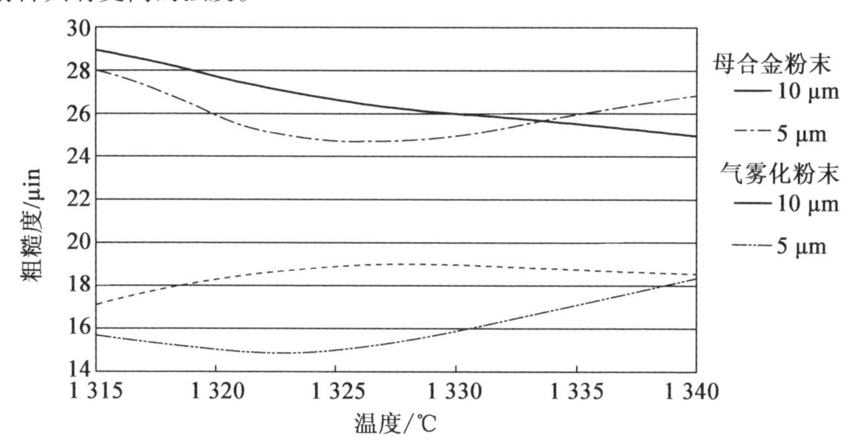

图 3.1　颗粒尺寸对采用气雾化法和母合金法制备的 17 -4PH SS 合金表面光洁度的影响

3.2.2　粒度分布

粒度分布也非常重要,典型 MIM 粉末粒度分布如图 3.2 所示。粒度分布由 D_{10}、D_{50} 和 D_{90} 表征,在图 3.2 中,$D_{10} \approx 2$ μm、$D_{50} \approx 5$ μm、$D_{90} \approx 10$ μm。D_{10}表示 10% 的颗粒粒径小于此尺寸,D_{50}表示 50% 的颗粒粒径小于此尺寸,D_{90}表示 90% 的颗粒粒径小于此尺寸。基本上,D_{10}和 D_{90}表明了颗粒粒径分布的两个极限,粉末生产商通常以 D_{90}尺寸出售粉末,例如,D_{90} -22 μm表示其中 90% 的颗粒粒径小于 22 μm,但是需要注意的是有些粉末以 D_{80}尺寸出售,即 80% 的颗粒粒径小于 22 μm,这意味着D_{80} -22 μm 的粉末粒径比 D_{90} -22 μm 的粉末粒径大。

如果两批粉末的 D_{50}相同,但是由于 D_{10}和 D_{90}值的不同,这批粉末在混合、成型和烧结过程中会表现出很大的差异。较小的 D_{10}粉末包含更多的颗粒,烧结效果较好,但是在黏结剂体系中的装载能力较差;较大的 D_{90}粉末粒径较大,烧结效果较差,并且随着颗粒尺寸的增大单位体积内粉末的接触面积减小,可能会出现变形和开裂。这些问题对气雾化粉末影响不会太大,但是其他方法制备的粉末,尤其是采用研磨方法获得的小粒径粉末,其 D_{10} 和 D_{90} 值可能大不相同,从而导致工艺困难或两个批次粉末的粒径和密度相差很大。在研磨过程中从集尘器中收集金属注射成型粉末,因此随着研磨条件的变化粉末粒径也会发生变化。了解每批粉末的 D_{10}、D_{50} 和 D_{90} 对于确保所用粉末的一致性以及两批粉末之间的一致性至关重要。

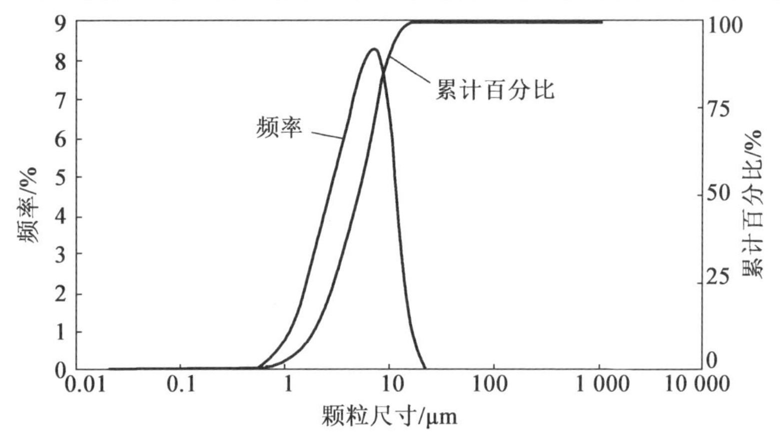

图3.2 典型 MIM 粉末粒度分布($D_{10} \approx 2$ μm,$D_{50} \approx 5$ μm,$D_{90} \approx 10$ μm)

3.2.3 形状

球形粉末是获得高堆积密度和提高 MIM 喂料流动性的首选,然而形状略微不规则的粉末能提高注射件的保形性,通过减小粉末粒径以提高单位体积内粉末的接触面积可以提高球形颗粒的形状保持能力。图3.3所示为颗粒形状对单粒度粉末颗粒堆积密度的影响,从图中可以看出,球形粉末含量越高,堆积密度越高,这也意味着 MIM 喂料具有更高的临界粉末装载量。因此,由于球形粉末具有更高的堆积密度和粉末装载量,其收缩趋势比非球形粉末更小。气雾化粉末是球形的,通常具有最大的临界粉末装载量和最小的收缩趋势。由化学反应法或液相沉积法制备的金属颗粒由于粉末装载量最低,通常会产生最大的收缩量。例如,气雾化粉末的固体装载量体积分数为60% ~67%,化学沉淀或氧化还原粉末的固体装载量体积分数在50% ~62%范围内。

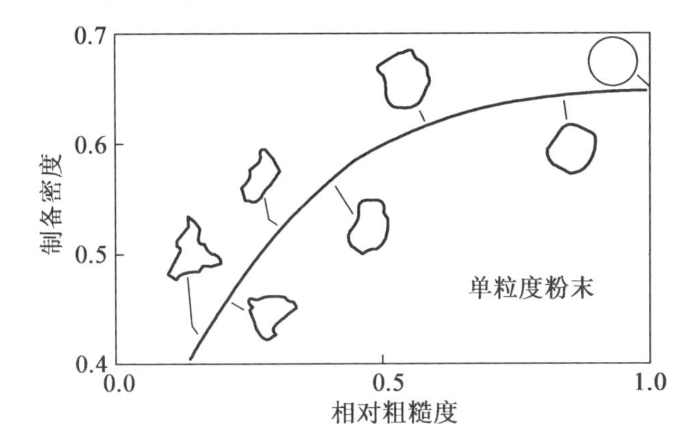

图3.3 颗粒形状对单粒度粉末颗粒堆积密度的影响

3.3 MIM粉末表征

通常用于常规粉末压制的测试方法，如筛析法（MPIF05、ASTM B214、ISO 4497）、流速流量法（MPIF03、ASTM B213、ISO 4490）、自由流动的表观密度法（MPIF04、ASTM B212、ISO 3923－1）不适用于MIM粉末，这些方法适用于较大颗粒，然而，MIM工艺需要更适合较小粉末的表征方法。其他表征技术，如BET（Brunauer－Emmett－Teller）表面积法可能适用于一些独特的应用领域。

3.3.1 比重瓶测量法（MPIF 63、ASTM D2638、ASTM D4892）

比重瓶测量法可以测定粉末的理论密度，也可以用来评价粉末内部封闭孔的多少；例如，如果在不同批次之间观察到比重瓶密度下降，原因可能是制造技术造成的粉末内部空隙。比重瓶测量法还提供了一种实用的方案，以评估粉末在不同批次之间的任何粗略变化。此外，在确定合适的粉末/聚合物混合物或喂料时也会使用比重测量法。粉末和聚合物都可以通过比重瓶测量法来评估，以获得混合物中合适的粉末装载量，实现注射件收缩率的预测；例如，知道材料的密度，可以制备具有准确固体装载量的喂料。通常，模具尺寸由精确的固体装载量和最终烧结密度决定；因此，比重瓶测量法是准确测定喂料特性的重要步骤,可用于最大限度地减少获得工具精确尺寸所需的迭代次数。

3.3.2 表观密度(MPIF 28、48, ASTM B417、B703, ISO 3923-1、3953)

表观密度即粉末的堆积密度,它能够测定松散条件下粉末的单位体积质量。表观密度是对粉末进行的第一次低成本的评估,以确定两个批次之间粉末的一致性。细颗粒粉末的表观密度低,而大颗粒粉末的表观密度高。表观密度的变化也可以评价粉末表面粗糙度的变化,例如雾化粉末的表观密度低,此外如果粉末结块严重,则表观密度也会增加。

3.3.3 振实密度(MPIF 46、ASTM B527、ISO 3953)

振实密度本质上是粉末在量筒中被振实直到看不到明显的体积变化后的堆积密度。自动化设备可以使粉末以50~100次/min的速度进行机械拍打,通常500~1 000次拍打后就足以获得准确的密度。如果自动化设备不可用,也可以用手敲击橡胶垫来进行振实。振实密度提供了有关粉末堆积状况信息,并且可以作为粉末填入原料质量的第一指标。通常,粉末的振实堆积密度越高,随后的金属注射成型固体装载量就越高。

3.3.4 粒度分布(ASTM B822-10、ISO 13320-1)

通常使用激光散射或衍射技术测量MIM粉末的粒度分布(PSD),在这项技术中,衍射光的"光晕"是在悬浮在液体中的颗粒上测量的,本质上,衍射角随着颗粒尺寸的增大而增大。该方法适用于0.1~1 000 μm范围内的颗粒粒度分析。图3.2即为利用该技术测量的MIM粉末典型粒度分布。由于每个设备制造商都使用数字算法将"晕圈"转换为颗粒大小,因此根据所使用的设备,粉末尺寸可能存在差异;然而,对于MIM至关重要的颗粒粒径,在不同的设备上获得的结果是非常相似的。

3.4　MIM 粉末不同制备技术

制备金属注射成型用粉末的方法有很多,这些技术主要包括气雾化、水雾化、热分解、化学还原法等。

当需要在合金中添加少量粉末或在粉末混合物中制备某些特定的合金时,通常使用其他粉末制备方法如机械粉碎/研磨法制备的粉末,对纯钨粉末进行渗碳以生产碳化钨级粉末是一个例外。表 3.1 所示为 MIM 粉末的制备方法和特性,关于粉末的其他制备技术可以在其他地方找到。

对 MIM 粉末的粒径大小和粒度分布进行分级是粉末制备中的一个重要步骤,因为许多 MIM 粉末取自具有不同粒度大小的粉末批次,因此必须确保 MIM 粉末各个批次具有一致性。

表 3.1　MIM 粉末的制备方法和特性

制备方法	相对成本	金属或合金示例	颗粒尺寸/μm	颗粒形状
气雾化	高	不锈钢、超级合金 F75、MP35N、钛、母合金添加剂	5 ~ 45	球形
水雾化	中	除了钛和钛合金,与气雾化相同	5 ~ 45	椭圆形、不规则形状
热分解	中	铁、镍	0.2 ~ 20	球形、针状
化学还原法	高/中	钨、钼	0.1 ~ 10	多边形、球形

3.4.1　气雾化

气雾化是通过感应或其他加热方法熔化金属或合金,然后使熔体通过喷嘴喷出而制备粉末的一种方法。液态金属或合金离开喷嘴后,会受到高速气流的冲击,将熔体破碎成细小的液滴,这些液滴在自由落体过程中凝固成球形颗粒,高速喷出的气体通常是氮气、氩气或氦气,空气也可以用于成型某些特殊粉末。空气雾化颗粒表面氧化程度较高,因此,大多数的工程材料不推荐使用空气进行雾化,特别是那些在后续烧结过程中氧化膜难以去除的材料。气雾化的液滴在一个很大的容器中自由落体,因此其在与容器壁接触之前就会凝固。在雾化过程中,如果在喷嘴附近存在湍流,小的固体颗粒会重新进入雾化熔体中,从而在颗粒表面形成小的凝固粉末,这些不规则的粉末颗粒将干扰粉末填充密度和 MIM 喂料后续的流动性能。通过筛分或者空气分类法可以产生宽粒度分布的气雾化粉末,过大的颗粒可以重新采用雾化法以产生小粒径粉末。图 3.4 所示为典型的气雾化不锈钢粉末的扫描电子显微镜(SEM)图像,这些颗粒具有球形形状、高的表面纯度和高的堆积密度。

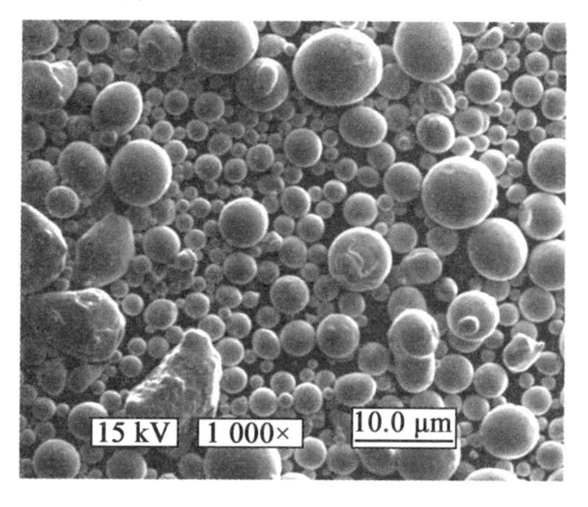

图 3.4 典型的气雾化不锈钢粉末的 SEM 图像

3.4.2 水雾化

水雾化和气雾化的原理基本相似,不同的是利用水而不是气体将金属熔体破碎成细小的颗粒,它是利用高压水射流冲击金属熔体流,将其迅速破碎和固化成粉末。过热熔体经高压水流雾化后会产生大量的细小且呈球形的颗粒,因此在过热温度和高水压下利用水雾化制备金属粉末对于 MIM 来说非常重要。与气雾化一样,对水雾化粉末进行粒度分级是生产 MIM 粉末的重要步骤。图 3.5 所示为典型的水雾化不锈钢粉末的 SEM 图像,这些颗粒形状不太规则,相比于气雾化,水雾化粉末颗粒表面氧化更严重。不规则形状的颗粒对于注射件脱脂时的保形性有一定的优势,水雾化生产效率远高于气雾化生产效率,因此水雾化粉末的制备成本比气雾化粉末的制备成本低很多。

图3.5　典型的水雾化不锈钢粉末的SEM图像

3.4.3　热分解

热分解是一种由热量引起的化学分解,通常用于生产金属注射成型用的镍粉和铁粉。钨粉和钴粉也可以利用这种技术来制备。热分解生产的粉末纯度大于99%,粒径在0.20～20 μm范围内。在这个过程中,金属在高压和高温下与一氧化碳反应生成金属羰基,这种金属羰基液体被提纯、冷却,然后在催化剂的作用下重新加热,导致蒸气凝结成粉末。图3.6所示为典型的热分解羰基铁粉的SEM图像。这些粉末中通常含有碳杂质,在使用前、烧结过程中必须在氢气中还原,或者作为低合金钢的合金成分进行计算;如果粉末在金属注射成型之前进行还原,由于颗粒在还原过程中黏结在一起,因此必须通过研磨以消除颗粒聚集。此外,这些还原粉末的烧结活性不如未还原的粉末大,因为在还原过程中,细小的颗粒会充分烧结或被较大的颗粒同化。

3.4.4　化学还原法

化学还原法是已知的最古老的粉末生产方法之一。该方法首先将氧化物提纯,然后利用诸如碳的还原剂与其反应生成一氧化碳或二氧化碳以将其还原,氢气也可以用来将氧化物还原为金属粉末。为了减小颗粒的尺寸,还原反应是在较低的温度下进行的,但是反应速率较低。使用较高的温度可以加速这一反应进程,但是较高的温度会导致颗粒产生扩散结合,随后必须通过研磨或碾磨至足够细的粒度来去除这种附聚物。如果颗粒没有被粉碎,则聚集的粉末无法正常装载在黏结剂体系中,从而导致注射成型过程中喂料的黏度高且喂料不均匀。图3.7所示为典型的化学还原法钨粉的SEM图像。

图3.6　典型的热分解羰基铁粉的SEM图像

图3.7　典型的化学还原钨粉的SEM图像(12.0 kV,2 000×)

3.5　不同的合金化方法

在金属注射成型中主要有3种合金化方法:元素合金法、预合金法和母合金法。对于金属注射成型来说,粉末类别与其选用的合金化方法密切相关,因为这些粉末要么完全符合所需的化学计量比,要么必须混合以获得适当的化学计量比;因此,要选择合适的合金粉末,就必须知道它们是如何合金化的。

3.5.1 元素合金法

元素合金法需要将元素粉末按适当的比例混合以获得所需的化学计量比。气雾化法用于制备铜或钛合金;热分解法用于制备羰基铁和羰基镍合金;化学还原法用于制备钨和钼合金。例如对于镍钢,混合物可以是羰基铁和羰基镍,其中碳可以直接从未还原的羰基铁的碳杂质中获得。铁和镍的混合物也可以用来制造磁性50Fe/50Ni。电解铬粉或研磨铬粉可以加入到铁中形成钢和不锈钢。重合金也是利用元素混合物制备得到的,例如在化学还原的钨中添加羰基铁粉和羰基镍粉。从业者必须密切监控每个批次粉末的颗粒规格,因为制造这些颗粒的方法可能会产生不同的颗粒尺寸分布,即使它们均符合生产商的制造标准。不同批次粉末中添加元素质量分数为3% ~5%时,对于混合物的黏度和烧结性能影响不大;然而如果添加元素是混合物中的主要成分,则不同批次粉末颗粒尺寸的变化可能会影响零件的可制造性,即注射成型零件的一致性、烧结密度和尺寸。

3.5.2 预合金法

预合金法是利用精确化学计量的粉末制备目标合金。预合金化粉末的制备方法通常是气雾化或水雾化。预合金的例子有不锈钢、超级合金和钛合金,这些合金的粒度通常是高度一致的。

3.5.3 母合金法

母合金法是使用气雾化或水雾化粉末与元素添加剂粉末混合制备合金的方法,其中气雾化或水雾化粉末富含某些合金元素。例如,将一部分的气雾化55Cr38Ni7Mo母合金和两种羰基铁粉混合以制备316L不锈钢;当元素添加剂粉末与雾化粉末混合并合金化时,元素添加剂粉末被稀释到所需的化学计量比。大多数不锈钢和一些低合金钢常用这种方法制备,不锈钢的性能略差。然而,母合金法中使用的微细羰基粉末提高了注射坯的脱脂强度,因为更细的元素粉末的颗粒尺寸更小,所以提供了更多的颗粒间接触面积和更低的烧结温度。在选择元素添加剂时要小心,例如采用未还原的羰基铁粉成型不锈钢,除非选择合适的烧结循环以在气孔闭合之前还原该粉末,否则在烧结过程中碳可能无法完全去除掉。

本章参考文献

[1] Baum, L. W. ,Wright, M. (1999). Composition and process for metal injection molding. US Patent 5,993,507.

[2] Bohse, J. , Grellman, S. ,Seidler, S. (1991). Micromechanical interpretation of fracture toughness of particulate filled thermoplastics. Journal of Materials Science, 26, 6715 – 6721.

[3] Brown, G. G. (1950). Unit operations. New York: Wiley.

[4] German, R. M. (1989). Particle packing characteristics (p. 123). Princeton, NJ, USA: MPIF.

[5] German, R. M. (2005). Powder metallurgy and particulate materials processing (pp. 55 – 90). Princeton, NJ, USA: MPIF.

[6] German, R. M. ,Bose, A. (1997). Injection molding of metals and ceramics (p. 67). Princeton,NJ, USA: MPIF.

[7] Heaney, D. , Mueller, T. ,Davies, P. (2004). Mechanical properties of metal injection molded 316L stainless steel using both prealloy and master alloy techniques. Journal of Powder Metallurgy, 47(4), 367 – 373.

[8] Heaney, D. , Zauner, R. , Binet, C. , Cowan, K. ,Piemme, J. (2004). Variability of powder characteristics and their effect on dimensional variability of powder injection molded components. Journal of Powder Metallurgy, 47(2), 145 – 150.

[9] Lassner, E. ,Schubert, W. D. (1999). Tungsten (pp. 324 – 344). New York: Kluwer Academic/Plenum Publishers.

[10] Tan, L. K. ,Johnson, J. L. (2004). Metal injection molding of heat sink. Electronics Cooling 1 November.

第4章　金属注射成型黏结剂配比及喂料制备

4.1　概　　述

在金属注射成型工艺中,黏结剂起着至关重要的作用。黏结剂通常由多种聚合物混合而成,包括一种主要相和几种添加相(如分散剂、稳定剂和增塑剂)。黏结剂的主要作用是在注射过程中增加粉末的流动性以便于成型以及在成型后为零件提供一定的强度,黏结剂作为一种中间成分,不仅能够成型金属粉末,而且在烧结开始前都能使之保持一定的形状。将黏结剂和金属粉末混合可以制得喂料,其是用作金属注射成型的喂料。黏结剂的去除是在注射成型后和烧结开始前完成的。

黏结剂的性能会影响金属颗粒的分布、注射成型过程、注射件的尺寸以及烧结件的最终性能。表4.1总结了金属注射成型理想黏结剂体系特点。黏结剂与金属颗粒之间应具有较小的接触角,因为较小的接触角会使黏结剂能更好地润湿粉末表面,从而有助于混炼与注射成型。黏结剂和金属颗粒之间应相互保持惰性,即黏结剂不应与金属颗粒发生反应,而金属颗粒不应使黏结剂发生聚合或降解。黏结剂与粉末的混合物即喂料应满足各种流变学要求,以成功成型出不含任何缺陷的零件。喂料的黏度应在一个合理的范围内,以使注射成型顺利进行,喂料黏度过低在成型过程中会导致粉末与黏结剂发生两相分离,喂料黏度过高会影响混合和注射成型过程。除了要求成型过程中喂料黏度在一个理想的范围内外,还要求喂料在冷却时黏度能大幅增加,这有助于在冷却过程中注射坯保持一定的形状。

表4.1 金属注射成型理想黏结剂体系特点

项目	理想特性
与粉末间的相互作用	接触角小、与粉末的黏结性能好、与粉末不发生化学反应
流动特性	在成型温度下黏度低、成型过程中黏度变化小、冷却时黏度迅速增加、分子小且可填充颗粒间隙
脱脂性	降解温度高于注射和混料温度,不同组元具有不同的分解温度性质,燃尽后残余碳含量低,分解产物无毒、无腐蚀性
制造工艺性	容易获得且生产成本低、保质期长、安全环保、不因循环加热而降解、高强度和高硬度、低热膨胀系数、易溶于常规溶剂、高润滑性、分子链较短、无取向分布

黏结剂在脱脂过程中应具有快速去除且不会使注射件产生缺陷的特性。在脱脂阶段生坯最容易形成缺陷,这是因为随着提供强度的黏结剂被去除,生坯产生缺陷的可能性逐渐增加:在热脱脂的初始阶段没有形成开口的孔隙,导致注射件产生裂纹、起泡等缺陷;注射件内部聚合物降解生成的产物来不及排出而产生的应力会导致零件产生缺陷。为了避免这种情况,一般将黏结剂设计成多个组分,这些组分在不同的温度下分解,在这种情况下,脱脂过程可分为两个阶段:在第一阶段黏结剂体系的低熔点组元被去除,使生坯产生开放的孔隙,在这一过程中黏结剂体系剩余的组元为注射件提供强度并使之保持一定的形状;在第二阶段,黏结剂体系的其他组元被逐渐去除。两步脱脂法能使黏结剂从注射件中更快地去除。黏结剂还应具有可完全分解而不残留碳的特性,在热脱脂过程中黏结剂分解产生的产物也应对设备无腐蚀性。

用于金属注射成型的黏结剂应该容易获得,成本低,具有较长的保质期;浇口和流道废料在注射成型过程中应能重复使用,黏结剂应具有良好的可回收性,不应在循环再加热时发生降解;黏结剂应具有高导热系数和低热膨胀系数,以防止由于热应力而形成的缺陷。

单一的黏结剂很难满足喂料的所有特性,注射成型过程中使用的黏结剂体系通常包含多种成分,每种成分执行特定的功能。黏结剂体系通常包含一个主要成分,其他成分作为添加剂,以获得所需的喂料特性。

4.2　黏结剂化学特性和组成

4.2.1　黏结剂化学性质

聚合物根据其化学性质和相变的可逆性可分为热塑性材料和热固性材料。聚乙烯、聚丙烯、聚苯乙烯和蜡是典型的热塑性聚合物，其中结晶聚合物的链长较短，无定形聚合物的链长较长，无定形聚合物比结晶聚合物延展性更高，它们在高温环境下表现出不同的特性，如图4.1所示。相对分子质量低于 M_1 的聚合物熔点范围较窄，在脱脂过程中会造成形状缺陷；相对分子质量大于 M_2 的聚合物在高温下才具有一定的黏度，但是温度过高会使聚合物降解；因此，在理想情况下用作黏结剂的聚合物相对分子质量应该在 M_1 和 M_2 之间。

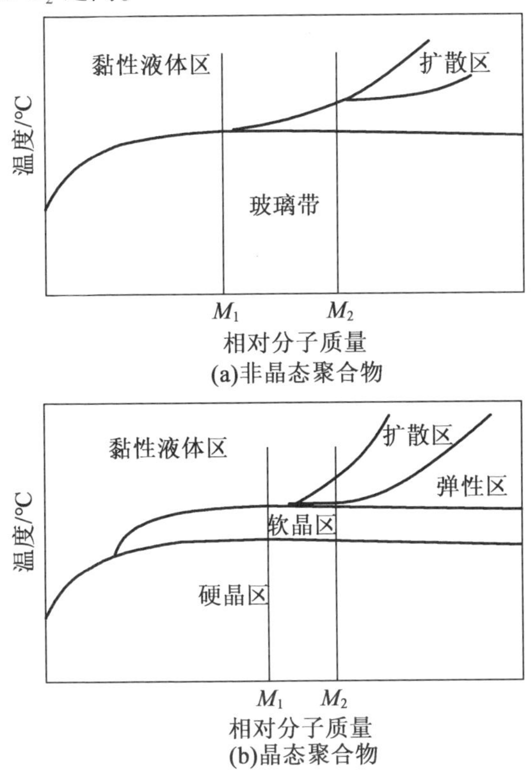

图4.1　非晶态和晶态聚合物相对分子质量随温度的关系

聚合物在玻璃化转变温度(T_g)以上会软化并且黏度增加,在玻璃化转变温度以下呈脆性。聚合物的各种性质,如体积、热膨胀系数和热焓在玻璃化转变温度附近会发生重大变化。聚合物的熔点和抗拉强度取决于分子质量,即聚合物的链长,这两个参数随聚合物分子质量的变化如图4.2所示。聚合物的黏度(η)还取决于相对分子质量(M),其关系为

$$\eta = \kappa M^{\alpha} \tag{4.1}$$

式中,κ 和 α 为常量,对于注射成型过程中使用的聚合物,α 的值非常接近1。

小分子链状聚合物因其相对分子质量低,在注射成型中更受青睐。蜡也因其为热塑性聚合物且分子质量和熔点低而被广泛使用。蜡是天然存在的酯类化合物,可从长链醇和羧酸中获得,石蜡、蜂蜡和巴西棕榈蜡是典型的蜡类聚合物,这3种蜡的熔点都低于100 ℃。

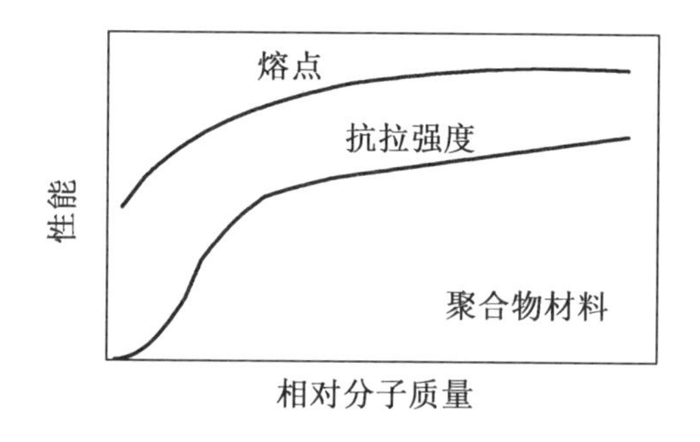

图4.2 聚合物熔点和抗拉强度随相对分子质量的变化

热固性聚合物在高温下会发生聚合物单元的交联,这种交联将导致聚合物形成三维刚性结构,刚性结构一旦形成,在重新加热时不会解交联。热固性聚合物在加热时直接蒸发,不发生熔化或软化。由于热固性聚合物不会熔化,使用热固性聚合物可以避免在脱脂过程中由聚合物软化而引起的形状塌缩,热固性聚合物在加热时的交联可以在脱脂过程中为注射件提供强度,脱脂强度的增加对于保持注射件的形状是有效的。然而,热固性聚合物在金属注射成型中很少使用,因为在加热时形成的不可逆的刚性结构将导致注射成型过程中的浇口和流道废料不能回收利用。热脱脂过程中很难完全脱除热固性聚合物,在注射件中会残留一些碳;因此,当在烧结过程中需要残碳时,使用热固性聚合物。

4.2.2 黏结剂组成

分散剂、增塑剂、稳定剂和分子间润滑剂是金属注射成型过程中常见的黏结剂体系添加剂。在黏结剂中加入分散剂,可以增强粉末在黏结剂体系中的分布均匀性,分散剂具有用粉末/黏结剂界面代替粉末/粉末和粉末/空气界面的独特能力,分散剂的加入为黏结剂与粉末的黏合创造了有利条件,因此增加了固体粉末的装载量。硬脂酸锌是金属注射成型中常用的分散剂。

在黏结剂体系中加入增塑剂,可以改善注射成型过程中喂料的流动性。樟脑、邻苯二甲酸二甲酯和邻苯二甲酸二丁酯是金属注射成型中使用的一些增塑剂。增塑剂分子中含有环状原子基团,这些环状原子基团将减少黏结剂分子间的摩擦,增加黏结剂体系的流动性。在黏结剂体系中加入稳定剂,主要目的是防止颗粒聚集。稳定剂必须与粉末颗粒紧密结合,并在黏结剂体系中有良好的分散性,以防止由于粉末颗粒接近而结块,金属粉末颗粒表面也应完全被稳定剂覆盖。

分子间润滑剂增强了喂料的流动性。分子间润滑剂的分子质量比聚合物低得多,因此在成型温度下的黏度比基础相聚合物低得多;分子间润滑剂减少了颗粒表面吸附层与黏结剂分子之间的摩擦力。硬脂酸、蜡E、蜡OP等是一些常见的分子间润滑剂。

4.3 黏结剂性能及对喂料的影响

对于设计和加工工程师来说制造没有缺陷的金属注射成型零件是一个挑战。此外,在进行金属注射成型仿真或相关试验时,通常需要测量材料的物理量、热学量流变学性质、力学性质和压力-体积-温度(PVT)等参数。以下各节将讨论如何使用试验数据结合半经验模型来估计喂料性质与喂料组成之间的函数关系。此外,本节还讨论了各种喂料性能对注射工艺和零件质量的影响。随后,提出了黏结剂去除面临的挑战和在脱脂过程中观察到的缺陷。

4.3.1 流动性:流变学是剪切速率、温度和粒子属性的函数

在注射成型过程中,喂料的流变特性,特别是喂料的黏度在充模过程中起着至关重要的作用。喂料黏度随着金属颗粒含量的增加而增加,当喂料的剪切应力超过屈服应力时才能发生黏性流动。毛细管流变仪和扭矩流变仪可用于测量喂料的流变特性,迫使喂料通过毛细管流变仪的一个小间隙即可测量喂料的压降和流速,扭矩流变仪可测量喂料在不同混合时间下所需的混合扭矩。毛细管流变仪是首选且广泛应用于喂料特性表征的工具,因为其测试条件(剪切速率、黏度)与喂料在注射成型过程中所经历的条件非常接近,喂料在金属注射成型过程中的充模和喂料通过毛细管流变仪的流动行为十分相近。

相对黏度是喂料的黏度相对于黏结剂的黏度,喂料相对黏度随着金属粉末含量的增加而增加,当金属粉末的含量达到极限值时,相对黏度变为无穷大,在极限值时,喂料变得僵硬而难以流动,在此极限下,喂料中的金属粉末含量称为临界固体装载量。对于单一尺寸的球形粉末来说,其临界固体粉末体积分数为63.7%。Einstein 根据以下方程估算了随机分布的单一尺寸球形粉末的装载量对液体黏度的影响,即

$$\eta_r = 1 + 2.5\varphi \tag{4.2}$$

式中,η_r 为相对黏度;φ 为粉末装载量。

Einstein 建立的方程可用于粉末装载量小于15%的情况。为估计喂料相对黏度随粉末装载量的变化,人们进行了各种模拟研究,根据这些研究得出的一些方程如下:

$$\eta_r = A(1 - \varphi_r)^{-n} \tag{4.3}$$

$$\eta_r = A\varphi/(1 - B\varphi) \tag{4.4}$$

$$\eta_r = (1 - \varepsilon\varphi)^{-2} \tag{4.5}$$

$$\eta_r = 1 + A\varphi_r + B\varphi_{r^2} \tag{4.6}$$

$$\eta_r = \left[A/\left(1 - \frac{\varphi}{\varphi_{max}}\right)\right]^2 \tag{4.7}$$

$$\eta_r = A\varphi^2/[1 - \varphi_r^n] \tag{4.8}$$

$$\eta_r = \left(1 - \frac{\varphi}{\varphi_{max}}\right)^{-2} \tag{4.9}$$

$$\eta_r = (1 + A\varphi_r)/(1 - \varphi_r) \tag{4.10}$$

$$\eta_r = (1 - \varphi - A\varphi^2)^{-n} \tag{4.11}$$

$$\eta_r = C\{(\varphi/\varphi_{max})^{1/3}/[1 - (\varphi/\varphi_{max})]^{1/3}\} \tag{4.12}$$

式中，η 为混合物黏度；η_r 为相对黏度；φ 为粉末体积分数；φ_{max} 为粉末最大体积分数；φ_r 为相对粉末装载量(φ/φ_{max})；A、B 和 n 为常数。

用来估算喂料相对黏度的模型必须满足一定的条件。单一黏结剂的相对黏度为1，固体粉末体积分数为0时，黏度的一阶导数必须等于2.5，在最大粉末装载量时，相对黏度应无穷大，即

$$\lim \varphi \to 0[\eta_r] = 1.0 \tag{4.13}$$

$$\lim \varphi \to 0\left[\frac{d\eta_r}{d\varphi}\right] = 2.5 \tag{4.14}$$

$$\lim \varphi \to \varphi_{max}[\eta_r] = \infty \tag{4.15}$$

式(4.16)列出了根据试验研究估算的相对黏度随相对粉末装载量变化的最准确的模型。

$$\eta_r = \eta/\eta_b = A(1-\varphi_r)^{-n} \tag{4.16}$$

式中，η_r 为相对黏度；φ_r 为相对粉末装载量；指数 n 等于2.0；系数 A 通常接近1。

式(4.16)所示各种体系的相对黏度变化如图4.3所示。

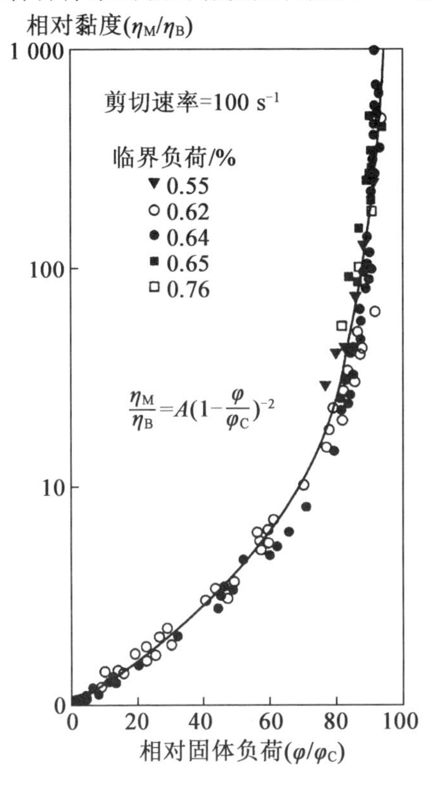

图4.3　根据方程估算的喂料相对黏度随固体粉末装载量的变化

1. 剪切速率的影响

金属注射成型喂料的黏度对剪切速率非常敏感。在较低的剪切速率下,喂料有一个屈服点,对应于非常高的黏度。当应力超过屈服点时,喂料的黏度随剪切速率的进一步增加而降低。在较高的剪切速率下,颗粒之间彼此滑动时体积增大(膨胀),导致黏度增加。在低的粉末装载量条件下,由于液态黏结剂含量高,颗粒有序性差,不存在剪切膨胀现象。与单分散体系相比,多分散体系的黏度随剪切速率变化而变化,在多分散体系中也不存在膨胀过程。表面活性剂虽然降低了喂料的黏度,但对黏度-剪切速率曲线的形状没有影响。

Cross-WLF模型可用于模拟任何给定的粉末-聚合物混合物对剪切速率的黏度依赖关系,计算公式为

$$\eta = \frac{\eta_0}{1 + \left(\frac{\eta_0 \gamma}{\tau^*}\right)^{1-n}} \tag{4.17}$$

式中,η 为熔体黏度(Pa·s);η_0 为零剪切黏度;γ 为剪切速率(s^{-1});τ^* 为向剪切变薄过渡的临界应力水平,由曲线拟合决定;n 为高剪切速率状态下的幂律指数,也由曲线拟合决定。

2. 温度的影响

喂料的黏度随温度的升高而降低,与纯黏结剂相比,喂料黏度随温度升高而下降。喂料黏度下降幅度较大是黏结剂黏度下降和黏结剂与粉末热膨胀系数不同导致固体体积分数变化的综合作用结果。在注射成型过程中,可以利用喂料在较高温度下黏度较低来增加固体粉末装载量,由于在高温下黏度较低,喂料的混合也较容易。然而,在更高的温度下对喂料进行注射成型时,由于需要较长的冷却时间,因此会增加加工时间,而且由于较高的加工温度使黏结剂冷却时收缩较大,也会造成成型样品的缺陷。

任何粉末-聚合物混合物的黏度对温度的依赖性都可以用式(4.18)进行计算。

$$\eta_0 = D_1 \exp\left[-\frac{A_1(T - T^*)}{A_2 + (T - T^*)}\right] \tag{4.18}$$

式中,T 为温度(K);T^*、D_1 和 A_1 分别为曲线拟合系数;A_2 为WLF常数,假设为51.6 K。

这些系数的值可以通过对不同体积分数粉末-聚合物的估计黏度进

行曲线拟合得到，相关实例见表4.2。

表4.2　相关文献中MIM中常用的黏结剂和金属的材料特性

材料	化学式	密度 /$(g \cdot cm^{-3})$	比热容 /$(J \cdot g^{-1} \cdot ℃^{-1})$	热导率 /$(W \cdot m^{-1} \cdot K^{-1})$	热膨胀系数 /$\times 10^{-6}K$	弹性模量 /GPa
蜡聚合物		0.88	3.16	0.19	—	2.56
铝	Al	2.7	0.900	180	23	70
铜	Cu	8.75	0.385 (0～100 ℃)	360	13	130
殷钢	Fe－36Ni	8	0.515	20	5	205
可伐合金或F15	Fe－29Ni－17Co	7.7	—	17	4.9	200
钼铜合金	Mo－15Cu	10	—	170	7	280
钼铜合金	Mo－20Cu	9.9	—	145	6.5	280
钨铜合金	W－10Cu	17	0.160 (0～100 ℃)	209	6	340
钨铜合金	W－20Cu	16	—	247	7	290
钨铜合金	W－30Cu	14	—	260	11	260
钴铬合金或F75	Co－28Cr－4W－3Ni－1C	8.80	—	14.7	12.8 (20～100 ℃)	235
哈氏合金(HT)	Ni－22Cr－18.5Fe－9Mo－1.5Co－0.6W	5.20	0.427	7.20 (168 ℃)	11.2 (24～93 ℃)	205
铬镍铁合金718(HIP、HT)	Ni－19Cr－18Fe－5Nb－3Mo－1Ti－0.4Al	8.23	—	11.4 (室温)	12.8 (25～100 ℃)	200
马氏体时效钢(HT)	Fe－18Ni－9Co－5Mo－0.5Ti－0.1Si	8.10	—	14.2 (室温)	11.3 (25～100 ℃)	190

续表 4.2

材料	化学式	密度 /(g·cm⁻³)	比热容 /(J·g⁻¹·℃⁻¹)	热导率 /(W·m⁻¹·K⁻¹)	热膨胀系数 /×10⁻⁶K	弹性模量 /GPa
不锈钢 17-4PH (HT)	Fe-16Cr-4Ni-4Cu-0.3Nb-0.8Si	7.81	0.460 (20 ℃)	14 (室温)	10.8 (25~100 ℃)	190
不锈钢 304L	Fe-18Cr-8Ni	8.00	0.500	16.3 (室温)	—	190
不锈钢 316L	Fe-17Cr-12Ni-2Mo-2Mn	8.01	0.500 (0~100 ℃)	15.9 (室温)	17	190
不锈钢 410(HT)	Fe-11Cr-0.5C	7.86	0.460	24.9 (室温)	9.90	190
不锈钢 420(HT)	Fe-13Cr-1Mn-1Si	7.86	0.460	24.9	12.2	190
不锈钢 440C(HT)	Fe-17Cr-1Mn-1C	7.86	0.460	25	10.2	200
钢 1060	Fe-0.6C	7.85	0.502	49.8	11	200
钢 4140 (HT)	Fe-1Cr-0.4C	7.85	0.473	42.6 (100 ℃)	12.2	190
钢 4340 (HT)	Fe-2Cr-1Ni-1Mn-0.4C	7.85	0.475	44.5	12.3 (20 ℃)	205
钛	Ti	4.51	0.528	17.0	8.90 (20~100 ℃)	116
钛-5-2.5	Ti-5Al-2.5Fe	4.45	0.529	17	11.9	112
钛-6-4	Ti-6Al-4V	4.51	0.526 3	6.70	8.60	113.8
工具钢 M2(HT)	Fe-6W-5Mo-4Cr-2V-1C	8.14	0.418	22	11.5	207

续表 4.2

材料	化学式	密度 /(g·cm^{-3})	比热容 /(J·g^{-1}·℃$^{-1}$)	热导率 /(W·m^{-1}·K^{-1})	热膨胀系数 /10^{-6}K	弹性模量 /GPa
钨合金	W－5Ni－2Cu	17.9	—	23	5.40	276
钨合金	W－4Ni－1Fe	17.9	—	26	4.60	345
钨合金	W－5Ni－2Fe	17.494	—	20	4.62	324

3. 粉末属性的影响

喂料黏度随金属颗粒粒径的减小而增大，较小的金属颗粒具有较高的比表面积和颗粒间摩擦力，这些特性导致喂料的黏度较高。具有高堆积密度的粉末需要较少的黏结剂就能达到成型所需的黏度，填充性能好的粉末可以显著提高固体粉末装载量。对于任何给定的固体粉末装载量，可以通过调控具有较大粒径差异的粉末配比以提高堆积密度并降低喂料黏度。图 4.4 所示为固体粉末装载量为 55%、粒径比为 21 的具有球形双峰粒度分布的混合物相对黏度随小粒径粉末质量分数的变化。混合物的相对黏度随着小粒径粉末质量分数的增加先降低至最小值，然后逐渐增加。

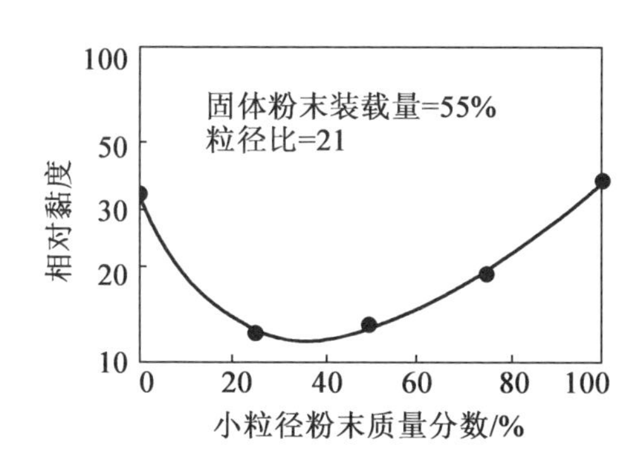

图 4.4　混合物相对黏度随小粒径粉末质量分数的变化

金属颗粒的形状对喂料的相对黏度有显著影响，不规则形状的粉末具有高的颗粒间摩擦力和低的填料密度，导致喂料具有高的黏度。小粒径球形粉末由于具有良好的流动性和低的颗粒间摩擦力，因此是理想的注射成型用料。球形粉末具有最大的临界固体装载量，随着粉末球形度的减小，其临界固体粉末装载量也减小。粉体团聚也会导致喂料黏度的增加，且黏度随团聚体尺寸和团聚体中粉末颗粒含量的增加而增大。不同颗粒形状粉末的黏度随固体粉末装载量的变化如图4.5所示。

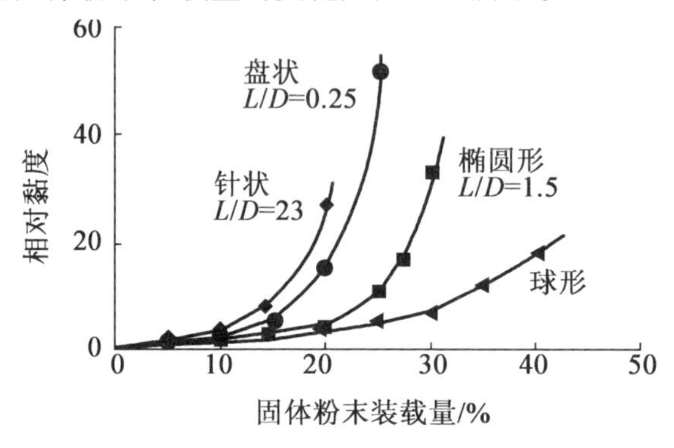

图4.5　不同颗粒形状粉末的黏度随固体粉末装载量的变化

4.3.2　固化度:导热系数、热容

在注射成型过程中,成型后的零件在外压力作用下在模具中冷却,一旦注射件完全冷却,压力就会解除。由于黏结剂和金属粉末的热性能差异,注射件在冷却过程中产生内应力,随着注射件从模具中顶出,这些内应力就会使其发生变形。因此喂料应具有在冷却时黏度显著增大的特点,以避免注射件在冷却和后续处理过程中产生变形。根据混合规律对喂料的热性能提出了一个较好的估计模型,公式为

$$A_f = A_b + \varphi(A_m - A_b) \tag{4.19}$$

式中,A_f 为喂料的热性能;A_b 为黏结剂的热性能;A_m 为金属粉末的热性能;φ 为固体粉末装载量。

喂料应具有高的热导率以尽量避免注射件收缩导致的裂纹,喂料的热导率在黏结剂和金属粉末之间,其导热系数(k_f)可用如下公式估计:

$$k_f = k_b(1 + A\varphi)/(1 - B\varphi) \tag{4.20}$$

式中,k_b 为黏结剂的导热系数;A 和 B 为常数;φ 为固体粉末装载量。

MIM中使用的蜡聚合物黏结剂的Cross - WLF常数见表4.3。对于新的原料开发,可以使用式(4.20)来估计原料的热导率以及表4.3中规定的黏结剂和金属粉末的导热系数。原料的比热容可以根据表4.4中改进的混合物规则来估算。

$$c_{pf} = [c_{pb}X_b + c_{pp}X_p] \times [1 + A \times w_b w_p] \tag{4.21}$$

式中，c_{pf} 为原料比热容；c_{pb} 为黏结剂比热容；c_{pp} 为金属粉末比热容；球形粉末常数为0.2；w_b 和 w_p 为黏结剂和金属粉末的质量分数。

蜡聚合物和聚缩醛黏结剂系统以及MIM中使用的典型金属粉末的黏结剂比热容见表4.2。对于新原料的开发，可以使用式(4.19)来估算原料的比热容以及表4.2中的黏结剂和金属粉末比热容，用于原料固体的装载。当不同金属粉末加入到不同黏结剂中时，不同金属原料的比热容变化如图4.6所示。基于修正后的混合物规则的估计与原料热容的测量值具有很好的一致性。

表4.3　MIM中使用的蜡聚合物黏结剂的Cross－WLF常数

Cross－WLF常数	蜡聚合物黏结剂
n	0.4
τ/Pa	793.46
D_1/(Pa·s)	4.29×10^{23}
T^*/K	333
A_1	78.13
A_2/K	51.6

表4.4　MIM中使用的蜡聚合物黏结剂的热性能

温度/K	比热容 c_p /(J·kg^{-1}·K^{-1})	温度/K	热导率 /(W·m^{-1}·K^{-1})
283	2 080	316	0.195
298	3 360	356	0.182
331	4 640	377	0.176
374	3 490	397	0.171
423	2 530	436	0.162

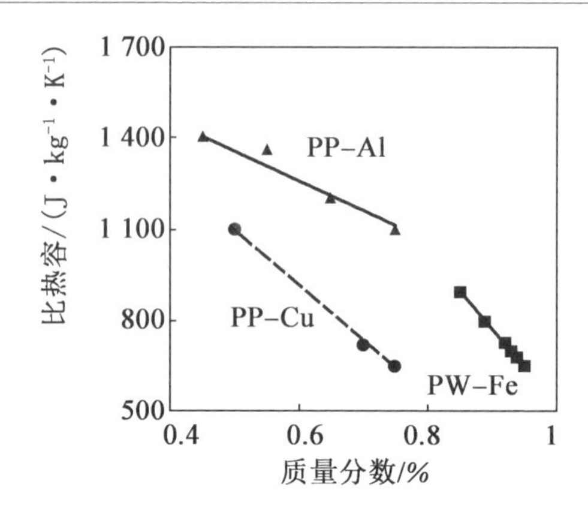

图4.6 各种金属粉末黏结剂系统的原料比热容随填料质量分数的关系

4.3.3 缩和翘曲:密度、PVT 参数和模量

在 MIM 中,零件质量、收缩度和翘曲分别受密度、PVT 参数(比体积与温度和压力的函数)和原料模量的影响。后面介绍的模型有助于预测作为成分函数的原料的密度、比体积和模量。

1. 密度

黏结剂和金属粉末的密度差异会影响成型零件的密度,零件的有效质量可以通过将模具型腔体积乘以原料密度来计算。此外,零件密度会随原料中固体负载的变化而变化,原料密度(ρ_f)可以使用混合物的逆规则来估计,即

$$\frac{1}{\rho_f}=\frac{w_b}{\rho_b}+\frac{w_p}{\rho_p} \tag{4.22}$$

式中,ρ_f 为原料密度;ρ_b 为黏结剂密度;ρ_p 为金属粉末密度;w_b 和 w_p 分别为黏结剂和金属粉末的质量分数。

蜡聚合物黏结剂系统的黏结剂密度和 MIM 中使用的典型金属的金属粉末密度见表4.2。对于新原料的开发,原料密度可以通过使用式(4.22)以及表4.2中的黏结剂和金属粉末密度来估计。ρ_f 可用于任何原料固体装载量,以测量给定模腔的预期零件质量并确定注射成型尺寸。

2. PVT 参数

状态方程(PVT)参数有助于预测注射成型中给定压力-温度组合下的收缩量。比体积是密度的倒数,原料比体积可以通过使用如下简单的混

合规则来估算：

$$\nu_f = [\nu_b w_b + \nu_p w_p] \tag{4.23}$$

式中，ν_f 为原料比体积；ν_b 为黏结剂比体积；ν_p 为金属粉末比体积；w_b 和 w_p 为黏结剂和金属粉末的质量分数。

表4.2所示为MIM中使用的典型金属粉末的比热容以及蜡聚合物和聚缩醛黏结剂体系的黏结剂比热容。为了估计给定压力－温度组合下的比热容，可以使用双域Tait方程，参数见表4.5。

$$\nu(T,p) = \nu_o(T)\left[1 - C\ln\left(1 + \frac{p}{B(T)}\right) + \nu_t(T,p)\right], \text{当 } T > T_t \tag{4.24}$$

$$\nu_o = b_{1m} + b_{2m}(T - b_5); B(T) = b_{3m}e^{[-b_{4m}(T-b_5)]}; \nu_t(T,p) = 0, \text{当 } T < T_t \tag{4.25}$$

$$\nu_o = b_{1s} + b_{2s}(T - b_5); B(T) = b_{2s}e^{[-b_{4s}(T-b_5)]}; \nu_t(T,p) = b_7 e^{[b_8(T-b_5)-(b_9 p)]} \tag{4.26}$$

$$T_t(p) = b_5 + b_6(p) \tag{4.27}$$

式中，$\nu(T,p)$ 为给定温度和压力下的比体积；ν_o 为零表压下的比体积；T 为温度(K)；p 为压力(Pa)；C 为常数，假定为0.089 4。

参数 B 说明了材料的压力敏感性，并分别为固体和熔体区域定义。对于 $T > T_t$（体积转变温度）时 B 的上限，则由式(4.25)给出。b_{1m}、b_{2m}、b_{3m}、b_{4m} 和 b_5 是曲线拟合系数。对于下界，当 $T < T_t$ 时，参数 B 由式(4.26)给出。b_{1s}、b_{2s}、b_{3s}、b_{4s}、b_5、b_7、b_8 和 b_9 是曲线拟合系数。式(4.27)可以给出体积转变温度 T_t 对压力的依赖性。对于在给定温度压力组合下的任何固体原料负载，可以使用式(4.23)～(4.27)以及分别来自表4.2和表4.3的黏结剂和金属粉末比体积来估算原料比体积。

表4.5　文献中MIM使用的蜡聚合物黏结剂的双域Tait常数

双域Tait常数	蜡聚合物黏结剂
b_5/K	336.15
b_6/(K·Pa^{-1})	1.47×10^{-7}
b_{1m}/(m^3·kg^{-1})	1.26×10^{-3}
b_{2m}(m^3·kg^{-1}·K^{-1})	1.34×10^{-6}
b_{3m}/Pa	1.26×10^{8}

续表 4.5

双域 Tait 常数	蜡聚合物黏结剂
b_{4m}/K^{-1}	5.87×10^{-3}
$b_{1s}/(m^3\cdot kg^{-1})$	1.17×10^{-3}
$b_{2s}(m^3\cdot kg^{-1}\cdot K^{-1})$	8.57×10^{-7}
b_{3s}/Pa	2.40×10^{8}
b_{4s}/K^{-1}	4.16×10^{-3}
$b_7/(m^3\cdot kg^{-1})$	8.46×10^{-5}
b_8/K^{-1}	6.69×10^{-2}
b_9/Pa^{-1}	1.39×10^{-8}

3. 模量

黏结剂和金属粉末的弹性模量差异会对成型部件的模量产生影响,可以确定有效部件的翘曲。此外,模量会随原料中固体负载量的变化而变化,原料弹性模量可以使用以下混合规则估算:

$$E_f=[E_b w_b+E_p w_p] \tag{4.28}$$

式中,E_f 为原料模量;E_b 为黏结剂模量;E_p 为金属粉末模量;w_b 和 w_p 分别为黏结剂和金属粉末的质量分数。

蜡聚合物黏结剂体系的黏结剂模量和 MIM 中使用的典型金属的金属粉末密度见表 4.2。原料模量可以通过式(4.22)以及表 4.2 中的黏结剂和金属粉末模量来估计,可用于任何固体原料载荷,在考虑到原料的行为是各向同性的情况下可测量零件的预期翘曲。

4.3.4 脱脂性:溶解度、热降解

注射成型后,下一步是在烧结前去除黏结剂。从生坯中去除黏结剂典型且广泛使用的一种方法是通过加热使黏结剂分解。聚合物分解是一种应用广泛的去除黏结剂的方法,通常称为热脱脂法。热脱脂过程中坯体的微观结构变化如图 4.7 所示,注射件中的所有孔隙都完全由黏结剂填充(饱和状态)。在脱脂初始阶段,由于黏结剂分解形成的内部气体产生的应力会导致开裂、鼓胀等缺陷。为了防止缺陷的形成,分两个阶段去除黏结剂。在脱脂的第一阶段,人们开发了各种工艺,如芯吸和溶剂萃取,主要目的是形成一些开放的孔隙以便在第二阶段通过热脱脂快速去除黏结剂。

在第一阶段，主要是去除较低分子质量的黏结剂，而为注射件提供强度的高分子质量黏结剂（主干聚合物）通过第二阶段的热脱脂工艺去除。

1. 芯吸

芯吸是指从生坯中吸出聚合物，该过程依赖于液体聚合物的毛细管力。在芯吸过程中，将生坯置于细粉末中加热至聚合物的软化温度，在软化温度下，液体聚合物被周围的细粉通过毛细管流吸收，细氧化铝通常用作芯吸粉末。该技术具有缩短聚合物去除时间的优点，并有助于防止聚合物去除过程中的形状塌陷或变形，但是使用细粉可能会造成注射件的污染，所以需要进一步清洗。

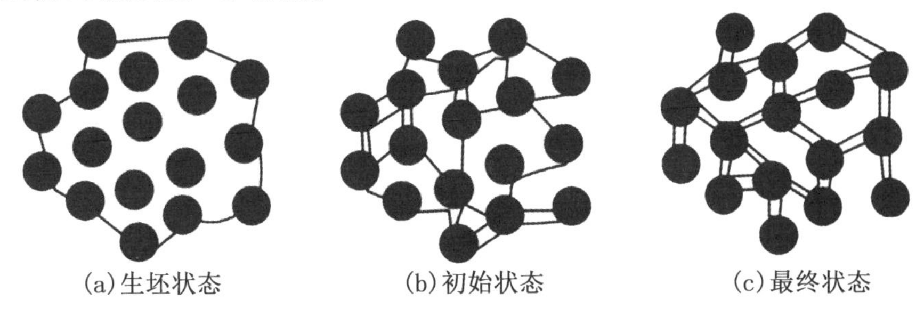

图4.7　热脱脂过程中坯体的微观结构变化

2. 溶剂萃取

溶剂萃取过程依赖于聚合物在溶剂中的选择性溶解，从而形成一个开放的多孔网络，例如，庚烷是一种广泛用于提取低分子质量聚合物（蜡）的溶剂。聚合物去除时间随着样品厚度的增加和粉末粒径的减小而增加。溶剂萃取的温度控制也是非常关键的，温度过低会导致溶剂在注射件中的扩散速度加快，生坯膨胀开裂；温度过高会使聚合物软化而导致生坯的塌陷。与热脱脂相比，溶剂萃取具有脱脂时间短和保形性高的优点；然而需要对溶剂进行处理和回收是该工艺的一个主要缺点。由于严格的环境保护法规定，溶剂萃取法在未来的应用中可能受到限制。

3. 热脱脂

热脱脂是目前应用最广泛的一种从注射件中去除黏结剂的方法，该方法工艺过程以及使用的设备简单，并且与烧结工艺相结合适用于批量化生产，因此热脱脂成为工业上首选的脱脂方法。尽管所用设备和热脱脂方法相当简单，但其过程本身是一个非常复杂的物理化学过程，其化学机理是聚合物热分解成挥发性物质——热解，物理机理是挥发性物质向坯料表面扩散以及聚合物在坯料内部的重排。材料的导热系数、孔隙率、孔径和相关特性的不同,都将导致不同的质量扩散或热扩散控制步骤,更复杂的是,注射件加热依赖于热传递和与热解相关的反应焓,导致与化学-物理方面耦合的热-动力学效应。在热脱脂过程中,注射件的强度首先由于聚合物的软化而降低,随后由于聚合物的分解而降低;同时,在聚合物分解时产生的应力(热应力、重力应力和残余应力)作用于注射件,会导致裂缝或变形。除了宏观缺陷外,在随后的烧结过程中,热脱脂过程中产生的任何微观缺陷都会被放大,与一般认知相反,烧结过程并不能消除这些脱脂缺陷,反而会放大这些缺陷。

不当的热脱脂过程会导致碳质残留物,这通常会降低烧结件的机械、光学、热、磁或电性能。为了防止各种缺陷的产生,通常采用极慢的加热速率,这会对设备、成本和生产率产生不利影响,在某些情况下,热脱脂过程是生产的瓶颈。在典型的8 h工作制下,平均去除1 kg小型注射件(注射件质量,而不是黏结剂的质量)中的聚合物的成本约为2.5美元;但是,组件中的黏结剂质量分数可能只有5%~10%,因此其去除成本大约是黏结剂成本的10倍。

人们对注射样品热脱脂的各种建模研究都是基于两个孔隙形成原因的假设而展开的:在第一种假设下,当脱脂时聚合物-蒸气界面在坯料中以线性方式向注射件内部移动,从而产生多孔的外层和具有液体聚合物的核心;在第二种假设下,由于液体聚合物的分布受到毛细管力的影响,因此认为孔隙在材料中是均匀形成的。模拟脱脂过程两种孔隙模型的微观结构如图4.8所示。第一种假设适用于在氧气气氛中的热脱脂,在这种情况下,热脱脂过程从坯料的表面开始,热脱脂的速度取决于坯料暴露在氧气中的面积和氧气在注射件中的扩散速度。在中性气氛中进行热脱脂时,人们没有观察到具有明确界限的液-气界面。图4.9所示为注射件热脱脂过程中的微观结构变化。

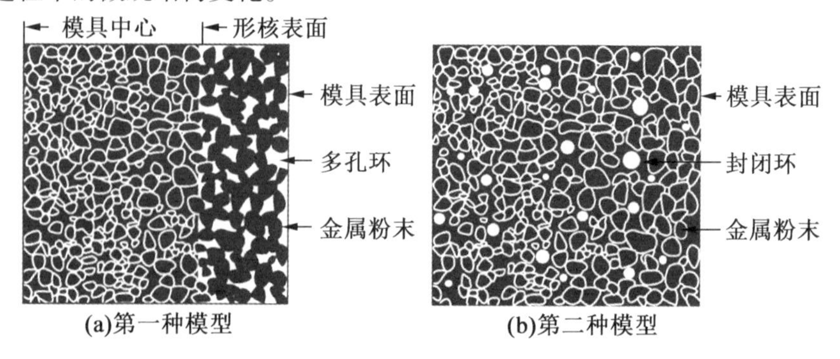

图4.8 模拟脱脂过程两种孔隙模型的微观结构

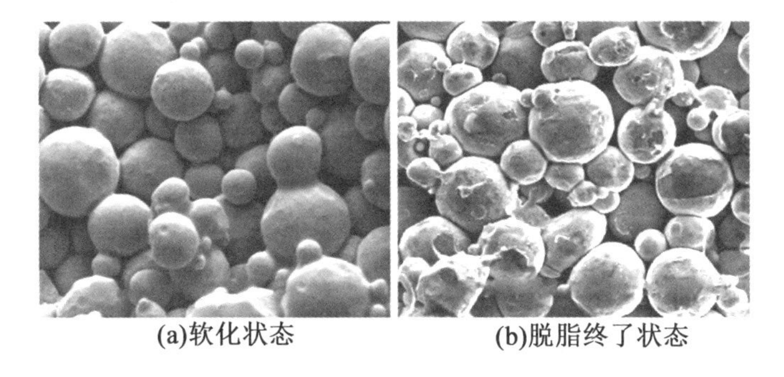

图4.9　注射件热脱脂过程中的微观结构变化(15 kV,2 000×)

4. 强度模型

基于注射件原位强度的模型可用于预测热脱脂过程中缺陷的形成。根据该模型,当热脱脂过程中由于各种分解而产生的应力或压力超过注射坯的原位强度时,试样中就会出现缺陷。由于聚合物的局部结合,试样的原位强度可通过 Rumpf 方程估算,即

$$\sigma_c = 1.1\,\frac{1-\varepsilon}{\varepsilon}\,\frac{H}{d^2} \tag{4.29}$$

式中,ε 为团聚体的孔隙率;H 为结合力;d 为粉末颗粒的直径。

其中,结合力 H 用以下公式估计:

$$H = \sigma_0\left(\frac{\pi x^2}{4}\right) \tag{4.30}$$

式中,x 为粉末间接触平均直径。

考虑到应力集中系数,结合体的强度为

$$\sigma_c = 1.1\,\frac{1-\varepsilon}{K\varepsilon}\,\frac{H}{d^2} \tag{4.31}$$

式中,K 为应力集中系数,可用下式表示:

$$\ln K = 0.457 + 0.175\ln\left(\frac{x}{8d}\right) + 0.095\left[\ln\left(\frac{x}{8d}\right)\right]^2 \tag{4.32}$$

Suri 等人研究了用于注射成型的钨合金粉末与石蜡－聚丙烯黏结剂混合喂料的团聚形态,结果表明,颗粒间接触的平均直径(x)是颗粒直径($x_0=3d$)的0.3倍;他们采用同样的近似方法,对 Ying 等人提出的候选材料羰基铁粉的生坯强度进行了研究,以估算在热脱脂过程中坯体产生的应力;当 ε 值为0.4时,羰基铁粉生坯的原位强度约为10.6 MPa,随着 ε 增加

到0.9,原位强度降低到0.79 MPa。Ying等人模拟的生坯由于聚合物含量的变化而产生的应力在10 MPa左右,由于气体压力和温度的变化而产生的应力在0.1 MPa左右,采用修正的Rumpf模型预测的团聚体的强度也与Ying等人估计的应力范围相同。注射坯的原位强度还取决于聚合物的软化程度(黏度)和降解特性;因此,预测热脱脂过程中注射坯的原位强度的最终方程还应包括基于聚合物的软化和降解行为的参数,所以还需要进一步的研究来最终确定基于原位强度原理的模型,这些研究需要在热脱脂过程中测量原位强度,并将测量值与聚合物的软化和降解特性相关联。

5. 缺陷形成

了解热脱脂过程中缺陷的演变规律并预测临界加热速度,以此来避免问题的产生一直是许多研究的重点。表4.6总结了在各项研究中观察到热脱脂过程中的缺陷,这些缺陷在大尺寸陶瓷(小颗粒)注射件的热脱脂初期更容易观察到。已经有一些文献提出了几种理论解释陶瓷注射件在热脱脂过程中发生开裂的可能性高的原因,这些理论都将陶瓷产生开裂倾向归因于粉末颗粒粒径小和陶瓷的脆性,然而这些理论都没有得到试验证明。陶瓷中缺陷形成的可能原因一方面可以归因于颗粒的不规则性,热脱脂过程中,在内压力增加的作用下,不规则形状限制了颗粒的重新排列,这会导致内部压力的进一步增加和注射件的开裂;另一方面,金属颗粒通常球形度更高,在内部压力的作用下会重新排列(颗粒间运动),从而防止高压的积累和注射件的破裂。研究发现陶瓷颗粒在热脱脂过程中是非均相气泡形成的核心,注射成型过程中的成型压力对碳化硅颗粒中乙烯-醋酸乙烯酯(EVA)脱脂过程中膨胀缺陷的形成有影响,结果表明,膨胀是由于EVA降解过程中生成的乙酸所致。几项研究表明,在热脱脂之前进行芯吸对减少试样中裂纹的形成是有利的;然而,对于像涡轮转子这样的大尺寸零件,芯吸的有益影响是不存在的,在这些零件中,即使在缓慢的升温速率下裂纹的形成也是不可避免的。

表 4.6　热脱脂过程中的缺陷

材料		样品形状和尺寸	升温速率/(℃·min^{-1})	缺陷
粉末	聚合物			
Al_2O_3 (0.53 μm)	40.2%(体积分数)聚合物由4.60%(质量分数) EVA (Elvax250)、2.30% (质量分数) EVA (Elvax260)、4.60%(质量分数)石蜡、1.20%(质量分数)硬脂酸、0.85%(质量分数)油酸混合而成	直径 5.8 mm、高度 25 mm 的圆柱形样品	0.05、0.2	鼓包和开裂
Al_2O_3 (0.6 μm)	2%(质量分数)聚苯乙烯和12%(质量分数)液状石蜡	正方体：4 mm×4 mm	2、4.5	气泡、鼓包和开裂
Al_2O_3	50%(体积分数)聚乙烯(α-甲基苯乙烯)	长方体：40 mm×40 mm×(2.9~3.4)mm	0.05~0.048	鼓包和开裂
SiO_2	35%(体积分数)专用蜡	直径 31 mm 的圆柱	0.033	开裂
SiC (0.75 μm)、少量的 Al_2O_3 和 Y_2O_3	49%(体积分数)乙烯醋酸乙烯酯(EVA)	直径 25.4 mm、厚度 0.5~8 mm 的圆盘	0.5、2.8	鼓包
ZrO_2 (0.25 μm)	50%(体积分数)的石蜡、醋酸乙烯酯和硬脂酸混合物(蜡、聚合物的体积比为60:40)	4 mm×5 mm×60 mm 的平行六面体	0.5	开裂
Si_3N_4，6%(质量分数) Y_2O_3，2%(质量分数) Al_2O_3	由90%(质量分数)石蜡、5%(质量分数)环氧热固性材料和5%(质量分数)油酸混合而成的40%(体积分数)聚合物	涡轮转子	0.17	开裂
Al	由等量的聚丙烯、微晶蜡和硬脂酸混合而成的35%(体积分数)聚合物	12.7 mm×6.35 mm×3.6 mm 的长条	0.02~2.1	鼓包和开裂

在研究各项脱脂试验中产生缺陷时的升温速率之后,人们认识到只有在极慢的热脱脂速率(脱脂周期从几个小时到几天)下才能成功去除聚合物而不形成缺陷。

6. 碳污染

由于脱脂不完全而残留在注射件中的残余碳对磁、电、机械和烧结性能有影响。据报道,热脱脂后的碳含量取决于以下参数:

(1)聚合物的降解性能。

(2)聚合物与粉末颗粒之间的相互作用。

(3)粉末表面活性。

(4)热脱脂气氛。

(5)粉末的氧化温度。

通过蒸发和断链降解的低分子聚合物没有碳污染,随着黏结剂分子质量的增加,残碳量呈线性增加。人们研究了脱脂气氛(氮气、氢气和氮氢混合物)对黏结剂残碳量及 Fe-2Ni 钢碳含量的影响,在氮气和纯氢气氛中对试样进行热脱脂,可使聚合物完全脱除;但是,在氮气中加入氢气会导致聚合物的不完全降解和样品中的残碳。分解产物在氢气气氛下的重组被解释为粉末碳含量增加的原因之一。

一些研究表明,样品中的残碳量取决于粉末的氧化温度。据报道,由于硅和氧化铝等粉末在热脱脂过程中不会氧化,因此残碳量是最低的。具有高氧化温度的金属有助于有效地将碳转化为挥发性气体。另外,低合金 Fe-Ni 等铁基粉末在低温条件下氧化严重,因此热脱脂后有碳残留。人们推测粉末表面的氧化物阻碍了聚合物分解产物的逸出,因此在粉末表面形成过多的氧化物被解释为脱脂样品中残碳的原因之一。

综上所述,脱脂样品中的残余碳含量主要取决于聚合物在不同脱脂气氛中的分解特性,通过蒸发或断链降解的低分子聚合物在热脱脂过程中留下残碳的可能性最小。

7. 变形

文献中很少有关于热脱脂过程中的变形或尺寸变化的研究。最近发表了热脱脂过程中形状变化的原位观察结果,试验采用气雾化 316L 不锈钢粉末与质量分数为 1% 的聚乙烯-醋酸乙烯酯共聚物混合制备的模压样品以及 316L 不锈钢粉末与聚丙烯和聚乙烯混合注射的样品进行热脱脂,以观察其形状变化。研究表明,变形主要发生在黏结剂的软化过程中,变形也与黏结剂的分解特性有关，在黏结剂分解成双链产物的情况下，脱脂过程中观察到了变形的恢复。气雾化316L粉末和质量分数为1%的聚乙烯－醋酸乙烯酯模压样品脱脂过程中观察到了形状的恢复，如图4.10所示；而注射成型的样品中没有观察到形状的恢复（图4.11），在这种情况下，由于试样强度较低，因此在热脱脂后发生断裂。

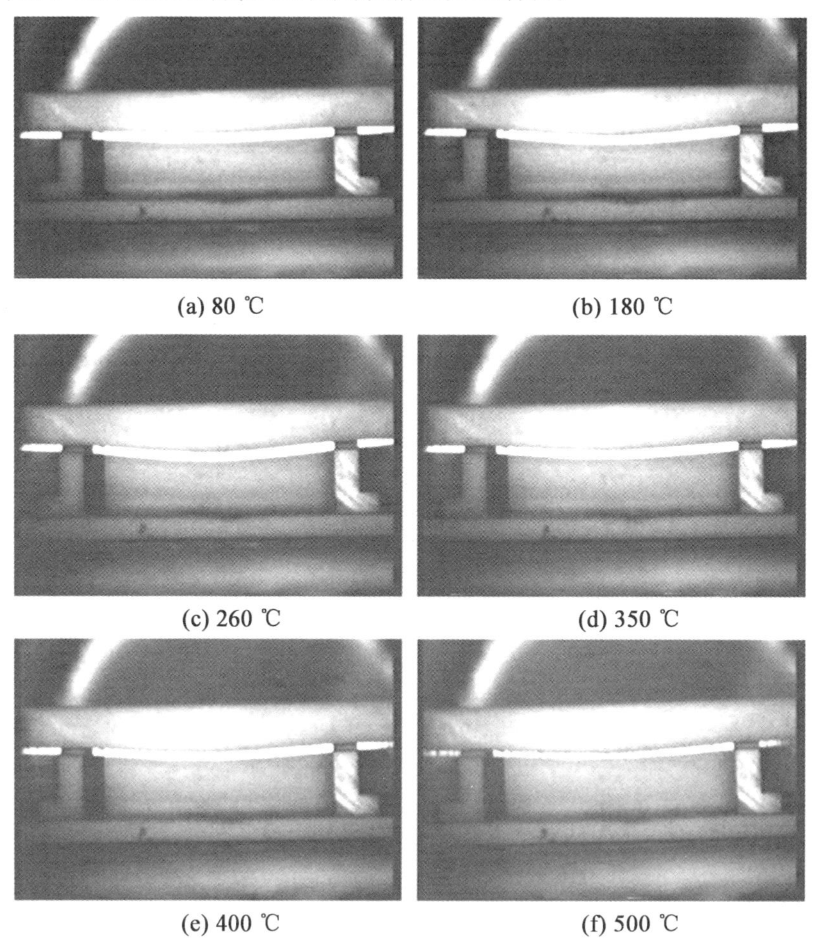

(a) 80 ℃　(b) 180 ℃

(c) 260 ℃　(d) 350 ℃

(e) 400 ℃　(f) 500 ℃

图4.10　由气体雾化316L不锈钢粉末和质量分数为1%的EVA混合制成的样品在脱脂期间的形状变化

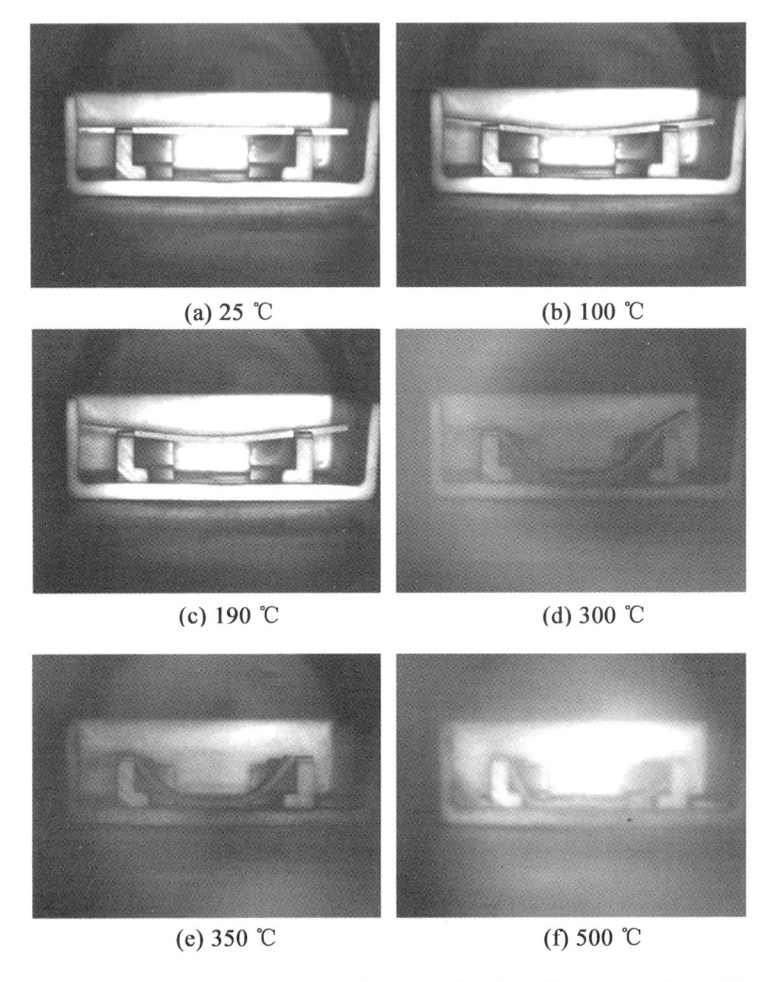

图 4.11 由气体雾化 316L 不锈钢粉末和聚丙烯与聚乙烯混合制成的注射样品在脱脂期间的形状变化

上述对热脱脂过程中变形成尺寸变化的研究是将由 SiC 和 EVA 组成的注射件在热脱脂过程中的总尺寸变化模拟为注射件的热膨胀导致的伸长和黏结剂损失引起的收缩之和,并根据混合规则估算热膨胀引起的尺寸变化。该研究建议使用高的固体粉末装载量、小颗粒和不规则形状的粉末可以最大限度地减少热脱脂过程中的变形;该研究还建议在真空环境下脱脂以更快地去除黏结剂,可以最大限度地减小变形,但是不应通过提高升温速率以加快黏结剂的去除速度。Kipphut 和 German 指出,热脱脂过程中的大部分变形是由聚合物软化过程中黏性蠕变引起的流动造成的,他们对不同粒径的铁粉及其二元混合物进行了试验研究,认为颗粒间的摩擦力是形状得以保持的一个重要因素。粉末在振实状态下的休止角(压实角)与热脱脂过程中的变形有关,根据相关研究结果,推荐使用压实角超过 55°的粉末,以将变形降至最低。

4.4　混炼技术

注射成型用喂料是由金属粉末和黏结剂体系混合而成的,混合的主要目的是在金属颗粒表面获得均匀的黏结剂包覆层,通过将黏结剂体系中的所有组分(聚合物、润湿剂、表面活性剂)混合均匀、消除粉末团聚,以获得混合均匀且不存在粉末和黏结剂两相分离的喂料。颗粒大小、形状、粒度分布和黏结剂性质等因素都会影响喂料的混合均匀性。

在混合过程中,在剪切力作用的影响下,大的团聚块首先被分解,随着进一步的混合,结合体尺寸减小,黏结剂分散在颗粒间隙中。喂料的均匀性(M)根据以下方程估算:

$$M = M_0 + \exp(kt + C) \tag{4.33}$$

式中,M_0 为初始混合物的均匀性;t 为混合时间;C 和 k 为取决于粉末和黏结剂属性、团聚以及金属粉末表面状况的常数。

通常情况下,混炼过程是先加入高熔点的黏结剂组元,剩余的组元根据各自的熔点按照从高到低的顺序逐渐加入到混合物中,当黏结剂混合均匀后加入金属粉末,随着金属粉末的加入,喂料温度急剧下降,温度的下降是由于黏结剂的高比热容造成的。在某些体系中,金属粉末是在高熔点黏结剂混合过程中和低熔点组元混合之前加入的,这种方法可以使黏结剂在金属颗粒上形成均匀的包覆层。由于在注射成型过程喂料中的空气会导致缺陷的产生,因此喂料最后是在真空环境下进行混炼的,以排除其中的气体。混合后的喂料从设备中挤出,在此过程中应采取一定的措施防止喂料偏析,因此最好在混合均匀的条件下固化喂料。对于热塑性黏结剂,必须选择合适的混炼温度,在低温下混合,混合物具有高的屈服强度,将导致注射件产生空化缺陷,混合温度过高将导致黏结剂分解,使得混合物黏度降低和粉末从黏结剂中分离,因此混炼通常是在中间温度下进行的。

金属注射成型中喂料的不均匀性是黏结剂从金属粉末中分离或金属粉末在黏结剂中偏析的结果。对于粒度分布较宽的金属粉末,粉末偏析占主导地位。在混炼过程中,较小的颗粒填充大颗粒之间的间隙,导致粉末的偏析,金属粉末粒度差别越大,偏析越严重。对于颗粒尺寸较小、形状不规则的金属粉末来说,由于颗粒间摩擦力较大,偏析程度较低。高黏度的黏结剂也可以降低金属粉末的偏析程度。

粒径较小和形状不规则的粉末更容易团聚,因此需要较长的混合时间才能获得均匀的喂料。粉末的团聚对喂料中的固体粉末装载量也有不利影响。对于单一粒径的球形粉末,由于团聚,固体粉末装载量从0.67降至0.37,在黏结剂体系中添加表面活性剂可以防止喂料的团聚。粒度分布较宽的粉末会从黏结剂中分离出来,在黏结剂黏度较低的情况下,分离将占主导地位。

扭矩随喂料混合时间的变化如图4.12所示。初始扭矩用于混合纯黏结剂,随着金属颗粒的加入,扭矩继续增大,扭矩增大的原因是金属颗粒的高导热性和混合均匀性的增加而使喂料温度降低。随着团聚体的破碎和黏结剂熔化产生的液体释放到喂料中而使混合所需的扭矩降低;在持续的混合过程中,大量的黏结剂融化,扭矩继续降低。当混合的速率等于喂料产生分离的速率时,扭矩达到一个稳定值,此时随着混合时间的增加,扭矩不再发生变化。

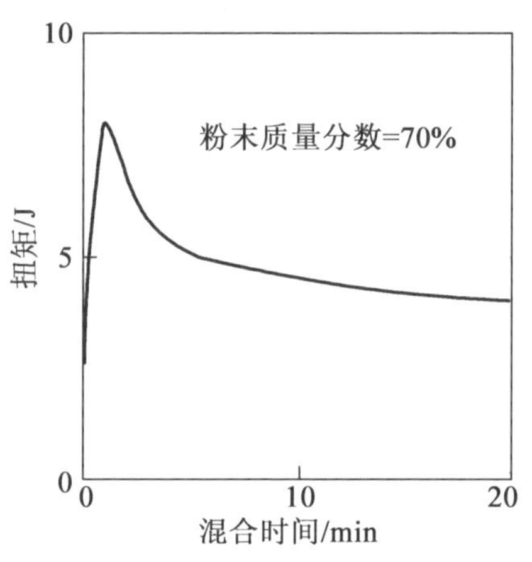

图4.12　扭矩随混合时间的变化

喂料的黏度随剪切速率的变化而变化。混合过程中剪切区的距离会影响喂料的均匀性,在注射成型中采用了几种高剪切混炼机设计,以获得均匀的剪切速率分布和均匀的喂料组成,如单螺杆挤出机、双螺杆挤出机、双凸轮、双行星、Z形叶片混炼机等。在所有可用的混炼机中,双螺杆挤出机是应用最成功的,因为它结合了高剪切速率和较短的高温停留时间,该设备由两个螺杆组成,通过加热反向旋转的挤出机机筒挤出喂料,从而获得均匀的圆柱形产品。由于双螺杆挤出机的成本很高,因此双行星混炼机是应用最多的,因为它能很好地平衡成本、质量和生产率之间的关系。

4.5 案例分析:实验室和商用黏结剂体系

表4.7总结了实验室用金属注射成型黏结剂体系的应用案例。

表4.7 实验室用金属注射成型黏结剂体系的应用案例

黏结剂组成(质量分数)	金属
41.3%淀粉、23.3%甘油、28.5%低密度聚乙烯、1.9%柠檬酸、5%硬脂酸	316L不锈钢
45%低密度聚乙烯、55%石蜡、5%硬脂酸	316L不锈钢
45%低密度聚乙烯、45%石蜡、10%硬脂酸	316L不锈钢
30%石蜡、10%巴西棕榈蜡、10%蜂蜡、45%乙烯-醋酸乙烯酯、5%硬脂酸	316L不锈钢
30%石蜡、10%巴西棕榈蜡、10%蜂蜡、45%聚丙烯、5%硬脂酸	316L不锈钢
25%石蜡、20%巴西棕榈蜡、20%蜂蜡、25%乙烯-醋酸乙烯酯、5%聚丙烯、5%硬脂酸	316L不锈钢
64%石蜡、16%微晶蜡、15%乙烯-醋酸乙烯酯、5%高密度聚乙烯	17-4PH不锈钢
63%石蜡、16%微晶蜡、15%乙烯-醋酸乙烯酯、5%高密度聚乙烯、1%硬脂酸	17-4PH不锈钢
59%石蜡、16%微晶蜡、15%乙烯-醋酸乙烯酯、5%高密度聚乙烯、5%硬脂酸	17-4PH不锈钢

续表 4.7

黏结剂组成(质量分数)	金属
55%石蜡、16%微晶石蜡、15%乙烯-醋酸乙烯酯、5%高密度聚乙烯、9%硬脂酸	17-4PH不锈钢
50%高密度聚乙烯、50%石蜡	HS12-1-5-5高速钢
65%石蜡、30%聚乙烯、5%硬脂酸	铜
79%石蜡、20%乙烯-醋酸乙烯酯、1%硬脂酸	铁镍合金
79%石蜡、20%高密度聚乙烯、1%硬脂酸	铁镍合金
79%石蜡、10%高密度聚乙烯、10%乙烯-醋酸乙烯酯、1%硬脂酸	铁镍合金
85%石蜡、15%乙烯-醋酸乙烯酯	316L不锈钢
65%石蜡、35%乙烯-醋酸乙烯酯	316L不锈钢
70%石蜡、5%硬脂酸、25%聚乙烯	316L不锈钢
75%石蜡、20%聚乙烯、5%乙烯-醋酸乙烯酯	316L不锈钢
75%石蜡、15%聚乙烯、10%乙烯-醋酸乙烯酯	316L不锈钢
55%石蜡、25%聚丙烯、5%硬脂酸、15%巴西棕榈蜡	铁镍合金
35%聚丙烯、60%石蜡、5%硬脂酸	钨铜合金
40%聚丙烯、55%石蜡、5%硬脂酸	钨铜合金

本章参考文献

[1] Abolhasani, H., Muhamad, N. (2010). A new starch-based binder for metal injection molding. Journal of Materials Processing Technology, 210, 961-968.

[2] Bandyopadhyay, G., French, K. W. (1993). Injection-molded ceramics: critical aspects of the binder removal process and component fabrication. Journal of European Ceramic Society, 11, 23-34.

[3] Calvert, P., Cima, M. (1990). Theoretical models for binder burnout. Journal of American Ceramic Society, 73(3), 575-579.

[4] Chartier, T., Ferrato, M., Baumard, J. F. (1995). Influence of the debinding method on the mechanical properties of plastic formed ceramics. Journal of European Ceramic Society, 15, 899 - 903.

[5] Cima, M. J., Dudziak, M., Lewis, J. A. (1989). Observation of poly(vinyl butyral)-dibutyl phthalate binder capillary migration. Journal of American Ceramic Society, 72(6), 1087 - 1090.

[6] Dabak, T., Yucel, O. (1987). Modeling of the concentration and particle size distribution effects on the rheology of highly concentrated suspensions. Powder Technology, 52, 193 - 206.

[7] Dobrza'nski, L. A., Matula, G., Herranz, G., Va'rez, A., Levenfeld, B., Torralba, J. M. (2006). Metal injection moulding of HS12-1-5-5 high-speed steel using a PW-HDPE based binder. Journal of Materials Processing Technology, 175, 173 - 178.

[8] Edirisinghe, M. J. (1991). Binder removal from moulded ceramic bodies in different atmospheres. Journal of Materials Science Letters, 10, 1338.

[9] Enneti, R. K. (2005). Thermal analysis and evolution of shape loss phenomena during polymer burnout in powder metal processing. PhD thesis USA: Pennsylvania State University.

[10] Enneti, R. K., Park, S. J., German, R. M., Atre, S. V. (2011). In situ observation of shape loss during polymer burnout in powder metal processing. International Journal of Powder Metallurgy, 47(3), 45 - 54.

[11] German, R. M. (1990). Powder injection molding. Princeton, NJ: Metal Powder Industries Federation.

[12] Gillissen, R., Smolders, A. (1986). In Binder removal from injection molded ceramic bodies. Proceedings of the 6th World Congress on High Tech Ceramics, Milan, Italy.

[13] Howard, K. E., Lakema, C. D. E., Payne, D. A. (1990). Surface chemistry of various poly(vinyl butyral) polymers adsorbed onto aluminum. Journal of American Ceramic Society, 73(81), 2543 - 2546.

[14] Hrdina, K. E., Halloran, J. W. (1998). Dimensional changes dur-

ing binder removal in a moldable ceramic system. Journal of Materials Science, 33, 2805 - 2815.

[15] Hrdina, K. E., Halloran, J. W., Kaviany, M., Oliveira, A. (1999). Defect formation during binder removal in ethylene vinyl acetate filled system. Journal of Materials Science, 34, 3281 - 3290.

[16] Huang, B., Liang, S., Qu, X. (2003). The rheology of metal injection molding. Journal of Materials Processing Technology, 137, 132 - 137.

[17] Hwang, K. S., Tsou, T. H. (1992). Thermal debinding of powder injection molded parts: Observations and mechanisms. Metallurgical and Materials Transactions A, 23A(10), 2775 - 2782.

[18] Kate, K. H., Enneti, R. K., Park, S. J., German, R. M., Atre, S. V. (2014). Predicting powder polymer mixture properties for PIM design. Critical Reviews in Solid State and Materials Scicene, 39(3), 197 - 214.

[19] Kipphut, C. M., German, R. M. (1991). Powder selection for shape retention in powder injection molding. International Journal of Powder Metallurgy, 27(2), 117 - 124.

[20] Kitano, T., et al. (1981). An empirical equation of the relative viscosity of polymer melts filled with various inorganic fillers. Rheologica Acta, 20, 207 - 209.

[21] Kraemer, O., Hsuum, P. (2003). Injection molding of 316L stainless steel powder. In Vol. 8. Advances in powder metallurgy and particulate materials (p. 1141). Princeton, NJ: Metal Powder Industries Federation.

[22] Lam, Y. C., Ying, S., Yu, S. C. M., Tam, K. C. (2000). Simulation of polymer removal from a powder injection molding compact by thermal debinding. Metallurgical and Materials Transactions A, 31A, 2597 - 2606.

[23] Lee, S. H., Choi, J. W., Jeung, W. Y., Moon, T. J. (1992). Effects of binder and thermal debinding parameters on residual carbon in injection moulding of Nd(Fe,Co)B powder. Powder Metallurgy, 42(1), 41 - 44.

[24] Lewis, J. A., Cima, M. J., Rhine, W. E. (1994). Direct observation of preceramic and organic binder decomposition in 2-D model microstructures. Journal of American Ceramic Society, 77(7), 1839 - 1845.

[25] Li, Y., Liu, X., Luo, F., We, J. (2007). Effects of surfactant on properties of MIM feedstock. Transaction of the Nonferrous Metals Society of China, 17, 1 - 8.

[26] Liang, S. Q., Huang, B. Y. (2000). Rheology for powder injection molding (pp. 90 - 103). Changsha: Central South University Press.

[27] Liang, S., Tang, Y., Huang, B., Li, S. (2005). Chemistry principles of thermoplastic polymer binder formula selection for powder injection molding. Transactions of the Nonferrous Metals Society of China, 14(4), 763 - 768.

[28] Lin, K. H. (2011). Wear behavior and mechanical performance of metal injection molded Fe-2Ni sintered components. Materials and Design, 32, 1273 - 1282.

[29] Matar, S., Edirisinghe, M. J., Evans, J. R. G., Twizell, E. H. (1996). Diffusion of degradation products in ceramic moldings during pyrolysis: effect of geometry. Journal of American Ceramic Society, 79(3), 749 - 755.

[30] Matar, S. A., Edirsinghe, M. J., Evans, J. R. G., Twilzell, E. H. (1995). The influence of monomer and polymer properties on the removal of organic vehicle from ceramic and metal moldings. Journal of Material Research, 10(8), 2060 - 2072.

[31] Matar, S. A., Edrrisinghe, M. J., Evans, J. R. G., Twilzell, E. H., Song, J. H. (1995). Modeling the removal of organic vehicle from ceramic or metal moldings: The effect of gas permeation on the incidence of defects. Journal of Materials Science, 30, 3805 - 3810.

[32] Moballegh, L., Morshedian, J., Esfandeh, M. (2005). Copper injection molding using a thermoplastic binder based on paraffin wax. Materials Letters, 59, 2832 - 2837.

[33] Mutsuddy, B. C. (1994). Rheology and mixing of ceramics mixtures used in plastic molding. In B. I. Lee, E. J. A. Pope (Eds.), Chem-

ical processing of ceramics (pp. 239 - 261). New York: Marcel Dekker Inc.

[34] Phillips, M. A., Streicher, E. C., Renowden, M., German, R. M., Friedt, J. M. (1992). In Atmosphere process for the control of the carbon and oxygen contents of injection molded steel parts during debinding. Proceedings of the Powder Injection Molding Symposium (pp. 371 - 384).

[35] PIM International. n. d. MIM material options and component properties, Inovar Communications Ltd, http://www.pim-international.com/metal-injection-molding/mim-materialoptions-and-component-properties/ Accessed May 24, 2018.

[36] Pinwill, I., Edirisinghe, E., Bevis, M. J. (1992). Development of temperature-heating rate diagrams for the pyrolytic removal of binder used for powder injection molding. Journal of Materials Science, 27, 4381 - 4388.

[37] Setasuwon, P., Bunchavimonchet, A., Danchaivijit, S. (2008). The effects of binder components in wax/oil systems for metal injection molding. Journal of Materials Processing Technology, 196, 94 - 100.

[38] Shimizu, T., Kitazima, A., Nose, M., Fuchizawa, S., Sano, T. (2001). Production of large size parts by MIM process. Journal of Materials Processing Technology, 119, 199 - 202.

[39] Shubert, H. (1975). Tensile strength of agglomerate. Powder Technology, 11, 107 - 119.

[40] Song, J. H., Edirisingle, M. J., Evans, J. R. G. (1996). Modeling the effect of gas transport on the formation of defects during thermolysis of powder moldings. Journal of Materials Research, 11(4), 830 - 840.

[41] Streicher, E., Renowden, M., German, R. M. (1991). Atmosphere role in thermal processing of injection molded steel. In Advances in powder metallurgy. Vol. 2. (pp. 141 - 158). Metal Powder Industries Federation.

[42] Supriadi, S., Baek, E. R., Choi, C. J., Lee, B. T. (2007).

Binder system for STS 316 nanopowder feedstocks in micro-metal injection molding. Journal of Materials Processing Technology, 2, 270 -273.

[43] Suri, P., Atre, S. V., German, R. M., de Souza, J. P. (2003). Effect of mixing on the rheology and particle characteristics of tungsten-based powder injection molding feedstock. Materials Science and Engineering, A356, 337 -344.

[44] Trunec, M., Cihlar, J. (1997). Thermal debinding of injection molded ceramics. Journal of European Ceramic Society, 17, 203 -209.

[45] Tseng, W. J., Hsu, C. K. (1999). Cracking defect and porosity evolution during thermal debinding in ceramic injection molding. Ceramics International, 25, 461 -466.

[46] Wildemuth, C. R., Williams, M. C. (1984). Viscosity of suspensions modeled with a shear dependent maximum packing fraction. Rheologica Acta, 23, 627 -635.

[47] Ying, S., Lam, Y. C., Yu, S. C. M., Tam, K. C. (2001). Two-dimensional simulation of mass transport in polymer removal from a powder injection molding compact by thermal debinding. Journal of Material Research, 16(8), 2436 -2451.

[48] Ying, S., Lam, Y. C., Yu, S. C. M., Tam, K. C. (2002a). Simulation of polymer removal from a powder injection molding compact by thermal debinding. Key Engineering Materials, 227, 1 -6.

[49] Ying, S., Lam, Y. C., Yu, S. C. M., Tam, K. C. (2002b). Thermal debinding modeling of mass transport and deformation in powder-injection molding compact. Metallurgical and Materials Transactions A, 33B, 477 -488.

[50] Ying, S., Lam, Y. C., Yu, C. M., Tam, K. C. (2002c). Thermo-mechanical simulation of PIM thermal debinding. International Journal of Powder Metallurgy, 38(8), 41 -55.

[51] Zhang, J. G., Edirisinghe, M. J., Evans, J. R. G. (1989). A catalogue of ceramic injection molding defects and their causes. Industrial Ceramics, 9, 72 -82.

延伸阅读

[1] German, R. M. (2003). The impact of economic batch size on cost of powder injection molded(PIM) products. In Vol. 8. Advances in powder metallurgy and particulate materials(pp. 146 - 159). Princeton, NJ: Metal Powder Industries Federation.

[2] Kate, K. H., Enneti, R. K., Onbattuvelli, V. P., Atre, S. V. (2013). Feedstock properties and injection molding simulations of bimodal mixtures of nanoscale and microscale aluminumnitride. Ceramics International, 39(6), 6887 -6897.

[3] Yang, B., German, R. M. (1994). Study on powder injection molding ball milled W-Cu powders. Tungsten Refractory Metals, 2, 237 -244.

[4] Yang, B., German, R. M. (1997). Powder injection molding and infiltration sintering of superfine grain W-Cu. International Journal of Powder Metallurgy, 33(4), 55 -63.

第5章　金属注射成型模具

5.1　概　　述

本章主要介绍金属注射成型的模具,目的是使金属注射成型工艺工程师对模具的设计有一个基本的了解,有关金属注射成型模具的更多详细内容可以参考专门用于塑料注射成型模具的专业文献,它们其中大部分也适用于金属注射成型。

首先,工艺工程师应熟悉注射机的基本设计和主要功能,将在5.2节中进行介绍;然后了解模具各单元的基本原理,将在5.3节介绍;在此基础上,各种通用的模具设计方案将在5.4节进行介绍,其中包括模具材料选择,模具放大倍数确定,浇口、排气孔和侧凹设计等;5.5节将介绍一些如热流道、测量设备等装置;5.6节介绍了一些用于模具仿真的软件信息和制造成本方面的信息。

5.2　注射机的总体设计及主要功能

与注射成型技术在现代制造业中的重要性相对应,世界范围内可供选择的注射机也非常多。尽管不同设备供应商在注射机的设计上有很大的差异,但它们都有一些共同的通用设计特征,这些特征是控制注射过程所必需的。注射机的基本构成包括注射单元和夹紧单元,注射模具连接在夹紧单元上,注射机总体设计如图5.1所示。

如图5.1所示,注射单元和合模单元通常呈水平布置,这是金属注射成型零件全自动化生产模式中最常用的形式。许多注射设备允许注射单元和合模单元旋转到竖直位置,这样就可以在模具中安装镶件,并且零件在顶出后不会自由下落,这对于强度较低的零件是有利的。

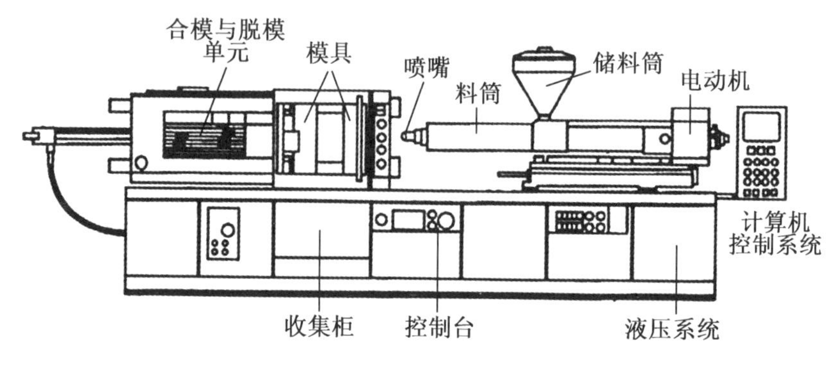

图5.1 注射机总体设计

整台设备安装在一个刚架上,液压元件需提供足够的压力来关闭合模单元,并使其在模具中的注射压力下仍能保持关闭,事实上,最大合模力是确定注射机功率和尺寸的主要依据。设备的其他传动装置通常是电动的,但市场上也有全电动的注射机。

压力和温度传感器用于监控注射过程,计算机控制机器的运行,模具下方的收集柜可以用来收集注射出来的零件,也可以安装传送带或取放搬运系统。

注射单元本质上是一个带有螺杆或柱塞的加热桶,并将熔融的喂料输送到指向合模单元的注射喷嘴,螺杆或柱塞由其尾部的电机驱动。

喂料颗粒通过料斗进入加热筒,在料筒内喂料被加热、压缩、混合均匀,最后注入模具型腔。料筒内通常沿其轴向方向安装螺杆,螺杆在旋转时会使喂料向前运动,在前端有一个计量阀将下一次注射所需的喂料的准确数量从料筒中分离出来,熔融的喂料通过位于料桶末端的喷嘴注入模具。

机器中的计算机控制系统可以独立地调节料筒几个不同位置的温度,第一加热区用于快速熔化喂料,因为熔融喂料的磨损程度远小于固体喂料颗粒的磨损程度,在接下来的区域内料筒温度逐渐升高并使喂料均匀化。

为了熔化原喂料,需要提高料筒温度,螺杆的作用是对喂料施加压力和扭矩,使其达到最佳黏度。如果温度过低,喂料可能在型腔完全填满之前就凝固,过高的温度会导致喂料黏度非常低,这将带来其他问题,如熔融的喂料从喷嘴口喷出,由于黏结剂从模具和零件之间的间隙被挤出从而增加成型件产生飞边的可能性,增加冷却时间等。因此,料筒的温度在能确保将喂料顺利填充到模具型腔中的情况下应尽可能的低。此外,还应该考虑到螺杆和喂料之间的摩擦力会在筒体内产生一些热量,因此并非所需的全部热量都必须从外部引入。

在进行螺杆设计时,通常要求喂料在向前运动时其体积逐渐减小,图5.2所示为螺杆轮廓与横截面示意图。喂料首先到达进料区并被加热和塑化,通过螺杆的旋转将喂料输送到压缩区,由于截面积减小导致喂料被压缩,之后喂料到达计量区并在那里进一步均匀化。螺杆的旋转速度决定了料筒内的压力,螺杆的向前和向后运动可以在每个成型周期向模具中注入一定数量的喂料,螺杆前端的止回环可以防止熔融的喂料由于压力的作用倒流回到料筒中。

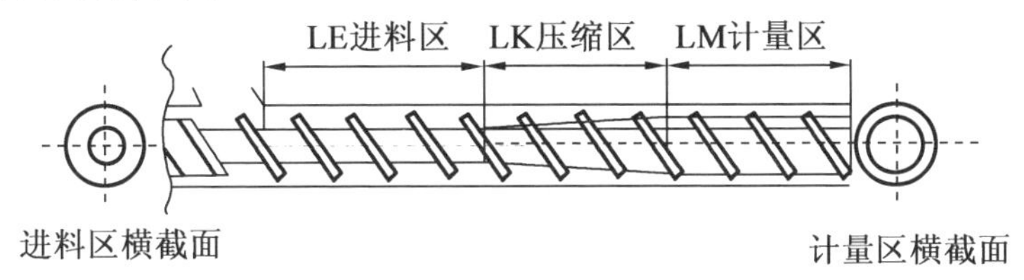

图5.2　螺杆轮廓与横截面示意图

5.3　模具各单元原理

图5.3所示为金属注射成型模具基本结构示意图,它由一组钢板组成,两端各有合模板,前模板固定在面向注射单元的一侧,有时也被称为定模板;成型模具上有一个由定位环包围的中心孔,当喂料通过浇口套注入模具时,注射单元的喷嘴正对中心孔。前模板后面的两个型腔板包含一个或多个型腔,前型腔板与前模板固定在一起,后型腔板连接在后模板上。通常模具固定的一端称为A面,移动的一端称为B面。

模具型腔的温度由油温机或水温机控制,油或水可通过型腔板内的冷却通道循环。冷却通道的设计和模具的最佳温度很大程度上取决于喂料的类型,并需要一定的工程经验,因此很难给出一般性的指导意见。模具温度不能过低,否则喂料快速冷却导致充模不完全;模具温度也不能过高,否则会增加喂料的冷却时间。德国 BASF Catamold 公司通常使用油加热模具,因为该公司的喂料对温度要求很高,而对于蜡/聚合物和水溶性喂料体系来说通常使用水加热模具。

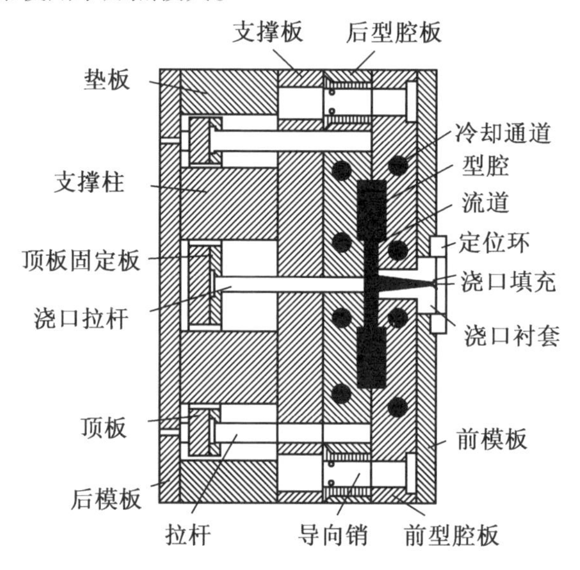

图 5.3　金属注射成型模具基本结构示意图

型腔板在注射成型过程中是封闭的,零件在凝固后型腔板互相分离以便顶出零件。模具型腔的设计应使零件在后型腔板上的附着力大于其在前型腔版上的附着力,这样当型腔板分离时零件就会粘在后型腔板上,并可通过顶杆顶出,否则零件不会从模具上脱落。有些模具会在 A 侧设置弹簧顶销,以确保模具开模时零件仍在 B 侧。

当前型腔板固定在前模板上时,后型腔板由支撑板固定到位,支撑板通过垫板与后模板连接。当模具闭合时,两个型腔板的准确位置由模具 4 个角上的导向销保证,垫板上的孔为顶杆和拉杆等活动元件留出空间,它们的末端与顶板相连,顶板可在顶板固定板和后模板之间限定的区域内运动。根据注射零件的大小和数量可确定合适的顶杆数量。

模具设计人员通过分析模具与零件之间的摩擦力以确定顶杆的数量和分布位置,这还需要考虑冷却过程中零件的收缩,这种收缩会导致零件的外部轮廓很容易顶出,但内部轮廓由于向型芯收缩可能会附着在模具上。

通过设置拔模斜度可使脱模过程更容易实现,拔模斜度是指与模具开模方向平行的表面的角度,拔模斜度通常为1°。

前面介绍了构成注射模具的基本结构组件,这些组件中的大多数都是标准化的,可以从专业供应商处购买。金属注射成型零部件制造商依赖这些标准组件供应商来节省生产成本,并保持模具的高质量标准,一般只有模具型腔板必须定制。

对于形状更复杂的零件,模具型腔可能包括型芯、可伸缩滑块、螺纹等。通过在两个型腔板之间增设一个板可以更加灵活地调节浇口位置,这就是三板模。

5.4　模具设计

虽然金属喂料注射成型与一般的热塑性塑料注射成型非常相似,但是在模具设计上存在一定的差异。由于金属注射成型喂料常粘在分型线上,因此MIM模具的合模力要比塑料注射模具的合模力大,以防止零件产生飞边。

5.4.1　模具材料

由于金属注射成型粉末是不可压缩的,因此与常规的热塑性材料相比,金属注射成型模具在注射过程中磨损更严重,重复开合模具时,喂料会进一步损坏模具的分型线,也会逐渐磨损模具型腔和注射机料筒。防止磨损的预防措施是在筒体内部和螺杆表面涂上一层耐磨涂层,与喂料发生直接接触的模具部分使用耐磨性高的材料,如工具钢和硬质合金。

5.4.2　模具放大系数

在注射成型后的工艺过程中,例如在脱脂过程中注射件会产生收缩,特别是在烧结过程中注射件的收缩非常明显,因此必须对模具型腔尺寸进行一定的放大。当测量出模具型腔的长度 L_0 和棒材烧结后的长度 L 后,收缩率 δ 可根据下式计算得到:

$$\delta = \frac{L_0 - L}{L_0} \tag{5.1}$$

通常以百分比即 δ 的值乘 100 表示收缩率,但模具设计者更倾向于使用模具型腔放大系数 Z,它是模具尺寸 L_0 与最终零件尺寸 L 的比值,即

$$Z = \frac{L_0}{L} \tag{5.2}$$

这两个参数在数学上非常相似,应注意不要将它们混淆。应该指出的是,收缩率 δ 与模具型腔的尺寸 L_0 有关,型腔放大系数 Z 与零件的最终尺寸 L 有关。由于零件尺寸始终较小,因此与型腔放大系数相对应的收缩率比实际情况要大。例如,当型腔放大系数 $Z=1.18$ 时,对应的收缩率 $\delta=15.25\%$。

模具型腔放大系数 Z 可根据收缩率按照下式计算:

$$Z = \frac{1}{1-\delta} \tag{5.3}$$

模具设计师根据公式 $L_0 = Z \times L$ 来线性放大模具型腔尺寸和倒角,而模具角度一般不会改变。模具型腔尺寸最初取公差带下限,型芯尺寸取公差带上限,然后根据第一批样品烧结后的实际尺寸和模具磨损情况对尺寸进行修正,在此基础上再对模具尺寸进行微调。

5.4.3 流道和排气孔

流道呈锥形,锥度为5°,直径约为6 mm,喂料通过流道进入模具。喂料注入速度随浇口直径的增大而减小,在浇口的末端有一个小凹槽,用来存储最开始进入模具的那部分冷却的喂料,喂料从这里开始流向不同的方向,如果流道截面与最大浇道截面相似,就可以实现喂料的连续流动。流道和模具型腔的分布位置应保证由喂料施加给模具上的力相对于模具中轴是对称的,以尽量减少飞边的形成。

喂料进入模具型腔的位置称为浇口,这是整个模具系统中横截面最小、流速和压力最大的位置,可以在每个模具型腔上设计一个或多个浇口。

浇口位置是决定喂料在型腔中流动情况的最关键的因素,由于流道通常在模具分型面上,因此最简单的选择是将浇口也布置在分型面上,图5.4所示为不同类型的浇口。为了保证喂料能连续的填充型腔而不产生喷射,喂料应该向着模壁方向流动,而且浇口还应该设计在零件壁厚最厚的地方,以使喂料流过的横截面积始终不变或减小,如果喂料流过的横截面积逐渐增大,则模具内的压力和流速会急剧下降,导致难以完全充模以获得无缺陷的零件。

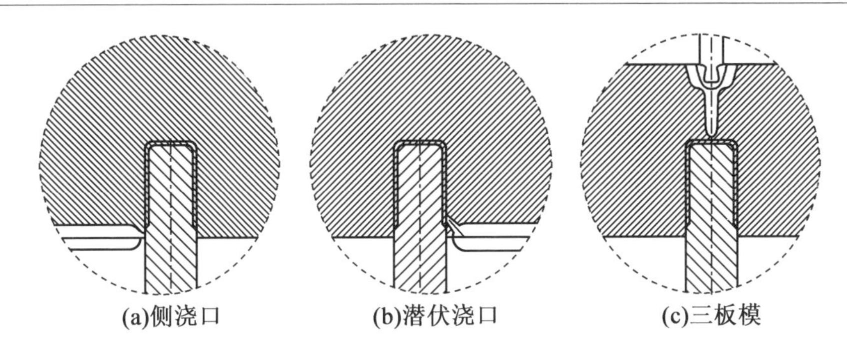

图5.4　不同类型的浇口

高压熔体从管道中高速流出进入自由空间时会出现喷射现象，如果这种情况发生在模具中，注射零件很可能会产生气泡，导致烧结后产生内部缺陷、熔接痕和表面缺陷，因此要避免这种现象。

通过设计一个穿过型腔板的短通道，浇口可以从分模面上移位几毫米，这是隐藏浇口，也被称为隧道浇口。隐藏浇口的长度不能超过几毫米，因为喂料在如此小的横截面上冷却得非常快，如果要求浇口与分型面保持较远的距离，则需要使用三板模，通过第三模板将流道和浇口引导至模腔。三板模的另一个优点是当零件顶出时，浇口和流道可从产品处自动切除并与零件分离。

当一个零件上设计有多个浇口时，熔料须从所有浇口同时进入型腔，这减少了填充模具型腔所需的时间，但是也增加了零件产生缺陷的风险。当两股喂料流相遇时，熔料在界面处可能无法完全熔接为一体，其结果就是在零件表面形成熔接痕。

如果在完全填充型腔之前喂料就凝固，即流道较长和(或)壁厚较小，则推荐使用多浇口。浇口的位置必须保证各喂料流能完全熔接在一起，不会形成熔接痕也不存在滞留空气。

浇口和流道处的废料很容易在浇口处断裂并与零件分离，尽管如此零件在断口处仍会表现出一些不规则性。浇口处的零件表面应设计略低于相邻表面，以免影响零件的功能，如果不能采用这种设计，则生坯在注射成型后浇口区域必须机械压平。

模具分型线是两型腔板分开时在注射件上留下的痕迹，模具设计师需合理设计分型线的位置以使得零件功能不会受到影响，出于功能或美观的原因,在某些情况下会去除分型线。

在喂料注射进模具时,模具型腔内充满空气;因此适当的排气设计是非常重要的,也就是说,模具设计师必须考虑空气排出模具的方法。空气通常可以通过顶杆和型腔板之间的间隙或分型面和其他地方排出,但如果有必要,也可以在分型面内设置0.005~0.01 mm深的排气孔。

对模具型腔内喂料流动情况的深入了解是正确设计浇口和排气孔的必要前提,排气孔最好位于最后填充的模具型腔的末端,以避免空气被困在模具型腔内。

虽然模具间的缝隙和排气孔起到了将空气排出模具型腔的作用,但也会使喂料被挤出模具,其结果就是在生坯零件上形成飞边和毛刺并需要额外的工艺去除这些缺陷。一般来说,所有的后处理工艺应在注射生坯上而不是烧结后的零件上进行,因为生坯更软,更容易加工。

5.4.4 槽设计

金属注射成型零件中的凹槽要求模具元件在顶出过程中沿开口运动方向横向移动,这可以通过连接到前夹板的角销来实现。通过横向移动元件(动态)形成的凹槽如图5.5所示。当模具在垂直方向打开时,带有角销的块被迫侧向移动,带有凹槽的零件被释放,并可以顶出。

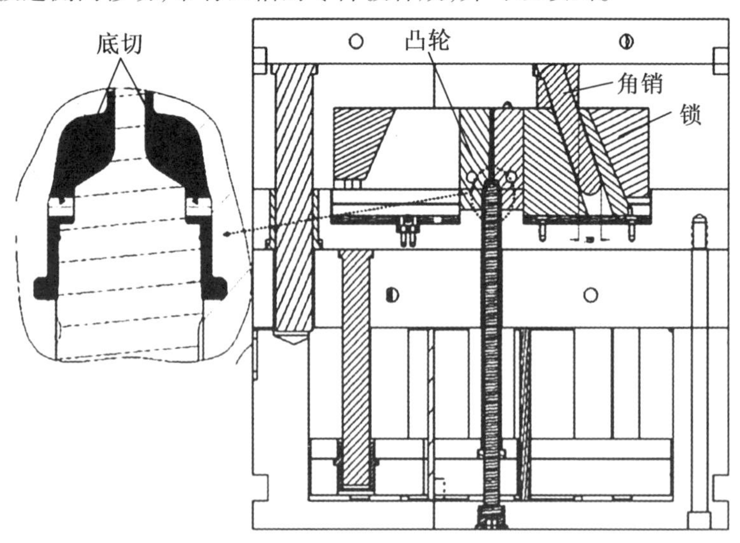

图5.5 通过横向移动元件(动态)形成的凹槽

生产带有凹槽的零件的另一种选择是将角度升降器连接到顶出板上，并让它随着顶出运动向前移动，如图5.6所示。升降器的末端形成凹槽并随着顶出运动侧向移动，从而释放零件。

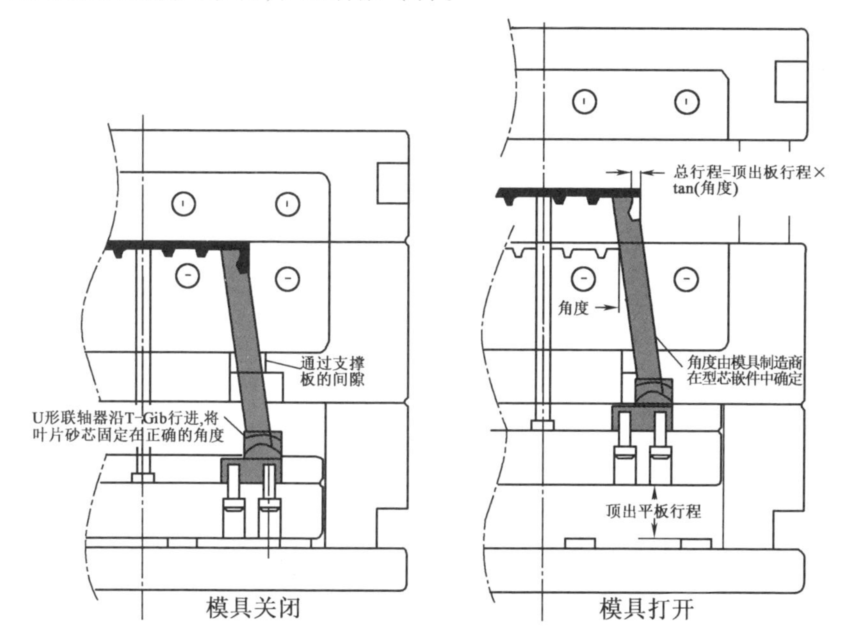

图5.6　形成侧凹的角度升降器

工具零件在小角度下横向运动的原理可以有多种应用方式。图5.7显示了一个由连接到顶板的两半组成的升降器示例。当顶杆在顶出过程中向上移动时，两半相互靠近并释放零件。

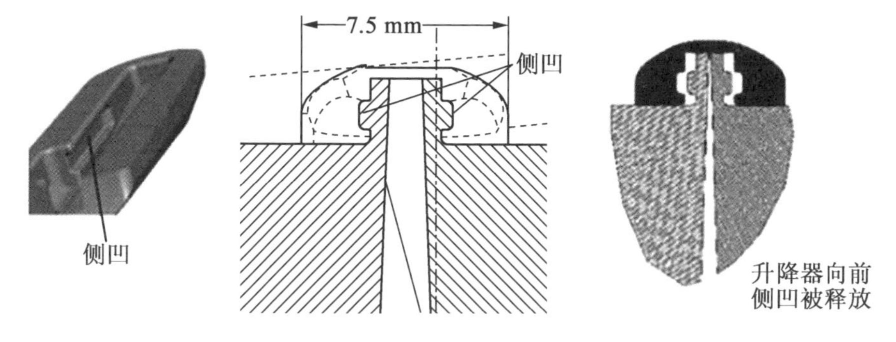

图5.7　带有凹槽(左)和模具设计(动态)的零件

即使更复杂的内部几何特征,包括凹槽,都可以通过可折叠芯实现。这些是相对复杂的工具元件,当它们的内部支撑元件被收回时它们会坍塌。图5.8所示的核心由一个内部支撑元件和5个外部元件组成。当模具打开时,内部支撑被收回,外部元件向内移动并释放零件。这些核心通常可能有高达12%的凹槽,在某些情况下甚至可以达到17%。内螺纹(左)和螺纹型芯在四个腔的模具(动态)如图5.9所示,用于同步旋松(动态)的齿轮箱如图5.10所示。

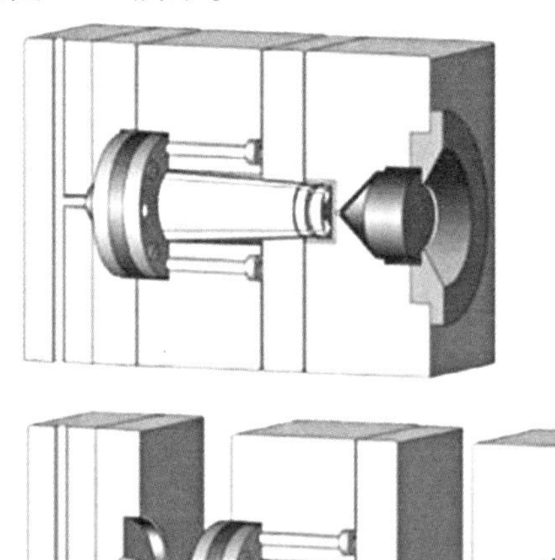

图5.8 成型(顶部)和顶出位置(底部)中的可折叠型芯

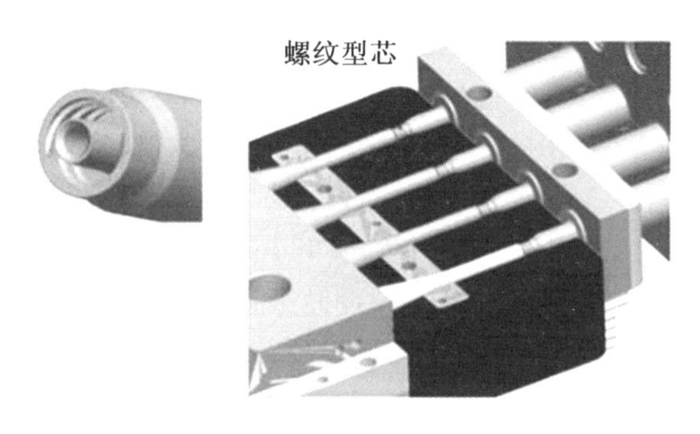

图5.9 内螺纹(左)和螺纹型芯在4个腔的模具(动态)

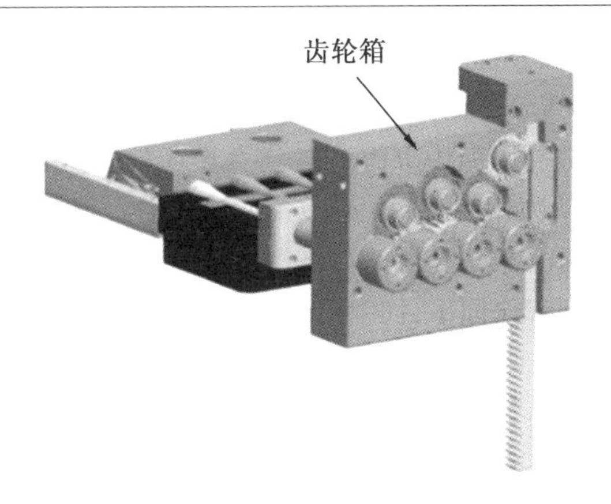

图5.10　用于同步旋松(动态)的齿轮箱

5.5　特殊零件和仪表

进入模具的喂料可以想象成从火山上流下的熔岩流,其内部是液体,而与环境接触的表面是固体。当喂料与浇口和流道的冷壁接触时,就会立即形成一层薄薄的凝固层,熔融喂料在流道中心流动,凝固层逐渐变厚,熔体流横截面减小,其对后面喂料流的阻力也减小。当流道完全凝固时,将无法进一步维持模具内的注射压力。

可以利用电加热的热流道喷嘴以使整个注射料系统中的喂料温度一直保持在凝固点以上,热流道喷嘴配备了电源和用于温度控制的热电偶,除了图5.11所示的单喷嘴外,对于多型腔模具也可以使用歧管喷嘴。

热流道模具的注射端有一个特殊的设计,如图5.12所示,在这里注射是从零件顶部开始的,浇口被热流道喷嘴所取代,其尖端形成模具型腔的一部分。

在冷流道技术中,包括流道和浇道在内的整个成型零件在冷却后从模具中顶出,浇道和流道废料被回收(即被粉碎并添加到新的喂料中)。热流道模具的制造成本更高,但可以通过减少喂料浪费来节省成本,因为模具型腔冷却的速度通常比流道快,因此可以缩短成型周期。在大批量生产的情况下,使用热流道技术可以使成本更合理。

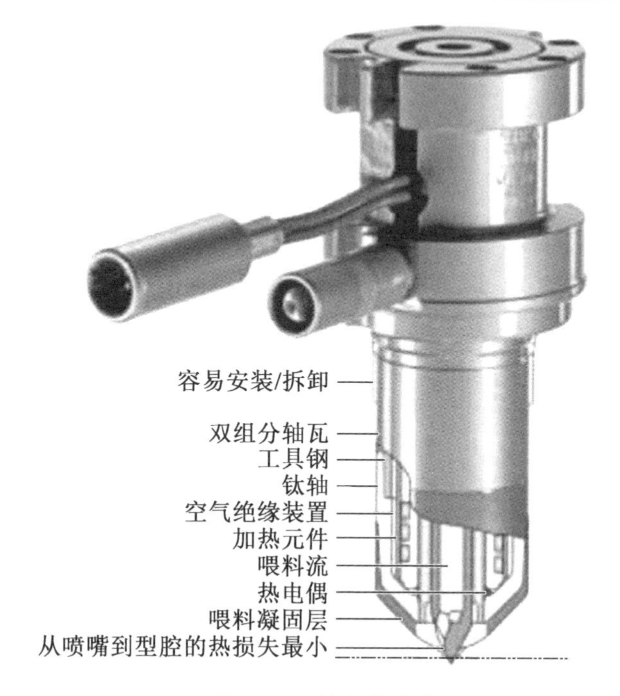

图5.11　热流道喷嘴

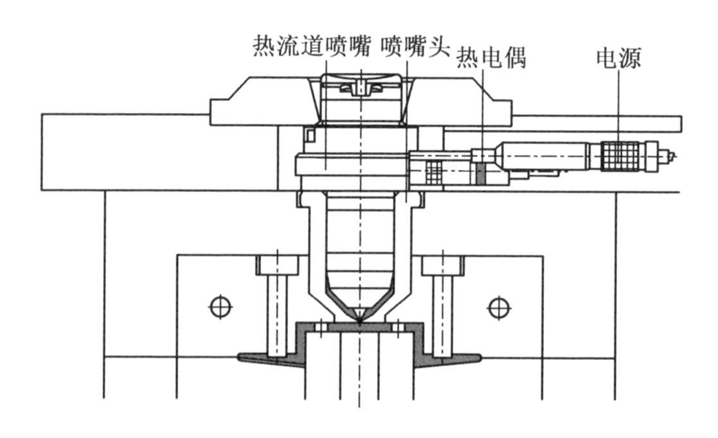

图5.12　热流道模具结构

注射成型零件的质量在很大程度上取决于注射成型工艺的一致性,因此,要尽可能地减少模具内温度和压力的变化。在具有多个型腔的情况下,最好采用对称布置的型腔,使得喂料到每个模具型腔的距离是相同的。传感器可用于直接测量模具型腔内的温度和压力,通过将这些信息反馈到计算机中,可以调控料筒内的温度和注射压力,以保证模具内温度和压力在一个狭窄的范围内变化。

5.6　软件和成本

在模具制造领域,金属注射成型行业可以依靠规模庞大的塑料注射成型行业及其供应商,模具设计师、模具制造商、标准化模具组件供应商、传感器元件和仪器、模具设计软件、仿真甚至计算软件的资源规模都是巨大的。

虽然注射机的参数对零件的质量有很大的影响,但是对于 MIM 产品质量最重要的影响因素是模具的质量,因此注射成型模具的设计和制造是关键。

由于经济原因,模具设计师经常参与到塑料注射模具和金属粉末注射模具的设计工作中,但他们往往不参与后续的制造过程,所以不能得到直接的模具性能反馈,不能对模具缺陷做出快速修正,从长远来看这可能对金属注射成型不利。从劳动力成本低的国家进口模具的趋势也在增长。总部位于荷兰的发展中国家出口促进中心的一项调查表明,2007 年欧洲对模具的需求达到 116 亿欧元,同年,所有模具的 8.5% 来自发展中国家。

基于计算机仿真的模具填充研究是模具设计中重要的辅助手段。与热塑性黏结剂相比,金属粉末颗粒高密度的特性可能导致注射过程中产生意想不到的结果,因此仿真软件必须对金属喂料具有很高的实用性。采用计算机模拟的两相流模型对直径为 50 mm 的车轮进行充填,结果表明生坯各部分的密度并不是均匀的,图 5.13 所示为填充率分别为 25%、50%、75% 和 100% 的计算机模拟仿真过程,不同的颜色代表喂料中不同的金属粉末体积分数,金属粉末体积分数越高,生坯密度越高。

对这种现象的解释:在注射过程中喂料的流动速度很高,由于金属粉末颗粒惯性矩很高,流动方向的改变会对粉末颗粒产生相当大的作用力,因此粉末/黏结剂的两相分离,生坯密度发生变化,密度变化的后果是烧结过程中零件的收缩不均匀,从而降低了烧结零件的尺寸精度。

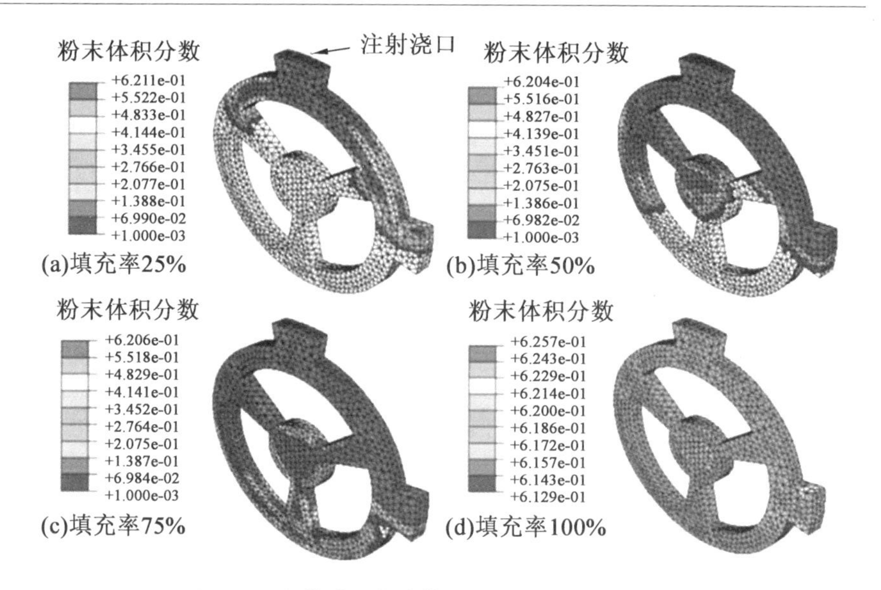

图5.13 充模过程的计算机模拟研究(彩图见附录)

一般情况下制造成本对模具设计也有很大的影响,模具型腔的数量、使用热流道或冷流道模具以及其他变量不仅需考虑技术层面的因素,还需考虑经济和效率层面的因素。

延伸阅读

[1] ASM (2008), ASM Handbook, Vol. 7, Powder Metal Technologies and Applications, ASM International, Materials Park, Ohio, USA.

[2] Bryce, D. M. (1996), Plastic Injection Molding: Manufacturing Process Fundamentals, Society of Manufacturing Engineers, Dearborn, MI, USA.

[3] CBI (2009), The EU Market for Tooling, Dies and Moulds, Centrum tot Bevordering van de Import uit ontwikkelingslanden, Rotterdam, The Netherlands.

[4] German, R. M. (2003), Powder Injection Molding-Design and Applications, Innovative Material Solutions, Inc., State College, PA, USA.

[5] Kazmer, D. O. (2007), Injection Mold Design Engineering, Hanser

Publishers, Munich, Germany.

[6] McGillivray, P. (2007), 'Mold making for PIM', Dynamic Engineering, Minneapolis, MN, USA, presented at the PIM 2007 MPIF Conference on Powder Injection Molding, Orlando, USA.

[7] Osswald, T. A., Turng, L. S., and Gramann, P. J. (2007), Injection Molding Handbook, 2nd edition, Hanser Publishers, Munich, Germany.

[8] Rees, H. (1996), Understanding Product Design for Injection Molding, Hanser Publishers, Munich, Germany.

[9] Rosato, D., Rosato, M., and Rosato, D. (2000), Injection Molding Handbook, 3rd edition, Kluwer Academic Publishers, Norwell, Massachusetts, USA.

[10] Sellers Media (2007). Europeantool and mould making. Wiesbaden, Germany: Sellers Media IX(9).

[11] Song, J., Barrie're, T., Liu, T., Gelin, J. C. (2007). In Experimental and numerical analysis on the densification behaviours of the metal injection molded components. Proceedings of EUROPM 2007, Toulouse, France. Shrewsbury, UK: European Powder Metallurgy Federation.

第 6 章　注射成型

6.1　概　　述

金属注射成型是利用注射成型技术制造金属结构件的一种工艺。与热塑性塑料注射成型零件直接作为最终产品不同，金属注射成型零件往往需要进行后续的热处理以去除黏结剂，并经过烧结致密化得到最终结构件。热塑性塑料注射成型和金属注射成型工艺都是在一定的温度和压力下成型零件的，这两种成型工艺存在相似性。本章从金属注射成型的角度对注射成型工艺进行了回顾，并讨论了金属注射成型与热塑性塑料注射成型技术的相似性和差异性。

本章第 6.2 ~6.4 节概述了注射成型过程中所需要使用的注射成型设备和模具。由于螺杆结构在行业中占据主导地位，所以对其进行了强调。

6.2　注射成型设备

第一台注射机是由 John 和 Isaiah Hyatt 兄弟于 1872 年发明的，该机器结构简单，采用柱塞式注射法来填充模具型腔，该技术一直沿用至今；与往复式螺杆结构相比，这种结构在注射过程中只能产生低压，因此被称为低压注射成型，低压注射成型技术通常使用低黏度的蜡基黏结剂，这种成型方法可用于陶瓷和碳化物粉末的注射成型，低压柱塞式注射机也用于成型现代熔模铸造的蜡模。低压注射成型机的初始投资成本和运行成本较低，但是其生产率和尺寸重复性不如往复式螺杆注射机。1946 年，美国发明家 James Watson Hendry 发明了第一个用于热塑性塑料注射成型的往复式螺杆注射机，螺杆和柱塞技术的结合在现代的热塑性塑料和金属粉末微注射成型中也有应用。尽管热塑性塑料的注射成型已有100多年的发展历史，但直到1979年金属注射成型零件获得两项设计奖，该技术才得到人们的认可，从那时起，MIM工艺被认为是领先的金属近净成型技术之一。

6.2.1 传统的注射成型设备

金属注射成型和塑料注射成型基本上是使用同种类型的设备来近净生产零件。注射机由注射单元和合模单元组成，根据机器的布局和型号，可将注射单元和合模单元的驱动方式分为液压驱动和电机驱动，同时也存在由液压驱动和电机驱动结合在一起的混合驱动设备。图6.1所示为用于MIM的典型液压注射机图片。

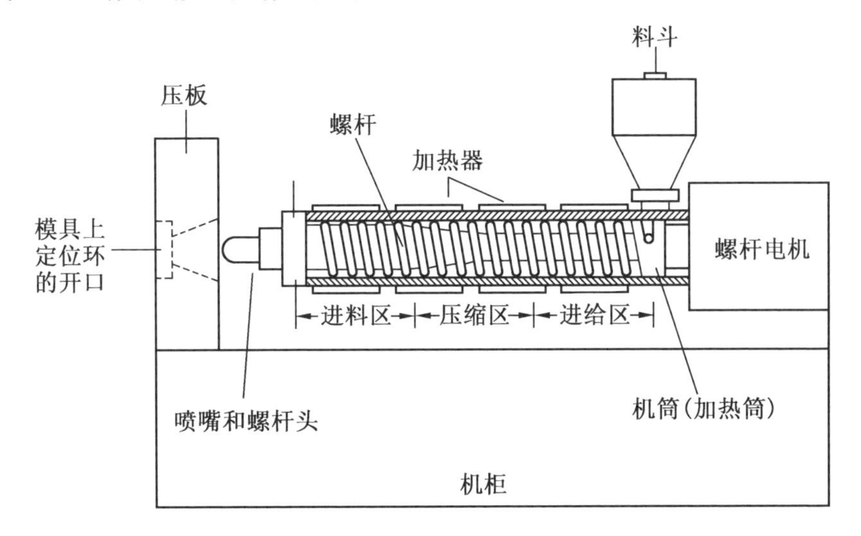

图6.1 用于MIM的典型液压注射机图片

注射单元由机筒、加热器、料斗、喷嘴、螺杆和螺杆头组成，如图6.1所示。螺杆头由固定器、止回环和止回环座组成，如图6.2所示。由于螺杆头处的磨损严重，因此要密切注意其尺寸变化，特别是止回环和止回环座的尺寸变化，因为它们为成型过程提供密封条件从而在高压下完成注射。注射单元中的注射料容量应为料筒容量的20%～80%，但最终取决于喂料中黏结剂对温度的敏感性和完全填充零件所需的注射料体积，这可以保证喂料在一定的时间下其各部分的温度是相同的，而不会降低黏结剂的性能。

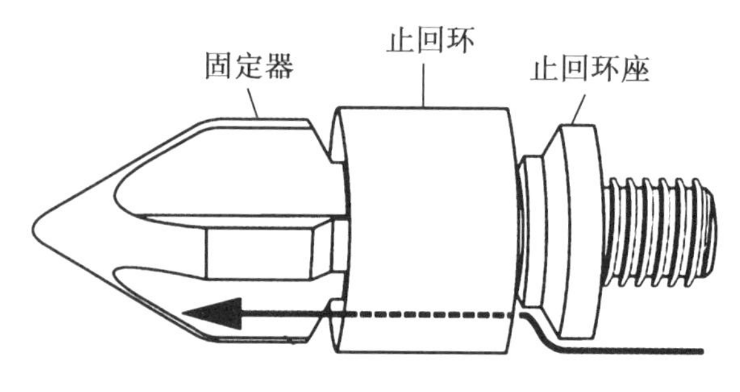

图6.2 螺杆头结构组成

合模单元由拉杆、压板和顶出系统组成,有些合模单元在设计时没有拉杆,因此不会占据压板上的空间,因此可以使用更大的工具。模具安装在注射机上的合模单元,合模吨位与注射件在模具中投影的表面积大小有关,如果合模吨位太小,则注射件会产生飞边缺陷,此外如果模具产生磨损、安装不当或存在其他工艺问题(如注射速率太高)也会产生飞边。通常流道或零件每平方英寸(6.45 cm^2)的投影面积要求 8 ~ 10 t 的合模力,但是在特殊情况下也可以使用更大的合模力。

塑料注射成型机与金属注射成型机最大的区别在于注射单元和控制系统。用于金属注射成型机的螺杆、螺杆头和机筒通常需经过硬化处理,以减小注射成型过程中金属粉末对它们的磨损,经过硬化和耐磨化处理的部件也可用于成型玻璃纤维增强尼龙或其他含有磨料材料的注射成型机中。这些部件的磨损通常出现在料斗正下方的螺杆进料区,因为此时喂料还是固态,没有熔化;另一个容易出现磨损的地方是止回环和止回环座,因为在注射过程中由于喂料流经小间隙时止回环会受到大量的剪切力作用,并且在每个成型周期中止回环都要和止回环座贴合以使 MIM 喂料通道封闭,因此要定期更换止回环和止回环座。金属注射成型机应具有精确的螺杆位置控制系统,以确保每个注射件的一致性,特别是较小的零件;但是,一套标准的控制系统对于许多 MIM 零件来说已经足够了。精确的螺杆位置控制系统也可用于注射成型高精度的塑料件;然而,由于金属注射成型件在烧结过程中会发生较大的收缩,因此会放大注射成型过程中不当工艺产生的不良影响,这种收缩率受注射件质量的影响最大,而注射件的质量又与螺杆位置调节是否精准有很大的关系。

在金属注射成型机中另一个值得注意的是螺杆结构。金属注射成型材料通常对剪切力敏感,并且相对于纯聚合物来说,其可压缩性更差,因此对螺杆的要求是不同的。一般来说,螺杆有3个不同的区域:料斗附近的进料区、传送区和螺杆尖端附件的计量区,如图6.1所示。这些不同区域的大小和螺纹深度会影响注射料的进给程度和施加给注射料的剪切力。从简单意义上来说,压缩比是进料区域螺槽深度和计量区螺槽深度之比,但是,只有当螺杆横截面宽度和螺纹间距以及进给区和计量区的长度相同时,才会出现这种情况,真正的压缩比是进料区和计量区之间的螺槽容积之比。压缩比越高,喂料受到的剪切加热和压缩越多,用于金属注射成型的螺杆压缩比通常低于塑料注射成型的螺杆压缩比。典型的通用热塑性塑料压缩比为2.3,聚氯乙烯(PVC)和液态硅等对工艺敏感的材料压缩比小于2.3,对工艺不敏感材料的压缩比可能高达3.0。MIM材料压缩比通常在1.7~2.2之间;但在某些情况下也可使用更大的压缩比,例如,材料因混合不均匀而有大量气泡或材料对剪切敏感度较低时,可以使用压缩比更高的螺杆以达到更好的成型效果。

6.2.2 微注射成型设备

对于微型零件来说既可以用传统的成型设备来加工,也可以用专门为这种尺寸的零件设计的成型设备来加工。当使用传统的注射机时,可以通过使用更大的流道系统或使用小尺寸螺杆来实现,使用大流道系统时流道废料较多,会造成大量的材料浪费,尽管这些材料是可以重复使用的;而采用小螺杆时,为了获得和大螺杆相同的体积填充率,小螺杆尖端的剪切速率也更大,这种高剪切速率将会导致粉末与黏结剂发生两相分离,并使螺杆尖端产生磨损。

市场上也有专门为微型零件成型设计的微型注射机,这些注射机具有两级注射装置:第一级由进料的螺杆组成,与往复螺杆非常相似,在这一阶段,材料被熔化和计量,以消除柱塞或螺杆与机筒之间喂料的气孔;第二级柱塞或螺杆用于向模具腔体内提供精确控制且微小剂量的材料,预先计量的材料具有高均匀性和高一致性,并且几乎没有气孔,这为第二阶段的注射过程提供了更精确的注射尺寸控制和注射压力控制。这种含有两级注射装置的成型机通常比传统的价格更昂贵。图6.3所示为两级微注射成型机的注射单元结构组成,微注射零件将在第13章介绍。

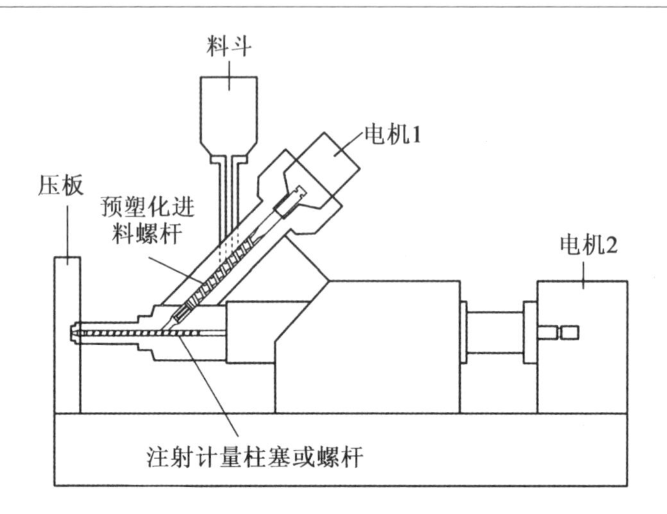

图6.3 两级微注射成型机的注射单元结构组成

6.2.3 模具

模具是塑料和金属粉末能够成功注射成型的一个必不可少的因素。模具有几个关键作用:根据零件几何形状按一定比例放大的模具型腔和熔体输送系统;充当热交换器来传输热量以保证成型出无缺陷的零件;与注射单元配合,承受夹紧力和注射压力,并弹出成型的零件。

在设计模具时必须注意以下几点:①零件必须容易顶出,以避免损坏注射生坯,与大多数热塑性塑料的注射成型相比,金属注射成型的一个显著特点在于金属注射零件易碎,因此,设计容易顶出注射件的模具是必不可少的。②模具必须配备温度控制系统,使注射件的不同部位都具有均匀且适当的温度,以确保均匀的冷却速率,因为冷却速率会影响注射件的尺寸稳定性和缺陷率,当模具不能快速的散掉金属注射成型注射料的热量时,注射件很容易产生气泡缺陷。模具设计已在第5章中详细介绍。

6.3 辅助设备

本节概述了注射成型过程中所必需的辅助设备。

6.3.1 材料干燥设备

具有吸湿性黏结剂体系的喂料需要在成型前进行干燥,特别是在高湿度、非真空环境的情况下进行成型,典型的如含有聚乙二醇(PEG)或聚乙烯醇(PVA)的黏结剂可能需要进行干燥处理。干燥可以使用除湿床或压缩空气干燥器来完成,对材料进行干燥有助于消除水分造成的缺陷,如气泡或粉末与黏结剂两相分离。注射机的计量问题也可能与材料中的水分有关。这些问题通常在夏季潮湿的环境下出现,在冬季干燥的环境中消失。

6.3.2 模具温度控制器

模具温度控制器的主要功能是维持注射成型过程中注射件和喂料所需的模具温度。模具温度控制器通过控制冷却液在模具冷却回路中循环流动,以平衡模具在每个注射循环中的热流密度。通常凸模和凹模各有一个单独运行的模具温度控制器,这种设置具有更好的过程控制能力,并提高可加工性。如果热流道设置在模具的定模部分,则模具的这一部分需要更大的冷却量,因此定模需要有一个单独的温度控制器以确保两个半模精确的温度控制。

6.3.3 造粒机

造粒机本质上是旋转研磨机,用于将报废零件和熔体输送系统(主流道和流道)的废料研磨成喂料大小的颗粒,以便进行再注射,这可以减少材料浪费并降低生产成本。由于这些造粒机被用来破碎含有金属粉末的聚合物,对切割刀片的磨损很大,因此叶片用高耐磨性的硬质合金或工具钢来制造。许多造粒机在设计时要求刀片在磨损后必须更换,或者设计一种可重新打磨的刀片也是可行的。最后,还要求造粒机便于清洗,以避免金属注射成型材料之间造成交叉污染。

6.3.4 零件输送装置

一旦注射件在模具中固化,就可以由机器人或工人(如果注射设备使用半自动循环)从成型机中取出并将其放入容器或放到输送带上,输送带可以是连续式和(或)分度式的。对于具有高生坯强度的零件,输送带是一种可接受的零件输送形式,但是,对于易碎零件或不允许有外观缺陷的零件(如接合或磨损)则必须避免使用这种输送形式。当出于成本考虑需要较高水平的自动化生产和(或)生坯强度较低且零件容易产生接触损坏时,可以使用机器人输送,机器人可以将生坯零件精确地放置到生坯加工工位和(或)烧结夹具中。

6.4 注射成型工艺

6.4.1 综述

一旦模具和机筒达到成型所需的温度,成型过程就开始了。注射料桶中的螺杆进给深度决定了所需的材料体积或注射量,以完全填满浇口、流道、主流道和型腔,同时仍在螺杆前端保留少量材料作为缓冲。缓冲对于提供充足的材料以完成零件的注射成型是非常关键的,并且它可以适应注射过程中喂料发生的任何变化。如果没有足够的缓冲,螺杆头将与机筒底部接触,从而导致产生孔洞或型腔填充不完全的低质量注射件。一旦达到所需的注射量,模具合模,螺杆尖端的止回阀或止回环将充当柱塞,将注射料通过注射单元的喷嘴尖端注射到模具的主流道、流道、交口和模具型腔中。如果被注射的金属粉末容易在止回环处堆积并导致止回环卡在机筒上,或者喂料容易发生剪切降解,则可以使用一种锥形螺杆头来代替注射螺杆尖端的止回环。这种结构通常适用于具有较高黏度的材料,以及保压压力对零件的完全充模影响不是很大的情况下。与传统的止回环和止回环座结构相比,锥形螺杆头的使用降低了可用的注射压力和保压压力。

一旦型腔填充至92% ~98%,注射过程将从由填充速度控制的充填阶段切换到由压力控制的填充阶段,该阶段完成最后2% ~8%的型腔填充,并补偿喂料在模具型腔中冷却时由于压力 - 体积 - 温度(PVT)特性而产生的体积收缩。为了避免型腔过度填充而导致注射件产生飞边，模具型腔一般不会100%填充。在最终填充或补偿阶段施加的压力通常称为保压压力，持续时间称为保压时间。保压时间是指在浇口封闭且螺杆进给不能再将喂料注入模具型腔之前施加的保压时间。通过对浇口封闭（零件质量和保压时间之间的关系）进行研究可以确定合适的保压时间，这样可以确保浇口封闭时模具型腔已被填充满，在解除保压压力之后不会发生喂料从模具中倒流的情况。图6.4所示为保压时间与零件质量之间的关系，从图中可以看出，保压时间至少为3 s才可以确保完全充模以避免产生下沉缺陷。

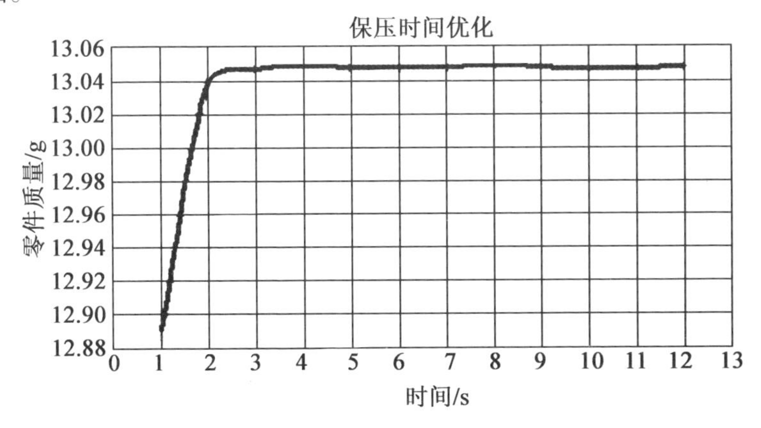

图6.4　保压时间与零件质量之间的关系

在完成注射件的填充和保压后，注射件还需要经过一段时间的冷却，以确保零件生坯强度足以承受顶出力。与生坯冷却过程同步进行的是塑化过程，在塑化过程中，螺杆以设定的速度旋转，以预备下个循环的注射料。在螺杆旋转过程中，材料必须克服机器控制器上设置的背压，才能使螺杆后退至机筒内并产生所需的注射料。背压会产生额外的剪切加热，以确保注射料被完全压缩，增加背压可以消除材料中的气泡，如果材料很难被塑化或在螺杆中运动，可以采用降低背压的方法。设置转速和背压非常重要，以便在冷却时间结束前2 s完成喂料的塑化，保证注射周期的一致性。

冷却和塑化过程完成后，夹具减压，模具开模，注射生坯从模具中被顶出，这时可以进行下一个注射循环，注射成型工艺过程如图6.5所示。

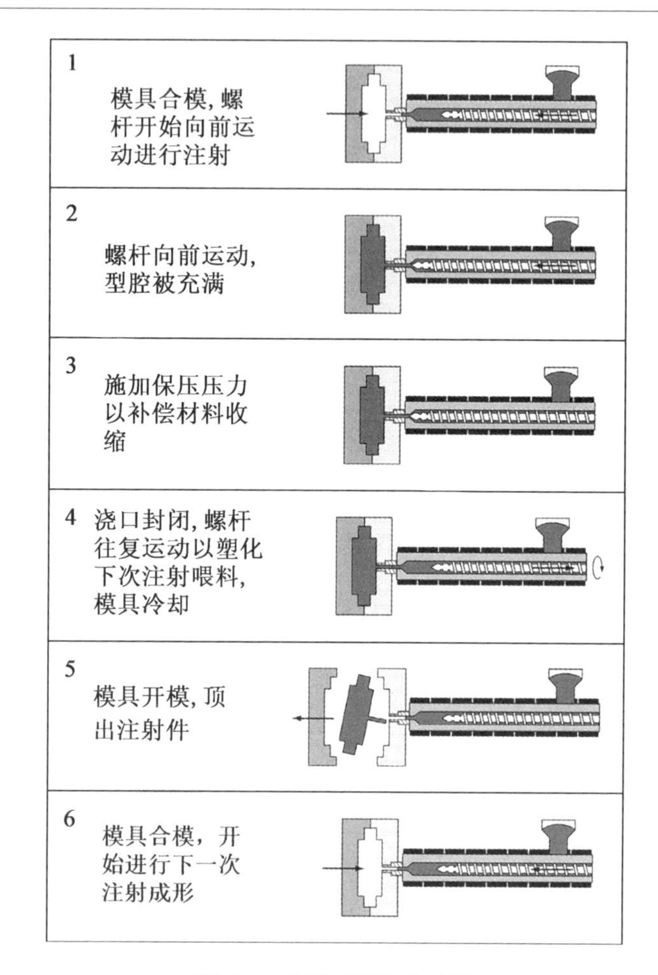

图6.5 注射成型工艺过程

6.4.2 成型参数

在成型过程中有很多参数,其中最关键的成型参数包括模具温度、熔体温度、注射速度、保压压力、保压时间以及冷却时间。由于这些参数都是相互关联的,因此下面仅进行了简要的介绍,这可能会使零件缺陷的排除和成型过程的优化变得复杂。例如,提高模具温度可以提高零件的充填率,但是注射速度、注射压力和保压对充填率的影响比模具温度对充填率的影响更大。

1. 模具温度和熔体温度

模具温度和熔体温度的设置应保证能生产出无缺陷的零件，换句话说，应在一个范围内更改这些参数，以减少与温度相关的缺陷，如气泡、浇口瑕疵、短射、熔接痕等。熔体温度通常要比黏结剂中主链聚合物（聚合物中温度最高的聚合物）的熔融温度高10～20 ℃，如果熔体温度过低，可能会导致注射料的流动性较差，从而出现接痕缺陷；过低的温度将导致主链聚合物在喂料中堆积，并最终使得烧结产品产生空隙。当材料在过低的温度或较短的时间下混合时，空隙将会更明显。当熔体温度过高时，材料在模具中会发生较大的收缩，这可能会导致零件开裂；此外，过高的温度可能会导致注射件产生气泡缺陷，熔点较低的聚合物进入顶杆和型腔块之间的间隙，并沿着分型线处产生飞边缺陷，粉末与黏结剂发生两相分离导致金属粉末在螺杆的止回环处堆积使得注射单元出现故障，并且熔体温度过高还会导致聚合物发生降解，缩短零件的寿命。

模具温度影响零件的填充程度和缺陷产生与否。模具温度过低可能会导致零件未完全填充并出现流动缺陷，模具温度过高会导致气泡和飞边。

典型的普通蜡基聚合物体系的熔体温度为150～190 ℃，模具温度为25～55 ℃；典型的催化体系的熔体温度为200～260 ℃，模具温度为100～150 ℃。

2. 注射速度

金属注射成型的注射速度通常高于聚合物成型的注射速度，因为与纯聚合物相比，金属喂料的导热系数更高。注射速度通常设置为能完全填充模具型腔而不产生任何缺陷所需的最小注射速度。注射速度过低将导致注射件表面产生缺陷，如流线、不良熔接线和填充不完全；注射速度过高，则模具型腔内的空气无法从模具排气孔及时排出，且注射速度过高将导致粉末/黏结剂分离，产生飞边和浇口缺陷，并可能产生空洞。

3. 切换时间节点及方法

理想的塑料注射成型工艺是在速度控制下填充98%的组件，然后切换到组件控制来填充剩余2%的体积。研究人员已经进行了许多研究来评估在塑料注射操作期间从速度控制切换到组件控制的不同方法（Piemme，2003）。4种最重要的切换方法是位置、液压、时间和型腔压力。其中，型腔压力是最可重复的。在该技术中，位于熔体流中的压力传感器用于检测压力,该压力用于向机器发出信号以停止速度控制并启动组件控制。压力传感器可以位于喷嘴尖端、流道中或部件型腔中,其中位于部件型腔或流道中最准确。然而,这种是最昂贵的,因为它必须集成到每个工具中,这就增加了额外的工具费用。一般来说,越接近实际的元件腔,控制切换就越准确。

使用位置切换是达成一致性生产的实用方法。在该技术中,线性传感器用于发出螺杆已到达预选位置的信号。这种技术可确保螺杆在每个循环中到达相同的位置,即使螺杆开始被污染。由于这种潜在的污染,其他安全控制,如螺杆扭矩限制或转换压力的统计过程控制(SPC),被用于确保螺杆或螺杆尖端不会损坏。这种类型的安全控制也与压力传感器切换技术一起使用。

实际生产中,应避免时间和液压切换的方法。时间切换使用注射时间从速度控制切换到压力控制,这种方法是不准确的,由于材料进料方式的变化,材料在切换时可能具有不同的压力。液压切换使用注射单元中的液压系统压力切换到组件控制填充,这种方法是准确的;但是,在长期的金属注射成型生产中,如果挡圈产生污染,在相同压力下,螺杆无法到达相同的位置,从而导致部件质量减轻或出现凹陷或短射等缺陷。因此,不建议将这种技术用于金属注射成型。

4. 保压压力和保压时间

保压压力和保压时间对于确保零件被完全充填是非常重要的。通常,根据材料特性和模具结构,选择的保压压力与注射时的压力大致相同;但是当零件具有很难填充的薄截面特征,零件的相对厚度较小时,可能需要较高的注射压力来获得高填充率,只需较低的保压压力,因为注射件是相对较薄的零件,因此不需要较高的压力来补偿下沉缺陷的产生。保压压力和保压时间不足将导致零件产生孔隙和下沉,保压压力过高、保压时间过长则注射件可能产生翘曲、浇口缺陷和飞边,还可以通过调节保压压力以减少注射应力在随后的脱脂和烧结过程中可能造成的翘曲或开裂缺陷。

5. 冷却时间

冷却时间对于确保零件在顶出前已经完全凝固是非常重要的。如果注射件冷却时间过长或过短,则在弹出过程中都可能会损坏。冷却时间过短可能导致顶针损坏或注射件顶出时产生翘曲,冷却时间过长会导致注射件在顶出过程中破裂。当模具中的易损坏零件由于未固化而仍有一定弹性时,可以使用较短的冷却时间将其从模具中顶出。

6.4.3 收缩

对注射成型工艺条件的调整可以改变相关的体积收缩率,从而影响最终烧结尺寸。例如,随着熔体温度、模具温度和零件厚度的增加,收缩量也随之增加。众所周知,聚合物具有正的热膨胀系数,并且在熔融状态下可压缩性高;因此,随着温度和压力的变化,给定质量的材料所占的体积也将发生变化。多项研究已经表明保压压力对塑料收缩的影响最大,并且所有的研究都表明增加保压压力会减小收缩量。图6.6所示为不同工艺参数与收缩量之间的关系,这些收缩特性也被证明同样适用于金属注射成型零件。

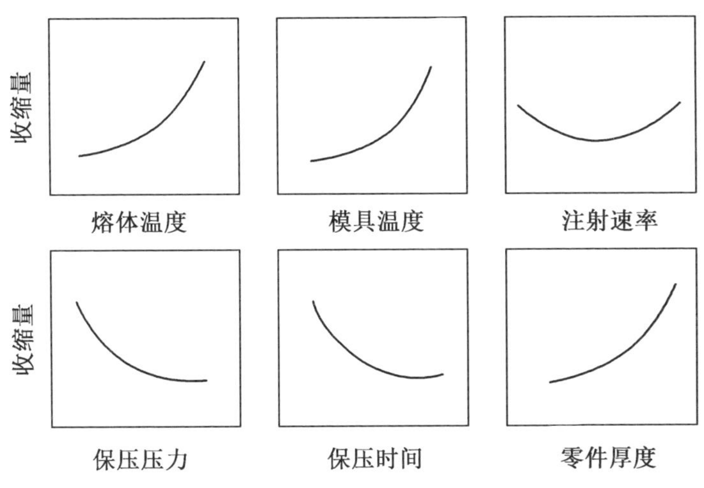

图6.6 不同工艺参数与收缩量之间的关系

6.4.4 PVT效应

对被模具放大的金属注射成型零件进行精确的线性收缩率预测通常是结合估计的烧结收缩率和收集的历史收缩数据来实现的。对线性收缩率(Y_S)的计算如式(6.1)所示,其是喂料中粉末的初始装载量(φ)、粉末的理论密度(R_t)和最终烧结密度(R)的函数。

$$Y_S = 1 - \left(\frac{\varphi}{\rho/\rho_t}\right)^{1/3} \tag{6.1}$$

然而,当使用烧结收缩率(Y_C)来计算模具型腔的放大比(Z_C)时,如式

(6.2)所示,则零件的尺寸将偏小。因此,工程师必须调整模具尺寸、喂料配比和烧结工艺以达到设计工程师规定的目标尺寸。

$$Z_C = \frac{1}{1 - Y_C} \tag{6.2}$$

考虑由 MIM 喂料的 PVT 特性导致注射成型过程中产生的收缩,可以降低注射件收缩率预测的不准确性。注射成型中的收缩率可以从熔融粉末/黏结剂喂料的 PVT 特性中估计出来,并与烧结收缩率相结合,以获得更准确的收缩率。PVT 关系通常用二维图表示,如图 6.7 所示。聚合物体系(如 MIM 喂料)的 PVT 图通常描绘的是在不同压力下体积随温度的变化,如果注射工艺条件和材料的关键性能已知,则从本质上来说可以利用这些数据在 PVT 图上跟踪注射成型过程,一旦在 PVT 图上跟踪成型过程,就可以根据注射件在稳定状态下的体积 V_e(点⑤)比上浇口封闭时注射件的体积 V_{gf}(点④)来预测由于注射成型引起的体积收缩率(S_V),如式(6.3)所示。虽然相对体积确实能准确地描述零件的体积收缩率,但是线性收缩率(S_L)对模具工程师更为有用。

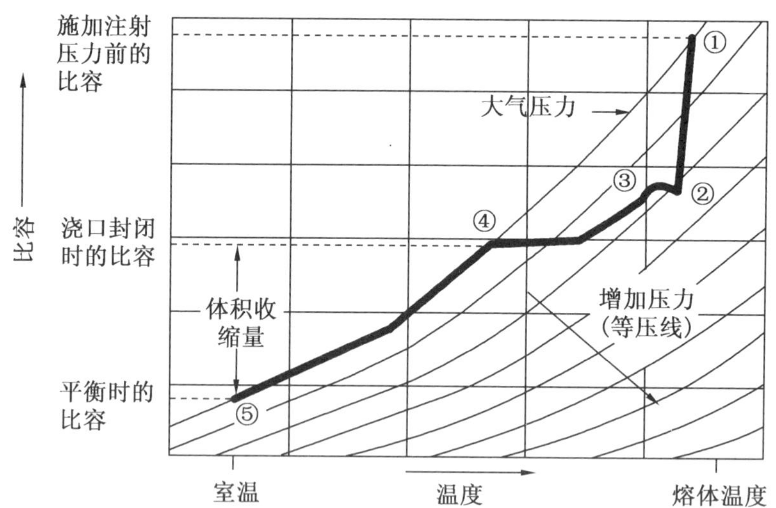

①—料筒中处于熔体温度下的聚合物;①—②—随着型腔的填充,压力增加;
②—③—切换到保压阶段;③—④—随着熔体凝固,压力下降;
④—浇口封闭;④—⑤—注射件收缩直到达到平衡

图 6.7 含有成型跟踪曲线的 PVT 图

$$S_V = 1 - \frac{V_e}{V_{gf}} \tag{6.3}$$

假设零件发生各向同性体积收缩,则线性收缩率方程可由式(6.4)表示为

$$S_L = 1 - (1 - S_V)^{1/3} \tag{6.4}$$

图6.8所示为金属注射成型中体积分数为63%的羰基铁-蜡-聚合物喂料的PVT图。从图中可以看出在不同的保压压力下材料的比容。通过将优化的PVT模型中获得的零件体积收缩率数据和实际测量的体积收缩率数据进行比较,可以清楚地看到体积收缩率与保压压力之间的关系,如图6.9所示。通过优化的PVT模型预测的注射生坯的体积收缩率与试验结果的误差在6.5%之内,零件的实际收缩率和通过PVT模型预测的体积收缩率的斜率均为$-0.002\ MPa^{-1}$,因此,在注射成型过程中的保压压力会显著影响注射成型零件的尺寸和质量,进而影响最终产品的尺寸和质量。

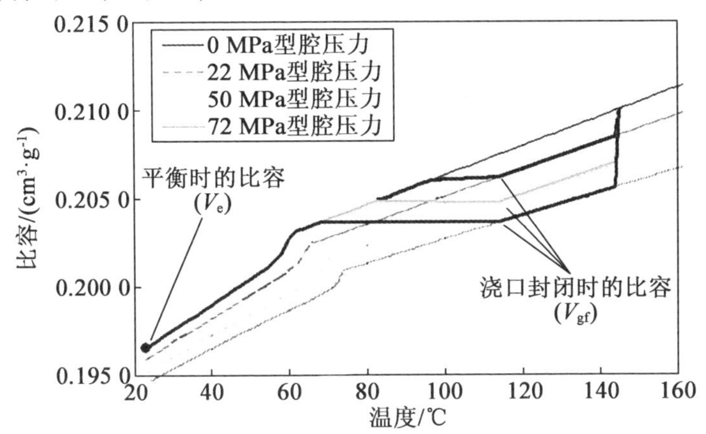

图6.8　含注射成型轨迹的63%的羰基铁-蜡-聚合物喂料在30 MPa、60 MPa和90 MPa压力下的PVT图

通过结合烧结收缩率方程(式(6.1)和式(6.2))和注射成型收缩率方程(式(6.3)和式(6.4))可以获得准确的收缩率预测公式,综合了注射成型和烧结的收缩率后得到的组合线性收缩率(Y_C)公式如式(6.5)所示,它可以更加精确地计算模具的放大倍率,如式(6.6)所示。

$$Y_C = 2 - \left(\frac{\varphi}{\rho/\rho_t}\right)^{1/3} - \left(\frac{V_e}{V_{gf}}\right)^{1/3} \tag{6.5}$$

$$Z_C = \frac{1}{1 - Y_C} \tag{6.6}$$

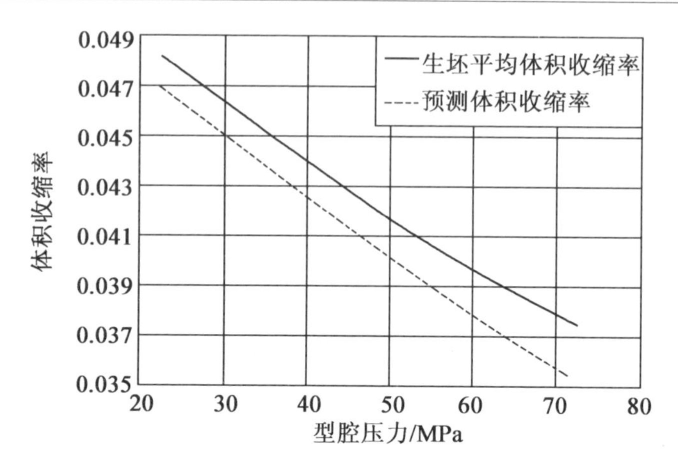

图6.9　根据金属注射成型喂料的PVT特性预测的体积收缩率与测量得到的生坯平均体积收缩率的比较

由式(6.1)推导出的理论烧结线性收缩率仅考虑了烧结过程中的收缩,将其与平均测量的烧结线性收缩率以及综合式(6.5)和式(6.6)计算出的收缩率进行了比较,如图6.10所示。式(6.1)的预测结果与烧结收缩率的实际测量结果存在显著差异,在将PVT效应纳入收缩率方程后会得到修正;因此,考虑注射成型时的收缩率有助于预测烧结部件的总收缩率。当不考虑PVT效应时,由式(6.1)计算的烧结收缩率比测量的理论线性收缩率平均低0.015(1.5%),且这是在没有考虑型腔压力对烧结件最终收缩率的影响的情况下计算出来的。

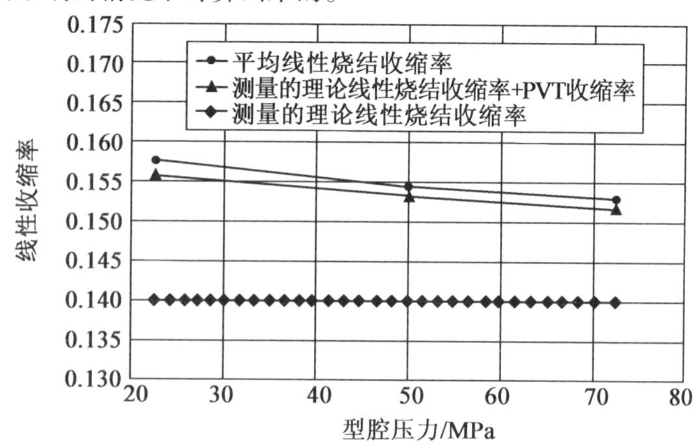

图6.10　测量得到的烧结收缩率与由综合烧结和喂料PVT特性预测得到的收缩率之间的比较

6.4.5 各向异性收缩

用于金属粉末和热塑性塑料注射成型的熔体性质非常复杂,并可能导致各向异性收缩。注射过程中的材料取向、压力、零件几何形状、流动情况、注射时间和冷却速率等因素都可能会导致各向异性收缩。图6.11所示为具有各向异性收缩特性的金属注射成型零件,图中所表征的尺寸是浇口处的厚度、填充末端厚度、浇口处的宽度、填充末端宽度和长度。在注射成型后测量了零件在这些部位的尺寸并与模具尺寸进行了比较,以表征收缩率,如图6.12所示。有趣的是,零件在厚度方向的收缩最大,从理论上来讲,在浇口处和填充末端厚度的测量中,浇口区域的收缩率是最小的,因为在该区域的保压压力最大。注射件在厚度方向收缩较大的原因是喂料聚合物在冷却过程中产生分层导致内应力。图6.13所示为材料的横向流动方向、纵向流动方向和厚度流动方向,各层材料在沿横向流动方向和纵向流动方向上均表现出很强的变形抗力,如图6.14所示,因此,材料在沿零件厚度方向具有最大的体积收缩量。Lee和Dubin认为零件的外层材料首先在较高的压力下结晶,然而,一旦浇口封闭,零件的凝固核心在较低的压力下结晶,会导致零件发生更大的体积收缩。

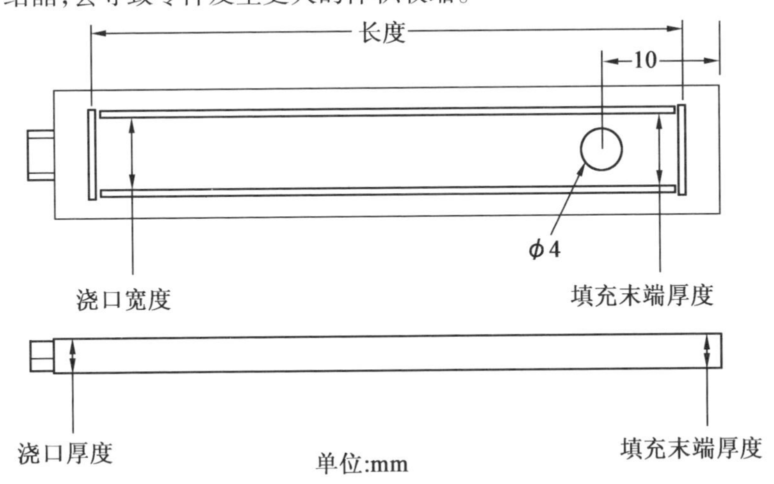

图6.11 具有各向异性收缩特性的金属注射成型零件

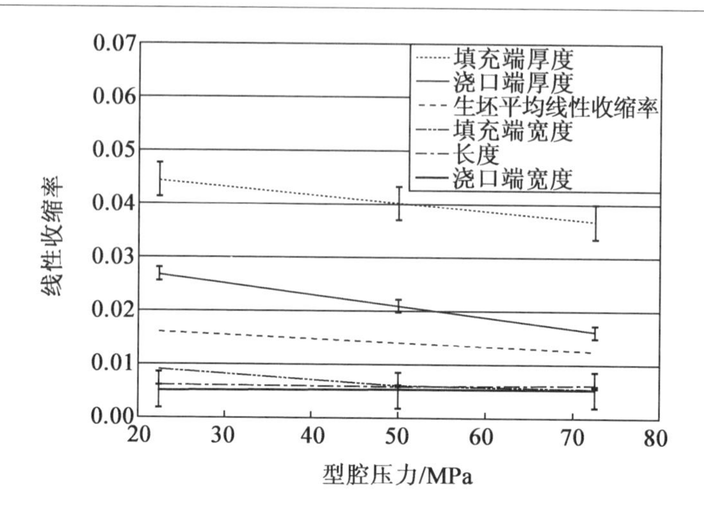

图6.12　测得的试验生坯各向异性收缩率

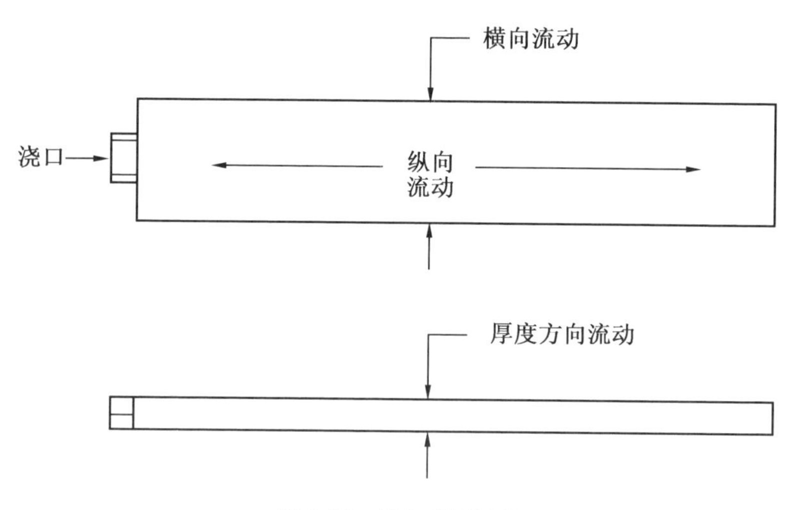

图6.13　流向术语说明

各向异性收缩在金属注射成型和聚合物材料注射成型中是非常普遍的现象。但是,影响各向异性收缩的因素很多,对于单晶材料,冷却速率、结晶过程中聚合物和(或)填料在流动方向的取向、模具约束、内应力和压力梯度也会影响收缩的大小和方向。

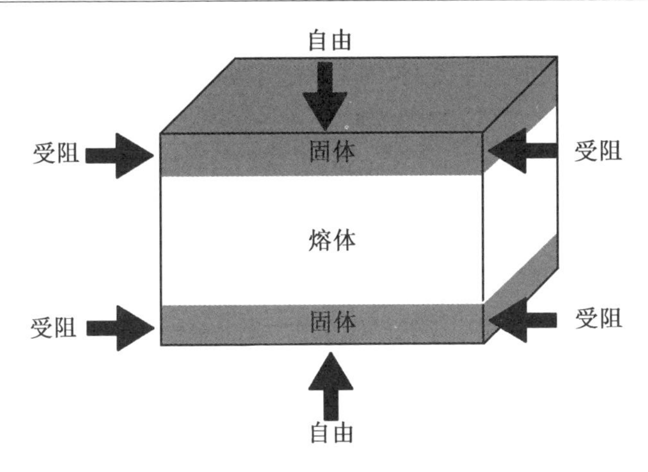

图6.14 材料在厚度方向可自由收缩,在横向和纵向由于受到内应力限制变形受阻

零件的各向异性收缩使得确定模具腔体的放大倍数十分困难。避免各向异性收缩引起不均匀应力分布的最常见做法包括对所有型腔和型芯零件进行均匀冷却,确保保压压力均匀分布,使用软件对充模和保压过程进行模拟以优化成型过程。

6.5 金属注射成型常见缺陷

注射成型过程中的注射缺陷可能在成型后直接暴露出来,也可能在后续的工艺步骤中才显现出来。注射成型是一个包含多个成型参数的过程,并且参数之间有很强的相互作用,因此一个成型缺陷往往有多个解决方法;此外,一个问题的解决方法可能会导致其他形式的成型缺陷。表6.1是金属注射成型常见缺陷及解决方法。

表6.1 金属注射成型常见缺陷及解决方法

缺陷	形成缺陷可能的原因	潜在的解决方法
气泡	材料没有干燥	对材料进行干燥处理 降低工厂湿度

续表 6.1

缺陷	形成缺陷可能的原因	潜在的解决方法
气泡	模具散热效果差	延长成型周期 降低模具温度 降低熔体温度 增加模具散热通道 模具采用导热系数高的材料
气泡	存在局部剪切加热	降低注射速率 采用更大的浇口以减少剪切加热
气泡	聚合物降解	使用分子质量较高的聚合物 黏结剂中使用抗氧化剂
开裂	顶出问题	提高模具温度 降低保压压力 降低熔体温度 抛光模具 减少冷却时间
溶剂脱脂后开裂	成型过程中存在内应力	增加排气孔 提高模具温度 成型后退火 降低保压压力
飞边	模具未完全闭合	调整模具以便完全合模 模具磨损,更换模具 清理模具表面污垢
飞边	合模力太低	使用高吨位注射设备 减小注射速度以降低注射压力 降低保压压力
飞边	材料黏度问题	增加固体粉末装载量以提高黏度(将导致收缩率变化) 使用高分子质量聚合物以增加黏度
浇口缺陷	粉末与黏结剂在浇口处发生两相分离	降低注射速度 降低保压压力

续表 6.1

缺陷	形成缺陷可能的原因	潜在的解决方法
填充不完全	浇口封闭前型腔内材料不足	增加注射量 增加保压压力 增加注射速度 增加排气孔 提高熔体温度 提高模具温度
填充不完全	材料供应问题	降低背压 减小喂料尺寸 对材料进行干燥处理 减少喂料中的细粉
下沉	填充不完全	增加保压压力或保压时间 增大浇口尺寸 增加螺杆背压 降低熔体温度以减少材料收缩 增加熔体温度以提高填充率 增加排气孔 增加填充量
注射件质量不一	注射量不一	清洁止回环 增加背压 增加缓冲区喂料
孔洞	内部存在气泡	降低注射速度 增加背压 增加保压压力和保压时间
翘曲	注射件在顶出过程中变形	增加冷却时间 降低模具温度 提高模具冷却效果
翘曲	注射件中存在压力梯度	降低保压压力
熔接痕	材料过早凝固	增加注射速度 增加熔体温度 增加压力以切换至保压控制

续表 6.1

缺陷	形成缺陷可能的原因	潜在的解决方法
熔接痕	模具中有滞留气体	增加流道排气能力 降低注射速度
起皱	材料过早凝固	增加注射速度 增加熔体温度

本章参考文献

[1] Binet, C., Heaney, D. F., Piemme, J. C., Burke, P. (2002). In an investigation of orientation and how it relates to anisotropic shrinkage. Proceedings of the PM2TEC 2002 world congress, MPIF, 16 – 21 June, Orlando, Florida.

[2] Bushko, W. C., Stokes, V. K. (1996). Dimensional stability of thermoplastic parts: modeling issues. SPE Technical Papers, 482 – 485.

[3] German, R., Bose, A. (1997). Injection molding of metals and ceramics(p. 13). Princeton, NJ, USA: Metal Powder Industries Federation (MPIF).

[4] Greene, C., Heaney, D. (2004a). In the PVT effect on final sintered MIM components. Proceedings of ANTEC 2004, Annual technical conference, vol 1: Processing (pp. 713 – 717).

[5] Greene, C. D., Heaney, D. F. (2004b). The PVT effect on final sintered MIM components. SPE Technical Papers.

[6] Greene, C. D., Heaney, D. F. (2007). The PVT effect on the final sintered dimensions of powder injection molded components. Materials and Design, 28, 95 – 100.

[7] Hyatt, J., Hyatt, I. (1872). US Patent 133329, 19 November 1872.

[8] Jansen, K., Van Dijk, D., Husselman, M. (1998). Effect of processing conditions on shrinkage in injection molding. Polymer Engineering

and Science, 38(5), 838 - 846.

[9] Lee, C. S., Dubin, A. (1990). Shrinkage and warpage behavior of injection molded Nylon 6 and PET bars and plates. SPE Annual Technical Papers, 375 - 381.

[10] Malloy, R. (1994). Plastic part design for injection molding. New York, USA: Hanser/Gardner.

[11] Mamat, A., Trochu, F., Sanschagrin, B. (1995). Shrinkage analysis of injection molded polypropylene parts. Polymer Engineering Science, 35(19), 1511 - 1520.

[12] Moldflow Pty Ltd (1991). Warpage design principles: making accurate plastic parts. Kilsyth, Victoria, Australia: Moldflow Pty Ltd.

[13] Piemme, J. C. (2003). Effects of injection molding conditions on dimensional precision in powder injection molding. MS thesis Pennsylvania State University, USA.

[14] Pontes, A., Oliveira, M., Pouzada, A. (2002). Studies on the influence of the holding pressure on the orientation and shrinkage of injection molded parts. SPE Technical Papers, 516 - 520.

[15] Potsch, G., Michaeli, W. (1990). The prediction of linear shrinkage and warpage for thermoplastic injection moldings. SPE Annual Technical Papers, 355 - 358.

[16] Shay, R. M., Poslinski, A. J., Fakhreddine, Y. (1998). Estimating linear shrinkage of semicrystalline resins from pressure-volume-temperature (PVT) data. SPE Technical Papers.

[17] Wang, T., Yoon, C. (1999). Effects of process conditions on shrinkage and warpage in the injection molding process. SPE Technical Papers, 584 - 588.

[18] White, G. R., German, R. M. (1993). Dimensional control of powder injection molded 316L stainless steel using in-situ molding correction. In vol. 5. Advances in powder metallurgy and particulate materials (pp. 121 - 132). Princeton, NJ: Metal Powder Industries Federation.

[19] Womer, T. W. (2000). Basic screw geometry. In Proceedings of AN-

TEC 2000, Annual technical conference.

[20] Zollner, O. (2001). The fundamentals of shrinkage of thermoplastics. Bayer Corporation.

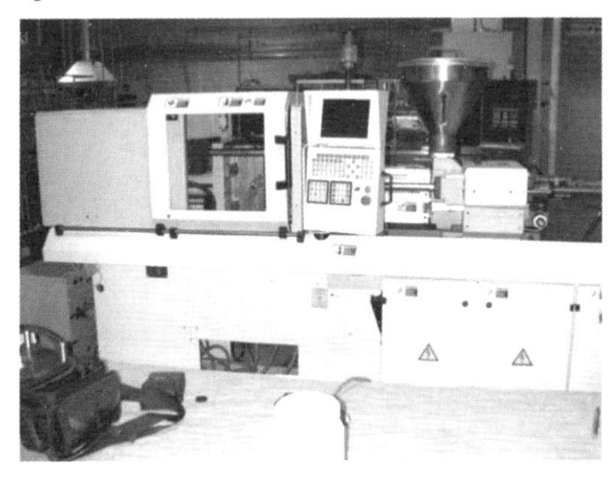

附图 典型的金属注射成型用液压式螺杆注射成型机

第 7 章　金属注射成型零件的脱脂与烧结

7.1　概　　述

本章介绍零件在成型后如何加工以获得金属零件。本章也适用于加工由其他制造方法将黏结剂与粉末混合在一起的喂料或金属/黏结剂混合物制成的零件。

为了了解脱脂工艺，有必要了解金属注射成型喂料配方背后的思想。喂料是黏结剂和金属粉末的混合物，这种混合物可在注射机中进行注射成型，成型后可以容易地脱除黏结剂，并且在黏结剂去除和烧结之后能够保持一定的形状，从而制备出具有模具型腔几何形状的实体部件。

从脱脂的角度来看，喂料基本上由两种黏结剂成分组成：第一种黏结剂成分在低温下很容易脱除，其目的是形成一个开放的孔隙结构以便第二种黏结剂成分在后续的脱脂阶段通过该孔隙结构脱除；第二种黏结剂成分能使粉末在成型坯中保持固定的位置不动，直到温度高到足以使金属粉末之间形成扩散结合时才被完全脱除，以便在所有黏结剂都被脱除时零件能保持一定的形状。其他的一些添加相能够增加黏结剂在金属粉末表面上的润湿性，并在两种主要黏结剂体系之间建立一定的联系，这些添加相或者和黏结剂体系中的主要相一起脱除，或者在某些情况下和为黏结剂提供一定强度的聚合物以相同的方式脱除。

两种主要黏结剂需要两个脱脂步骤，通常称为一次脱脂和二次脱脂。由于烧结温度远高于黏结剂的分解温度，在烧结温度下任何残留的黏结剂都将迅速从零件中逸出，都可能导致零件开裂并失去其形状完整性或产生可能会影响材料组成的烟尘；因此在达到烧结温度之前，必须脱除所有的黏结剂。

最初的金属注射成型脱脂专利都是关于蜡基喂料的,此后研究开发了许多不同的黏结剂体系。由于黏结剂体系中使用的聚合物不同,因此需要对每个黏结剂体系进行不同的脱脂处理。

7.1.1 黏结剂体系

基于上述原则,人们提出了不同的黏结剂体系。本节从商业的角度来讨论那些使用最多的黏结剂体系,以便了解它们是如何被脱除的,这些黏结剂体系如下。

(1)基于Strivens和Weich的专利提出的第一个黏结剂体系是利用蜡和油作为主要相,聚烯烃作为次要相,并添加橡胶类材料以在前两种黏结剂之间建立联系。蜡基黏结剂体系仍然是美国使用最广泛的黏结剂体系。

(2)聚缩醛在酸性催化剂的条件下分解,这是德国BASF公司的Catamold黏结剂体系使用聚缩醛和聚烯烃的基础。Catamold是最常用的喂料。

(3)目前主要使用的黏结剂体系是水溶性的,例如,由Rivers或Hens和Grohowski提出的黏结剂或PolyMIM出售的黏结剂体系。由于基于卤化溶剂和其他有机溶剂脱脂的黏结剂体系使用越来越困难,基于这些黏结剂体系的喂料正变得越来越受欢迎。

(4)目前主要使用的黏结剂体系在室温或较低温度下容易蒸发或升华,例如,水作为主要的黏结剂体系,联信公司将其与琼脂混合形成了凝胶——萘(传统樟脑丸的主要成分),是美国太平洋西北国家实验室开发的一种系统的主要黏结剂。这些原料应用前景广泛,因为初级脱脂过程中几乎不需要设备。

金属注射成型喂料是一种成分非常精确的混合物,由固体粉末含量或金属粉末与黏结剂的体积比决定,该体积比决定了喂料的黏度或流动性,以及由该喂料制成的零件在脱脂和烧结后的收缩量。在制备喂料时,通过严格控制这一比例可保持零件收缩的一致性。

7.1.2 第一个MIM黏结剂体系

Rivers的水溶性黏结剂体系和Weich的蜡基黏结剂体系几乎是在同一时间内开发出来的,但后期蜡基黏结剂体系发展得更快。

在蜡基体系中,主要相在电加热风箱中进行热脱脂。在低温脱脂炉(LTB)中脱脂需要非常低的升温速率(约0.5 ℃/min),并且在200 ℃的分解温度下需要很长的保温时间,然后在从脱脂炉中取出零件之前需要将温度冷却到约 70 ℃。对于质量在 0.05 ~ 0.10 g 之间的正畸零件，利用 LTB 烘箱脱脂时间接近 24 h；因此为了获得合理的脱脂时间，对零件厚度进行了限制。此外，长时间暴露在低温下会使为零件提高强度的聚合物退化，使零件变得易碎。

这些零件被转移到高温脱脂（HTB）炉中，在还原性或保护性气体环境下进行黏结剂的二次脱脂，并在高达约 1 050 ℃的温度下对零件进行预烧结，以使其具有一定的强度；然后将其转移到第三个炉子中进行全致密烧结，第三个炉子通常是真空炉。炉子设置的理由是通保护性气体的炉子可以带走大量黏结剂分解产生的气体，但是炉子达不到零件全致密烧结所需的温度，而真空炉可以达到所需的高温但是无法带走黏结剂分解产生的大量气体。

如今，仍有一些公司使用上述三步法制造零件，但注射成型工艺已得到改进，所需加工时间也更少。如今的工艺可以使用一台设备来完成注射件的一次脱脂工艺，具体取决于使用的喂料类型；然后将零件转移到脱脂烧结炉中，进行零件的二次脱脂操作，之后继续升温进行烧结操作。用于这些标准 MIM 材料的加热炉大多可以升温至 1 450 ℃，并且加热炉的加工时间通常不到一天。

7.2　主要相的脱脂方法

大多数喂料至少含有两种黏结剂，当主要黏结剂（也可称为可溶性黏结剂）被去除时，零件内部会形成互相连通的网状结构，之后在较高温度下分解的聚合物气体通过这些相互连通的网状结构逸出，而不会使零件产生开裂，也不会引起突然的应力导致成型零件发生变形。

在黏结剂体系主要相的热脱脂过程中，随着温度的升高，越来越多的黏结剂从黏结剂体系中分解，而在没有开放通道的情况下黏结剂的剧烈分解会导致零件开裂；因此黏结剂的分解速度必须非常缓慢，以防止零件开裂，这使得黏结剂主要相的热脱脂成为一个困难且耗时的过程，因此大多数 MIM 生产商已经停止使用这种脱脂方法。理想的脱脂方法是从零件的外部开始脱除黏结剂的主要相，然后逐渐脱除零件内部的主要相，以使次要相的黏结剂受到的影响尽可能小。溶剂脱脂、有机或水脱脂以及催化脱脂可以实现这种过程，因此基于这三种脱脂方法的喂料得到了最广泛的应用。本章详细介绍了这些黏结剂体系的脱脂。

当霍尼韦尔收购联信公司时,联信/霍尼韦尔公司(Fanelli & Silvers, 1988)失去了原料的来源。这种材料只需要一个风干炉来干燥工件上方空气中的水分,以进行初级脱脂。此外,黏结剂的含水量在该原料的固体装载量中起重要作用。含水量的微小变化可能会导致收缩率发生剧烈的变化,从而使工艺过程失控。虽然这一过程只需要很少的资本来进行初级脱脂,但目前似乎已经没有用户了。

来自太平洋西北实验室的黏结剂系统将常温升华的萘作为主要黏结剂,这是一种相对较新的工艺,目前还不知道是否有公司在商业上使用这种方法。这种加工工艺尚未被讨论。

7.2.1 蜡基体系的溶剂脱脂

在北美,应用最广泛的黏结剂体系是蜡基体系,因为这些黏结剂大多由 Weich 式喂料体系衍生而来。蜡和油可溶解于大多数溶剂中,并且如果使用的溶剂温度处于蜡和油的熔点之间,脱脂过程会更快,零件在溶剂中需浸泡足够长的时间以溶解黏结剂中所有的主要相,然后将其从溶剂中取出并进行干燥以使零件中不含溶剂,之后放入烧结炉中。确定黏结剂体系中所有主要相是否被完全脱除最常用的方法是对 30 个样品进行编号,然后放在溶剂中每 30 min 取出一个样品进行干燥并称重以获得其质量损失,当样品质量不再降低时就说明零件已经完全脱脂。

大多数原料制造商会提供生坯原料的值和一次脱脂后质量的损失值。一些制造商更进一步地提供了一个理论棕色密度。这个理论上的“成型坯密度”是不含主要黏结剂的原料的密度值。如果原料密度已知且成型坯理论密度可用,则使用氦比重计测量零件的成型坯密度(主脱脂部分的密度)是确定零件是否被正确脱脂的最准确方法。密度法消除了零件模具填充不良的问题,并可在零件脱脂前发现这个错误。生坯密度和成型坯密度的计算方法如下:

理论生坯密度

=(所有粉末和黏结剂质量分数之和)/(每种粉末和黏结剂体积之和)

$$=[(V_{P1}\times\rho_{P1}+V_{P2}\times\rho_{P2}+\cdots+V_{Pn}\times\rho_{Pn})+(V_{B1}\times\rho_{B1}+V_{B2}\times\rho_{B2}+\cdots+V_{Bn}\times\rho_{Bn})]/[(V_{P1}+V_{P2}+\cdots+V_{Pn})+(V_{B1}+V_{B2}+\cdots+V_{Bn})]$$

$$=(M_{P1}+M_{P2}+\cdots+M_{Pn})+(M_{B1}+M_{B2}+\cdots+M_{Bn})/[(M_{P1}/\rho_{P1})+(M_{P2}/\rho_{P2})+\cdots+(M_{Pn}/\rho_{Pn})]+[(M_{B1}/\rho_{B1})+(M_{B2}/\rho_{B2})+\cdots+$$

$(M_{Bn}/\rho_{Bn})]$

理论成型坯密度与上述公式相同，只是在一次脱脂后除去的黏结剂成分须从上述公式中去除，即

$$=(V_{P1}\times\rho_{P1}+V_{P2}\times\rho_{P2}+\cdots+V_{Pn}\times\rho_{Pn})+(V_{B2}\times\rho_{B2}+V_{Bn}\times\rho_{Bn})/(100-V_{B1})$$

$$=(M_{P1}+M_{P2}+\cdots+M_{Pn})+(M_{B2}+\cdots+M_{Bn})/[(M_{P1}/\rho_{P1})+(M_{P2}/\rho_{P2})+\cdots+(M_{Pn}/\rho_{Pn})]+[(M_{B2}/\rho_{B2})+\cdots+(M_{Bn}/\rho_{Bn})]$$

注意，脱脂所需的时间是脱脂方法、零件尺寸以及用于制造零件的粉末的颗粒径的函数。例如，对于20 μm的气雾化铜粉、10 μm的羰基铁粉和1 μm的氧化铝粉，采用相同的黏结剂体系注射得到的相同尺寸的零件分别需要3 h、6 h和22 h的溶剂脱脂时间。当然，如果粉末被用来填充相同的模具且保持同样的流速，那么随着粒径的减小，原料的固体装载量也会有相应的下降。这是脱脂时间增加的另一个原因。

如果喂料的密度是已知的，并且溶剂脱脂后的零件理论密度可行，则最精确的方法是利用比重瓶测量法测量溶剂脱脂后零件的密度以确定是否完全脱脂。此外还需注意的是，脱脂时间是脱脂方法、零件尺寸以及制造零件所用粉末粒径的函数；例如，对于20 μm的气雾化铜粉、10 μm的羰基铁粉和1 μm的氧化铝粉，采用相同的黏结剂体系，注射得到的相同尺寸的零件分别需要3 h、6 h和22 h的溶剂脱脂时间。

最初的溶剂脱脂设备是开放式加热箱，随着各国环保法规的出台，大多数发达国家已经停止使用这种脱脂设备，而改进型的脱脂设备可以满足法规的要求，这些设备安装了环境检测装置，并配备了闭式循环系统和蒸馏系统，以防止溶剂挥发到大气中。99%以上的溶剂蒸气是在真空环境下干燥零件产生的，利用碳罐可以捕获这些溶剂蒸气并可以再利用，因此在每次脱脂过程中只有很小一部分的溶剂会挥发到空气中。脱脂所需的工艺步骤被编程到控制溶剂脱脂装置的可编程逻辑控制器(PLC)中。图7.1所示为简化的溶剂脱脂系统示意图，零件首先被浸泡在干净的溶剂中一段时间，以溶解黏结剂体系中所有的主要相，当黏结剂被去除后将溶剂转移到回收罐中，然后零件在真空室中进行干燥，干燥过程中回收罐中的溶剂被蒸馏并储存在一个清洁的容器中，以便在下一个脱脂循环中再利用。图7.2所示为典型溶剂脱脂设备，其中所有的储罐、蒸馏装置、泵和过滤器都隐藏在面板后。

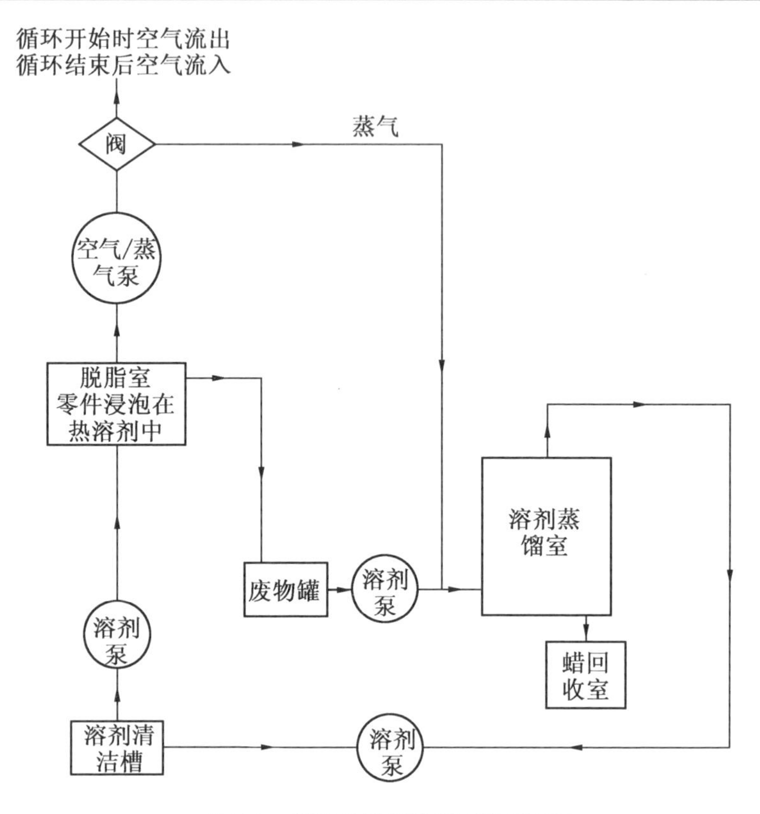

图7.1　简化的溶剂脱脂系统示意图

图7.2　典型溶剂脱脂设备

以前使用的一些溶剂体系是1,1,1－三氯乙烯、高氯乙烯和正丙基溴,但这些卤化物会破坏臭氧层,被认为是致癌物,因此它们的蒸气必须被完全捕获。许多国家已经禁止使用破坏臭氧层的化学品,并要求使用被认为是非破坏臭氧层的绿色有机溶剂,如己烷、醇或丙酮,这些被认为是绿色溶剂。由于这些有机溶剂是易燃的,故现代的溶剂脱脂装置被制造成防爆装置。

7.2.2　超临界溶剂脱脂

在超临界溶剂脱脂过程中,以液态二氧化碳为溶剂,在50～70 ℃温度下脱蜡。二氧化碳是一种绿色溶剂,而且脱蜡时间很短,在浸泡之后,液体二氧化碳从容器中排出,压力降低,从而使零件中的二氧化碳挥发,蜡以固体形式留在容器中,可以很容易地清除。然而,要使二氧化碳在高温下保持液态,需要高达350 bar(1 bar = 10^5 Pa)的压力,故需要特殊的高压容器,这限制了容器的直径,只适用于非常小的零件脱蜡。制造一般尺寸的脱蜡高压容器成本太高,减缓了这一方法的商业化进程。

7.2.3　Catamold喂料的催化脱脂

催化脱脂(CD)炉只适用于Catamold黏结剂体系的脱脂,Catamold黏结剂体系由两个主要成分组成:聚甲醛(POM),也称为聚缩醛或多甲醛,以及聚乙烯。POM的分子式为($—H_2—C—O—$)$_n$,在含硝酸的气氛中于100～140 ℃分解成甲醛($H_2—C═O$)气体,留下由剩余的聚丙烯黏合在一起的金属粉末骨架。生成的甲醛在空气中具有爆炸性,因此必须在脱脂炉内连续通入氮气以保证炉内无氧气。硝酸蒸气与氮气的比例必须低于4%,才能进行适当的催化反应。虽然甲醛本身有毒,但它很容易燃烧且燃烧产物很清洁;因此,所有的CD炉都有一个燃烧室来处理从脱脂炉中排出的甲醛气体。

生产催化脱脂炉的厂商很多,但它们的工作原理都是基于上述原则,其中大多数都是间歇式脱脂炉,也有少数厂商生产了与连续式烧结炉配套的连续式催化脱脂炉。图7.3所示为催化脱脂炉,该催化脱脂炉是唯一由计算机(PC)控制的脱脂炉,该脱脂炉的人机操作界面如图7.4所示。计算机使用Excel电子表格开发Profile程序,然后下载到PLC中,这允许用户使用工艺中的所有变量来开发程序。

图 7.3 催化脱脂炉

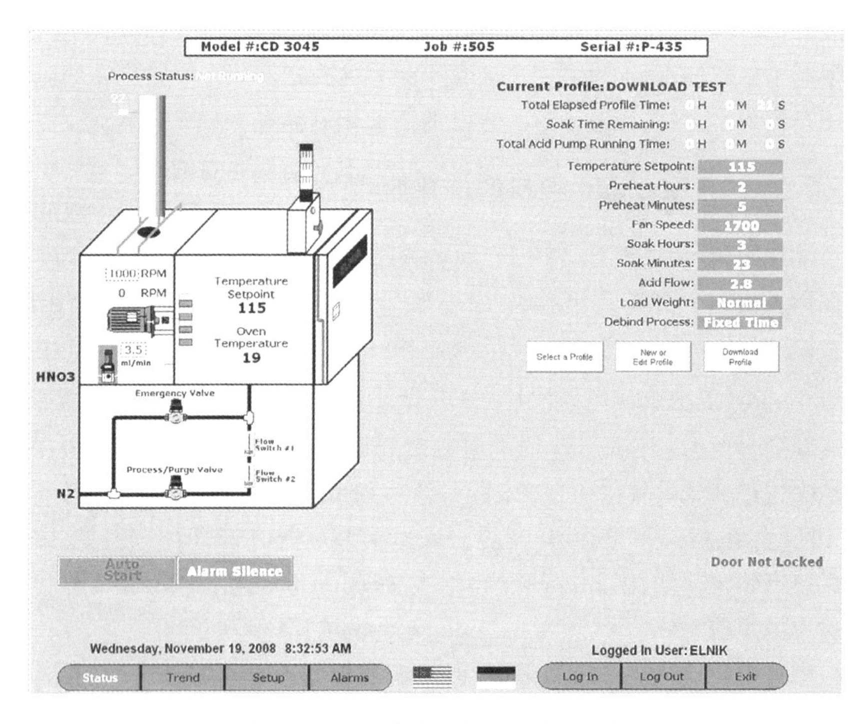

图 7.4 催化脱脂炉的人机操作界面

所有的喂料生产商在其产品数据表中都提供了实现完全脱脂所需的最小减重百分比,虽然提供了生坯的理论密度,但是没有提供零件脱脂后的理论密度。RyerInc 公司和 TCK 喂料生产公司提供了最小减重百分比，并进一步提供了生坯和脱脂后零件的理论以获得准确的脱脂数据。

7.2.4　水溶性体系的脱脂

在水溶性体系的情况下，黏结剂中的主要相是水溶性的，而黏结剂中的次要相不是水溶性的。将由水溶性黏结剂制成的零件放入水浴脱脂炉中，直到黏结剂体系中所有的主要相被脱除，然后把它们放入空气炉中烘干，干燥完成后，零件就可以进入下一个工艺阶段。其中，所用的大多数水浴脱脂炉都是自制的，并且脱脂炉和空气炉是独立使用的，而试图采用自动化系统的脱脂设备比脱脂炉和空气炉一起单独使用的成本更高，并且没有缩短脱脂时间。

研究发现，与溶剂脱脂系统或催化脱脂系统相比，大多数水溶性喂料需要更长的脱脂时间，而金属注射成型领域的新从业者正在避免使用这些喂料。

7.2.5　主要相脱脂指南

前面已经讨论了脱脂的基础和用于三种主要类型的喂料脱脂所用的设备，这些喂料可以在市场上买到，也可以由自己生产喂料的公司使用。在溶剂脱脂的情况下，水是水溶性材料的溶剂，溶质在溶剂中的溶解取决于溶质的溶解度、溶剂的温度和溶质浓度梯度。因此，脱脂参数取决于特定的黏结剂和溶剂组合。以下是一些需要注意的问题。

溶剂在脱脂温度下与次要黏结剂或其他黏结剂添加剂的反应或相互作用不应因黏结剂成分的溶解或次要黏结剂对溶剂的吸附而导致零件发生变形。

溶剂在脱脂温度下不应有高蒸气压而成为火灾隐患，对于闪点较低的现代有机溶剂尤其如此。通常这类脱脂设备必须安装在单独的防爆室中。表7.1所示为典型溶剂的沸点和闪点，大多数有机溶剂的闪点很低，表7.1还包括一些常用的卤化溶剂和它们的沸点，卤化溶剂没有闪点。

表7.1 典型溶剂的沸点和闪点

溶剂	沸点/℃	闪点/℃
有机溶剂		
丙酮	56	-18
己烷	69	-7
庚烷	98.4	-4
异丙醇	82	12
卤化溶剂		
溴化正丙酯(NPB)	70	无
三氯乙烯	87	无
全氯乙烯	121	无
吡咯烷酮(NMP)	204.3	无

当处理被黏结剂主要相污染的溶剂或蒸馏废物时,必须注意废物处理问题;此外,不能仅仅因为黏结剂是水溶性的,就认为溶剂可以倾倒在下水道系统中。

前面所讨论的所有黏结剂体系的脱脂反应都是从零件的外部开始的,并向零件中心转移。在溶剂脱脂的情况下,黏结剂必须能溶解在溶剂中,在催化脱脂的情况下,催化剂必须附着于表面才能使反应持续进行;因此,在所有情况下,脱脂时间都是零件厚度以及其他一些工艺参数的函数。

表7.2所示为不同黏结剂体系的脱脂温度和脱脂速率。当零件厚度超过10 mm时,需要额外的时间以实现完全脱脂,此时可以观察到脱脂速率明显降低。

表7.2 不同黏结剂体系的脱脂温度和脱脂速率

主要相黏结剂	次要相黏结剂	主要相黏结剂脱脂方法	脱脂温度/℃	脱脂速率/($mm \cdot h^{-1}$)
蜡基黏结剂				
石蜡	聚丙烯	庚烷	50	1.5
合成蜡	聚丙烯	全氯乙烯	70	2

续表 7.2

主要相黏结剂	次要相黏结剂	主要相黏结剂脱脂方法	脱脂温度/℃	脱脂速率/(mm·h^{-1})
水溶性黏结剂				
聚乙二醇(PEG)200	聚丙烯	水	40	0.3
PEG	聚缩醛树脂	水	60	0.5
解聚体				
聚缩醛树脂	聚乙烯	硝酸催化剂	120	1.5

7.3　次要相的脱脂方法

在低温下去除黏结剂的主要相时,粉末颗粒之间不会发生扩散连接。次要黏结剂,也称为骨架黏结剂,通过与颗粒间的摩擦将粉末颗粒保持在一起,在移除黏结剂主要相后保持注射成型件的形状;主要相被去除后会在零件生坯内形成连通的网状结构,这增强了次要黏结剂的脱脂性能,而不会导致零件产生缺陷。

次要黏结剂是通过加热去除的,通过将零件缓慢加热至次要黏结剂的分解温度,并在此温度下保温一定时间直到所有的黏结剂被脱除。如果存在一个以上的次要黏结剂相,则可能需要一个以上的保温温度。通常在经过溶剂脱脂或水脱脂的初级脱脂后,零件内部和表面可能仍残留少量的主要相黏结剂,因此短时间的保温对去除这种残留黏结剂也是有利的。

对一次脱脂前后喂料进行热重分析(TGA)是确定次要相黏结剂热脱脂保温温度的最佳方法。测量 TGA 曲线时通常以零件在烧结炉中热脱脂时的升温速率进行升温,而在烧结炉中进行热脱脂时,升温速率通常较低。表 7.3 所示为常用次要相黏结剂的热脱脂温度。图 7.5 所示为典型的 4140 蜡基喂料体系的 TGA 曲线,基于热重曲线,分析认为在 380 ℃、440 ℃和 540 ℃下进行保温可以使合金中的碳含量在一个合理的区间内。保温时间是零件最大壁厚的函数,并且与所用的黏结剂体系有关。

表7.3 常用次要相黏结剂的热脱脂温度

次要相黏结剂	热脱脂温度/℃
聚丙烯	450~500
聚乙烯	500~600
聚缩醛树脂	300~450

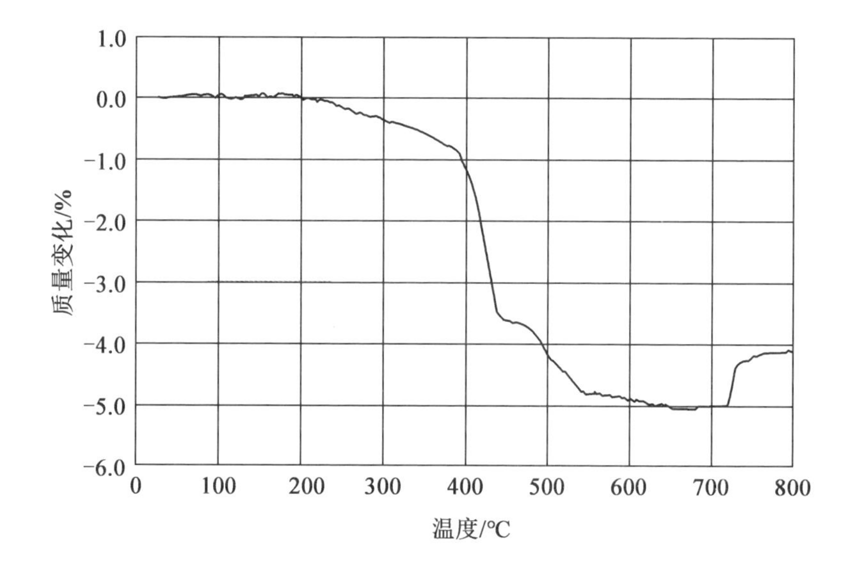

图7.5 典型的4140蜡基喂料体系的TGA曲线

在热脱脂结束后,金属粉末颗粒之间已经形成了微小的扩散结合,这增加了颗粒间的摩擦力,并有助于保持注射坯的形状。对于陶瓷注射零件来说,由于其颗粒尺寸比金属粉末小一个数量级,更细的颗粒脱脂时形成的孔隙通道更窄,因此在去除黏结剂时需要更长的脱脂时间,而且陶瓷注射件在热脱脂温度下不会产生烧结作用,因此在颗粒尺寸非常小的情况下,颗粒间的摩擦力是当零件中的所有黏结剂都去除后仍能保持一定形状的原因。

7.3.1 脱脂不完全

黏结剂去除不完全的原因都由两个因素所导致:不当的脱脂温度和(或)在脱脂温度下脱脂时间不足。气体流速也是影响脱脂的重要因素,气流不足不利于黏结剂气体被带走，并使得黏结剂残留在零件中，其结果与在不当温度下脱除黏结剂的结果是相同的。气体作为一种辅助加工物质，其流速取决于黏结剂体系和含量，以及粉末颗粒的大小和分布。

如前所述，最好利用热重曲线来确定正确的脱脂温度。保温时间是黏结剂体系、黏结剂含量、孔的大小和长度（这是颗粒粒径及其分布的函数）以及零件壁厚的函数。炉温在炉膛的所有工作区域都达到均衡需要一定时间，因此只有在炉温达到均衡后才能从该时间作为起始点开始计算保温时间。

如果烧结炉没有在正确的脱脂温度下保温合适的时间，则当烧结炉以烧结时的升温速率达到烧结温度时，零件内的残留黏结剂会在高于其分解温度下被脱除，且此时的升温速率也更快。根据黏结剂的残留量，可能会发生以下情况：

（1）黏结剂剧烈分解，导致零件开裂和气泡。

（2）黏结剂的快速分解导致其沉积在加热元件和炉子的绝缘层上，随后随着温度的快速升高，黏结剂会转化为灰尘和石墨。以这种形式形成的多重沉积物沉积在加热元件的绝缘层上会使它们短路，从而导致炉子的使用寿命降低，加热元件的寿命也会缩短，这使得炉子的定期维修时间缩短，从而增加了额外的费用支出。

（3）零件内部的温度也可能会迅速升高，导致注射件开裂并在零件内部留下灰尘沉积，零件的含碳量增加，改变其化学成分；这反过来会导致所生产零件的性能变化，如部分发生塌陷、变形、低延展性和脆性、高硬度、耐腐蚀性差等。

因此，正确地去除次要相黏结剂，以获得零件所需的性能，并延长炉子的寿命是极其重要的。

7.4　烧　　结

金属注射成型的目的是从零件中去除黏结剂，并将粉末物料转化为坚固的金属零件，而不会丢失成型件的形状，而将粉末转化为结合紧密的零件的最终过程是通过烧结来实现的，这需要在更高的温度环境下以及合适的烧结气氛中才能实现。

7.4.1 烧结定义

烧结是许多行业中使用的一个术语,烧结可用于制造陶瓷、难熔金属、火花塞、硬质合金、自润滑轴承、电触点、绝缘体、氧化物核燃料、结构材料、磁性材料、航空航天和医疗部件等,在未来还有更多可能的应用,因此在不同的行业中有许多不同的定义。German 对烧结的定义为:“烧结作为一种热处理方法,通过加热使原子获得足够的能量进行迁移,使粉末体产生颗粒黏结,这种结合提高了强度,降低了系统能量。”;ASTM B 243 - 09a 中的词汇表在第 3.3.1 节中对烧结解释道:“通过加热到低于主要成分的熔点来增加粉末或压坯的结合。”

7.4.2 烧结理论

烧结理论远远落后于烧结实践的成熟度和复杂程度。德国的《烧结理论与实践》一书很好地填补了这一空白,并解释了烧结的各种机制,其中 Pease 和 West 对烧结做出了全面的解释。

烧结是通过粉末颗粒间成键来降低粉末物料的表面能,从而减小比表面积。随着颗粒间结合的增加,材料的孔隙结构发生了显著的变化,导致材料的强度、延展性、耐腐蚀性、导电性和磁导率等性能都有了很大的提高,这些变化在包括 MIM 在内的工业应用中具有重要意义。此外,在 MIM 中,气孔的大量消除会导致零件产生较大的收缩,因此整个工艺中的变量必须在可控范围内,以获得将烧结件尺寸保持在所需公差范围内的工艺可重复性。

7.4.3 原子扩散机理

原子是一直在运动和振动的,即使在固态下也是如此,这种运动加上为了降低颗粒表面自由能而需要减少自由表面的需要,导致颗粒之间的成键,高温增强了这一反应趋向。当颗粒自由表面消失时,产生的空位可能以晶界为通道在孔隙间运动,而且晶粒的长大会减少晶界数量,从而进一步降低能量,然后通过原子扩散使整个系统进一步均匀化。如果这个过程持续无限长的时间,则模型中的两个球体最终会变成一个球体,以达到能量最低状态。

烧结理论假设已知烧结驱动力对原子扩散的影响,并且烧结是在等温条件下,在两个大小相同的球体之间进行的,这两个球体开始处于点接触状态。在这些条件下,原子扩散可能通过表面扩散机制和体扩散机制发生。

图7.6所示为双球烧结模型在烧结过程的不同阶段和传质机理。烧结过程中球体相接触形成烧结颈并长大,表面扩散机制主要是通过沿颗粒表面发生物质流动,即蒸发与冷凝(E-C)、表面扩散(SD)和体积扩散(VD)。在所有这些情况下,原子都是沿着颗粒的表面发生移动并最终到达两个粒子的接触点,这增加了两个粒子之间键的强度而不会改变两个粒子之间的距离,从而导致两个粒子之间烧结颈的形成和长大。

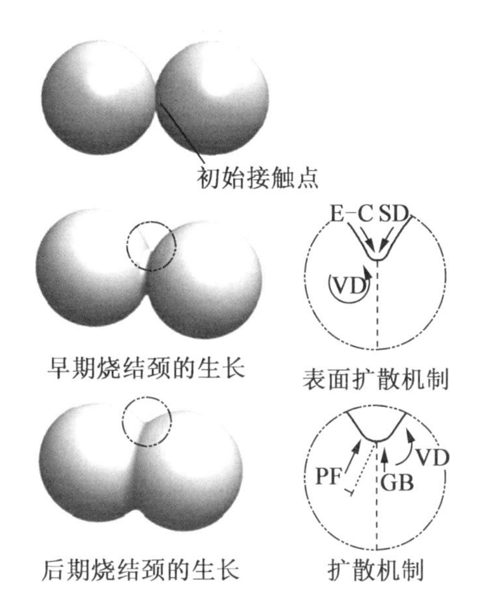

图7.6 双球烧结模型在烧结过程的不同阶段和传质机理

随着烧结后期烧结颈的继续生长,两个粒子的中心开始相互靠近,并产生收缩。此时,体扩散机制占主导地位,通过塑性流动(PF)、黏性流动、晶界扩散(GB)和体积扩散(VD),使得两个颗粒内部的原子在烧结颈处生长并消除材料内部的气孔。只有体扩散机制才会导致材料的收缩。

各个扩散机制的简要概述如下。

(1)蒸发和冷凝。具有高蒸气压或与烧结气氛反应形成挥发性物质的材料有可能会在烧结过程中发生蒸发和冷凝,NaCl、TiO_2、H_2O 和 Si_3N_4 就是典型的会发生这种现象的材料。

(2)黏性流动。黏性流动通常是非晶材料的烧结机制。大多数非晶材料的黏度随着温度的升高而下降,并且外部压力会促进这一趋势。由于材料没有晶界,非晶态结构就像液体一样充满了缺陷,因此键合会一直进行下去,直到非晶态结构消失。

(3)表面扩散。固态晶体的表面充满缺陷,即使利用最先进的技术对其进行抛光处理,表面仍然不是光滑的。表面扩散是原子从一个缺陷位置移动到另一个缺陷位置,并最终到达两个粒子之间的接触点,形成接触和产生烧结颈,从而降低两个粒子之间的表面能。粉末颗粒越小,其活化能越低,激活能也比体扩散过程的激活能低。实际表面扩散使得颗粒之间在低温下形成黏结,有助于保持松散结合的粉末体的形状,如粉末的泥浆浇注或粉末注射成型。

(4)体积扩散。体积扩散是由原子从晶体材料的颗粒内部通过间隙缺陷(如位错和空位)迁移而发生的,体积扩散可导致烧结颈形成和材料的致密化。

(5)晶界扩散。晶界由大量缺陷组成,这些缺陷源于相邻晶粒之间的取向不匹配,这些晶界成为原子迁移以闭合气孔的通路,或者成为气孔中的空位向外移动到表面的通路。晶界扩散比体积扩散具有更低的激活能,因此是在体积扩散前发生的传质方式。

(6)塑性流动。塑性流动是由位错攀移使空位消失而发生的,在没有外力的情况下,是否会发生这种情况是有争议的。在等温烧结条件下,该过程被认为是一个瞬态过程;在外压作用下,塑性流动是主要的扩散机制。

7.4.4 烧结阶段

烧结阶段表现在粉末固结成型后到最终形成致密物体的变化。在不同的应用场合下烧结也是不同的,例如压制烧结的金属粉末结构件是在高压下将粉末颗粒压制在一起,在烧结之前就有很大的接触面积,从而获得高的生坯密度;另外,对于过滤器或自润滑轴承,需要特定的孔径,因此零件不能烧结成完全致密的。MIM代表了一种类似于松散粉末烧结的状态,其中所有的烧结阶段对其都适用。

烧结的第一个阶段发生颗粒的黏附和重排,这是从范德瓦耳斯力弱的颗粒间开始的。在高温下颗粒会发生少量的旋转或扭转,以获得相对于颗粒取向较低的能量状态。

烧结的下一阶段是通过上述过程在颗粒接触点之间形成烧结颈,并导致烧结颈长大，这是烧结的初始阶段，开始出现烧结颈，但是没有或仅有少量的致密化发生。

这一阶段之后是烧结的中期阶段。在中期阶段，烧结颈继续生长并导致零件发生致密化，此时烧结颈不再是原来的样子，零件中的气孔开始球形化，但仍然是相互联通的。

在烧结的最终阶段，相互连通的开放气孔消失，成为孤立的封闭气孔。当气孔闭合时，也会发生晶粒长大，这会导致扩散进程减慢。虽然前几个烧结阶段相对较快，但随着致密度超过95%并接近99%，烧结的最终阶段逐渐减慢，这取决于成型系统和烧结温度。

图7.7所示为铁－钴－钒预合金化材料的烧结SEM图像，在表面粉末颗粒区可以看出颈部生长和晶间边界，这些颗粒之间存在一些相互连通的气孔，背景中有完全烧结区，背景中的完全烧结区表明，随着烧结过程的进行，颗粒特性已经丧失，由晶粒长大导致的较大颗粒内晶界逐渐形成。

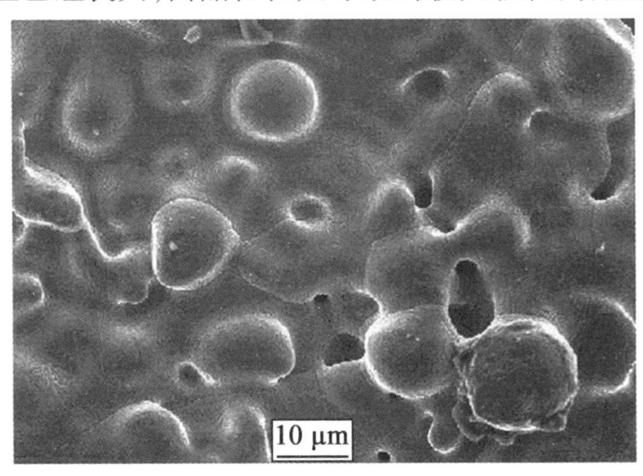

图7.7　铁－钴－钒预合金材料的烧结SEM图像

（表面粉末颗粒显示出颈部生长和晶间边界；背景区中的颗粒特性消失，颗粒内晶界变大（13 kV））

图7.8（a）所示为钴铬合金（F75）在1 200 ℃烧结的显微组织图像。从图中可以看出粉末颗粒很小，存在相当数量的孔隙，其中一些在颗粒内部。图7.8（b）所示为同一合金材料在1 300 ℃下烧结的显微组织图像，与在1 200 ℃下烧结的试样相比，晶粒明显长大，总的孔隙率明显降低，大部分气孔位于晶界内，单个气孔的尺寸也更大。这是由于在这两个温度下进行烧结会导致晶粒长大，气孔沿晶界发生迁移，晶界内的气孔发生聚合。

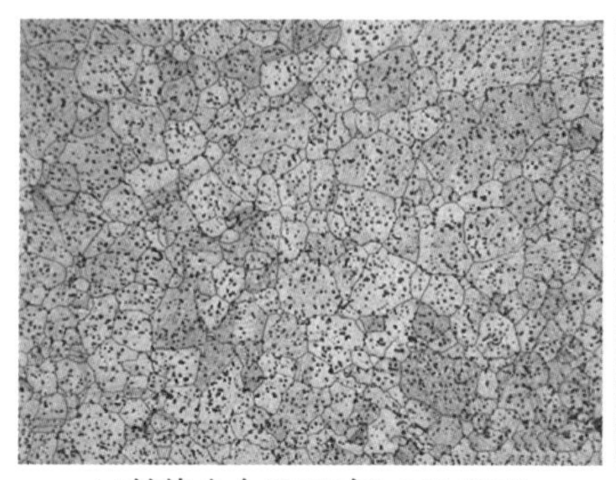

(a)钴铬合金(F75)在1 200 ℃下烧结的显微组织图像

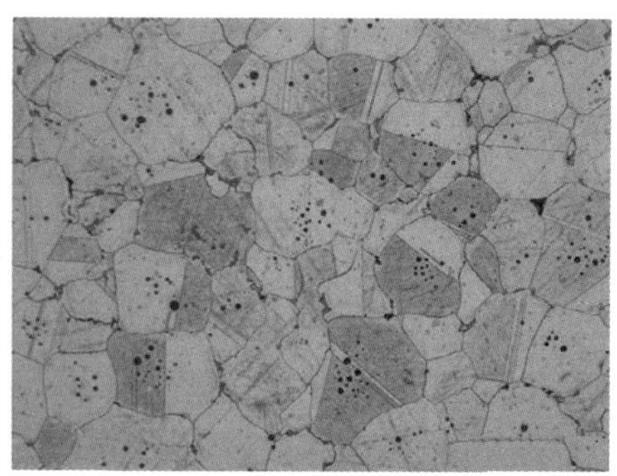

(b)钴铬合金(F75)在1 300 ℃下烧结的显微组织图像

图7.8 钴铬合金(F75)在1 200 ℃、1 300 ℃下烧结的显微组织图像

7.4.5 烧结实践

虽然有很多不同形状颗粒的烧结模型,如球形、线形、锥形、双锥形等,但烧结实践涉及许多颗粒,不是所有的颗粒尺寸都相同,往往颗粒的大小是不同的,也不是所有的颗粒都是球形的,往往颗粒的形状都是不同的,这取决于粉末的制备方式。加热条件也从来不是等温的。其他元素的存在使烧结情况变得更加复杂,这些元素可能来自粉末制备系统或出于特定原因而添加的。三元或四元体系通常在低于类似二元体系的温度下生成低熔点共晶,这会导致液相的存在,并对烧结过程产生影响。

当粉末固结成某种形状时,颗粒之间形成的接触取决于固结过程以及颗粒形状、粒度和粒度分布。固结过程这一术语是所有粉末注射成型系统的统称,适用于可在模具中或等静压压制的粉末,从高温到低温的粉末滑模或浇注的粉末,用黏结剂注射或模压成型的粉末,模具中的松散粉末等。在压力固结的情况下,压力会在冷、暖或热条件下引起塑性变形,并增强颗粒之间的接触。在其他没有外部压力的过程中,它们被填充到接近理想的散堆堆积模型,接近粉末的振实密度。金属注射成型中的条件对应于没有外部压力的固结。

人们经常使用粉末混合物来制造零件,但是粉末混合物不一定是均匀的预合金化材料,这些元素之间的相互作用对烧结过程有着重要的影响,这取决于元素之间的相互作用方式。添加元素粉末通常是制备烧结合金的最经济的方法;然而在某些情况下,只能将中间合金粉末与元素粉末混

合来制造特定的合金,当将一种元素粉末添加到另一种粉末中时,可能存在以下几种可能性:

(1)在混合均匀时,两种粉末成分是互溶的,如由元素粉末混合物或母合金元素粉末混合物形成不锈钢。

(2)基体可溶于合金添加剂中,但反之则不行,这会促进烧结。在钨中加入少量的镍可以达到活化烧结的作用,即在1 400 ℃以下的温度对钨进行烧结。

(3)合金添加剂可溶于基体中,但基体不能溶于合金添加剂中,这导致添加剂溶解在基体中,但因为基体不溶于添加剂,所以合金添加剂留下的空洞和孔隙会发生膨胀,这种情况在烧结过程中是需要避免的。

(4)两相互不相溶。复合材料就是这种情况,因为两个组分的性能都是材料所必需的,其中一个例子是 Al_2O_3 分散在金属基体中时形成的氧化物弥散强化合金,例如某些 Incoly 材料。

烧结过程中液相的形成需要单独讨论。

7.4.6　液相烧结

许多烧结体系在烧结过程中会产生液相。通常添加的元素或化合物与基体没有反应或溶解性,甚至在烧结时变成液体,它们与基体材料也不会润湿,如青铜中的铅或不锈钢中的 MnS,这种液相不会促进或影响烧结过程,而是以液滴的形式存在于基体中,整个体系通过固态扩散过程进行烧结。

另外,当存在与基体反应有限的液相且其与基体材料湿润时,由于液相的原子扩散速率比固相材料的原子扩散速率快得多,因此,形成过多的液相可能会导致骨架发生局部坍塌;因此控制液相的含量对烧结过程是有利的,因为较快的传质速率会导致零件快速烧结致密化。

液相可能以两种形式存在:一种形式是当液相在整个烧结保温期间都存在时,称为持续液相;另一种形式是在烧结保温期间液相发生凝固,称为瞬时液相。

持续液相烧结分为两种类型:第一种类型是对混合粉末加热形成液体。典型的例子是重合金,如 W－Fe－Ni 合金被加热形成液态的 Fe－Ni,W 在液态的 Fe－Ni 中溶解度有限;或 WC－Co 合金,其中 Co 溶解了一些 WC 并形成共晶,但 WC 只溶解了非常少量的 Co。图 7.9 所示为 90W－7Ni－3Fe 合金的显微照片,从图中可以看出在 Ni－Fe－W 合金基体中有钨的圆形晶粒。在烧结过程中,Fe - Ni 熔化成液相并溶解钨,导致钨颗粒的球形化。超过溶解度极限的多余钨元素在液体中沉淀,这是液相烧结过程中溶解 - 再沉淀的典型例子。

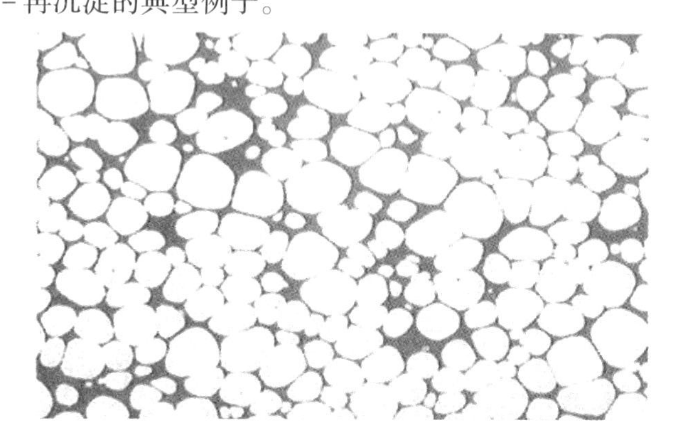

图7.9 90W - 7Ni - 3Fe 合金的显微照片

(在 Ni - Fe - W 合金基体中存在钨元素的圆形晶粒,这是液相烧结中溶解 - 再沉淀的典型例子)

第二种类型是超固相线液相烧结(SLPS)。当预合金粉末在固相线上方加热时表面和颗粒内部的晶界熔化,产生少量的液相,就会发生超固相线液相烧结,这时液相的产生有助于快速致密化,使用 SLPS 的一个典型例子是 M2 型工具钢。图7.10所示为 M2 型工具钢的典型烧结组织,从图中可以看出基体中有小的碳化物相颗粒,沿某些晶界有较大数量的碳化物相。

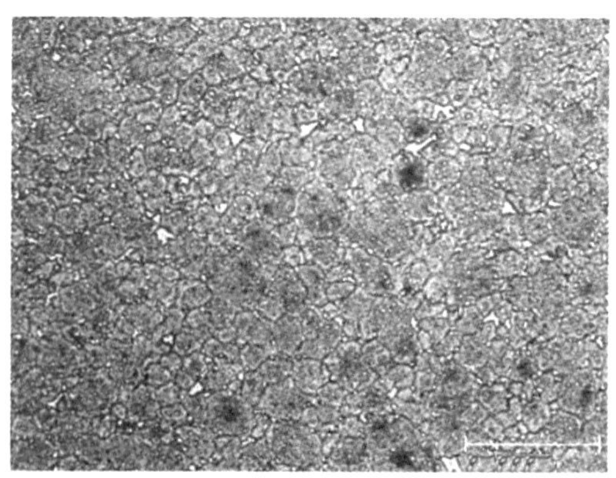

图7.10 M2 型模具钢的典型烧结组织

(在晶粒内部有少量的碳化物相,在一些晶界上有大量的碳化物相)

瞬时液相烧结有两种类型:第一种是反应烧结,即当一种元素 A 与另一种元素 B 形成化合物时,发生反应放热产生热量,生成化合物 AB,NiAl 就是这样一个例子;第二种是瞬时液相因某种元素扩散形成固溶体而消失,例如与铁和铬形成共晶的碳,当碳扩散到基体中时形成固溶体,液相就会凝固。

7.4.7　金属注射成型烧结

虽然上面讨论的关于烧结的内容都适用于金属注射成型,但上述模型都是基于传统粉末烧结技术,而金属注射成型对粉末烧结确实有一些特殊的要求。在金属注射成型中,黏结剂与粉末被注射到模具中以制造出所需形状的零件,因此金属注射成型粉末比传统的粉末冶金中使用的粉末要细得多,传统粉末成型技术中使用的粉末通常小于 150 μm,其中粒径小于 45 μm的细粉质量分数约为 25%;典型的金属注射成型用羰基铁粉的 D_{90} 约为 15 μm,而典型的预合金粉末的 D_{90} 约为 22 μm。虽然一些零件所用粉末的 D_{90} 约为 45 μm,但这是偏高的情况,需要注射成型机使用特殊的止回环且要与机筒有较大的间隙。在金属粉末微注射成型的情况下,零件或零件的某些特征在微米级范围内,因此所使用的粉末颗粒更细,通常 D_{90} 为 2 ~ 3 μm 的粉末可用于此类型的注射成型。但是,由于这些细小颗粒具有较高的比表面积,因此具有较大的表面能,影响了金属注射成型的烧结和致密化。

7.4.8　粉末尺寸和比表面积对烧结的影响

粉末的粒度对粉末的比表面积有直接的影响。为了了解金属注射成型中比表面积的影响,假设每克粉末完全由粒径为 10 μm 的颗粒组成,依次来简化计算每克粉末的比表面积。计算如下:

$$\text{单个粒子的体积} = \frac{4}{3}\pi\left(\frac{d}{2}\right)^3$$

$$= \frac{\pi}{6} \times 10^{-5}\,\text{m}^3$$

式中,d 为粒子直径。

$$\text{单个粒子的质量} = \text{密度} \times \text{离子体积}$$

$$= 7\,800 \times \frac{\pi}{6} \times 10^{-15}\ \text{kg}$$

其中,碳基铁粉的密度为7 800 kg/m^3。

因此,

$$1\ g\ 10\ \mu m\ 粉末中的颗粒数量 = \frac{1\times10^{-3}}{一个粒子的质量}$$

$$= \frac{6}{7.8\pi}\times10^{9}\ 颗粒$$

$$单个粒子的表面积 = \pi d^2$$

$$= \pi\times10^{-10}\ m^2$$

因此,由粒径为10 μm的粉末构成的1 g粉末的比表面积等于1 g粉末中的颗粒数乘以一个粉末颗粒的表面积,即约7 692 cm^2。

从另一个角度来看,由粒径为10 μm的粉末构成的1 g粉末,其表面积约为80 m^2(850平方英尺),相当于一间公寓的大小。在金属注射成型中使用的典型的D_{90}为10 μm粉末中,粉末颗粒越细,比表面积越大,表面能也越大。虽然这种粉末有助于烧结过程,但这种巨大的表面积也使材料暴露在空气环境下时更容易被氧化,因此一罐打开的粉末随着暴露于空气环境下时间的增加其氧含量也逐渐增加。所以烧结气氛和炉子结构材料对被加工零件的性能起着非常重要的作用。

7.4.9 烧结气氛

金属注射成型用粉末极大的比表面积导致粉末表面容易发生氧化,氧化程度取决于金属粉末在气氛环境中的反应活性。对于某些活性极强的金属,如钛,会与氧、氮、氢和碳发生反应,因此有必要防止粉末与空气接触,并且在制造零件之前要一直将其与空气隔绝。对于惰性金属来说,由于其难以被氧化,所以在储存粉末的过程中不需要保护气氛。

在大多数情况下,粉末的反应活性随着温度的升高而增加;因此,在金属注射成型的脱脂和烧结过程中,需要防止粉末进一步与氧发生反应,同时也应减少储存过程中的氧化反应。一些含碳材料利用碳元素来减少粉末中的表面氧含量。Ellingham图表对哪种金属应该使用哪种气氛提供了最优指导意见;因此,有必要根据烧结的材料选择采用还原气氛还是中性气氛。

7.4.10 烧结结果

为了采用注射成型来持续且可重复地制造零件,从选用粉末到烧结工艺，注射成型过程中的每一步都必须是可重复的。在每个工艺中都存在诸多变量，这些变量必须控制在一个合理范围内，才能达到期望的结果。在烧结过程中，不同材料的扩散速率不同，而烧结时间和烧结温度是最主要的变量，因此为获得最终零件的正确尺寸，就意味着零件的致密度和收缩率必须在合理的范围内。当烧结时间超过一定限度时，零件的致密度不再有较大的变化，但是会导致晶粒的异常长大，较大的颗粒可能会对零件的某些物理特性产生不利影响。

图 7.11 所示为烧结时间过长的 M2 型工具钢的微观组织，它与图7.10中的材料相同，均为 M2 型工具钢，但其烧结时间更长。当晶粒长大时，大部分液相迁移到晶界，形成了大量的碳化物沉积，这将降低烧结材料的韧性和延展性。

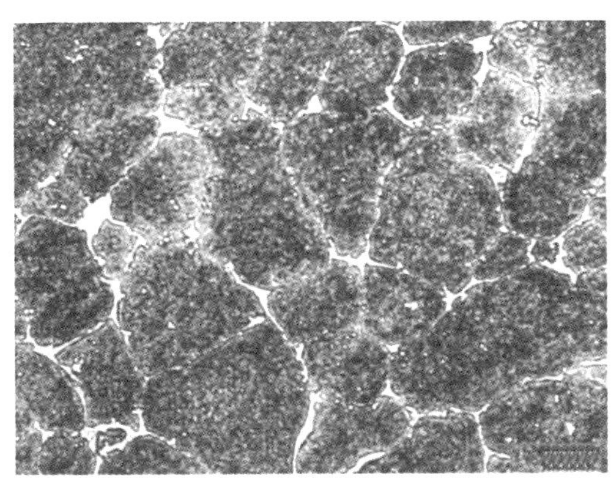

图 7.11　烧结时间过长的 M2 型工具钢的微观组织
（表现为晶粒长大和大部分碳化物相沿晶界沉积）

图 7.12 所示为烧结致密度与烧结时间的关系图。烧结开始前材料的密度对应于生坯密度；烧结开始后，随着时间的推移，零件发生收缩，致密度达到 90% 以上。由于致密化的过程是依赖于原子扩散的，并且致密化过程是渐近的，所以当致密度接近 100% 时致密化速率减慢。升高烧结温度会使曲线向左上方移动，在烧结炉中，每个区域的温度是不一样的，由于零件与加热元件存在一定的距离，以及其他原因如气体流动、屏蔽效应等，会使零件内部存在温度梯度。在这些实际生产条件的限制下，存在一个最低烧结温度和最小烧结时间以及最高烧结温度和最长烧结时间，当烧结温度和烧结时间在这个范围内时零件的最终致密度（或临界尺寸）在要求的公差内，图中也标出了这样一个区间范围。

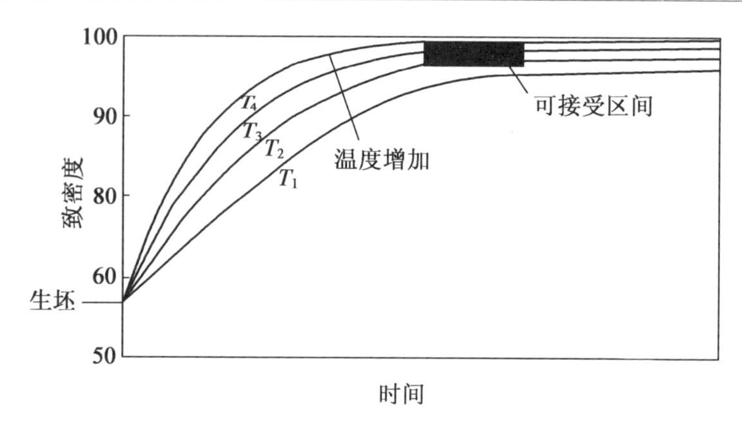

图 7.12 烧结致密度与烧结时间的关系图

7.5 金属注射成型材料

金属注射成型可用各种各样的材料来制造零件。表 7.4 所示为金属注射成型零件常用的材料,并不是所有的材料都包含在这份材料清单中。通常,一种新材料能否经济且有效地制造零件是评价这种新材料粉末实用性的关键。

表 7.4 金属注射成型零件常用的材料

材料	脱脂温度/℃	最佳脱脂气氛	烧结温度范围/℃	最佳烧结气氛	注释代码
		铁			
FN02	250~650	N_2	1 180~1 290	N_2	A
FN08	250~650	N_2	1 180~1 290	N_2	A
FN50	250~650	N_2	1 180~1 280	N_2	A
硅铁	250~650	H_2	1 180~1 300	H_2	B
		工具钢			
H11	250~650	N_2	1 200~1 275	N_2	A
M2	250~650	N_2	1 180~1 250	N_2	A
M4	250~650	N_2	1 180~1 250	N_2	A

续表 7.4

材料	脱脂温度 /℃	最佳脱脂气氛	烧结温度范围 /℃	最佳烧结气氛	注释代码
M42	250 ~ 650	N_2	1 180 ~ 1 250	N_2	A
T15	250 ~ 650	N_2	1 200 ~ 1 270	N_2	A
钢					
1040	250 ~ 650	N_2	1 100 ~ 1 270	N_2	A
4340	250 ~ 650	N_2	1 100 ~ 1 270	N_2	A
4140	250 ~ 650	N_2	1 100 ~ 1 270	N_2	A
8620	250 ~ 650	N_2	1 100 ~ 1 290	N_2	A
42CrMo4	250 ~ 650	N_2	1 100 ~ 1 290	N_2	A
400Cr6	250 ~ 650	N_2	1 190 ~ 1 290	N_2	A
不锈钢					
17 – 4PH	250 ~ 650	H_2	1 200 ~ 1 360	H_2	B
316L	250 ~ 650	H_2	1 250 ~ 1 380	H_2	B
410	250 ~ 650	H_2	1 250 ~ 1 375	H_2	B
420	250 ~ 650	N_2	1 200 ~ 1 340	N_2	A
440C	250 ~ 650	N_2	1 200 ~ 1 280	N_2	A
17 – 7PH	250 ~ 650	H_2	1 200 ~ 1 340	H_2	B
18/8	250 ~ 650	H_2	1 200 ~ 1 340	H_2	B
304	250 ~ 650	H_2	1 250 ~ 1 375	H_2	B
钨基金属					
WC	250 ~ 650	N_2/H_2	1 250 ~ 1 390	N_2/H_2	A
W – Cu	250 ~ 650	H_2	1 150 ~ 1 400	H_2	B
铜基金属					
纯铜	250 ~ 650	H_2	950 ~ 1 050	H_2	C
青铜	250 ~ 650	H_2	850 ~ 1 000	H_2	B
贵金属					
14 – 22kt 黄金	250 ~ 650	N_2/H_2	850 ~ 1 000	N_2/H_2	A
纯银	250 ~ 650	N_2/H_2	850 ~ 1 000	N_2/H_2	A

续表 7.4

材料	脱脂温度/℃	最佳脱脂气氛	烧结温度范围/℃	最佳烧结气氛	注释代码
钛					
钛	250~650	Ar/真空	1 130~1 220	Ar/真空	C
Ti6/4	250~650	Ar/真空	1 140~1 250	Ar/真空	C
高温合金					
铬镍铁合金 718	250~650	Ar	1 200~1 280	真空	C
哈氏合金 X	250~650	H_2	1 200~1 270	H_2	C
HK-30	250~650	Ar/H_2	1 200~1 280	Ar/H_2	C
GMR-235	250~650	Ar	1 200~1 280	Ar/H_2	C
Haynes 230	250~650	Ar	1 200~1 260	$96Ar/4H_2$	C

注:A,可在石墨或难熔金属烧结炉中加工;

B,在 N_2 环境下的石墨烧结炉中加工性能降低,在 H_2 环境下的难熔金属烧结炉中加工性能最佳;

C,必须在难熔金属烧结炉中加工。

7.5.1 材料活性的影响

较大的比表面积可能是粉末吸收大量氧气的原因,所用烧结炉的类型取决于金属的反应性和炉子所需的气氛。

1. 贵重金属

对于黄金等贵金属,不会与氧反应形成氧化物;对于银,氧化物在烧结温度以下就会分解释放出氧气,在这种情况下,氧化物就不成问题了。但是,在大多数其他材料的处理过程中,需要一种还原剂来去除氧元素。用于还原大多数材料的两种还原剂是碳和氢气。

铜、锡、铁、镍、钴、锰、钼和钨等氧化物很容易被碳和氢还原;然而,碳必须以固体形式或以一氧化碳的形式添加到氧化物中。由于一氧化碳是一种在较高温度下更稳定的氧化物,因此使用含有一氧化碳的气体(如吸热型气体)不能提供良好的还原气氛,且两个一氧化碳分子会分解成二氧化碳和碳,后者以灰尘的形式沉积,但铜和青铜零件可以使用吸热型气体作为还原剂。添加固体形式的碳会引入一个问题:当添加的碳含量太多时会发生什么?答案取决于合金体系和所涉及的相图。

2. 碳钢

对碳钢进行烧结以使不同批次的零件具有相同的碳含量，需要对混合物中的氧和碳含量进行严格控制，由于碳会还原氧化物，所以粉末中的氧含量会导致碳含量的降低。因此为了获得所需的碳含量，必须在粉末中添加额外的碳，以抵消因氧的存在导致碳含量降低的情况。这些零件通常在惰性气体如氮气中进行烧结，如果氮气捕获困难则也可以使用氩气甚至是真空环境进行烧结。虽然氢气也可以还原氧化物，但是它会以甲烷的形式去除合金中的碳，因此不能使用氢气。在石墨炉中进行烧结时，当烧结温度高于800 ℃时不能使用氢气，因为它会与烧结炉中的所有石墨发生反应，包括加热区和加热元件中的石墨，以及石墨烧结炉和用来承载零件的石墨坩埚等。

为了防止羰基铁粉在进行封装后和使用之前发生进一步氧化和颗粒聚集，一些制造商在每个铁粉颗粒上都涂上了一层薄薄的二氧化硅。这对碳钢的制备很有效，因为铁粉的氧化程度被降到了最低，这使得控制碳含量变得更容易。在烧结过程中碳将二氧化硅还原为硅，而硅会溶解在基体中，由于二氧化硅层很薄，所以添加的硅含量完全符合合金的标准规范。

3. 含碳高合金钢

高合金钢的含碳量，如工具钢和马氏体不锈钢，比低合金钢的含碳量更高。它们大多是预合金粉末，且通常被一层层的氧化铬、二氧化硅和其他元素的氧化物所包覆，在烧结过程中这些氧化物被合金中的碳还原。这些材料通常在中性气氛中进行烧结，如氮气、氩气或真空环境。

4. 耐腐蚀低碳钢

铬和硅的氧化物只有在很高的温度和非常低的含水量（还原过程中的产物）情况下才能被氢气还原。如果在中性气氛中添加固体碳进行烧结，则多余的碳会和还原的铬反应生成碳化铬，从而难以达到制备低碳钢的目的。因此，不锈钢和其他高铬合金应在氢气气氛炉中进行烧结，通常使用耐火金属间歇炉或高温连续炉。

金属注射成型用不锈钢有3种不同的制备方法：将不同元素粉末混合、将羰基铁粉与母合金粉末混合和直接使用预合金粉末。图7.13所示为在氮气气氛中利用羰基铁粉和母合金粉末混合物烧结制成的17－4PH合金的断口。能量色散X射线分析（EDXA）表明，所观察到的大量球形夹杂物为二氧化硅，可能来自羰基铁粉上所用的二氧化硅涂层；而在氢气气氛中烧结混合粉末时则没有出现这类夹杂物。将预合金粉末在真空环境下进行烧结时也观察到球形夹杂物,但数量较少,如图7.14所示。经过EDXA分析发现这些夹杂物是铬的氧化物,来自于17-4PH粉末颗粒表面的氧化层,同样,在氢气气氛中烧结预合金粉末时没有出现夹杂物。在氢气气氛下烧结得到的零件耐腐蚀性能最好,而母合金基材料在氮气气氛下烧结的耐腐蚀性能最差,真空环境下烧结的耐腐蚀性能一般。采用真空三步烧结法制备的MIM不锈钢,由于预烧结温度不够高,不足以通过氢气还原铬氧化物,所以材料中也出现了球形氧化铬。如今世界各地的许多制造商对石墨烧结炉中抽真空或在石墨烧结炉中通氮气以制造不锈钢零件,但由于氧化夹杂物的存在,导致不锈钢零件的性能不佳,且与利用氢气气氛制造出的不含氧化夹杂物的零件相比,这些氧化物夹杂物的存在也会导致零件的抛光效果较差。当然,并不是所有的零件都需要最佳的性能,例如手机和笔记本电脑的铰链应与设备的使用寿命保持一致,一般为几年。

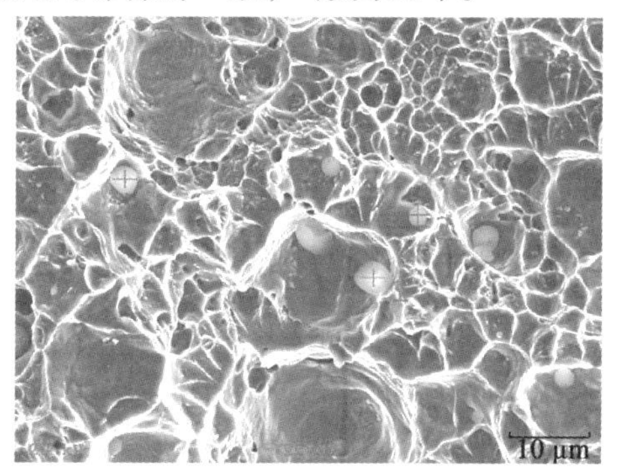

图7.13　由羰基铁粉和母合金粉末在氮气中烧结制成的17-4PH合金的断口
(表面出现大量球状夹杂物)

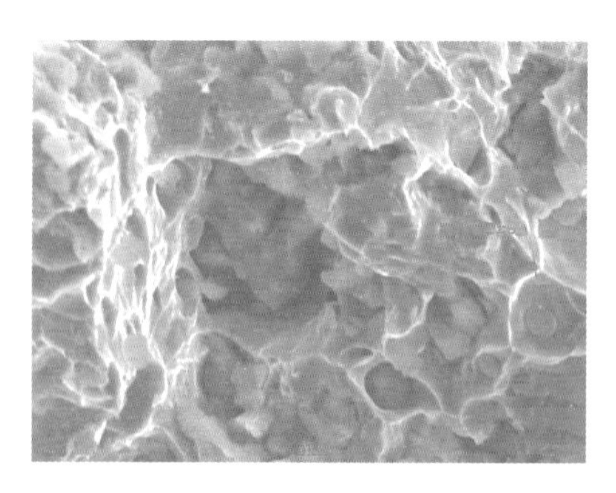

图7.14　在真空中烧结的气雾化17-4PH粉末的断口
(显示出较少的夹杂物)

5. 钨合金

虽然钨的氧化物可以被碳和氢还原，但是过量的碳会和钨形成碳化物，因此不需要含碳化物的重合金通常在氢气中烧结。由于钨的氧化物在相对较低的温度下是可还原的，所以经常使用湿氢来除去多余的碳，并防止气泡的形成。大多数钨合金的烧结方式是借助助烧剂进行活化烧结，或采用上述溶解 - 再沉淀过程的液相烧结。碳化钨和其他硬质金属通常用钴或铁 - 镍型黏结剂黏合，它们的烧结方法涉及溶解 - 再沉淀。为了避免碳化物中碳元素的流失，通常采用含少量氢的氮气气氛烧结碳化物。

6. 钛及钛合金

由于二氧化钛既不能被碳还原也不能被氢还原，所以在控制氧含量方面，钛被认为是最难烧结的材料，因此在粉末颗粒表面形成的任何氧化物都会残留在零件中。此外，钛还会与碳、氢和氮发生反应。由于石墨炉中存在碳元素，因此要避免使用。传统上，钛是在 $10^{-5} \sim 10^{-6}$ mbar 的高真空中进行烧结的，但是 DSH 技术表明，使用 50 ~ 70 mbar 的低分压纯氩气进行烧结也可以获得类似的结果。图 7. 15 所示为氩气中烧结的 MIM Ti - 6Al - 4V的组织结构。

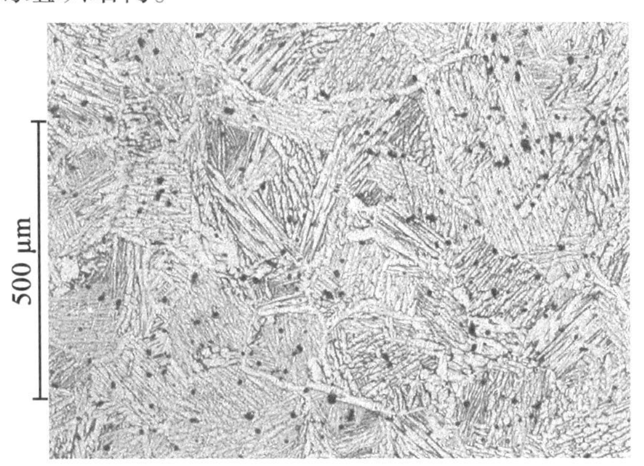

图 7.15　氩气中烧结的 MIM Ti - 6Al - 4V 的组织结构

7. 高温合金

高温合金或超合金的烧结是一个挑战，它们含有用于抗氧化的铬元素，以及铝、钒、钽、铌和钛等添加元素以增强基体材料的硬度。在存在钽、铌和钛的情况下，氢会与之反应形成氢化物，导致高温合金的氢脆，这些材料中也不能含有碳，因为碳化物会减少添加元素的含量。铝和钛的氧化物既不能用碳还原,也不能用氢还原,因此大多数情况下需要在真空或氩气气氛下烧结。

8. 其他材料

到目前为止,讨论仅限于传统材料。金属注射成型技术也已被尝试用于难熔型材料,例如铼、铌、钼、铂等。加工此类材料的一个限制是所需的熔炉,即带有钨制成的护罩、设备和加热元件的熔炉。因为钨不能像大多数金属那样被切割或冲压,这就使得这种熔炉非常昂贵。取决于实际应用情况的粉末利用率是另一个影响因素。

7.5.2 粉末应用性

实验室中研究的许多材料都没有在金属注射成型中进行大规模的应用,钛及其合金就是一个典型的例子。关于钛粉末金属注射成型的论文已经发表了很多年,但实际生产的钛类金属注射成型零件的数量仍然非常少,且全球只有少数几家制造商。金属注射成型粉末的质量要求非常严格,导致粉末价格非常昂贵,尤其是现在还没有足够可用的粉末。

7.6 承烧板

金属注射成型中的烧结温度通常接近合金的熔化温度,在某些情况下还会产生液相。为了防止烧结过程中零件和承烧板之间发生反应,在两者之间使用一层惰性陶瓷作为屏障。虽然连续烧结炉使用陶瓷承烧板,但间歇炉通常不是这样。石墨炉中的承烧板通常也是石墨,而石墨与多合金体系的直接接触会导致低熔点共晶物的形成。在使用难熔金属烧结炉的情况下,一般使用钼或钼合金作为承烧板,但由于钼与黑色金属材料反应会形成液相,因此在石墨和金属热区间歇式炉中,必须使用非反应性屏障(例如陶瓷)来防止发生反应。

氧化铝基陶瓷会与钛合金发生反应,它是除了钛合金外其他材料烧结时应用最多的承烧板。氧化铝在900 ℃左右会发生相变,在该温度附近快速冷却会导致氧化铝因相变而产生应力开裂,但96%氧化铝仍是最便宜和最常用的材料。氧化锆增强氧化铝(ZTA)也因其较高的强度和在此温度范围内快速冷却时不会产生应力而越来越受欢迎。

烧结时钛及其合金被放置在氧化锆上，由于钛对氧的亲和力比其他大多数元素都要大，所以原材料的纯度对于减少承烧板对氧的吸附是非常重要的。氧化钇稳定氧化锆（YSZ）是常用承烧板材料中性能最好的一种，氧化钙稳定氧化锆也已得到成功应用，但氧化钙中含有杂质的可能性大于纯氧化钇。虽然也可使用高纯度的氧化钇作为承烧板，但它比 YSZ 承烧板价格更贵，也更难获得。在陶瓷材料中发现的典型微量杂质，如 Na_2O、SiO_2、FeO、Fe_2O_3 等，都会在烧结过程中向钛释放氧元素，而当承烧板置于空气中时又会被氧化；因此，钛类零件在烧结过程中确实会从氧化锆承烧板中吸收少量的氧气。

由于金属注射成型零件是在高温下烧结的，所以在烧结过程中材料是没有强度的，除非这些零件得到适当的支撑，否则因自身重力足以使它们产生变形；因此，大多数设计师都试图采用具有平整表面的承烧板来烧结零件。

当承烧板的表面不平整时，有以下两种选择。

（1）在零件上添加额外的附件以创建一个平面，这些添加的附件必须可经机加工去除以使形状接近原始设计的形状，这也增加了制造成本。图 7.16 所示为在零件上添加额外附件以创建平整表面，零件上的标记表示需要进行机加工的位置。

（2）在陶瓷承烧板上创建适应零件特征的曲面，这类陶瓷承烧板的成本取决于零件的复杂程度和陶瓷承烧板的制造工艺。

图 7.16　在零件上添加额外附件以创建平整表面
（零件上的标记表示需要进行切割的大致位置）

当零件形状复杂且后续处理工艺不能采用机加工时,具有零件轮廓特征的陶瓷承烧板是一个不错的选择。图7.17所示为高端勺子的承烧板,图7.18所示为特殊形状零件承烧板概念草图,这些特殊的承烧板只适用于特定的零件,不能用于其他零件的承重。其他更简单的承烧板如用于悬臂的矩形槽或圆柱形零件的V形槽,以及更简单零件的承载。

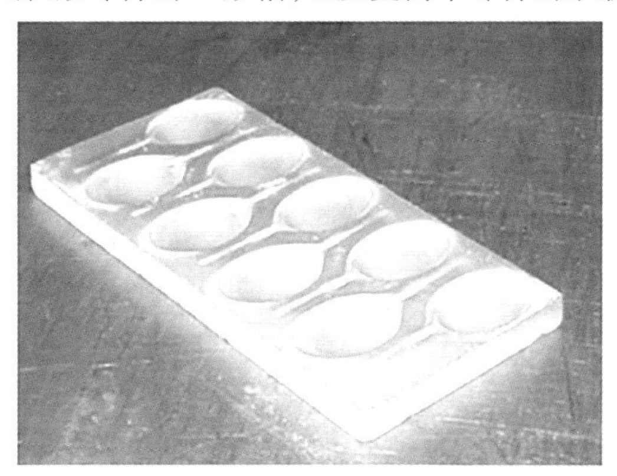

图7.17 高端勺子的承烧板

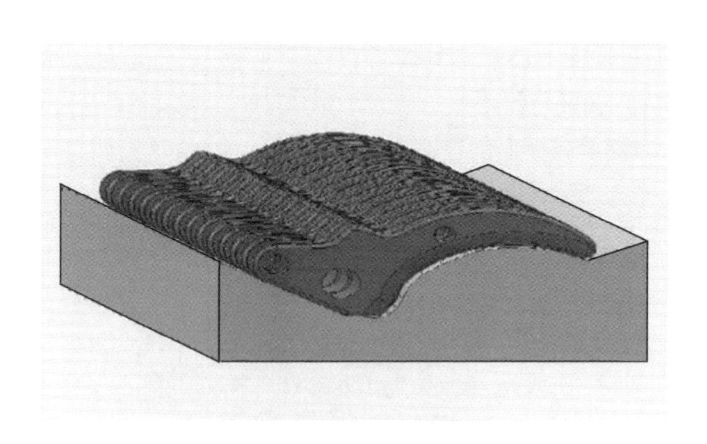

图7.18 特殊形状零件承烧板概念草图

特殊的承烧板可用3种不同的方法制造。

(1)可以对它们进行机械加工或研磨,使其具有与零件轮廓相反的特殊形状。在进行少数样品的小批量生产时,可以使用可加工陶瓷,但如果需要制造数千个零件,那么必须使用硬质陶瓷,此时承烧板价格会变得非常昂贵。

(2)将可加工陶瓷制成特殊的轮廓,然后在轮廓表面涂上细小的陶瓷颗粒并对其进行烧结,以获得更坚硬的材料,这比直接加工硬质陶瓷要便宜。

(3)制作反模并将陶瓷浆料浇注到模具中,然后将陶瓷烘干并烧结,形成最终形状,此种方法承烧板的底座应该是平的。这是三种方法中最便宜的一种。

一般来说,如果可以对零件设计进行修改以获得平的表面而不影响其功能,则这是制造零件最经济的方法。

7.7　金属注射成型烧结炉

如今,金属注射成型烧结炉有两种功能:去除次要相黏结剂和在所需的高温下进行保温烧结。这些烧结炉是从金属注射成型最初发明时使用的三步法发展而来的。

三步法的第一步是去除主要相黏结剂;第二步是去除次要相黏结剂,由于这时需要更高的脱脂温度,通常在400~600 ℃,因此必须在热脱脂设备中通入保护气体以处理脱脂过程中释放的大量黏结剂副产品。为了给零件提供一定的处理强度,零件需要在600~1 100 ℃的温度下进行预烧结,在实验室中,使用600~900 ℃的较低预烧结温度并不少见,而在实际生产中,更常见的是接近热脱脂炉所能达到的最高温度,通常高达1 150 ℃,以便最大限度地减少材料中的氧化物。在第三步中,需将零件加热到1 250~1 400 ℃,以获得零件最终所需的致密度,由于这时使用的高温炉是真空炉,无法处理二次脱脂过程中释放的大量黏结剂气体,因此需要第二步。

三步法的主要缺点是零件需要经过两次加热且零件必须在冷却后才能搬运以转移到另一个烧结炉中,这些处理过程需花费大量时间,因为这两个炉子无法相互配合。

7.7.1　金属注射成型烧结炉的改进

美国加利福尼亚州圣地亚哥的 Multi Metal Molding 使用连续式网带加热炉进行二次脱脂和预烧,并使用连续推进式加热炉进行烧结以达到最终致密度,Form Physics 也使用了类似的烧结系统。虽然 Multi Metal Molding 在 20 世纪 80 年代末或 90 年代初解散,但连续式烧结炉已经发展成一个将二次热脱脂和烧结结合在一起的设备。

美国佛罗里达州迪兰省的 Brunswick 希望消除将零件从一个烧结炉转移到另一个烧结炉所花费的时间,决定制造一种烧结炉,他们设计出了一种钟形罩炉,用一个外部可移动的炉芯加热铬镍铁合金蒸馏器。铬镍铁合金蒸馏器将烧结温度限制在 1 250 ℃,使材料达到使用极限。不锈钢在 1 250 ℃的纯氢中烧结。它的主要缺点是在最高温度下每次循环只有 6 ~ 10 h 的时间,必须通过频繁的返工使铬镍铁合金蒸馏器的底板保持形状,以及不能加工含碳钢。这一成型工艺也被授权给许多公司,收购了 Brunswick 的 FloMet 公司仍在自己制造烧结炉。此后,FloMet 被出售给 ARC MIM 集团公司,后者还购买了先进成型技术(AFT)。

一些制造商开始使用在一定的氮气压力下运行的石墨真空炉生产含碳钢零件,真空炉配备了不受二次黏结剂影响的爪式干泵,这是第一台一步脱脂的高温烧结炉。这种烧结炉的缺点是无法在氢气下加工,而且黏结剂易导致疏水阀发生故障,因此泵需要经常清洗。同样,低碳材料,如不锈钢,不能通过这种方法在没有氢气环境的情况下加工以获得最佳的防腐性能。

一些制造商试图将由钼棒加热的烧结炉改装成 MIM 烧结炉,这些早期的尝试取得了有限的成功,直到当时在宾夕法尼亚州立大学工作的 Randall German 请 Elnik Systems 的 Claus Joens 在真空炉的基础上开发出一种 MIM 烧结炉。Elnik Systems 开发了第一台真正的金属注射成型间歇式烧结炉,它可以在真空、氢气、氮气和氩气或两种气体的混合物下进行烧结,所需的分压为 15 ~900 mbar。

7.7.2 连续式烧结炉

金属注射成型用连续式烧结炉是在传统的高温烧结炉的基础上发展而来的,但其只适用于零件脱脂时会释放大量黏结剂的场合。炉子的第一部分是用于脱脂的低温区,其需要通特殊的气体以确保黏结剂分解产物不会到达炉子的烧结区。零件必须在此区域停留足够的时间以保证完全脱脂,然后零件被转移到炉子的高温烧结区进行烧结,典型的烧结温度为 1 300 ~1 400 ℃,在烧结完成后,零件在出炉前要经过冷却区。

美国的CM公司为金属注射成型制造了第一台推料式烧结炉，如图7.19所示。德国的Cremer公司为金属注射成型设计了步进梁式烧结炉，如图7.20所示。其他一些烧结炉制造商最近也一直在为金属注射成型生产连续式烧结炉。

图7.19 CM公司制造的推料式烧结炉实物图

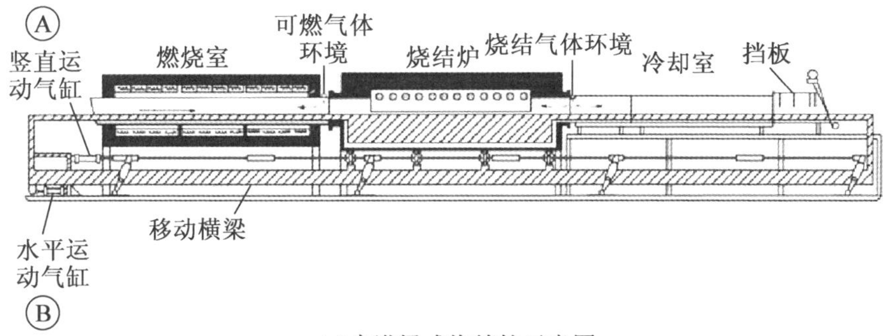

(a)步进梁式烧结炉示意图

(b)Cremer公司制造的步进梁式烧结炉实物图

图7.20 Cremer公司制造的步进梁式烧结炉示意图和实物图

连续式烧结炉是在气密的金属外壳内用耐火砖建造的，由于停机后的启动时间很长,因此炉膛内的温度需要一段时间才能稳定下来。如果要制造数百万个相同的零件,则采用连续式烧结炉是最好的选择;但是如果需要针对不同的材料改变烧结温度,或者需要针对不同的零件厚度改变脱脂保温时间,则连续炉并不是最好的选择。此外,无论是否在生产零件,都需要通燃气来保护加热元件,因此空转烧结炉会使得生产成本非常高。

7.7.3 间歇式烧结炉

间歇式烧结炉在那些零件由多种材料组成或对生产灵活性有较高要求的场合下很受人们的欢迎。图7.21所示为典型的间歇式石墨烧结炉,该炉子有3个温度控制区,零件通常被放在石墨坩埚内然后一同被装入炉膛中,这种类型的烧结炉很适合生产碳钢类零件,因为炉子中通常只通氮气。由于氢气会和石墨发生反应生成甲烷,因此不能通氢气,这限制了可加工的材料。由于这些烧结炉只在氮气或真空环境下运行,因此对安全要求低于那些通氢气的烧结炉。由于石墨的成本比难熔金属低,且更容易加工,对安全要求也低得多,所以石墨炉相对而言更加便宜。

一家烧结炉制造商研制了一种以100%氢气运行的金属热区加热炉,整个过程在15 mbar的气压条件下运行,100%氢气在15 mbar下低于氢气的爆炸极限。因此,不需要在炉内控制氢气爆炸的安全要求。这使得烧结炉相对便宜且有吸引力。然而,100%氢气在15 mbar下并不能减少硅或铬的氧化物。

图7.21 典型的间歇式石墨烧结炉

美国Centorr公司是第一家为金属注射成型两步烧结法提供难熔金属

烧结炉的公司,但其脱脂效果并不理想。加利福尼亚州的 Thermal Technologies 也是最早涉足该领域的公司之一。Elnik Systems 公司曾为国防工业生产真空炉,是唯一一家专门为金属注射成型行业生产烧结炉的制造商。图7.22所示为钼棒加热的金属注射成型难熔金属烧结炉,该炉烧结环境可为氢气、氩气、氮气或真空环境,以将大多数材料加工到最佳性能。该烧结炉完全由计算机控制,甚至连捕获器的清理都是自动化的,只需要简单地按下计算机屏幕上的清理按钮就可以完成。由于烧结炉要通氢气,因此在炉内采取一定的安全措施,而且难熔金属的市场行情波动很大,原材料也很昂贵,这些特点使得难熔金属烧结炉比石墨炉价格更高。

图7.22　钼棒加热的金属注射成型难熔金属烧结炉

石墨烧结炉已经存在了很长时间,一些制造商,如美国的 GM Furnaces、Centorr 和 AVS 为金属注射成型行业制造了这些烧结炉。Elnik Systems 公司还制造了另一种金属注射成型烧结炉,类似于难熔金属炉,具有石墨加热区和干馏器,其控制系统与金属烧结炉也相似,但只适用于处理含碳金属材料。

7.7.4　连续式烧结炉与间歇式烧结炉的比较

选择间歇式烧结炉还是连续式烧结炉取决于实际应用情况,连续式烧结炉可实现零件的大批量生产,因此当产量较高时可选用连续式烧结炉。

由于连续式烧结炉两侧的开口较大,因此气体消耗量较高,但与间歇式烧结炉相比,由于烧结炉的横截面较小,因此耗电量较低。连续式烧结炉的主要缺点是对烧结的零件尺寸和材料有较严格的要求,空转成本高,需要很长时间来启动或冷却烧结炉以对其进行维修和维护,且占地面积大。

间歇式烧结炉加工的零件材料和尺寸可灵活多变,当不运行时就不会耗电或耗油,正常运转时气体消耗量低于连续式烧结炉,虽然电耗高于连续炉,但在冷却或空转时没有电耗。间歇式烧结炉内的零件温度可以使用热电偶直接测量。

由于石墨炉可使用的加工气氛受到限制,因此间歇式石墨烧结炉在可加工的材料方面不如那些具有难熔金属加热区和加热元件的烧结炉灵活多变。在所有的烧结炉中,难熔金属烧结炉的加工灵活性最好,因为它可以通氢气、氩气或氮气,并且在必要情况下还可使用高真空环境,这使得难熔金属烧结炉可加工高碳材料、不锈钢、钴铬合金、高温合金、钛及其合金和金属间化合物材料,并可根据加工的材料选择合适的烧结气氛。

7.8 烧结炉炉型

无论是间歇式烧结炉还是连续式烧结炉,其基本轮廓都是一样的。其原理是将去除主要相黏结剂的生坯缓慢加热到每个次要相黏结剂分解的温度,并保温足够长的时间以使所有黏结剂被完全脱除。在使用间歇式烧结炉时,一般使用较慢的升温速率,因为快速升温会导致炉膛中心的温度滞后,而且这种滞后取决于炉膛内的热负荷。在使用连续式烧结炉时,升温速率是炉膛内零件移动速度的函数,由于零件到热源的距离相对较小,所以在连续式烧结炉中没有观察到炉子外缘和炉心之间存在较大的热滞后。一旦脱除所有黏结剂相,炉内温度会升至烧结温度,并保温1~4 h以获得所需的致密度。准确的脱脂温度和烧结温度取决于不同黏结剂相的分解温度和材料的烧结温度。

在适当的工艺控制和正确的气氛条件下,这两种类型的烧结炉都可用于制造具有优良性能的工业零件。

7.9 小　结

金属注射成型喂料主要有两种黏结剂成分,第一种主要相黏结剂很容易从零件表面脱除,然后逐渐脱除内部黏结剂成分,从而形成开放的孔道。随着温度的升高,次要相黏结剂将粉末颗粒保持在一起,直到零件内部的小颗粒开始形成小的扩散键时被脱除,这些扩散键以及粉末颗粒间摩擦力的作用使得次要相黏结剂在较高温度开始分解时仍有一定的强度,分解的黏结剂气体可从主要相黏结剂脱除时形成的开放孔道中逸出。目前市面上有三种类型的喂料:

(1)一种蜡基体系的喂料,其中蜡用有机溶剂除去。

(2)一种聚乙醛基喂料,其中聚乙醛在硝酸蒸气中通过催化反应去除。

(3)一种主要成分是水溶性的黏结剂体系。

由 PLC 控制的主要相脱脂设备可用于所有这些喂料类型,这些设备为航空航天、汽车和医疗器械行业提供了一种自动化和可重复的脱脂工艺,提高了零件的质量等级。

次要相黏结剂是通过热脱脂工艺去除的,通常在单独的第二步中进行,零件的烧结是在第三步完成的,通常是在真空炉中进行。如今,大多数金属注射成型零件都是在同一设备中完成脱脂和烧结的。次要相黏结剂的热脱脂保温温度最好是通过 TGA 曲线来确定,保温时间取决于黏结剂体系、零件厚度和粉末粒径。在保温温度下脱脂不完全会导致黏结剂在较高温度下快速分解,这可能会影响零件的形状完整性和碳含量,以及烧结炉加热元件和工作区的使用寿命。

烧结是粉末颗粒之间产生一定的结合以及金属注射成型零件发生收缩达到所需尺寸的过程。烧结理论是建立在简单的双球模型或其他简单模型的基础上的,烧结过程中的传质可通过表面传质机制或体传质机制进行。对于散装粉末,烧结经历了以下几个阶段:首先是发生黏附、颗粒的重新排列和重新填充;然后是颗粒之间的烧结颈生长,零件发生一定的收缩;之后烧结颈继续长大,零件进一步致密化,直到最后气孔闭合,原子扩散速率减缓,晶粒开始长大。

在实际中,烧结是发生在许多粒径不同且不全是球形颗粒的粉末之间,即使是同一材料也可能存在微小的成分变化。大多数烧结体系都不是简单的系统,不同组分之间的溶解度和扩散速率对烧结起着主要作用,液相的形成也有助于烧结。

金属注射成型用粉末比传统应用中的金属粉末粒径要小,每 1 g 由 10 μm粒径构成的球形粉末的比表面积为 77.5 m^2,相当于一个小型公寓的面积,因此很容易从大气中吸收氧气,所形成的氧化物的含量取决于金属的活性。因此粉末颗粒表面需要采取一定的保护以防止氧化,如果可能,需要对那些已经形成的氧化物进行清除。因此,烧结气氛在金属注射成型中起着重要的作用,根据所加工金属的不同,可以使用氢、氮、氩或真空环境来保护烧结材料。

大多数材料都可以用金属注射成型工艺来加工,粉末的可用性推动了经济的发展。所选用的烧结炉类型和保护气氛与烧结材料的反应活性有关,例如碳钢和不锈钢可在石墨炉中烧结,而低碳不锈钢和含铬合金则应采用高温难熔金属烧结炉或连续炉,在氢气气氛下进行高温烧结,以获得不含氧的最佳烧结性能;钛和高温合金需在高真空或氩气分压的难熔金属烧结炉中加工。

金属注射成型零件必须放置在承烧板的非反应陶瓷材料上,以防止零件和承烧板材料发生反应。由于金属注射成型零件在烧结温度下没有强度,因此将其放置在一个平面上是最经济的选择,如果零件的形状轮廓比较复杂,则必须采用特殊形状的承烧板来承载零件。

连续式烧结炉和间歇式烧结炉均可用于金属注射成型零件的脱脂和烧结。当批量生产是主要指标时应首选连续炉,当需要更灵活的工艺过程来适应不同材料和零件尺寸时则应选择间歇炉。虽然在石墨炉中可加工的材料有限,但石墨炉和间歇式难熔金属烧结炉都可用于制造金属注射成型零件。连续炉和间歇炉的炉型相似,如果在整个烧结过程中具有适当的工艺控制,这两种炉型都可以生产出性能优异的零件。

本章参考文献

[1] Appliedseparations n. d. Supercritical solvent debinding. www. applied-separations. com, (Accessed August 2011).

[2] ASTM (2010). ASTM B 243 – 13: 'Standard terminology of powder metallurgy'. In Metallic and Inorganic Coatings; Metal Powders and Metal Powder Products. Annual Book of ASTM Standards. West Conshohocken, PA: ASTM. Section 2, CD – ISBN: 978 – 1 – 6822 – 1030 – 7.

[3] Banerjee, S., Gemenetzis, V., Thummler, F. (1980). Liquid phase formation during sintering of low alloyed steels with carbide based master alloy additions. Powder Metall Int, 23, 126 – 129.

[4] Banerjee, S., Joens, C. J. (2008). A comparison of techniques for processing powder metal injection molded 17 – 4PH materials. In Advances in powder metallurgy and particulate materials, part 4—powder injection molding (metals and ceramics). Princeton, NJ: Metal Powder Industries Federation.

[5] Banerjee, S., Joens, C. J. (2015). Debinding and sintering of stainless steels at 15 mbar and 400 mbar. In advances in powder metallurgy and particulate materials, Part 4—powder injection molding (Metals and Ceramics). Princeton, NJ: Metal Powder Industries Federation.

[6] Banerjee, S., Joens, C. J. (2016). Sintering powder injection molded (MIM) titanium alloys: In vacuum or argon. in T. Ebel F. Pyczak (Eds.), Powder metallurgy of titanium. Pfaffikon, Switzerland and Enfield, NH: Trans Tech Publications.

[7] Banerjee, S., Schlieper, G., Thummler, F., Zapf, G. (1980). New results in the master alloy concept for high strength steels. H. Hausner, H. Antes, G. Smith (Eds.), vol. 12. Modern developments in powder metallurgy, principles and processes (pp. 143 – 157). Princeton, NJ: Metal Powder Industries Federation.

[8] Bradbury, S. (1996). Powder metallurgy equipment manual (3rd

ed.). Princeton, NJ: Metal Powder Industries Federation.

[9] Cmfurnaces n. d. Pusher furnaces. www. cmfurnaces. com (Accessed October 2011).

[10] Cremer-furnace n. d. Walking beam furnaces. www. cremer – furnace. com (Accessed October 2011).

[11] Elnik n. d. Solvent and catalytic debinding and batch furnaces. www. elnik. com (Accessed August 2011).

[12] Fanelli, A. J. ,Silvers, R. D. (1988). Process for injection molding ceramic composition employing an agaroid gell-forming material to add green strength to a preform. US Patent No. 4,734,237, 29 March.

[13] Farrow, G. ,Conciatori, A. B. (1986). Injection moldable ceramic composition containing a polyacetal binder and process of molding. US Patent No. 4,624,812, 25 November.

[14] Gaskell, D. R. (1981). An introduction to metallurgical thermodynamics (p. 287). New York: McGraw Hill.

[15] German, R. M. (1996). Sintering theory and practice. New York: John Wiley and Sons.

[16] German, R. M. ,Bose, A. (1997). Injection molding of metals and ceramics. Princeton, NJ: Metal Powder Industries Federation.

[17] Hens, K. F. ,Grohowski, Jr. J. A. (1997). Powder and binder systems for use in powder molding. US Patent No. 5,641,920, 24 June.

[18] Krueger, D. C. (1996). Process for improving the debinding rate of ceramic and metal injection molded products. US Patent No. 5,531,958, 2 July.

[19] Nyberg, E. A. , Weil, K. S. ,Simmons, K. L. (2009). Method of using a feedstock composition for powder metallurgy forming of reactive metals. US Patent No. 7,585,458 B2, 8 September.

[20] Nyberg, E. A. , Weil, K. S. ,Simmons, K. L. (2010). Feedstock composition and method of using same for powder metallurgy forming of reactive metals. US Patent No. 7,691,174 B2, 6 April.

[21] Pease, L. F. , Ⅲ,West, W. G. (2002). Fundamentals of powder metallurgy. Princeton, NJ: Metal Powder Industries Federation.

[22] Polymim n. d. Water soluble feedstock. www. polymim. com (Accessed August 2011).

[23] Rivers, R. D. (1978). Method of injection molding powder metal parts. US Patent No. 4,113,480, 12 September.

[24] Sanford, R. ,Banerjee, S. (2009a). The importance of a helium pycnometer in powder metal injection molding. In advances in powder metallurgy and particulate materials, Part 4— powder injection molding (metals and ceramics). Princeton, NJ: MPIF.

[25] Sanford, R. ,Banerjee, S. (2009b). Using a helium pycnometer as a quality tool in powder metal injection molding. In Vol. 2. Euro PM2009 Conference Proceedings. Shrewsbury: EPMA.

[26] Strivens, M. A. (1960). Formation of ceramic moldings. US Patent No. 2,939,199, 7 June.

[27] Thummler, F. ,Thomma, W. (1967). The sintering process. Metals Rev, 12, 69 - 108.

[28] Toby Tingskog. Consultant, Private Communications, February, 2018.

[29] Weich, Jr. R. E. (1980). Manufacture of parts from particulate material. US Patent No. 4,197,118, 8 April.

[30] Weich, Jr. R. E. (1981). Method and means for removing binder from a green body. US Patent No. 4,305,756, 15 December.

[31] Weich, Jr. R. E. (1986). Particulate material feedstock, use of said feedstock and product. US Patent No. 4,602,953, 29 July.

[32] Wingefeld, G. ,Hassinger, W. (1991). Process for removing polyacetal binder from molded ceramic, green bodies with acid gases. US Patent No. 5,043,121, 27 August.

第8章 金属注射成型零件的二次加工工艺

8.1 概　述

传统的金属注射成型过程在烧结结束后就完成了,经过检验和包装之后,零件就可以发给客户。金属注射成型被认为是一种近净成型技术,因此任何额外的工艺步骤都将导致生产成本的增加,应尽量避免。图8.1所示的液压连接器就是一个很好的例子,由于一个很小的设计优化,316L不锈钢零件不再需要任何额外的加工,在添加少量的辅助支撑后,零件不再需要任何特殊的支撑,在烧结过程中也不会发生弯曲。

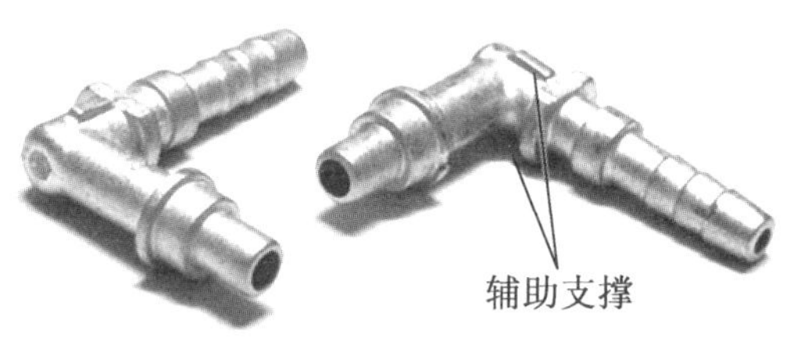

图8.1　316L液压连接器
(得益于设计优化,无须任何二次加工即可使用)

金属注射成型方法与其他制造方法如熔模铸造、传统压制－烧结成型、冲压成型和最近发展起来的增材制造方法各有优劣。在过去的几十年,金属注射成型在制造中大型的复杂零件方面已经展现了成本优势,但是成本只是其中一个决定因素。优秀的产品厂商会根据零件不同的性能和要求选择合适的成型方法,因为零件的性能和要求在很大程度上取决于制造方法,成型方法的比较见表8.1。

表8.1　成型方法的比较

性能	熔模铸造	压模铸造	机加工	冲压	压制烧结	增材制造	MIM
复杂性	√√√√	√√	√√	√	√√	√√√√	√√√
零件质量	√√√√	√√√√	√√√√	√	√√√	√√√	√√
产品数量	√√	√√√√	√	√√√√	√√√√	√	√√√
尺寸控制	√	√√√	√√√√	√√√√	√√√√	√	√√
材料可用性	√√	√	√√√√	√	√√√	√√	√√√
机械性能	√√√	√√	√√√√	√√√√	√√√	√√√	√√√√
孔隙率	√√	√√√√	√√√√	√√√√	√√	√√	√√√
耐腐蚀性	√√√	√√	√√√√	√√√√	√√	√	√√√
表面粗糙度	√√	√√√√	√√√√	√√√√	√√√	√	√√√

注:√,差;√√,低于平均值;√√√,好;√√√√,极好。

显然,没有一种技术能制造出所有特性都完美的零件,许多金属注射成型公司在与客户交流时都认识到了这一点。尽管人们被注射成型的低成本前景所吸引,但是当谈及零件的成型性能时,最初的认可可能会变为质疑。例如,如果对零件的尺寸公差有很高的要求时,则PIM技术既不能与现代的加工技术相竞争,也不能与传统的压制与烧结技术相比。虽然表8.1中各种成型方法的比较结果可能会让新涉足金属注射成型行业的人们感到失望,但经验丰富的制造商知道这种观点是短视的,因为注射成型过程不一定在烧结之后就结束。

高致密度和低孔隙率的特性使得金属注射成型零件可作为传统的全致密材料来加工,故所有常规的加工方法,如机械加工、热处理、表面处理、镀涂和连接等都可以作为其后处理工艺(表8.2)。

表8.2　金属注射成型零件的后处理工艺

类别	典型工艺
机械变形	校直、校准、塑性变形(冷塑性和热塑性)
机加工	钻孔、螺纹攻丝、打磨、铣削

续表 8.2

类别	典型工艺
热处理	硬化、时效和固溶处理、盐浴渗氮、热等静压(HIP)
表面处理	喷砂(砂、陶瓷粉或玻璃珠)、研磨、抛光
镀层	化学和物理气相沉积、铬化处理、黑化处理、电镀、喷漆
连接	焊接、钎焊、装配

虽然后处理工艺会增加零件的制造成本,但如今许多的 MIM 制造商都在使用这些工艺来满足客户日益增长的需求,并增加产品的价值。后处理工艺的作用可分为以下几类:

(1)提高零件的尺寸公差。

(2)增强零件的机械性能。

(3)改善零件外观,提高其表面性能。

(4)降低模具成本,扩大金属注射成型工艺应用范围。

在下面的章节中,将对各种后处理工艺进行详细的介绍。

8.2 提高尺寸精度的工艺

如前几章所述,金属注射成型零件在烧结过程中会发生 12% ~22% 的大幅度收缩,这取决于材料特性。尽管人们已经做了大量的努力来预测收缩率,但导致尺寸变化的众多因素仍然难以控制,这些因素包括:

(1)喂料的均匀性,包括各个批次之间的变化。

(2)零件的尺寸。

(3)壁厚变化大。

(4)黏结在承烧板上。

(5)烧结过程中的重力。

(6)每个周期之间的烧结变化。

(7)设备内部烧结参数的变化。

实际上,与上述因素相比,注射成型过程中的参数变化可以忽略不计。但是,如果上述所有参数变化控制在最低程度,则大尺寸(30 mm 或更大)

的工业级零件尺寸误差将在0.5%左右，而小尺寸（低于3 mm）的零件尺寸误差会高达1.5%。以上数据由德国MIM专家许可发布。除此之外，零件直线度、平直度、平行度等方面的误差不超过0.5%，角度误差在0.5°左右，图8.2所示的高精度机械零件难以通过MIM制造。

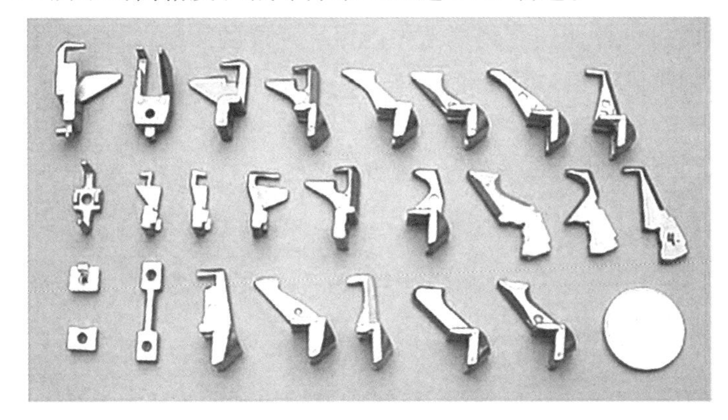

图8.2　高精度机械零件的关键尺寸公差在0.1%左右

为了提高零件尺寸精度，PIM制造商可能会使用机械加工工艺、机械变形工艺，或两种工艺的结合。

8.2.1　机械变形

在烧结过程中零件会发生12%～22%的线性收缩，脱脂后生坯仍含有大量的黏结剂，这取决于黏结剂体系在喂料中所占的体积。在烧结的初始阶段，这些黏结剂残留物通常在200～600 ℃通过热分解被去除，由于在此阶段金属粉末颗粒之间没有产生键合，因此零件可能会发生变形。粉末之间的烧结颈在600 ℃左右开始形成，具体温度取决于粉末的类型，如果认为从那时起零件就不会再发生变形是不正确的。

由于在烧结过程中零件会发生收缩，因此零件在承烧板表面会产生一定的移动，尺寸为100 mm的零件可能会产生11 mm的移动，因此陶瓷承烧板不应阻碍零件的这种移动，否则可能会导致不可预测的变形。

图8.3所示为形状复杂的陶瓷承烧板，当零件沿其表面发生移动时，可能会意外卡住，即使定期清理承烧板也不能保证这种情况不会发生。

这种变形应尽可能避免，如果零件超出允许的公差，则必须消除这种变形，典型的方法有校直、弯曲和调整尺寸。虽然表面上看起来很简单，但设计人员必须意识到,零件的最大变形程度很大程度上依赖于材料的特性,如材料的屈服强度(YS)和伸长率。例如,由316L(YS 180 MPa/伸长率50%)制成的扁平医疗器械很容易校直,但由17-4PH材料(YS 660 MPa/伸长率3%)制成的相同零件的校直则需要更大的力;另一个问题是17-4PH材料的机械性能还受到烧结炉内冷却速度的影响(冷却速度越慢,零件校直越困难)。

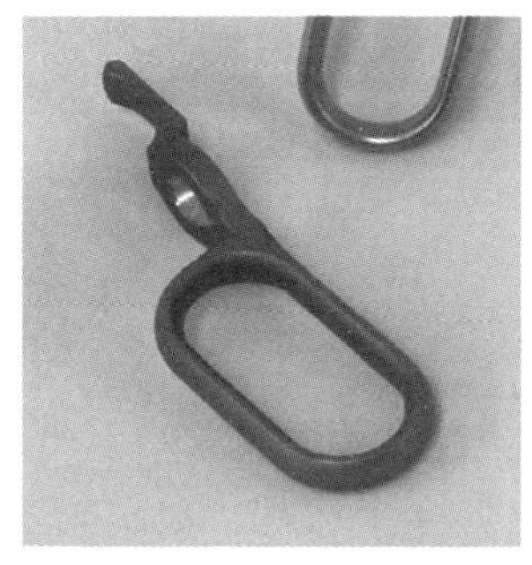

图8.3　形状复杂的陶瓷承烧板
(需要减少烧结过程中的变形)

对于一些材料,如钛,情况甚至更复杂,因为必须对零件进行加热以降低变形程度。根据零件的复杂性,对于简单零件,使用热风枪或感应线圈进行部分加热即可满足要求,但对于复杂零件,可能需要额外的加热炉进行加热,但是不论哪种情况都会增加生产成本。

总而言之,零件的机械变形是一个难以控制的工艺过程,取决于零件的几何形状和所用的合金材料。采用特殊的工艺和连续化的控制可以获得更高的质量,如果整个过程是自动化控制的,则能得到最优的结果。图8.4所示为对零件尺寸控制的一种先进工艺,采用机器人系统自动定位零件,采用光学测量系统来检查零件最终尺寸是否合格,并在必要时调整系统所施加的力,采用该方法可使零件最终的尺寸公差小于0.01%。

8.2.2　机械加工

注射成型零件几乎是全致密的,其机械性能可与锻造产品相媲美,因此可对它们进行加工,典型的机械加工工艺如下:

(1)钻孔,特别是采用ISO标准进行螺纹攻丝。

(2)轧齿边。

(3)磨削以获得高的尺寸精度和提高平面度。

(4)电火花加工。

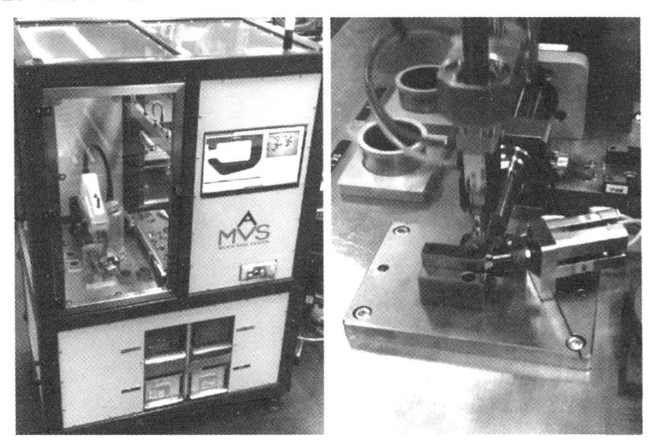

图 8.4　全自动校准系统
(包括自动测量和质量控制系统)

尽可能减少对零件机械加工是至关重要的,如果不可避免则应尽量使用自动化加工方式。图 8.2 所示的金属注射成型零件是需要进行后处理(包括机械加工)的一个很好的例子,由于零件的临界公差小至 0.1%,因此只能通过图 8.5 所示的选择性磨削加工来实现。通过采用特殊设计的夹具,一次可加工 50 ~ 100 个零件,严格的质量控制和定期的模具精度校准是保证零件高重复性的关键。

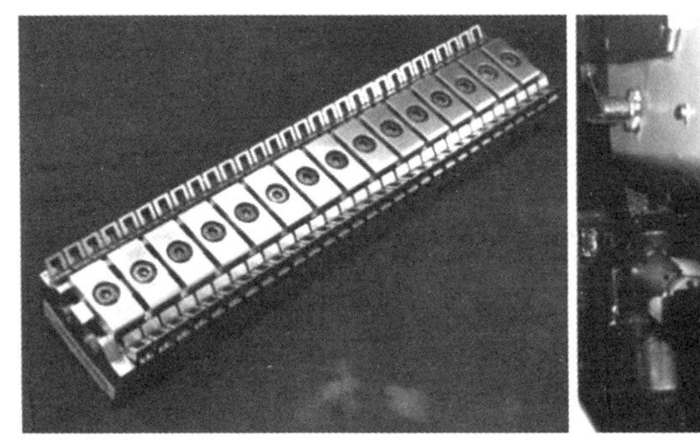

图 8.5　在大批量零件的磨削加工中需要特殊的工具来一次固定几十个零件

虽然二次加工会增加每个零件的制造成本,但与其他成型技术相比,零件总的生产成本可能会更低,对于小批量零件(通常是几百个零件)来说尤其如此。高度复杂零件的小批量生产需要昂贵的工具(多芯和滑块)。因此,在某些情况下,一个简单的工具与辅助工具相结合对于钻井等作业来说可能提供最经济的解决方案。

8.3 提高机械性能的工艺

金属注射成型零件可以由不同的合金制成。在烧结后,大多数合金的特性与传统金属材料相似,因此可以进行同样的热处理,表8.3列出了一些可进行热处理的合金。

表8.3 金属注射零件典型的热处理工艺

热处理	热处理实施方式	影响	副作用	典型材料
淬火	钢制零件在熔炉中加热至奥氏体化温度,然后在水或油中淬火	屈服强度增加,伸长率降低	潜在变形	100Cr6 Fe2Ni +0.6% ~0.8% C 4605合金 4140 4340 S7、A2 420SS、440SS
碳氮共渗	高温热处理,将钢制零件放置在以氨为基础的气氛中,以促进氮和碳扩散到零件表面,然后进行淬火处理	表面硬度增加	—	42CrMo4
渗碳	零件在含碳气氛中加热,以增加零件的碳含量	屈服强度增加,硬度增加	—	—

续表 8.3

热处理	热处理实施方式	影响	副作用	典型材料
表面硬化	在热处理炉中，零件置于含碳气氛中或埋入碳粉中，在900 ℃左右的温度将碳扩散到表面	表面硬度增加，内部延展性不变	—	FeNi 合金
氮碳共渗	在低温（570 ℃）盐浴或保护气氛下进行热处理，提高零件的氮和碳含量	表面硬度增加	表面光滑，盐浴时呈黑色	—
沉淀硬化	金属在过饱和固溶体中溶质原子偏聚区和（或）由之脱溶出微粒弥散分布于基体中而导致硬化	屈服强度和极限抗拉强度增加	—	17－4PH
溶液处理	将零件加热至1 000 ℃左右的高温，溶解合金元素，然后快速淬火，使其保持在超溶液中	延展性提高	—	17－4PH
回火	将淬火后的零件在180～650 ℃温度范围内重新加热，以部分转变马氏体组织	韧性增加，硬度降低	—	Fe_2Ni 4605
碳均匀化	烧结件被加热到1 000 ℃的温度，以使碳均匀分布在零件中。活性炭气氛可用于平衡零件各部分的碳含量	提高零件中碳含量的精度	—	Fe_2Ni＋0.6%～0.8% C 合金 4605

续表 8.3

热处理	热处理实施方式	影响	副作用	典型材料
热等静压(HIP)	零件在非常高的压力(200 MPa)下加热至高温(1 100 ~ 1 150 ℃),以去除残留的孔隙	孔隙率降至0,改善耐疲劳性能	抛光性	钛类零件 超级合金涡轮和其他高端应用 关键应用中的医疗零件

金属注射成型零件的热处理已变得非常普遍,根据基体材料的不同,有很多种热处理工艺可供选择。

例如,碳素钢注射件可以像其他任何可热处理的碳素钢一样进行热处理,方法是将零件加热到奥氏体化温度以上,然后进行适当的淬火操作,通常是在油中进行淬火。为了使材料具有一定的韧性,通常需对材料进行退火处理,这使得材料的硬度有所降低但韧性增加。

MIM 生产商遇到的一个典型问题是零件必须同时进行热处理和矫直,矫直可能会增加在热处理过程中材料释放的应力。另外,由于零件内部的冷却速度不同,零件在热处理过程中可能会发生变形;因此,一些高精度金属注射零件必须在热处理后进行机加工或矫直,这将导致机器磨损严重。

表面硬化处理中硬化仅限于零件表面,也可以使用标准渗氮和渗碳技术来硬化表面。由于所有的淬火工艺都需要专业知识和质量控制,因此较小的金属注射成型公司将这些工作外包给专业的热处理公司。表 8.4 列出了热处理对 MIM 合金力学性能影响的实例。

表 8.4 热处理对 MIM 合金力学性能影响的实例

材料	条件	屈服强度/MPa	抗拉强度/MPa	伸长率/%	硬度
Fe_2Ni 0.5% C	烧结	170	380	3	100 ~ 150 HV10
	热处理	700	800	5	30 HRC
	热处理	1 000	1 200	2	55 HRC
Fe_2Ni	烧结 表面硬化	150	260	25	90 ~ 110 HV10 55 HRC

续表 8.4

材料	条件	屈服强度/MPa	抗拉强度/MPa	伸长率/%	硬度
100Cr6	烧结 热处理	500	900	5	230 ~ 290 HV10 60 HRC
4605	烧结	400	600	5	100 ~ 150 HV10
	热处理	1 100	1 300	5	40 HRC
	热处理	1 500	1 900	2	55 HRC
316LA	烧结	180	510	50	120 HV10
17 - 4PH	烧结	660	950	3	32 HRC
	热处理	950	1 100	5	40 HRC
42CrMo4	烧结	400	650	3	130 ~ 230 HV10
	热处理	1 250	1 450	2	45 HRC

热等静压(HIP)作为一项热处理工艺越来越受到人们的关注。在此工艺中,烧结后的金属注射成型零件在高压保护气体下加热到 900 ~ 1 250 ℃,当压力在 100 ~ 200 MPa 时,零件中任何残留的孔隙都将被消除。由于气体压力在各个方向上都是均匀的,因此零件收缩是各向同性的,各部分的机械性能也得到改善。图 8.6 所示为热等静压加热炉示意图。

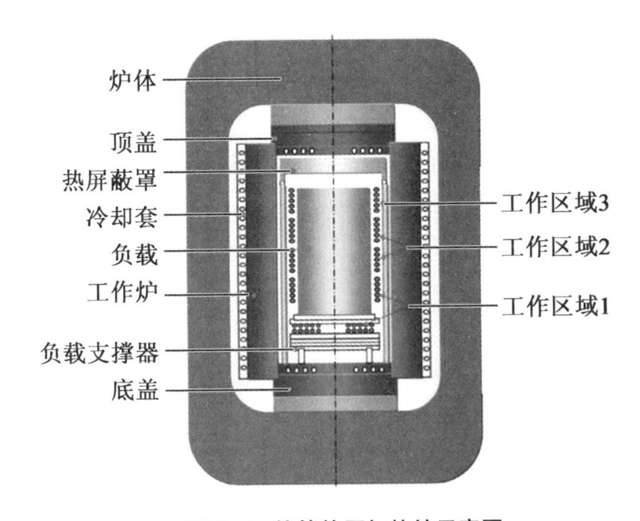

图 8.6　热等静压加热炉示意图

大多数金属注射零件的孔隙率已经低于4%,因此如Mash所述,零件的屈服强度和极限拉伸强度(UTS)的提高并不明显。但是,去除残余孔隙会改善零件的延展性,例如,根据Sago、Bradley和Eckert的报告,经过热等静压处理的Co-28Cr-6Mo合金的延展性从15%提高到205%,一些典型材料如17-4PH不锈钢在经过热等静压处理后性能也有所改善,烧结后材料的冲击能为5.4 J,热等静压处理后增加到24.4 J。

因此,对于医疗或航空航天应用中的关键零件,必须对其进行热等静压处理;在过去的十年中,热等静压处理的成本降低了50%,但是即使是图8.7所示的中等规模的热等静压设备也需要大量的资金投入,而且还需要一系列的安全防护措施,因此金属注射成型中大多数的热等静压处理工艺都外包给专业公司。

图8.7 中等规模的HIP工厂
(设备容积为80 L,最高运行温度为2 000 ℃)

8.4 改善外观和表面性能的工艺

烧结是金属注射成型工艺成功的关键,如果工艺适当,则许多零件在烧结后就可以使用。当粉末在还原性气氛中高温烧结(常压或低压)时,获得的金属烧结件表面通常没有任何变色,致密的零件表面光亮整洁,粗糙度 *Ra* 通常为1.2 μm,图8.8所示为在连续式烧结炉中烧结得到的17-4PH不锈钢零件,从图中可以看出这些17-4PH不锈钢零件在烧结后就可以使用。

图8.8　连续式烧结炉中烧结得到的17－4PH不锈钢零件

对于汽车工业和机械工业来说，通常烧结后的零件就可以使用；然而根据应用场景不同，产品设计师可能会要求优化零件表面结构或改变金属注射零件的外观，以降低表面粗糙度，提高零件的光学特性，获得不同的颜色或提高零件的耐腐蚀性等。

由于金属注射零件几乎是全致密的，因此几乎所有的表面处理工艺都可以实现应用。

经典的表面处理工艺旨在通过机械加工去除缺陷来改善表面质量，表8.5所示用于改善MIM零件表面质量的表面处理工艺，通过这些表面处理工艺，零件的表面粗糙度 Ra 可以降低到0.01 μm。

表8.5　用于改善MIM零件表面质量的表面处理工艺

工艺	描述	影响效果	典型例子
翻滚	将零件与合适的研磨介质和含有腐蚀抑制剂的水一起放入振动滚筒中	将表面粗糙度 Ra 降低至0.8 μm	用于机械或汽车领域的钢或不锈钢零件
喷砂	在喷砂装置中，采用细陶瓷粉末或玻璃粉末对零件进行手工或自动喷砂处理（喷丸处理）	去除表面缺陷或变色表面致密化	所有材料均可

续表 8.5

工艺	描述	影响效果	典型例子
手工抛光	工人用抛光布对零件进行抛光,以获得高质量表面	获得高光泽表面	采用不锈钢制造的休闲设备
自动抛光	在抛光机中对零件进行抛光	获得光亮或高光泽的表面,取决于抛光介质;湿法抛光时 $Ra < 0.08\ \mu m$,干法抛光时 $Ra < 0.01$	不锈钢和工业陶瓷

高端抛光工艺首先是对烧结件进行喷砂处理,然后才是抛光处理。图 8.9 所示为零件在不同阶段的表面质量。然而,进行抛光最重要的是要意识到只有不含缺陷的零件才能获得良好的抛光质量,因此任何时候零件都要避免表面缺陷,内部存在缺陷也会在抛光过程中给零件造成不必要的凹痕,如图 8.10 所示。

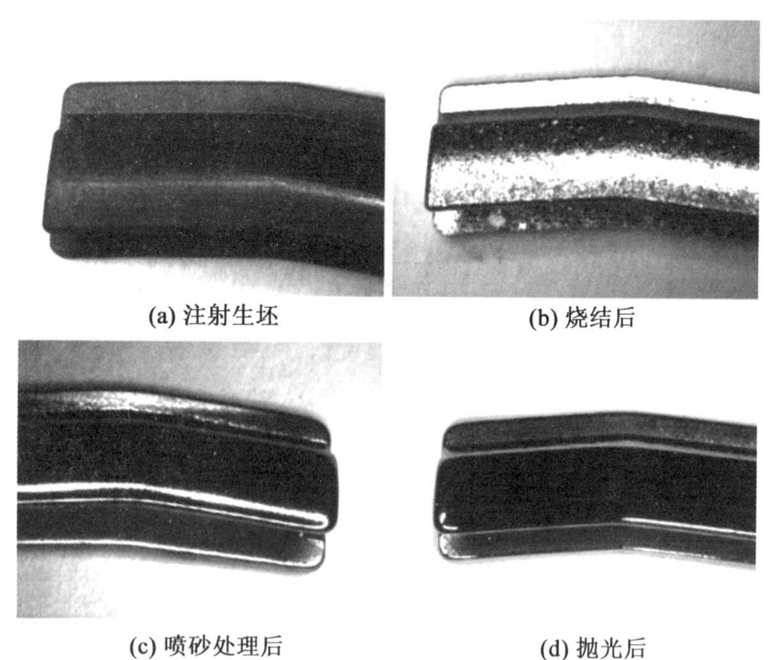

(a) 注射生坯　(b) 烧结后　(c) 喷砂处理后　(d) 抛光后

图 8.9　零件在不同阶段的表面质量

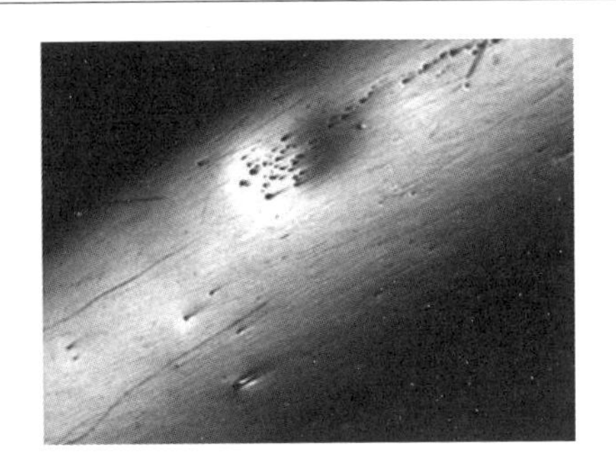

图8.10 内部缺陷引起的表面凹陷

由于零件内部可能存在缺陷,因此在高端应用中人们对零件的孔隙率有严格的要求,虽然采用热等静压工艺对零件进行处理可将孔隙率降至零,但是在处理过程中零件表面下的孔洞可能会导致表面凹陷,从而产生可见的凹痕。

如图8.11所示,在手工抛光过程中,这些缺陷仍然可以被检测出来并进行手工分拣。然而,手工抛光的成本非常高,只适用于非常小的生产数量(最多几百个)。

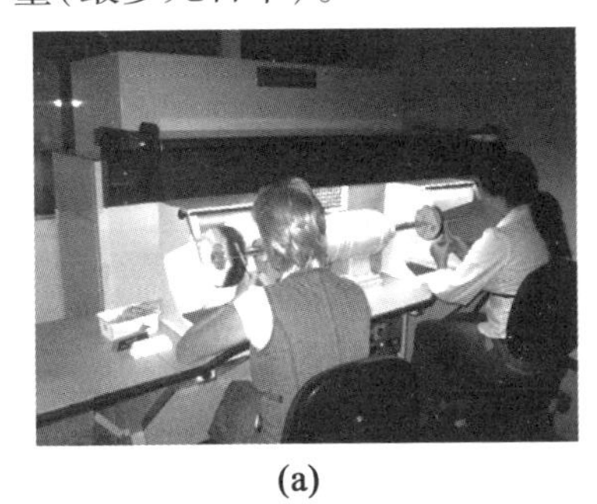
(a)

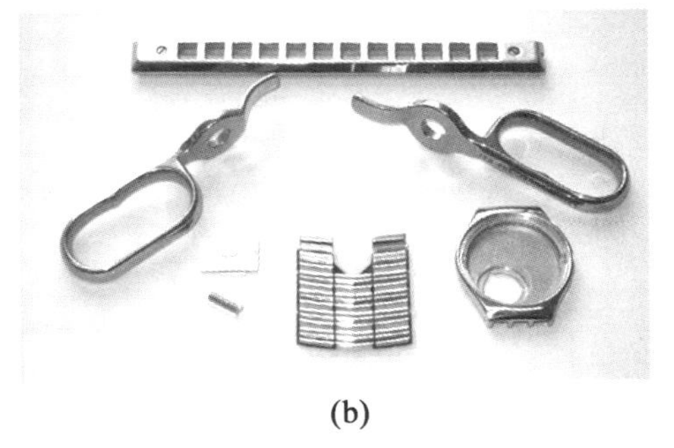
(b)

图8.11 手工抛光操作和用于休闲、医疗设备的316L与钛合金零件

如今,即使是高端的陶瓷部件也在自动化生产线上进行抛光,如图8.12所示。根据初始表面粗糙度不同,需要连续进行几个抛光步骤,每个步骤使用不同的介质。现代抛光设备的应用保证了质量的稳定,不受操作者技能的影响,形成了如图8.13所示的零件。

图8.12 用于钟表业的自动高端抛光

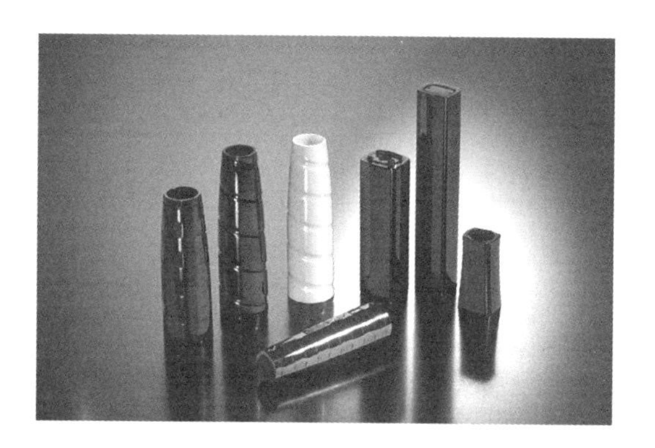

图8.13 具有“完美”表面处理技术的陶瓷 PIM 部件

其他类型的表面涂层使用化学或物理过程,如:

(1)黑色氧化处理。

(2)锰磷化处理。

(3)阳极氧化处理。

(4)盐浴氮化(淬火抛光-淬火,QPQ)。

(5)电镀。

(6)钝化处理(不锈钢316L)。

(7)涂料(17-4PH 航空航天)。

(8)物理或化学气相沉积。

由于 MIM 零件与普通材料一样,所以对涂层没有限制。然而,涂层的使用是非常个性化的,在很大程度上取决于最终应用和特定领域的标准。一些典型例子会在后面描述。

氧化发黑和锰磷化是用于机械工程或枪械部件中低合金钢表面处理的经典例子。这些涂层不仅可以提供黑色表面，还能提高耐腐蚀性。

在黑色氧化工艺中，通过将零件放在135～145 ℃的热盐浴中，在零件表面产生无定形的Fe_3O_4层。该工艺的关键步骤是在盐浴前对零件进行清洗和脱脂，这种两步氧化工艺实际上由10个连续的工艺步骤组成，氧化发黑和锰磷化处理之间的区别见表8.6。

表8.6　氧化发黑和锰磷化处理之间的区别

项目	氧化发黑	锰磷化
保护层	无定形氧化铁(Fe_3O_4)	结晶磷酸锰($(MnFe)H_2(PO_4)_4H_2O$)
厚度/μm	0.5～2	3～20
属性	易弯曲	低摩擦
	耐压	改善油的附着力
	干燥空气里中适度耐腐蚀	良好的耐腐蚀性
颜色	黑色	灰黑色
加工步骤	①脱脂和漂洗	①脱脂和漂洗
	②蚀刻和漂洗	②蚀刻和漂洗
	③第一步氧化	③激活
	④漂洗	④漂洗
	⑤第二步氧化	⑤磷化
	⑥漂洗	⑥漂洗
	⑦表面涂油	⑦表面涂油
温度/℃	120～150	80～95

锰的磷化过程也是类似的工艺，但其保护层更厚，而且是结晶的。因此，该层将提供更好的油附着力，有助于减少摩擦和增强耐腐蚀性。从环保的角度看，这个过程是有利的，因为使用的化学品的浓度和数量是前一个的1/4。

这两种工艺通常都是在由几个浴槽和净化系统组成的自动化生产线上进行的。MIM工艺的一个关键问题是污染，尽管自动氧化和磷化工艺是为清洗和脱脂加工件设计的，但同时又带来了两个新挑战，一个是来自固定器的污染风险,在多次烧结过程中,杂质往往会积聚在固定器上,并可能导致零件表面的污染。一些公司在定型机上使用精细的陶瓷粉,以尽量减少大型零件的粘连;但这些粉末往往也会粘在MIM零件上,并融入表面结构中。这些污染无法用常规方法去除,并会在零件上造成标记。

图8.14所示为阳极氧化的钛合金牙科插件和紧固件。烧结的钛合金零件通常要经过处理,例如喷砂处理,以获得光滑均匀的表面。此外,钛非常适用于阳极氧化处理,可获得色彩鲜艳的零件,并可用于喷砂或抛光的零件。

(a)牙科插件

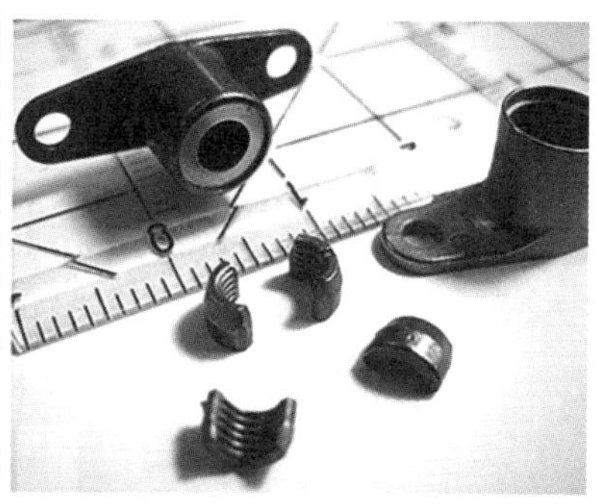

(b)紧固件

图8.14 阳极氧化的钛合金牙科插件和紧固件
(经过烧结以及抛光的部件都经过阳极氧化处理)

在图8.14(b)中,显示了两个不同MIM零件的组合。钛合金外壳带有两个17-4PH的不锈钢螺纹。这些螺纹经过钝化处理,然后用符合航空标准的低摩擦涂层进行表面处理。

钝化是一个通常用于不锈钢零件的过程,以保证其耐腐蚀性。零件被浸泡在硝酸或柠檬酸溶液中,以去除表面的游离铁,并加速在表面形成铬的被动氧化层。与自动黑化流水线类似,不锈钢的钝化也需要以下几个步骤:

(1)碱液清洗;

(2)水冲洗;

(3)浸泡在硝酸或柠檬酸中;

(4)水冲洗;

(5)烘干。

避免烧结剂的过度污染也很重要，因为任何杂质都会附着在 MIM 零件上，在钝化前无法去除会导致其耐腐蚀性下降。

如图 8.15 所示的零件需要一个坚韧的黑色涂层，以承受压力和连续运动。使用盐浴氮化（QPQ 工艺）来代替普通的黑漆可提供更高的表面硬度，最大限度地减少磨损，同时涂覆适合于最终应用的黑色表面。

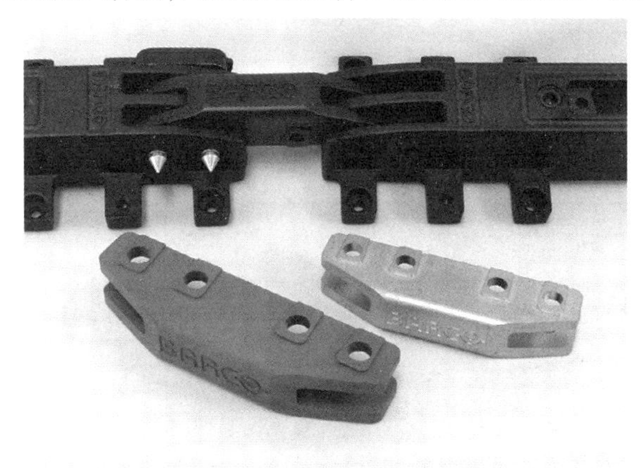

图 8.15　盐浴氮化不锈钢零件

（坚韧的氮化物层可以防止磨损，并且比任何聚合物涂层的使用寿命长的多）

8.5　降低模具成本和扩大应用范围

金属注射成型工艺特别适合大规模应用，其中一个主要原因是模具的成本高。根据其复杂程度，单型腔模具可能要花费 20 000 美元甚至更多，但这些成本与要生产的零件数量无关，通常由客户承担；因此，很难让新客户相信金属注射成型工艺相比于其他成型工艺更有利，一些传统的金属注射成型零件每年所需的数量可能低至 1 000 个，因此需要考虑的第二个问题是如何将模具成本分摊到每个零件上。

因此，对于新的应用和（预期）数量较少的零件，控制模具的成本是至关重要的。模具成本的控制可以通过去除成型后可机加工的结构特征来实现。随着喂料技术的发展，目前的金属注射成型零件已经可以在生坯状态下进行加工。图 8.16 所示为小批量的钛类金属注射成型零件从注射生坯到最终零件的加工过程示意图,图8.17所示为钛制内窥镜钛加工过程。

经过这些处理后,很难再说这些零件是金属注射零件,但是成本可以节约50%以上。

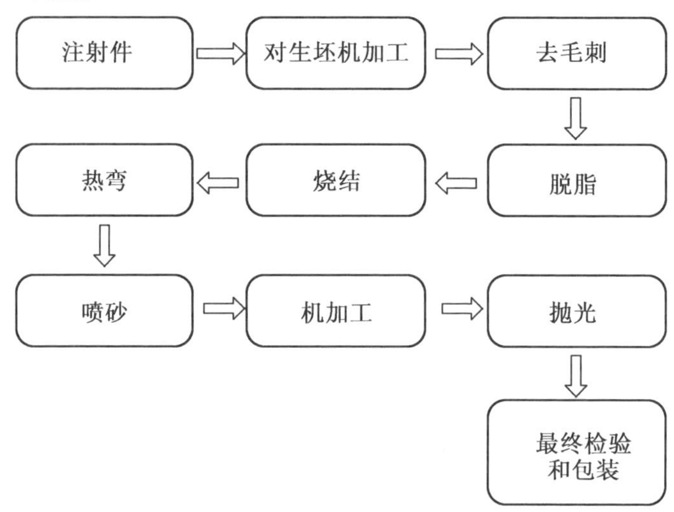

图8.16　小批量的钛类金属注射成型零件从注射生坯到最终零件的加工过程示意图

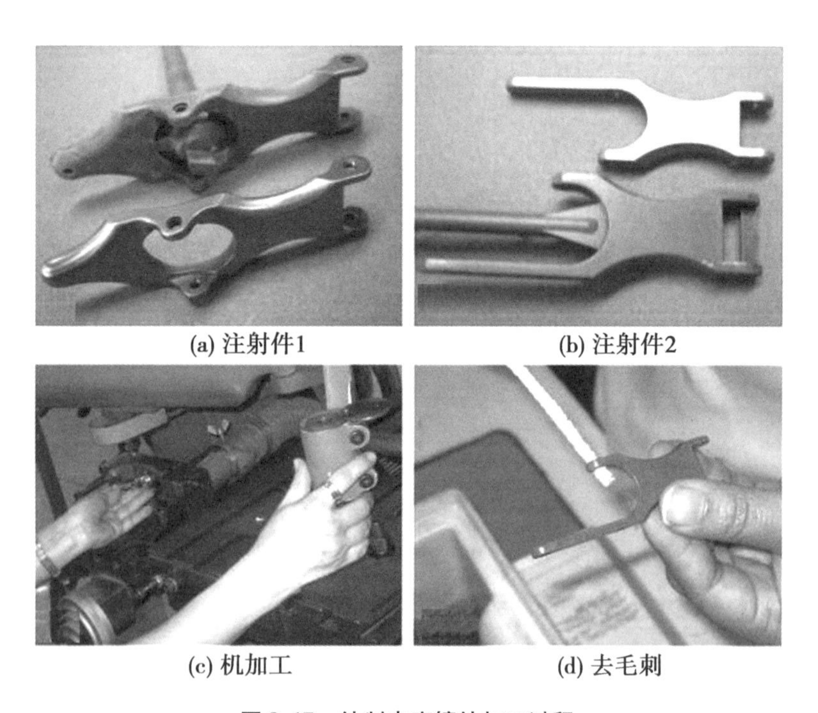

图8.17　钛制内窥镜钛加工过程

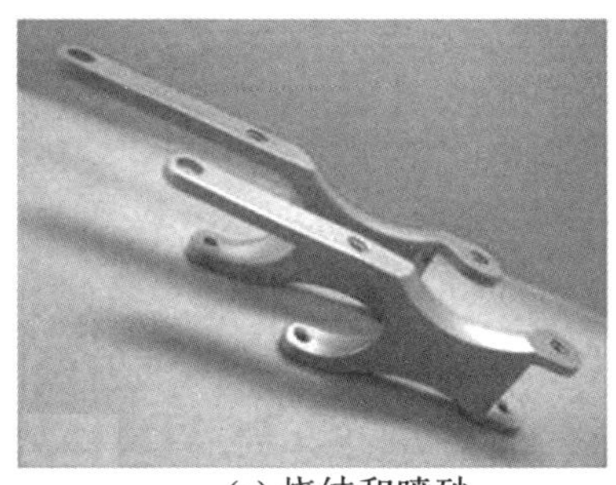

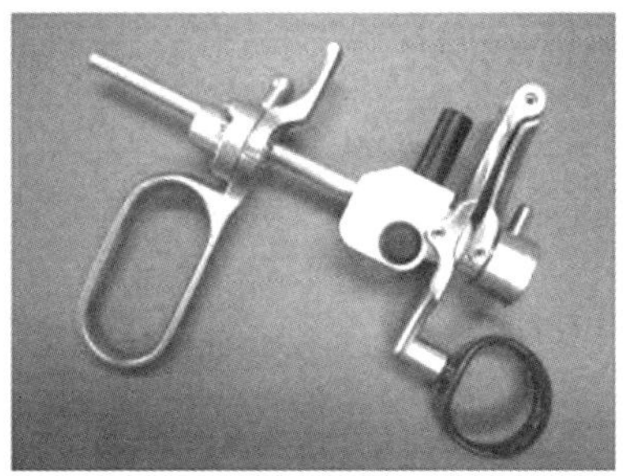

(e) 烧结和喷砂　　(f) 抛光

续图 8.17

8.6 展　　望

金属注射成型已经有几十年的发展历史了,然而,直到最近 MIM 制造商才开始使用有利于降低成本的二次加工工艺,而不是避免使用这些工艺。通过这样的方式,MIM 制造商可以提高他们在市场上的地位,并获得更高的附加值。二次加工工艺提供了以下可能性:

(1)提高零件的制造公差。

(2)提高零件的性能。

(3)改善零件外观。

(4)降低总的生产成本。

事实上,并非所有的 MIM 公司都认识到了二次加工给注射成型零件带来的好处,这往往取决于他们公司的背景,特别是对于零件表面性能和涂层的认识,因为在这些方面注射件还有很大的改进空间。绿色制造经常被人们所误解,但实际上它可以使 MIM 制造商将他们的业务领域扩展到增材制造。通过将几何形状简单的工具和绿色制造技术相结合,能为 MIM 生产商提供不需要制造复杂模具就能生产零件的可能性。

在汽车等需大规模生产的领域中,MIM 技术不如传统的冲压和烧结技术应用广泛。对于后者,零件的热处理已经成为一种标准,通常将热处理集成到烧结过程中。图 8.18 所示为具有集成碳控制和淬火功能的剩余脱脂和烧结炉,这些先进的加工设备能使粉末冶金制造商在一个系统中对零件进行淬火和退火处理。

图8.18 具有集成碳控制和淬火功能的剩余脱脂和烧结炉
(适用于MIM零件的集成热处理)

激光焊接和钎焊技术已经在粉末冶金制造汽车零部件上得到了大规模的应用,随着应用领域的不断扩大,全自动激光焊接装置将是未来的发展趋势。但这些设备能否实现不锈钢零部件的激光焊接(如17-4PH、316L甚至钛)是一个值得关注的问题。

在钎焊方面,传统粉末冶金行业已有多年的应用经验,粉末冶金公司已经实现了几种零件的烧结焊接一体化工艺过程;然而MIM公司却很少考虑通过钎焊来实现零件之间的连接。实际应用表明连续式MIM烧结炉非常适合钎焊,故不需要其他额外的设备投资。

本章参考文献

[1] Heuer, S. (2016). The evolution of MIM continuous furnaces—enhanced quality, efficiency and capacity. Powder Injection Moulding International, 10(3), 73-80.

[2] LaGoy, J. L., Bulger, M. K. (2009). Effect of HIP on the microstructure and impact strength of a MIM 17-4 PH stainless steel. In T. J. Jesberger S. J. Mashi (Eds.), Advances in powder metallurgy and particulate materials. Princeton, NJ: MPIF.

[3] Mash, S. J. (2014). An introduction to the hot isostatic pressing (HIP) of MIM components. Powder Injection Moulding International, 8 (1), 43 -50.

[4] MIM-Expertenkreis (n. d.). In F. Petzoldt (Ed.), Metal injection moulding (MIM) brochure. Version mim_borchure _en_130312. www.mim-experten. de.

[5] Sago, J. A., Bradley, M. W. ,Eckert, J. K. (2012). Metal injection molding of alloys for implantable medical devices. International Journal of Powder Metallurgy, 48(2), 41 -49.

第9章　金属注射成型零件的热等静压处理技术

9.1　概　　述

热等静压技术(HIP)于20世纪50年代由Battelle Memorial协会所提出,最初用于核反应堆零件的扩散连接,不久后发现其是粉末固结和消除硬质合金孔隙率的一种很好的技术。热等静压已发展为工业上公认的实现金属和合金的致密化以提高其机械性能、光滑度和电镀能力的技术,它的主要作用是去除材料内部的空隙。大多数金属注射成型制造商将这一工艺外包给那些专门从事HIP的公司,由于该工艺简单,只需对零件进行高温高压处理,因此热等静压设备是专门为实现这些条件而设计的,设备成本较高。在热等静压过程中,高温使材料变得非常软且容易发生变形,而高压则会压缩材料内部的气孔,气孔是通过蠕变和扩散机制消除的。材料的屈服强度(YS)随着温度的升高而降低,氩气对金属材料施加压力时氩原子不会扩散到金属材料中。热等静压初期的蠕变机制包括Nabarro-Herring蠕变(通过晶粒内部扩散)、Coble蠕变(晶界蠕变)和位错蠕变,热等静压的最后阶段包括封闭的孔壁彼此之间扩散结合。由于金属注射成型零件的烧结密度足够高、内部孔隙是封闭的(不互联),可实现压缩,因此其非常适合采用热等静压技术。如果金属注射成型零件有暴露的不封闭的气孔,则氩气压缩气体将会填充这些孔隙,而不会压缩这些孔隙。采用粉末热等静压技术制备块状金属时,需将金属粉末放入热等静压炉中并抽真空,然后封闭炉门,这样在压力和温度的作用下可以实现粉末之间的紧密结合。幸运的是,金属注射成型零件的烧结密度通常会达到95%以上,大多数情况下会超过98%,而热等静压材料的最低密度在92%~94%之间。表9.1所示为金属注射成型零件在热等静压后的最低密度。通过在金属注射成型零件上用高温记号笔作标记,可以测试它能否进行热等静压。如果标记显示清楚,并且没有扩散进入零件内部,则可以采用热等静压获得更高的密度,如果它进入零件内部,则不能采用热等静压获得更高的密度。

表9.1　金属注射成型零件进行热等静压后的最低密度　g/cm^3

合金	理论密度	热等静压最低密度
Ti-6Al-4V	4.43	4.1
F2886(F75)	8.4	7.8
17-4PH SS	7.8	7.2、7.10
316L SS	8.0	7.4
低合金钢	7.6~7.9	7.1~7.3
S7	7.83	7.2

9.2　热等静压工艺过程

热等静压工艺利用压缩惰性热气体对工件施加压力,对于金属注射成型零件,热等静压温度通常比烧结温度低100~200 ℃,压力通常在15 000~20 000 psi(105~140 MPa)范围内。热等静压首选气体是氩气,因为它的原子尺寸很大,也可以使用氮气,但效果不如氩气好。图9.1所示为热等静压示意图,该工艺是一个分批处理过程,通常持续4~10 h,步骤如下:

(1)将材料装入炉中并关闭炉门;

(2)抽真空并充惰性气体;

(3)同时升温和加压;

(4)同时降温降压;

(5)排气;

(6)取出零件。

此顺序代表独立的热等静压工艺,通常用于罐装钢坯熔模铸造和金属注射成型零件。在硬质合金工业中,一种称为热等静压烧结或加压烧结的工艺被用来致密化硬质合金/钴粉基组分。由于烧结和热等静压是一步完成的,因此降低了总的加工时间和成本,其压力通常为1.5~10 MPa,远低于标准的热等静压,但足以消除硬质合金中的孔隙。

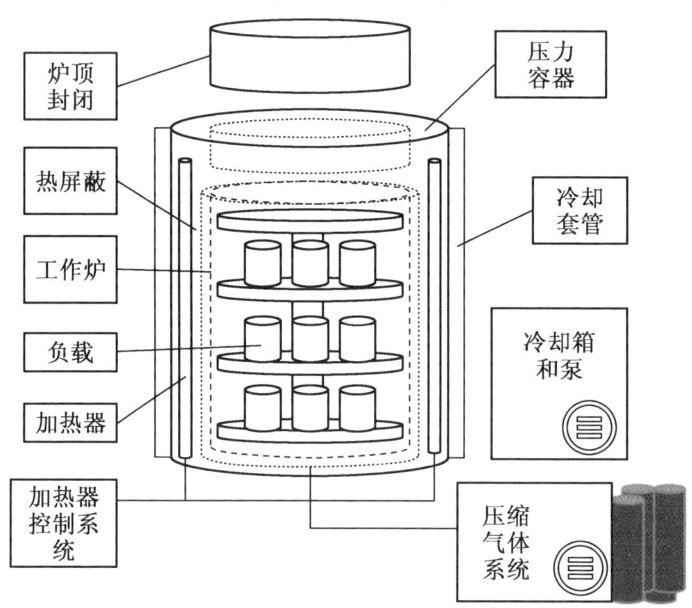

图9.1　热等静压示意图

9.3　热等静压工艺的优点

采用热等静压的主要原因是可以消除孔隙来改善金属的机械性能;如前所述,金属注射成型获得的固有烧结密度足够高,除了少量的表面孔隙之外,零件内的所有孔隙都是封闭的,因此无须使用灌装粉末即可实现致密化,这是制造热等静压钢坯的常见做法。热等静压可提升最终产品的性能,它使零件致密,从而使零件具有更好的性能、更均匀的尺寸、更好的表面光洁度,并且在抛光过程中降低了产生开放气孔的概率。图9.2所示为316L金属注射成型零件在1 350 ℃烧结温度下的微观组织(a)和在105 MPa和1 100 ℃的热等静压下的微观组织(b),从图中可以看出热等静压后材料中的气孔消失,晶粒有所长大。在17-4PH SS和F2886的金属注射成型零件中也观察到了晶粒生长。LaGoy 报告显示晶粒长大了 5 ~ 6 倍，Sago 报告显示晶粒长大了 3 倍。

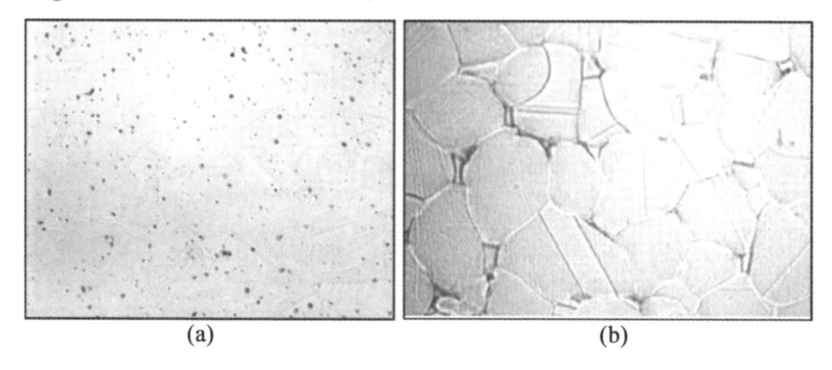

图 9.2　316L 金属注射成型零件在 1 350 ℃烧结温度下的微观组织(a)和在 105 MPa和 1 100 ℃的热等静压下的微观组织(b)

热等静压可以致密化那些不含开放气孔的材料，图 9.3 所示为不可致密化和可致密化气孔。

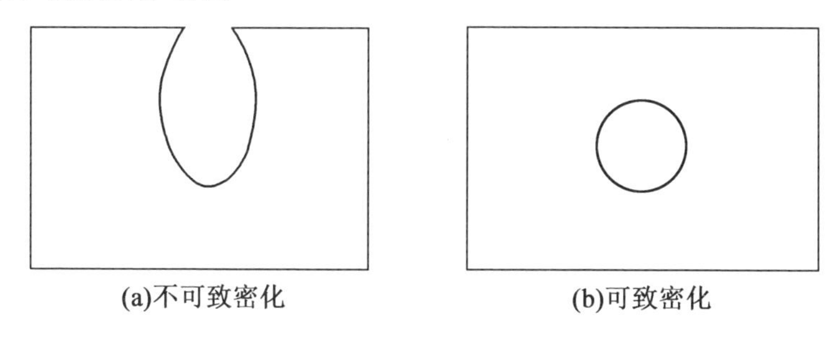

图 9.3　不可致密化和可致密化气孔

对金属注射成型零件进行热等静压后处理的另一个好处是提高了零件尺寸的一致性，由于热等静压可使零件达到最大致密度，因此在热等静压之后，零件之间的整体尺寸变化将会很小。一种常见的烧结技术是在间歇炉中烧结多个零件，因为间歇式烧结炉从工作区边缘到工作区中心的温度分布存在变化，如果位于中心位置的零件致密化程度达到 98%，而边缘的零件致密化程度可能为 96%，则这两个零件之间会存在尺寸的差异，若将这两个零件都放入热等静压炉中，则经过处理后两个零件的致密度都接近 100%，则最终尺寸将更加接近。

对注射成型零件进行热等静压处理可以提高注射件的力学性能。金属粉末成型中的一条经验法则是,随着密度的增加,零件性能将得到改善,硬度、屈服强度(YS)和极限拉伸强度(UTS)都将有一定的提高,但得到最大程度改善的是零件的动态性能,如伸长率、耐疲劳性和冲击强度,它们容易受到微观结构缺陷的影响,而经过热等静压处理后这些性能都得到了极大改善。表9.2所示为MIM和MIM/HIP零件的机械性能比较。

表9.2 MIM和MIM/HIP零件的机械性能比较

材料	密度/%	YS/MPa	UTS/MPa	伸长率/%	冲击能/J
17-4PH 预合金(MIM)	98.51	—	—	—	5.4
17-4PH 预合金(MIM/HIP)	99.89	—	—	—	9.5
17-4PH 母合金(MIM)	92.39	—	—	—	6.8
17-4pH 母合金(MIM/HIP)	100	—	—	—	20.3
F2886 (MIM) F75	95	552	897	15	—
F2886 (MIM/HIP) F75	100	552	897	20	—
F562 (MIM)	95	379	758	30	—
F562 (MIM/HIP)	100	345	793	60	—
F2885 (MIM) Ti-6Al-4V	97	869	910	13.5	—
F2885 (MIM/HIP) Ti-6Al-4V	100	958	980	13.0	—

除了提高材料性能外,热等静压工艺还提高了零件表面可抛光性。抛光是一种去除零件表面材料的工艺,可以通过机械抛光或电抛光的方式去除。随着材料的不断去除会有新的材料暴露出来,如果零件表面下有气孔,则抛光后气孔就会暴露出来,导致表面不平整。暴露的气孔很容易被抛光介质/溶剂或其他污染物堵住,并可能导致零件表面质量下降和潜在

的污染。如果在抛光前对零件进行热等静压处理,则处理后的零件表面不会存在气孔,表面完整性将大大提高,表面清洁度也将提高;而在未经过热等静压处理的样品中,暴露的气孔中可能含有污染物,这会在电镀过程中留下缺陷,并在医疗应用中导致细菌滋生。

热等静压也改善了金属注射成型零件的焊接性,含有气孔的合金焊接性能较差,因此采用热等静压消除气孔可以改善焊缝质量。

9.4　热等静压工艺相关问题

热等静压工艺为材料性能带来了许多有益的改善,然而人们对该工艺可能产生的负面影响表示担忧,这些包括零件的变形、潜在的表面污染以及不同零件批次之间的变形等。

如前所述,热等静压可使金属注射成型零件的致密度接近100%,但是在注射成型中,前面的工艺过程可能使零件存在密度梯度,例如浇口位置的关系可能导致零件不同位置的密度不同,在浇口附近零件中的粉末颗粒的含量较高,而在远离浇口的地方由于成型压力较小,零件中的粉末颗粒含量较低。在烧结过程中如果存在这种类型的密度梯度,则靠近浇口的区域将比远离浇口区域的收缩小;而在热等静压过程中这种收缩的差异会进一步放大,低密度区的收缩比高密度区的收缩更大,从而导致零件的变形和各向异性收缩。此外,由于热等静压设备本身的热梯度,也可能会导致零件发生各向异性收缩和变形。

由于热等静压炉内存在冷却梯度,也会使零件发生变形。如果零件壁厚不均匀,则较薄的部分将比较厚的部分冷却得更快,这可能会导致变形,这一现象在热处理过程中也可以观察到。

金属注射成型零件对热等静压工艺具有很好的响应性,这是因为零件表面的孔隙率很小,而且零件内部产生的气孔通常也非常小。与熔模铸造不同,由MIM制造的零件在经过热等静压处理后几乎观察不到凹陷,然而有时可以在孔隙附近观察到轻微的变形。如果在热等静压处理后零件出现缺陷,则导致缺陷的气孔通常不是来自于注射零件中存在的小孔,而可能是热等静压成型条件较差导致的。因此应该检查成型条件,并通过对热等静压前的零件进行切片以确定是否存在成型条件导致的缺陷。

另一个实际问题是,在热等静压处理过程中,零件表面可能被污染。由于供应商在热等静压设备中加工多种合金,因此在处理过程中可能会导致表面污染。作者在经过热等静压处理的零件表面观察到绿色和棕色的污染,分析表明这是铬和硅。通过在零件上包覆一层工具箔可以防止这种污染或将污染降至最低,也可以采用真空退火来蒸发表面的污染物。一些人声称在大气压或真空下重新加热零件可能产生开放的孔隙,虽然文献中偶有这样的描述,但作者并没有观察到这种现象。在热等静压处理过程中,由于气孔向零件外部扩散导致孔隙封闭,在热等静压的最后阶段,孔壁之间互相结合形成晶界,因此不太可能重新产生开放的气孔。

9.5 热等静压工艺参数示例

典型的热等静压工艺条件是有限的。大多数供应商都有标准的工艺流程,其中变量是温度、压力和时间。执行工艺流程时,常设置相同的压力以及不同的时间和温度。表9.3列出了可用于金属注射成型零件的标准的热等静压工艺参数。

表9.3 可用于金属注射成型零件的标准的热等静压工艺参数

材料	加热温度		压力/MPa	时间/h
	/℃	/℉		
铝合金(如A335、A357、A201)	510	950	100	2
钛和钛合金	900	1 650	100	2
普通碳素钢和低合金钢	1 065	1 950	100	4
第Ⅰ系列镍基超合金(IN-718 Rene77)	1 185	2 165	100	4
钴基合金(F75)	1 220	2 200	100	4
第Ⅱ系列镍基超合金(Mar-M247 Rene 125)	1 185	2 165	175	4

9.6 小　　结

由于金属注射成型零件不含开放气孔,因此可以采用热等静压技术对它进行处理。经热等静压处理后的金属注射成型零件性能得到改善,致密度接近100%,晶粒显著长大,并提高了金属注射成型不同批次零件之间尺寸的一致性,改善了零件的可抛光性和焊接性能。

本章参考文献

[1] ASM (1998). Powder metal technologies and applications, ASM handbook. Vol. 7. Materials Park, OH: ASM International.

[2] ASM International (1998). ASM metals handbook desk edition (2nd ed., p. 65). Materials Park, OH: ASM International, The Materials Information Society.

[3] Atkinson, H. V., Davies, S. (2000). Fundamental aspects of hot isostatic pressing: an overview. Metallurgical and Materials Transactions A, 31A, 2981 - 3000.

[4] LaGoy, J. L., Bulger, M. K. (2009). Effect of HIP on the microstructure and impact strength of a MIM 17-4PH stainless steel. In T. J. Jesberger S. J. Mashl (Eds.), Advances in powder metallurgy and particulate materials. Princeton, NJ: MPIF.

[5] Mashl, S. J. (2008). Hot isostatic pressing of castings. In Casting: Vol. 15. ASM handbook (pp. 408 - 416). Materials Park, OH: ASM International.

[6] Mashl, S. J. (2014). An introduction to the hot isostatic pressing (HIP) of MIM components. Powder Injection Molding International, 8 (1), 43 - 50.

[7] Olevsky, E., Van Dyck, S., Froyen, L., Delaey, L. (1996). In M. A. Andover, F. H. Froes, J. Hebeisen, R. Widmer (Eds.), Proceed-

ing international conference on hot isostatic pressing (pp. 63 - 67). Materials Park, OH: ASM.

[8] Sago, J. A., Bradley, M. W., Eckert, J. K. (2012). Metal injection molding of alloys for implantable medical devices. International Journal of Powder Metallurgy, 48(2), 41 - 49.

延伸阅读

[1] German, R. M. (2003). Powder injection molding—Design and applications. State College, PA: Innovative Materials Solutions, Inc.

[2] Heaney, D. F. (2006). In Powder injection molding of implantable grade materials. Proceedings of MSEC: 2006 ASME International Conference on Manufacturing Science and Engineering, October 8 - 11, 2006, Ypsilanti, MI. paper no. MSEC2006 - 21049.

[3] Johnson, J. L., Heaney, D. F. (2005). Processing of biocompatible materials via metal and ceramic injection molding. In Medical device materials Ⅱ (pp. 325 - 330). Materials Park, OH: ASM.

[4] Johnson, J. L., Heaney, D. F. (2006). Metal injection molding of Co-28Cr-6Mo. In Medicaldevice materials Ⅲ. Materials Park, OH: ASM.

[5] MPIF (2007). Material standards for metal injection molded parts. Princeton, NJ: Metal Powders Industry Federation MPIF Standard 35, 1993 - 94, 2007 edition.

第三部分　质问题量

第10章　金属注射成型喂料特性

10.1　概　　述

金属注射成型喂料主要由金属粉末和黏结剂混合而成,其中黏结剂旨在为喂料提供流动性,以及保证在随后的脱脂和烧结过程中为所得零件提供结构刚度。本章介绍了多个黏结剂体系,包括蜡基聚合物体系、水溶性体系、催化脱脂体系和水凝胶体系。除了后者之外,其他黏结剂体系在室温下是固体,黏结剂的每一组分经过一次熔化转变,直到整个系统熔化。注射成型的温度高于黏结剂系统的最终熔融温度,但远低于其分解温度。

金属注射成型喂料的成型工艺类似于塑料注射成型工艺,但是也存在一些明显的不同,这些材料的热学性能与塑料相比有很大不同,金属注射成型喂料的密度也高得多,比起黏结剂而言更接近金属,这是因为虽然在体积上黏结剂的体积分数接近40%,但是金属成分对喂料质量的贡献却超过总质量的90%。表10.1所示为一些典型材料的热性能对比。测得的质量热容c_{pm}也同样受到影响,显然是相当低的,相比于黏结剂系统而言也更接近金属的热容;实际上,热容是一个体积术语,其定义为

$$c_{pv} = \rho \times c_{pm} \tag{10.1}$$

式中,c_{pv}为体积热容(J/(m^3·K));ρ为密度(kg/m^3);c_{pm}为质量热容(J/(kg·K))。

由表10.1可以看出,尽管所测得质量热容大相径庭,体积热容的差异却没有那么明显。MIM喂料的热导率明显高于普通塑料,部分金属甚至是塑料的10倍,这是金属粉末的高含量和高导热性导致的。高导热金属将有助于增加MIM喂料热导率;然而,令人惊讶的是,热导率并没有按照传统上认为的各种材料的含量成比例;相反,喂料的热导率仍然接近于对热导率贡献相对较小的黏结剂体系,这是因为热流是由黏结剂系统控制的,

所以,虽然热量会迅速传导给每个粉末颗粒,但由于颗粒没有直接连接,热量必须先流过中间的黏结剂层才能到达下一个粒子;因此,该黏结剂层产生了最大的热流阻力并限制了喂料的最大导热能力。在以前使用玻璃纤维填充塑料的研究中,Lobo 和 Cohen 发现以下公式合理地将热导率与填料含量关联,即

$$\frac{1}{k}=\frac{\varphi_1}{k_1}+\frac{\varphi_2}{k_2} \tag{10.2}$$

式中,φ 为体积分数;k 为热导率;下标 1 和 2 分别表示连续相和离散相。

表 10.1 一些典型材料的热性能对比

材料	密度/($kg\cdot m^{-3}$)	质量热容/($J\cdot kg^{-1}\cdot K^{-1}$)	体积热容/($J\cdot m^{-3}\cdot K^{-1}$)	热导率/($W\cdot m\cdot K^{-1}$)
钨	19 300	134	2 586 200	163
铁	7 900	440	3 476 000	76
金属注射成型喂料	5 100	700	3 570 000	3
聚甲醛缩醛	1 400	1 480	2 072 000	0.28
蜡	766	2 500	1 915 000	0.25

MIM 喂料最重要的特性是这些材料的熔体流变性,即这些材料的流动性。这些材料的流变行为很复杂,并且与温度和剪切速率有关。根据以往的研究结果,MIM 喂料黏度可类比于塑料,即随温度升高而降低。但是,MIM 喂料黏度对温度的依赖可能比塑料更复杂。塑料基本上是均匀聚合物体系,由单一的聚合物合成,但黏结剂体系通常不是。当塑料熔化时,整个体系从固态熔化为液态,可以预见由此产生的熔体黏度随着温度升高而下降。对于黏结剂体系而言,当黏结剂系统的每个组分发生熔化时,黏度会发生剧烈变化,直到所有组分都熔化。而在冷却过程中,显然这一黏度变化过程是相反的。这种复杂的行为不一定对 MIM 喂料的成型性有害,只是更难理解和预测,使用常规软件进行计算机建模较为困难。

聚合物不常遇到的另一个效应是滑移,牛顿流体(例如水)具有抛物线性的速度分布,其速度在壁面处为零,在流腔中心处最大。聚合物往往具有均匀的非抛物线剪切剖面。对于高度填充的系统,如 MIM 喂料,在壁

面上的速度不是零，并且能观察到塞流型剖面。这种现象也给建模带来了一些困难，因为大多数计算机辅助工程（CAE）代码都没有考虑滑移现象，只假设了 Rabinowitsch 修正，该修正可捕获聚合物流动时独特的非抛物线型流动剖面。

本章的其余部分描述了用于表征 MIM 喂料的试验方法，并对所得数据进行了分析讨论，尤其是与传统聚合物相比特性不同的数据。为了解释这些特性，选择了 4 种 MIM 喂料，每种喂料都具有表 10.2 所示的材料特性。

表 10.2　本书中使用的 MIM 喂料特性

材料	A	B	C	D
黏结剂	聚缩醛	水溶性黏结剂	蜡基聚合物	蜡基聚合物
粉末	17－4PH	17－4PH	17－4PH	17－4PH
质量分数/%	90	91.2	—	—
颗粒尺寸/μm	—	—	22	12
加工温度/℃	190	180	160	170
模具温度/℃	99	38	40	45

10.2　流变性

流变性测量通常是指黏度测量与剪切率测量，通常是在几个特定的温度下采集数据。测量流变性会用到两种仪器：毛细管流变仪和锥板流变仪。

毛细管流变仪由一个装有待测流体的容器组成，一端有一个精密毛细管，另一端有一个活塞，能够迫使流体以精确的流速通过模具。整个模具的压降由位于毛细管模具上方的压力传感器测量得到。由于挤出物被排放到空气中，因此由压力传感器测量的压力便是压降本身。在知道活塞的速度和容器直径以及通过毛细管的流速的情况下，黏度可用以下式计算：

$$\dot{\gamma}_{ap}=\frac{4Q}{\pi R^3} \tag{10.3}$$

式中,$\dot{\gamma}_{ap}$为表观剪切速率（s^{-1}）;Q 为流速(mm^3/s);R 为毛细管管径(mm)。

$$\sigma_w = \frac{\Delta p \cdot R}{2L} \tag{10.4}$$

式中,σ_w 为壁面剪切应力（Pa）;Δp 为毛细管模头的压降(Pa);L 为毛细管模头长度(mm)。

同样还有

$$\eta_{ap} = \frac{\sigma_w}{\dot{\gamma}_{ap}} \tag{10.5}$$

式中,η_{ap}为表观剪切黏度（Pa·s）。

流变仪筒体可以加热,以便在不同的温度下进行测量工作。毛细管流变仪测量的是表观剪切黏度与表观剪切速率的关系,这是因为测量数据包含可以更正的已知误差。Bagley 对模具入口处收缩流动引起的附加压降和模具出口处流体膨胀产生的额外压降进行了修正,用直径相同但长径比(L/D)不同的模具重复试验,可以消除与这些拉伸效应有关的压降。

鉴于聚合物的剪切稀化特性导致模具内轴向速度分布不是抛物线形,Rabinowitsch 提出了一种误差修正方法,但由于这种数学修正通常是应用于聚合物的,所以对于 MIM 喂料应谨慎使用,因为喂料在模具壁面上存在滑动。壁面滑移是一种在聚合物中不存在的现象。对于 MIM 喂料来说,流体与壁面接触的部分速度不为零,不同于牛顿流体和聚合物,这导致 MIM 喂料产生了类似塞流的现象。Hatzikiriakos 和 Dealy 发明了一种通过使用直径不同但长径比相同的毛细管模具测量来表征滑移的方法,在这种情况下,任何黏度差异都是滑移引起的,然后便可以计算滑移速度与剪切速率,从而能够表征上述现象。

查看一些流变数据对于定义一些术语很有用。牛顿流体是指黏度与剪切速率无关的流体,即黏度与剪切速率的关系图是一条水平线。剪切稀化流体是指那些黏度随剪切速率增加而降低的物质。在对数黏度与对数剪切速率图中,这类流体表征为斜率为负数的直线。如图 10.1 所示,样品 A 显示出了剪切稀化效应,在与成型相关的剪切速率范围内没有显示出向牛顿流体转化的趋势,在图中,直线代表一个 Cross - Williams - Landel - Ferry（Cross - WLF)方程,它通常用来表征非牛顿流体的黏度随剪切速率的非等温变化现象。这些数据是在 3 个不同的温度下测量的,可以看出黏度

随着温度的升高而降低。

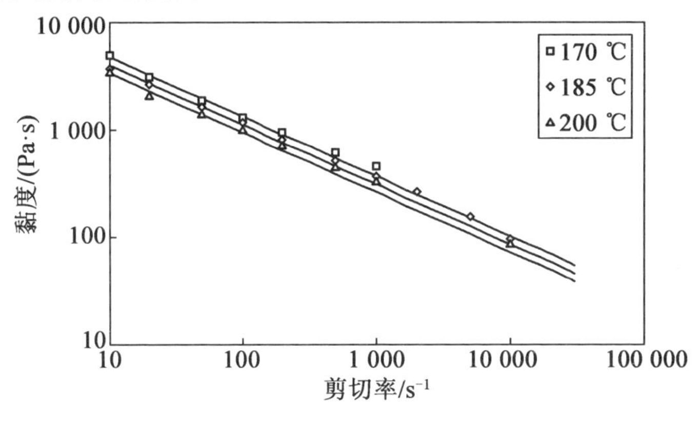

图 10.1　样品 A 的黏度

黏度随温度的变化率对加工很重要，较大的变化表明黏度对温度的敏感性更高。在这种情况下，温度的微小变化将引起黏度的较大变化，从而显著改变材料的流动特性。

图 10.2 所示为样品 B 的黏度，样品 B 是在低剪切速率下具有牛顿流体特性的喂料。当剪切速率增加时，观察到喂料黏度特性具有剪切稀化效应。同样，可以用 Cross－WLF 方程来描述这种行为。样品 C（图 10.3）相对于样品 A 来说表现出类似的剪切稀化行为，但由于黏结剂系统不同，其黏度明显低于样品 A。样品 C 的黏度低于样品 D（图 10.4），可能是由于成分或颗粒大小存在差异。

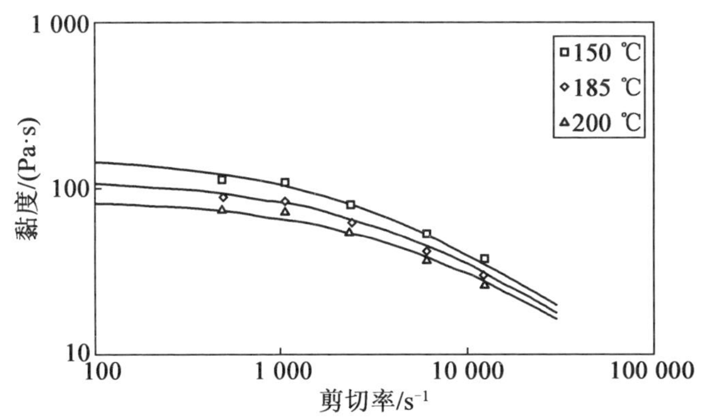

图 10.2　样品 B 的黏度

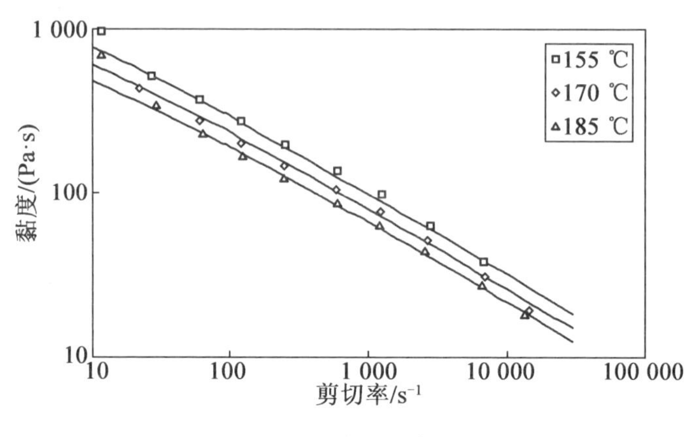

图 10.3　样品 C 的黏度

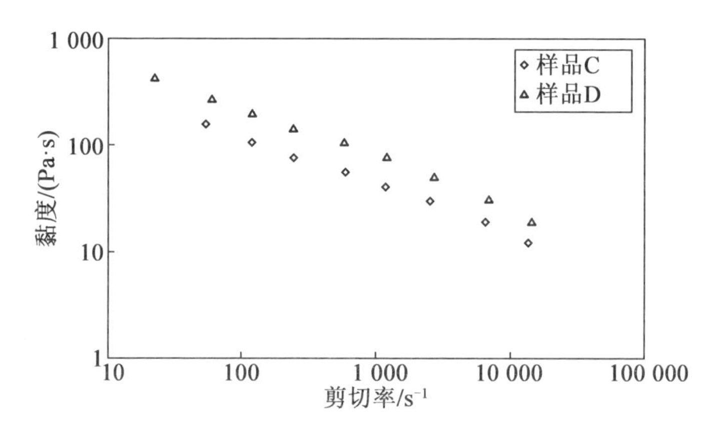

图 10.4　样品 C 和样品 D 黏度对比

为评估粒径对黏度可能存在的影响,需对样品 C 和样品 D 进行穆尼滑动速度测量(图 10.5)。结果表明,粒径更小的样品 D 的壁面滑移更大,从图中还可以看出,随着剪切应力的增加,壁面滑移将大大增加,在表观剪切速率非常高的情况下喂料更倾向于发生塞流。

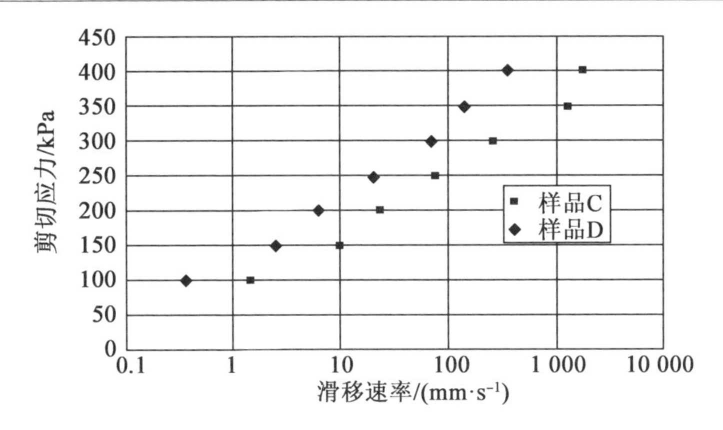

图10.5　样品C和样品D的穆尼滑动速度测量

10.3　热分析

差示扫描量热仪通常是用于表征MIM喂料熔化和凝固的仪器，同时也可使用ASTM E1269－11来测量比热容。该仪器包括两个相同的熔炉，其中一个按配比装入材料，另一个充当空白对照。通过在程序设定的升温速率下加热两个炉子，可以获得保证两个炉子升温速率相同时的热量差；另一种方法是测量温差，即保证两个炉子所吸收的热量相同，测量两个炉子的温度差。

在实际试验期间，通常使用毫克量的样品。利用铝盘来封装样品，可用于容纳样品并防止泄漏和损坏设备。计算机可以接收数据并绘制热流与温度的关系图，从而观察到熔化和凝固现象（图10.6）。

通过热分析，可提高对MIM喂料黏结剂体系特性的深入理解。黏结剂体系通常含有蜡和半结晶聚合物，如聚乙烯、聚丙烯和乙缩醛（POM）。在聚合物体系中各组分状态的变化，即从熔融态到固态的转变，可归因于玻璃转变或半结晶转变，反之亦然。处于固态的聚合物可以是固态的玻璃相或含有部分结晶的相，可以使聚合物在高于玻璃转变温度的条件下固化。当由于玻璃化转变导致聚合物发生凝固时，聚合物会变脆和玻璃化，发生这种情况的温度称为玻璃化转变温度。高于玻璃化转变温度的聚合物倾向于变成橡胶状或皮革状，加热到足够高的温度时会完全熔化。由于玻璃化转变是可逆的,这意味着冷却到玻璃化转变温度以下时,聚合物会回到玻璃化状态。

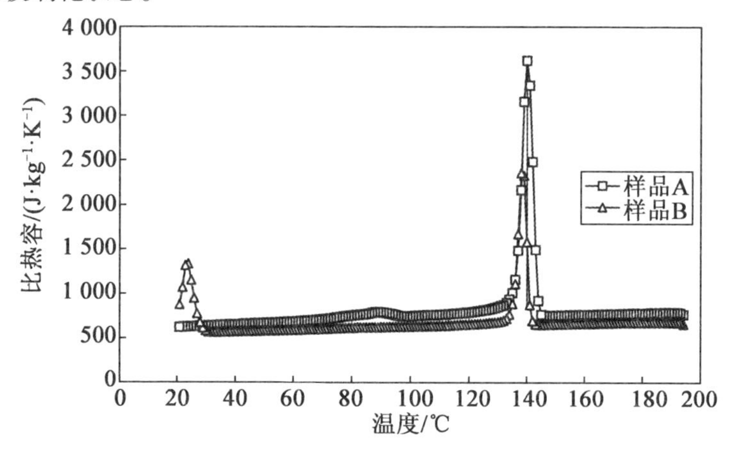

图 10.6 样品 A 和样品 B 的冷却模式比热容和转变曲线

聚合物在半结晶状态的情况下,玻璃化不太明显,因为聚合物在玻璃化转变温度以上仍然非常坚固。随着温度的升高,达到结晶部分的聚合物开始熔化,这是一个受时间和温度影响的动力学过程。成核剂可以提供结晶起始点来加速结晶的开始。

当这种转变完成时,半结晶聚合物就会熔融。由于该过程是动力学过程,因此半结晶聚合物的熔化温度取决于加热速率,较快的加热速率对应较高的熔体温度。半结晶熔融聚合物的固化要求熔体温度冷却至熔点以下,通过这种过冷来提供足够的驱动力以促进结晶过程,值得注意的是聚合物不会发生100%结晶。在图10.6中,观察到的样品A和样品B的温度峰是典型的聚合物体系中黏结剂的结晶温度。

理解这些现象对于了解聚合物从熔体向固体转变的方式至关重要,由于黏结剂系统的每一组分在其自身温度下固化时会发生多次此类转变,因此对于MIM喂料来说情况更为复杂。挑战在于确定这些转变中的哪一个是将整个系统从熔体转变为固体的关键,这难以通过热分析来确定,因为给定峰值的大小并不总是主要转变的指标。在这种情况下无流动温度对于确定哪一个是关键转变具有重要帮助。无流动温度是指材料发生凝固转变的一个近似温度,即当材料在毛细管流变仪中从熔体状态逐渐冷却时,测量的材料不能再流过毛细管模具时的温度。表10.3所示为无流动温度下的差示扫描量热法(DSC)冷却转变。

表 10.3　无流动温度下的差示扫描量热法(DSC)冷却转变

材料	A	B	C	D
无流动温度/℃	157	151	108	121
DSC 冷却过渡	144	141	88	99

虽然可能有人认为无流动温度缺乏精确度,但在对于具有多个转变温度的材料体系的典型情况下,它能清楚地表明哪个 DSC 转变温度是导致喂料凝固的主要原因。

蜡是黏结剂的另一种常见成分,可以认为它与简单的半结晶聚合物具有相似的特性。蜡在低于 100 ℃的低温下发生结晶转变,并出现较大的转变峰,如图 10.6 中样品 B 出现的低温转变峰。

比热容是可以从热分析中获得的附加参数,该测量需要在 DSC 试验中使用空盘进行额外的基线试验,作为数据的减法参考。有了这些额外的数据,比热容可以方便地作为温度的函数来测量。数据是在加热或冷却模式下采集得到的,对于金属注射成型喂料的建模通常使用冷却模式。

图 10.7 所示为具有相同黏结剂系统的样品 C 和样品 D 的比热容和转变数据,可以看出两条曲线之间有密切的对应关系。

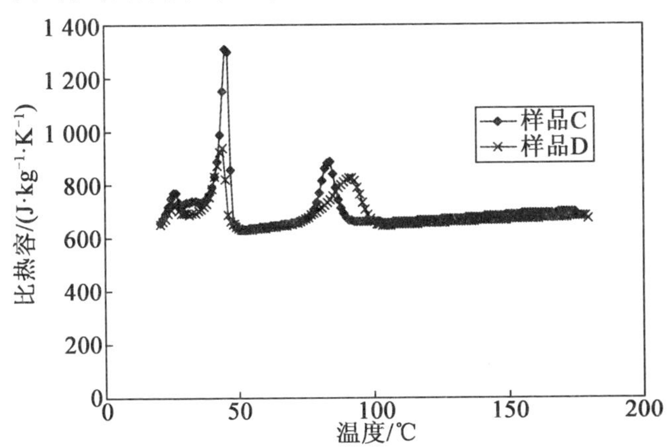

图 10.7　具有相同黏结剂系统的样品 C 和样品 D 的比热容和转变

10.4 热导性

可以使用多种仪器测量热导率,大多数仪器可用于固态材料热导率的测量。由于人们对熔融的 MIM 喂料比热容更为关注,所以首选线源方法,这是一种允许快速测量导热系数的瞬态方法。测试方法包含在 ASTM D5930.9 中。测试仪器由一个将物料保持在恒定温度的加热桶组成,热导率测量是通过插入流体中的线源针状探头进行的。线源探头包含一个贯穿整个探头长度的加热器和一个位于探头中间的温度传感器。在平衡状态下,线源加热器向流体中提供热量,每隔 30 ~45 s 记录探头的温升。温度与时间的对数关系图理论上是一条直线,其斜率与热导率直接相关,即

$$k = \frac{CQ'}{4\pi \text{Slope}} \tag{10.6}$$

式中,k 为热导率(W/(m · K));Q' 为每单位长度线的热量输入源(W/m);C 为探头常数;

$$\text{Slope} = \frac{T_2 - T_1}{\ln\left(\frac{t_2}{t_1}\right)} \tag{10.7}$$

其中,T_2 为在时间 t_2 记录的温度;T_1 为在时间 t_1 记录的温度。

与塑料相比,MIM 喂料的导热系数往往更高。喂料的典型热导率数据如图 10.8 所示。可以观察到,熔体状态下的热导率通常是相当恒定的,随着温度的降低,熔体的导热系数略有增加。当喂料冷却和凝固后,黏结剂系统的各个组分开始结晶,由于结晶相的导热系数值高于周围的非晶态基体,因此可以观察到整体导热系数随着材料的冷却而上升。

因此,固体的热导率通常高于熔体的热导率。如果黏结剂体系不含蜡或半结晶成分,则不会观察到这种现象,并且固体的导热率接近或低于熔体的热导率。

这些材料的高导热性使它们相对于典型的聚合物体系来说传热速率更快,通常是聚合物传热速率的 10 倍左右;因为 MIM 喂料能够轻易将热量传导给低温模具,因此喂料的凝固速度也很快,这使得熔体温度和模具温度的选择更加敏感。随着熔体的凝固,其导热能力变得更强,可能会加

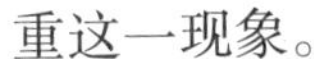
重这一现象。

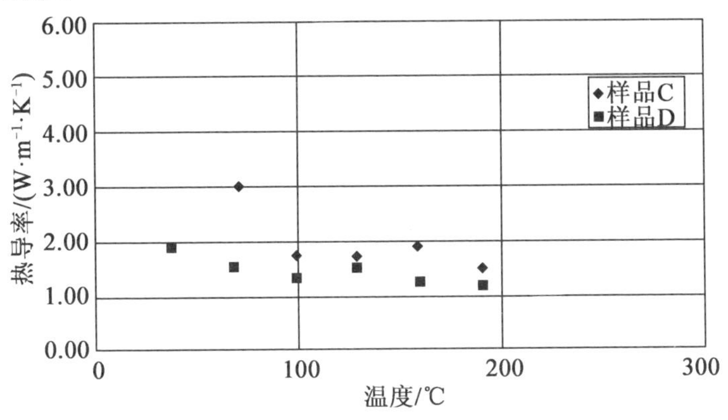

图 10.8　样品 C 和样品 D 的热导率

10.5　压力 - 体积 - 温度

与 MIM 喂料成型行为相关的最复杂数据之一是状态方程数据，通常称为压力 - 体积 - 温度（PVT）关系。人们利用高压膨胀计来测量这些数据，首选试样为模压零件，因为实际喂料可能会残留空气从而改变材料的可压缩性。试验流程包括将试样封装在封闭流体中，然后压缩流体，从而在试样周围产生静水压力场以测量体积的变化。

通常在给定温度下进行压力循环以测量所需数据，并在下次试验温度加热和平衡后重复该过程。由于材料在熔化或固化时会产生各种不同的动力学效应，因此每种模型都会得到不同的数据。图 10.9 所示为样品 C 的 PVT 关系，从图中可以看出，在特定温度下，比体积（密度的反比）随着压力的增加而减小，比体积随温度升高而增大。从数据中可以观察到多个转换，鉴于获取此类数据的成本和复杂性较高，有时简单地用一个单点值——熔体密度来代替这些数据也是可行的。表 10.4 列出了一些喂料的熔融密度。

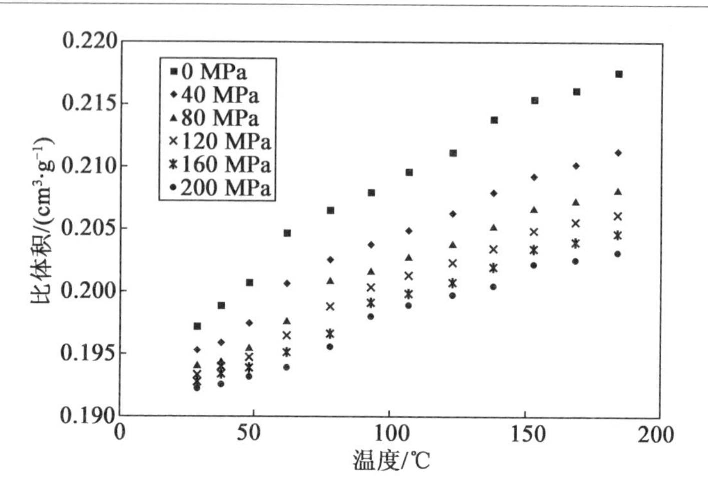

图 10.9 样品 C 的 PVT 关系

表 10.4 一些喂料的熔融密度

材料	A	B	C[a]	D
压力/MPa	2	4	0	5
温度/℃	185	210	168	170
密度/($kg \cdot m^{-3}$)	4 610	4 980	4 630	4 730

注:a 取自 PVT 数据。

知道了喂料的 PVT 数据和固体密度,就可以粗略地估算出材料的体积热膨胀和收缩率。

10.6 小　　结

MIM 喂料的加工类似于塑料注射成型;如前所述,这些材料的物理性能与塑料有显著差异,而这些差异将会影响 MIM 喂料的注射成型。通过理解和解释这一点,就能以相当高的精确度来进行金属注射成型。计算机仿真有助于金属注射成型加工,特别是如果仿真能够解释 MIM 喂料与传统塑料在性能上存在的显著差异。通常出现的典型问题是无法模拟具有非常高的导热性材料的注射成型。无法考虑壁面滑移则是另一个问题,因为这种现象在MIM喂料中是普遍存在的，但在塑料中不太常见，然而CAE代码最初就是针对塑料注射成型而设计的。最后，这些材料的高密度可能需要将惯性效应考虑在内，这对于具有非常高黏度和低密度的塑料来说是不太重要的。

本章参考文献

[1] ASTM D5930－09．(2009)．Standard test method for thermal conductivity of plastics by means of a transient line-source technique.

[2] ASTM E1269－11．(2011)．Standard test method for determining specific heat capacity by dif-ferential scanning calorimetry. Bagley, E. B. (1957)．Journal of Applied Physics, 28, 624.

[3] Hatzikiriakos, S.，Dealy, J. M. (1992)．Wall slip of HD polyethylene. Journal of Rheology, 36(4).

[4] Lobo, H. (2003)．Thermal conductivity and diffusivity of polymers. In H. Lobo J. V. Bonilla (Eds.), Handbook of plastics analysis (pp. 129－154)：Marcel Dekker. Chapter 5. Lobo, H.，Cohen, C. (1990)．Polymer Engineering Science, 30, 65.

[5] Nelson, B. (2003)．Capillary rheometry. In H. Lobo J. V. Bonilla (Eds.), Handbook of plastics analysis (pp. 43－78)．Marcel Dekker. Rabinowitsch, B. Z. (1929)．Physical Chemistry, 145, 1.

[6] Salamon, A.，Fielder, K. (2003)．Practical uses of differential scanning calorimetry for plastics. In H. Lobo J. V. Bonilla (Eds.), Handbook of plastics analysis (pp. 79－110)：Marcel Dekker. Chapter 3. Shaw, M. (1986)．1986 SPEANTEC Proceedings, 707.

第11章　金属注射成型的建模与仿真

11.1　混炼过程的建模与仿真

在粉末注射成型(PIM)的混炼过程中,人们主要关注的是不发生分子扩散的分布混合,在给定的材料性能和混合条件下,这种分布混合是由具有特定几何形状的混炼器控制的,该混炼器的流动情况可以用有限元法解决。

对于 PIM 过程中流体－颗粒间相互作用运动学的混合分析,可以采用颗粒跟踪方法。利用下游通道位置的颗粒分布来定性和定量描述混合过程,一种基于粒子分布的混合度量,称为信息熵,可以用来量化混合程度。

11.1.1　建模

假设被混合物料为均匀的广义牛顿流体,流动只受黏性力控制,而忽略惯性力的作用,这是高黏性 PIM 喂料混合分析中一个合理的假设。在蠕变流态下,连续性和动量平衡方程为

$$\nabla \cdot u = 0 \text{ 和 } -\nabla p + \nabla \cdot (2\eta D) = 0 \tag{11.1}$$

式中,η 为黏度;D 为变形速率张量;p 为压力;u 为速度。

喂料的黏度一般由剪切速率 $\dot{\gamma}$、温度 T 和压力 p 的函数表示。PIM 中喂料黏度模型之一的 Cross－WLF 模型定义为

$$\eta(\dot{\gamma}, T, p) = \frac{\eta_0}{1 + (\eta_0 \dot{\gamma}/\tau^*)^{1-n}} \tag{11.2}$$

式中,η_0 为 WLF 模型所描述的零剪切速率黏度,

$$\eta_0 = D_1 \exp\left[-\frac{A_1 (T - T^*)}{A_2 + T - T^*} \right] \tag{11.3}$$

其中，$A_2 = \widetilde{A}_2 + D_{3p}$和 $T^* = D_2 + D_{3p}$与材料参数 A_1、$\widetilde{A}_2$、D_1、D_2、D_3 采用试验黏度数据进行曲线拟合确定。虽然 PIM 喂料具有更复杂的流变响应，但影响并不显著。

11.1.2　数值方法

1. 有限元公式

为了得到速度场和压力场分布，采用 Galerkin 有限元法并结合适当的边界条件求解控制方程(11.1)，不可压缩 Stokes 方程为

$$\int_{\Omega}(\nabla\cdot u)q\mathrm{d}\Omega = 0 \text{ 和} \int_{\Omega}2\eta D(u):D(w)\mathrm{d}\Omega - \int_{\Omega}p(\nabla\cdot w)\mathrm{d}\Omega = \int_{T}t\cdot w\mathrm{d}\Gamma \tag{11.4}$$

式中，W 为计算域；G 为边界；w 为速度 u 的加权函数；q 为压力 p 的加权函数；t 为牵引力，

$$t = -pn + 2\mu D(u)\cdot n \tag{11.5}$$

在三维流场仿真中，数值积分后得到的矩阵方程是一个巨大的稀疏对称矩阵；因此，需要一种有效的方法来求解得到的矩阵方程。在具有多个 CPU 的并行计算机上可以使用并行求解器，如 PARDISO 以直接求解得到稀疏矩阵。

2. 粒子跟踪法

基于粒子跟踪法的混合分析过程包括三个步骤：

(1)通过流动分析得到混炼物料的速度场；

(2)基于粒子跟踪法获得混炼器末端的颗粒分布情况；

(3)根据获得的颗粒分布情况量化混合过程。

为了跟踪粒子的位置，所要解决的一个问题是常微分方程，即

$$\mathrm{d}x/\mathrm{d}t = u \tag{11.6}$$

式中，x 为粒子的位置矢量；u 为粒子的速度；t 为时间。

四阶 Runge－Kutta 法被广泛用于对常微分方程(11.6)进行时间积分；然而，在某些情况下，问题可以简化成二维问题以代替三维问题。通过改变原始方程，可以减少系统的维度，并且可以沿下行通道方向使用固定的空间增量进行积分。这种方法有几个优点，如更高速的求解速率，可在任何横截面区域表示喂料在下行通道方向的动力学；然而这种方法局限于速度场的所有轴向分量在整个域内都为正的问题，即没有回流。由此产生

的二维问题表示为

$$\frac{dx}{dz}=\frac{u}{w}=\tilde{u}\text{和}\frac{dy}{dz}=\frac{v}{w}=\tilde{v} \tag{11.7}$$

式中,u、v 和 w 分别为沿着 x、y 和 z 坐标的速度分量。

因此,粒子是沿着轴向位置而不是随着时间被探测的。

11.1.3 应用

1. 混炼器及混炼材料

静态混炼器,又称为 Kenics 混炼器,作为制备 PIM 喂料的混炼设备,在惯性力可以忽略的斯托克斯流态下运行。Kenics 静态混炼器如图 11.1 所示。

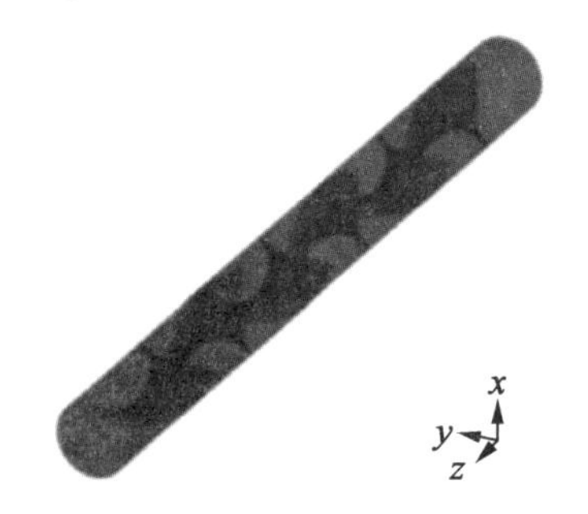

(a)混合器与6个螺旋元素的阴影图像

(b)两个相互旋转180°的混合元素(LR-180元素)

图 11.1 Kenics 静态混炼器

根据 ASTM 3835 -96,在三种温度和一定范围的剪切速率下,用毛细管流变仪测量固体粉末装载量为 63% 的羰基铁喂料的黏度。根据这些数据,通过曲线拟合确定了 Cross - WLF 模型的 7 个系数:$n=0.4999$,$\tau^*=0.0005734$ Pa,$D_1=1.50\times10^{11}$ Pa,$D_2=373.15$ K,$D_3=0$ K/Pa,$A_1=6.30$ K,$\tilde{A}_2=51.6$ K。

2. 基于流变特性的 Kenics 混炼器的工作原理

首先采用有限元法求解流动问题,对速度采用二次插值,对压力采用线性插值以满足速度和压力插值函数的相容条件。Kenics 混炼器的混合原理是基于贝克变换,该变换是在叶片以固定角度扭曲的管道流动中实现对喂料的反复拉伸、切割、堆叠的。图 11.2 所示为 Kenics 混炼器的工作原理，其中上半段的混合过程，叶片沿逆时针方向旋转 180°。两种流体被混合元件（叶片）水平分离，分离的材料因螺旋运动而变形，导致混炼结束时条纹数量增加；在下半混合周期开始时，将材料垂直拆分，并重复类似的操作（拉伸和堆叠）。

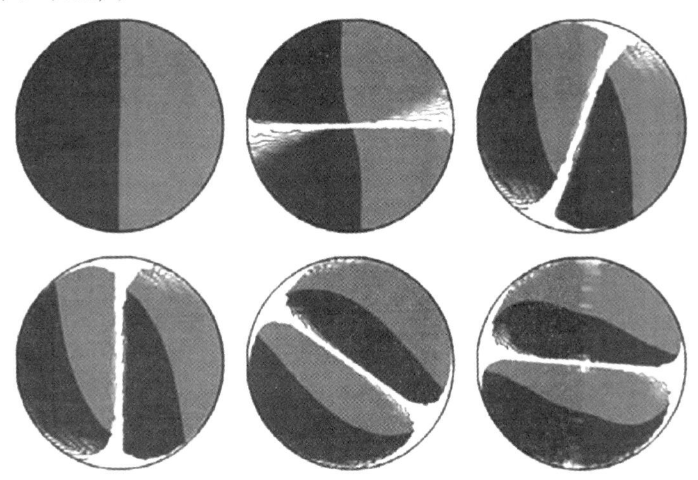

图 11.2　Kenics 混炼器的工作原理

（由代表流体 - 颗粒混合物的两种灰色调组成）

3. 混合分析

采用粒子跟踪方法分析混合过程，在给定的速度场下，从初始位置开始对具有两种不同幂指数 n 的流体界面的粒子进行跟踪，直至混炼器几何结构的末端，横截面分布越均匀，混合效果越好。粒子跟踪的最终结果可以从示踪粒子的分布中看出。根据颗粒分布信息对混合均匀性进行评价。混合的一个适当的度量是粒子分布的均匀性，例如，粒子在任何截面上的信息熵。沿着这些线，混合过程表征要求首先将混合器横截面分割成若干个单元，然后，对于某一粒子构型，混合熵 S 定义为构成截面面积的各单元的信息熵之和，定义为

$$S = -\sum_{i=1}^{N} n_i \log n_i \tag{11.8}$$

式中，N 为单元数；n_i 为第 i 个单元的粒子数密度。

在混合分析中，没有直接使用信息熵，而是使用标准化熵增 S^* 作为混合的度量，即

$$S^* = \frac{S - S_0}{S_{max} - S_0} \tag{11.9}$$

式中，S_0 为入口熵；S_{max} 为最大可能熵，由 $\log N$ 定义，这是粒子均匀分布的理想情况，即 $n_i = 1/N$。

由式(11.9)中定义的归一化熵增加表征的混合过程如图11.3所示，在此图中，指数 n 对混合过程的影响并不显著，但这是参数研究和设计过程的一个例子。

11.2 注射成型过程的建模与仿真

用于塑料注射成型的模拟和仿真已经应用到PIM中，但是高固体体积分数往往会产生塑料注射成型仿真中容易忽略的问题，如熔接线上的粉末-黏结剂两相分离、高惯性效应(如成型钨合金)和快速热损失(如成型铜和氮化铝)。此外，粉末-黏结剂混合物对剪切速率非常敏感。因此，计算机模拟可以支持成功在塑料中展示的成型案例，并将这些概念应用到新的定制PIM模拟中，用于填充、包装和冷却。(图11.3)

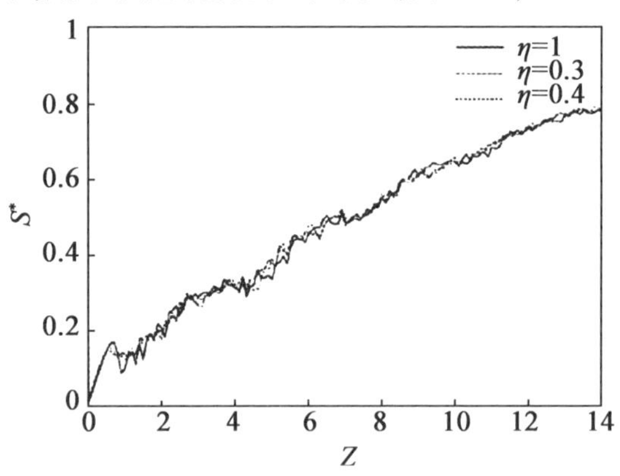

图11.3　由式(11.9)中定义的归一化熵增加表征的混合过程

11.2.1 理论背景和控制方程

一个典型的注射成型零件的厚度要比整体最大尺寸小得多。在成型这些零件时，熔融的粉末-黏结剂喂料混合物具有很高的黏性；因此，雷诺数(表征惯性力与黏滞力之比的无量纲数)远小于 1,喂料流动作为带有润滑的蠕变流动进行仿真,可用 Hele - Shaw 公式处理。利用 Hele - Shaw 模型,将熔体在注射型腔内流动的连续性和动量方程合并为单一的压力和流动性泊松方程。由于薄壁和轴对称,计算机仿真通常基于 2.5 维方法。但 Hele - Shaw 模型有其自身的局限性,不能准确描述熔体前缘的三维流动行为,即喷流,以及厚件厚度突然变化引起的流动。目前,已有几种三维计算机辅助工程(CAE)成功地预测了零件设计和成型参数的改变对传统塑性的提升和压力带来的变化。本节重点关注 2.5 维方法,而不是完整的三维方法,因为 2.5 维方法鲁棒性更好,并且为行业所普遍接受。

1. 填充阶段

PIM 包含每隔几秒钟重复一次的循环。在循环开始时,注射机螺杆在桶内旋转并向后移动,当模具关闭时,为下一个注射循环准备熔融的喂料。当往复螺杆向前移动时,模具型腔充满,就像一个柱塞,这被称为填充阶段。在填充阶段,采用连续介质法建立控制方程组为

$$\frac{\partial u}{\partial x}+\frac{\partial v}{\partial y}+\frac{\partial w}{\partial z}=0 \tag{11.10}$$

式中,x、y 和 z 为笛卡儿坐标;u、v 和 w 为相应的正交速度分量。由于动量守恒,在润滑和 Hele - Shaw 近似下,将熔融喂料填充阶段的 Navier - Stokes 方程修正为

$$\begin{gathered}\frac{\partial p}{\partial x}=\frac{\partial}{\partial z}\left(\eta\frac{\partial u}{\partial z}\right)\\ \frac{\partial p}{\partial y}=\frac{\partial}{\partial z}\left(\eta\frac{\partial v}{\partial z}\right)\\ \frac{\partial p}{\partial z}=0\end{gathered} \tag{11.11}$$

式中,p 为压力;z 为厚度;h 为 PIM 喂料的黏度。

结合式(11.10)、式(11.11)和 z 方向(厚度方向)的积分,可得

$$\frac{\partial}{\partial x}\left(S\frac{\partial p}{\partial x}\right)+\frac{\partial}{\partial y}\left(S\frac{\partial p}{\partial y}\right)=0 \tag{11.12}$$

其中

$$S=\int_{-b}^{b}\frac{z^2}{\eta}\mathrm{d}z \tag{11.13}$$

式(11.12)为填充阶段的流动控制方程,这与将温度 T 代入 p,热导率

k 代入 S 得到的稳态热传导方程的形式完全相同。在式(11.12)中,S 为流体导热系数或流动性。对该流动控制方程的简单解释是,PIM 熔融喂料从高压区流向低压区,流动速度取决于流动性 S。

能量方程:根据填充阶段的润滑和 Hele - Shaw 近似,对能量方程进行简化,即

$$\rho c_p\left(\frac{\partial T}{\partial t}+u\frac{\partial T}{\partial x}+v\frac{\partial T}{\partial y}\right)=k\frac{\partial^2 T}{\partial z^2}+\eta\dot{\gamma}^2 \tag{11.14}$$

式中,ρ 为熔融 PIM 喂料的密度;c_p 为熔融 PIM 喂料的比热容;$\dot{\gamma}$ 为广义剪切速率,$\dot{\gamma}=\sqrt{(\partial u/\partial z)^2+(\partial \nu/\partial z)^2}$;$k$ 为喂料的导热系数。

此外,需要建立一个本构关系来描述熔融 PIM 喂料在填充过程中对其流动环境的响应,这就需要一个黏度模型。对于含有高浓度颗粒的聚合物,有几种黏度模型可供选择。通常,它们包括温度、压力、固体载荷和剪切速率,本章稍后将介绍所选模型。黏度模型的选择取决于在加工条件范围内所需的仿真精度,如温度和剪切速率,以及获取材料参数所用的试验程序。

当有了基于连续介质守恒定律的微分方程系统和用于填充阶段分析的本构关系,就需要补充边界条件。填充阶段的典型边界条件如下:

(1)流动方程的边界条件。注射点的流量、熔体前缘的自由表面、腔壁无滑移条件。

(2)能量方程的边界条件。注射点的注射温度、熔体前自由表面、型腔壁温度条件。

注意,唯一需要的初始条件是注入节点的流量和注入温度,这是需要的边界条件之一。

2. 保压阶段

当充模接近完成时,开始保压阶段,这使得注塑机的柱塞控制策略发生了变化,从速度控制转变为压力控制。当腔体快要填充完成时,压力控制需确保在浇口封闭前完成型腔的完全填充和加压,保压压力的作用是在下一个冷却阶段补偿预期的收缩。喂料体积的收缩是由黏结剂的高热膨胀系数造成的,因此冷却时会产生可测量的收缩。浇口封闭前的保压压力过低,会导致零件收缩产生凹陷痕迹,而保压压力过高则会导致顶出困难。因此,在冷却前适当加压对零件质量至关重要。对于填充阶段的分析,必须考虑熔体可压缩性的影响。利用压力和温度对比体积的作用关系来考

虑熔体的可压缩性，得到喂料的 PVT 关系，即状态方程。有几种模型可以描述 PIM 喂料的 PVT 关系，如双域修正 Tait 模型和 IKV 模型，这些模型预测了黏结剂中使用的半结晶聚合物和黏结剂中使用的非晶聚合物的体积突变。

在适当的黏度和 PVT 模型下，基于连续介质法的保压阶段控制方程体系如下。

（1）质量守恒。可压缩 PIM 喂料的连续性方程为

$$\frac{\partial \rho}{\partial t}+\frac{\partial(\rho u)}{\partial x}+\frac{\partial(\rho v)}{\partial y}+\frac{\partial(\rho w)}{\partial z}=0 \tag{11.15}$$

假设在保压阶段可以忽略压力对流项，可得

$$\kappa \frac{\partial p}{\partial t}-\beta\left(\frac{\partial T}{\partial t}+u \frac{\partial T}{\partial x}+v \frac{\partial T}{\partial y}\right)+\left(\frac{\partial u}{\partial x}+\frac{\partial v}{\partial y}\right)=0 \tag{11.16}$$

式中，κ 为物质的等热压缩系数（$\partial\rho/\rho\partial p$）；$\beta$ 度量了物质的体积膨胀系数（$\partial\rho/\rho\partial T$）。

这些很容易从状态方程中计算出来。值得注意的是，无论材料是否可压缩，动量守恒都可以用式（11.12）来表示。

（2）能量方程推导。

$$\rho c_p\left(\frac{\partial T}{\partial t}+u \frac{\partial T}{\partial x}+v \frac{\partial T}{\partial y}\right)=\kappa \frac{\partial^2 T}{\partial z^2}+\eta \dot{\gamma}^2+\beta T \frac{\partial p}{\partial t} \tag{11.17}$$

也就是说，在实际应用中，保压过程中可压缩喂料的剪切速率与填充阶段的剪切速率相同。

保压阶段的典型初始条件和边界条件如下。

（1）初始条件。填充阶段分析结果中的压力、速度、温度、密度。

（2）质量和动量守恒方程的边界条件。规定的注入点压力、熔体前缘自由表面、空腔壁面无滑移情况。

（3）能量方程的边界条件。注射点的注射温度、熔体前缘的自由表面和型腔壁的温度条件，与冷却阶段分析相结合。

3. 冷却阶段

在注射成型过程的三个阶段中，冷却阶段对生产效率和成品质量有显著影响。冷却阶段在喂料熔体注入型腔后立即开始，但正式的冷却开始时间是指浇口封闭后，不再有喂料熔体进入腔体的时间，冷却阶段一直持续到零件弹出为止，此时的温度足够低，以承受顶出应力。在冷却阶段，喂料

的体积收缩被压力衰减所抵消,直到局部压力下降到大气压力。此后,材料随着进一步冷却而收缩,可能由于不均匀收缩或模具约束(可能在烧结之前无法检测到)而导致残余应力。在这一阶段,由于喂料熔体在冷却阶段的速度几乎为零,能量方程中的对流和耗散项可以忽略。因此,模具冷却分析的目的是只求解型腔表面的温度分布,以作为填充分析过程中喂料熔体的边界条件。当注射成型过程处于稳态时,由于热熔体与冷模具以及循环冷却剂的相互作用,在冷却过程中模具温度会随时间发生周期性波动。为了减少这一瞬态过程的计算时间,采用三维循环平均法进行热分析,确定循环平均温度场及其对 PIM 零件的影响。虽然假设模具温度随时间不变,但 PIM 喂料仍然存在瞬态,导致以下特征。

(1)模具冷却分析。在循环平均温度的概念下,注射模具冷却系统的传热控制方程为

$$\nabla^2 \overline{T} = 0 \tag{11.18}$$

式中,$\overline{T}$ 为模具循环平均温度。

(2)PIM 零件冷却分析。在不调用流场的情况下,将能量方程简化为

$$\rho c_p \frac{\partial \overline{T}}{\partial t} = k \frac{\partial^2 \overline{T}}{\partial z^2} \tag{11.19}$$

在冷却阶段的典型初始条件和边界条件如下。

(1)初始条件。根据保压阶段分析计算出的温度。

(2)模具边界条件。来自 PIM 喂料冷却分析的界面输入,与冷却剂相关联的对流换热,与空气相关的自然对流换热,以及来自模具压板的热阻条件。

(3)零件的边界条件。模具冷却分析的界面输入。

值得注意的是,模具和 PIM 喂料冷却的边界条件是相互耦合的,关于这一点的更多细节将在第 11.2.2 节中进行介绍。

11.2.2 数字仿真

就注射成型的数值分析而言,已有几种软件可用于传统的热塑性塑料注射成型,人们可以尝试将相同的数值分析技术应用到 PIM 中。然而,粉末-黏结剂喂料混合物的流变行为与热塑性塑料显著不同;因此,将应用于热塑性塑料成型分析的方法直接应用于 PIM 时需谨慎。商业软件包,包括 Moldflow、PIMsolver 可用于 PIM 仿真,这些商业软件包都是基于自己的

技术和历史背景进行开发的，有利有弊。此外，有几个研究小组编写了定制代码，但这些代码一般都不会公开发布。

1. 填充与保压分析

对于PIM填充和保压阶段的数字分析，必须求解整个填充和保压周期内的压力和能量方程。这是使用式(11.11)的FEM实现的，而在z方向(厚度)使用有限差分法(FDM)，在$x-y$平面上使用相同的有限元来求解式(11.12)。

FDM是求解微分方程的一种相对有效、简单的数字方法，该方法以有限差分网格的形式对物理域进行离散。偏微分方程的导数生成一组代数方程，这些微分方程用网格点上变量值的有限差分表示，得到的代数方程数组通常形成一个禁止矩阵，可用数字方法求解。一般情况下，通过减小网格间距来提高求解精度；然而，由于FDM难以应用于高度不规则的边界或典型的注射成型复杂领域，这种方法的使用必须限制在规则和简单的领域，或者作为FDM-FEM混合格式与有限元一起使用。

对于注射成型填充过程的数字分析，需要同时求解整个填充周期的压力方程和能量方程，直到注射模具型腔被充满。采用有限元方法求解方程(11.11)、方程(11.12)，而在厚度方向或z方向上使用有限差分法，在$x-y$平面上使用相同的有限元方法。

2. 冷却分析

边界元法(BEM)因具有可降维的优点而被广泛应用于PIM冷却过程的数字分析。边界元法离散的是物理域边界，而不是物理域的内部，使得体积积分变成面积积分，未知量的数量、计算量和网格数都大大减少。根据格林第二恒等式，将式(11.18)的标准边界元公式导出为

$$\alpha T(x) = \int_S \left[\frac{1}{r}\left(\frac{\partial T(\zeta)}{\partial n}\right) - T(\zeta)\left(\frac{1}{r}\right)\right] \mathrm{d}S(\zeta) \qquad (11.20)$$

式中，x、z为模具内的位置向量；$r=|z-x|$；α为边界面形成的立体角。

对于两个封闭曲面，式(11.18)导致线性代数方程的最终系统存在冗余，因此使用了一种修改后的程序。对于圆孔，基于线汇近似建立了一个特殊公式，这种方法避免了沿圆周的圆形通道离散化，并显著节省了计算机内存和计算时间。对于PIM组件的热分析，采用FDM和Crack-Nicholson算法进行时间推进。模具分析和PIM组件分析在边界条件下相互耦合，因此需要迭代，直到解析解收敛。

3. 填充、保压和冷却阶段的耦合分析

填充分析、保压分析和冷却分析是相互耦合的。在分析填充和保压阶段时,以空腔壁温度作为能量方程的边界条件,该腔壁温度是由冷却分析得到的。另外,在分析冷却阶段,将粉末－黏结剂混合料在填充和保压结束时在厚度方向上的温度分布作为粉末－黏结剂混合料传热的初始条件,这一初始温度分布是由填充和保压分析得到的。因此,为了得到准确的数字仿真结果,可以对填充、保压和冷却阶段进行耦合分析。

PIM 过程的典型计算机仿真过程由三个部分组成:输入数据、分析数据和输出数据,其中输入数据的质量是成功的关键。预处理器是一种用于为零件和模具设置几何模型和网格的软件工具,它包括喂料、模具和冷却剂的材料数据,以及填充、保压和冷却过程的加工条件。图 11.4 为 U 形零件的几何建模和网格生成示例,包括输送系统和冷却通道(A、B 和 C 处的压力测量)。

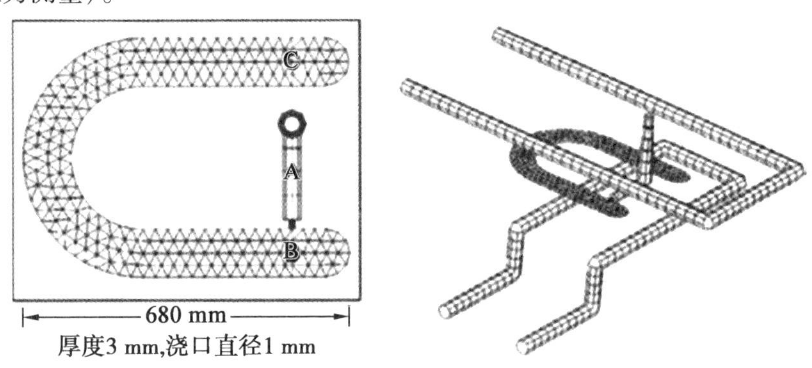

图 11.4　U 形零件的几何建模和网格生成示例

11.2.3　试验——材料性能和验证

1. 填充阶段的材料特性

在 PIM 过程中,填充阶段的仿真是否成功取决于对材料性能的测量,包括密度、黏度和热性能。其中,PIM 喂料的黏度及其随温度、剪切速率和固体体积分数的变化是需要特别关注的。下面的步骤是用来获得这些材料属性的一个例子。对于本例,假设在蜡基聚合物黏结剂中有球形不锈钢粉末。

①需要知道喂料的熔融密度、比热容和热导率,这些是用氦比重计、差示扫描量热计和激光闪光导热装置获得的。

②使用差示扫描量热法测量喂料的转变温度。

③测量喂料黏度与关键参数的关系。用毛细管流变仪测定喂料的流变行为。通过使用高长径比毛细管可以避免压力损失校正,即巴格利校正。提取 Rabinowitch 修正值,从非牛顿流体的表观剪切速率中获得真实的剪切速率,即喂料的特征。黏度随温度的变化是通过测试喂料在不同温度以上的转变温度得到的。然后,使用基于式(11.2)、式(11.3)的标准负载聚合物概念对喂料黏度数据进行建模。

2. 保压阶段的材料特性

为了对保压阶段进行仿真,假设 PIM 喂料为可压缩黏性熔体且在非等温条件下发生 Hele - Shaw 流动。为此,采用双域修正的 Tait 模型来描述喂料的相行为。膨胀仪用于测量零件尺寸随温度和其他变量的变化,并通过曲线拟合得到结果。

图 11.5 为基于双域修正 Tait 模型的喂料 PVT 数据,是不锈钢喂料的保压阶段仿真。对于固 - 液相而言,

$$v(p,T) = v_0(T)[1-0.0894\ln(1+p/B(T))] + v_t(p,T) \quad (11.21)$$

$$v_0(T) = b_1 + b_2\bar{T}$$

$$B(T) = b_3\exp(-b_4\bar{T})$$

$$\bar{T} = T - b_5$$

$$v_t(p,T) = b_7\exp(b_8\bar{T} - b_9 p)$$

转化温度 T_g 的计算方法为 $T_g(p) = b_5 + b_6 p$。

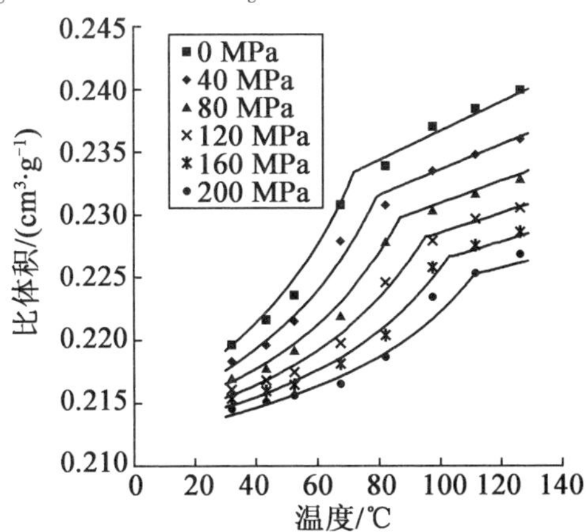

图 11.5　基于双域修正 Tait 模型的喂料 PVT 数据

3. 冷却阶段的材料特性

对于冷却阶段的仿真,需要对模具材料和冷却液的材料性能进行测量。

验证在基于仿真优化设计之前,验证仿真是一个关键步骤,这种验证通常包括软件开发中使用模型的验证。为了通过试验验证仿真工具的有效性,选择了如图11.4所示的U形测试模具,该U形测试模具采用之前报道的不锈钢PIM喂料和H13模具,采用3个压力传感器对仿真结果与试验数据进行比较。空腔厚度为3 mm,浇口直径为1 mm,冷却剂入口温度为20 ℃,入口流量为50 cm^3/s,冷却时间为10 s。

图11.6所示为使用PIMsolver得到的部分仿真结果。图11.7(a)所示为填充阶段,表明模具型腔是如何随时间填充的,填充时间为1.28 s。图11.7显示了从冷却分析结果中得到的型腔上下表面的平均模具温度分布,用*K*表示;U形槽底部的最高平均温度为51 ℃,流道进口处的最低平均温度为34 ℃。由结果中可以看出模壁温度不均匀(图11.7(b)),最大值与最小值相差18 ℃,这种变化大到足以导致在保压阶段凝固层出现显著差异;因此,在不考虑冷却效果的情况下,人们会认为在保压阶段的压力预测有很大的误差。

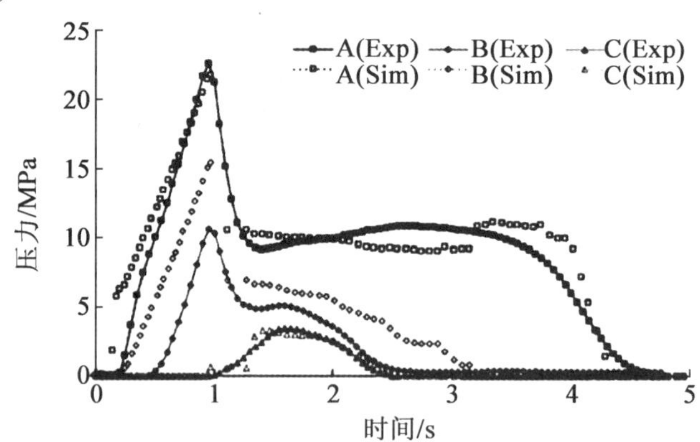

图11.6 使用PIMsolver得到的部分仿真结果

为了验证结果利用图11.4所示的3个位置,将仿真和试验的压力轨迹进行比较,如图11.6所示。图11.6为试验和仿真得到的压力-时间曲线图,仿真结果是在空腔壁温度为30 ℃的条件下进行填充和填料分析得到的。图11.6所示的模壁温度分布与冷却界面的分析结果解释了这种偏差。如果从冷却分析(耦合分析)中考虑腔壁温度分布,则该温度与试验

结果最吻合。

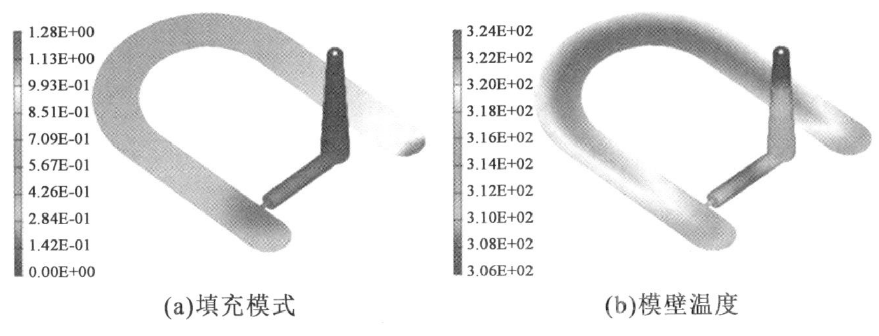

(a)填充模式　　(b)模壁温度

图11.7　图11.4中几何输入的仿真结果

11.2.4　应用

本节给出了一些2.5维示例的模拟结果,以说明CAE分析的有效性和PIM流程的优化能力。演示如何使用模拟工具中的这些基本信息来预测与注射相关的缺陷,并介绍使用CAE工具开发最佳注射工艺的系统方法。

1. 基本功能——短射、飞边、熔接痕、气孔等

本节将演示如何使用仿真结果来预测典型的成型缺陷。成型缺陷种类很多,主要有基本缺陷、尺寸缺陷和其他缺陷,其中基本缺陷的产生可追溯到成型参数。

对于基本缺陷,仿真使用压力场分析来预测短射和飞边,使用填充模式来识别滞留空气和熔接线位置。短射发生在注射件尚未完全填充时没有足够的材料注入模具,在模具分离的位置出现过多的材料,特别是分型面、可移动型芯、排气口或排气顶针处出现飞边缺陷时,产生飞边的原因是夹紧力低、模具内有间隙、成型条件和排气不当。

熔接痕和由此产生的印记或接合线是另一个缺陷,也是模塑件的潜在缺陷。熔接痕是由两个或多个进料流结合在一起形成的,例如流经孔、镶件,以及含有多个浇口或零件变厚的位置时产生。因此,熔接痕会降低生坯零件的强度,并留下表面外观缺陷,应该尽可能避免,可用计算机分析的结果来预测熔接痕的位置。气穴或气孔是一种空气被滞留在模具腔内的缺陷,气泡缺陷的位置通常是在最后填充的区域。从填充分析中可以预测到气泡的存在,可以通过降低注射速度、增大或适当布置通风口来避免气泡的产生。其他缺陷,例如烧痕、流痕、熔合线、喷射、表面波纹、沉痕等,也可以在设计过程阶段使用计算机仿真工具进行模拟。在生产中特别重要的是控制影响零件尺寸均匀性的因素,这些都是通过检查注射成型的三个主要阶段来分析的。图11.8所示为用PIM工艺CAE工具预测的一些成型缺陷。

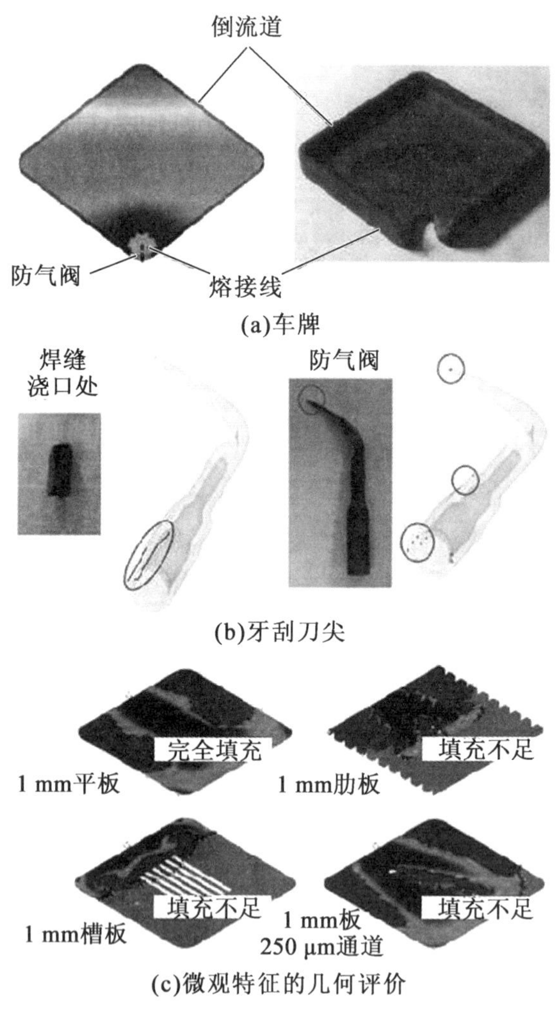

图11.8　用PIM工艺CAE工具预测的一些成型缺陷

2. 填充时间优化

填充时间是一个重要的变量，通过优化填充时间可以降低所需的注入压力。在CAE填充分析中，通过改变填充时间可计算出所需填充压力。在绘制所需填充压力与不同填充时间的关系图时，确定了最低填充压力下的最佳填充时间范围。这条曲线呈U形，一方面填充时间短，熔体速度快，需要较高的注射压力来填充模具；另一方面，注入的喂料随着填充时间的延长而冷却得更久，这导致了熔体黏度的增大，因此需要更高的注射压力来填充模具。注射压力与填充时间曲线的形状很大程度上取决于所使用的材料、型腔的几何形状和模具结构。如果所需的注射压力超过机器的最大负载，必须修改工艺条件或流道系统。PIM工艺CAE工具填充时间优化如图11.9所示。

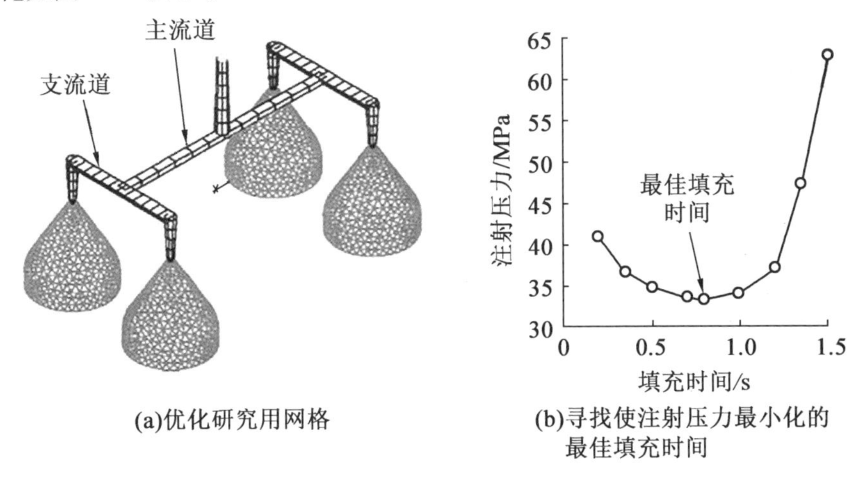

(a)优化研究用网格　　(b)寻找使注射压力最小化的最佳填充时间

图11.9　PIM工艺CAE工具填充时间优化

11.3　热脱脂过程的建模与仿真

由于PIM是一种黏结剂辅助成型技术，因此在不损害产品完整性的情况下去除黏结剂是关键。除去黏结剂的过程称为脱脂，多组分黏结剂可以克服产品变形问题，这是因为低分子质量黏结剂被脱除后注射坯内存在的高分子质量黏结剂仍可以起到保持颗粒位置的作用。通常在溶剂脱脂过程中低分子质量的黏结剂组分被溶解到溶剂中;在气氛热脱脂过程中,高分子质量黏结剂组分被分解脱除。以前,脱脂过程是基于"试错试验",直到获得合适的脱脂时间和脱脂温度。在使用多组分黏结剂系统中,保持注射坯形状的同时实现经济有效的脱脂过程是相当困难的。为了解决这个问题,使用热重分析(TGA)和差热分析(DTA)来确定黏结剂组分随温度和时间变化的质量百分比,该曲线可以显示出注射件在某一温度点发生快速下降,以避免零件产生脱脂缺陷,这加快了脱脂过程,降低了总成本,但仍需要大量的TGA和DTA试验来优化多组分黏结剂体系中各黏结剂组分的比例。为了最小化TGA试验次数提出了一种主分解曲线(MDC)。

11.3.1 理论背景和控制方程

1. 单个反应步骤的MDC

聚合物黏结剂的解聚反应可以用一级反应动力学来描述。聚合物的剩余质量分数 α 表示为

$$\frac{\mathrm{d}\alpha}{\mathrm{d}t} = -K\alpha \tag{11.22}$$

式中,t 为时间;K 为热降解的速率常数,遵循 Arrhenius 方程,即

$$K = k_0 \exp\left(-\frac{Q}{RT}\right) \tag{11.23}$$

式中,k_0 为比速率常数;Q 为热降解的表观活化能;R 为气体常数;T 为绝对温度。

结合式(11.22)、式(11.23),积分得

$$-\int_1^{\alpha} \frac{\mathrm{d}\alpha}{\alpha} = -\ln\alpha = \int_0^t k_0 \exp\left(-\frac{Q}{RT}\right)\mathrm{d}t = k_0\Theta \tag{11.24}$$

式中,Q 为分解功,定义为

$$\Theta(t,T;Q) \equiv \int_0^t \exp\left(-\frac{Q}{RT}\right)\mathrm{d}t \tag{11.25}$$

聚合物的剩余质量分数 α 与式(11.24)分解功 Q 相关,如下所示:

$$\alpha(\Theta;k_0) = \exp(-k_0\Theta) \tag{11.26}$$

前面提到的方程定义了MDC,其中可以使用分解功 Q 的概念将给定聚合物的分解曲线与任何分解过程合并。

2. 表观活化能的计算

为了计算分解功,需要确定方程式(11.25)中的表观活化能 Q;基辛格

方法利用不同加热速率下最大失重率出现的温度 T_{max} 来确定聚合物分解的活化能,即

$$\frac{d}{dt}\left(-\frac{d\alpha}{dt}\right)=0 \text{ 和 } T=T_{max} \tag{11.27}$$

在恒定升温速率 r 的条件下,即 $dT/dt=r$,式(11.27)可表示为

$$\frac{rQ}{RT_{max}^2}=k_0\exp(-Q/RT_{max}),\quad \text{当 } T=T_{max} \tag{11.28}$$

在 $T=T_{max}$ 时或者

$$\ln\left(\frac{r}{T_{max}^2}\right)=Q\left(-\frac{1}{RT_{max}}\right)-\ln\left(\frac{Q}{K_0R}\right) \tag{11.29}$$

由式(11.29),可以从几个恒定升温速率的 TGA 试验中,作 $\ln[r/(T_{max})^2]$ 和 $-1/RT_{max}$ 之间的曲线图,图上的斜率表示反应的表观活化能 Q。

3. 多反应步骤的 MDC

通常情况下,聚合物降解的 TGA 曲线遵循单一的 S 形结构,但由于不同聚合物组分的分子质量、键基团和降解路径不同,多组分黏结剂体系可能具有两个或更多的 S 形结构。每个 S 形曲线代表一个速率控制步骤,其活化能与其他控制步骤的活化能不同。为 PIM 量身定制的粉末黏结系统通常由几个黏结剂组分组成,这些组分根据分子质量主要可分为两类:低分子质量的成分,如溶剂和增塑剂,可蒸发或在相对低的温度下分解;高分子质量聚合物,具有较高的热稳定性,在相对较高的温度下分解。因此,TGA 曲线通常有两个以上的 S 形曲线;TGA 曲线的一个 S 形曲线可以是几个具有相似活化能的 S 形曲线的叠加,含有两个 S 形曲线可能意味着黏结剂体系中具有两个活化能相差较大的组分。在 Arrhenius 型方程中,每个 S 形曲线可以用三个动力学参数来描述,这三个参数是反应级数、活化能和频率因子。部分固体粉末对黏结剂热解速率有催化作用,但加入粉末后,热解曲线的形状与未加入粉末时相似;因此,仍然可以应用聚合物热解的数学形式。本研究中使用的黏结剂体系中的两种聚合物在热脱脂过程中被分解,其公式为

$$\alpha=\omega\alpha_1+(1-\omega)\alpha_2 \tag{11.30}$$

式中,α 为两个聚合物初始质量比;α_1 为低分子质量聚合物与初始质量的质量比;α_2 为高分子质量聚合物与初始质量的质量比;ω 为低分子质量聚

合物的初始质量与两种聚合物的初始质量之比。

对聚合物热重分析曲线的数学形式进行修正,以描述含有粉末的有机聚合物喂料体系热解的热重分析曲线,在目前的分析中,假定动力学完全由温度控制。

$$-\frac{1}{k_0\beta}\mathrm{d}\alpha=\exp\left[-\frac{Q}{R}\left(\frac{1}{T}-\frac{1}{T_t}\right)\right]\mathrm{d}t$$

若 $T\geqslant T_t$(或 $\alpha\geqslant\omega$),则

$$\alpha=\omega\alpha_1+(1-\omega),\quad \beta=\frac{\alpha+\omega-1}{\omega},\quad k_0=k_{01},\quad Q=Q_1$$

若 $T<T_t$(或 $\alpha<\omega$),则

$$\alpha=(1-\omega)\alpha_2,\quad \beta=\frac{\alpha}{1-\omega},\quad k_0=k_{02},\quad Q=Q_2 \tag{11.31}$$

式中,T_t 为第一个和第二个S形曲线之间的转变温度;α、Q 和 k_0 的下标1和2分别表示低温和高温降解;具有两个以上S形曲线的分解动力学曲线可以用类似的方式表示。采用 Kissinger 方法来估计活化能,如11.3.1节所述。

式(11.31)的左侧仅是质量比 α 和除 Q 之外的材料属性的函数,然后变为

$$\Phi(\alpha,k_0)\equiv\int_1^{\alpha}-\frac{1}{k_0\beta}\mathrm{d}\alpha \tag{11.32}$$

式(11.31)的右侧表示为

$$\Theta(t,T;Q,T_t)\equiv\int_0^{t}\exp\left[-\frac{Q}{R}\left(\frac{1}{T}-\frac{1}{T_t}\right)\right]\mathrm{d}t \tag{11.33}$$

这只取决于 Q、T_t 和时间-温度曲线。需要注意的是,$F(a)$ 是一个量化黏结剂系统成分对分解动力学影响的特征。α 和 $F(\alpha)$ 之间的关系被定义为 MDC,MDC 对于给定的粉末和黏结剂系统是唯一的,并且与分解路径无关,前提是前面描述的假设。

11.3.2 应用

1. 活化能的计算

表11.1为黏结剂系统中使用的黏结剂组分的特性,并对每种黏结剂成分进行了表征。TGA 是一种描述质量变化的方法,在这种方法中,样品的质量是作为温度的函数来测量的,同时样品受到受控温度程序的影响。采用 Kissinger 法对三种不同加热速率下的黏结剂组分进行热重分析,计算

其活化能,然后采用活化能来计算 MDC 曲线。

表 11.1　黏结剂系统中使用的黏结剂组分的特性

黏结剂	石蜡	聚丙烯	聚乙烯	硬脂酸
密度/$(g \cdot cm^{-3})$	0.90	0.90	0.92	0.94
熔点/℃	42~62(峰值58)	110~150(峰值144)	60~130(峰值122)	74~83(峰值78)
分解温度/℃	180~320	470~650	420~480	263~306
活化能 Q /$(kJ \cdot mol^{-1})$	77	241	299	100
比速率常数 k_0	3.330×10^4	2.19×10^{15}	8.12×10^{18}	2.25×10^7

图 11.8(a)所示为聚丙烯在三种不同加热速率下的 TGA 曲线。很明显,聚丙烯的分解范围是 350~490 ℃。图 11.8(b)所示为聚丙烯质量损失最大时的峰值温度,将其带入式(11.29)绘制 $\ln[r/T_{max}]$ 和 $-1/RT_{max}$ 之间的图像,如图 11.8(c)所示,该图的斜率为聚丙烯的表观活化能。

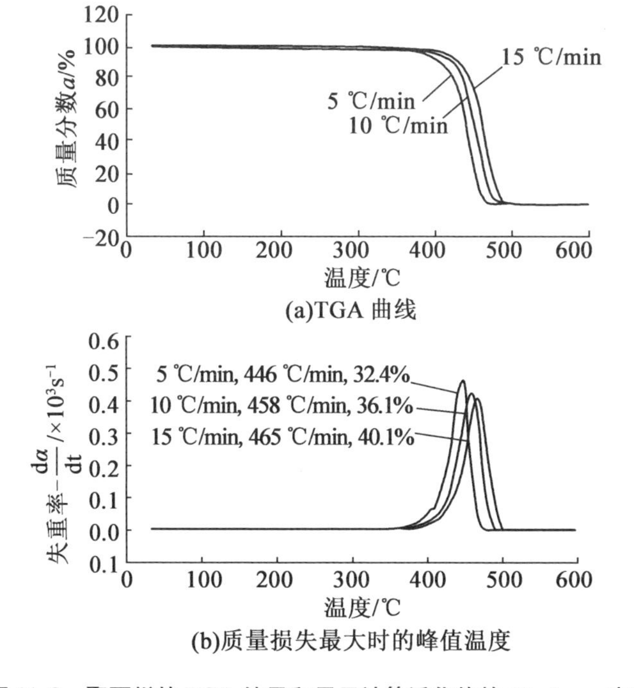

图 11.8　聚丙烯的 TGA 结果和用于计算活化能的 Kissinger 方法

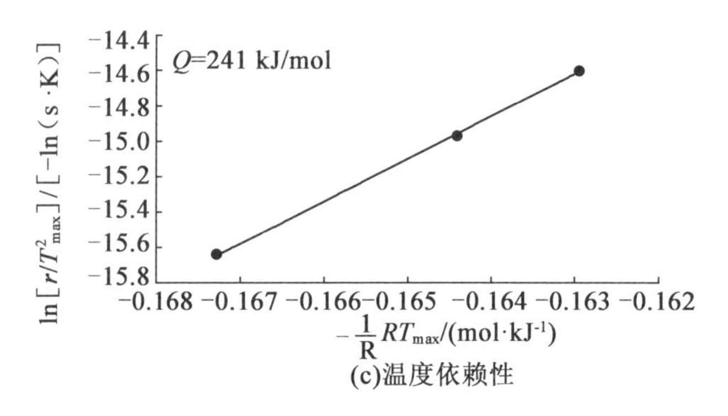

(c)温度依赖性

续图 11.8

2. 用于单反应分解的 MDC

使用式(11.31)~(11.33)绘制聚丙烯的 MDC(图 11.9)。聚丙烯在所有升温速率下都表现出相似的分解行为。类似地,其他黏结剂组分(石蜡、聚乙烯和硬脂酸)的 MDC 也是根据 Kissinger 方法计算其活化能,然后由各自的 TGA 曲线进行绘制的(此处不再赘述)。黏结剂系统的整体 MDC 曲线由其各组成部分的单个 MDC 曲线耦合绘制而成。黏结剂组分各组元的分解行为在理解 MDC 曲线中很重要,但在 PIM 中更感兴趣的是整个黏结剂系统的分解行为。黏结剂系统整体分解行为的综合如图11.10所示,从图中可以看出,模型与试验结果吻合较好。此外,基于构建的 MSCs 结构,可以在任何时间 - 温度组合下预测和监测每个黏结剂系统的剩余质量。

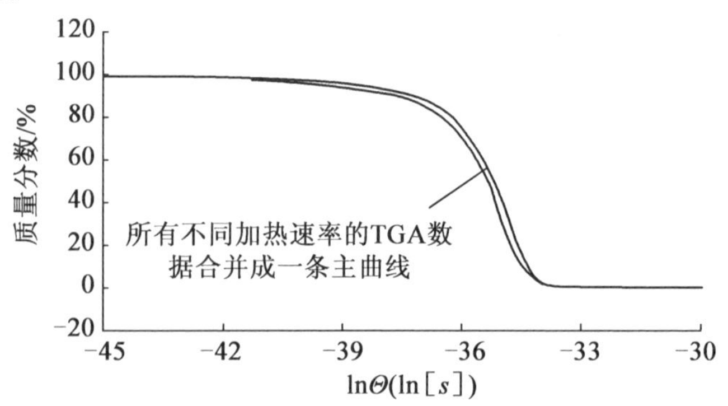

图 11.9 聚丙烯的 MDC(显示所有的 TGA)

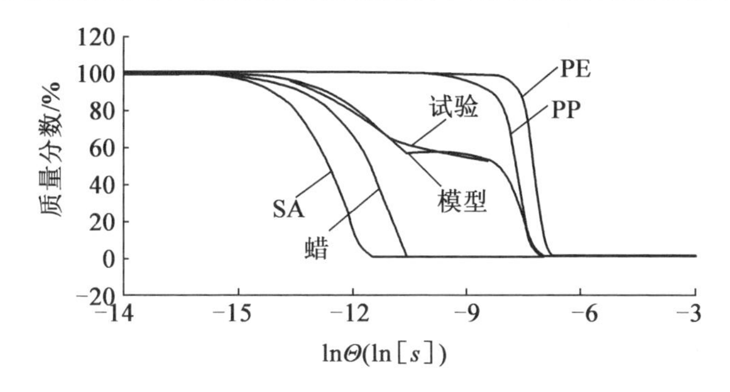

图 11.10 黏结剂体系整体分解行为的综合

3. 用于多反应分解的 MDC

热脱脂过程中喂料的分解行为对注射件的脱脂周期至关重要,因此喂料 MDC 曲线在降低成本和优化工艺参数方面都是很有效的。为了获得合适的脱脂工艺参数,研究中使用了铌喂料(固体体积分数为 57%)。图11.11所示为铌喂料的多反应步骤 MDC 曲线,在第一步中,较低分子质量的黏结剂组分(蜡和硬脂酸)发生分解,随后较高分子质量的黏结剂组分(聚丙烯和聚乙烯)发生分解。从图中还可以观察到,黏结剂的分解与加热速率相关,即升温速率越高,黏结剂的残留量也越多。

4. 金属粉末的影响

金属粉末对分解行为的催化作用如图 11.12 所示,从图中纯黏结剂(D-黏结剂)、铌喂料(D-Nb)和 316L 不锈钢喂料(D-316L)溶剂脱脂样品的 MDC 曲线可以观察到,对于特定的黏结剂质量分数,喂料D-Nb和D-316L 中黏结剂的分解温度更低,这似乎是合理的,因为粉末的存在将促进脱脂过程,并且需要更高的分解功(更低的温度),这是由于金属粉末的热导率更高,导致催化效应或加快了热传递。铌为 54 W/(m·K),316L为 12 W/(m·K),而典型聚合物的热导率为 0.1 W/(m·K)。D-Nb 是具有不规则形状的铌颗粒的铌喂料,而 D-316L 是具有球形粉末颗粒的316L 喂料,两种喂料具有相同的固体粉末装载量(体积分数为 57%);与不规则形状的粉末相比,球形粉末颗粒具有较小的表面积。从 MDC 曲线(图 11.12)还可以明显看出,D-Nb(不规则形状)喂料的脱脂所需的分解功低于 D-316L(球形)。最后得出的结论是,催化、导热和颗粒形状效应与金属粉末黏结剂体系的分解行为相关。

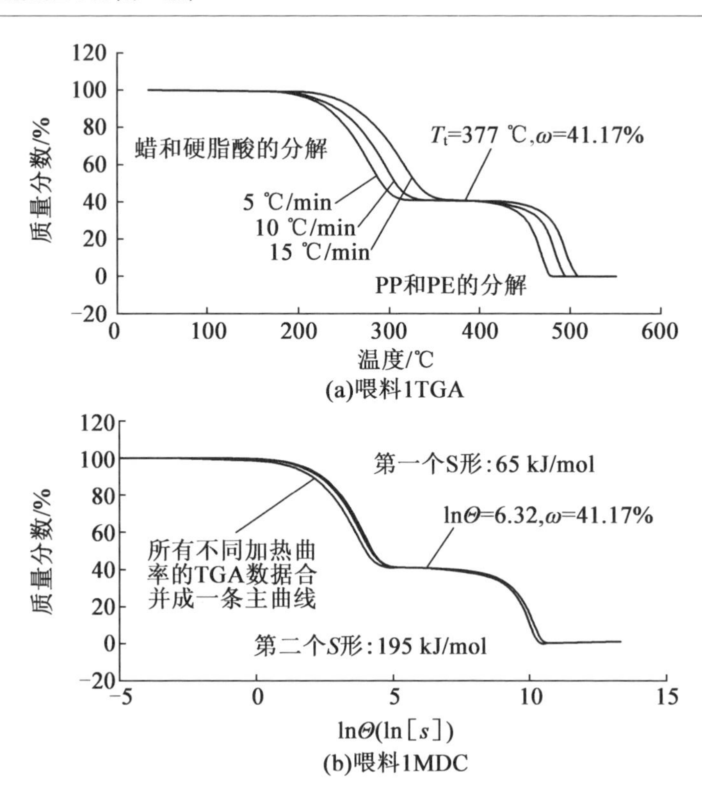

图 11.11 铌喂料的多反应步骤 MDC 曲线

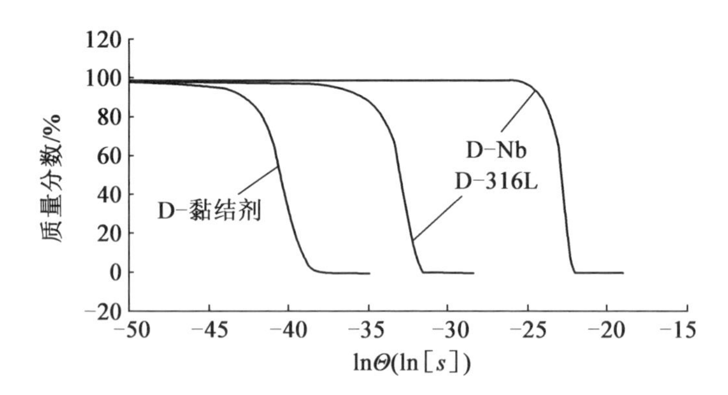

图 11.12 金属粉末对分解行为的催化作用

5. 质量分数 − 温度 − 时间图

图 11.13 所示为 316L 喂料在氢气中脱脂时黏结剂分解的质量分数 − 温度 − 时间图。基于此图,可以预测目标黏结剂在给定温度下发生一定质

量损失所需的脱脂时间,这将有助于减少确定最佳脱脂周期所需的试验次数。

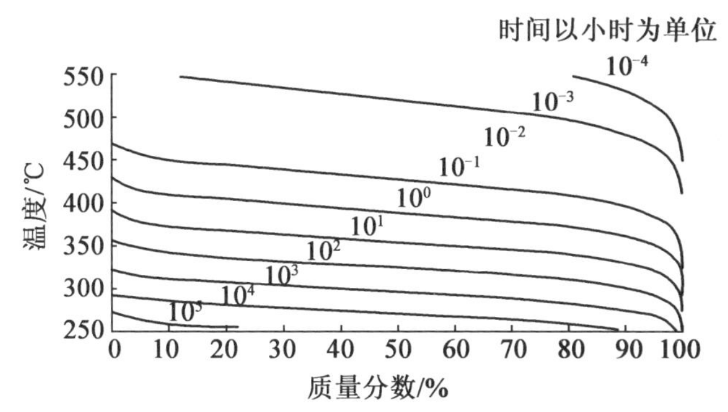

图 11.13　316L 喂料在氢气中脱脂时黏结剂分解的质量分数 – 温度 – 时间图

11.4　烧结过程建模与仿真

对金属粉末烧结过程进行有效的计算机仿真是粉末冶金行业的首要任务。由于注射的生坯是不均匀的,因此需要逆向解决方案来选择粉末、混炼、注射、脱脂和烧结所需的参数,以提供不同的模具设计、机器和工艺条件下的目标属性。为实现这一目标,评估了各种仿真类型,如 Monte Carlo、有限差分、离散元、有限元、流体力学、连续介质力学、神经网络和自适应学习模型。遗憾的是,输入数据和一些基本关系还不够完善,在相关条件下,大多数材料都缺少准确的数据表征。

11.4.1　理论背景和控制方程

用于模拟烧结过程的方法包括连续体方法、微机械方法、多粒子方法和分子动力学方法。在这些方法中,连续体模型具有计算时间最短的优点,能够预测相关属性,例如组件密度、晶粒尺寸和形状。

1. 烧结过程中的本构关系

连续介质模型是仿真烧结过程中晶粒生长、致密化和变形最相关的方法,Ashby、Riedel、Kwon 等人基于烧结机制,如表面扩散、晶界扩散、体积扩散、黏性流动(对于非晶态材料)、塑性流动(对于结晶材料)、蒸发冷凝和重排,对模型做出了关键性的贡献。对于工业应用,现象学模型用于模拟具有以下关键物理参数的烧结过程。

烧结应力是由于孔隙和晶界的界面能产生的一种烧结驱动力。烧结应力主要取决于材料的表面能、密度和晶粒尺寸等几何参数。

有效体黏度是烧结过程中致密化的阻力,是材料、孔隙率、晶粒尺寸和温度的函数。根据假定的主导烧结机理,有效体黏度模型有多种形式。

有效剪切黏度是在烧结过程中对变形的一种抵抗力,也是材料、孔隙率、晶粒尺寸和温度的函数。有效体黏度有多种流变模型。

前面提到的参数是晶粒尺寸的函数;因此,为了准确预测烧结过程中的致密化和变形,需要建立晶粒生长模型。

典型的烧结过程仿真初始条件和边界条件包括:

(1)初始条件。通过压实模拟得到的生坯晶粒平均粒度以及致密化的初始生坯密度分布。

(2)边界条件。施加在自由表面上的表面能情况和构件根据其尺寸、形状以及与支撑基板的接触而产生的摩擦条件。

初始条件和边界条件有助于确定烧结过程中重力、不均匀加热和生坯密度梯度引起的形状变形。

2. 数学仿真

虽然已经开发了许多数学仿真方法,但有限元方法是模拟注射和烧结过程最常用的方法。有限元方法是一种数值计算方法,通过对每个单元应用近似函数(区域近似)来求解微分方程组。这种方法对于粉末冶金中遇到的典型复杂几何形状是非常有效的,这是最早应用于材料建模的技术之一,并且在今天的整个工业中都被广泛使用。许多功能强大的商业软件包可用于计算二维和三维热力学过程,例如烧结工艺中的热力学过程。为了提高烧结仿真的准确性和收敛速度,仿真工具的开发人员选择了显式和隐式算法进行时间推进,以及针对表面分离等问题的数值接触算法,针对大变形(例如某些材料在烧结过程中尺寸收缩率达到25%)所需的重新网格划分算法。

11.4.2 材料性能的试验测定及仿真验证

在为烧结仿真开发本构模型时,需要进行各种各样的试验,包括晶粒生长、致密化(或膨胀)和变形的数据,这些问题的处理方法如下。

1. 晶粒生长

从加热循环的各个点进行淬火测试,并分析安装的横截面以获得晶粒尺寸数据,完成晶粒生长模型的建立。使用立式淬火炉将注射坯烧结到不同的温度,然后在水中淬火。这给出了密度、化学溶解和晶粒尺寸作为温度和时间的瞬时函数。在采用光学或扫描电子显微镜(SEM)观察注射坯之前,对淬火的样品进行切片、镶嵌和抛光处理。如今,自动定量图像分析计算可以快速确定密度、晶粒尺寸和相含量与注射坯位置的关系。通常在烧结过程中,平均晶粒尺寸 G 不同于起始平均晶粒尺寸 G_0(在生坯上确定)。由于实际烧结过程是烧结温度和保温时间的复杂组合,因此应用新的烧结曲线概念将试验晶粒尺寸数据拟合到烧结的整体过程中。图11.14为液相烧结混合粉末压块淬火试验后的SEM显微照片和晶粒生长建模结果。

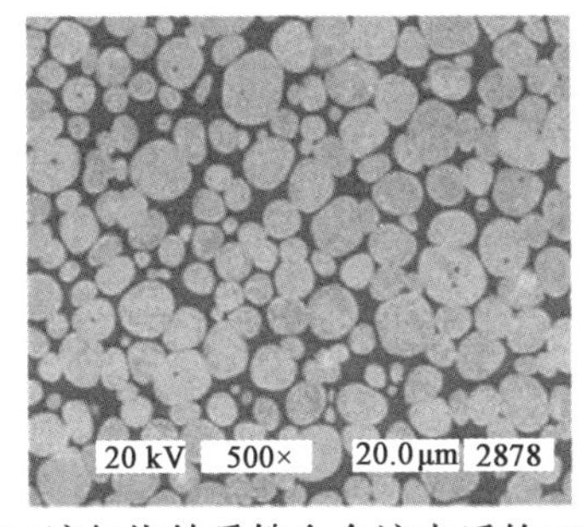

(a)液相烧结重钨合金淬火后的SEM

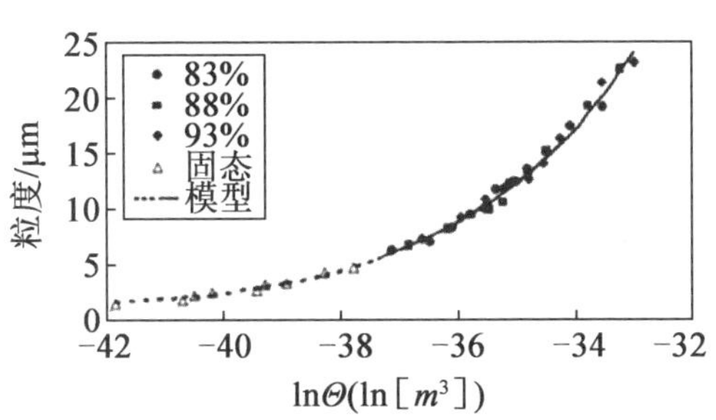

(b)烧结工作获得的晶体生长建模结果

图11.14　液相烧结混合粉末压块淬火试验后的SEM显微照片和晶粒生长建模结果

2. 致密化

为获得致密化所需的材料参数,使用恒定加热速率膨胀仪进行收缩、收缩率和温度的现场测量。通过将试验数据拟合到包括烧结应力 σ、黏度 K 作为密度和粒度的函数的模型中,再次利用烧结曲线的概念,提取了为数不多的未知材料参数。图11.15所示为用于获得316L不锈钢烧结参数的膨胀仪测量数据和模型曲线拟合结果。

3. 形变

粉末冶金零件在烧结过程中的强度非常低,重力、基材摩擦和不均匀加热等会导致变形甚至开裂。为了获得与变形相关的材料参数,三点弯曲或烧结锻造试验用于变形的原位测量。通过将试验数据与具有晶粒生长的剪切黏度 M 的FEM仿真拟合,提取了表观活化能和参考剪切黏度等参数。图 11.16 所示为在 316L 不锈钢粉末中掺入 0.2% 硼改善烧结的原位弯曲试验和 FEM 结果。

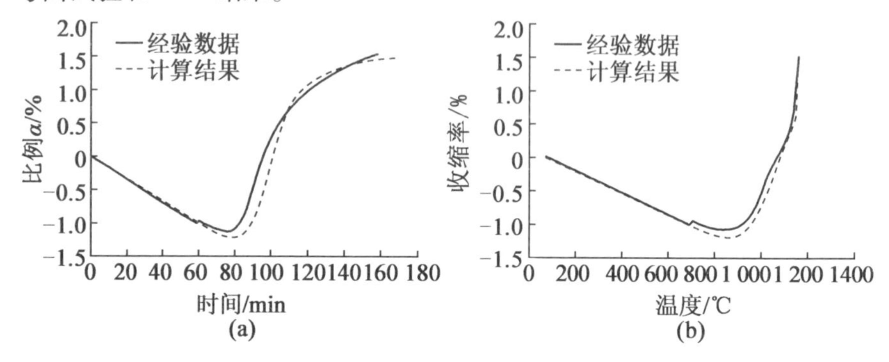

图 11.15 用于获得 316L 不锈钢烧结参数的膨胀仪测量数据和模型曲线拟合结果

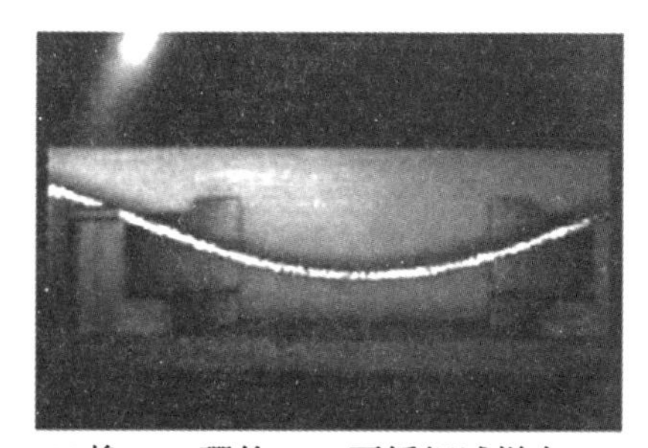

(a)掺0.2%硼的316L不锈钢试样在原位弯曲试验中拍摄的图像

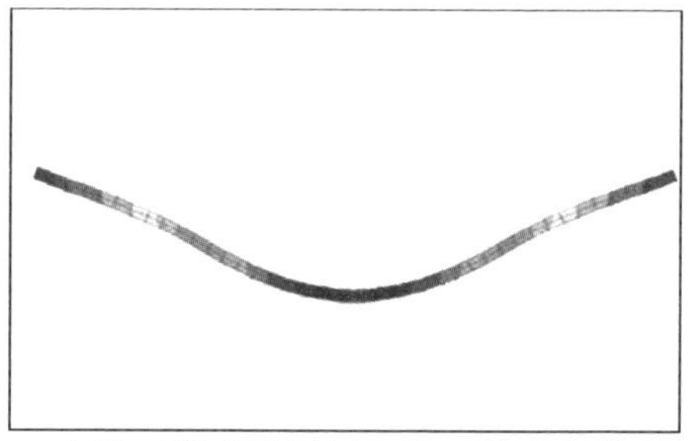

(b)有限元模型结果用于验证剪切黏度特性作为加热过程中时间、温度、晶粒尺寸和密度的函数

图11.16 在 316L 不锈钢粉末中掺入 0.2%硼改善烧结的原位弯曲试验和 FEM 结果

11.4.3 应用

1. 烧结过程中的重力形变

烧结系统的流变数据允许系统对驱动致密化的内部烧结应力和驱动变形的任何外部应力(如重力)做出响应。图 11.17 为一种重钨合金在不同重力环境下烧结的最终变形形状,根据在地球上和微重力条件下获得的测试数据,然后预测各种重力条件下(地球、月球、火星和太空)的预期形状,结果表明,重力会影响烧结过程中的变形。相应地,计算机模拟可用于对坯件几何形状进行逆向工程以预测变形,从而实现所需的烧结件设计。烧结 W-8.4% Ni-3.6% Fe 的材料性能见表 11.2。

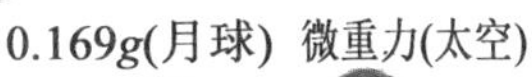
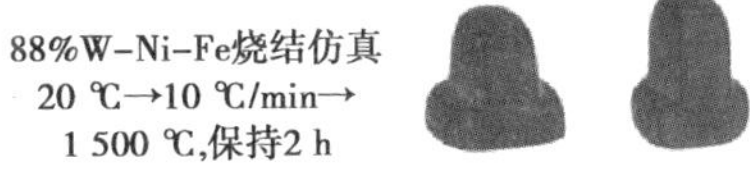

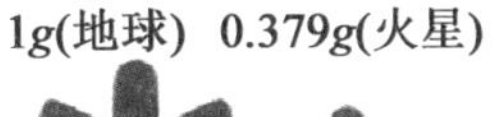

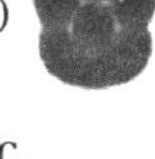

(a)T形　　(b)接合部位

图 11.17　一种重钨合金在不同重力环境下烧结的最终变形形状

表 11.2　烧结 W－8.4%Ni－3.6%Fe 的材料性能

烧结应力	$\sigma_S=\frac{6\gamma}{G}\frac{\rho 2(2\rho-\rho)}{\theta_0}$，当 $\rho<0.85$ $\sigma_S=\frac{2\gamma}{G}\left(\frac{6\rho}{\theta}\right)^{1/3}$，当 $\rho_W>0.95$ $\sigma_S=\frac{(\rho_2-\rho)}{(\rho_2-\rho_1)}\sigma_{si}+\frac{(\rho-\rho_1)}{(\rho_2-\rho_1)}\sigma_{sf}$，当 $0.85\leqslant\rho_w\leqslant0.95$			
状态			固态	液态
晶粒生长	$\frac{dG}{dt}=\frac{k_0\exp(-Q_G/RT)}{G^l}$	$k_0(m^{n+1}/s)$	2.8×10^{-13}	1.1×10^{-15}
		$Q_G/(kJ\cdot mol^{-1})$	241	105
		l	2.0	2.0
体积黏度	$K_i=\frac{\rho(\rho-\rho_0)^2}{8\theta_0^2}\frac{TG^3}{\alpha_i\exp(-Q_D/RT)}$ 当 $\rho\leqslant0.92$ 且 $\alpha_f=\frac{\theta_0^2}{\sqrt{0.08(0.92-\rho_0)^2}}\alpha_i$	$Q_D/(kJ\cdot mol^{-1})$	250	250
		$\alpha_i/(m^6K\cdot s^{-1})$	1.3×10^{-17}	5.0×10^{-17}
剪切黏度	$\mu_i=\frac{\rho^2(\rho-\rho_0)}{8\theta_0}\frac{TG^3}{\beta_i\exp(-Q_D/RT)}$ 当 $\rho\leqslant0.92$ $K_f=\frac{\rho}{8}\frac{TG^3}{\beta_f\exp(-Q_D/RT)}$ 当 $\rho>0.92$ 且 $\beta_f=\frac{\theta_0}{0.92(0.92-\rho_0)}\beta_i$	$\beta_i/(m^6K\cdot s^{-1})$	1.3×10^{-17}	1.3×10^{-12}

2. 烧结优化

对于给定的烧结密度,通常需要较小的晶粒尺寸来改善烧结性能。为了获得最大密度和最小晶粒尺寸,提出了以下目标函数 F:

$$F = \alpha \frac{\Delta \rho}{\rho} + (1 - \alpha) \frac{\Delta G}{G} \tag{11.34}$$

式中,α 为可调参数。

图 11.18 所示为 17-4PH 不锈钢粉末的最大密度和最小晶粒尺寸。例如,当规定的烧结密度或理论密度为 95% 时,最小晶粒尺寸为 21.9 μm。图 11.18(b)为匹配可调参数 α 的值所对应的烧结周期。

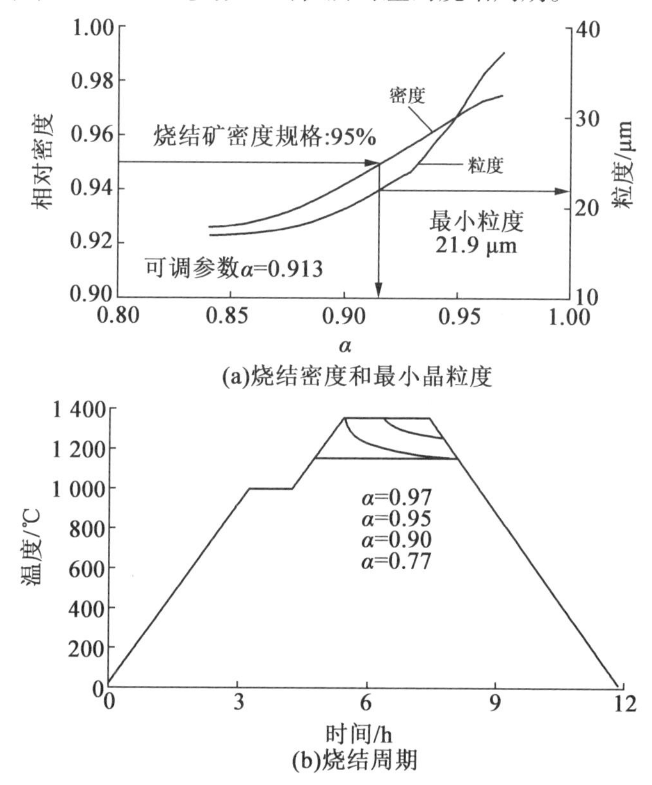

图 11.18　在 17-4PH 不锈钢中,给定最终烧结密度的最小晶粒尺寸和实现这一目标的相应烧结周期

11.5 小　结

PIM 的计算机仿真已经取得了相当大的进步,并与标准的有限元技术相结合,显示出强大的指导工艺设置的能力,本章介绍了执行流程优化所需的 PIM 概念,尽管这些概念只是实际的近似值,但它们在帮助人们理解 PIM 工艺各过程方面仍具有重大的价值。最大的问题是,传统粉末冶金很大程度上依赖于自适应工艺控制,因为许多导致尺寸或质量变化的重要因素是无法测量的。颗粒尺寸、成分、工具磨损量、炉膛位置和其他因素(如加热过程中颗粒之间的反应)的变化,都会影响 PIM 零件的尺寸;尽管名义性能,如强度、硬度或疲劳寿命由平均零件密度决定。在这方面,特别是对于初始工艺的设置,计算机仿真是很有价值的。然而,尺寸公差、内部裂纹或其他缺陷等重要属性都超出了现有仿真能力。此外,材料、工艺、工具材料、烧结炉和工艺周期等需考虑的因素非常多,难以一概而论,需要收集大量数据才能达到仿真现实的临界点。因此,需要进行更多的研究和训练,才能将仿真转变为一种能在实践中广泛应用的模式。尽管如此,商业软件仍然是可用的,并且在制定新零部件的初始工艺上具有巨大的价值。

本章参考文献

[1] Aggarwal, G. , Park, S. J. ,Smid, I. (2006). Development of niobium powder injection molding: part Ⅰ. Feedstock and injection molding. International Journal of Refractory Metals and Hard Materials, 24, 253 -262.

[2] Aggarwal, G. , Park, S. J. , Smid, I. ,German, R. M. (2007). Master decomposition curve for binders used in powder injection molding. Metallurgical and Materials Transactions A, 38A(3), 606 -614.

[3] Aggarwal, G. ,Smid, I. (2005). Powder injection molding of niobium. Materials Science Forum, 475 -479, 711 -716.

[4] Ahn, S. , Chung, S. T. , Atre, S. V. , Park, S. J. , German, R. M. (2008). Integrated filling, packing, and cooling CAE analysis of powder injection molding parts. Powder Metallurgy, 51, 318 – 326.

[5] Ashby, M. F. (1974). A first report on sintering diagrams. Acta Metallurgica, 22, 275 – 289.

[6] Berginc, B. , Kampus, Z. , Sustarsic, B. (2007). Influence of feedstock characteristics and process parameters on properties of MIM parts made of 316L. Powder Metallurgy, 50(2), 172 – 183.

[7] Blaine, D. , Bollina, R. , Park, S. J. , German, R. M. (2005). Critical use of video-imaging to rationalize computer sintering simulation models. Computers in Industry, 56, 867 – 875.

[8] Bordia, R. K. , Scherer, G. W. (1998a). On constrained sintering—Ⅰ. Constitutive model for a sintering body. Acta Metallurgica, 36, 2393 – 2397.

[9] Bordia, R. K. , Scherer, G. W. (1998b). On constrained sintering—Ⅱ. Comparison of constitutive models. Acta Metallurgica, 36, 2399 – 2409.

[10] Bordia, R. K. , Scherer, G. W. (1998c). On constrained sintering—Ⅲ. Rigid inclusions. Acta Metallurgica, 36, 2411 – 2416.

[11] Bouvard, D. , Meister, T. (2000). Modelling bulk viscosity of powder aggregate during sintering. Modelling and Simulation in Materials Science Engineering, 8, 377 – 388.

[12] Chiang, H. H. , Hieber, C. A. , Wang, K. K. (1991). A unified simulation of the filling and post filling stages in injection molding. Part Ⅰ: formulation. Polymer Engineering and Science, 31(2), 116 – 124.

[13] Chung, S. H. , Kwon, Y. S. , Binet, C. , Zhang, R. , Engel, R. S. , Salamon, N. J. , et al. (2002). Application of optimization technique in the powder compaction and sintering processes. In Advances in Powder Metallurgy and Particulate Materials, Part, 9 (pp. 9 – 131 – 9 – 146).

[14] Cocks, C. F. (1994). The structure of constitutive laws for the sinte-

ring of fine grained materials. Acta Metallurgica et Materialia, 45, 2191 - 2210.

[15] German, R. M. (1996). Sintering theory practice. New York, USA: John Wiley.

[16] German, R. M. (2003). PIM design and applications user's guide. State College, PA, USA: Innovative Material Solutions.

[17] Hieber, C. A., Shen, S. F. (1980). A finite-element/finite-difference simulation of the injection molding filling process. Journal of Non-Newtonian Fluid Mechanics, 7(1), 1 - 32.

[18] Hwang, C. J., Ko, Y. B., Park, H. P., Chung, S. T., Rhee, B. O. (2007). Computer aided engineering design of powder injection molding process for a dental scaler tip mold design. Materials Science Forum, 534 - 536, 341 - 344.

[19] Hwang, C. J., Kwon, T. H. (2002). A full 3D finite element analysis of the powder injection molding filling process including slip phenomena. Polymer Engineering and Science, 42(1), 33 - 50.

[20] Kang, T. G., Kwon, T. H. (2004). Colored particle tracking method for mixing analysis of chaotic micromixers. Journal of Micromechanics and Microengineering, 14, 891 - 899.

[21] Khakbiz, M., Simchi, A., Bagheri, R. (2005). Investigation of rheological behaviour of 316L stainless steel-2% TiC powder injection moulding feedstock. Powder Metallurgy, 48(2), 144 - 150.

[22] Kim, S., Turng, L. (2004). Developments of three-dimensional computer-aided engineering simulation for injection molding. Modelling and Simulation in Materials Science and Engineering, 12, 151 - 173.

[23] Kissinger, H. E. (1957). Reaction kinetics in differential thermal analysis. Analytical Chemistry, 29, 1702 - 1706.

[24] Kraft, T., Riedel, H. (2002). Numerical simulation of die compaction and sintering. Powder Metallurgy, 45, 227 - 231.

[25] Kwon, T. H., Ahn, S. Y. (1995). Slip characterization of powder-

binder mixtures and its significance in the filling process analysis of powder injection molding. Powder Technology, 85, 45 –55.

[26] Kwon, Y. S. ,Kim, K. T. (1996). High temperature densification forming of alumina powder—constitutive model and experiments. Journal of Engineering Materials and Technology, 118, 448 –455.

[27] Kwon, Y. S. , Wu, Y. , Suri, P. ,German, R. M. (2004). Simulation of the sintering densification and shrinkage behavior of powder –injection-molded 17-4PH stainless steel. Metallurgical and Materials Transactions A, 35, 257 –263.

[28] McHugh, P. E. ,Riedel, H. (1997). A liquid phase sintering model: application to Si_3N_4 and WC-Co. Acta Metallurgica et Materialia, 45, 2995 –3003.

[29] McMeeking, R. M. ,Kuhn, L. (1992). A diffusional creep law for powder compacts. Acta Metallurgical et Materialia, 40, 961 –969.

[30] Park, S. J. , Chung, S. H. , Johnson, J. L. , German, R. M. (2006). Finite element simulation of liquid phase sintering with tungsten heavy alloys. Materials Transactions, 47, 2745 –2752.

[31] Park, S. J. , German, R. M. , Suri, P. , Blaine, D. ,Chung, S. H. (2004). Master sintering curve construction software and its application. In Advances in Powder Metallurgy and Particulate Materials, Part 1 (pp. 1 –13 –1 –24).

[32] Park, S. J. ,Kwon, T. H. (1996). Sensitivity analysis formulation for three-dimensional conduction heat transfer with complex geometries using a boundary element method. International Journal for Numerical Methods in Engineering, 39, 2837 –2862.

[33] Park, S. J. ,Kwon, T. H. (1998a). Optimal cooling system design for the injection molding process. Polymer Engineering and Science, 38, 1450 –1462.

[34] Park, S. J. ,Kwon, T. H. (1998b). Thermal and design sensitivity analyses for cooling system of injection mold, Part 1: thermal analysis.

ASME Journal of Manufacturing Science and Engineering, 120, 287 - 295.

[35] Park, S. J., Martin, J. M., Guo, J. F., Johnson, J. L., German, R. M. (2006a). Grain growth behavior of tungsten heavy alloys based on master sintering curve concept. Metallurgical and Materials Transactions A, 37A, 3337 - 3343.

[36] Park, S. J., Martin, J. M., Guo, J. F., Johnson, J. L., German, R. M. (2006b). Densification behavior of tungsten heavy alloy based on master sintering curve concept. Metallurgical and Materials Transactions A, 37A, 2837 - 2848.

[37] Tikare, V., Olevsky, E. A., Braginsky, M. V. (2001). Combined macromeso scale modeling of sintering. Part Ⅱ, mesoscale simulations. In A. Zavaliangos, A. Laptev (Eds.), Recent developments in computer modeling of powder metallurgy processes (pp. 94 - 104). Ohmsha, Sweden: ISO Press.

[38] Rezayat, M., Burton, T. (1990). A boundary-integral formulation for complex three-dimensional geometries. International Journal of Numerical Methods in Engineering, 29, 263 - 273.

[39] Riedel, H., Meyer, D., Svoboda, J., Zipse, H. (1994). Numerical simulation of die pressing and sintering—development of constitutive equations. International Journal of Refractory Metals and Hard Materials, 12, 55 - 60.

[40] Schenk, O., Gartner, K. (2004). Solving unsymmetric sparse systems of linear equations with PARDISO. Future Generation Computer Systems, 20, 475 - 487.

[41] Shannon, C. E. (1948). The mathematical theory of communication. Bell Systems Technical Journal, 27, 379 - 423.

[42] Shi, Z., Guo Z. X., Song, J. H. (2002). Modeling of binder removal from a (fibre + powder) composite preform. Acta Materialia, 50, 1937 - 1950.

[43] Suri, P., German, R. M., de Souza, J. P., Park, S. J. (2004). Numerical analysis of filling stage during powder injection moulding: Effects of feedstock rheology and mixing conditions. Powder Metallurgy, 47(2), 137-143.

[44] Swinkels, F. B., Ashby, M. F. (1981). A second report on sintering diagrams. Acta Metallurgica, 29, 259-281.

[45] Tikare, V., Braginsky, M. V., Olevsky, E. A., Dehoff, R. T. (2000). A combined statistical microstructural model for simulation of sintering. In R. M. German, G. L. Messing, R. G. Cornwall (Eds.), Sintering science and technology (pp. 405-409). State College, PA: Pennsylvania State University.

第12章　金属注射成型常见缺陷

12.1　概　　述

金属注射成型由多个加工步骤组成，若不对加工过程严格控制，则每个步骤都可能出现缺陷。金属注射成型缺陷可能是机械因素造成的，如模具设计和制造缺陷，或加工相关因素造成的，如混合不完全，成型压力不足，注射速度、保压压力、脱脂和烧结参数未优化，其中一些缺陷可能起源于早期的加工步骤，但很难识别，因为它们直到脱脂或烧结后才表现出来。本章中，将检查每个处理步骤中经常出现的缺陷，并解释它们的原因。希望通过对缺陷进行科学层面的介绍，可以避免反复和错误试验。

12.2　喂　　料

12.2.1　喂料均匀性

用于金属注射成型的喂料粉末通常很细，大多在 20 μm 以下，集聚现象严重。当喂料中含有在高剪切速率的混炼过程中无法破碎的坚硬聚集体时，最终烧结产物会出现不均匀组织。如果团聚体是合金元素添加物，则会发展出高合金区并形成稀薄合金区，这将影响力学性能。此外，高合金区在烧结后也可能密度较低，如图 12.1 所示，这是因为在相应的烧结温度下，钼等合金元素可能没有致密化。由于不平衡的相互扩散，其他合金元素，如镍，当团聚体太大或聚集时，也可能导致柯肯达尔孔太大而无法消除。喂料成分的均匀性一直是混炼过程中要考虑的问题，如果混炼时间和剪切速率不足，金属粉末会分布不均匀。在随后的热脱脂过程中，也可能存在一些有机黏结剂团聚,并导致起泡。此外,由于混炼时间过长,低温黏结剂成分会发生分解或蒸发。通过监控输入到混炼机的功率,可以确定最佳的混炼时间。当功率减小并稳定时,喂料已制作好,应含有均匀分布的粉末和黏结剂。这种均匀分布和批次与批次之间的一致性可以用比重计、密度计或毛细管流变仪来确定。

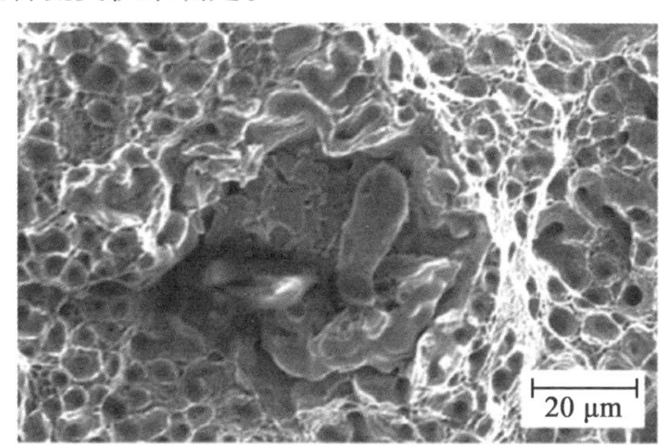

(a)断口呈现钼团聚体

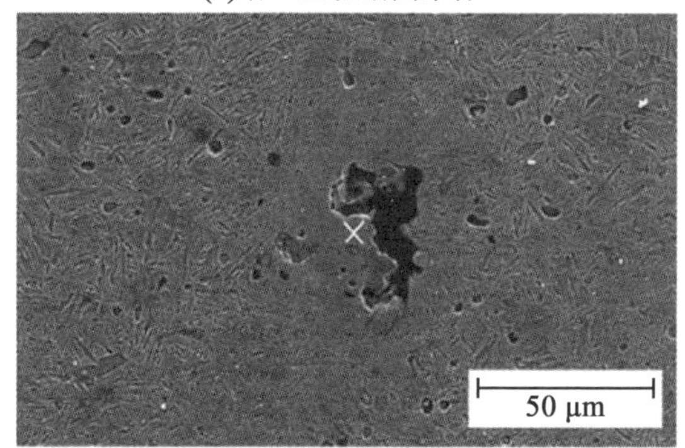

(b)富钼区存在较大的空隙

图 12.1　喂粒不均匀导致的缺陷

12.2.2　回收的喂料

为了降低金属注射成型产品的制造成本,通常对有缺陷的浇口、主流道、分流道和可回收零件进行回收。MIM 行业通常采用两种方法:一种方法是在新鲜喂料中添加 30% ~50% 的回收喂料,另一种方法是使用 100% 的回收喂料。然而,这些喂料会随着循环次数的增加而变质。喂料变质的主要原因是黏结剂组分的氧化,尤其是石蜡,它是由 C—C 链向 C—O 链转化引起的。增塑剂如聚乙烯在回收过程中也会变质，这些变质导致黏结剂的内在强度降低，粉末黏结剂界面的黏结强度减弱，从而降低了可回收性。在粉末之间，黏结剂润滑作用的丧失也导致了较高的黏度，这意味着各批次间的尺寸和制件密度将难以控制。因此，对于回收的喂料应重新调整成型参数，包括注射压力和模温。此外，由于粉末与黏结剂的结合较弱，在溶剂脱脂过程中，随着循环次数的增加，可能会导致生产部件出现更多的裂纹和变形，如图 12.2 所示。

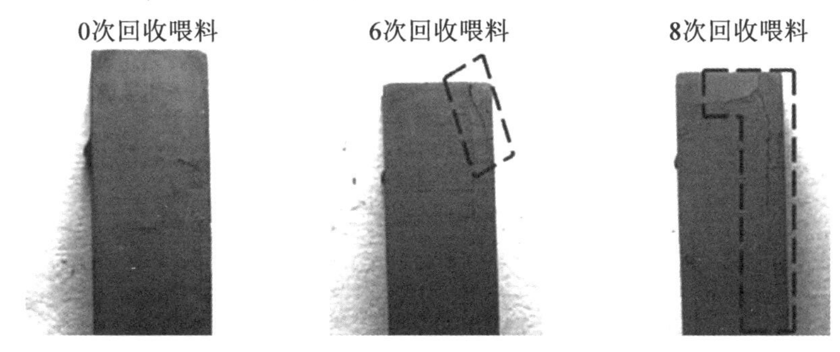

图 12.2　样品在 50 ℃庚烷中溶剂脱脂 4 h 后的表面状况；用回收喂料（6 次和 8 次）制备的样品缺陷较多

12.3　注射成型

12.3.1　飞边

当模具中有大量的型腔时，就需要长流道，这需要很高的成型压力将材料注射到每个型腔。当施加高成型压力时，通常会出现飞边，如图 12.3 所示，除非模具完全夹紧，没有任何间隙。模具零件的材料和形状不同，会产生不同的弹性变形量，有时甚至会发生塑性变形，造成模具零件之间的间隙，从而导致材料将被迫进入间隙。当使用大量型腔的大型模具和尺寸过小的注射成型机时，这个问题会变得更加严重，因为模具的刚度和模具尺寸的精度变得更加难以控制。

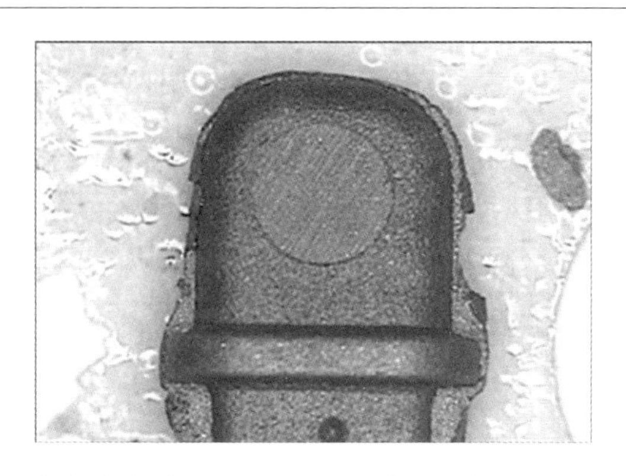

图12.3　喂料在高成型压力下被迫进入模具组件之间的间隙出现飞边

12.3.2　残余应力

残余应力是在成型过程中造成的,但直到后期的溶剂脱脂或热脱脂处理步骤才出现。由于成型模具的表面温度较低,制件会快速冷却,导致这种应力消失。当这种应力在脱脂阶段的加热过程中得到缓解时,无论是在溶剂脱脂阶段还是在热脱脂初期,都可能发生变形。如果施加较高的注射压力,在室温下放置较长时间的零件甚至会产生变形。

12.3.3　黏结剂/粉末分离

制件的另一个常见缺陷是浇口周围的外观不佳。当喂料通过狭窄的浇口进入模腔时,由于粉末从高剪切速率区域迁移到低剪切速率区域,可能会发生黏结剂分离。这种黏结剂/粉末分离在填充阶段结束时和在保压阶段变得更加严重,其中喂料流动缓慢并且压力迅速升高。为了填充因热收缩而导致的模腔间隙,更多的喂料被压力压入这些间隙。由于金属粉末在喂料中移动缓慢,颗粒间摩擦力大,黏性低的黏结剂被迫流过颗粒间空隙。因此,浇口区域的黏结剂含量增加,导致成型缺陷,特别是在剪切速率最高的浇口处。如果粉末与黏结剂之间的结合力较弱,则很容易发生分离,并在靠近浇口的零件表面形成富含黏结剂的区域,如图12.4所示,浇口痕迹在烧结后仍然存在,因为该区域的固体体积分数较低,从而导致外观不同。对其进行烧结后表面处理,如喷砂或涂层,通常用于消除或缓解这种问题,开发能够减少浇口痕迹的新型黏结剂仍然是研究的重点。有时,零件表面富含黏结剂的区域可能会与整体零件分层或在表面附近形成隐藏的分层空隙。当烧结后二次操作(例如钻孔)时,这些缺陷就会暴露出来,如图 12.5 所示。在某些情况下,浇口重新设计有助于缓解这种粉末/黏结剂分离问题。如果原浇口开口较窄且位于较薄的断面,则可将其扩大并移至较厚的断面。因此,黏结剂/粉末分离的程度将降低,流痕和熔接线将最小化。

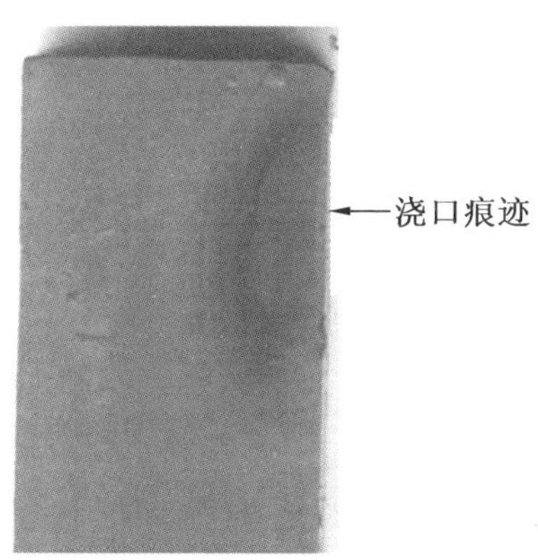

图 12.4　在浇口处的高剪切速率下发生粉末/黏结剂分离并形成富含黏结剂的浇口痕迹

图 12.5　发生粉末/黏结剂剂分离并在钻孔后观察到分层

12.3.4　其他缺陷

由于成型参数不当,MIM 零件中的其他缺陷与传统注塑成型中发现的缺陷相似。当成型压力或保压压力较低时,会出现生坯密度低和填充不完全的情况,如图 12.6 所示。由于不良的排气设计和长流道或浇口处的过早凝固,厚截面中也可能出现内部空隙。烧结后,这些低密度或内部空隙的区域会形成凹痕。

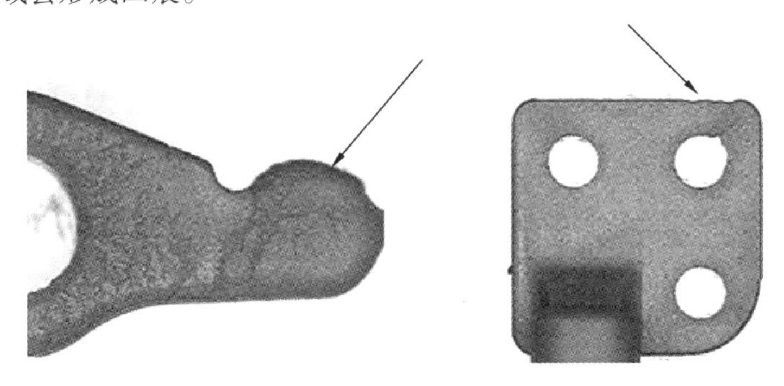

图12.6　成型压力过低时出现填充不完全

熔接线和流痕是由喂料温度低、模具温度低或机筒温度低引起的。当冷料在高压作用下流过模具表面时,会留下流痕,如图12.7所示。当流动的喂料被一个柱子分成两股,两个分开的喂料流再次相遇时,就会形成熔接线,如图12.8所示。这些缺陷也可能与模具设计不当有关,例如流道长、浇口位置不当、排气口不当等。这些成型缺陷的典型解决方案是通过扩大料筒、加长喷嘴和提高模具温度来防止成型结束前喂料冷却,并通过重新设计零件以避免在模具中分离流动的喂料。

MIM成型过程中遇到的大多数缺陷,包括前面描述的那些缺陷,都与传统塑料注射成型中发现的缺陷相似,成型中常见的缺陷见表12.1。

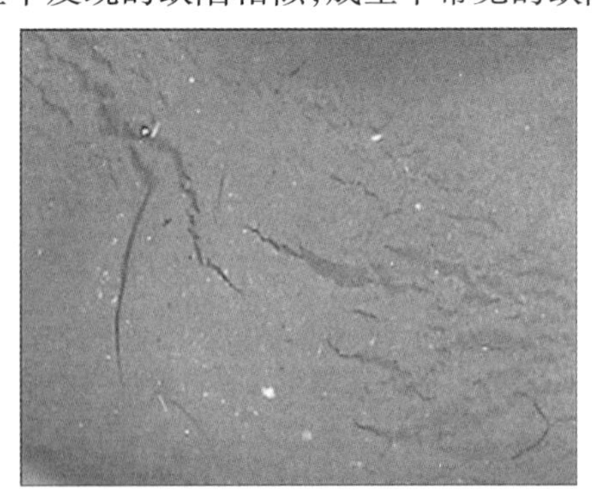

图12.7　喂料温度过低时出现流痕

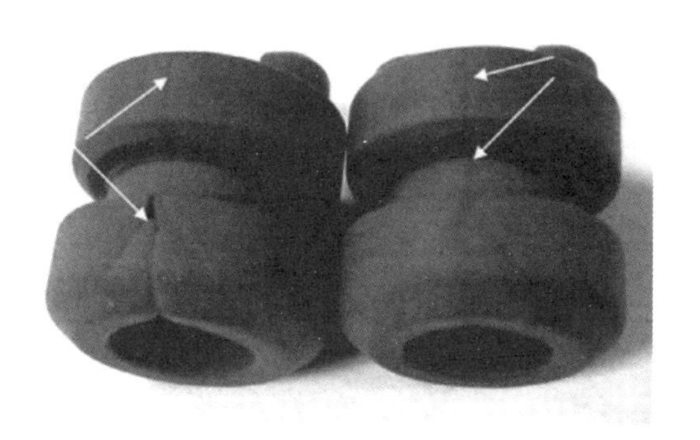

图12.8　两条冷锋相遇时形成的熔接线

表12.1　成型中常见的缺陷

缺陷类型	可能成因	补救措施
飞边	模具内压力过高，模具表面沿分型线平整度差，排气通道过大	使用大吨位机器，制作适当的工具，使用较低的注射速度和成型压力，优化切换点
粘在腔内	成型压力过高，热收缩不够，脱模过早，模具设计不当或制作不当	使用较低的注射速度、成型/保压压力和模具温度，增加冷却时间，消除咬边并增加脱模角，调整顶出区域和位置，重新设计黏结剂
缩痕	热收缩、密度低	提高成型/保压压力和注射速度，降低模具温度，增加浇口面积，增加排气通道，通过厚截面时降低速度
空洞	残留气体，吸收水分	提高保压压力，降低注射速度，提高模具温度，增加浇口面积，将浇口移至厚截面处
烧痕	黏结剂过热	降低注射速度和喂料温度，增加浇口面积，改变浇口位置
熔接线	模具中喂料过冷	提高注射速度、模具温度和喂料温度，扩大浇口开度，在熔接线位置附近增加排气通道或溢流井，移动浇口位置，重新设计零件以避免分流
流痕	模具中喂料过冷	提高注射速度、模具温度和喂料温度，扩大浇口开口，改变浇口位置

12.4 脱　　脂

一个成功的脱脂过程通常包括两个或三个阶段,在每个阶段中都会去除一个黏结剂成分。这确保了成型制件的形状在整个脱脂过程中的保形性和完整性。通常首先去除量少的黏结剂成分,例如增塑剂、表面活性剂、偶联剂和润滑剂。占黏结剂30% ~60% 的聚合物骨架黏结剂最后去除,因为脱脂后期阶段伴随着颗粒的轻烧结。

已经确定的几种脱脂工艺,包括溶剂/水脱脂和热脱脂、直接热脱脂和催化脱脂的两阶段脱脂工艺。全程热脱脂是一个缓慢的过程,因为在核心部分产生的分解气体成分无法通过任何孔隙有效地逸出。除非采用极慢的加热速率和较长的脱脂时间(例如几天),否则经常会遇到缺陷。催化脱脂用于聚缩醛基材料,其中还含有约10%的聚烯烃黏结剂成分,如聚乙烯和聚丙烯。聚缩醛在约135 ℃的温度下在稀硝酸气氛中热分解成甲醛。这种分解基本上是直接的固气反应,不涉及液体,因此在整个脱脂过程中压坯可保持刚性。此外,由于反应仅发生在黏结剂 - 蒸气界面,因此不会因分解气体而导致内部压力升高,可以防止变形或坍塌,并且可以将起泡、空隙和裂缝最小化。虽然催化脱脂可以在很短的脱脂时间内生产出高质量的脱脂零件,但出于经济原因,当今更广泛使用的脱脂工艺是溶剂脱脂和热脱脂的两阶段脱脂工艺。

12.4.1 溶剂脱脂

在溶剂脱脂过程中,如果过程控制不当,经常会观察到开裂和塌陷。由于溶剂通常会被加热以提高脱脂率,石蜡和润滑剂等微量成分会变软甚至熔化。因此经常会发生翘曲和塌陷,特别是当零件的形状复杂且具有悬臂部分时。为了缓解该问题,通常会采用更强的骨架黏结剂和较低的脱脂温度,还经常修改零件形状以更好地支撑薄截面或延伸截面。

当零件进行溶剂脱脂时,即使零件很软也可能会出现裂纹,这主要是溶剂渗入黏结剂时聚合物膨胀造成的。膨胀量取决于温度以及所用黏结剂组分和溶剂的类型。图12.9所示为成型试样的溶胀量随温度的变化,即使用激光膨胀计在40 ℃、50 ℃和60 ℃下浸入庚烷中的100 mm长板,观察原位长度变化。随着温度升高,特别是当温度超过黏结剂组分的熔点时,该部件膨胀并且其膨胀量增加。膨胀的主要原因是溶剂和骨架黏结剂之间的反应。这已经通过使用含有和不含有可溶性黏结剂成分的压坯得到证实,两种样品的溶胀量相似,可以加入异丙醇以阻止庚烷的渗透来降低膨胀量。随着总黏结剂含量的增加,膨胀量也增加。这些观察结果表明,如果发生变形,应降低溶剂脱脂温度和黏结剂的含量。

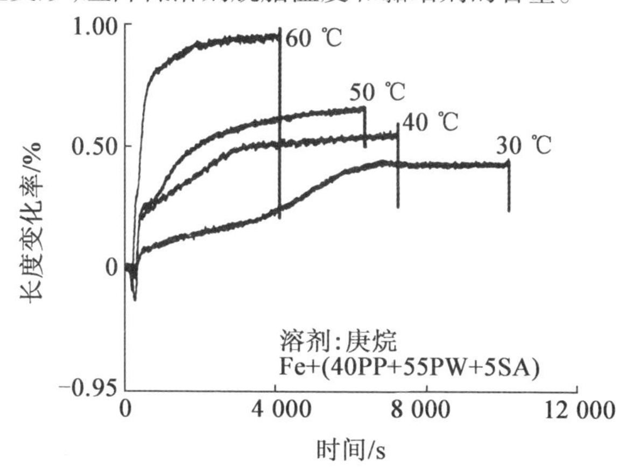

图 12.9　成型试样的溶胀量随温度的变化

具有不同横截面厚度的零件也有不同的表现。由于零件内部的约束,薄截面在早期膨胀很快,而厚截面膨胀缓慢,溶剂脱脂过程中厚度对溶胀的影响如图 12.10 所示。因此,由于零件不同部分的膨胀量不同,在脱脂阶段的早期可能会发生变形。

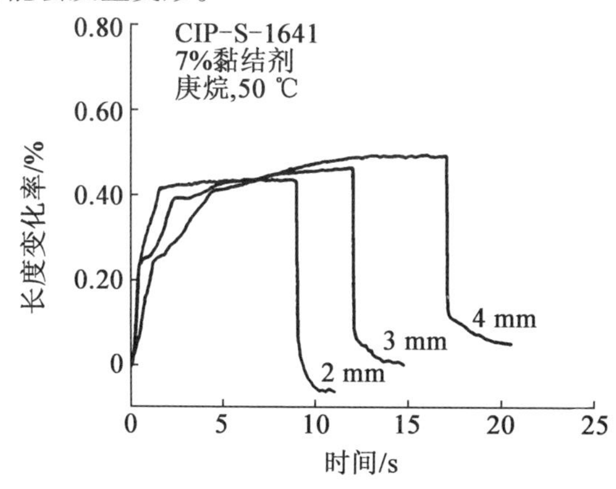

图 12.10　溶剂脱脂过程中厚度对溶胀的影响

12.4.2 热脱脂

热脱脂后通常会观察到脱脂缺陷。然而,这些缺陷产生的原因不一定与热脱脂工艺本身有关。它们可能源于混炼、成型或溶剂脱脂过程中的问题,这些问题在热脱脂过程中会被放大并表现出来。

当加热速度过快时经常会看到热脱脂缺陷。在大多数情况下,缺陷是由黏结剂组分的快速分解引起的,吸附的水在转化为蒸汽时也会产生缺陷。如果生坯是塑料的,当分解的气体分子不能通过相互连接的孔隙足够快地逃逸到环境中时,就会导致起泡甚至气孔;当生坯较硬或颗粒间摩擦较低时,会发生开裂。

普遍认为加热速度应该足够缓慢以防止缺陷的形成,该加热速度可以使用热重分析(TGA)来确定,分析显示了黏结剂组分分解的临界温度范围,当温度超过这些范围时应该减慢加热速度或设置一段温度保持时间,以防止黏结剂剧烈分解。但需要注意的是,重负荷生产炉中零件的脱脂行为与 TGA 中的脱脂行为有很大不同,需要缓慢加热或保持的温度范围通常高于在 TGA 中测量的温度范围。还可增加气体流速、使用较短的流路来带走分解的气体。当使用真空炉时,在热脱脂过程中应施加高压,气体入口和出口的设计应使得零件上的流动路径较短,以保持层流,这比湍流能更有效地去除分解气体。

随着热脱脂进行到最后阶段,只剩下少量的骨架黏结剂,这种剩余的骨架黏结剂主要位于颗粒间颈部,引起的毛细管力倾向于重新排列颗粒,从而引起内部应力。使用高密度粉末和高固气比的喂料有助于减轻这些应力。如果骨架黏结剂的含量高或去除的可溶性黏结剂的百分比低,则可能会发生变形,因为在热脱脂过程中存在过多由高温产生的液体黏结剂。

对于溶剂脱脂部件,由于存在相互连接的开孔,加热速率可能非常快。随着更多和更大的互连孔隙产生,热脱脂过程中产生的气体可以逸出到环境中而不会引起起泡或开裂。Fan、Hwang、Wu 和 Liau(2009)使用模型来预测溶剂脱脂过程中所需的最小黏结剂去除量,以在不同厚度产品的中间部分产生相互连接的孔。例如,要在具有 4.2%(质量分数)可溶性黏结剂零件的中间部分产生开孔,所需的最小脱脂分数约为可溶黏结剂总量的 59%,尽管零件的厚度很大,但零件中心的局部脱粘分数和孔隙率会分别达到37%和8.5%。然而,由于残留黏结剂过多而开孔通道太少,热脱脂过程中产生的大量气体可能无法逸出到表面。此外,同一小组进行的另一项研究发现,在热脱脂过程中,溶剂脱脂部分中剩余的黏结剂在压坯内重新分布。由于溶剂脱脂部分在黏结剂组分的熔点之前被加热,毛细作用驱使黏结剂进入细孔通道和颗粒间接触区域,以降低总表面能。结果导致中间部分的开放孔隙再次被堵塞,如图12.11所示。由于黏结剂过多而相互连接的孔隙很少,这些区域的行为类似于注射成型零件直接进行热脱脂而没有溶剂脱脂时出现的那些区域。因此,为了提高热脱脂效率,必须增加溶剂脱脂过程中的溶剂量,使残留的黏结剂尽量少,无法流入填充中间段的孔隙。

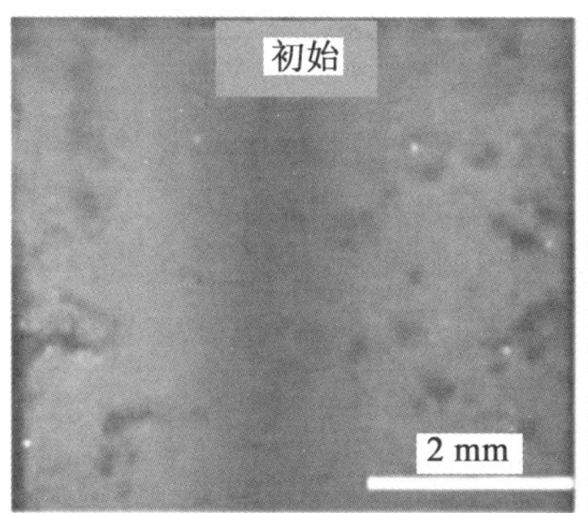

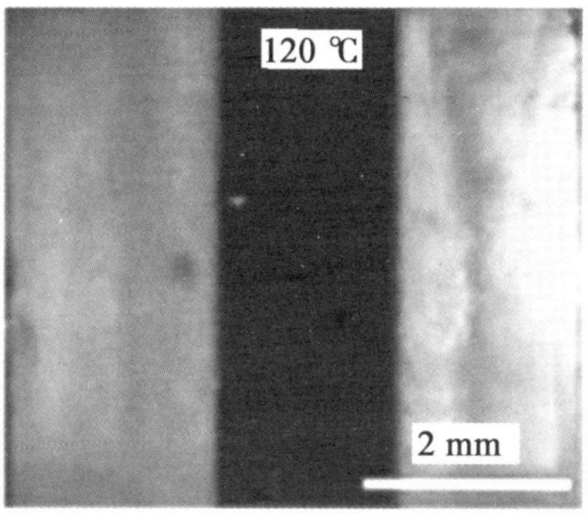

图12.11　6 mm厚样品的荧光染料渗透试验,去除了68%的可溶性黏结剂,表明黏结剂在加热至120 ℃后重新分布并填充零件中心的开放孔隙

试验结果表明,随着零件厚度的增加,这种用于防止黏结剂重新分布的黏结剂去除的最小量也会增加。对于可溶性黏结剂质量分数为4.20%且厚度为6 mm的零件,当加热速率为5 ℃/min时,建议溶剂脱脂的最低黏结剂去除量为79%,即零件总质量的3.32%。该值高于溶剂脱脂期间在部件中心产生开孔所需的59%。由于需要去除的黏结剂的最小量取决于零件的厚度和热脱脂的加热速率,因此为了安全启动,一般建议为90%。

有报告指出,剥落现象是由表层与主体的分层引起的,这归因于不正确的成型工艺以及热脱脂过程中的加热速率过快导致制件表面富含黏结剂。一种假设是,当喂料在模腔中冷却时,材料会因金属粉末和黏结剂成分(尤其是石蜡)的体积减小而收缩。这种收缩会在零件和模具壁之间留下很小的孔隙,从而允许喂料进一步渗透。由于孔隙很小,因此在成型过程的保压阶段最容易填充此孔隙的材料是低熔点材料,例如石蜡。表面富含黏结剂的另一种可能性是在热脱脂过程中黏结剂从内部流出,从而表面的黏结剂/粉末比增加。由于黏结剂含量高且颗粒间摩擦较小,分层或表面可能会从零件主体上脱落。当加热速度过快时,如果零件芯部气体分解产生的高压加速了黏结剂的向外流动,则这种现象可能会更严重。

表12.2总结了溶剂和热脱脂后发现的各种类型的缺陷、问题的可能来源以及去除这些缺陷的建议。

表12.2 脱脂常见缺陷

缺陷类型	可能成因	补救措施
裂纹(溶剂脱脂)	黏结剂组分溶胀,黏结剂与粉末之间的黏结不良,主黏结剂强度低,成型压力过高,截面厚度差异大	改变溶剂或黏结剂的类型和成分,使用较低的注射速度和成型压力,重新设计截面厚度差异较小的部件,使用较低的脱脂温度
弯曲/变形(溶剂脱脂)	成型残余应力、悬垂部分缺乏支撑、夹带空气	在50~90 ℃烘烤,使用夹具,调整成型参数
腐蚀/污点(溶剂脱脂)	溶剂酸度高,环境潮湿	补充溶剂或使用新溶剂,将零件放置在干燥的环境中
裂纹/起泡(热脱脂)	加热速度过快,喂料吸水,溶剂脱胶不足,黏结剂分布差,固体体积分数低	使用缓慢的加热速度,延长溶剂脱脂时间,使用更长的混炼时间并调整黏结剂成分,保持喂料干燥,使用更高的气体吹扫速度和更短的流路
弯曲/形变(热脱脂)	加热速度过快,溶剂脱脂的黏结剂去除不足,悬垂部分缺乏支撑,颗粒间摩擦不足,黏结剂过多	使用缓慢的加热速率,延长溶剂脱脂时间,使用夹具或沙子作为支撑物,使用更高的气体吹扫速率,使用更不规则的粉末,增加固体负载
剥离(热脱脂)	蜡分离到表面,加热速度过高	延长溶剂脱脂时间,使用较慢的加热速度,在100 ℃以下加热

目前已经开发了多种技术来减轻在热脱脂过程中出现的开裂、起泡和变形等缺陷。它们包括在黏结剂组分分解或蒸发的温度范围内使用缓慢的加热速率、提高气体流速、提高溶剂脱脂期间的黏结剂去除百分比，以及用于悬臂和复杂部分的支撑或固定装置等。使用更不规则的粉末也有助于提高生坯强度并允许更快的脱脂率。然而，这些粉末会对喂料流动性和烧结性产生不利影响。

12.4.3　黏结剂残留

脱脂后留下的黏结剂残留物很少受到关注，这些残留物对于某些结构或磁性部件可能至关重要。一些研究提到了高密度聚乙烯和金属硬脂酸盐的氧化物残留物，这些氧化物可能来自催化剂，用作聚乙烯和等静压聚丙烯聚合的齐格勒－纳塔引发剂，而其他一些氧化物可能来自硬脂酸盐中的金属原子，金属原子通常可以在烧结过程中溶解在基体中。但钛、铝等活性金属会与金属粉末或烧结气氛中的氧气或水蒸气发生反应，形成稳定的金属氧化物，这些氧化物或溶解元素会影响结构部件的机械性能。这些残留物可能并不总是对 MIM 部件有害。已经证明，高密度聚丙烯中的残余钛有助于致密化并提高强度。来自硬脂酸镁的镁也被证明可以通过在氧化铝基质中形成细小且均匀分布的氧化镁来提高注射成型氧化铝的烧结密度和弯曲强度。

另一种残留物是热脱脂留下的灰尘。随着碳含量的增加，316L 等不锈钢的耐蚀性会因碳化铬和贫铬区的形成而变差。如果存在过量的碳，则材料熔点低并可能导致部件局部变形或熔化。对于 Kovar（Fe－29Ni－17Co），热膨胀系数也会增加并对玻璃－金属密封层产生不利影响。为确保完全脱脂且不存在碳残留，建议在热脱脂过程中采用较高的气体吹扫速率。使用连续炉，如推杆炉或步进梁炉，还建议在脱脂区设置高露点，以促进碳残留物的去除。需要注意的是，碳在铁中的扩散速率很高，并且这种扩散在大约 875 ℃ 开始，这取决于碳含量和相变温度。因此，应在零件达到此温度之前完成热脱脂和除碳过程。

12.5 烧　　结

12.5.1 外观和变色

MIM工艺的优势之一是它能够生产具有光泽表面且表面粗糙度较小的零件。为了实现这一目标,必须使用高密度的材料,并且金属表面必须不与烧结气体发生反应,以避免形成氧化物、氮化物或其他反应产物。因此,气氛中的露点或含氧量必须足够低,氢气量或真空度必须足够高,以减少金属粉末表面的金属氧化物,否则很容易形成细小的氧化物颗粒,例如二氧化硅。当大气中含有氮,如游离氨时,会与不锈钢中的铬发生反应,形成氮化铬,使不锈钢的耐腐蚀性能变差。当在高温下使用高真空时铬会蒸发,从而降低耐腐蚀性。因此,经常使用含氩气或纯氩气的气体进行高温烧结。这些烧结问题和解决方案类似于压制和烧结零件的问题和解决方案。

12.5.2 尺寸控制和形变

MIM零件需要达到高密度,即理论密度的95%以上。为了达到这种密度,通常使用小粒径粉末和高温烧结。在某些情况下,需要液相烧结,包括超固相液相烧结。然而MIM部件中的固气比通常很低,低于70%,这对于保持几何形状是一个挑战。对于固相线和液相线平坦且这两条线之间的温差很小的预合金粉末,这个问题甚至是一个更大的挑战。这些特性使得液体量对烧结炉中的温度变化非常敏感。一个典型例子是SKD11或D2工具钢,温度变化必须控制在5 ℃以内。如果温度过高,会形成过多的液体,然后重力会导致变形甚至坍塌,而过少的液体则会导致压坯不够致密。

已经有报告提出了几种解决方案,最近的一项专利公开了掺杂2%~5%铌的预合金工具钢粉末,铌形成碳化铌(NbC)并在液相烧结过程中抑制晶粒生长。对于细晶粒,晶界处液体层的厚度减小,这使得颗粒重排更加困难。碳化物的添加证明可以有效地实现具有相同致密化机制的烧结过程。

类似于在溶剂脱脂中发现的变形问题,悬臂部分、台阶和狭窄的开口,如图 12.12 所示，在烧结过程中也可能由于重力或不同区域的不均匀收缩而变形。当使用液相烧结或钨合金等重金属时，这个问题会变得更加严重，使用高固体体积分数和更不规则的粉末在一定程度上可以缓解。但是通常需要烧结夹具来防止翘曲，并且在烧结后通过机械方法去除的加强筋经常被设计到零件中以防止在烧结过程中长槽打开或变窄。

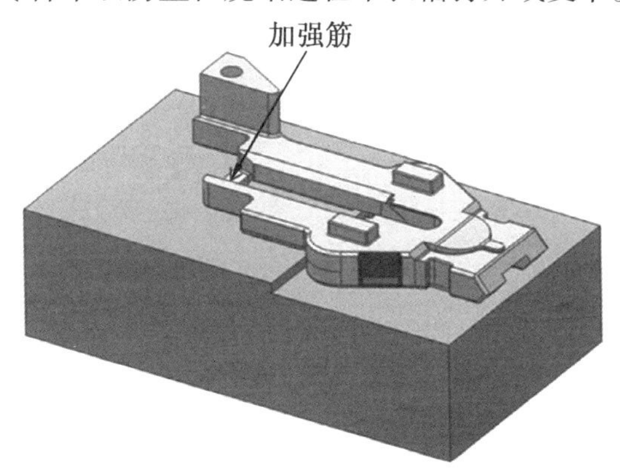

图 12.12　具有长悬臂、台阶和槽的零件需要烧结夹具和加强筋，以防止槽下垂或开/合

12.6　小　　结

尽管在解决 MIM 零件制造过程中遇到的问题花费了大量的时间和精力，但自 MIM 工艺诞生以来，其技术本身已经有了长足的进步，然而在混炼、注塑、脱脂和烧结等生产实践中，缺陷仍时有发生，例如浇口痕迹、缩口、扭曲、开裂、起泡和尺寸控制不佳等。如前所述，其中一些问题已经得到解决，并且基本原理也得到了解释。然而，仍然存在许多具有挑战性的问题，尚未深入了解这些过程的根本原因和机理。关于成型制品中的残余应力、粉末/黏结剂分离、成型过程中黏结剂的流动行为、热脱脂过程中黏结剂的再分布行为以及超固相液相烧结过程中的形状保持性，仍有很多问题需要进一步深入研究。

本章参考文献

[1] Cheng, L. H., Hwang, K. S., Fan, Y. L. (2009). Molding properties and causes of deterioration of recycled powder injection molding feedstock. Metallurgical and Materials Transactions A, 40A, 3210 -3216.

[2] Chuang, K. H., Hwang, K. S. (2011). Preservation of geometrical integrity of supersolidusliquid-phase-sintered SKD11 tool steels prepared with powder injection molding. Metallurgical and Materials Transactions A, 42A. https://doi. org/10. 1007/s11661-010-0593-8[in press].

[3] Fan, Y. L., Hwang, K. S. (2010). In Vol. 4. Defect formation and its relevance to binder content and binder redistribution during thermal debinding of PIM compacts. Proceedings of the 2010 PM world congress (pp. 595 -601). Shrewsbury, UK: EPMA.

[4] Fan, Y. L., Hwang, K. S., Su, S. C. (2008). Improvement of the dimensional stability of powder injection molded compacts by adding swelling inhibitor into the debinding solvent. Metallurgical and Materials Transactions A, 39A, 395 -401.

[5] Fan, Y. L., Hwang, K. S., Wu, S. H., Liau, Y. C. (2009). Minimum amount of binder removal required during solvent debinding of powder injection molded compacts. Metallurgical and Materials Transactions A, 40A, 768 -779.

[6] German, R. M. (1997). Supersolidus liquid-phase sintering of prealloyed powders. Metallurgical and Materials Transactions A, 28, 1553 -1567.

[7] Hu, S. C., Hwang, K. S. (2000). Length changes and deformation of PIM compacts during solvent debinding. Metallurgical and Materials Transactions A, 31A, 1473 -1478.

[8] Hwang, K. S. (1996). Fundamentals of debinding processes in powder

injection molding. Reviews in Particulate Materials, 4, 71 – 103.

[9] Hwang, K. S. ,Hsieh, C. C. (2005). Injection-molded alumina prepared with Mg-containing binders. Journal of the American Ceramics Society, 88, 2349 – 2353.

[10] Hwang, K. S. , Wu, M. W. , Yen, F. C. ,Sun, C. C. (2007). Improvement in microstructure homogeneity of sintered compacts through powder treatment and alloy designs. Materials Science Forum, 534 – 536, 537 – 540.

[11] Kulkarni, K. M. (1997). Dimensional precision of MIM parts under production conditions.

[12] International Journal of Powder Metallurgy, 33(4), 29 – 41.

[13] Kulkarni, K. M. ,Kolts, J. M. (2002). Recyclability of a commerical MIM feedstock. International Journal of Powder Metallurgy, 38, 43 – 48.

[14] Lin, H. K. ,Hwang, K. S. (1998). In-situ dimensional changes of powder injection molded compacts during solvent debinding. Acta Materialia, 46, 4303 – 4309.

[15] Liu, J. , Lal, A. ,German, R. M. (1999). Densification and shape retention in supersolidus liquid phase sintering. Acta Materialia, 47, 4615 – 4626.

[16] Lu, Y. C. , Chen, H. C. ,Hwang, K. S. (1996). Enhanced sintering of iron compacts by the addition of TiO_2. In R. M. German, G. L. Messing,R. G. Cornwall (Eds.), Sintering Technology (pp. 407 – 414). New York, USA: Marcel Dekker.

[17] Soda, Y. ,Aihara, M. (Mitsubishi Steel Mfg Co. Ltd.)(2007). Alloyed steel powder with improved degree of sintering for MIM and sintered body. US Patent 7,211,125.

[18] Tokui, K. , Sakuragi, S. , Sasaki, T. , Yamada, Y. , Ishihara, M. , Nakayama, M. , et al. (1994). Properties of sintered Kovar using metal injection molding. Journal of Japan Society of Powder and Powder Metallurgy, 41, 671 – 675.

[19] Woodthorpe, J., Evans, J. R. G., Edirisinghe, M. J. (1989). Properties of ceramic injection moulding formulations, part 3, polymer removal. Journal of Materials Science, 24, 1038 - 1048.

[20] Zhang, J. G., Edirisinghe, M. J., Evans, J. R. G. (1989). A catalogue of ceramic injection moulding defects and their causes. Industrial Ceramics, 9, 72 - 82.

第 13 章　金属注射成型的质量鉴定

13.1　概　　述

金属注射成型是一种比机械加工等成型技术成本低且精度高的近净成型零部件的工艺。然而,注射成型过程相当复杂,为了制造出高质量的产品,必须了解并使用粉末处理、粉末烧结、注塑、粉末/聚合物流变学、聚合物降解、冶金等知识,以确保稳定的工艺和优质的产品。此外,每个工艺步骤都是相互关联的,可能只在某些烧结条件下检测到成型缺陷,因此,对每个工艺的准确控制与否极大影响着成型质量,如图 13.1 所示。

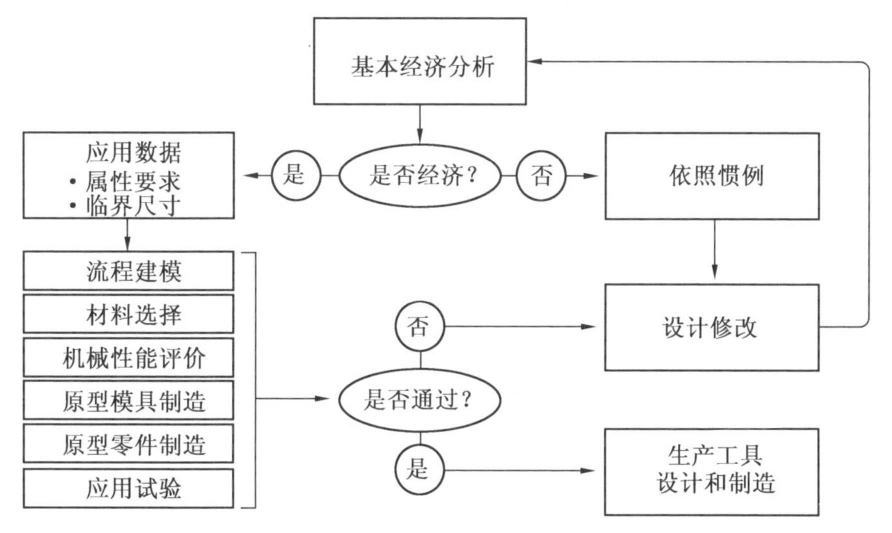

图 13.1　MIM 从概念到生产的逻辑图

鉴于 MIM 工艺的复杂性,为了实现对工艺的控制并生产高质量的产品,需要筛选无数可能的工艺组合。然而,并非所有的工艺都需要精准控制。本章提供了一个流程,可以方便地对组件供应商或工艺工程师进行资格认证和监控MIM工艺。通过这种方式,设计工程师可以很好地理解注射成型工艺,以便就注射成型的应用做出智能决策,工艺工程师可以确保成型工艺得到控制,以实现一致的生产。

13.2 金属注射成型工艺

为了使用和验证MIM流程,必须对该流程有基本的了解。一般将流程划分为多个步骤,流程步骤的数量可以多达9个。步骤的数量取决于特定的技术和制造商执行的工艺。例如,制造商是从外部购买原料还是在内部生产专用原料。一种可能的流程步骤如下:

(1)原材料的选择;

(2)混料;

(3)原料复合;

(4)注射成型;

(5)溶剂或催化脱脂;

(6)热脱脂;

(7)烧结;

(8)二次加工(压印、机加工、热处理、磨削、表面处理、HIP等);

(9)检验和包装。

每个流程步骤为下一个流程步骤提供原料。因此,工艺控制可以针对单个工艺,也可以针对每个工艺步骤的产品,以确保整个工艺处于精准控制之中。此外,通过简单检查流程步骤之间的组件可以避免额外处理规格外组件。表13.1列出了MIM工艺序列和工艺输入、输出。

表13.1 MIM工艺序列和工艺输入、输出

流程步骤	流程输入	流程输出
混合	粉末和黏结剂	粉末/黏结剂混合
复合	粉末/黏结剂混合	喂料

续表13.1

流程步骤	流程输入	流程输出
成型	喂料	生坯
脱脂	生坯	成型坯
烧结	成型坯	成品零件

注:成品零件可能需要二次加工。

13.3　产品检验方法

在工程生产中,需要考虑两个问题来确定是否可应用MIM工艺。首先,MIM在经济上可行吗?其次,MIM在技术上可行吗?如图13.1所示。

如果人们决定使用MIM工艺,而不是应用当前的制造方法或传统制造技术,则需要对经济效益进行评估。如果经济上没有优势,就必须选择传统的制造技术,或在材料类型或零件尺寸上进行设计修改,以达到降低项目成本的目的。通常,零件的尺寸将决定是否可以使用MIM,这不仅是从去除黏结剂的技术角度,也是从粉末成本角度考虑的。通常,使用现代MIM技术无法在低成本的条件下制造大于300 g的零件。成功地进行经济分析之后,下一步是查看组件的技术方面——特别是应用数据,如属性需求和关键尺寸。在完成了这些定义之后,将选择合适的材料或材料组合进行评估。然后使用这些材料进行注射成型,并对其性能进行评估,包括抗拉强度和耐腐蚀性。如果供应商在之前的工作中已获得了这些数据,则可以跳过属性评估。如果性能达到要求,证明原型模具的制造是合理的。之所以强调"原型",是因为这些组件是使用低成本的工具生产的,原型组件可能需要使用生产工具时不需要的二次操作。应用测试是验证MIM是否可用于应用程序的最后测试,如果应用测试不成功,开发周期将在持续的管理支持下随着设计优化和经济分析再次开始。

上述方法是一种哲学。对于不同的应用,不同的资金预算,以及考虑产品上市的时间,这种技术可能存在变化。例如,可以选择直接制造生产工具和做生产工具的开发,这样就缩短了上市时间;然而,前期成本和风险也会更高。

13.4 MIM 原型制造方法

在经济性分析之后,MIM 应用的下一步是对拟使用材料的力学性能进行评估和原型零部件的生产。测试样品(拉伸、疲劳、磨损性能)或生产原型是为了以最低的成本测试特定应用的新材料。属性评估可以在《金属粉末工业联合会(MPIF)标准手册》、MIM 组件供应商的规范或其他与特定材料相关的文献中查阅。此外,力学性能主要取决于 MIM 供应商,因为不同供应商会使用不同的加工方法来加工原材料。例如,不锈钢的真空烧结可能会降低其耐腐蚀性,添加黏结剂可能会留下碳残留物,这可能会降低烧结合金的性能或耐腐蚀性。

13.4.1 材料选择

MIM 的成功往往取决于为特定应用选择合适的材料。本书第 2 章列出了一些可用的金属合金及其潜在应用。通常,一个应用程序需要评估许多材料,并根据性能、成本和来自 MIM 组件供应商或专家的经验做出决策。一般的规则是,如果一种材料以细粉末的形式存在,并且可以烧结致密,则可以进行金属注射成型。优秀的供应商或 MIM 设计工程师应该能够根据实际应用选择合适的材料,从而减少样品制造和测试的时间并且降低成本。

13.4.2 原型生产

MIM 原型是使用 MIM 工艺制造的 MIM 组件;然而,所用的工具比生产工具的成本低得多。由于不使用滑块和凸轮等昂贵的模具组件,原型工具的成本仅为生产工具成本的 1/4。此外,功能组件的准备期可以减少一半以上。难加工特征将进行二次加工,通常生产的原型组件少于1 000个,该工具也可以用易加工的金属,如 P20 和未硬化的 H13,也可以加工铝;然而,在原型开发过程中这种金属很容易损伤,因此,模具供应商使用常用的加工方法或电火花加工的材料通常是有益的。

13.5　工艺控制

一旦 MIM 原型或生产组件通过了初始使用资格认证,下一步就是确保特定应用程序具有可完全控制的工艺。如果要求较宽松,则需要最低限度的工艺控制,如果要求较严格,则需要大量的工艺控制。本节将成型工艺进行划分,以便确定特定 MIM 工艺需要的工艺控制需求,以最低的成本实现所需的规范。

为了对 MIM 工艺进行工艺控制分析,必须将工艺划分为子工艺类别。每一个子工艺都可以被控制,以确保工艺的可重复性;然而,对流程的监控越多,整个流程的成本就越高。因此,工程师必须在成本和控制之间取得平衡,以确保特定应用使用 MIM 成型方法利大于弊。例如,航空航天或医疗器械零部件发生故障会导致灾难性的后果,所以必须有高的工艺水平和控制水平。一家生产相关产品的公司往往无法达到很高的工艺水平,以至于其无法减小灾难性故障的风险。生产的一般观念是用最少的工艺监控生产出最好的产品。

表 13.2 列出了 PIM 的每个工艺步骤,以及每个工艺步骤需要控制的参数。虽然在注射成型过程中有许多潜在的参数需要控制,但并不需要控制所有的参数。实际应用场景和工艺类型决定了哪些参数需要被控制。表 13.3 列出了两个级别工艺控制的比较。一种工艺控制被认为在成本和工作量方面都是最小的,而另一种工艺控制为高性能组件提供精确的控制。

表 13.2　PIM 工艺需要控制的潜在参数

工艺步骤	工艺属性	可测量属性	监测方法
原材料	粉末	化学性质	说明书、化学分析仪
		粉末粒度	说明书
		PSD 分析	说明书
		粉末粒度分布	PSD 分析
		密度	比重计
		振实密度	振实密度测量
		湿度水平(陶瓷)	液体比重计

表13.3　最小和精确工艺控制的工艺控制比较

工艺步骤	工艺属性	可测量属性	监测方法
原材料	黏结剂	湿度水平	液体比重计
		黏度	毛细管流变仪
混合物	喂料	密度(粉末/黏结剂比例)	比重计、阿基米德法
		黏度稳定性	毛细管流变仪
		黏度与剪切速率	毛细管流变仪
注射成型	换向压力[a]	切换压力稳定性	压力表
	螺杆回转力矩	螺杆回转力矩稳定性	力矩传感器
	注射量	注射量稳定性	流量仪
	零件	零件质量	天平
	零件缺陷	气泡、空洞、裂缝、粉末/黏结剂分离、熔接线	视觉、X射线
溶剂脱脂	零件	质量损失	称量
	零件缺陷	裂缝、气泡	视觉
热脱脂	零件	质量损失	称量
	零件	收缩	线性测量
	零件缺陷	裂缝、气泡	视觉
烧结	最高温度	最高温度稳定性	热电偶
	温度均匀性	温度均匀性稳定	热电偶
	缺陷	孔隙、裂纹	视觉、X射线
	零件	收缩、最终尺寸	线性测量
		密度	阿基米德法、比重计
		化学属性(残碳量)	Leco或其他化学方法
		表面光洁度	表面光度仪
		耐腐蚀性	盐雾法、电位动态扫描
		性能	应用测验
检查	零件	尺寸	线性测量

注:a表示仅按位置切换,按压力切换也可以监控位置。

续表 13.3

属性	最小控制	精确控制
喂料	成型零件质量控制	成型零件质量控制 喂料密度控制(比重瓶、阿基米德法) 黏度喂料稳定性控制
注射成型	成型质量控制	零件密度(比重瓶、阿基米德法)
	位置切换和监控切换压力	零件尺寸 模腔压力切换与位置切换监控、保压闭环控制
溶剂脱脂	减重研究	减重研究 减重控制
热脱脂	减重研究	减重研究 减重控制
烧结[b]	零件尺寸控制	零件尺寸 零部件密度控制
	零部件密度控制	化学分析,尤其是碳含量 X 射线 裂纹检测 微观结构 机械测试

注:b 表示许多现代工艺将热脱脂与烧结相结合,因此热脱脂不会在精确控制中得到监控。

13.6　了解控制参数

本节将专门描述不同的工艺控制及其控制的原因,这些也可以用于工艺设置和确认阶段,以确保工艺的稳定性,并定期对出现的问题进行评估。

13.6.1　粉末特征

1. 化学特征

对碳含量和氧含量敏感的材料,化学监测最为关键,但同时其他元素

(例如不锈钢中的铬)也需要监测。当热处理过程对材料性能的影响很重要时,需要监测碳含量。最常见的是工具钢、低合金钢和马氏体不锈钢,在这些材料中,碳含量会影响尺寸稳定性、烧结密度和力学性能。此外,对碳脆化敏感的材料,例如钛,也应对碳含量进行监测。氧监测对于钛等材料很重要,因为氧元素会影响伸长率。此外,不锈钢中的氧与硅结合可能会形成二氧化硅颗粒,从而影响伸长率。

2. 粉末粒度和粒度分布

粉末粒度和粒度分布会影响混合物黏度和注射成型质量。随着粒度增加,混合物黏度降低,这会影响成型工艺的一致性。此外,烧结密度和力学性能受粉末粒度的影响。随着粒度减小,烧结性能增加。因此,粒度的变化会影响零件尺寸、烧结密度和力学性能。

13.6.2 喂料特性

1. 密度(比重瓶法、阿基米德法)

密度是粉末和黏结剂之间比率的直接量度。喂料密度不当会影响烧结尺寸(收缩)、混合黏度和成型质量。

2. 喂料黏度

不合适的喂料黏度将导致成型过程和零件质量的变化。它也可能是原材料不合适、原材料降解、喂料降解和喂料混合不均匀导致的。

13.6.3 注射成型

零部件质量的变化将导致烧结零部件尺寸的变化。零部件质量变化可能是原料制备步骤或成型工艺变化导致的。如果原料混合不正确,零件的质量可能提高或降低,从而导致烧结尺寸出现偏差。位置转换或成型保压压力的变化也会导致质量和烧结零部件尺寸的变化。此外,成型操作是一个体积恒定的过程,因此,质量的任何变化都会导致烧结尺寸的变化。

13.6.4 脱脂

了解零部件中黏结剂的含量及黏结剂的去除速度对于保证组件无缺陷至关重要。此外,如果黏结剂没有正确去除,在组件中可能会产生过量的碳,并最终影响组件的力学性能。

13.6.5　烧结

1. 选择零部件尺寸

烧结过程对零部件的最大影响是尺寸的变化。随着炉内温度和气体流量的变化,尺寸也随之变化。因此,了解尺寸及其变化方式对于了解烧结过程和实现工艺控制非常重要。此外,成型时零部件本身的质量变化表现为烧结时零部件尺寸的变化。所有先前工艺步骤的可变性将在烧结步骤中加剧,并表现为组件尺寸变化。

2. 零部件质量

如果有合金元素在烧结过程中蒸发,则组件的质量会发生变化。例如,一些学者已经证明真空烧结不锈钢会导致铬元素的损失。

3. 零部件密度

如果烧结温度或气体流量不合理,会导致零部件密度发生变化。密度变化的其他原因可能是所用粉末的等级、数量、零件中残留的碳、烧结炉漏气以及使用错误的材料等。

4. 化学分析

使用化学分析可以高精度地检测使用的材料是否正确、材料是否蒸发或来自熔炉和工艺的气体污染是否有污染。

5. X 射线检测

使用 X 射线设备很容易检测到空隙和裂缝,这可用于医疗或航空航天应用的关键零部件的制造过程。

6. 探伤

目前存在许多检测裂纹的方法,包括声学和视觉检测探伤。

7. 微观结构

微观结构的评估是非常有价值的,使用这种方法可以检测是否存在过度烧结或烧结不足的情况。此外,可以从微观结构中检测到组件的许多其他特性,包括碳化物形成、相比例、孔隙等。

8. 机械测试

通常,通过机械测试可以评估组件的强度和硬度。另一种监测烧结过程的方法是将试样与零部件烧结在一起,并评估试样的强度、伸长率或其他性能。

13.7 小　　结

本章介绍了一种验证金属注射成型产品和工艺的方法,对可以在MIM过程中进行的工艺控制和监控进行全面评估。此外,还介绍了为特定应用选择最佳过程控制的基本原理。一般而言,只需根据实际应用及规格来控制最关键的参数。

本章参考文献

[1] ASM (1998), Powder Metal Technologies and Applications, ASM Handbook, Vol. 7, ASM International, Materials Park, Ohio, USA.

[2] European Powder Metallurgy Association (2009), Metal Injection Molding – A manufacturing process for precision engineering components, 2nd edition, updating 1st edition (2004), European Powder Metallurgy Association, Shrewsbury, UK.

[3] German, R. M. (2003), Powder Injection Molding – Design and Applications, Innovative Materials Solutions, Inc., State College, PA, USA.

[4] Heaney, D. F., (2004), Qualification method for powder injection molded components, P/M Science and Technology Briefs, 6(3), 21 –27.

[5] Heaney, D., Zauner, R., Binet, C., Cowan, K., Piemme, J. (2004), Variability of powder characteristics and their effect on dimensional variability of powder injection molded components, Journal of Powder Metallurgy, 47(2), 145 –150.

[6] MPIF (2007), Material Standards for Metal Injection Molded Parts, Metal Powders Industry Federation, Princeton, NJ, USA, MPIF Standard # 35, 1993 –942,007 edition.

[7] Zauner, R., Binet, C., Heaney, D., Piemme, J. (2004), Variability of feedstock viscosity and its effect on dimensional variability of green powder injection molded components, Journal of Powder Metallurgy, 47 (2), 151-156.

第14章　金属注射成型中的碳控制

14.1　概　　述

几乎所有用于注射成型的材料都对碳元素敏感。事实上,这是在金属注射成型制造过程中最重要的问题,因为即使碳含量的微小波动也会改变零件的微观结构。黏结剂带来的碳污染是粉末注射成型过程中的一个固有问题,黏结剂是一种碳基物质,必须在脱脂步骤中完全去除。其对金属的烧结过程、微观结构和力学性能有很大影响。

然而,残余碳的影响可能因黏结剂系统的不同而存在显著差异。烧结温度和碳含量是工具钢中最重要的加工参数变量,因为它们决定了液相的体积分数。一般而言,残余的碳有助于致密化过程,从而可以更好地控制成型过程并提高最终硬度。然而在硬质合金系统中,实现碳的精确控制非常重要,以避免渗碳或产生脆性相。在其他系统中,如大多数不锈钢、磁铁(Fe-Si、Fe-Ni)或钛合金,应将碳含量保持在最低水平,因为碳污染可能导致力学性能和致密度的负面变化。

碳是脱脂过程中的一个重要元素,它依赖于所用黏结剂系统的种类。然而,大量不同的黏结剂体系分解是一个复杂过程。黏结剂可采用多种方法去除,有时可采用多种方法组合去除。导致聚合物降解的最常用工艺称为黏结剂脱脂,产生所谓的“棕色”零件。黏结剂的含碳量较高,因此脱脂需要适当选择热量、温度、时间和气氛,以提取黏结剂并控制残留物,控制加热过程中的相互作用和最终产品的变形。

为了有效地监测和控制碳含量,必须了解样品中碳的不同来源。碳的主要来源是初始粉末,其他来源是所用不同类型的黏结剂体系和每种黏结剂的组元成分。这是理解各种反应的关键,每种情况下可能涉及的反应主要取决于构成黏结剂系统的部分聚合物,也取决于反应发生的速度和时间。为了更好地控制这种复杂的情况,在成型过程的不同阶段有不同的碳含量监测方法。最直接的工具是使用碳元素分析仪测量毛坯和最终零件中的碳含量,然而该工具必须与其他分析工具结合使用,以分析脱脂烧结期间的反应速率,并通过优化参数以调整所需的碳含量。确定所需脱脂参数的最常用工具之一是热重分析仪(TGA)。该仪器允许在温度升高的同时监测样品质量。可以通过编程或使用不同的气氛达到不同的加热速率。通过对结果的分析,用户可以设计合适的脱脂参数,控制聚合物的剩余质量,从而控制碳含量。理论模型允许预测聚合物的分解行为和粉末压坯中残留的碳,从而帮助优化脱脂参数。其他工具包括基于脱脂过程中产生气体的傅立叶变换红外光谱(FTIR)和质谱(MS),这说明允许同时发生反应,并对成型过程中的平衡进行原位监测。

上述工具可测量发生的反应过程和碳含量,这有助于在不同试验条件下经过多次尝试后调整到最合适的参数。然而,对碳含量实现真正的控制取决于两个关键因素:脱脂气氛和温度。在不同温度下选择气氛意味着在脱脂过程中会产生不同的物质。更好地理解这些反应将确保更好地选择黏结剂系统,并更好、更稳定地控制碳含量,最终减少脱脂参数调整过程中的优化步骤和试错过程。一般来说,随着还原性气氛的增加,最终碳含量会增加。这是因为粉末中氢和氧之间的反应阻止了碳和氧之间的反应,所以碳含量升高。也就是说,随着气氛还原性的增强,燃尽产物的元素组成由碳、氧为主转变为氢、氧为主。脱脂温度也会随着气氛的变化而变化。因此,在工业加工过程中,必须在最短脱脂时间、致密完整性和合适的碳含量之间实现平衡。

最后,重要的是将碳含量与材料的性能及其尺寸控制相关联。不同脱脂方法对最终尺寸控制具有关键影响,因为其与碳残留物以及加工过程中零件尺寸的稳定性有关。此外,一些学者还发现碳含量对微观结构有很大影响。对不同金属体系的研究有助于理解修正相图和碳含量组合,新相的形成对于获得不同的力学性能和功能性能至关重要。因此,不同合金的最终使用性能与部件加工过程中的精确碳控制密切相关。

14.2　控制碳含量的方法、黏结剂分解机理和影响碳含量的工艺参数

14.2.1　碳源

在大多数合金中,碳元素的控制是通过调节烧结气氛中的碳源来实现的。在MIM中,存在作为碳源的黏结剂组分、可脱碳的氧化铁、产生不同气固反应的复杂气体成分,以及CO/CO_2和H_2/CH_4,并且不同合金中残余碳会造成不同的影响,使碳控制成为一个多因素问题。碳控制是一个复杂的平衡问题:初始粉末的初始碳含量、分解反应速率和残余碳与脱脂气氛的反应速率,以及粉末和残余碳的相互作用、烧结气氛的变化,可能会出现不同的反应状态。

在整个脱脂过程中,聚合物黏结剂分解为C1～C6范围内的碳氢化合物,这些分子本身可能是反应物,通过自由基过程进一步断裂成小烃链,该过程包括热解键断裂、复合反应和低分子质量产物的挥发。

不同类型聚合物的热降解机制导致产生不同数量和种类的含碳残留物。使用FTIR和MS对脱脂过程产生的气体进行分析,可以使人们对脱脂过程有一个补充性的了解,尽管它们的使用还没有如此广泛,结果分析也比较复杂。目前的情况是,在不知道每种物质的含量和现有气体的情况下,很难预测发生了哪些反应,但可以给出一些一般性的想法。例如,解聚型聚合物(如聚甲醛(POM)或聚甲基丙烯酸丁酯(PBMA))的产物完全不同于Kankawa(1997)所述的无规型聚合物或聚烯烃(如聚丙烯(PP)或乙烯－醋酸乙烯酯(EVA))产生的残留物。

当POM或PBMA分解时,它们在空气或氮气中都不会产生任何碳残留物。它们分解成主链单体,在低温(300 ℃)下容易蒸发,如图14.1(a)所示,单体在链末端丢失。然而,聚烯烃或无规则聚合物在高温下分解为低分子质量化合物需要更长的时间。降解可以用链的随机断裂来描述,它可能产生一些碳双键,需要更高的分解温度(600 ℃)(图14.1(b))。然而由于解聚型聚合物分解速度更快,使用其作为黏结剂的单一组分可能会导致在空气热脱脂过程中产生带有裂纹和孔洞的样品,这两种聚合物的组合

似乎可以得到更好的样品。在这种情况下，在 NH_3 气氛中通过一系列催化脱脂来消除聚缩醛，然后将聚烯烃留在受控气氛下进行热脱脂循环，可获得最佳结果。本章后面将详细描述黏结剂分解机理，以了解 MIM 工艺中作为碳源的不同类型的残留物。

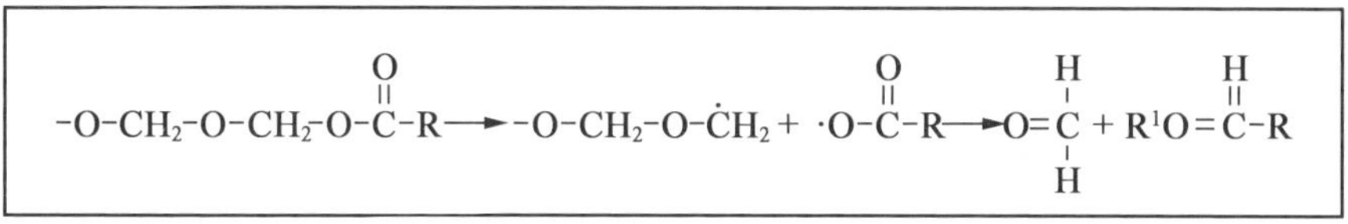

$$-O-CH_2-O-CH_2-O-\overset{O}{\overset{\|}{C}}-R \longrightarrow -O-CH_2-O-\dot{C}H_2 + \cdot O-\overset{O}{\overset{\|}{C}}-R \longrightarrow O=\underset{H}{\underset{|}{\overset{H}{\overset{|}{C}}}} + R^1O=\overset{H}{\overset{\|}{C}}-R$$

(a)

$$-\underset{CH_3}{\underset{|}{CH}}-CH_2-\underset{CH_3}{\underset{|}{\dot{C}}}-CH_2-\underset{CH_3}{\underset{|}{CH}}-CH_2-\underset{CH_3}{\underset{|}{CH_2}} \longrightarrow -\underset{CH_3}{\underset{|}{\dot{C}H}} + CH_2=\underset{CH_3}{\underset{|}{C}}-CH_2-\underset{CH_3}{\underset{|}{CH}}-CH_2-\underset{CH_3}{\underset{|}{CH_2}}$$

$$\longrightarrow -\underset{CH_3}{\underset{|}{CH}}-CH_2-\underset{CH_3}{\underset{|}{C}}=CH_2 + \underset{CH_3}{\underset{|}{\dot{C}H}}-CH_2-\underset{CH_3}{\underset{|}{CH_2}}$$

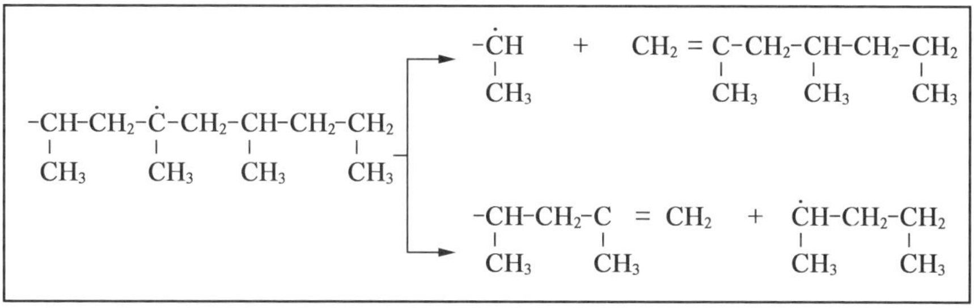

(b)

图 14.1　聚合物的降解机理

14.2.2　测量碳含量的工具

了解采用何种工具测量从零件生坯到最终烧结状态整个过程的碳含量极其重要。碳含量检测的主要工具是元素分析仪，该分析仪的原理是使用红外检测技术对金属、陶瓷和其他无机材料的碳含量进行大规模测量，如 LECO、BRUKER、HORIBA，该分析仪可以对大多数脱脂和烧结后的合金进行碳含量控制。在某些情况下，有必要通过修改样品量和使用特殊的碳测试标准样品来修改校准范围，但它适用于大多数合金。

控制碳含量的另一种方法是根据 TGA 数据设计脱脂程序，如上所述，在温度升高的同时检测样品质量，随着时间的推移，质量几乎呈线性损失，直至达到某一特定值，此后，质量损失速率减慢。等轴形状的黏结剂去除过程中质量损失速度的减慢主要是由于几何效应，即在模制样品中，黏结剂界面以几乎恒定的速度推进，反应表面减小，质量损失率也因此降低。

TGA 适用于研究黏结剂聚合物的分解行为。实际上，通过选择不同的气氛和恒定的加热速率,可以区分气氛对每种黏结剂分解速率的影响。例如,图14.2所示为石蜡(PW)和高密度聚乙烯(HDPE)双组分黏结剂的TGA曲线。在N_2气氛下,使用10 ℃/min的恒定速率对TGA进行设定。可以观察到,PW在接近220 ℃时开始分解,在450 ℃时,主要质量损失与HDPE降解相对应。基于这些结果,可以为喂料设计脱脂程序。

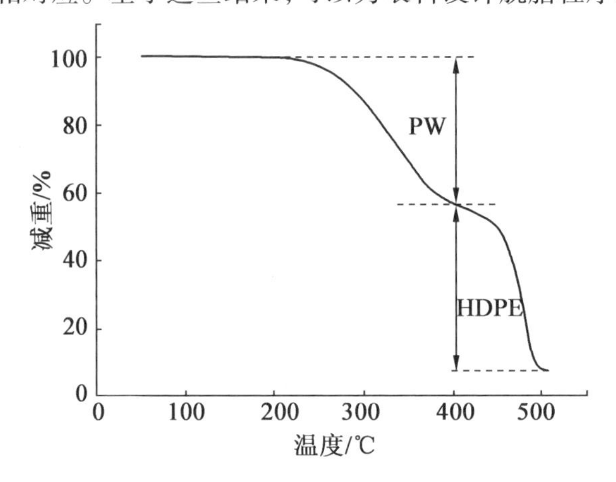

图14.2 石蜡(PW)和高密度聚乙烯(HDPE)双组分黏结剂的TGA曲线

脱脂主要包括两种步骤:加热阶段和保温阶段,这些步骤的组合可生产无缺陷零件。加热循环的第一步,在质量损失之前,可选择5 ℃/min的速率。在220 ℃的温度下,石蜡开始蒸发时,必须选择保温步骤,有利于缓慢消除该组分。在220~500 ℃,主要成分的质量损失逐渐发生,应将加热速率降低至2 ℃/min,并且应对加热速率进行优化,因为高加热速率会产生外部气泡和裂纹,而缓慢的加热速率会延长制造过程。最后一个保温步骤的温度被认为是"最大脱脂温度",它被用来确定是否有残留的黏结剂。由于金属粉末的存在可以轻微改变温度,因此最佳热平衡应直接用于进料步骤以检查其可行性。图14.3基于PW和HDPE的喂料脱脂循环TGA之间的相关性,显示了剩余的最大脱脂温度,在这种情况下,样品中残余碳的质量分数为1%。

通过使用FTIR和MS或TGA和FTIR研究的组合分析生成的气体,可以获得关于正在发生哪些反应以及该过程中涉及哪些气体的详细信息。这种方法允许同时评估黏结剂分解过程中的键断裂和产物形成,因为在分解过程中,气体被收集并分析。这种方法使得研究气体产物形成的反应途径和材料在热解过程中的降解机制成为可能。此外，它还提供了每种黏结剂的残余质量，基本上都是残余碳，并且可以深入了解分解机理。使用适当的软件，可以从这些研究中获得动力学模型，以显示其中的时间－温度－气体关系。

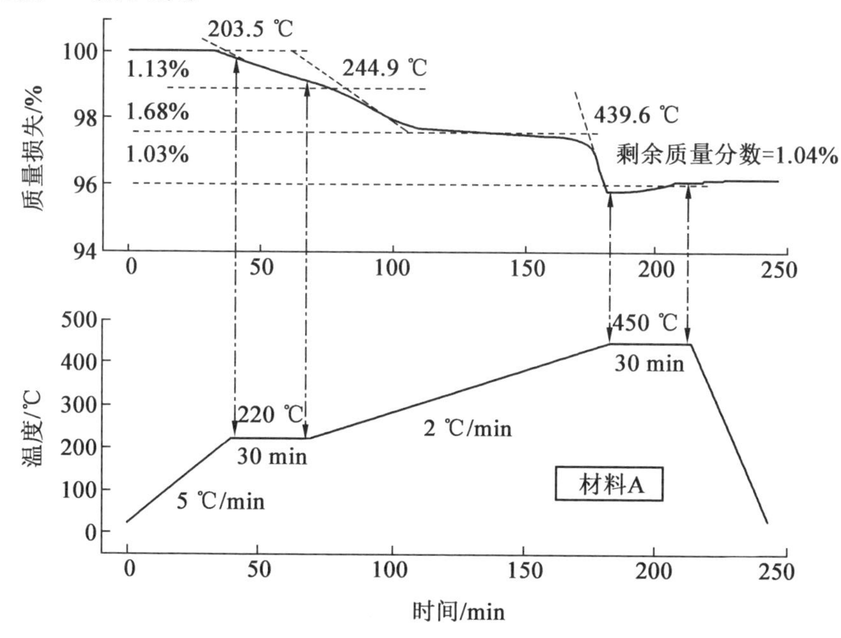

图14.3　基于PW和HDPE的喂料脱脂循环与TGA之间的相关性

14.2.3　黏结剂分解机理

在与碳控制相关的脱脂变量中，脱脂时间、温度、脱脂气氛和气体流量是关键。实际上，组合使用不同脱脂工艺通常比单级工艺（如热脱脂）更好控制。大量不同的黏结剂和不同的脱脂方法（溶剂法、热法、芯法、催化法、真空法等）导致对分解机理的研究非常复杂。确保适当碳控制的最常用组合为溶剂＋热脱脂步骤，该步骤使得溶剂部分中的黏结剂得以去除，然后在保护气氛下进行热循环以去除残余黏结剂。这一步骤通常是蒸发、液体和气体迁移、聚合物热解和多孔介质传热的组合。

溶剂萃取包括溶剂（通常是有机溶剂）扩散到黏结剂中，黏结剂溶解，溶剂和黏结剂相互扩散，以及溶液向外扩散到表面。使用溶剂脱脂作为工业加工中脱脂的补充步骤，可实现更好的尺寸控制和碳控制。近年来，由于对环境保护、成本效益和可管理性的关注,使用水脱脂已成为一种更具优势的方法。黏结剂在水中的降解与在任何其他溶剂中的溶解具有相同的原理,尽管只有少数系统对消除残余黏结剂的有效性进行了深入研究。聚乙二醇(PEG)是水溶性体系中最常用的溶剂之一,一些作者最近在MIM产品中对其降解过程进行了研究。这些研究通过FTIR和其他常规方法进行,如TGA和DSC。它们揭示了聚合物组分和喂料粉末之间可能存在的化学相互作用。所有研究都证实了PEG在溶剂和热解过程中分解产物的复杂混合物的形成,之前在Suzuki描述的FTIR谱带中观察到了这一现象。此外,PEG基黏结剂和粉末之间的相互作用取决于粉末的性质,因此必须对每种情况进行分析。在一些陶瓷喂料中检测到活性相互作用,显示出对黏结剂降解行为的显著影响(延缓分解)。此外,由于这些相互作用,有可能提出喂料最佳粉末装填量的近似值。在另一项研究中,特别是在基于Inconel 718和PP-PEG黏结剂喂料的情况下,PEG的使用似乎不仅降低了黏度,而且还增加了黏结剂的环保性,使降解过程成为一个清洁的过程,且金属粉末和黏结剂之间没有检测到相互作用。然而需要解决的一个重要问题是,由于残余氧和碳的相互作用,可能增加在烧结过程的第一步脱碳,因此,与其他聚合物相比,PEG系统需要对剩余的氧气量进行评估。

在热脱脂的情况下,可使用不同的机制或多种机制的组合去除黏结剂:

(1)蒸发(在低分子质量黏结剂的情况下观察到)。

(2)热降解(发生在聚烯烃解聚过程中,聚烯烃转化为低分子质量物质,扩散到表面并最终蒸发)。

(3)氧化降解(黏结剂与氧气反应并被消除)。

脱脂受单个黏结剂组分的性质、不同组分之间的相互作用以及黏结剂与粉末颗粒之间的相互作用的影响。当考虑所有方面以了解脱脂结束后残余碳的来源时,发现通过第一种机制(即蒸发)去除黏结剂不会留下残余碳。

相反,热降解发生在整个压坯上,残留量取决于黏结剂组分的分子质量。然而需要注意的是,如果黏结剂的成分或黏结剂和粉末在物理和(或)化学上相互作用,残余碳含量可能会完全改变。脱脂留下的黏结剂残留物对结构、物理或磁性能至关重要,因为在烧结步骤前改变系统的碳含量会导致最终微观结构的变化、新物质的沉淀等现象。大多数理想的黏结剂系统会留下少量的残余组分,主要是低质量物质和碳。这些物质通常非常细小,并且可能均匀分布在基体中,尽管它们的效果可能会因残留物的数量和合金的种类而改变。这些黏结剂系统中的大多数设计为在加热至烧结温度时完全烧尽。因此,应避免使用聚苯乙烯、淀粉或纤维素等强度更强的主链聚合物,因为它们容易形成石墨,产生碳污染,即使在烧结步骤中也难以修复。此外,由于脱脂不完全,渗碳和脱碳过程可能会影响后续烧结步骤。

一般来说,与纯热脱脂相比,溶剂和热脱脂的组合导致较低的碳含量。这是由于溶剂脱脂过程中黏结剂组分的溶解为随后的黏结剂分解留下了一个开放的孔隙结构。此外,在研究每个系统的烧结过程并评估渗碳和脱碳趋势后,正确调整溶剂脱脂(催化过程也会发生这种情况)可以很好地控制最终碳含量。

由于大多数金属粉末在脱脂温度下会发生严重氧化,因此氧化机制的使用频率较低。一些公司在空气中进行脱脂工艺,直到某一温度下 TGA 曲线显示粉末质量增加,这与 TGA 曲线显示黏结剂的质量损失相同。这一过程有助于缩短较长的脱脂时间,因为氧化降解会降低聚合物的分解温度并加速其去除。使用氧化气氛也可能导致碳过量。观察到这种效应是因为在空气中,粉末表面形成的过量氧化物可能会关闭气体排出通道,从而产生不完全的热脱脂现象。在这些情况下,空气中的脱脂限制在最高温度。因此,当使用非氧化气氛时,黏结剂的去除主要限于蒸发和热降解过程。

预测热脱脂后残余碳含量的各种模型表明,残余碳含量由“最大脱脂温度”下的保温时间决定。低分子质量材料(如蜡)很容易通过蒸发去除,因此只留下少量残余碳。聚合物可以通过多种方式降解,包括链解聚、随机断裂和侧基消除。链式解聚的产生实际上是单体的挥发过程。一些最环保的黏结剂可分解成挥发性烷烃和烯烃的聚合物(如 PMMA)。

随机断裂(如 HDPE、PEG 或 EVA 所发现的)会产生大量的分子碎片,这些碎片几乎不含单体,因此经常会导致残余碳的形成。这通常是由于最初降解的链之间的交联反应。必须考虑这种反应和环合反应,因为它们都会导致形成不易挥发的碳残留物。这些工艺产生的残余碳通常有两种形式:由多个多环基团(类似于石墨)组成的伪石墨碳,或高度支化的碳,即非芳香族残碳(图 14.4)。残余碳含量随分子质量对数的增加而线性增加。尽管这类残留物在氧化气氛中很容易消除,但在金属粉末存在的情况下对氧气使用的限制导致需要选择降解为挥发性成分的黏结剂,该黏结剂具有需逐步消除的复杂成分(例如,PP/LDPE/PW、HDPE/PW/SA、PEG/PMMA、HDPE/PP/PW/EVA/SA、CAB/PEG和EVA/PW/HDPE/SA)或包括有助于在惰性气体中挥发聚合物组分的添加剂,以确保材料中的低碳含量,其中碳必须保持在最低水平。

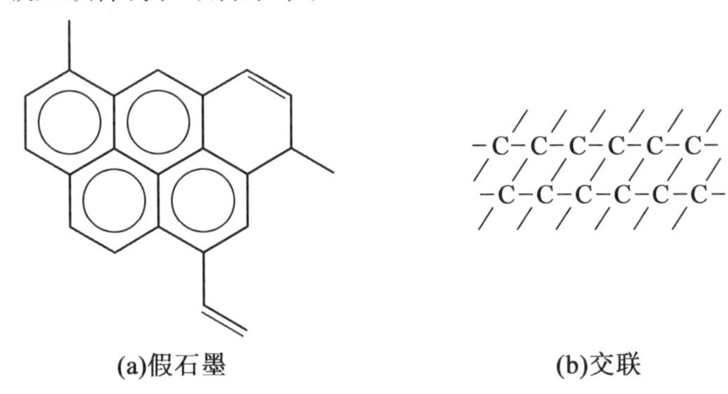

图14.4 碳质残渣化学结构示意图

最后的方法,即侧基消除(例如,在PVB或PVA中发现),除水或丁醛外,此类聚合物通常会产生含有一些不饱和长链和共轭的长链,随后会发生环合和交联反应,从而产生大量的残余碳。

因此,必须根据生产零件的要求选择合适的黏结剂。例如,铜基合金等非碳材料可以在氢气中加工,只要金属不与氢气反应形成氢化物,就可以消除任何残余碳。

14.2.4 添加剂

偶联剂或表面活性剂被广泛用于改善金属或陶瓷粉末与聚合物组分之间的相互作用。一些添加剂如巴西棕榈蜡,在模具壁上充当润滑剂,以降低进料的黏度,并允许增加进料的粉末负载。其他添加剂,如硬脂酸(SA)被描述为分散剂,当它直接添加到喂料中时,会降低混合物的黏度。但是,由于硬脂酸的化学性质,它有极性端和非极性端,这种添加剂能够在黏结剂和粉末表面之间形成化学键,经常导致其他偶联剂(如铝酸盐、硅烷和钛酸盐)的黏度增加,这些偶联剂通常用于改善混合物的流变性(大多数是陶瓷体系)。为了在黏结剂和粉末表面之间形成化学键,有必要将硬脂酸($C_{17}H_{35}COOH$)吸附到金属粉末上,在之前的浓缩溶液中进行处理。金属粉末可与硬脂酸分子极性嵌入,并且反应后(图14.5),硬脂酸分子与非极性部分相互作用。

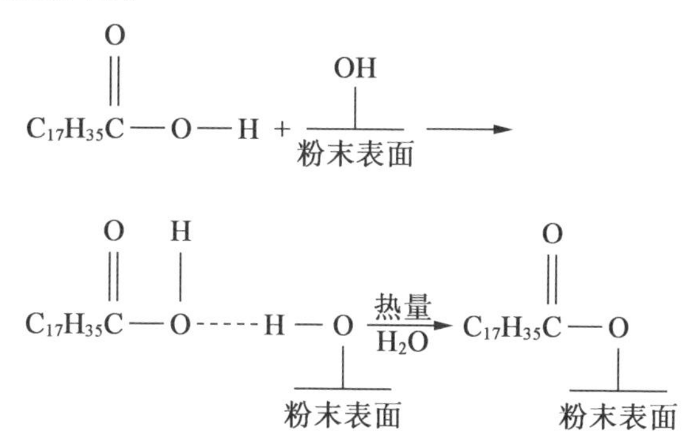

图14.5　金属粉末表面与SA的化学反应

可使用X射线光电子能谱(XPS)检测覆盖粉末的硬脂酸单层的形成分析,结果显示与没有任何覆盖的粉末相比,碳峰强度增加。这种单层膜也可以在FTIR分析中识别,因为它出现了新的COO键特征峰和水分子外观峰。为了确定吸附在金属粉末表面上的硬脂酸的最佳量,测量DSC曲线中观察到的峰的硬脂酸熔融焓。可以观察到,熔融焓随溶液的SA浓度增加而增加,在特定浓度下达到饱和,另一种可能性是估算覆盖金属粉末特定区域的表面活性剂的量,形成完整的单层表面覆盖,同时考虑密度、粉末尺寸和形态以及黏结剂中表面活性剂的比例。

尽管表面活性剂的使用改善了混合物的流动性,但与金属粉末的结合可能会改变黏结剂清除的机制或速率。因此,必须在这种粉末存在的情况下进行TGA研究,因为曲线的形状和温度可能会发生重要的改变。事实上,在某些情况下,由于颗粒的小尺寸阻碍了黏结剂的蒸发,因此脱脂可能会延迟。另外,粉末的存在可增强热降解。这种催化效应可能是所述金属粉末表面与聚合物或添加剂之间的反应导致的。例如,当球形粉末316L存在时,EVA分解的活化能降低,此外,某些氧化物表面会影响聚合物的分解行为。从这个意义上说,更纯净的粉末和更大的表面积(更小的粒径)会增加催化活性,从而缩短脱脂时间。

去除黏结剂的成本很高,因为它通常是一个漫长的过程,而聚合物去除过程的几个方面和对不同黏结剂系统留下残余碳的预测仍有待研究。

为优化 MIM 工艺,在任何情况下都需要进行分析,例如决定气氛与黏结剂相互作用能力的零件尺寸。这说明一个特定系统的热重分析数据不能直接应用于另一个系统。

出于上述原因,为了在金属或陶瓷粉末存在的情况下预测黏结剂系统的行为,并考虑到零件的特定几何形状或尺寸,本章做了大量仿真来模拟这些过程。此外,本章还报告了黏结剂组分和粉末表面之间的相互作用导致残余碳增加的情况,并给出了一些示例。量化粉末表面活性的一种方法是利用等电点(IEP)进行描述。在一些研究中,IEP 接近 7(中性)的粉末的碳含量最小,粉末表面的酸性或碱性越强,粉末与黏结剂之间的相互作用越大,残余碳含量越高。

14.2.5 影响碳控制的工艺参数:气氛和温度

实现对碳含量的真正控制必须在脱脂和烧结过程中设置适当的气氛和脱脂温度。

关于脱脂步骤,根据该过程中使用的不同气氛,随着气氛还原性的增加,不同物质的形成通常从碳、氧占主导地位转变为氢、氧和氢、碳占主导地位。当气体组分之间的平衡通过渗碳剂和渗碳剂气体的组合实现时,可获得最佳结果。然而,尽管所选择的气氛可能在 CO/CO_2 或 CH_4/H_2 之间具有良好的平衡,但黏结剂分解时产生的气体使气体混合物的比率不断变化,因此难以确保恒定的组分。一般而言,使用纯 H_2 会导致最低的碳含量和较低的分解温度,然而这也可能导致生产的零件严重脱碳和形成氢化物。

如果在 H_2 气氛中进行脱脂试验,则降解可归因于 H_2 与黏结剂的反应式(14.1),但通常会观察到脱碳过程遵循相同的机制(式(14.2))。

$$[CH_2]_n + xH_2(g) \Longrightarrow CH_4, C_2H_4, C_2H_6, C_3H_8, C_4H_{10} \tag{14.1}$$

$$C + xH_2(g) \Longrightarrow CH_4, C_2H_4, C_2H_6, C_3H_8, C_4H_{10} \tag{14.2}$$

如果脱脂发生在 N_2、Ar 或真空中,则可能观察到其他类型的脱碳过程,这些脱碳过程归因于残余碳与残余氧或金属粉末上存在的某些氧化物的其他反应:

$$C + \frac{1}{2}O_2(g)\text{或}(s) \Longrightarrow CO(g) \tag{14.3}$$

$$C + O_2(g)\text{或}(s) \Longrightarrow CO_2(g) \tag{14.4}$$

$$C + O_2(g) \Longrightarrow 2CO(g) \tag{14.5}$$

如果脱脂发生在 $H_2 - N_2$ 混合物中,由于反应过程受金属相中碳的扩散控制,则脱碳率受两个过程的综合效应影响,且保温时间对脱碳率有显著影响。

在初始碳含量很低或接近于零的合金中,通过最佳氢/氮混合气氛获得最成功的结果,以确保无残渣脱脂和减少氧化物,避免 H_2 的严重脱碳效应。

脱脂工艺中必须控制的另一个相关工艺参数是温度。脱脂温度随气氛的变化而变化,这意味着在工业加工过程中必须在最短脱脂时间、致密完整性和合适的碳含量之间实现平衡。虽然在工业上,随着碳消除率的显著增加,使用高温来缩短脱脂时间更有吸引力,但必须找到适当的平衡。事实上,较高的温度很容易使零件产生内应力,这是由于黏结剂蒸发过快,可能导致部件起泡或开裂。此外,较高的温度可能导致部件变形,这是黏结剂软化时重力作用下的黏性流动造成的。因此,根据黏结剂不同组分的分解阶段选择加热速率非常重要,以防止出现缺陷。

简而言之,脱脂循环、气氛、温度和最大脱脂温度下的保温时间必须根据黏结剂进行调整,并且在工业实践中,必须单独确定最佳氢/氮比例。模型表明,对这些参数的适当控制可以预测脱脂后的残余碳含量。

工业过程必须根据所生产的金属零件,在最小脱脂时间、紧凑完整性与适宜的气氛之间取得平衡。不同脱脂工艺(如溶剂脱脂和热脱脂)的组合通常会减少部件的变形,同时使脱脂阶段的持续时间最小化。

烧结循环是一个关键过程,在此过程中可能会发生严重的渗碳或脱碳,这取决于几个因素,主要是过程中使用的气氛,还有脱脂后留下的残余碳、粉末的性质以及脱脂后的部分氧化,这可能导致零件具有完全不同的特性。最终碳含量的控制可通过调整溶剂脱脂步骤、修改初始粉末的碳含量以补偿可避免的脱碳,或通过调节气氛以改变发生的反应。

关于 MIM 零件烧结过程中使用的不同气氛,最成功的是:氢、氮和氮/氢混合物,即使添加甲烷,也能同时实现渗碳、还原以及真空。氩气气氛不太常用,因为它通过填充阻碍部件完全致密化的孔隙来延缓致密化。纯氢是不锈钢的首选烧结气氛。氢气抑制了铬的蒸发,从而提高了耐腐蚀性。氮或氮与少量氢的混合物是一种非常适合的气氛,用于大多数合金。真空是一种中性气氛,不与粉末发生反应,但在具有扩散泵真空的烧结室中,低氧分压可作为铁在典型烧结温度下的还原气氛(图14.6)。无论哪种情况,这都是一种合适的气氛,尤其是对于工具钢和其他对碳敏感的合金。

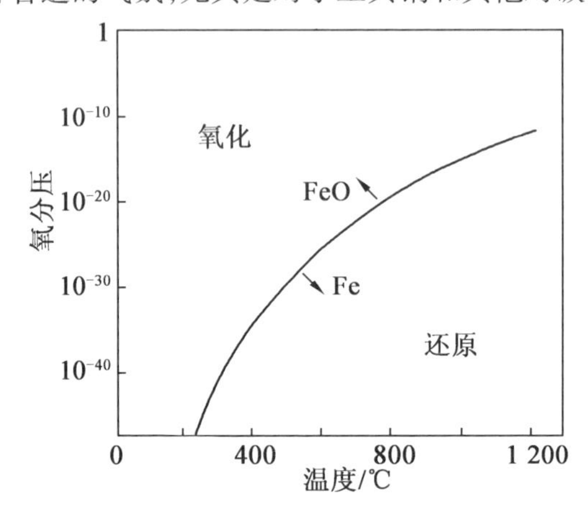

图14.6　铁和氧化铁之间的分离被绘制为氧分压与温度的关系图
氧化条件在曲线上方,还原条件在曲线下方,温度超过1 200 ℃的真空烧结通常发生在还原条件下

尽管如此,对于特定材料而言,确定的气氛并不总是最佳的选择。因为气体能够影响产品的最终应用场景,所以适当的气氛对于产品非常重要。例如,对于某些部件,最好具有均匀分布在微观结构中的高碳含量,以增加总力学性能。然而,在其他情况下,采用相同合金的成分,并加入最少的碳以确保高韧性,这将是一件值得研究的事情,尽管在这个步骤后可以进行渗碳处理以增加表面强度。两种情况下的合成微观结构示例如图14.7所示,对应于在N_2(图14.7(a))和H_2(图14.7(b))中烧结的Fe－8% Ni合金,以获得具有所述特征的实际组分。

烧结最初几分钟内发生的第一个反应是氧和碳形成一氧化碳(CO)的反应(式(14.6))。给定温度下的反应速率取决于固体材料中氧和碳的浓度、氧和碳的扩散率、反应产物的平衡压力和环境压力。如果碳含量和氧含量较低,粉末上的CO平衡蒸气压也会降低,并且如果杂质浓度降低,则预计CO蒸发速率将降低。

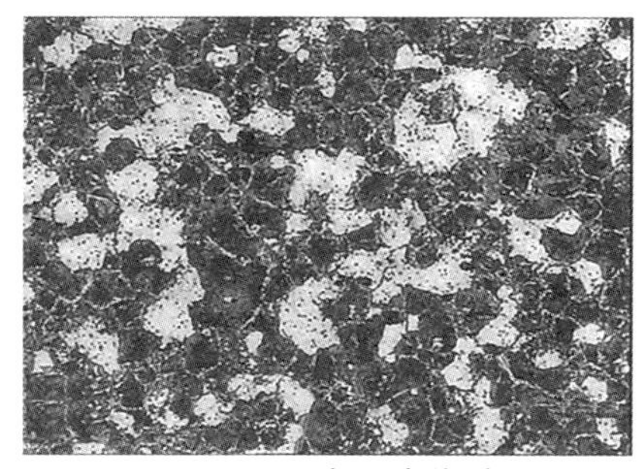

(a)0.47%C在N_2中烧结

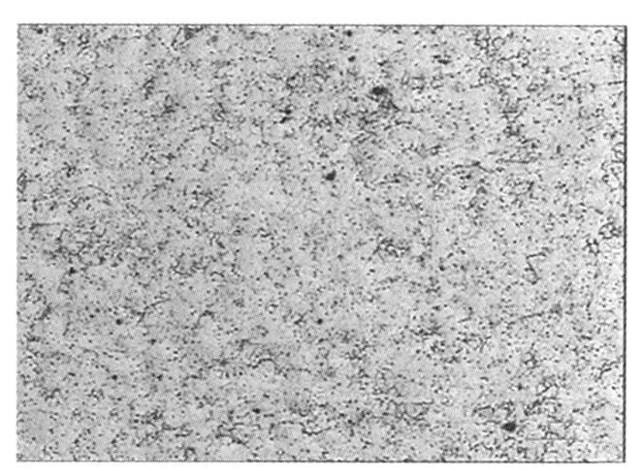

(b)0.005%C在H_2中烧结

图 14.7　Fe－8%Ni 的合成微观结构示例

$$M_xO + C \Longleftrightarrow xM + CO \quad (M = 金属元素) \tag{14.6}$$

基于对氧和碳相互作用的初步了解，如今，已经通过试验证明粉末或成型部分中的氧含量与发生的脱碳等级（ΔC_d）之间存在相关性。碳损失（C_d）的质量分数实际上等于初始样品（O_d）的氧气百分比。

$$\Delta C_d = C_d - O_d \tag{14.7}$$

如果原始粉末含有少量碳，则有必要通过添加石墨来调整碳含量，且不可避免地会有一定量的损失。该反应当碳含量不足时，零件可能会出现过度脱碳。这一现象可能导致部件在烧结过程中发生临界变形，如图14.8所示。

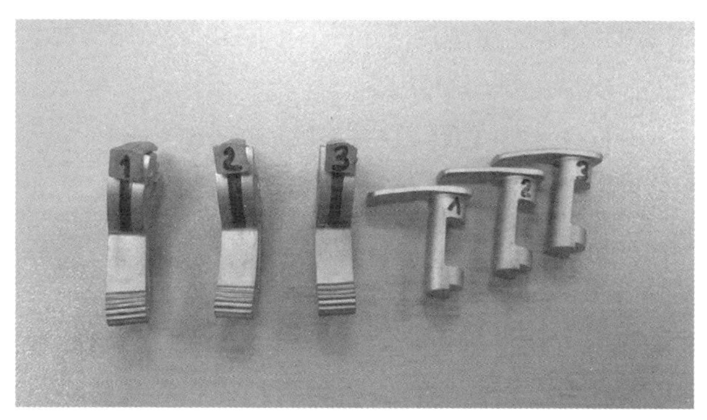

图 14.8　在烧结过程中发生临界变形的脱碳真实部件

在其他情况下，如果通过不同的合金化工艺获得相同合金的原始粉末，则可在最佳烧结温度下观察到临界差异。例如，在高速钢（HSS）合金中观察到的卡恩现象表明，考虑到所用粉末的来源（预合金或中间合金

(MA)),烧结过程中的碳损失是可预测的,这决定了最佳烧结条件,因为烧结过程中检测到的碳损失与原始粉末中存在的氧气量有关。

根据所设置的气氛,热化学反应涉及从氧化反应到还原反应以及从脱碳到碳化的不同过程。在常见情况下,最关键的可逆反应之一为

$$M(s)+\frac{1}{2}O_2(g)\Longleftrightarrow MO(s) \tag{14.8}$$

这种可逆性意味着高浓度的氧会导致金属氧化物的产生,或在高温下高浓度的金属氧化物导致氧和纯金属的形成。

这种反应可能发生在真空烧结中,尽管很难通过纯解离的方式从大多数金属中来脱氧。只有在材料的烧结温度非常高且金属没有蒸发的情况下,才可能进行脱氧。在典型烧结温度下,还原需要氧含量 $<10^{-13}$ 的气氛,以避免氧化,如图 14.6 所示。事实上,在真空烧结中,使用涉及碳脱氧的化学反应(式(14.6))是在真空中还原氧化物的最有效方法。这种碳脱氧反应是在高温和高真空条件下进行的。

使用高还原性气氛会导致几乎任何金属氧化物(最常见的是氧化铁)被还原。在这种情况下,反应进程由氢/水蒸气平衡决定,即露点(水蒸气冷凝的温度)。这一点提供了有关烧结气氛中水分含量的信息。因此,为了避免发生逆向反应,必须不断地从熔炉中消除蒸气产物。

$$FeO(s)+H_2(g)\Longleftrightarrow Fe(s)+H_2O(g) \tag{14.9}$$

另一个重要的减排物种是产生二氧化碳的 CO。随后,如果 CO 分压超过 CO_2,气氛中 CO_2 分压将会下降。

$$FeO(s)+CO(g)\Longleftrightarrow Fe(s)+CO_2(g) \tag{14.10}$$

最后,渗碳和脱碳反应决定了烧结零件的最终碳含量。可通过 German 编制的渗碳和脱碳图(图 14.9)研究平衡规律,其中这些相反的情况由氧分数和碳分数得出。

在图 14.9 中,CO、CO_2 和 CH_4 起主要作用。一般来说,容易导致脱碳的物质是水和二氧化碳,而甲烷和一氧化碳往往会导致渗碳。这些气体和固体物质的数量是相互关联的,因此,正在发生的总反应是非常复杂的。在烧结过程中,由于温度变化和新的反应或产物的出现,一些处于平衡状态的物质含量不断波动,反应情况可能会朝不同的方向发展。如果二氧化碳含量高,它将推动脱碳产生一氧化碳;如果出现来自炉内加热器元件的额外碳(在使用石墨加热器的情况下),它将与作为还原物质的剩余氧气

反应生成 CO；如果添加任何碳源、石墨添加剂或来自加热元件、残余黏结剂的碳，将提供渗碳环境；如果水压增加，将产生一个重要的脱碳现象，如式(14.11)所示。

$$Fe_3C(s) + H_2O(g) \Longleftrightarrow 3Fe(s) + CO(g) + H_2(g) \qquad (14.11)$$

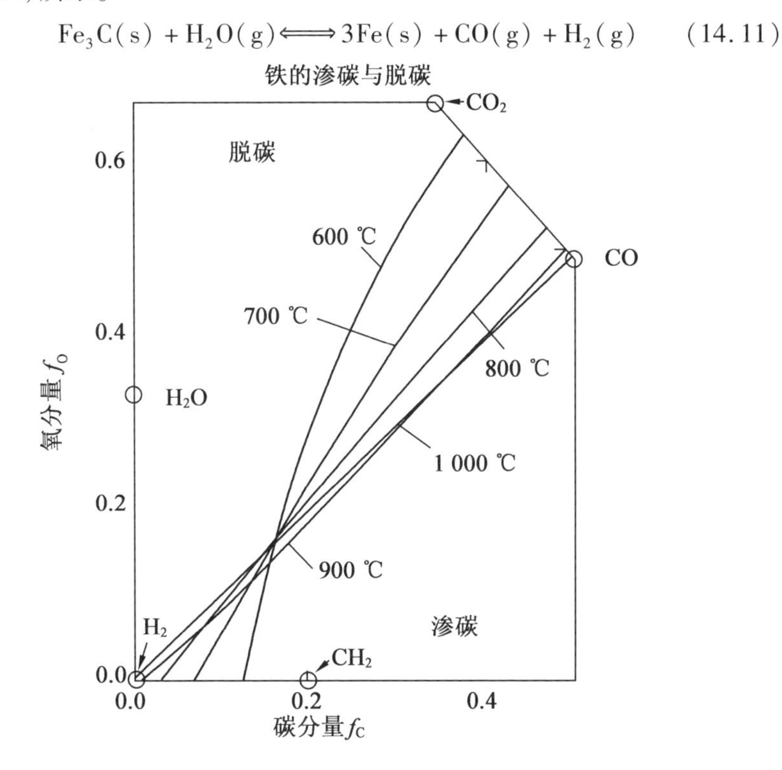

图 14.9　根据氧含量和碳含量，几种温度和气氛组分的渗碳和脱碳区域图（German，2015，经 PIM 国际公司许可复制）

由于这些反应及温度和水蒸气控制的平衡，有可能将完全扭曲的组分转变为具有精确所需碳量的组分。如图 14.10 所示，42CrMo4 钢的部件在左侧出现脱碳（$w_C < 0.2\%$）和变形，右侧部件则具有正确的碳量（$w_C = 0.38\%$），足够致密并保持正确的尺寸。

除了对这些反应过程进行控制之外，新的控制系统在调整气氛成分和优化烧结过程方面发挥着重要作用。这些控制系统基于熔炉内的传感器，与测量设备相连，测量设备监测碳含量、温度、氧含量、氢含量和其他特征的数据，这些特征将决定大气的还原、氧化、渗碳或脱碳特性。此外，这些新的控制系统可以实时编程更改，以使最终零件保持在受控条件下，确保一定的质量水平,允许在非常敏感的行业使用MIM技术。

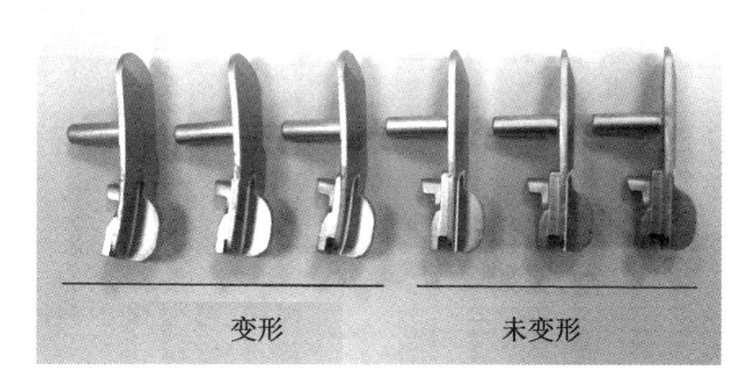

图14.10 42CrMo4钢的实际成分脱碳(<0.2%)和变形(左侧)及使用正确数量的碳(0.38%)正确致密并保持正确尺寸(右侧)

14.3 材　　料

残余碳的影响可能因系统而异。因此,本节将介绍最重要的因素,烧结温度和碳含量是工具钢中最重要的加工工艺变量,因为它们决定了液相的体积分数。一般而言,较高的残余碳分数有助于致密化过程,从而更好地控制成型过程并提高最终硬度。相比之下,重要的是实现对硬质合金系统中碳的精确控制,以避免渗碳或产生脆性η相。在其他粉末材料中,如不锈钢、磁铁(Fe-Si、Fe-Ni)或钛合金,碳含量应保持在最低水平,因为此类污染可能导致不适宜的机械、电气和磁性特性。本节将详细介绍每个系统最重要的方面。

14.3.1 高速钢(HSSs)

高速钢具有特殊的物理和力学性能,使其成为生产高强度、耐磨性、韧性和硬度最佳组合零件的理想材料。采用粉末冶金技术生产的零件碳化物分布均匀,力学性能具有各向同性。这种高速钢生产方法的主要缺点是其对烧结参数(如温度和气氛)的中度敏感性。此外,碳含量对微观结构演变和烧结温度具有特别显著的影响。Shepard等人的初步研究表明,起始材料的碳和氧含量在烧结过程中发生了重大变化。

钢的性能对碳含量的高度依赖性导致了一种技术的发展,以补偿制造过程中的碳损失。获得良好结果的最可靠方法是将元素碳(石墨)与金属混合,因为这一过程不仅可以改变成分,还可以增强烧结动力。最后,这种理论被证明可以解释控制这些结果的烧结机理。这些材料的烧结是通过超固体液相烧结(SLPS)工艺进行的,该工艺可实现接近全密度。SLPS与传统液相烧结(LPS)的重要区别在于,SLPS在晶界、颗粒间边界和颗粒内部产生液体,而LPS仅在颗粒间边界产生液体。温度和碳含量是最重要的变量,因为它们决定了致密化过程中出现的液相体积分数。

通过粉末冶金获得的优良力学性能和均匀的微观结构,以及通过精确控制成分、温度和气氛使材料接近全密度,使高速钢成为MIM生产的良好候选材料。此外,通过注射加工高速钢以获得近净成型零件避免了昂贵的加工操作。因此,此类材料PIM加工的主要挑战在于实现碳含量的精确控制。通过控制气氛来控制这些参数非常困难,因为在整个烧结过程中,气氛成分、CO/CO_2和露点必须得到精确控制和测量。

保持精确碳控制的第一种方法是在氢气气氛下进行初始脱脂后,对预烧结步骤进行规划。预烧结过程的温度必须确保氢气只会侵蚀来自黏结剂的游离碳,同时保持结合碳不变,否则零件会遭受严重的碳损失,导致密度降低和力学性能下降。预烧结后,零件可在高真空或氢气下烧结,以在与传统粉末冶金相同的温度下实现完全致密化,例如,M2 HSS的烧结温度接近1 240 ℃,该方法避免了因混合碳的非均匀分布而产生的各向异性。所得样品含有与起始粉末相同数量的碳(M2的$w_C=0.8\%$,因为M2在工业上具有广泛的应用,是研究中最常见的高速钢(HSS)。如果在700 ℃的氮气下进行预烧结,则零件仅保留极少量的残余碳($w_C=1.02\%$)。这与PIM中使用的较小粒度一起解释了为什么可以在1 210 ℃左右的较低临界温度下烧结零件。如图14.11所示,在全部情况下烧结窗口需保持<10 ℃。

根据MIM中固有的脱黏过程,研究人员提出了进一步的可能性:改变脱脂过程中产生的残余碳,尽管迄今为止这一可能性似乎并不成立。一些最先探索这一方案的研究人员使用了一种改进的MIM工艺,该工艺基于热固性黏结剂和M2作为HSS粉末。

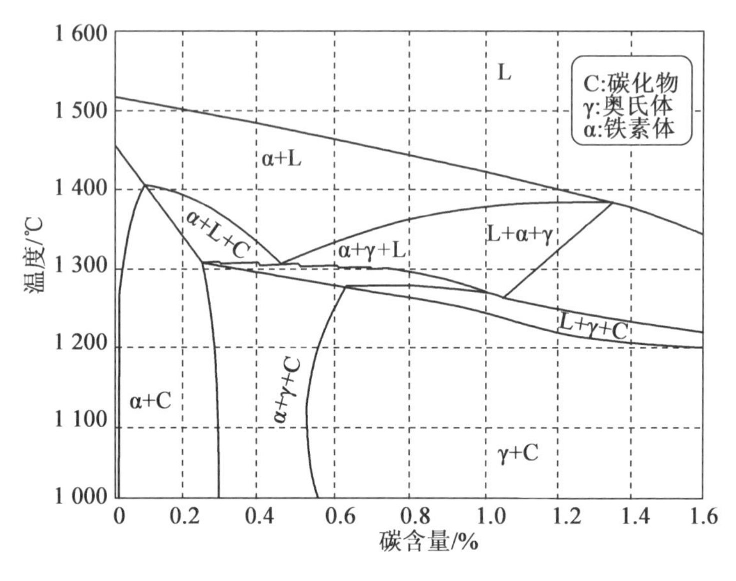

图 14.11　伪二元 M2 相图

在增加碳含量以防止碳损失的同时发现,对于残余碳含量①为3%的样品,不完全脱脂导致烧结温度显著降低,烧结窗口非常宽。这种行为是黏结剂降解时产生的残余碳的结果。烧结窗口的扩展允许对烧结过程中发生的碳化物演变进行微观结构研究,从而增进对该系统中发生的复杂烧结过程的了解。通过硬度测量对其力学性能进行了估算,结果与碳含量较低的类似系统中的值一致。尚未对其他性能的变化进行评估,但观察到的烧结温度变化无疑是引人注意的。

如图14.12所示,通过修改最大脱脂温度,使用不完全脱脂工艺,可以研究初始粉末碳含量和3%之间不同碳含量的钢的行为。在工业上,不完全脱脂的精确控制过程可能会因零件而异。在这个碳含量范围内,样品不会发生变形。未完全脱脂样品中的残余碳降低了最佳烧结温度,该温度随着残余碳含量的增加而降低。完全脱脂的样品在1 270 ℃时达到最大密度,部分脱脂的零件在1 240 ℃时达到准全密度。大于2%的碳含量似乎不会影响结果,而高于3%的碳含量会导致在非常低的温度下形成共晶碳化物,这会导致力学性能恶化、微观结构不均匀和零件变形。

① 除特殊说明外,含量均指质量分数。

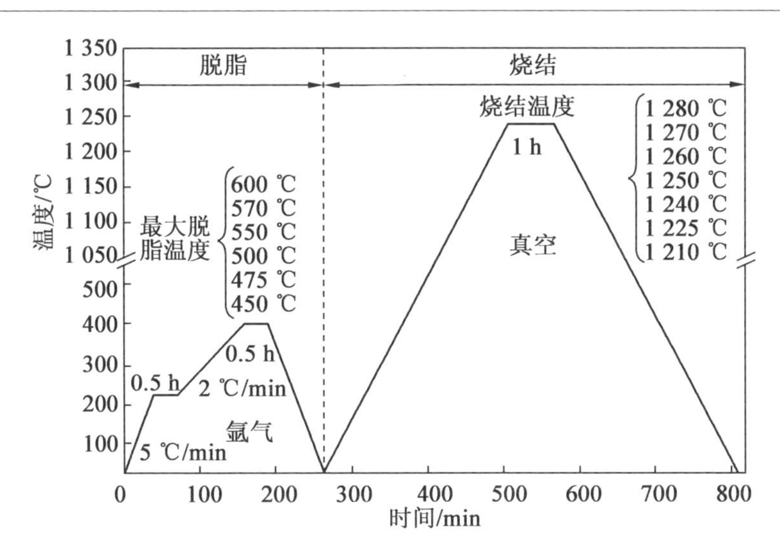

图 14.12　脱脂和烧结循环用于研究高速钢(HSS)不完全脱脂过程的影响

图 14.13 比较了正确烧结的 HSS 部件和残余碳过量的部件的微观结构。第二个烧结窗口的宽度大于 20 ℃,如图 14.14 所示,这比这些类型钢的烧结窗口宽度要大得多。精准控制碳含量有助于这些钢的工业加工,但对于每种特殊情况,碳含量与大气之间的关系应进行深入研究。样品的大小和工艺的再现性是从试验中提取工业生产优势的主要因素。

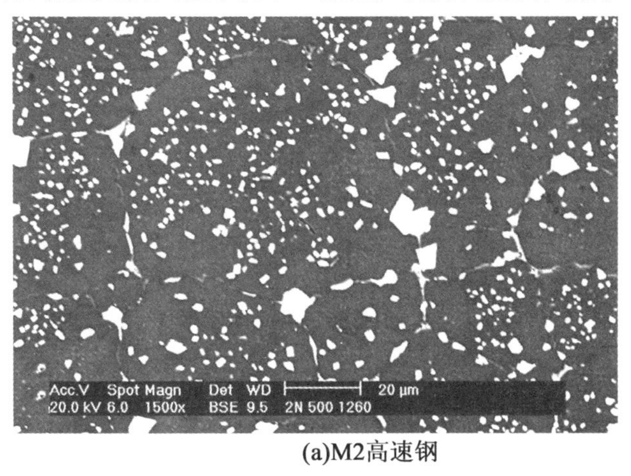

(a)M2高速钢

图 14.13　残余碳含量为 2% 且碳化物分布最佳的 M2 高速钢部件与残余碳含量大于 3% 且形成不良共晶碳化物的部件 A 之间的微观结构比较

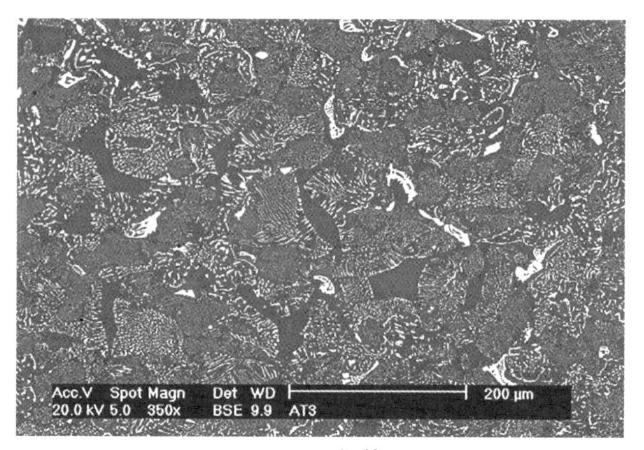

(b)部件A

续图 14.13

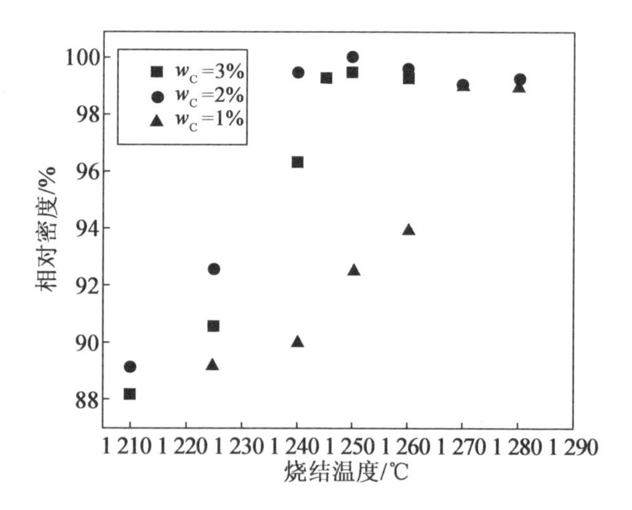

图 14.14 样品在不同温度和不同残余碳含量下的烧结曲线

通常,使用富含 H_2 的气体氛围会导致样品脱碳,因此,使用真空或 H_2-N_2混合物通常更合适。事实上从技术和经济角度来看,使用富氮气氛很有意义,因为它使得 HSS 可以连续生产,且还有其他优点,如最终微观结构的改善。烧结过程中氮的存在导致 MC 碳化物被精细的 MX 粗化抗碳氮化物取代,而 M6C 碳化物不受影响。在高钒 HSS 等级的情况下,这种影响具有更大的后果。因此,钒对氮的巨大亲和力可导致一系列反应,从而使分散在基体中的氮化钒沉淀,如果烧结在较高的氮气压力下进行,则会导致基体中的氮化钒增加。这意味着在设计 HSS 部件的烧结工艺时必须考虑另一个因素,以便能够控制液相的体积分数,因为如果发生这些反应,可用碳量会增加,会导致烧结条件发生改变。

HSS 在某些场景中经常与硬质合金配合用于切削材料。在预防性维护期间,在高速钢中添加几种类型的强化材料通常会降低滑动磨损率,从而在更广泛的领域实现应用。这种通过 MIM 生产 HSS 基金属复合材料的生产路线为小而复杂零件的大规模生产提供了许多独特的优势。钢基复合材料的主要用途是提高耐磨性,因此,向喂料成分中添加碳化物和氮化物以达到这一目标对系统的碳控制具有显著的影响。

碳化物的添加既提高了材料的力学性能,又有助于获得均匀的液相分布,在工业上比使用残余碳更具可再生性。关于增强 M2 高速钢生产的最新结果表明,碳化物具有强大的晶粒生长抑制作用,并且这些增强体降低了最佳烧结温度并拓宽了烧结窗口。此外,已经证明晶粒生长抑制能力取决于碳化物类型及其与钢基体的反应性。因此,在添加碳化钒(VC)(图 14.15)的情况下,由于碳化钒对氮有很大的亲和力,烧结温度降低,烧结窗口变宽,因此氮化钒的添加在许多工具应用中都非常有意义。

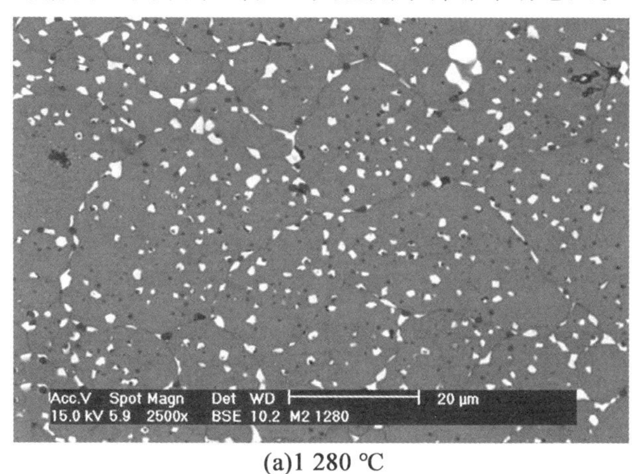

(a)1 280 ℃

图 14.15　1 280 ℃下在 N_2-H_2 气氛下烧结的 M2 HSS 和在 1 250 ℃下烧结的 3% VC 增强的 M2 HSS 的微观结构

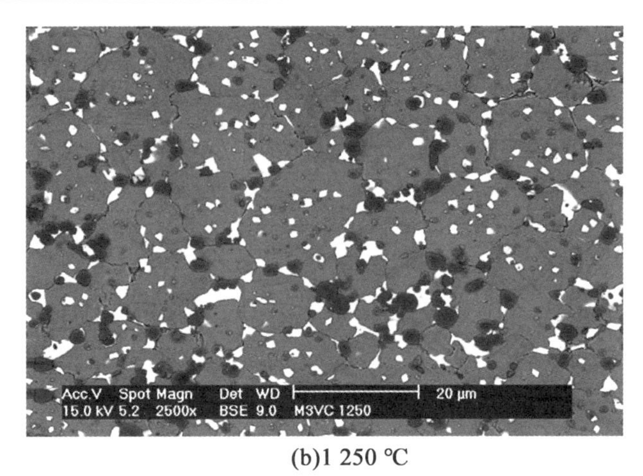

(b)1 250 ℃

续图 14.15

除了部件耐磨性的提高,微观结构演变的最重要方面是碳含量和氮吸收之间的关系。图 14.16 显示了在脱脂和烧结过程中严格控制碳含量后生产的一些 M2 纺织工业用 HSS 部件(硬度 >64 HRC)。

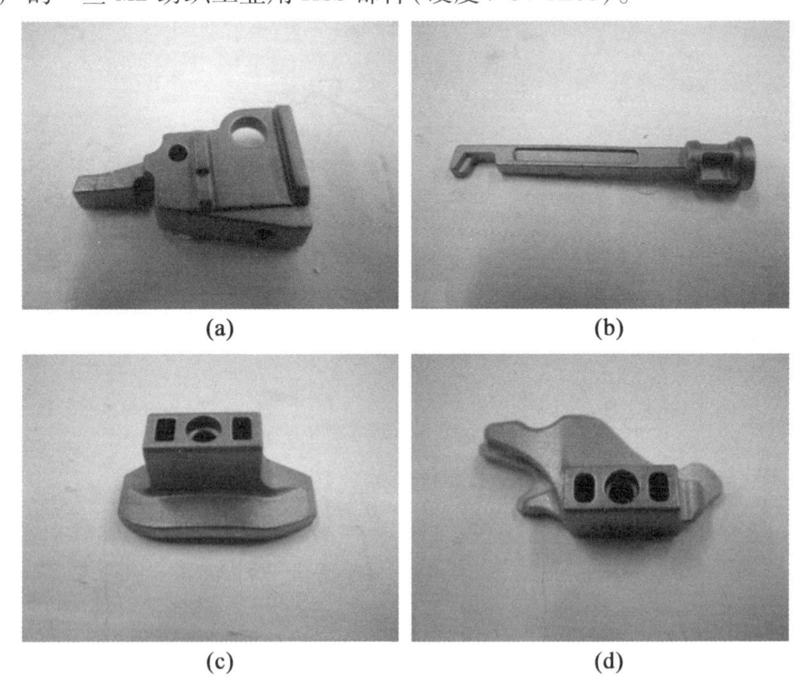

(a)　(b)

(c)　(d)

图 14.16　M2 纺织工业用 HSS 部件(硬度 >64 HRC)

14.3.2　不锈钢

不锈钢是可利用MIM生产的最常见金属，其次是铁镍钢。300（奥氏体）和400（铁素体或马氏体）系列的不锈钢零件均由粉末制成。300系列奥氏体合金通常用于要求良好耐腐蚀性的应用（303L、304L、316L），而铁素体用于要求磁性或良好导热性或耐久性的应用以及涉及热循环的应用（409、410、430）。马氏体主要用于耐磨场景，马氏体在所有粉末冶金不锈钢（420440）中具有最低的耐腐蚀性。具有铁素体－奥氏体微观结构的双相不锈钢与通过固溶处理强化的相硬化（PH）不锈钢经常被使用。与奥氏体不锈钢相比，双相不锈钢具有更高的机械强度和更好的抗应力腐蚀开裂能力。其韧性高于铁素体钢，但略低于奥氏体钢。PH不锈钢（14－4PH、17－4PH）具有高强度和良好的耐腐蚀性，这种性能组合使得这些钢材在MIM中非常常见，并具有广泛的应用。

烧结不锈钢的耐腐蚀性是其在大多数应用中的关键性能，它取决于多个因素，这些因素均与烧结有关。MIM组件的最佳力学性能要求密度在理论值的97%～98%之间。高密度的实现是通过使用极细的球形粉末和高温烧结实现的。对于不锈钢，在保护性气氛或真空条件下，温度在1 120～1 350 ℃保持30～120 min。在烧结过程中必须避免污染，尽量减少微观结构中碳化铬、氮化铬和氧化硅的沉淀物，并控制冷却时表面氧化物和氮化物的形成。为了避免上述有害过程，不锈钢的碳含量应非常低，因为碳的存在会降低耐腐蚀性，这种现象背后的主要原因是不锈钢晶界可能会发生晶间腐蚀。室温下碳和氮在基体中的溶解度远低于高温下的溶解度。因此在冷却过程中，碳和氮在晶界沉淀为碳化物和氮化物。此外，碳和析出碳化物的扩散速率高于铬在基体中的扩散速率。因此，碳对铬的巨大亲和力导致碳化铬的形成，从而导致碳化物附近区域的铬浓度降低，故这些区域易受腐蚀。这一事实表明，去除传统粉末冶金中的润滑剂以防止碳扩散到零件中是很重要的。碳含量在MIM加工中更为关键，因此在脱脂过程中必须对其进行控制。成型后，黏结剂最多可向零件中添加5%的碳，而对于烧结不锈钢，最终烧结零件中的最大允许碳含量为0.03%或更低。由于氧通过生成CO和CO_2协助碳提取，因此在清除黏结剂过程中，碳控制程度与氧含量之间存在相关性。然而，颗粒表面可被黏结剂氧化，在烧结温度下碳扩散到表面氧化物，生成的氧化物再次减少。因此，必须严格控制这一过程。

商业 MIM 应用中使用的主要不锈钢为 316L 和 17－4PH。316L 是一种奥氏体钢,以其耐腐蚀性而闻名,17－4PH 是一种沉淀硬化钢,具有合理的耐腐蚀性和比奥氏体不锈钢高得多的强度。无镍奥氏体不锈钢实现了在生物材料中的应用,以避免镍释放到生物体中。残余碳对各等级材料的影响将在下一节中描述。

尽管奥氏体钢 316L 中的碳含量必须非常低,以确保最大的耐腐蚀性,但平均水平的碳有助于减少粉末表面的氧化物,通常是氧化硅。在这一点上,脱脂气氛对控制残余碳非常重要。最常用的气氛为氢气、氮气＋氢气、氩气、氮气或惰性气体与少量空气或氧气的组合,从而导致黏结剂烧坏。大气和粉末之间的相互作用可能产生不可预测的结果。尽管在正常条件下,氢的存在会导致残余碳的减少,但如果粉末中存在氧化物(在棕色零件中非常常见),氢会与氧反应,而氧无法与残余碳反应。惰性气体下脱脂零件中的碳含量可能较低,这与不锈钢有较强的相关性。

总体来说,在 800 ℃氢气气氛下预烧结,然后在 1 300～1 390 ℃氢气或真空气氛下烧结可获得最佳结果。工业经验表明,碳含量高于 0.06%的 316L 含有较大气孔,耐腐蚀性较差(图 14.17)。

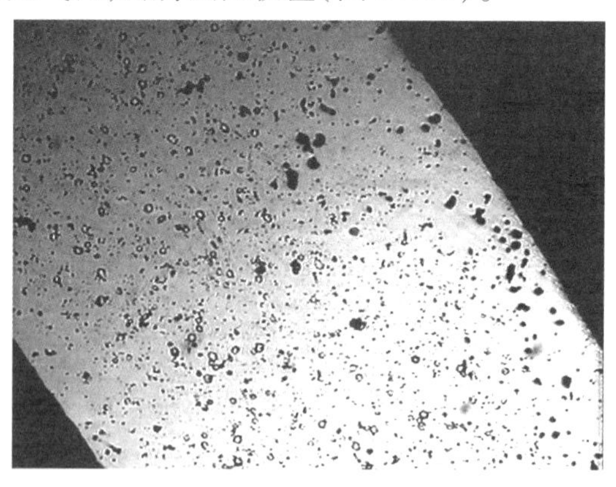

图 14.17　碳含量大于 0.06%时工业加工后 316L 零件的微观结构外观

残余碳含量对注射 17－4PH 的微观结构有很大影响,即使在烧结后,脱脂部件中的碳仍然存在,此外还报告了碳含量与奥氏体体积分数之间的关系。

从图 14.18 中可以看出,奥氏体的体积分数随着碳含量的增加而增加,并且在超过碳的0.1%时突然增加。奥氏体的数量与烧结体和时效体的最终力学性能之间也存在关系,烧结体和时效体在碳含量较高时硬度较低,碳含量超过0.1%时急剧下降。当残余碳含量变化时,可检测到微观结构的变化。随着碳含量的降低,显微组织由奥氏体和马氏体为主转变为马氏体和δ铁素体。这些结果有助于分析δ铁素体在性能变化中的贡献。这些变化是由于烧结过程中形成的δ铁素体相引起的。因此,随着残余碳含量的降低,发生了向γ相的转变,可检测到更多的δ铁素体。γ+δ的相变是在较低温度下发生的。δ相的存在对致密化过程也有重要影响。因此,δ/γ相间边界有助于质量传输,并且该相还增加了整体原子扩散率,这两相都有助于在残余碳减少的情况下增加材料致密度,如图14.19所示,其中最大密度在最高脱脂温度下实现。

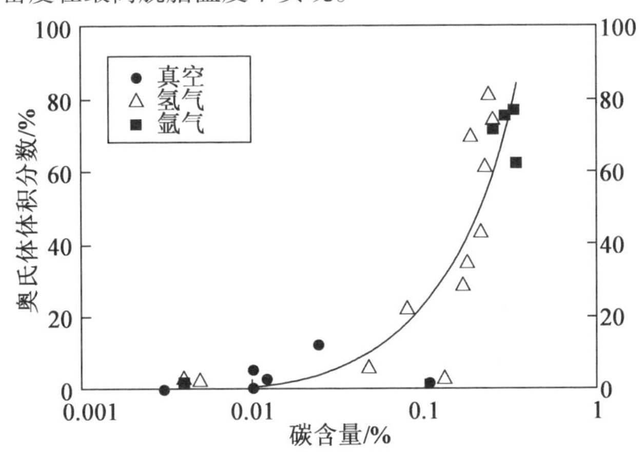

图14.18　不同气氛下烧结体奥氏体体积分数与碳含量的关系

在双相不锈钢的烧结过程中,由于残余碳的存在,δ铁素体也有类似的有益效果。此外,碳含量超过0.08%的17-4PH部件的力学性能大大降低,焊接性能降低。图14.20所示为17-4PH不锈钢MIM医疗器械。

MIM生产高碳马氏体不锈钢的报道很少,主要是因为SLP期间发生的热处理层间致密化。事实上,这一过程通常受到狭窄的热处理窗口的限制,以便在不失真的情况下实现致密化。最近的研究通过精确控制氧和碳含量,展示了用MIM获得无变形组件的可能性。这些钢的碳催化剂含量较高,用于淬火回火等常规热处理。在这种情况下,发现碳降低了液体温度,并增强了烧结动力,因为更多的碳意味着烧结阶段的液体更多。该液膜随后可为颗粒运动提供黏性阻力,从而提高 LPS 期间结构的刚度。然而,当液体分布不均匀时,会出现一个问题,因为整个样品中的碳含量范围会导致不均匀收缩。烧结过程中,组分中碳和氧之间的氧化还原反应降低了碳含量,使碳分布不均匀。在 H2 脱脂后,由于脱氧化过程而发生的氧含量降低,使成分具有更好的抗氧化性。这类钢中的碳含量对形状保持有重要影响。

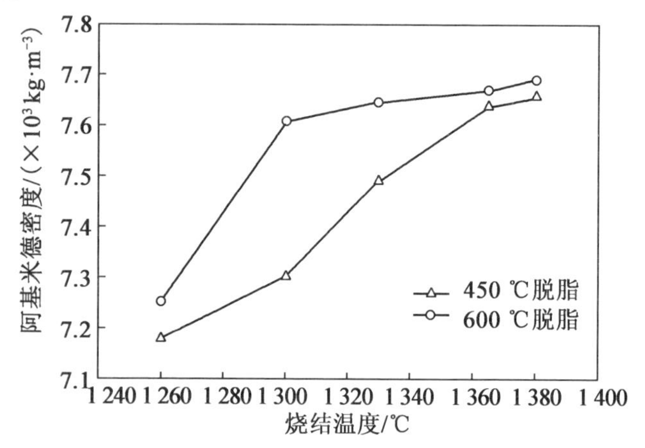

图 14.19 在不同温度下烧结的 PIM 17-4PH 的阿基米德密度在 450 ℃和 600 ℃下脱脂,以改变残余碳含量

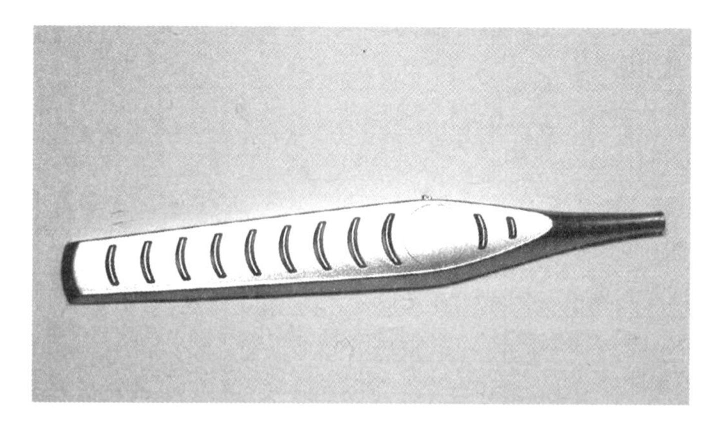

图 14.20 17-4PH 不锈钢 MIM 医疗器械

尽管由 MIM 工艺生产的无镍奥氏体不锈钢可能不常见,但此类材料的开发对于获得具有不锈钢力学性能和较低的价格且能够用于长期植入的植入物至关重要。稳定奥氏体微观结构的元素,以及可以取代镍的元素包括钴、碳、氮、锰和铜。正如本章所述,在文献中碳对锡的影响存在广泛的不同观点,这些观点表明只有在这种特殊不锈钢上有更多的工程实践经验,才有可能解决这一问题。其中一种观点认为,碳含量应保持在最低水平(与其他不锈钢的情况一样),而对比观点指出,碳的活性随着镍含量的增加而显著降低,因此,奥氏体化效应更为显著。故此类新型钢中残余碳的影响仍有待研究。

14.3.3　低合金钢

低合金钢通常用于需要提供高硬度和高强度的场合,这些合金包括MIM－4140、MIM4340、MIM 4605 和 MIM52100,以及镍含量不同的 FeNiC、Fe2NiC 或 Fe8NiC。这些合金需进行热处理以使其性能达到最佳,热处理包括不同的淬火和回火过程。淬火和回火热处理是提供各种强度和耐磨性能的工艺,这些零件可以在包括汽车、消费品在内的广泛领域中以适中的成本得到应用。

这些合金的碳含量在0.35%～0.8%之间变化,粉末中含有相当于这些量或略高的碳,以便在整个 MIM 过程后将碳含量保持在标准范围内。为了确保碳含量损失最小,最常用的脱脂和烧结气氛是纯氮气。为了降低这些产品的价格并优化其性能,对不同的初始粉末进行了试验,以制备喂料。不同的试验研究表明,使用不同加工途径的粉末是可行的:预合金化(PA)、MAs 或使用添加其余合金元素的羰基铁粉(CIP)。不同的研究表明,使用 PA 和 MA 粉末可改善力学性能,更好地控制变形、化学性能和成本优势。

提高低合金钢 MIM 零件最终性能的另一个合适的可能方法是改变元素粉末的比例。例如,改变镍含量(增加至6%)可以生产具有超高强化性能的钢,最高达到2 000 MPa 的抗拉强度而不降低延展性。此外,通过减少镍的含量,用另一种有害程度较低的元素(如 Mn)替代镍,可以成功地使热处理样品的抗拉强度保持在1 570 MPa。在所有情况下,N_2 或 H_2-N_2 的烧结气氛必须确保最终零件中的碳含量在0.4%左右。随后的再加热、淬火和回火热处理通常在氩气气氛中进行,以避免氧化并保持碳含量。

14.3.4 硬质合金

硬质合金具有高硬度和优异的耐磨性,是烧结工具材料中最重要的一类,这种性能是其多种物质性质复合的结果,即脆性难熔过渡金属碳化物(WC、TiC、TaC、Cr_3C_2 或 Mo_2C)与坚硬的黏结金属(通常为 Co,但有时为 Ni 或 Fe)结合。碳控制是粉末注射成型(PIM)制备 WC - Co 硬质合金过程中最重要的问题,因为它决定了硬质合金的力学性能和尺寸稳定性。

这些合金中的碳至关重要,因为即使碳含量的微小波动也会改变硬质合金的微观结构,从而导致性能变化和变形。因此,低碳含量导致脆性 η 相的形成,而过量的游离碳表现为石墨,这两种新相都会降低材料强度和硬度。为了评估碳扩散对微观结构的依赖性,并确定碳化物和钴之间界面中碳含量的作用,测量碳成分随表面深度的变化是有用的。光谱技术可用于碳的定量分析,或测量成分深度剖面,如 XPS、光发射光谱(OES)和电子探针微分析。

该领域的研究倾向于分析制造过程中用于控制碳含量的气氛的影响。在硬质合金的生产中,脱脂和烧结过程尤其漫长。不同的气氛,如脱脂过程中的保护性氩气气氛、真空预烧结处理和氩气、N_2、H_2 或混合气氛下的烧结,可在传统加工方法中组合使用。然而,如果脱脂温度超过 450 ℃,N_2 气氛不会完全去除黏结剂,H_2 气氛可能导致脱碳,这反过来会导致性能和尺寸控制不一致,因为在这种气氛下碳控制更为困难。在高于 450 ℃的温度下,棕色部分中的碳可与现有氧反应生成 CO_2,并进一步与 H_2 反应生成 CH_4,从而使样品脱碳,即

$$WC + 2H_2 \Longleftrightarrow CH_4 + W \tag{14.12}$$

一些研究发现,在 75% N_2/25% H_2 气氛下的热脱脂平衡了 H_2 的脱碳效果和 N_2 的渗碳效果,从而实现了适当的碳控制。

当在 H_2 气氛下进行脱脂时,另一个观察到的效应是碳化物和湿 H_2 气氛之间的反应性。在这些条件下,碳的损失显著增加。例如,400 ~ 450 ℃的温度下,WC 将与 H_2O 反应并形成 CO 或 CO_2,从而使试样脱碳。

$$WC + H_2O \Longleftrightarrow CO + H_2 + W \tag{14.13}$$

如果少量 W 与 H_2O 反应生成 WO_2,脱碳可能会更严重。此外,如果混合物中存在任何氧化物,都可能发生碳损失,因为在 600 ℃左右的温度下,可以观察到这些物质的减少,即

$$MeO + C \Longleftrightarrow Me + CO \tag{14.14}$$

虽然在热脱脂过程中可以使用几个步骤来缩短脱脂过程，但已经证明，最好的碳含量控制是使用溶剂基脱脂和热脱脂相结合的方法（仅比热脱脂更好），在75% N_2/25% H_2 或真空条件下脱脂，同时在较低温度下保持较长时间。这种方法使制造具有高横向强度的注射硬质合金零件变得更容易，这些零件要求化学计量的碳含量在很窄的范围内波动，通常接近6%，而无须渗碳和脱碳。

当前硬质合金领域的主要研究课题之一涉及开发新的复合材料，用其他更便宜、毒性更小的材料来部分或全部替代传统的钴结合剂。因此，深入了解这些新型复合材料的相图对于获得所需的最终相组成和选择合适的烧结循环条件至关重要，碳含量是需要澄清的主要问题之一。这些进步将使 MIM 技术可以很快用于新材料。

14.3.5 磁铁

虽然有几种不同类型的磁铁，但一般而言，PM 和 MIM 对于复杂磁性零件所需要的大量机加工的应用是有效的。此外，当通过 MIM 加工零件时，密度接近理论密度是可能的，因此磁感应强度接近饱和磁感应强度也是可能的。这意味着具有类似成分的合金可能具有与锻造合金相同的磁感应。此外，通过添加新的合金元素来开发合金是可能的，而这些元素不能考虑使用锻造技术。

大量生产的软磁材料包括高纯度铁、低碳钢、硅钢、铁镍合金、铁钴合金和软磁铁氧体，这些材料的磁性只有在外加磁场时才能显现出来。因此，当一块铁放置在永磁体附近或电流产生的磁场中时，由外加磁场在铁中感应的磁化，可通过绘制磁化强度或磁感应强度 B 获得的磁化曲线来描述，任何磁性材料的行为都可以通过其磁滞回线和 B/H（称为磁导率）来定义。该值表示磁性材料的存在而导致的磁通量或磁感应的相对增加。

铁磁性材料，铁、镍和钴以及它们各自的合金，都是真正的磁性材料。事实上，铁和钴的高磁饱和及其可用性和价格意味着用于 PIM 和 MIM 加工的商用软磁合金通常由高纯度铁或各种铁合金类型（如 Fe-2Ni、Fe-3Si、Fe-0.45P、Fe-0.6P 和 50Ni-50Fe）制成。

通常选择气体雾化粉末来制造这些零件，因为它们更纯净、更精细，尽管羰基工艺生产的铁和镍粉末也被广泛使用。磁导率、矫顽场和磁滞损耗受合金中杂质的强烈影响,其中对这些合金最有害的杂质包括碳、氮、氧和硫。因此,需要仔细清除黏结剂,以确保最低碳含量。

大多数生产磁性零件的公司使用专用炉烧结磁性零件,并选择不含碳的保护气氛,如 N_2-H_2、真空或氩气,以避免污染,因为即使少量过量的碳含量(约0.03% C)也会导致磁性严重降低。

需注意在黏结剂完全脱除之前并发生明显致密化时,结构缺陷的形成是很常见的。当致密化开始于该温度以上时,该系统中使用的黏结剂应分解,通道在500 ℃以下打开,并且烧结后的碳含量保持接近脱脂后的残余碳(图14.21)。封闭孔道的过程减少了致密化过程中的反应面积,从而降低了脱碳速率。

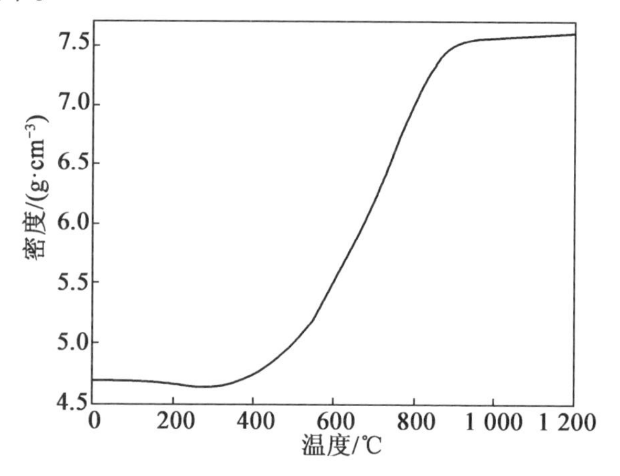

图14.21 Fe-2Ni在氩气气氛中的致密度随烧结温度的变化

考虑到初始颗粒不会出现明显的氧化,可使用含有高氢体积分数(约40%)的气氛,这有助于去除多余的碳,以确保碳含量与初始值相似。这种气氛使显微结构接近纯珠光体,且硬度和强度达到最大值。

第一批Nd-Fe-B磁体于1984年成功烧结,但其主要缺点是最高工作温度仅为170 ℃。此外,在生产这些部件时,避免因黏结剂的存在而发生氧化和碳化至关重要。事实上,为了获得磁体,烧结零件的碳含量必须小于1%,并且为了优化此类磁体的磁性,零件中碳含量需小于0.08%。

目前为了估计残余碳含量对磁性的影响,已经进行了详细的研究,已经证明过量的碳会导致磁体微观结构发生临界变化。事实上,当碳含量较低时,磁铁具有均匀的多孔微观结构。然而,对不同碳含量的磁体的晶粒显微结构的比较表明，随着碳含量的增加，晶粒尺寸增大，当碳含量达到一定值（例如，Sm(Co,Fe,Cu,Zr)z 磁体中的 0.43%）时，B_r 和 H_c 接近零。此外，碳可以与磁体的某些成分发生反应，生成阻碍烧结过程的第二相。C 和 Zr 之间的反应就是这种情况，会产生 ZrC 成分，在烧结过程中由于磁体的液相减少从而严重阻碍了致密化。如图 14.22 所示，所有这些影响都会使部件的磁性急剧下降。

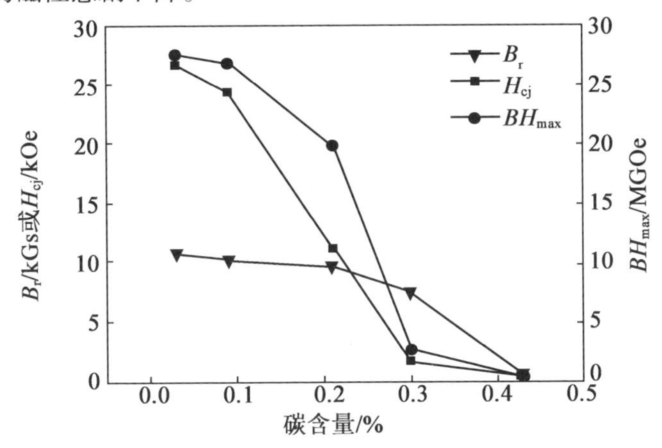

图 14.22　不同碳含量 Sm(Co,Fe,Cu,Zr)z 磁体的磁性能

通过 MIM 生产的其他永磁体（如 AlNiCo）还有待优化，因此，这类系统在过去几年中受到越来越多的关注。这类磁体坚硬易碎，难以实现机械化生产，其矫顽力低于 SmCo 或 NdFeB 磁体。AlNiCo 磁体的居里温度非常高，这意味着它们可用于工作温度较高的系统（约 540 ℃，与 180 ℃ NdFeB 相比），并且具有良好的高剩磁、耐腐蚀、抗氧化性能。与本书所述的其他磁铁一样，MIM 工艺需要使用适当的脱脂步骤来提取大部分残余碳。尽管进一步优化了脱脂、烧结工艺，但在氢气气氛下仍然需要进行热处理和热磁处理才能获得最佳结果，以获得与压制样品相同的磁性。

另一个碳含量至关重要的磁性系统是用于传感器的镍基材料。例如，纯镍合金因具有磁弹性特性，作为智能材料越来越受到关注。最近的研究表明，MIM 工艺是获得具有复杂几何结构的小型零件且避免其他加工工艺产生的常见缺陷的一种可供选择的方法。通过改变影响磁弹性特性的几个加工参数，对零件进行烧结。结果表明在最佳条件下场相关弹性模量变量与通过传统加工技术获得的零件变化相比，MIM 零件中获得的变形更高。大多数影响脱脂后残余碳和烧结气氛的研究参数表明,碳控制在实现最大的场依赖弹性模量变化方面起着关键作用。

MIM 过程中氧含量控制的影响因素与碳含量相同,即黏结剂、脱脂和烧结气氛,因此,通常同时监测氧和碳含量。通常对粉末进行抗氧化处理,例如覆盖粉末表面的媒介,从而防止粉末与大气直接接触,避免磁铁氧化。

14.3.6 钛合金

由于钛合金具有低密度、高强度、良好的耐腐蚀性和抗氧化性等优良性能,因此,钛合金一直以来都是重要的工业材料。然而由于其原材料和制造工艺的成本高,目前钛合金的应用受到很大限制。但是,最近的研究发现 MIM 为钛合金昂贵的加工工艺提供了一种低成本的替代方案。自 20 世纪 90 年代在该领域进行初步研究以来,已经确定了许多可以优化的参数,以确保钛合金零件的成功生产。因此,世界各地的许多公司采用 MIM 生产钛合金零件。尽管目前的生产能力较低,且生产复杂性和变量众多,但钛合金的 MIM 工艺仍然是一个重要的研究领域。

已经证明,粉末的关键属性是其粒度、形状、分布以及氧、碳含量。最常见的 MIM 制品是纯钛(CP-Ti)和 Ti6Al4V,尽管有许多研究小组正在研究其他系统,例如通过用锡、T6Al7Nb 或 Ti4Fe7Cr、Ti4Fe、Ti5Fe5Zr、Ti5Co、Ti6Al4Zr2Sn2Mo 或形状记忆合金 NiTi 替换钒。

钛粉有不同的形态、尺寸和组成,但是初始粉末的生产成本是很重要的。许多钛合金厂商正在开发新的生产路线;例如,自 1990 年以来一直采用的氢化钛粉末是降低成本的一种工艺方式。直到最近,描述烧结零件加工条件和性能的文章数量才有所增加。

粉末的生产工艺对氧和碳含量有着至关重要的影响。使用不同初级制造方法获得的钛粉中的氧和碳含量见表 14.1。由于在 MIM 加工过程中很难去除它们,因此将其含量降至最低是非常重要的。就碳控制而言,钛合金普遍倾向于将碳含量降至最低,因为即使在低浓度下,间隙碳也会严重降低此类合金的力学性能。通常建议的最大碳含量为 0.08%,以避免在结构内形成碳化钛。关于氧含量,需要考虑除了初始氧含量外,MIM 中的模塑、脱脂和烧结步骤也有很大的影响,通常这些步骤会导致最终含氧量的增加。据估计,可能会出现 0.04% ~0.15% 的氧增加,这将对烧结零件的最终力学性能以及碳含量产生关键影响。氧气会降低钛及其合金的拉伸延展性、冷加工性、疲劳强度以及抗应力腐蚀性。通过精确选择粉末和黏结剂，同时控制温度，可以将商用纯 Ti 组分的总氧含量限制在 0.3% 以下，或将 Ti－6Al－4V 组分的总氧含量限制在 0.2% 以下。

表 14.1　使用不同初级制造方法获得的钛粉中的氧和碳含量

粉末类型	平均大小/μm	氧含量/%	碳含量/%
海绵状细粉	38	0.35	0.05
氢化物脱氢(HDH)	38	0.25	0.04
钛氢化合物	35	0.20	0.02
雾化气体	32	0.15	0.03
等离子化	60	0.15	0.04

除了传统的热塑性和热固性黏结剂外，还设计了几种类型的黏结剂，以寻求更简单的方法来消除碳残留物并促进其分解。最流行的此类系统基于 PW、聚乙烯、PP、硬脂酸等。尽管最初的溶剂脱脂被证明是可行的，但第二个热脱脂步骤更为困难。因此，最好的选择是在加热过程中进行真空处理，同时将氩气渗入到真空室，以利于提取黏结剂残留物。现有经验表明，氧气控制在该系统中更为困难。

碳、氧和氮的控制也是成功得到钛制零件的关键，因为它们对性能有重大影响；此外，这些杂质的影响是相互关联的。黏结剂的消除对这些杂质的最终含量，特别是碳含量有着重要的影响。而氧和氮的含量主要取决于烧结过程。为了了解这些杂质间的相互依赖性提出了一些表达式。例如，烧结钛的屈服强度取决于密度(ρ)和氧含量(w_O)。

$$\sigma\gamma = (420 + 970w_O)\rho \qquad (14.15)$$

但有无必要考虑氧含量取决于氮和碳含量，即

$$w_O = w_O + 2w_N + 0.5w_C \qquad (14.16)$$

这种相互依赖性和对这些杂质含量的高度敏感性可以解释Ti－PIM合金的性能是分散的和极易变化的原因。

因此，对密度和氧含量两个参数的详细研究都是在 6AL4V 系统中进行的；证明了氩气气氛有助于降低残余碳含量，而真空气氛有助于降低氧含量。这一发现说明了对整个系统进行研究的重要性。碳含量可以通过

燃烧和红外检测技术进行测量,并且氧含量可以在电弧炉中解决,根据ASTM方法E1409“通过惰性气体融合技术测定钛和钛合金中的氧和氮”,配备红外和热导率检测。事实上,在真空条件下,不同脱脂时间和温度对碳和氧的测量表明,在600 ℃温度下,碳含量降低至0.095%,在脱脂过程中氧含量持续增加(图14.23)。最近的研究描述了PEG和PMMA基黏结剂的使用,这些黏结剂可以通过水溶剂脱脂和氩气气氛下热脱脂的组合完全消除。最好在尽可能低的温度下去除黏结剂,以便钛不会与氧和碳发生反应。大多数黏结剂在约450 ℃分解,观察到杂质含量随着加工温度的升高而增加。一旦形成钛酸钡氧化物,它们在烧结过程中就不会被还原。此外,使用更高的烧结温度会导致更多的污染(主要是氧含量增加),并降低最终样品的延展性。使用较低温度(在1 250 ℃范围内)和较短的烧结时间(约3 h)是常见的方法,因为无容器热等静压可用于生产全密度零件(850~1 100 ℃之间的处理)。

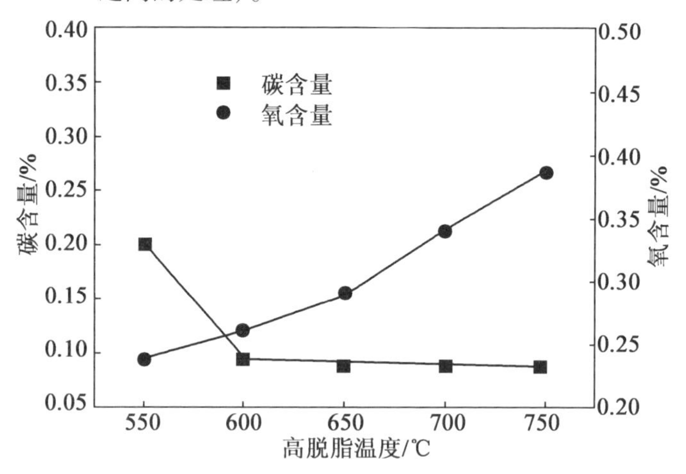

图14.23 Ti6Al4V热真空脱脂过程中1 h内最大脱脂温度与试样碳、氧含量的相关性(起始碳含量为0.056%,氧气含量为0.192%)

尽管可以在保持低碳和低氧含量的情况下进行烧结工艺,但已发现在某些情况下,这种方法会导致气体被困在孔隙中,从而导致密度降低。因此最佳工艺为在1 100~1 450 ℃的高温下真空烧结,具体取决于温度系统。一般情况下,氧含量保持在略高于0.2%(接近气体雾化粉末的起始氧含量),氮含量保持在0.03%以下,碳含量保持在0.04%或以下(取决于脱脂过程)。因此,即使某些工业和消费品对材料有苛刻的要求,它们也是可用的,低延展性通常也是适用的,且允许氧含量高达0.5%。

14.4　受碳含量影响的材料性能

碳是对机械或磁性能影响最大的元素。尽管在MIM过程中其他元素没有被有意改性,但从脱脂、烧结到热处理,碳含量受到MIM各个步骤下使用的原材料的影响。碳含量对材料性能的影响实例见表14.2。

表 14.2　碳含量对材料性能的影响实例

材料	例子	脱脂情况	烧结情况	碳含量	材料性能或磁性能
高速钢	SKH10	85 ℃庚烷溶剂脱脂 + 600 ℃、H_2-N_2 热脱脂	1 200 ~ 1 300 ℃在 H_2-N_2 气氛中淬火和在 H_2-N_2 气氛中于 1 275 ~ 1 287 ℃三次回火热处理 30 min	1.7%	硬度:70 HRC; TRS:3 200 MPa
	M2	120 ℃下催化脱脂 + 700 ℃、H_2-N_2 气氛中热脱脂		0.66% ~ 0.77%	硬度:57 ~ 64 HRC; TRS:1 909 ~ 2 315 MPa
	M2	250 ℃真空环境下热脱脂 10 ~ 40 h + 800 ℃、H_2 气氛预烧结 1 h	1 243 ℃真空环境下烧结 1 h	0.79%	硬度:43 C; UTS:800 MPa
	M2	氩气环境中 500 ℃热脱脂	1 250 ℃真空环境下烧结 1 h	0.88% ~ 0.91%	硬度:620 HV
	M2	氩气环境中 450 ℃热脱脂	1 100 ~ 1 350 ℃真空环境下烧结	0.81% ~ 3.2%	硬度:650 HV
不锈钢	17 - 4PH	450 ℃、H_2 环境下热脱脂 1 h	1 380 ℃、H_2 环境烧结 1 h	0.203%	TS:980 MPa
	17 - 4PH	600 ℃、H_2 环境下热脱脂 2 h	1 340 ℃、H_2 环境烧结 1 h	0.130%	TS:940 MPa
	17 - 4PH	75 ℃庚烷溶剂脱脂 5 h + 1 050 ℃、H_2 环境热脱脂	1 250 ~ 1 350 ℃、真空或氢气环境下烧结 1 h	<0.1%	硬度:25 HRC; TS:1 100 MPa
	440C	37 ℃二氯甲烷溶剂脱脂 6 h + 600 ℃、氩气环境热脱脂 + 950 ℃预烧结	真空环境、1 200 ~ 1 260 ℃烧结 30 min + 时效处理	1.05%	(时效处理后硬度:43.5 HRC; TS:1 335 MPa) 硬度:57.7 HRC;TS:876 MPa

续表 14.2

材料	例子	脱脂情况	烧结情况	碳含量	材料性能或磁性能
硬质合金	WC – 8Co	40 ℃庚烷溶剂脱脂 + 450 ℃氢气环境热脱脂	1 400 ℃真空环境烧结80 min	5.63% ~ 5.65%	TRS:2 300 ~ 2 500 MPa
	WC – TiC – Co	30 ℃庚烷溶剂脱脂 2 h + 真空环境热脱脂	真空烧结	6.20% ~ 6.35%	硬度:90 ~ 93 HRA;TRS:2 000 ~ 2 100 MPa
	WC – 8Co	溶剂脱脂 + 600 ℃、$N_2 - H_2$ 气氛热脱脂 1.5 h	1 400 ℃烧结 1 h	5.6% ~ 5.7%	硬度:90 HRA;TRS:2 500 ~ MPa
低合金刚	AlSl4600	400 ℃、$N_2 - H_2$ 气氛热脱脂 + 85 ℃庚烷溶剂脱脂 + 600 ℃、$N_2 - H_2$ 气氛热脱脂	1 200 ~ 1 300 ℃、$H_2 - N_2$ + 再加热热处理 + 淬火 + 回火	1.2% ~ 0.01%	TS:1 400 MPa ;硬度:33 HRC;延伸率:9%
	AlSl4100			0.4% ~ 0.5%	TS:1 250 MPa;硬度:39 HRC;延伸率:4%
钛合金	Ti6Al4V	80 ℃庚烷溶剂脱脂 5 h	真空环境 1 250 ~ 1 280 ℃烧结	0.073%	EM:122 GPa;YS:865 MPa;UTS:955 MPa;延伸率:12%
磁性材料	磁钢 8	45 ℃丙酮溶剂脱脂 18 h + H_2 环境热脱脂	1 330 ~ 1 325 ℃、H_2 环境烧结 + 热磁处理	0.183%	$B_r = 0.772$ T;$H_{cb} = 85.19$ kA/m;$(BxH)_{max} = 22.95$ kJ/m^3
	Nd – Fe – B	H_2 环境 300 ℃热脱脂 30 min + 真空脱脂 30 min	1 080 ~ 1 120 ℃真空环境烧结 4 h + 500 ℃真空环境退火 2 h	610 ~ 790 mg/mL	$B_r = 1.268$ T;$iH_c = 0.68 \sim 1.10$ MA/m;$(BxH)_{max} = 306 \sim 287$ kJ/m^3

本章参考文献

[1] Aggarwal, G. , Smid, I. , Park, S. J. ,German, R. M. (2007). Development of niobium powder injection molding. Part Ⅱ: Debinding and sintering. International Journal of Refractory Metals & Hard Materials, 25, 226 – 236.

[2] Aguirre, I. , Gimenez, S. , Talacchia, S. , Gomez-Acebo, T. ,Iturriza, I. (1999). Effect of nitrogen on supersolidus sintering of modified M35M high speed steel. Powder Metallurgy, 42(4), 353 – 357.

[3] Angermann, H. H. ,Van der Biest, O. (1995). Binder removal in powder injection molding. Reviews in Particulate Materials, 3, 35 – 70.

[4] Atre, S. V. , Enneti, R. K. , Park, S. J. ,German, R. M. (2008). Master decomposition curve analysis of ethylene vinyl acetate pyrolysis: influence of metal powders. Powder Metallurgy, 51(4), 368 – 375.

[5] Baba, T. , Miura, H. , Honda, T. ,Tokuyama, Y. (1995). High performance properties of injection molded 17-4 PH stainless steel. In Advances in powder metallurgy and particulate materials (pp. 6271 – 6278). Princeton, NJ: Metal Powder Industries Federation.

[6] Baojun, Z. , Xuanhui, Q. ,Ying, T. (2002). Powder injection molding of WC-8% Co tungsten cemented carbide. International Journal of Refractory Metals & Hard Materials, 20,389 – 394.

[7] Bidaux, J. E. , et al. (2010). Titanium parts by powder injection moulding of TiH_2 – based feedstocks. PIM International, 4(3), 60 – 63.

[8] Amherd, A. ,Bidaux, J. E. (2014). Porous titanium processed by powder injection moulding of titanium hydride and space holders. Powder Metallurgy, 57(2), 93 – 96.

[9] Coleman, A. J. , Murray, K. , Kearns, M. , Tingskog, T. A. , Sanford, B. ,Gonzalez, E. (2012). Processing and Properties of 4605 MIM Parts Manufactured via a Master Alloy Route: vol. 3 (pp. 91 – 98). Proceedings EuroPM 2012. 21: Powder Injection Moulding-Special Ma-

terials 2.

[10] Conrad, H. (1981). Effect of interstitial solutes on the strength and ductility of titanium. Progress in Materials Science, 26, 123 –403.

[11] Dehghan-Manshadi, A., Bermingham, M. J., Dargusch, M. S., St. John, D. H., Qian, M. (2017). Metal injection moulding of titanium and titanium alloys: challenges and recent development. Powder Technology, 319, 289 –301.

[12] Dionne, B. G., McCalla, P., Malas, A., Rothstein, J., Moroz, G. (2015). An approach to carbon control of sintering furnace atmosphere: theory and practice. Metal Powder Report, 70(5), 247 –252.

[13] Fan, J. L., Li, Z. X., Huang, B. Y., Cheng, H. C., Liu, T. (2007). Debinding process and carbon content control of hardmetal components by powder injection moulding. PIM International, 1(2), 57 –62.

[14] Fernandes, C. M., Senos, A. M. R. (2011). Cemented carbide phase diagrams: a review. International Journal of Refractory Metals and Hard Materials, 29(4), 405 –418. https://doi.org/10.1016/j.ijrmhm.2011.02.004.

[15] Ferri, O. M., Ebel, T., Bormann, R. (2009). High cycle fatigue behaviour of Ti-6Al-4V fabricated by metal injection moulding technology. Materials Science and Engineering A, 504, 107 –113.

[16] Froes, F. H., German, R. M. (2000). Cost reduction prime Ti PIM for growth. Metal Powder Report, 55(6), 12 –21.

[17] German, R. M. (1985). Liquid phase sintering. New York: Plenum Press.

[18] German, R. M. (1987). Theory of thermal debinding. The International Journal of Powder Metallurgy, 23(4), 237 –245.

[19] German, R. M. (1990). Supersolidus liquid phase sintering. Part 1. Process review. International Journal of Powder Metallurgy, 26(1), 23 –34.

[20] German, R. M. (2009). Titanium powder injection moulding: a review of the current status of materials, processing, properties and applications. PIM International, 3(4), 21 –37.

[21] German, R. M. (2012). Understanding defects in powder injection moulding: causes and corrective actions. Powder Injection Moulding International, 6(1), 33 -44.

[22] German, R. M. (2015). Carbon control in MIM. Powder Injection Moulding International, 9(1),31 -41.

[23] German, R. M.,Bose, A. (1997). Injection molding of metals and ceramics. Princeton, NJ,USA: MPIF.

[24] Gimenez, S., Zubizarreta, C., Trabadelo, V.,Iturriza, I. (2008). Sintering behaviour and microstructure development of T42 powder. Materials Science and Engineering A, 480, 130 -137.

[25] Gordo, E., Velasco, F., Anton, N.,Torralba, J. M. (2000). Wear mechanisms in high speed steel reinforced with (NbC)p and. (TaC)p MMCs. Wear, 239, 251 -259.

[26] Grohowski, J. A.,Strauss, J. T. (2000). Effect of atmosphere type on thermal debinding behavior. In International conference on powder metallurgy & particulate materials (PM2TEC 2000), NY, USA. pp. 4.137 -4.144.

[27] Guo, J., Koopman, M., Fang, Z., Wang, X.,Rowe, M. (2013). FE-EPMA measurements of compositional gradients in cemented tungsten carbides. International Journal of Refractory Metals and Hard Materials, 36, 265 -270.

[28] Guo, S., Qu, X., He, X., Zhou, T.,Duan, B. (2006). Powder injection molding of Ti-6Al-4V alloy. Journal of Materials Processing Technology, 173, 310 -314.

[29] Heaney, D. F. (2010). In Z. Z. Fang (Ed.), Sintering of advanced materials. Fundamentals and processes (pp. 189 -221). Oxford; Philadelphia, PA: Woodhead Publishing. Chapter 8. Vacuum sintering.

[30] Herranz, G. (2004). Development of new binder formulations based on HDPE to process M2 HSS by MIM. PhD thesis. Universidad Carlos Ⅲ de Madrid.

[31] Herranz, G., Levenfeld, B.,Va'rez, A. (2007). Effect of residual

carbon on the microstructure evolution during the sintering of M2 HSS parts shaping by metal injection moulding process. Materials Science Forum, 534 – 536, 353 – 356.

[32] Herranz, G., Levenfeld, B., Va'rez, A., Torralba, J. M. (2005). Development of a new feedstock formulation based on high density polyethylene for MIM of M2 high speed steels. Powder Metallurgy, 48(2), 134 – 138.

[33] Herranz, G., Matula, G., Romero, A. (2017). Effects of chromium carbide on the microstructures and wear resistance of high speed steel obtained by powder injection moulding route. Powder Metallurgy, 60 (2), 120 – 130.

[34] Herranz, G., Nagel, R., Zauner, R., Levenfeld, B., Va'rez, A., Torralba, J. M. (2004). Powder surface treatment with stearic acid influence on powder injection moulding of M2 HSS using a HDPE based binder. In: vol. 4. Proceedings of PM 2004 Powder Metallurgy World Congress, (pp. 397 – 402).

[35] Herranz, G., Alonso, R., Matula, G. (2010). Sintering process of M2 HSS feedstock reinforced with carbides. PIM International, 4(2), 60 – 65.

[36] Hidalgo, J., Jimenez-Morales, A., Torralba, J. M. (2013). Thermal stability and degradation kinetics of feedstocks for powder injection moulding—a new way to determine optimal solid loading? Polymer Degradation and Stability, 98, 1188 – 1195.

[37] Ho, Y. L., Lin, S. T. (1995). Debinding variables affecting the residual carbon content of injection-molded Fe-2 Pct Ni steels. Metallurgical and Materials Transactions A, 26A, 133 – 142.

[38] Hoyle, G. (1988). High speed steel. Cambridge: Butterworth and Co. Hwang, K. (1996). Fundamentals of debinding processes in powder injection molding. Reviews in Particulate Materials, 4, 71 – 104. ISO 22068:2012 (2012). Sintered-metal injection-moulded materials [Specifications].

[39] Jauregi, S., Ferna'ndez, F., Palma, R. H., Mart'nez, V., Urcola,

J. J. (1992). Influence of atmosphere on sintering of T15 and M2 steel powders. Metallurgical Transactions A, 23A(2),389 -400.

[40] Jinushi, H., Kyogoku, H., Komatsu, S.,Nakayama, H. (2002). Stoichiometry between carbon and oxygen during sintering process in Cr-Mo steel by injection molding. Advances in Powder Metallurgy & Particulate Materials, 10, 183 -198.

[41] Johansson, E., Nyborg, L.,Niederhauser, S. (2000). Rheology of carbonyl iron MIM powder

[42] Plastisols - effect of stearic acid additive. In Proceedings of the PM world congress 2000. Part 1 (pp. 262 -266).

[43] Kallay, N., Torbic, Z., Barouch, E.,Jednacak-Biscan, J. (1987). The determination of isoelectric point for metallic surfaces. Journal of Colloid and Interface Science, 118(2), 431 -435.

[44] Kankawa, Y. (1997). Effects of polymer decomposition behavior on thermal debinding process in metal injection molding. Materials and Manufacturing Processes, 12(4), 681 -690.

[45] Kearns, M. A., Keith Murray, K., Davies, P. A., Ryabinin, V., Gonzalez, E. (2016). Sintering and properties of MIM M2 high speed steel produced by prealloy and master alloy routes. Metal Pouder Report,71(3),200 -216.

[46] Klar, E.,Samar, P. K. (1998). ASM handbook. Powder metal technologies and applications.

[47] Vol. 7. Powder metallurgy stainless steels. Materials Park, OH: ASM International. Krug, S., Evans, J. R. G.,Maat, J. H. H. (2002). Reaction and transport kinetics for depolymerization within a porous body. AlChE Journal, 48(7), 1533 -1541.

[48] Lee, S. H., Choi, J. W., Jeung, W. Y.,Moon, T. J. (1999). Effects of binder and thermal debinding parameters on residual carbon in injection moulding of Nd(Fe, Co)B powder. Powder Metallurgy, 42 (1), 41 -44.

[49] Levenfeld, B., Va’rez, A.,Torralba, J. M. (2002). Effect of residual carbon on the sintering process of M2 high speed steel parts ob-

tained by a modified metal injection molding process. Metallurgical and Materials Transactions A, 33A, 1843 – 1851.

[50] Lewis, J. (1997). Binder removal from ceramics. Annual Review of Materials Science, 27,147 – 173.

[51] Li, D., Hou, H., Liang, L., Lee, K. (2010). Powder injection molding 440C stainless steel. International Journal of Manufacturing Technologies, 49, 105 – 110.

[52] Li, Y., Chou, X. M., Yu, L. (2006). Dehydrogenation debinding process of MIM titanium alloys by TiH_2 powder. Powder Metallurgy, 49 (3), 236 – 239.

[53] Lin, K. (2011). Wear behavior and mechanical performance of metal injection molded Fe-2Ni sintered components. Materials and Design, 32, 1273 – 1282.

[54] Lin, S. T. (1997). Interface controlled decarburisation model for injection moulded parts during debinding. Powder Metallurgy, 40(1), 66 – 68.

[55] Liu, Z. Y., Loh, N. H., Khor, K. A., Tor, S. B. (2000a). Microstructure evolution during sintering of injection molded M2 high speed steel. Materials Science and Engineering: A, 293, 46 – 55.

[56] Liu, Z. Y., Loh, N. H., Khor, K. A., Tor, S. B. (2000b). Sintering of injection molded M2 high speed steel. Materials Letters, 45, 32 – 38.

[57] Maulik, P., Price, W. J. C. (1987). Effect of carbon additions on sintering characteristics and microstructure of BT42 high speed steel. Powder Metallurgy, 30(4), 240 – 248.

[58] Miura, H. (1997). High performance ferrous MIM components through carbon and microstructural control. Materials and Manufacturing Processes, 12(4), 641 – 660.

[59] Miura, H., Matsuda, M. (2002). Superhigh strength metal injection molded low alloy steels by in-process microstructural control. Materials Transactions, 43(3), 343 – 347.

[60] Mohsin, I. U., Lager, D., Gierl, C., Hohenauer, W., Danninger,

H. (2010). Thermo-kinetics study of MIM thermal de-binding using TGA coupled with FTIR and mass spectroscopy. Thermochimica Acta, 503 – 504, 40 – 45.

[61] Moyer, K. H. (1998). ASM handbook. Powder metal technologies and applications. Vol. 7. Magnetic materials and properties for powder metallurgy part applications. Materials Park, OH: ASM International.

[62] Myers, N. ,German, R. M. (1999). Supersolidus liquid phase sintering of injection molded M2 tool steel. The International Journal of Powder Metallurgy, 35(6), 45 – 51.

[63] Obasi, O. M. F. , Ebel, T. ,Bormann, R. (2010). Influence of processing parameters on mechanical properties of Ti-6Al-4V alloy fabricated by MIM. Materials Science and

[64] Engineering A, 527, 3929 – 3935. Oliveira, M. M. ,Bolton, J. D. (1999). High-speed steels: increasing wear resistance by adding ceramic particles. Journal of Materials Processing Technology, 92 – 93, 15 – 20.

[65] Ouchi, C. , Iizumi, H. ,Mitao, S. (1998). Effects of ultra-high purification and addition of interstitial elements on properties of pure titanium and titanium alloy. Materials Science and Engineering A, 243, 186 – 195.

[66] Palma, R. H. , Mart'nez, V. ,Urcola, J. J. (1989). Sintering behaviour of T42 water atomized high speed steel powder under vacuum and industrial atmospheres with free carbon addition. Powder Metallurgy, 32(4), 291 – 299.

[67] Price, W. J. C. , Rebbeck, M. M. ,Wronski, A. S. (1985). Effect of carbon additions on sintering to full density of BT1 grade high speed steel. Powder Metallurgy, 28(1).

[68] Puscas, M. , Molinari, A. , Kazior, J. , Pieczonka, T. ,Nykiel, M. (2001). Sintering transformations in mixtures of austenitic and ferritic stainless steel powders. Powder Metallurgy, 44 (1), 48 – 52.

[69] Qu, X. , Gao, J. , Qin, M. ,Lei, C. (2005). Application of a wax – based binder in PIM of WC-TiC-Co cemented carbides. International Journal of Refractory Metal & Hard Materials, 23, 273 – 277.

[70] Romero, A. , Herranz, G. ,Morales, A. L. (2015). Study of magnetoelastic properties of pure nickel parts produced by metal injection moulding. Materials & Design, 88(25), 438 –445.

[71] Royer, A. , Barriere, T. ,Gelin, J. C. (2015). The degradation of poly(ethylene glycol)in an Inconel 718 feedstock in the metal injection moulding process. Powder Technology, 284,467 –474.

[72] Sagawa, M. , Fujimura, S. , Togawa, N. , Yamamoto, H. ,Matsuura, Y. (1984). New material for permanent magnets on a base of Nd and Fe. Journal of Applied Physics, 55(2083).

[73] Salak, A. (1995). Ferrous powder metallurgy. Cambridge: Cambridge International Science Publishing. Shengen, Z. , Jianjun, T. ,Xuanhui, Q. (2006). Antioxidation study of Sm (Co, Cu, Fe, Zr)Z sintered permanent magnets by metal injection molding. Journal of Rare Earths, 24, 569 –573.

[74] Shepard, R. G. , Harrison, J. D. L. ,Rusell, L. E. (1973). The fabrication of high-speed tool steel by ultrafine powder metallurgy. Powder Metallurgy, 16(32), 200 –219.

[75] Shu, G. J. , Hwang, K. S. ,Pan, Y. T. (2006). Acta Materialia, 54, 1335 –1342.

[76] Sidambe, A. T. , Figueroa, I. A. , Hamilton, H. ,Todd, I. (2010). Metal injection moulding of Ti-6Al-4V components using a water soluble binder. PIM International, 4(4), 56 –62.

[77] Sidambe, A. T. , Figueroa, I. A. , Hamilton, H. ,Todd, I. (2012). Metal injection moulding of CP-Ti components for biomedical applications. Journal of Materials Processing Technology, 212(7), 1591 –1597.

[78] Spriggs, G. (1970). The importance of atmosphere control in hardmetal production. Powder Metallurgy, 13, 369 –393.

[79] Sumita, M. , Hanawa, T. ,Teoh, S. H. (2004). Development of nitrogen-containing nickel-free austenitic stainless steels for metallic biomaterials—review. Materials Science and Engineering C, 24, 753 –760.

[80] Suri, P. , Koseski, R. P. ,German, R. M. (2005). Microstructural evolution of injection molded gas-and water-atomized 316L stainless

steel powder during sintering. Materials Science and Engineering A, 402, 341 -348.

[81] Suzuki, J. (1976). Study on ozone treatment of water-soluble polymers. I. Ozone degradation of polyethylene glycol in water. Journal of Applied Polymer Science, 20, 93 -103.

[82] Takahashi, M., Hayashi, J., Suzuki, S. (1992). Improvement of the rheological properties of the zirconia/polypropylene system for ceramic injection moulding using coupling agents. Journal of Materials Science, 27, 5297 -5302.

[83] Tian, J., Zhang, S., Qu, X. (2007). Behavior of residual carbon in Sm(Co, Fe, Cu, Zr)z permanent magnets. Journal of Alloys and Compounds, 440, 89 -93.

[84] Tseng, W. J., Liu, D., Hsu, C. (1999). Influence of stearic acid on suspension structure and green microstructure of injection-molded zirconia ceramics. Ceramics International, 25, 191 -195.

[85] Upadhyaya, A., Sarathy, D., Wagner, G. (2001). Advances in sintering of hard metals. Materials and Design, 22, 499 -506.

[86] Weil, K. S., Nyberg, E., Simmons, K. (2006). A new binder for powder injection molding titanium and other reactive metals. Journal of Materials Processing Technology, 176, 205 -209.

[87] Wright, C. S., Ogel, B. (1993). Supersolidus sintering of high speed steels. Ⅰ: Sintering of molybdenum based alloys. Powder Metallurgy, 36(3), 213 -219.

[88] Wright, C. S., Wronski, A. S., Iturriza, I. (2000). Development of robust processing routes for powder metallurgy high speed steels. Materials Science and Technology, 16, 945 -957.

[89] Wright, J. K., Evans, J. R. G., Edirisinghe, M. J. (1989). Degradation of polyolefin blends used for ceramic injection moulding. Journal of American Ceramic Society, 72(10), 822.

[90] Wu, Y., German, R. M., Blaine, D., Marx, B., Schlaefer, C. (2002). Effects of residual carbon content on sintering shrinkage, microstructure and mechanical properties of injection molded 17-4PH

stainless steel. Journal of Materials Science, 37, 3573 – 3583.

[91] Yamashita, O. (1998). Magnetic properties of Nd-Fe-B magnets prepare by metal injection moulding. The International Journal of Powder Metallurgy, 34(7).

[92] Yi min, L., Xiang quan, L., Feng hua, L., Jian ling, W. E. (2007). Effects of surfactant on properties of MIM feedstock. Transactions of the Nonferrous Metals Society of China, 171 – 8, 1 – 8.

[93] Zhang, H. (1997). Carbon control in PIM tool steel. Materials and Manufacturing Processes, 12(4), 673 – 679.

[94] Zhang, H., German, R. M. (2002). Sintering MIM Fe-Ni alloys. International Journal of Powder Metallurgy, 38, 51 – 61.

[95] Zhang, H., Heaney, D., German, R. M. (2001). Effect of carbide addition on sintering of M2 tool steel. In vol. 4. Advances in powder metallurgy and particulate materials (p. 66).

[96] Zhang, R., Kruszewski, J., Lo, J. (2008). A study of the effects of sintering parameters on the microstructure and properties of PIM Ti4Al4V alloy. PIM International, 2(2), 74 – 78.

[97] Zlatkov, B. S., Bavdek, U., Nikolic, M. V., Aleksic, O. S., Danninger, H., Gierl, C., et al. (2009).

[98] Magnetic properties of alnico 8 sintered magnets produced by powder injection moulding. PIM International, 3(3), 58 – 63.

第四部分　特殊金属注射成型工艺

第15章　金属微注射成型

15.1　概　　述

本章讨论了金属组件粉末微注射成型(MicroPIM)的研究和发展状况,以及对陶瓷进行微注射成型的研究和发展状况。对陶瓷进行微注射成型中未用金属材料进行试验,但很可能在不久的将来尝试使用。

本章讨论 PIM 的特定微观特征。15.2 节考虑 PIM 对微系统技术的贡献。由于有必要研究特定工具的微制造,15.3 节描述了生产微结构模具嵌件所需的各种方法。15.4 节介绍 MicroPIM 的特点、所用粉末、成型和热处理步骤以及当前工艺的生产能力。15.5 节中描述了 MicroPIM 工艺的特殊变体。15.6 节介绍了 MicroPIM 的模拟加工,重点介绍了使用改进材料模型和改进工艺的挑战和可能性。15.7 节总结了重要的研究和开发需求,并讨论了 MicroPIM 领域最有前途的发展方向。

15.2　PIM 在微制造技术中的潜力

微制造技术被认为是当今最有前途的技术之一,其技术创新已经应用于各种领域,包括信息技术、生命科学、汽车工程和动力工程、家电行业、机械制造及物理和化学工艺工程等。最成功的微制造产品主要由硅或塑料制造,而不是金属或陶瓷。

除上述产业外,还有一些领域(如化学、电信和生物)以及一些产品(如微型齿轮或计数器结构)需要金属或陶瓷制成的高耐磨部件,金属或陶瓷基材料的应用潜力在于承受高作用力、腐蚀、磨损、高温或满足材料低热膨胀性、生物相容性或灭菌性的需求。因此,若有必要改进使用微金属基部件的产品制造方法,则必须把重点放在开发大规模生产方法上,以获得有较高利润的大中型复杂微部件批量生产。PIM 在复杂微零件的精密制造中越来越流行,因为这项工艺适用于几乎所有粉末材料,加工材料广泛(软、硬磁性材料,难熔金属和功能陶瓷)。通常除了 MicroPIM 工艺之外,几乎没有其他方法可以经济地处理和应用这些材料。

在经济可行性和工艺生产能力方面,将金属注射成型(MIM)与其他制造技术进行比较后发现,作为一种可复制以及扩展的方法,MIM 与铣削、钻孔、放电加工(EDM)和磨削等典型加工工艺相比在中大规模生产方面具有优势,即便与激光加工相比也是如此,特别是 MIM 所产生的次品更少。与成熟的大规模工艺(如冲压、压花或粉末压制)相比,MIM 在复杂几何体的近净形状制造方面表现出更好的能力,显著减少了对精加工工艺的需求。但是,这些优势必须基于添加的原料以及脱脂等步骤可能带来的较高加工成本来判断。

15.3 微型工具的制造方法

15.3.1 微型工具制造存在的一般问题

加工处于微米甚至亚微米范围内的部件的结构细节需要合适的工具和模具。但是,由于各个零件的总体尺寸可能在数百微米到几厘米之间,因此需要使用特殊方法来制造这些工具组件。这些特殊制造的微结构模具嵌入件通常作为可互换零件集成到注射模具中。与模具嵌件不同,注射模具可以使用传统的精密模具构造方法制造。

如果需要制造具有高纵横比(≥5)的微型零件,则必须使用抽芯或变温回火等特定工艺。种类繁多的微型零件意味着需要生产几乎同样多种类的单组分或多组分微型粉末注射成型(2C - MicroPIM)工具。其中,这些工具可以有 2 个或 3 个平板模具,也可以设计为有或没有热流道。

15.3.2 制造微结构模具嵌件的选项

用于微注射成型的工具通常使用常规方法制造并装配了微结构模具嵌件,而嵌件可以以各种方式生产,包括光刻法、激光烧蚀、侵蚀、优化精密机械制造工艺和各种其他技术。有关生产方法的详细讨论参照 Yang、Park 等人的研究结论。微加工和微放电加工是目前最流行和最成熟的方法。最后,可以结合两种或两种以上构造方法来制造微结构模具嵌件。制造微结构模具组件的可选方法见表 15.1。

耐磨性问题在宏观注射成型中尚未得到彻底的研究,在研究微注射成型时变得非常重要。一些研究综述了在特殊实验台上进行的试验,根据模具镶块材料各自的耐磨性进行了比较。结果出乎意料,硬度较低的材料(如镍)的磨损率最低,而弥散硬化钢的磨损率最高,其析出的晶粒颗粒在原料流过时几乎被冲走。但是,作为未来 PIM 技术的主要问题,需要研究更多的模具磨损情况。

详细描述表 15.1 中列出的所有方法将超出本章的范围,因此只讨论 LIGA 方法。

15.3.3 LIGA 方法

对于某些应用,将光刻和电铸方法相结合,以制造具有复杂结构细节、对侧壁粗糙度和纵横比要求高的模具嵌件的方法称为 LIGA。LIGA 是德语首字母缩略词,代表平版印刷、电铸和模塑。在过去几十年中,世界各地的研究机构都采用了这一方法。

在卡尔斯鲁厄理工学院(Karlsruhe Institute of Technology),制造 LIGA 模具嵌件的方法是将对齐的小塑料板(主要是聚甲基丙烯酸甲酯(PMMA)粘在经过适当预处理、高度抛光的高精度铜基板上。抗蚀剂的表面也经过高度抛光。抗蚀剂的结构是通过具有所需结构的金吸收掩模发射强烈的 X 射线,然后通过湿化学显影溶解辐照抗蚀剂区域(X 光刻)。在通过蒸发(作为电铸起始层)进行可选的部分或全部表面金属化后,塑料结构的图案通过电铸反向转移到金属(主要是镍或镍合金)中。线切割电火花加工通过湿法化学腐蚀和湿法化学超声清洗,在模具镶块与其复杂表面的基底分离和最终精加工之前或之后,使模具具有外部形状。基于紫外线(UV)的光刻技术生产的模具嵌件示例如图 15.1 所示。

表 15.1 制造微结构模具组件的可选方法

成形过程	几何自由度	常见纵横比	最小尺寸/μm	尺寸精度/(±μm)		粗糙度 Ra/nm	典型模具材料
				横向	纵向		
硅蚀刻+电成型[a]	2.5D	0.1~50	1~5(通常),30 nm[b]	0.02[c]	0.033[c]	10	Si(Ni、Ni合金)[a]
UV(SU-8)印刷+电成型	2.5D	1~4(20[d])	>2	2	1~5	>15	Ni、Ni合金
X光印刷(PMMA保护)+电成型(LIGA)	2.5D	10~100	≤0.2	0.1~1[e]	>5	10~50	Ni、Ni合金
电子束印刷+电成型	2.5D	2[f]、4[g]	2 0.05[g]	10 nm[g]	4 nm[g]	n.a.	Ni、Ni合金
激光微刻	3D	1~10	10	5~20	3~10	—	钢
激光LIGA	3D	1~10	200~400	1	0.5	>200	Ni、Ni合金
微加工(铣削、钻孔等)	3D	1~10 (50[h])	凸起结构:<10 凹陷结构:15	2	3~10	>50	钢、黄铜、铝
微ECM	3D	<40	25	2	—	300	几乎所有导电材料
微ECF	3D	≤10	≤10	200 nm[i]~10	—	<200	特定类型的钢
微EDM	3D	10~100	50	1~3	—	≤400	几乎所有导电材料
激光烧结	3D+[j]	10	50	1~10	<10	>500	钢(如H13、316L、CoCr4)、铬镍铁合金、TiV4

注:a. 附加加工步骤;b. 可行边界;c. 公差随蚀刻深度变化,当深度达到10 μm时,公差会变为现有的10~50倍;d. 基于几何形状;e. 考虑线宽为1~10 μm;f. 光掩模板;g. 垫片;h. 基于几何尺寸;i. 仅在严苛条件下;j. 3D加上空洞及削减特征;n.a. 表示情况不适用。

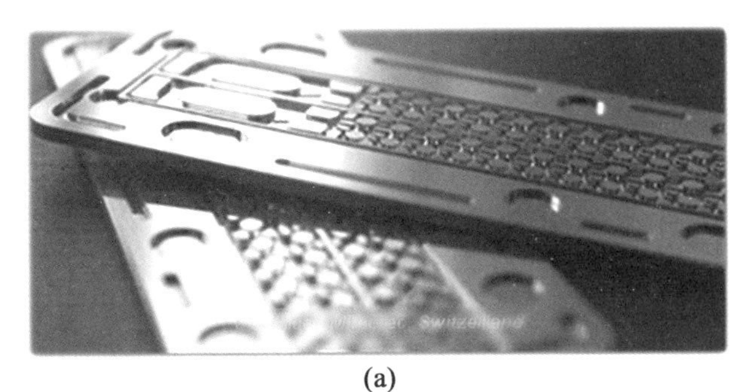

(a)

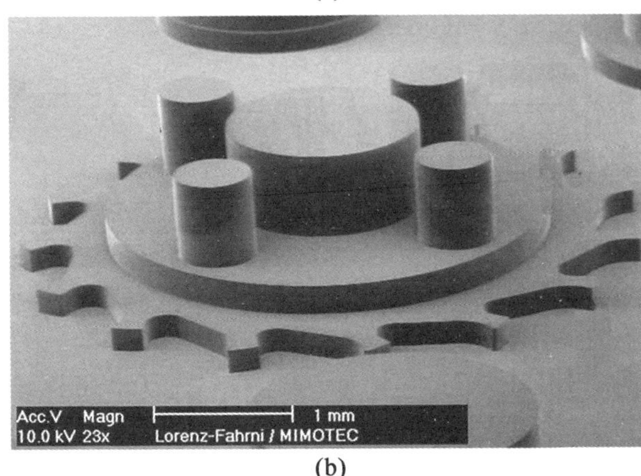

(b)

图15.1　(a)SU-8抗蚀剂UV辐照和后续电镀制成的典型LIGA模具嵌入件。两种插入物都带有反向结构,用于复制微流控功能单元,上部嵌件由镍制成,下部嵌件的表面由金制成(黄色微模具是最终零件的中间步骤;下一步是溶解这层薄金层(30 nm,黄色),然后获得最终的镍腔)
(b)光致抗蚀剂SU-8中另一UV-LIGA母版的SEM图;注意由三步辐照工艺产生的光滑表面和不同层次的微结构。在该母版上电铸将生成微模具。

LIGA模具嵌件被用作中空波导微分光计系列制造、光学或机械部件(如齿轮或透镜)制造的注射成型工具。此类嵌件对材料和表面性能以及横向结构和外部尺寸的要求非常高。为了满足这些苛刻的要求,近年来在搬运、生产顺序和工具方面进行了各种改进,大大提高了LIGA方法的安全性。当然,LIGA方法也有其局限性。在狭窄的直立结构的情况下,有害的重叠效应可能在电镀过程中发生,而具有大侧壁表面积的细丝特征可能在抗蚀剂去除过程中受损。

15.4 微构件的 PIM 过程

金属或陶瓷填充原料的粉末冶金技术在工业上已得到广泛应用,用于生产尺寸较大的零件,这些零件用于工业机器或汽车、洗衣机及收音机、微电子和医疗器械等产品。例如,光纤插头中用作陶瓷导向元件的键合线和套管的高精度、窄公差喷嘴,都是微 PIM 在微电子领域应用的实例。因此,世界各地都在开发用于制造微部件的 PIM 技术。

15.4.1 微组分 PIM 黏结剂系统的原料

1. 黏结剂系统

微组分 PIM 需要仔细选择原料组分和复合材料制备技术。硬质金属或陶瓷部件的一般粉末注射成型使用 0.5 ~ 10 μm 的中等尺寸粉末颗粒。宏观 MIM 通常使用 20 μm 甚至更大的颗粒。但是,MicroPIM 要求原料粒度在微米甚至亚微米范围内,以满足有关部件表面粗糙度、外观细节设计和烧结零件机械性能的具体要求。在这方面,应该提到的是,表面粗糙度比在宏观应用中起着更重要的作用,其中一个重要原因是粗糙度和结构尺寸之间的比率较高。在 MicroMIM 中使用尽可能小的粉末的一个重要原因是为了在烧结后将晶粒尺寸保持在最小,以保持多晶形态。

MicroPIM 需要黏度极低的原料,以便在高的流动长度与壁厚比的情况下快速填充,并避免原料的高导热性而导致熔体过早凝固。黏结剂系统决定了原料的黏度,在配料中起着重要作用。一方面是黏结剂链长和结构,另一方面是黏结剂分散和保持粉末颗粒有效分离的能力,并且这两方面的相互作用又是另一个问题。但是,黏度并不是决定原料是否适合微模压的唯一标准。由于相对较大的表面体积比和较小的承重横截面,微构件会受到较高的脱模力,因此需要同样重视零件的强度和稳定性。例如,聚甲醛基黏结剂通常具有高黏度,一般情况下不适用于 MicroPIM 的黏结剂。但是,如果其高黏度通过变温工艺行为等方式得到补偿,则可凸显其平均生坯强度更高的优点。此外,必须指出的是,一旦微腔被原料堵塞就不容易清洗。

除了要求原料黏度低、生坯件强度高外,MicroPIM 与一般 PIM 技术一

样,还依赖原料均匀性、保质期可回收性和易脱脂性以及收缩可控等因素。最流行的商业和科学用黏结剂系统分类如下:

(1)由蜡和(或)热塑性塑料组成的聚合物化合物。

(2)热塑性黏结剂。

(3)热塑性增强聚乙二醇基黏结剂。

(4)水基或凝固黏结剂。

尽管热塑性原料和几种蜡基黏结剂已被广泛应用,但热塑性增强型和水基型黏结剂的应用实例却很少。由于后两种黏结剂体系具有在非临界水介质中脱脂的环境友好性等优点,有望在未来得到更广泛的应用。

在黏结剂中加入添加剂可以改善原料的加工性能。这些添加剂包括具有交联特性的低分子流动剂和分散剂,旨在确保颗粒在黏结剂中的最佳分布并防止再团聚。分散剂的选择必须考虑到粉末的表面特性和黏结剂物质的化学结构(极性)。此外,必须注意提供最佳粉末黏结剂耦合,以确保更高的填充度,从而将烧结收缩和尺寸误差降至最低。高级 MicroPIM 原料也使用此类添加剂进行处理,这些物质的化学性质后续不再讨论,因为它们与大多数宏观应用的原料中使用的添加剂的化学性质类似。

2. 金属粉末

MicroPIM 主要使用标准 PIM 钢 17-4PH(1.454 2,X5 CrNiCuNb 17 4)和 316L(1.4404,X2 CrNiMo 17 13 2)的金属粉末,铜等有色金属以及最新开发的钛、钨和钨合金粉末。锆陶瓷和氧化铝陶瓷粉末主要用于成型光纤套管和引线键合喷嘴。氮化物陶瓷,如氮化硅陶瓷,仍处于发展阶段。目前应用于 MicroPIM 的金属粉末材料及典型的粉末尺寸见表 15.2。

表 15.2　目前应用于 MicroMIM 的金属粉末材料及典型的粉末尺寸

材料	平均粒径 d_{50}/μm	一般长径比(AR)	最小横向尺寸/μm
不锈钢 316L (1.440 4)	1.5~5 (最高可达 12)[a]	1~5(最高可达 10)	50(最小可达 5[b])
不锈钢 17-4PH (1.454 2)	3~5(最高可达 12)[a]	1~5(最高可达 10)	50(最小可达 20)
羰基铁	1.5~5[a]	最高可达 15	最小可达 10
镍铁合金(NiFe)			≤60

续表 15.2

材料	平均粒径 d_{50}/μm	一般长径比(AR)	最小横向尺寸/μm
钛合金	≥20		
铜	0.5~2	最高可达100	最小可达10
金刚石/铜		6	250
钨铜合金(W-Cu)	1.5~3		≤30
钨合金	0.5~6		
硬金属(WC-xCo)	0.5~4	最高可达10	50(最小可达20)
氧化铝(Al_2O_3)	0.2~1.5	最高可达10	≤30
氧化锆(ZrO_2)	<0.1~0.8	>10	≤10

注:a. 在实验室水平上测试更细的馏分;b. AR<1。

微注射成型主要使用由直径小于中等尺寸颗粒组成的金属粉末进行。一般来说,粉末粒度应不超过空腔最小细节尺寸的1/10或1/20。钢的 d_{50} 值通常在1.5~4.5 μm范围内,但也使用≤10 μm的粉末。

MicroMIM生产的316L钢和17-4PH可使用小于5 μm的最细粉末。结构更细或其他类型的钢的粉末可以通过空气分离获得。纯铁粉末,如前所述,可通过空气分离获得,可以作为粒径为1.5 μm及以下的组分。就有色金属而言,虽然铜和镍成分很细,但钛的最小 d_{50} 值约为20 μm,这对于微组件成型来说相当大。必须指出的是,由于钛具有明显的热原性质,因此粉末粒度无法无限减小。

建议使用预合金粉末,以避免MicroPIM成型过程中经常出现的高剪切速率,并导致单个合金物质的快速分离。此外,预合金粉末由于混合料更均匀,在尺寸和表面质量方面显示出更大的优势。微成型最适用于由球状或球形颗粒组成的气体雾化粉末,以确保高粉末填充率和可接受的原料黏度。

15.4.2 MicroPIM成型过程

MicroPIM技术是专为基于聚合物的微注射成型设计的特殊机器开发的,这种特殊的设备将在后面介绍。应该注意的是,"micropart"一词涵盖了许多完全不同的设备。这些零件从质量只有几毫克的微小单一零件到具有微结构的大型零件,多为平板的基板。因此,必须采用不同的机器类型。定制微注射机由日本 Sodick 有限公司或德国 Arburg GmbH + Co KG 等公司开发。对于微结构零件,夹紧力在 15 ~ 50 t 范围内的精度但仍普遍配置的注射机就足够。为了获得最佳精度,最好使用电动装置。

然而,对于小型单一部件,必须开发特殊的注射装置。为了获得最小的注射量,它们通常不配备标准螺杆装置,而是配备一个或两个柱塞注射器。由于柱塞直径可以比螺杆直径小得多,因此即使是最低的喷丸量也可以精确测量和注入。奥地利 Wittmann Battenfeld GmbH 开发和销售的微型注射机 MicroPower 15 如图 15.2 所示。

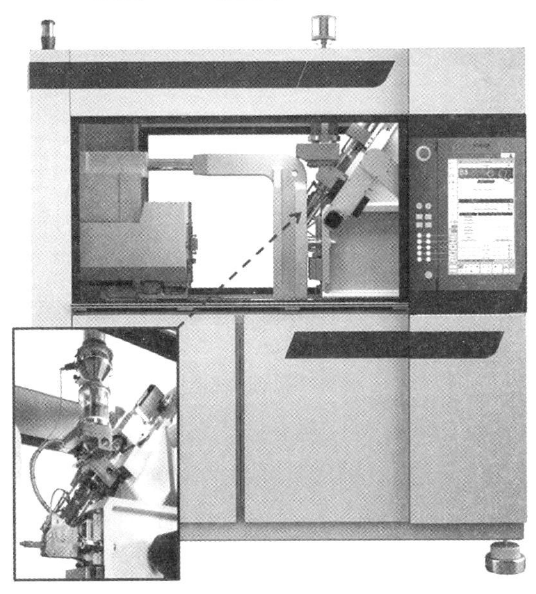

图 15.2 微型注射机 MicroPower 15

(配备特殊的螺杆/柱塞系统,用于复制微部件,尽管最初设计用于聚合物,但它也被证明可用于处理粉末填充原料)

在相对较高的注射压力下为了避免闪蒸效应,通常应选择比微零件投影面积计算值更高的夹紧力。

目前,已经开发了几种微注射成型机或注射装置,并在市场上得到了应用。它们只需要少量添加喂料就可以适应 MicroMIM。例如,如果需要具有更好的耐磨性的部件,可使用涂层钢单元甚至硬质合金。由于一般的微成型机是为聚合物材料设计的,因此应通过优化注射机螺杆的几何结构对塑化装置进行改造,以实现 PIM 喂料的均匀化。

MicroPIM 的模具嵌件存在微结构细节尺寸特征。因此,必须开发相应的功能,以使注射成型工艺适应微模具镶块制造的要求,如注射成型工具的抽空和变温回火。

典型的微成型工具中的空腔是“盲孔”,也就是说,它们的底部不透气。如果加热的原料被压入这样的空腔,就会产生压缩的加热空气,从而导致黏结剂的有机部分燃烧。虽然这种所谓的“柴油效应”可以在宏观注射成型过程中得到补救,但在微结构中却无法避免,因为微结构的空腔无法提供层压工具或孔中的公共通风槽。在使用工具连接的真空泵进行注射前直接排空工具可以充分解决此问题。通常,腔室中的压力为 1 bar 或更低。

变温控制常用于高流动长度与壁厚比的模具。在这一特殊过程中,注入前必须达到接近原料熔点的温度,从而确保后者的黏度仍然足以塑造微结构细节。模具完全填充后,将模具和喂料冷却至确保绿色零件的强度和稳定性足以允许清洁脱模的温度。由于温度升高和降低会延长循环时间,并且在非优化工艺的情况下可能需要几分钟,因此有时会对该方法的效率产生怀疑。然而,最近的研究表明变温回火不仅可以获得更长的流动长度,而且还可以获得更好的尺寸精度。

一体化的工具设计和过程优化有助于解决这些疑问。例如,通过使用感应加热等新型加热方法,可以实现循环时间的进一步大幅缩短。

值得一提的是,因为模制的微观细节对精度非常敏感,微 PIM 加工时的刀具移动需要的精度较高。为了实现这些,微导管注射机的开模和顶出速度可以调整为大约 1 mm/s 或更小的值。最后,必须对注射机的控制软件进行改造,以实现各个过程的自动化。多年来,一些机器制造商一直在提供完整的软件包来满足这一需求。

1995 年,前卡尔斯鲁厄研究所基于当时的微注射成型工艺和商业原料开展了 MicroPIM 技术的开发工作。几十年来在使用金属和陶瓷材料方面所获得的经验和知识主要被各种原料和黏结剂系统固有工艺限制。图 15.3 为最小尺寸材料表征用 17-4 PH 不锈钢制成的微拉伸试样,其中试样厚度约 110 μm。

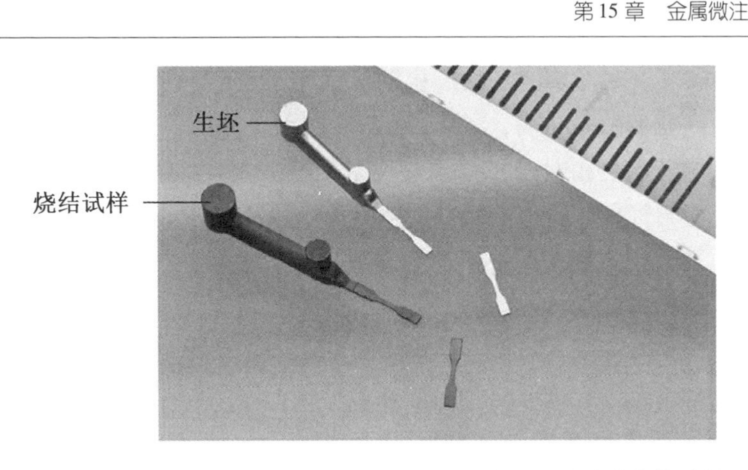

图 15.3　最小尺寸材料表征用 17 - 4 PH 不锈钢制成的微拉伸试样

与宏观零部件相比,微部件的特点是高表面体积比,确保芯部和表面区域之间的温度梯度较低,从而有效促进脱脂和烧结过程。但是,必须特别注意热处理。微模压后的注射件脱脂可以通过在溶剂中熔化、热解和解离或在酸性气氛中催化分解聚合物来完成。例如,两阶段工艺可包括在溶剂中预脱脂,然后作为主要步骤进行热脱脂。然后将无黏结剂的微型零件烧结成成品零件。已上市的工业 MicroMIM 产品如图 15.4 所示。

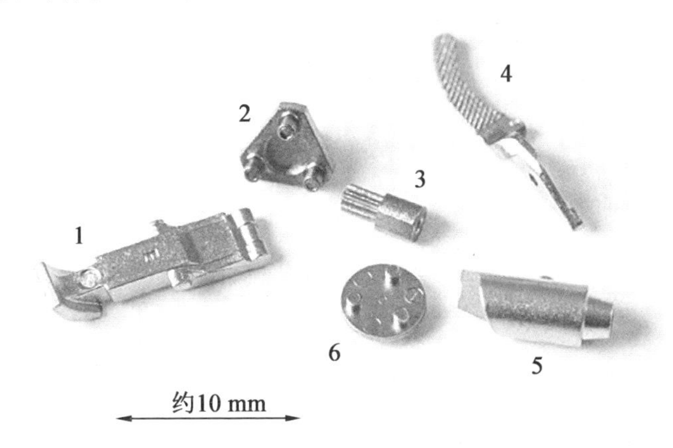

图 15.4　已上市的工业 MicroMIM 产品

1—玻璃纤维连接器插件,7% NiFe;2、3—牙科电动发动机部件,17 - 4PH;4—医疗器械夹爪,17 - 4PH;5—弹药止动螺栓,316L;6—用于微电子发动机的齿轮托架,AlSi4140

成型坯在还原条件(主要是在纯氢中)下烧结。在这一过程中,注射件收缩的体积与黏结剂之前所假定的体积相同。由于 MicroPIM 原料中含有相对较高比例的黏结剂,烧结收缩率可能达到16% ~22%并线性增加。烧结零件的特点是相对于标称尺寸而言的"最佳可实现精度",这一重要参数将作为与标称测量值的标准偏差给出。除其他外,精度取决于粉末的性质和原料的均匀性。Zauner 等人详细分析了注射参数对注射件精度的影响。根据粉末粒度和填充率,金属组分尺寸的平均再现性为0.3% ~0.5%,合金粉末为0.5%,陶瓷为0.2% ~0.5%。

材料和工艺的改进可显著降低公差至0.1%范围内,部分情况下可达到更低的范围,并实现大批量生产,只有将所有其他影响(如各批次粉末之间的差异和环境影响)保持在最低限度才能实现。卡尔斯鲁厄理工学院通过研究获得了微注射成型主要参数,见表15.3。这些结果与一些 PIM 相关报道给出的值相同,因此表15.3中的数值可视为 MicroPIM 当前的成型极限。

表15.3 微注射成型主要参数

材料	最小横向尺寸/μm	最小部分尺寸/μm	重要结构长径比	凹陷部分长径比	公差/(±%)	表面粗糙度[a] R_{max}/Ra/μm
金属	10	5	10	>10	<0.4	7/0.8
陶瓷	≤10	≤3	<15	15	0.3 (0.1[b])	<3/0.2
聚合物	1	<0.1	20 (200[a])	25	0.05	0.05/0.05

注:a. 取决于模具镶块的类型;b. 经过彻底的工艺优化。

15.4.3 脱脂和烧结

与宏观 PIM 一样,从技术和经济角度看,去除黏结剂是 MicroPIM 过程中的关键步骤。一般而言,可通过热熔或降解、溶剂萃取或黏结剂组分的催化分解的组合进行。

对于微结构零件(即外形尺寸相对较大但表面具有微尺度特征的零件),取决于零件壁厚的脱脂时间有可能限制整个工艺的经济可行性。然而,对于壁厚小于1 mm 的微型零件,脱脂时间为次要因素,材料与烧结盘的相互作用以及微结构细节的形状保持比缩短脱脂周期更重要。此外,在典型的脱脂炉中运行一次通常会产生大量零件,这意味着即使脱脂时间相当长,也可实现对脱脂过程的完全操控。

同样,类似于宏观 PIM,烧结条件主要取决于所加工的金属类型,参数与一般 PIM 差别不大。由于 MIM 用细粉末的高比表面积,可以缩短微零件的保温时间和峰值烧结温度。另外,为了避免晶粒过度生长,通常必须加快加热和冷却速率。但是,加热和冷却速率只能增加到不会导致畸变效应的值。

在还原性气氛(H_2 或 N_2/H_2)或真空下运行的间歇炉很常见。在烧结过程中,由于粉末含量相对较低,零件的线性收缩率高达 23%。达到的密度值在理论密度的 95% ~99% 范围内。

15.4.4　计量和处理

外部尺寸测量和成型质量是微成型技术中的关键问题。当测量生坯和烧结件的外部尺寸时,可以依赖基于微电子或微电子机械系统/微光机电系统(MEMS/MOEMS)制造而开发的测量系统。例如,基于坐标测量机(CMM)单元的实验台,甚至白光干涉测量和原子力显微镜(AFM)都用于几何检查,但这些测试系统相当昂贵。如果建立一个自动化系统,它可以代表一个有用的质量检查系统。可靠的测量和质量检验是微成型技术的一个重要问题。因此,许多研究正在这一领域开展相关工作,而 MicroPIM 不需要额外的工作。

更为复杂的是确定微裂纹、空洞和粉末/黏结剂分离区域的“零件内部视图”。内部检查必须快速进行,最好是在线进行,以避免生产缺陷产品。因此,一般的切割和磨削方法以及随后对横截面的光学研究并不是最有效的测试方法。替代方法如超声检测和(或)热成像检测,这些手段在性能检测方面表现出更大的潜力。由于它们已经处于更高的开发阶段,并且已经用于宏观 PIM,因此在此不进行详细描述。

最后介绍基于 X 射线辐照的二维和三维检测方法。MicroMIM 部件的优势在于其厚度小,这意味着它们可以在不进行彻底能量耗散和光束加宽的情况下进行辐照。有关 X 射线辐照不同方法及其功能的详细说明,可参见 Jenni、Zauner 和 Stampfl (2009)等人的研究。使用单色同步辐射可以生成整个微 MIM 样品上粉末分布的三维轮廓,并且可以确定粉末/黏结剂偏析现象。尽管如此,此类研究成本高且耗时长,这意味着必须为工业应用衍生出更快、更简单有效的方法。随着功能测试程序的缩减有可能优化微部件和微系统的生产,继续进行此类开发至关重要。

在宏观PIM中,处理、自动化和相关生产设施的接口在微MIM中起着重要作用。现有或即将开发的工具可用于微MIM,条件是它们适合所需的小尺寸,这对整个微制造世界来说是一个挑战,大量的研究和开发工作正在进行,MicroPIM也将因此受益。

对于单个微型零件,夹具到零件的精确定位至关重要,因为公差小于等于1 μm。在工艺规划过程中,必须彻底考虑夹具与零件的定位。自动化质量保证也是如此。在MicroPIM的情况下,必须考虑相对较低的生坯强度,如果使用机械夹具,可能会导致一系列问题的发生。类似地,在真空夹持器的情况下,粉末装载而导致的更高质量可能是一个缺点。另外,金属填充部件在搬运方面显示出一些优势。例如,与塑料不同,它们不带电。因此,MicroMIM比聚合物微注射成型更容易抓取或移动零件。

15.4.5 领先和创新趋势

从技术和经济的角度看,微构件PIM是一种极具吸引力的方法。因此,重大研究工作并不局限于受严格限制的科学家圈子也就不足为奇了。近年来,东亚地区的MicroPIM研究有所增加。在这方面,大阪府理工学院、新加坡南洋理工大学、东京都会大学等都进行了深入研究。用于工业机器的直线电机导轨的齿轮是MicroPIM在工业领域的应用示例,如图15.5所示。

近年来,北美在MicroPIM方面的研究活动包括超声PIM进料流动行为分析,MicroCIM工艺的经济性研究,重点是使用商用氧化铝原料成型线蚀模具嵌件。在这些试验过程中出现的明显粉末黏结剂离析可以认为是忽视了变温过程控制导致的。洛斯阿拉莫斯国家实验室也对MicroPIM进行了全面的研究,如医疗器械组件的生产。

在欧洲,德国不来梅弗劳恩霍夫研究所(Fraunhofer Institut,IFAM)对MicroPIM进行了深入的研究。研究人员开发了用于散热器的微结构金属部件。W-Cu和Mo-Cu因其导热系数高、热膨胀系数低而被选用,并在此基础上进一步研究和开发了植入生物相容性应用材料的处理方法。例如,一种特殊的316L粉末混合物是通过添加超细铁粉和纳米铁粉来实现的,这种混合使直径为5 μm半球的微结构表面得以应用。

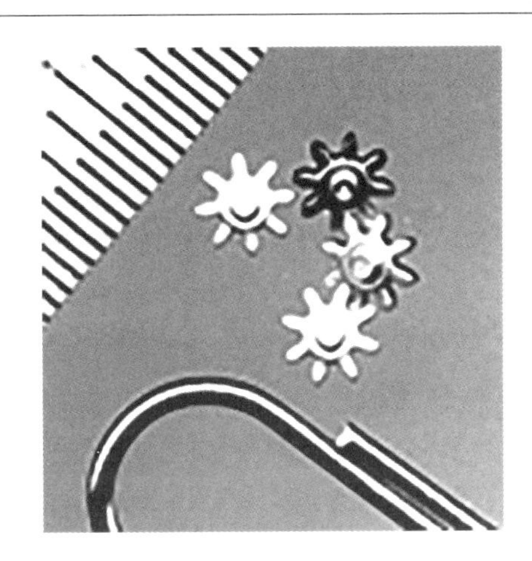

图 15.5 用于工业机器的直线电机导轨的齿轮
(直径 2.95 mm,模厚 0.3 mm。材料为 17 -4PH,质量为 0.03 g。使用此模块和直径,无法通过机加工批量生产此类零件)

位于奥地利维也纳纽施塔特的 FOTEC 公司开发了一种用于中央处理器(CPU)回火的先进 X 型冷却器。该设计的特点是位于载体板上的薄铜管全部由 MIM 使用纯铜原料制造。铜管壁厚为 0.3 mm,高度为 30 mm,因此,计算纵横比达到了 100。硬磁粉加工研究更多与材料相关且不完全局限于微 MIM,需要注意的是,细丝精密零件或微型零件的 PIM 并不仅限于实验室研究,而是已经被众多行业所采用。

15.5 多组分微细粉末注射成型

15.5.1 实现 2C - MicroPIM

将单一微部件连接和组装成复杂产品的过程极其复杂且成本高昂,有可能损坏单个部件的微观结构。在 2C - MicroPIM 中,通过将单组分成型与连接步骤相结合可以大大减少这类问题。2C - MicroPIM 所面临的一个特殊挑战是,除了成型过程,在脱脂和烧结过程中也必须保持这些材料之间的特定结合。为了确保最佳性能,原料和粉末的脱脂和烧结行为必须在数量、形貌以及热和化学行为方面进行精确协调和调整。

为了使 PIM 技术适应微观尺寸制造的要求,几年前,德国开展了一个联合研究项目——2K - PIM,旨在开发多组分 PIM,用于制造由两种金属或陶瓷制成的具有相应不同局部性质和功能的微零件或微组件。卡尔斯鲁厄理工学院(前身为卡尔斯鲁厄研究所)和弗劳恩霍夫研究所都承担了开发合适材料和工艺技术的任务,重点是确定适合微应用的材料组合和原料,以及开发适用于多组分零件的注射、脱脂和烧结方法。在 2K - MIM 项目期间,成功研制了复合材料 17 - 4PH/316L 以及 iron/316L(图 15.6)两种软磁/非磁复合材料,并制作了两个样品。对 iron/316L 复合材料的研究结果表明,不同材料的烧结特性有很大的差异,可以根据不同材料的特点进行联合烧结。

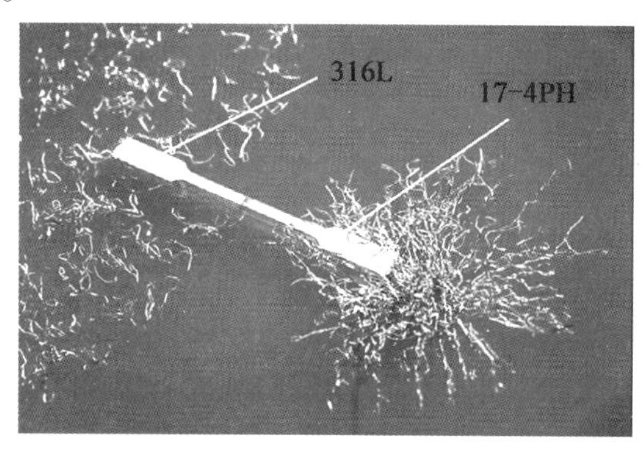

图 15.6　2C - MicroPIM 演示器由非磁性 316L 和磁化 17 - 4PH 钢组成

15.5.2　固定和移动结构

2C - MicroPIM 允许在使用粉末不同烧结行为的情况下制造固定和移动结构。通过调整粉末含量并选择烧结活性粉末或对烧结不起作用的粉末,可以提供必要的先决条件。此外,必须注意选择适合各材料要求的温度变化,并使用适合活动结构自由烧结的烧结底板。

虽然固定结构需要稳定的烧结收缩率和温度以避免残余应力,甚至在压实过程中发生塌陷,但移动结构需要在烧结过程中分离部分体积以及不同的粉末含量和烧结温度。这可确保一个构件的收缩比另一个构件的收缩先发生。

15.5.3 使用 PIM 原料的微模内标记(IML)

典型的两组分注射成型在一个型腔中混合至少两种不同的熔体,并不是用于多组分零件 PIM 制造的唯一方法。将模内标记与 PIM 工艺相结合也可以获得同样的结果。PIM 原料是围绕放置在注射模具中的绿色薄膜注射成型的,并填充金属或陶瓷颗粒,两部分同时脱脂和烧结以获得材料复合材料。材料和工艺条件类似于固定结构 2C – MicroPIM 所选择的材料和工艺条件。

尽管这种宏观制造方法已经发展了一段时间,但新的微观应用则提供了进一步的可能性。极细(纳米)颗粒可以添加到薄膜原料中,且不会因黏度增加而影响加工性能,这意味着功能性粒子或纳米颗粒可以应用于金属或陶瓷部件的表面,而部件的三维实体本身则可以通过普通 PIM 以更低的成本制造。

例如,有学者在欧盟多层项目(FP7 – NMP4 – 2007 – 214122)的框架内,开发了使用 PIM 原料的微模内标签。早期过程中,在另一种氧化锆类型的成型坯上成功地注射成型氧化锆填充的陶瓷薄膜。在脱粘和烧结过程中,复合材料保持了以无孔结构为主的固态结构。微结构通过注射压力压印在薄膜的外表面,在脱脂和烧结后保持完整。前面描述的微模内标记试验主要使用陶瓷和金属/陶瓷材料进行,进一步的研究和开发表明,同样的工艺也可以用于纯金属薄膜或原料。

15.5.4 烧结连接

复合材料也可以通过烧结连接成型,也就是说,在冷却和脱模后加入成型坯。基本上,两个或多个成型坯可通过组装、脱脂,最后烧结成固定结构。由于成型坯部件可以以各种不同的方式组装(例如,使用模块化计算机辅助机器人自动组装),因此这种方法具有相当大的几何灵活性。此外,烧结连接可用于制造带有咬边的部件或带有内部嵌入件的空心部件。Fleischer、Munzinger、Dieckmann (2008)、Munzinger、Dieckmann 和 Klimscha 对该技术的微观应用进行了讨论。

烧结连接的一个缺点是在烧结生坯零件,特别是不同粉末或材料的生坯零件时,一旦冷却和脱模,就不容易烧结。因此,建议为子构件提供连接元件以确保可以正向锁定。如有必要,可在烧结过程中对装配好的生坯零件进行称重,以获得紧密接合。与多组分注射成型相比,烧结连接的另一个缺点是零件的调整和装配更加复杂。

15.6 MicroMIM 仿真

由于与 PIM 过程模拟相关的难点和解决方案在本章其他部分已详细描述,因此仅具体讨论微观因素。一般来说,设计微 PIM 零件遵循与宏观 PIM 相同的基本规则。这里应该提到的是,由于在实际中修改或改变微结构模具非常困难,因此可利用计算机程序来避免设计阶段的错误。宏观和微观之间的另一个显著差异是较大的表面体积比和相对较高的剪切速率(通常是有害的)影响而导致的热损失增加。此外,还必须考虑微模具镶块的制造和粉末粒径的限制。有关微 PIM 设计方面的说明参见 Albers、Burkardt、Deigendesch 等人的研究。

尽管商业仿真软件被广泛使用,但其缺点是限制了预测典型 MicroPIM 效应的可靠性。对于单相材料模型,除非提供附加特征,否则无法模拟偏析现象。此外,无法充分评估金属颗粒的某些特性,例如由于密度更高而产生的更高惯性,对于 PIM 产生的典型效应,例如股线和褶皱的不均衡形成、壁摩擦和屈服点,仿真软件通常很难正确仿真。

由于剪切速率通常高于平均值,并且流道横截面的变化可能非常突然,因此微注射成型应用比宏观 PIM 更容易受到前面描述的缺陷的影响。此外,必须假设微组分的高表面/体积比会加剧所有的表面依赖效应。基于此,后面描述的原理均与 MicroMIM 相关。还必须提到的是,商业软件工具不考虑任何特殊的微注射成型方法,如变温过程控制或工具切换。因此,未来必须开发适应微技术需求的改进甚至新的模拟工具。

卡尔斯鲁厄理工学院进行了模拟测试,以确定使用流行的商业程序模拟微注射成型过程是否有意义。在确定了具有特定几何形状的部件后,制造了合适的注射模具,以获得典型零件的计算值和试验过程数据并对其进行比较。第一次试验使用的数据并不是基于特定的原料,结果表明定量模拟数据和测量值之间存在很大差异。例如,完整成型所需的实际压力比计算压力高 100%。结果证明,在测量和使用特定喂料数据时,结果要好得多,偏差小于 10%。研究还发现,成型的流体力学过程,如模具填充、熔体流动的分向和会聚,不能总是预先定性计算。鉴于此,解释仿真结果需要较高的知识水平及丰富的经验。尽管注射过程并未详尽描述,但具体确定的材料数据和经验丰富的结果解释已经允许在微PIM开发项目中有限地使用模拟工具。

如果没有多相材料模型,则不可能实现对MicroPIM过程的完全可靠模拟。一些研究机构已经开发出了可行的方法。弗莱堡大学IMTEK评估了一种非常有前景的MicroMIM模拟方法。科学家们基于平滑粒子流体动力学(SPH)方法生成了一个新的材料模型。为了增强该模型对微PIM的充分预测能力,他们引入了两个新特征:固有屈服应力和剪切诱发的粉末偏析。第一种是通过双黏度方法进行的,是为了模拟注射过程中剪切引起的粉末偏析,这必须考虑三个重要影响:①粉末颗粒向低浓度区域的迁移,这是由不同的碰撞频率引起的;②粉末颗粒向低剪切速率区域的迁移;③由黏度不均匀性引起的粉末颗粒向低黏度区域的迁移。在将这些方法纳入SPH模型后,通过使用同步辐射的计算机断层扫描(CT)测量证实了MicroMIM零件中粉末分布的正确预测。贝桑松大学也通过研究新方法实现了类似的目标,即创建PIM特定模拟例程。

然而,开发全新的计算例程成本高昂,因此商业软件供应商通常倾向于修改现有的工具。一个新的方法是实现描述有机流体中粉末颗粒碰撞和黏度诱导流动行为的特定方程项。通过这一改进,可以更好地评估剪切引起的粉末黏结剂离析风险,从而在一定程度上实现优化填充程序的可行性。其额外的好处在于,通过采用这种自主优化方法,可以实现减少模拟运行次数来优化零件设计和参数。

15.7 结论和未来趋势

MicroPIM是一项适用于利用金属、金属合金、硬质金属或陶瓷制造中、大批量不同几何形状的重型微构件的关键技术。高长径比微构件主要由陶瓷制成,这主要是因为最细陶瓷粉末的适用性更强。但是,由微米或亚微米级颗粒组成的金属粉末也可用于制造几乎不需要返工的精密机械部件或微型零件,并且在市场上已经得到应用。

研究和开发中的最急切需求可能是全面研究材料参数特性的相互依

赖性。这涵盖了许多奇异效应,包括粉末黏结剂偏析、喷射和起皱、晶粒生长和尺寸分布以及烧结过程中的变形。

与探索材料和参数如何影响生坯和烧结零件性能直接相关的是分析方法的改进,包括检测微切口和空洞等缺陷的技术。监测坯体中的粉末分布也同样重要,此过程可以尽早发现热处理过程中存在变形危险的区域。

与宏观 PIM 过程的情况一样,尺寸精度和表面质量的改善也是微观 PIM 的必要优化。大部分情况下,人们试图通过使用特别细(如筛分)的粉末部分来减小颗粒的大小来实现优化。由于材料成本足够低,不会大幅提高生产成本,因此可以认为微 PIM 比宏观方法具有优势。尺寸再现性在工业批量生产中起着重要作用,其主要通过最小化烧结零件和标称尺寸之间的公差实现。在这方面,许多研究都集中在优化原料方面,重点是研究合适的分散剂,用于偶联粉末颗粒和有机黏结剂。关于刀具和模具镶块的磨损行为和长期稳定性的研究很少,必须扩大。MicroPIM 的未来趋势之一是扩大适合未来应用领域发展的材料范围,钨或钛是典型的例子,这些趋势的驱动因素是缺乏足够的替代程序以及与烧蚀方法相比节省的材料。与以往一样,钢主要是 316L 和 17 - 4PH,似乎是主要用于微机械应用的材料。与此同时,由于铜或铜金刚石材料的高导电性和高导热性,铜或铜金刚石的使用有望增加。当然,后者可能会导致意外短板。尽管如此,使用铜填充原料的 MicroMIM 已经有所报道。

其他 MIM 技术的重要发展趋势主要在于多组分制造方法,包括 2C - MicroPIM、失芯技术、微模内标记或金属或陶瓷微零件的烧结连接。由于这些方法对微系统技术的特殊吸引力,预计将进一步深入研究和开发。2C - MicroPIM 通过使用聚合物实现了高技术标准,这已经实现了工业应用,因此可以依靠高效设备和未来的机械。

宏观和微观生产都越来越需要有效和真实的模拟工具,以便能够对 PIM 的多组分材料系统进行建模和计算,并预测离析和烧结变形。此外,相关材料模型应允许非常规流动剖面,并考虑典型 PIM 特性,如极端股线形成。这样的软件已经被开发出来支持商业进程,新的研究方法也被用来开发多相材料模型。最后,值得一提的是,整体设计规则、材料数据库、标准化外围设备和 PIM 特定标准的建立尚待开发,希望这些领域可提供未来的研究和调研方向。

本章参考文献

[1] Albers, A., Burkardt, N., Deigendesch, T., Merz, J. (2007). Micro-specific design flow for tool-based microtechnologies. Microsystem Technologies, 13, 303-310.

[2] Albers, A., Deigendesch, T., Enkler, H. G., Hauser, S., Leslabay, P., Oerding, J. (2008). An integrated approach for validating micro mechanical systems based on simulation and test. Microsystem Technologies, 14, 1781-1787.

[3] Albers, A., Turki, T. (2013). Supporting design of primary shaped micro parts and systems through provision of experience. Microsystem Technology, 19, 471-476.

[4] Atre, S. V., Wu, C., Hwang, C. J., Zauner, R., Park, S. J., German, R. M. (2006). Technical and economical comparison of micro powder injection molding. In: Vol. 1. Proceedings of 2006 powder metallurgy world congress, (pp. 45-46): Korean Powder Metallurgy Institute. ISBN: 89-5708-121-694580.

[5] Baek, E. R., Supriadi, S., Choi, C. J., Lee, B. T., Lee, J. W. (2006). Effect of particle size in feedstock properties in micro powder injection molding. In: Vol. 1. Proceedings of 2006 powder metallurgy world congress, (pp. 41-42): Korean Powder Metallurgy Institute. ISBN: 89-5708-121-6 94580.

[6] Barriere, T., Quinard, C., Kong, X., Gelin, J. C., Michel, G. (2009). Micro injection moulding of 316L stainless steel feedstock and numerical simulations. In: Proceedings of EuroPM 2009 conference (pp. 325-330): Kopenhagen, European Powder Metallurgy Association. ISBN: 978-1-899072-7-1.

[7] Beck, M., Piotter, V., Ritzhaupt-Kleissl, H. J., Hausselt, J. (2008). Statistical analysis on the quality of precision parts in ceramic injection moulding. In: Vol. 2. Proceedings of the 10th euspen conference 2008,

(pp. 179 – 183): Zurich. ISBN: 978 – 0 – 9553082 – 5 – 3.

[8] Bergstrom, J., Thuvander, F., Devos, P., Boher, C. (2001). Wear of die materials in full scale plastic injection moulding of glass fibre reinforced polycarbonate. Wear, 251, 1511 – 1521.

[9] Brinksmeier, E., Gabe, R., Riemer, O., Twardy, S. (2008). Potentials of precision machining processes for the manufacture of micro forming molds. Microsystem Technologies, 14, 1983 – 1987.

[10] Checot-Moinard, D., Rigollet, C., Lourdin, P. (2010). Rheological characterization of powder and micro-powder injection moulding feedstocks. In: Vol. 4. Proceedings of powder metallurgy 2010 world congress, (pp. 563 – 571): EPMA. ISBN: 978 – 1 – 899072 – 13 – 2.

[11] Cheng, C. C., Ono, Y., Whiteside, B. D., Brown, E. C., Jen, C. K., Coates, P. D. (2007). Realtime diagnosis of micro powder injection molding using integrated ultrasonic sensors. International Polymer Processing, XXII(2), 140 – 145.

[12] Cho, H., Lee, J., Park, S. J. (2016). Fundamental experiments for fabrication of copper micro heat pipe by powder injection molding. In Proceedings of PM2016 world congress, 9 – 13 October, Hamburg: EPMA. ISBN: 978 – 1 – 899072 – 48 – 4.

[13] Choi, J. P., et al. (2017). Analysis of the rheological behavior of Fe trimodal micro-nano powder feedstock in micro powder injection molding. Powder Technology, 319, 253 – 260.

[14] Claudel, D., Sahli, M., Gelin, J. C., Barriere, T. (2015). An Inconel based feedstock and its Identification of rheological constitutive model for powder injection moulding. In Proceedings of 4M/ICOMM2015 conference (pp. 322 – 325): Singapore: Research Publishing. ISBN: 978 – 981 – 09 – 4609 – 8.

[15] Ferreira, T. J., Vieira, M. T., Costa, J. (2016). Manufacturing dental implants using powder injection molding. Journal of Orthodontics & Endodontics, 2(1). http://www.imedpub.com. Accessed January 2019.

[16] Fleischer, J., Munzinger, C., Dieckmann, A. M. (2008). Thermal mi-

cro-sinter-joining for realizing a shaft to collar connection of μPIM bevel gears. In Vol. 2. Proceedings of Euspen 10th international conference, Zurich, (pp. 236 –239): ISBN: 13:978 –0 –9553082 –5 –3.

[17] Freundt, M., Brecher, C., Wenzel, C. (2008). Hybrid universal handling systems for micro component assembly. Microsystem Technologies, 14, 1855 –1860.

[18] Friederici, V., Bruinink, A., Imgrund, P., Seefried, S. (2010). Micro MIM process development for regular surface patterned titanium bone implant materials. In Vol. 4. Proceedings of powder metallurgy 2010 world congress, (pp. 785 –790): EPMA, ISBN: 978 –1 –89907213 –2.

[19] Fu, G., Tor, S. B., Loh, N. H., Hardt, D. E. (2010). Fabrication of robust tooling for mass production of polymeric microfluidic devices. Journal of Micromechanics and Microengineering, 20, 085019.

[20] Fu, G., Tor, S., Loh, N. H., Tay, B., Hardt, D. E. (2007). A micro powder injection molding apparatus for high aspect ratio metal micro-structure production. Micromechanics and Microengineering, 17, 1803 –1809.

[21] Gebauer, T. (2016). Optimizing particle segregation in the metal injection molding process. In: Proceedings of PM2016 world congress, 9 –13 October, Hamburg: EPMA, ISBN: 978 –1 –899072 –48 –4.

[22] German, R. M. (1996). Sintering theory and practice: (pp. 147 –155). New York, USA: John Wiley and Sons. ISBN: 0 –471 –05786.

[23] German, R. M. (2005). Powder metallurgy and particulate materials processing: The processes, materials, products, properties, and applications. Princeton, NJ: Metal Powder Industries Federation.

[24] German, R. M. (2008). Divergences in global powder injection moulding. Powder Injection Moulding International, 2(1), 45 –49.

[25] German, R. M. (2010). Materials for microminiature powder injection molded medical and dental devices. International Journal of Powder Metallurgy, 46(2), 15 –18.

[26] German, R. M., Bose, A. (1997). Injection molding of metals and

ceramics. Princeton, NJ: Metal Powder Industries Federation, ISBN: 1-878-954-61-X p. 80 ff.

[27] Greene, C. D., Heaney, D. F. (2007). The PVT effect on the final sintered dimensions of powder injection molded components. Materials and Design, 28(1), 95-100.

[28] Greiner, A., et al. (2011). Simulation of micro powder injection moulding: powder segregation and yield stress effects during form filling. European Ceramic Society, 31, 2525-2534.

[29] Haack, J., Imgrund, P., Hein, S., Friederici, V., Salk, N. (2010). The processing of biomaterials for implant applications by powder injection moulding. Powder Injection Moulding International, 4 (2), 49-52.

[30] Han, J. S., et al. (2016). Fabrication of high-aspect ratio micro piezoelectric array by powder injection molding. Ceramics International, 42, 9475-9481.

[31] Hanemann, T., Heldele, R., Mueller, T., Hauelt, J. (2010). Influence of stearic acid concentration on the processing of ZrO_2-containing feedstocks suitable for micro powder injection molding. International Journal of Applied Ceramic Technology. https://doi.org/10.1111/j.1744-7402.2010.02519.x.

[32] Hausnerova, B., Marcanikova, L., Filip, P., Saha, P. (2010). Wall-slip velocity as a quantitative measure of powder-binder separation during powder injection moulding. In Vol. 4. Proceedings of powder metallurgy 2010 world congress, (pp. 557-562): EPMA, ISBN: 978-1-899072-13-2.

[33] Heaney, D. (2006a). Mass production of micro components utilizing lithographic tooling and injection molding technologies. In Proceedings of the first international conference on micro-manufacturing, ICOMM 2006, no. 61.

[34] Heaney, D. (2006b). Injection molding of micro medical components utilizing MEMS technologiesfor tooling. In Proceedings of materials science and technology 2006, 15-18 October, Cincinnati, OH:

ASM/TMS.

[35] Heaney, D. (2006c). Sintering of medical microcomponents. Heat Treat Progress, (July/August), 35 –36.

[36] Heldele, R., Schulz, M., Kauzlaric, D., Korvink, J. G., Hauelt, J. (2006). Micro powder injection molding: process characterization and modeling. Journal of Microsystem Technologies, 12, 941 –946. https://doi.org/10.1007/s00542 –006 –0117 –z.

[37] Islam, A., Giannekas, N., Marhofer, M., Tosello, G., Hansen, H. N. (2015). A comparative study of metal and ceramic injection moulding for precision applications. In Proceedings of 4M/ICOMM2015 conference (pp. 567 –570): Singapore: Research Publishing, ISBN: 978 –981 –09 –4609 –8.

[38] Jang, J. M., Lee, W., Ko, S. H., Seo, J. S., Kim, W. Y. (2010). Sintering of MIMed part with various micro features. In Vol. 4. Proceedings of powder metallurgy 2010 world congress, (pp. 471 –475): EPMA, ISBN: 978 1 899072 13 2.

[39] Jenni, M., Zauner, R., Stampfl, J. (2009). Measurement methods for powder binder separation in PIM components. In Proceedings of EuroPM 2009 conference (pp. 141 – 146): Kopenhagen: European Powder Metallurgy Association. ISBN: 978 –1 –899072 –07 –1.

[40] Kauzlaric, D., Lienemann, J., Pastewka, L., Greiner, A., Korvink, J. G. (2008). Integrated process simulation of primary shaping: multi scale approaches. Microsystem Technologies, 14, 1789 –1796.

[41] Ko, S. H., Lee, W., Jang, J. M., Seo, J. S. (2010). Effects of debinding and sintering atmosphere in microstructure of micro MIMed part. In Vol. 4. Proceedings of powder metallurgy 2010 world congress, (pp. 485 –492): EPMA, ISBN: 978 –1 –899072 –13 –2.

[42] Kong, X., Barriere, T., Gelin, J. C. (2010). Micro-PIM process with 316L stainless steel feedstock and numerical simulations. In Vol. 4. Proceedings of powder metallurgy 2010 world congress, (pp. 669 –676): EPMA, ISBN: 978 1 899072 13 2.

[43] Lanza, G., Schlipf, M., Fleischer, J. (2008). Quality assurance for

micro manufacturing processes and primary-shaped micro components. Microsystem Technologies, 14, 1823 –1830.

[44] Li, S. G., Fu, G., Reading, I., Tor, S. B., Chaturvedi, P., Yoon, S. F., et al. (2007). Dimensional variation in production of high-aspect-ratio micro-pillars array by micro powder injection molding. Applied Physics A, 89, 721 –728.

[45] Li, H., Yang, H., Wang, G., Deng, Z. (2010). Effect of delay time on material distribution of metal co-injection moulding. In Vol. 4. Proceedings of powder metallurgy 2010 world congress, (pp. 511 – 517): EPMA, ISBN: 978 –1 –899072 –13 –2.

[46] Loh, N. H., Tor, S. B., Tay, B. Y., Murakoshi, Y., Maeda, R. (2007). Fabrication of micro gear by micro powder injection molding. Microsystem Technologies, 14, 43 –50.

[47] Maetzig, M., Walcher, H. (2006). Assembly moulding of MIM materials. Proceedings of Euro PM 2006—Powder metallurgy congress and exhibition, 23 –25 October (pp. 43 –48). Vol. 2, (pp. 43 –48): EPMA. ISBN: 978 –1 –899072 –33 –0.

[48] Maetzig, M., Walcher, H., Bloemacher, M., Fleischmann, S. (2017). Production of MIM parts with a high aspect ratio. In Proceedings of Euro PM2017—Powder metallurgy congress & exhibition, 1 –5 October. EPMA. ISBN: 978 –1 –899072 –49 –1.

[49] Maetzig, M., Walcher, H., Haupt, U. (2011). New injection moulding equipment for PIM microparts. In Vol. 2. Proc. Euro PM2011, (pp. 195 –200): Shrewsbury, UK: European Powder Metallurgy Association, ISBN: 978 –1 –899072 –21 –7.

[50] Monaghan, J. J. (2005). Smoothed particle hydrodynamics. Reports on Progress in Physics, 68, 1703 –1759.

[51] Moritz, T. (2008). Two-component CIM parts for the automotive and railway sectors. Powder Injection Moulding International, 2(4), 38 –39.

[52] Muhamad, N., Rajabi, J., Sulong, A. B., Fayyaz, A., Raza, M. R. (2014). Micro powder injection moulding using nano sized powders: (pp. 116 –119). (Vol. 1024). Trans Tech Publications Ltd..

[53] Munzinger, C. , Dieckmann, A. M. ,Klimscha, K. (2010). Research on the design of sinter joined connections for powder injection moulded components. In Vol. 4. Proceedings of powder metallurgy 2010 world congress, (pp. 477 –484): EPMA, ISBN: 978 –1 –899072 –13 –2.

[54] Nishiyabu, K. , Andrews, I. ,Tanaka, S. (2008). Accuracy evaluation of ultra-compact gears manufactured by the microMIM process. Powder Injection Moulding International, 2(4), 60 –63.

[55] Nishiyabu, K. , Tanabe, D. , Kanoko, Y. ,Tanaka, S. (2010). Micro metal injection moulding by NIL lost form technology and using nanopowder. In Vol. 4. Proceedings of powder metallurgy 2010 world congress, (pp. 445 –453): EPMA, ISBN: 978 –1 –899072 –13 –2.

[56] Nishiyabu, K. ,Tanaka, S. (2008). Small is better if testing MIM nano theories. Metal Powder Report, 3, 28 –32.

[57] O' Donovan, E. J. ,Tanner, R. I. (1984). Numerical study of the Bingham squeeze film problem. Non-Newtonian Fluid-Mechanics, 15, 75 –83.

[58] Oerlygsson, G. , Piotter, V. , Finnah, G. , Ruprecht, R. ,Hausselt, J. (2003). Two-component ceramic parts by micro powder injection moulding. In: Proceedings of the Euro PM 2003 conference, Valencia, Spain .

[59] Oh, J. W. , et al. (2017). Influence of nano powder on rheological behavior of bimodal feedstock in powder injection molding. Powder Technology, 311, 18 –24.

[60] Okubo, K. , Tanaka, S. , Ito, H. ,Nishiyabu, K. (2011). Manufacturing of 316L stamper for imprinting by micro sacrificial plastic mould inserted. In: Vol. 2. Proceedings of Euro PM2011, (pp. 183 – 188): Shrewsbury, UK: European Powder Metallurgy Association. ISBN: 978 –1 –899072 –21 –7.

[61] Osada, T. (2016). Control the deformation of MIM parts by the powder size distribution. In: Proceedings of PM2016 world congress, 9 – 13 October, Hamburg: EPMA. ISBN: 978 –1 –899072 –48 –4.

[62] Petzoldt, F. (2008). Micro powder injection moulding—challenges and

opportunities. Powder Injection Moulding International, 2(1), 37 -42.

[63] Petzoldt, F. (2010). Multifunctional parts by two - component powder injection moulding (2C-PIM). Powder Injection Moulding International, 4(1), 21 -27.

[64] Piotter, V., Bauer, W., Hanemann, T., Heckele, M., Mueller, C. (2008). Replication technologies for HARM devices: status and perspectives. Journal of Microsystem Technologies, 14, 1599 -1605.

[65] Piotter, V., Honza, E., Klein, A., Mueller, T., Plewa, K. (2015). Powder injection moulding of multi - material devices. Powder Metallurgy, 58(5), 344 -348.

[66] Piotter, V., Klein, A., Mueller, T., Plewa, K. (2016). Manufacturing of integrative membrane carriers by novel powder injection moulding. Microsystem Technology, 22, 2417 -2423.

[67] Rajabi, J., Muhamad, N., Sulong, A. B. (2012). Effect of nano-sized powders on powder injection molding: a review. Microsystem Technology, 18, 1941 -1961.

[68] Rota, A., Imgrund, P., Petzoldt, F. (2004). Micro MIM—a production process for micro components with enhanced material properties. In Proceedings of Euro PM2004 (pp. 467 - 472): European Powder Metallurgy Association, ISBN: 1899072 15 2.

[69] Ruh, A., Dieckmann, A. M., Heldele, R., Piotter, V., Ruprecht, R., Munzinger, C., et al. (2008). Production of two - material micro assemblies by two-component powder injection molding and sinter-joining. Microsystems Technology, 14, 1805 -1811.

[70] Ruh, A., Hanemann, T., Heldele, R., Piotter, V., Ritzhaupt Kleissl, R. J., Hausselt, J. (2011). Development of two-component micropowder injection moulding (2C-MicroPIM): characteristics of applicable materials. International Journal of Applied Ceramic Technology, 8 (1), 194 -202.

[71] Schmidt, H., Rota, A. C., Imgrund, P., Leers, M. (2009). Micro metal injection moulding for thermal management applications using ultrafine powders. Powder Injection Moulding International, 3(2), 54 -

58.

[72] Schneider, J. , Iwanek, H. ,Zum Gahr, K. H. (2005). Wear behaviour of mould inserts used in micro powder injection moulding of ceramics and metals. Wear, 259, 1290 - 1298.

[73] Schneider, J. , Kienzler, A. , Deuchert, M. , Schulze, V. , Kotschenreuther, J. , Zum Gahr, K. H. , et al. (2008). Mechanical structuring, surface treatment and tribological characterization of steel mould inserts for micro powder injection moulding. Microsystem Technologies, 14, 1797 - 1803.

[74] Tan, L. K. (2007). MIM technology set to transform the design and production of heat sinks. Powder Injection Moulding International, 1 (4), 27 - 30.

[75] Tay, B. Y. , Liu, L. , Loh, N. H. , Tor, S. B. , Murakoshi, Y. , Maeda, R. (2006). Injection molding of 3D microstructures by μPIM. Microsystem Technologies, 11, 210 - 213.

[76] Thornagel, M. (2011). MIM-simulation: benefits of advanced rheology models. In: Vol. 2. Proceedings of Euro PM2011, (pp. 201 - 206): Shrewsbury, UK: European Powder Metallurgy Association. ISBN: 978 - 1 - 899072 - 21 - 7.

[77] Thornagel, M. , Schwittay, V. ,Hartmann, G. (2014). Powder - binder segregation: PIMsimulation at breakthrough. In: Proceedings of Euro PM2014, Shrewsbury, UK: European Powder Metallurgy Association. ISBN: 978 - 1 - 899072 - 45 - 3.

[78] Tirta, A. , Prasetyo, Y. , Baek, E. R. ,Choi, C. J. (2011). Study of micropart fabrication via 17 - 4 PH stainless nanopowder injection molding. Journal of Nanoscience and Nanotechnology, 11, 249 - 255.

[79] Tosello, G. (2018). Micro injection molding. Munich: Hanser Publishers. ISBN: 978 - 1 - 56990 - 653 - 8.

[80] Vorster, E. , Piotter, V. , Plewa, K. ,Kucera, A. (2010). Micro in-mould labelling using PIM - feedstocks. In: Vol. 4. Proceedings of powder metallurgy 2010 world congress, (pp. 505 - 510): EPMA, ISBN: 978 1 899072 13 2.

[81] Williams, N. (2017). Metal injection Moulding: Building on solid foundations in the medical sector. PIM International, 11(1), 43 -57.

[82] Yang, I. , Park, M. S. ,Chu, C. N. (2009). Micro ECM with ultrasonic vibrations using a semicylindrical tool. International Journal of Precision Engineering and Manufacturing, 10(2), 5 -10.

[83] Yin, H. , Jia, C. ,Qu, X. (2008). Micro powder injection molding—large scale production technology for micro-sized components. Science in China, Series E: Technological Sciences, 51(2), 121 -126.

[84] Yole Developpement (2018). Status of the MEMS industry 2017. www. yole. fr. Accessed March 2018.

[85] Zauner, R. , Binet, C. , Heaney, D. ,Piemme, J. (2004). Variability of feedstock viscosity and its correlation with dimensional variability of green powder injection moulded components. Powder Metallurgy, 47(2), 151 -156.

[86] Zeep, B. , Piotter, V. , Torge, M. , Norajitra, P. , Ruprecht, R. , Hauelt, J. (2006). Powder injection moulding of tungsten and tungsten alloy. In: Proceedings of the Euro PM2006, Ghent, Belgium.

[87] Zlatkov, B. S. (2009). The processing of advanced magnetic components by PIM: current status and future opportunities. Powder Injection Moulding International, 3(3), 41 -50.

[88] Zlatkov, B. S. , Danninger, H. ,Aleksic, O. S. (2008). Cooling performance of tube X-cooler shaped by MIM technology. Powder Injection Moulding International, 2(3), 64 -68.

[89] Zlatkov, B. S. , Griesmayer, E. , Loibl, H. , Aleksic, O. S. , Danninger, H. , Gierl, C. , et al. (2008). Recent advances in PIM technology I. Science of Sintering, 40, 79 -88.

[90] Zlatkov, B. S. ,Hubmann, R. (2008). Tube type X-cooler for microprocessors produced by MIM technology. Powder Injection Moulding International, 2(1), 51 -54

第16章　双材料/双色粉末金属注射成型

16.1　概　　述

双材料/双色粉末金属注射成型(2C－PIM)的基础是更普遍的2C－PIM塑料。2C－PIM是PIM的一个扩展,它是一种结合了PIM所能实现的形状复杂性的近净形状功能梯度复合材料制造技术。Pischang、Birth和Gutjahr (1994)是早期研究2C－PIM的学者。随后是Alcock、Darlington、Stephenson (1996)和Pest、Petzoldt、Hartwig、Veltl和Eifert (1997),他们实现了2C－PIM的应用并对该技术提出了扩展性的观点。从那时起,2C－PIM已在众多具有应用潜力的材料系统上得到应用,从典型PIM零件到具有复杂尺寸和形状的Micro－PIM零件。

16.2　注射成型技术

与PIM工艺一样,2C－PIM从原料的制备和流变特性表征开始,然后注射成型生坯组件。组件的成型可以通过包覆成型和共注射成型来完成。在包覆成型变体中,配备两个注射单元的成型机通常用于将两种不同的聚合物/金属粉末混合物或化合物注射成所需形状。模塑件由两种不同的材料组成,经过热处理去除黏结剂,然后烧结形成单一的整体组件。包覆成型2C－PIM工艺示意图如图16.1所示,其方法是首先在型腔中注射成型一个零件,然后旋转模具在之前成型的基础上成型另一个型腔。然后,组件由两个互锁材料组成,并从模具中顶出。首先对部件进行模压,冷却到室温,然后转移到另一个模具,进行二次模压,最好使用双筒注射单元来实现,且通常是一个手动过程。包覆成型用于评估工艺可行性并制作原型零件。

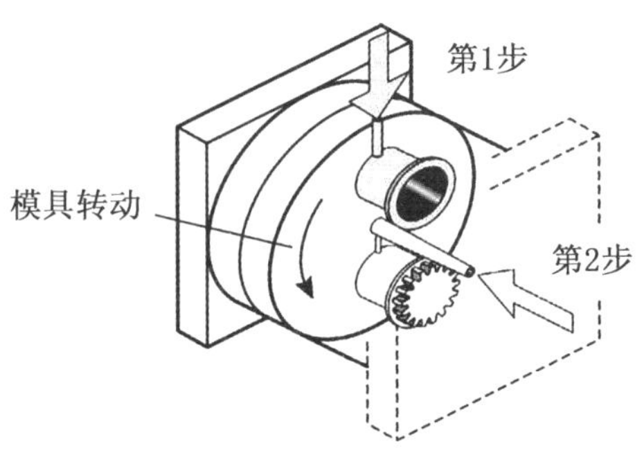

图 16.1　包覆成型 2C – PIM 工艺示意图

在共注射成型中,利用材料的流动特性,可以通过同一流道系统生成功能梯度结构,以生产具有两种不同材料的芯和表层的结构化组件。这是一项成熟的成型技术,已经针对两种金属粉末进行了试验检验。共注射成型机配备单通道、双通道或三通道系统。在单通道系统中,通过移动阀门将原料按顺序注入模具,如图 16.2(a)所示,由于流体流动特性,进料首先粘附在较冷的模具表面,形成表层,这种表层的厚度由注射速率、温度以及两种材料在某种程度上的流动相容性控制。在双通道系统中(图 16.2(b)),可以按顺序或同时注入两种原料。对于塑料,型材注射是首选,因为它可以增强对表面外观的控制。三通道系统允许使用直浇道浇口同时注射,如图 16.2(c)所示,表层厚度受零件两侧的影响。图 16.3 为 2C – PIM 通孔横截面差示意图,说明了包覆成型和共注射成型之间的横截面差异。

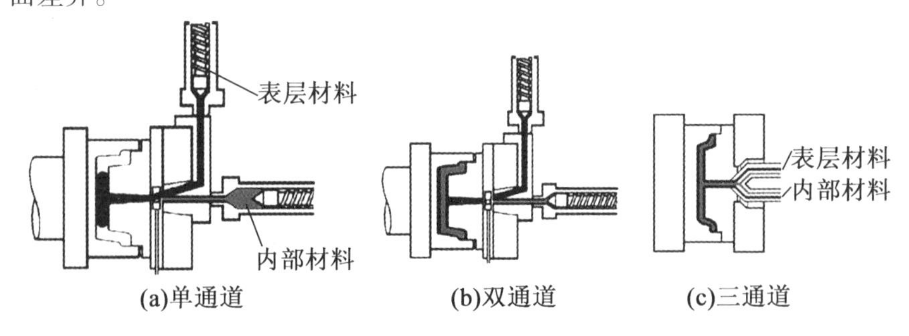

图 16.2　单通道、双通道及三通道系统示意图

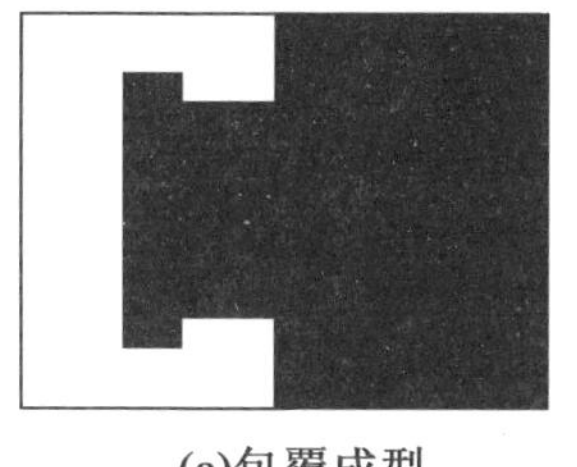

(a)包覆成型

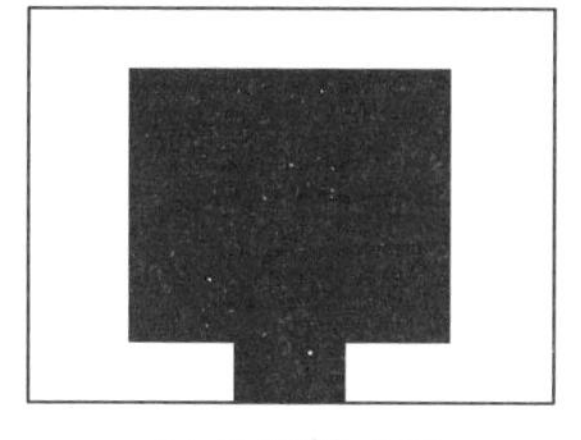

(b)共注射成型

图16.3　2C－PIM通孔横截面差示意图

对于使用包覆成型的2C－PIM，在制作毛坯方面还没有发现任何问题。流变表征和模具填充操作是典型PIM案例的直接延伸。不同的原料系统，例如基于蜡聚合物、基于分解模或基于水的原料已经得到成功应用。

16.3　脱脂和烧结

早期的研究发现，两种材料应该呈现出相似的致密化行为，以避免形成缺陷。2C－PIM的这一方面是迄今为止最具挑战性的，最终将决定产品成型的成功与否。

在热加工过程中，注射件会发生各种变化，从而呈现出具有不同热机械特性的材料特性。聚合物在200～500 ℃的温度范围内软化、分解和燃烧，形成高度多孔和易碎的棕色部分。对于典型的粉末特性，金属的D_{50}为5～10 μm，PIM中使用的陶瓷的D_{50}为0.2～0.5 μm，颗粒尺寸太大，在脱脂过程中不会表现出任何显著的初始阶段烧结。棕色部分由于粒子间摩擦而保持其完整性。脱脂后和初始阶段烧结开始前成型零件的强度通常小于1 MPa。在这一阶段，其力学行为类似于脆性材料，黏结剂在热膨胀或降解特性上的差异可能会产生很大的影响。通常，两种材料使用相同的黏结剂系统，除了热膨胀引起的小膨胀外，在这一阶段可以预期两种组分之间不存在相对运动。零件有望在这一阶段保持形状而不产生任何缺陷。

材料强度随着颈部生长的开始而增加。随着温度的进一步升高和随后的致密化，组件和组件中的应力由于烧结收缩的差异而变得越来越重要。烧结初始阶段的孔隙率为30%～45%。由于多孔性，该材料继续表现为脆性材料，但随着温度升高，材料塑性增加。在这一阶段形成的缺陷包括界面分层或贯穿部件厚度的沟道裂纹,主要归因于不均匀收缩和随后的应力状态。

随着第二阶段烧结的开始,热软化降低了材料的强度并增加了材料的塑性。可以想象,在烧结的第二阶段和最后阶段,对收缩行为差异的耐受度可以达到更高程度,试验表明,在液相烧结的情况下耐受度可以达到更高,任何形成的缺陷都有可能得到有效修复。

如前所述,2C - PIM 的成功取决于将烧结过程中的收缩差异最小化。这在极少数具有相似成分和粒度分布的材料系统中会自然发生。对于不同材料,可用于匹配烧结特性的参数包括材料系统、粉末粒度和原料中粉末体积分数的选择。

对于冶金兼容系统,如果材料的固有强度超过所产生的应力就可以避免缺陷。诱导应力是部件几何形状和收缩失配程度的重要影响因素。表观共烧结指数等定性指标可以用作 2C - PIM 的快速筛选器,但这些措施限制了材料的选择,而不考虑部件设计。映射 2C - PIM 的过程窗口涉及以下四个不同的信息来源。

(1)烧结收缩率与温度的差异。

烧结过程中的收缩率差异对于理解和开发利用 2C - PIM 技术的产品至关重要。膨胀计是理解和提供材料相容性定量测量的非常有用的工具,其所考虑的材料膨胀曲线可以快速验证 2C - PIM 的优点。图 16.4 为 M2 工具钢、Fe - 10Cr - 0.5 N 和 316L SS + 0.5B 的收缩行为比较,说明收缩行为差异的影响和膨胀测量的重要性。

(2)材料原位强度。

PIM 组件的原位强度在不同加工阶段会发生变化,这对材料承受烧结收缩差异引起应力的能力起着重要作用。特定材料的强度可通过高温机械试验确定。但是,近似值在设计和概念验证阶段已足够,可以通过简单模型获得这些模型与试验结果基本一致。粉末压坯原位强度的变化是其材料特性、粒度、压坯相对密度和颈部尺寸的函数。

(3)热力学行为。

选择正确的热力学行为对于模拟诱导应力非常重要,这些模型可以是简单的弹性模型、弹塑性模型和粘塑性模型。为了预测 2C - PIM 几何的正确性,弹性模型可以提供仿真依据,这些模型应考虑由于孔隙度和温度效应导致的材料强度降低。

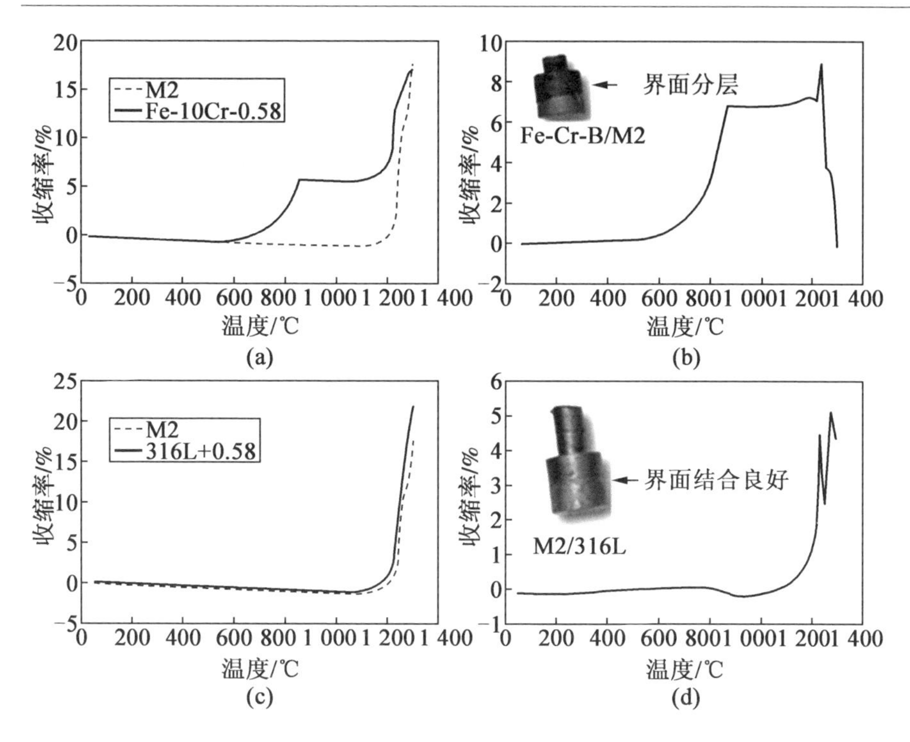

图 16.4　M2 工具钢、Fe－10Cr－0.5 N 和 316L SS＋0.5B 的收缩行为比较

(4)应力状态。

烧结收缩率的差异并不一定表明材料与 2C－PIM 不相容,最终几何体的应力状态要重要得多。尽管烧结收缩率不同,但部件几何结构可以设计为承受或降低感应应力。简单几何可以使用封闭形式的解决方案,如平面应力或平面应变条件下圆形横截面的径向应力和环向应力,并且可以证明对理解不同几何形状产生的影响非常有用。图 16.5 为 2C－PIM 过程中引起和说明缺陷的具有不同致密化特性的部件图片。形状复杂性的增加保证了使用有限元方法模型来反映烧结过程中产生的应力的准确性。

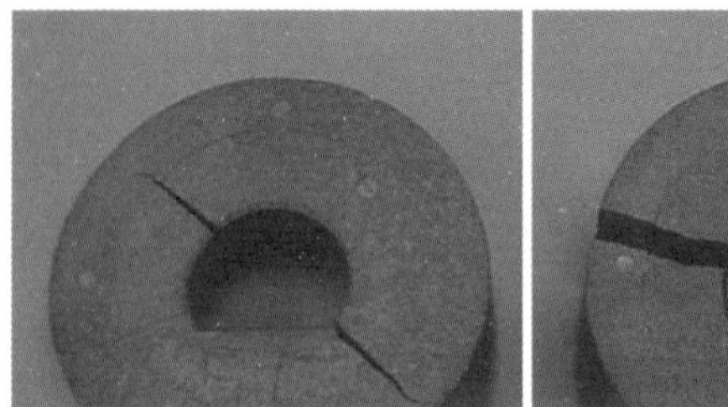
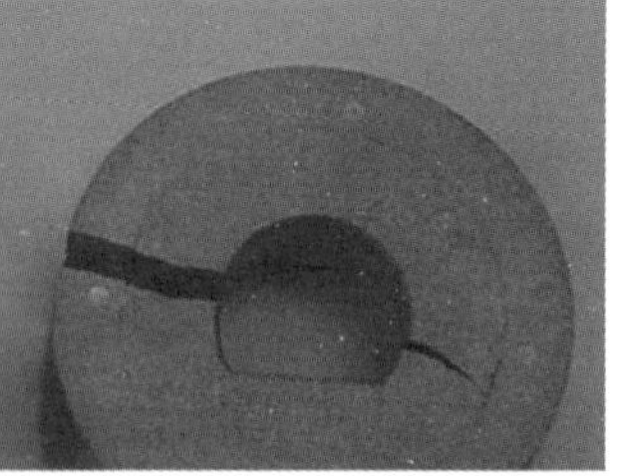

(a)由内芯(左)和外芯(右)过度收缩引起的环向应力引起的开裂

(b)冶金不相容系统之间界面的分层和黏结不良

图 16.5　2C－PIM 过程中引起和说明缺陷的具有不同致密化特性的部件图片

16.4　2C－PIM 产品

图 16.6 通过 2C－PIM 制作的原型产品图片。使用 2C－PIM 技术成功制造的原型产品包括一个用于汽车旋转角度传感器的支架,带不锈钢芯的工具钢插件,带有嵌入式散热器的密封微电子封装,微注射陶瓷电阻加热元件,以及微轴和齿轮组件。该技术也在各种材料系统和应用中得到了验证,例如,多孔通道作为热管的铜基热沉,梯度 WC－Co 复合材料,17－4PH/316L,铬镍铁合金 718/铬镍铁合金 625,M2/316L 和孔隙率梯度 Co－Cr－Mo 合金,Ai/aIN 和 Al/Fe－Nd－B,Al_2O_3/TiN,Al_2O_3/ZrO_2 和 3Y－TZP/不锈钢。Petzoldt 详细介绍了上述一些组合的案例研究,类似于低温共烧陶瓷(LTCCs)或高温共烧陶瓷(HTCCs)的层状复合材料不包括在内,因为它们不是注射成型的。尽管在烧结无缺陷 LTCC 和 HTCC 组件方面存在挑战,并且该工艺类似于 2C－PIM,但也有可能在烧结过程中使用外部单轴压力来改变收缩和致密化特性。

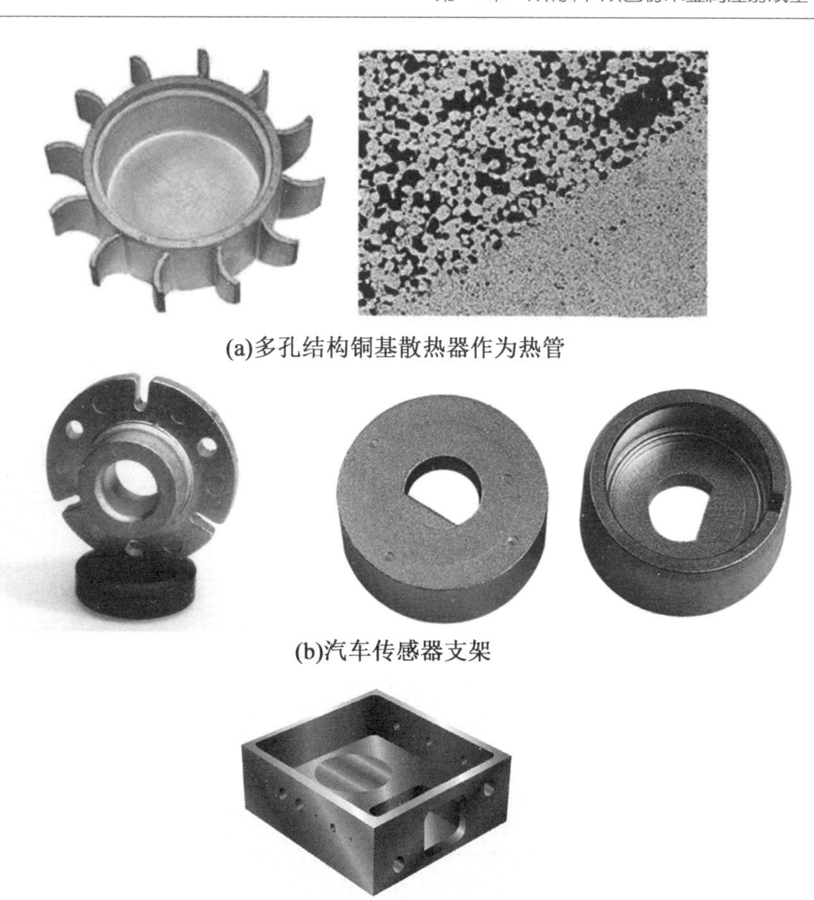

(a)多孔结构铜基散热器作为热管

(b)汽车传感器支架

(c)带有嵌入式散热器的密封电子封装外壳

图16.6　通过2C－PIM制作的原型产品图片

16.5　未来趋势

PIM提供与塑料注射成型相关的几何形状属性以及与全密度粉末冶金和陶瓷烧结相关的性能属性。该技术在用难以铸造或加工的材料大规模生产复杂形状方面表现出色。PIM在生产方面继续取得了令人瞩目的进步，但也仅局限于单片材料。

自1992年对2C－PIM进行初步研究以来,关于该独特技术的文章还不到50篇,利用这种成型方法申请的专利不到10项。据作者所知,已经有一些原型机通过2C－PIM制造功能材料,但没有能够通过2C－PIM实现量产的产品。

2C－PIM的目标是通过将PIM的近净成型可制造性与成本节约相结合,为组件提供多功能性。成本节约主要通过减少二次连接操作实现。双色塑料注射成型的成功源于其功能性和经济性。另外,2C－PIM尚未能复制这一成功案例。PIM需要与其他成型技术相互竞争,如压铸、熔模铸造和机加工。为了获得竞争优势,成功的PIM产品具有特定的特征,一般适用于具有特定组件质量、形状复杂性和产量的产品。而2C－PIM进一步缩小了这个范围,这是由于制造无缺陷部件的需求以及其他竞争性连接技术的限制,如激光钎焊、电子束焊接和熔合钎焊等。

2C－PIM提供的多功能性成型目前尚未实现。最初2C－PIM的关注点可能不是降低成本。如果对连接技术的研究相对成熟,可最大限度地减少研究和开发生产无缺陷组件产品的动力。虽然目前2C－PIM尚未实现大规模应用,但很可能来自只能通过粉末进行加工的材料系统的组合来实现大规模制造。由于这种组合方式具有很大的几何复杂性,因此无法通过压制和烧结技术进行加工,也无法通过钎焊或扩散连接进行连接。与PIM技术制造性能达到或超过等效材料锻造性能的产品的能力类似,成功的2C－PIM产品的界面强度可能优于替代连接技术。2C－PIM可能会在某些应用中获得成功,而不是作为一种高产、具有成本竞争力的技术替代品。采用2C－PIM还需要更好地设计集成部件及做好应力分析,为制备无缺陷部件并提供多功能性的好处。

本章参考文献

[1] Alcock, J. (1999). Metal powder report: (pp. 30－34).

[2] Alcock, J. R., Darlington, M. W., Stephenson, D. J. (1996). Powder Metallurgy, 39(4), 252－254.

[3] Baumann, A. A., Moritz, T., Lenk, R. (2007). Proceedings of European powder metallurgy congress and exhibition (EURO PM2007),

Toulouse, France, October, Vol. 2, pp. 189 – 193.

[4] Dourandish, M., Simchi, A., Godlinski, D. (2008). Materials Science and Engineering A, 472, 338 – 346.

[5] Feng, J., Qiu, M., Fan, Y., Xu, N. (2007). Journal of Membrane Science, 305, 20 – 26.

[6] Firozdour, V., Simchi, A., Kokabi, A. H. (2007). Journal of Material Science, 43, 55 – 63.

[7] Gelin, J. C., Barriere, T., Song, J. (2010). Journal of Engineering Materials and Technology, 132. 011017 – 1 – 011017 – 9.

[8] German, R. M. (2001). Materials Transactions, 42, 1400 – 1410.

[9] German, R. M., Heaney, D. F., Johnson, J. L. (2005). In Proceedings of PM2TEC 2005: international conference on powder metallurgy and particulate materials, Montreal, Quebec, Canada, 19 – 23 June (pp. 41 – 52).

[10] German, R. M., Heaney, D. F., Tan, L. K., Baungartner, R. (2002). In Fuel injectors, sensors and actuators manufactured by bimetal powder injection molding. In Proceedings of 2002 SAE world congress, 4 – 7 March, paper no. 2002 – 01 – 0343.

[11] Heaney, D. F., Suri, P., German, R. M. (2003). Journal of Materials Science, 38, 4869 – 4874.

[12] Imgrund, P., Rota, A., Petzoldt, F., Simchi, A. (2007). International Journal of Advanced Manufacturing Technology, 33, 176 – 186.

[13] Johnson, J. L., Tan, L. K., Bollina, R., Suri, P., German, R. M. (2005). Powder Metallurgy, 48, 123 – 128.

[14] Johnson, J. L., Tan, L. K., Suri, P., German, R. M. (2003). Journal of Metals, 55(10), 30 – 34.

[15] Li, T., Li, Q., Fuh, J. Y. H., Ching Yu, P., Lu, L. (2009). International Journal of Refractory Metals and Hard Materials, 27, 95 – 100.

[16] Liu, Z. Y., Kent, D., Schaffer, G. B. (2009a). Materials Science and Engineering A, 513 – 514, 352 – 356.

[17] Liu, Z. Y., Kent, D., Schaffer, G. B. (2009b). Metal and Materi-

als Transactions, 40A, 2785 - 2788.

[18] Oerlygsson, G. , et al. (2003). In Two-component ceramic parts by micro powder injection moulding Proceedings of the Euro PM 2003, Valencia, Spain, 20 - 22 October (pp. 149 - 154).

[19] Pest, A. , Petzoldt, F. , Hartwig, T. ,German, R. M. (1996). Advances in P/M and particulate materials. Vol. 5 (pp. 19171 - 19178).

[20] Pest, A. , Petzoldt, F. , Hartwig, T. , Veltl, G. ,Eifert, H. (1997). Proceedings of the 1st European symposium on PIM - 1997, Munich, Germany, 15 - 16 October, pp. 132 - 139.

[21] Petzoldt, F. (2010). PIM International, 4(1), 21 - 27.

[22] Piotter, V. et al. (2005). In: Proceedings of the 1st international conference on multi-material micro manufacture, Karlsruhe, Amsterdam, 29 June - 1 July, pp. 207 - 10.

[23] Pischang, K. , Birth, U. ,Gutjahr, M. (1994). In: Proceedings of the 1994 international conference and exhibition on powder metallurgy and particulate materials, Toronto, ON, Canada, 8 - 11 May, Vol. 4, pp. 273 - 284.

[24] Simchi, A. (2006). Metal Materials Transactions A, 37, 2549 - 2557.

[25] Simchi, A. , Petzoldt, F. ,Hartwig, T. Proceedings of the metallurgy world congress and exhibition (PM2005), Prague. Shrewsbury, UK: European Powder Metallurgy Association (EPMA) pp. 357 - 363.

[26] Simchi, A. , Rota, A. ,Imgrund, P. (2006). Materials Science Engineering A, 424, 282 - 289.

[27] Suri, P. , Heaney, D. F. ,German, R. M. (2003). Journal of Materials Science, 38, 4875 - 4881.

[28] Tan, L. K. ,Johnson, J. L. (2004), see http://www.electronics - cooling.com/2004/11/metalinjection-molding-of-heat-sinks.

[29] Xu, X. , Lu, P. ,German, R. M. (2002). Journal of Materials Science, 37, 117 - 126.

第 17 章　多微孔金属粉末空间保持注射成型

17.1　概　　述

多孔材料是一类密度低、比表面积大，在物理、机械、热学、电学和声学领域具有一系列新性能的材料。Gibson 和 Ashby（1998）总结了由天然材料制成的多孔材料的结构和性能之间的关系，以及工程材料，包括金属、陶瓷和聚合物结构和性能之间的关系。多孔材料可分为封闭多孔结构和开放多孔结构。封闭多孔结构可用于需要具有更好声音吸收和冲击能量吸收属性的轻质结构元件中。开放式多孔结构可用于高性能应用，如热管理用的热交换器和散热器，也可用于医疗植入物、过滤器和生物化学反应用的电极。近年来，人们一直非常关注孔隙率较高的金属材料（超过 70%），如金属泡沫、多孔金属和金属海绵，其中的大多数都是作为结构部件而被开发出来的。

在粉末冶金领域，具有相对较低孔隙率（0 ~ 30%）的多孔金属材料近年来也备受关注。它们主要用于存在摩擦的场景，例如油浸烧结轴承。多孔材料不是传统意义上粉末冶金领域的创新。在用于机械部件的烧结材料中，关注点更多地被放在高密度上，以提高耐久性、强度和可靠性。金属注射成型工艺因为使用细金属粉末，所以能够制造出比 PM 更致密、精度更高的烧结零件。

开放多孔金属在高科技产品中有许多应用，例如用于医学显微镜测量的生物过滤器、用于微型设备的热交换器、需过滤空气灰尘和细菌的微雾发生器、低模量医疗植入物、燃料电池的蒸气回收设备等。这些应用可以从微孔结构的优势中受益。通过控制 PM 和 MIM 工艺中的烧结，可以很容易地产生许多孔隙。Heaney、Gurosik 和 Binet 列出了这些材料中的有益特性,并指出孔隙是具有高渗透性的颗粒之间的多边形(而非球形)空间。

制造过程的关键是如何通过 MIM 工艺成型多孔结构,以控制孔径和孔隙率。对于 MIM 工艺而言,在维持成型形状的同时,从模塑体中去除大部分聚合物黏结剂是至关重要的。脱脂技术用于在孔隙形成过程中产生精确数量的孔隙。MIM 也是一种无须任何机械切割和抛光的净成型工艺,其表面形成的孔隙不受机械力的破坏,这使得 MIM 成为多孔金属零件近净成型的首选制造工艺。

本章将讨论用于制造多孔金属零件的其他成型技术,这些技术通过将粉末空间夹持器(PSH)方法与 MIM 工艺相结合而发展起来。本章详细描述了材料组合和烧结条件对烧结多孔金属孔隙和其物理性能的影响,总结了 PSH - MIM 方法的其他优点,如优良的液体渗透性能、生产中的高尺寸精度以及使用功能梯度多孔结构以提高机械性能。

17.2 多孔金属生产方法

17.2.1 多孔金属的种类及制造方法

对于大多数多孔金属来说,产品越小,孔隙也越小。宏观多孔结构是通过切削、磨削、焊接和紧固等常规加工方法制成的。然而,微型多孔零件需要在复杂形状的型腔中近净成型制造,并且型腔需要具有高尺寸精度并且表面存在多孔结构。目前为止,很少有研究涉及微孔金属部件的近净成型生产,虽然这些方法非常适合以较低的成本生产具有较高质量的部件。有学者描述了作为 PM 应用的轴承、过滤器、限流器、吸音器、热管和生物医学植入物的受控孔隙结构的制造过程,通过在小粒度范围内使用粉末颗粒,并通过在材料加工过程中严格控制致密化程度来控制孔径。事实上,自粉末冶金技术出现之初,孔隙结构控制的可能性是选择粉末冶金制备多孔金属的关键原因。

一般来说,烧结比使用发泡或沉积方法更容易形成小孔隙。然而,传统的粉末冶金无法产生具有足够孔隙率的微米或亚微米大小孔隙,因为将孔隙大小和孔隙率与传统粉末冶金技术结合存在限制,由此产生的孔隙是球间间隙,其形状不适合流体渗透。

图17.1所示为多孔金属中晶胞尺寸对孔隙率的影响。这些产品可以采用现有的商业生产方法制造，如金属粉末烧结、空心球烧结、金属织物烧结、电子沉积、液态金属熔体气体注入和截留气体膨胀等。每种方法都可以与其他方法一起使用，用来制造一定范围内孔隙率和孔径的多孔金属。在实践中，很难生产孔径高达几十微米的多孔金属部件以及具有特定孔隙率的开放式或封闭式多孔结构。

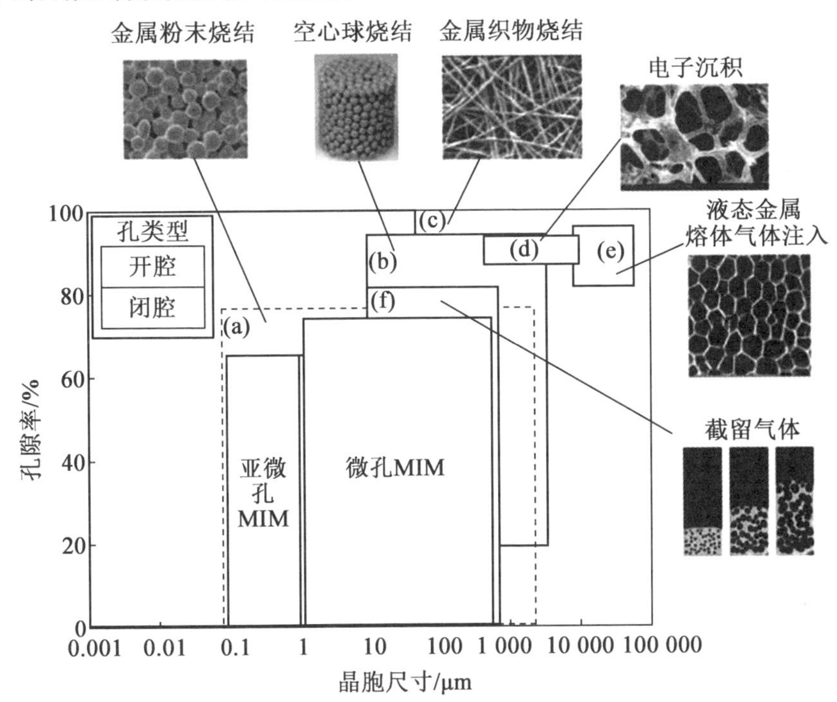

图17.1　多孔金属中晶胞尺寸对孔隙率的影响

目前，很少有方法能够在实践中有效地生产近净成型金属构件，生产具有梯度和复杂形状的多孔金属则更为复杂。作者开发的微孔MIM和亚微孔MIM工艺具有实现预期生产效果的潜力，该过程有以下3个主要优点：

（1）对孔隙率和孔径的独立且大范围的控制，如图17.1所示。

（2）高尺寸精度的近净成型量产。

（3）各种材料组合和梯度结构。

17.2.2 MIM 中脱脂的使用

MIM 是一种将传统粉末冶金与塑料注射成型相结合的制造方法。在过去的十年中,它确立了自己作为小型精密部件制造工艺的优势竞争地位,而采用其他方法生产这些部件的成本很高。MIM 可用几乎任何类型的材料(如金属、陶瓷、金属间化合物和复合材料)来生产形状复杂且尺寸较小的零件。最近,MIM 的研究不仅被用于硬质金属,还被用于钛、铜和铝等材料。与粉末冶金不同,MIM 需要将金属粉末与大量聚合物黏结剂混合。在此之后,通过脱脂,比如溶剂萃取和热解来去除有机成分。脱脂后,棕色体仅由金属粉末保持成型。这种脱脂工艺和粉末形成机理是 MIM 工艺所独有的。

图 17.2 为不同结构的 MIM 零件。MIM 零件的各种结构是由模具型腔中金属粉末的均匀性以及金属粉末在原料中的持续固体负载决定的。为了使原料混合均匀,模具型腔需要填充密实。高精度 MIM 零件和微结构 MIM 零件可以在原料注射到由塑料制成的微结构腔中的情况下制造。该工艺被作者命名为 Micro sacrificial plastic mold insert MIM (μ - SPiMIM)。

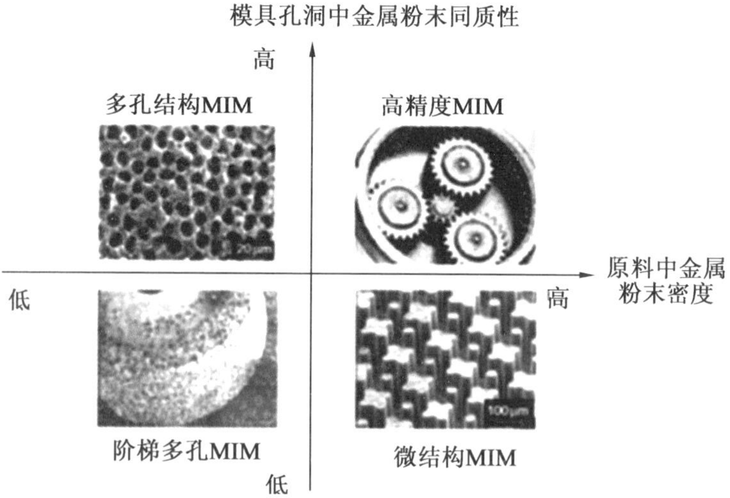

模具孔洞中金属粉末同质性
高
多孔结构MIM
高精度MIM
低
高
原料中金属粉末密度
阶梯多孔MIM
微结构MIM
低

图 17.2 不同结构的 MIM 零件

研究者们通过将PSH方法应用于MIM工艺，生产出具有微观多孔结构的金属部件，并开发出独特的基于聚合物的MIM技术。均匀的原料和聚合物用于制造高度多孔结构的MIM零件。通过空间保持颗粒的细分制备的化合物被用于共注射成型，以制造多孔梯度和结构化MIM零件。作者在使用MIM工艺制造高质量微型零件时取得了一定的进展，但烧结和混合效果较差，导致金属粉末和黏结剂之间出现偏析。

17.3　通过PSH法成型微孔结构

17.3.1　PSH法

微孔金属的PSH方法是基于MIM工艺开发的，如图17.3所示。在传统MIM工艺中，原料由金属粉末和黏结剂组成，脱脂后的致密化和烧结过程对于高质量MIM产品非常重要。然而，要生产多孔金属结构，所产生的孔隙必须在烧结后保持稳定。因此，将PSH方法应用于MIM工艺非常有用，最重要的是确定工艺中用于孔隙空间保持的材料种类，候选材料最好是水和有机溶剂如糖、盐和聚合物。此外还有许多其他的要求，如孔隙形状、各种粒径的可用性、高硬度、耐热性、对金属粉末无反应性、合理的成本、安全性等。作者选择了主要由聚甲基丙烯酸甲酯(PMMA)聚合物制成的颗粒来满足这一要求，PMMA聚合物可以由粒径从亚微米到毫米的颗粒制备，并且具有较高的耐热性和刚度。PMMA还可与MIM原料中使用的蜡和聚合物黏结剂相容混合。

作者研发的生产流程中，除了金属粉末和热塑性黏结剂外，还使用由PMMA制成的球形材料作为孔隙材料，以在MIM组件中获得精细的多孔结构。如前所述，空隙保持颗粒和金属粉末的结合以及烧结条件决定了多孔结构的成型。图17.3所示的PSH-MIM工艺分为以下四个步骤。

(1)混合金属粉末、黏结剂和空隙保持颗粒以制备多孔化合物。

(2)通过注射、挤出成型或压制成型将多孔化合物成型为指定形状，以获得坯体。

(3)热脱脂，以去除黏结剂和空隙保持颗粒。

(4)烧结金属粉末，同时保持所构建球形空间的尺寸。

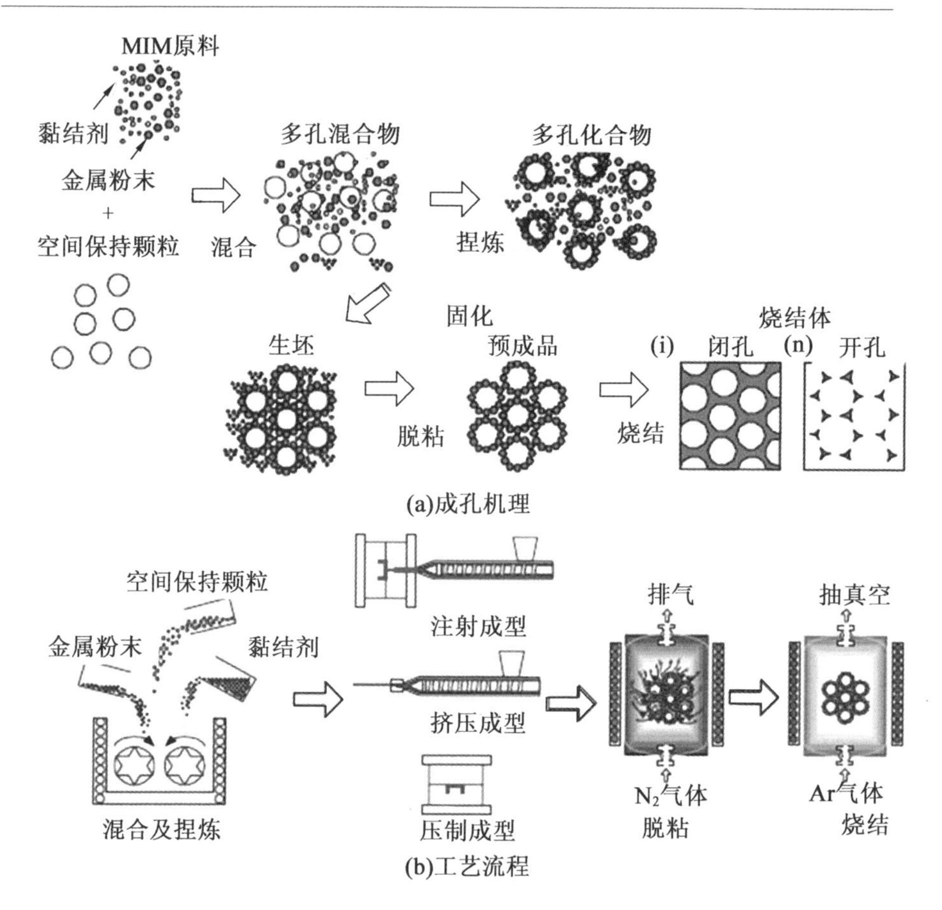

图 17.3　用于制造微孔金属零件的 PSH－MIM 工艺

17.3.2　PSH 法中的脱脂机理

PSH 方法的一项关键技术是去除用于形成大量球形空间的空间保持颗粒。本节解释了简化为双组分黏结剂系统的脱脂机制。图 17.4(a)显示了使用由 9 μm 不锈钢粉末和聚合物黏结剂组成的原料模制坯体的典型脱脂和烧结条件。脱脂在 600 ℃下进行 2 h,而烧结在 1 050 ℃左右进行 2 h。图 17.4(b)显示了蜡、聚合物和空间保持颗粒(PMMA 颗粒)分解的热重(TG)分解曲线。利用三条热重分解曲线,可以确定该材料体系的典型脱脂机理。图 17.5 所示为各温度下的脱脂过程。在 100 ℃以下不会有任何材料分解。蜡在 250 ℃时开始分解,并在 PMMA 颗粒附近形成许多排气路径。然后，PMMA 在 300 ℃下与蜡一起分解。当温度进一步升高至 350 ℃时，大量聚甲基丙烯酸甲酯和聚合物同时分解。最后，所有黏结剂成分和 PMMA 颗粒在 500 ℃以上被完全分解。

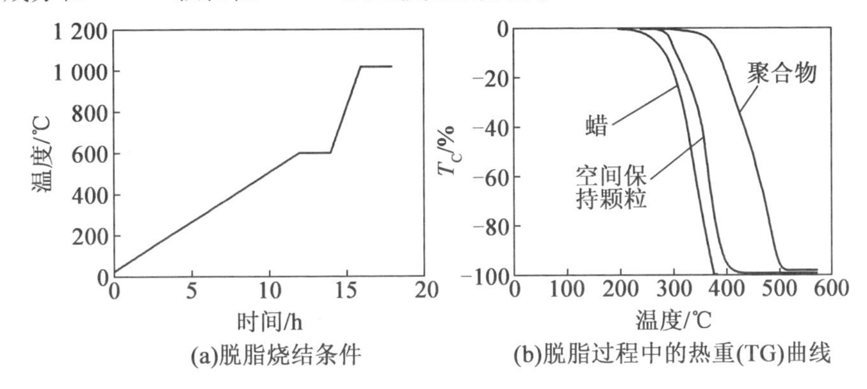

图 17.4　生产微孔金属的 PSH 方法

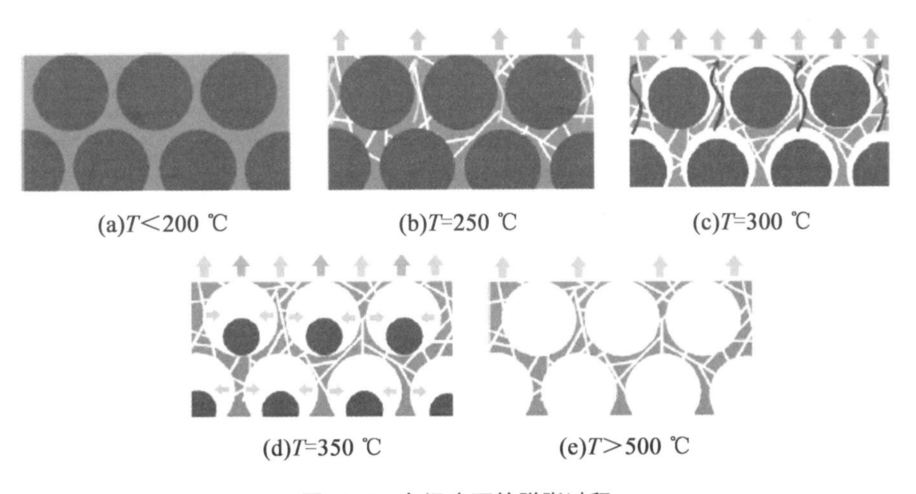

图 17.5　各温度下的脱脂过程

17.3.3　PSH 法测定微孔金属的实例

如图 17.6 所示，PSH 法适用于大多数金属粉末，如不锈钢、镍、铝、铜、钛及其合金。孔径可由空间保持颗粒的直径确定，可以从亚微米到几百微米或更大。然而，并非所有试样中都能完全准确地形成球形孔隙，因为与每个金属粉末颗粒相匹配所需的一些空间保持颗粒的尺寸不匹配。

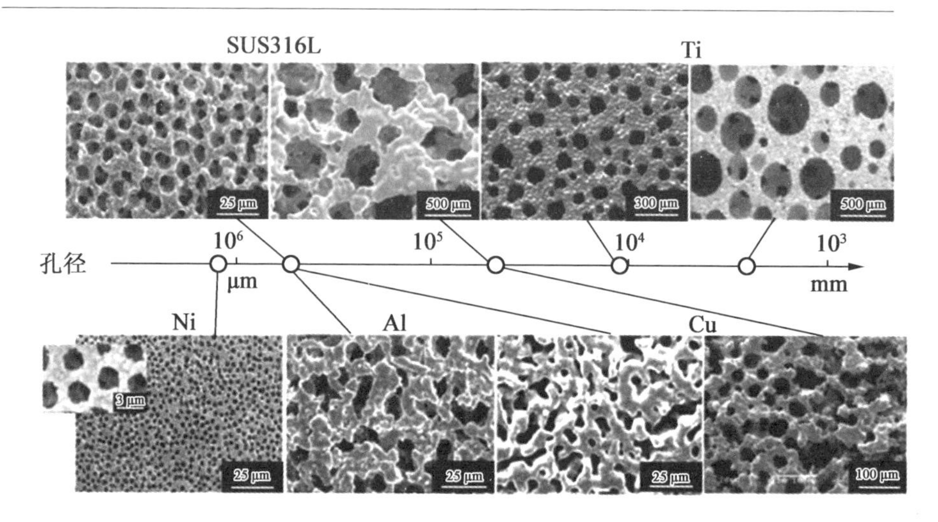

图 17.6 PSH – MIM 法制造的微孔金属的 SEM 图像和孔径

图 17.7 为使用纯镍粉(D_{50} =0.49 μm)和各种尺寸的球形 PMMA 颗粒(D_{50} =1.5 μm、3 μm、5 μm)制备的多孔试样的表面结构,其在多孔化合物中的体积分数为60%。因为化合物是使用具有高比表面积的亚微米粉末制备的,所以熔体黏度非常高,并且熔体不容易通过注射成型压实,需在模具温度和表压分别为 200 ℃和 10 MPa 的恒定条件下成型。

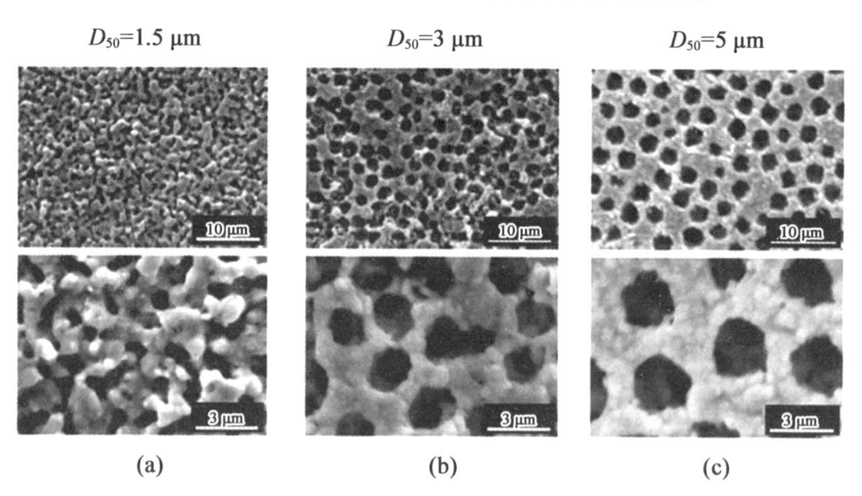

图 17.7 使用不同尺寸的 PMMA 颗粒制备的镍多孔试样的表面结构

在工业真空炉中，为了避免氧化，脱脂和烧结需要在氮气气氛下以600 ℃的条件进行2 h或在氩气气氛下以900 ℃的条件进行2 h。毫无疑问，用于保持空间的PMMA颗粒越小，试样的孔径越小。至于孔隙的形状，在制备3 μm和5 μm PMMA试样时，可以看到一个有序的球形多边形孔的矩阵，其尺寸小于每个PMMA颗粒的直径。另外，1.5 μm PMMA试样中球体发生变形，形成了许多亚微米尺度的多边形空间。在1.5 μm的PMMA试样中，由于镍粉与PMMA颗粒的直径比不够大，孔隙不能保持球形，因此镍粉无法填充到PMMA颗粒之间的空隙中。在这种情况下，PSH方法可以实现定义明确的多孔试样，前提是孔隙保持球形。在烧结多孔金属的试生产中，可以获得均匀的开孔，平均孔径为0.65 μm，孔隙率为67%。通过优化球形材料的比例，可在保持烧结工艺条件下实现对孔隙率、孔径和表面积的控制。

PSH方法的另一个优点在于可以实现具有复杂形状和高度功能梯度结构的微孔金属部件的净成型生产。图17.8所示为使用体积分数为60%的9 μm 316L粉末和50 μm PMMA颗粒通过不同成型方法生产的多孔金属零件。纵向零件最好使用挤出成型，复杂形状的零件使用注射成型效果最好。而注射件的表面比挤压件稍致密，原因将在后面章节解释。

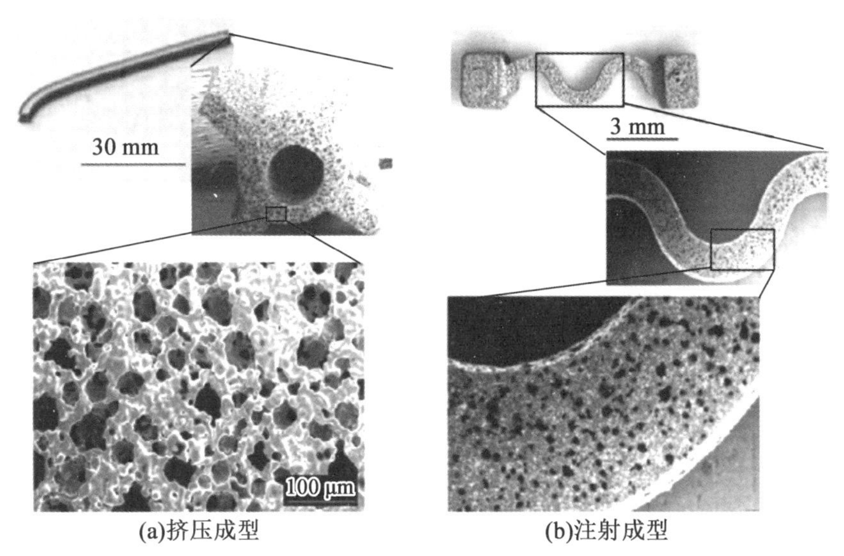

图17.8　使用体积分数为60%的9 μm 316L粉末和50 μm PMMA颗粒通过不同成型方法生产的多孔金属零件

图 17.9 所示为粒径和成型方法对多孔金属表面孔隙形成的影响。在挤出成型的情况下,使用更细的金属粉末(D_{50} = 3 μm)生产的试样表面的孔径和孔隙率较小,这些金属粉末可将填充物固定在 PMMA 颗粒(D_{50} = 50 μm)周围。而且,在使用较粗金属粉末(D_{50} = 9 μm)制成的试样中,可以观察到孔径和孔隙率的增加,这些金属粉末由 PMMA 颗粒重新排列,PMMA 颗粒在从模具挤出后发生弹性变形。从这些结果可以看出,表面上的多孔结构受所用金属粉末粒径的影响。另外,在注射成型的情况下,脱模后孔隙不会改变,因为在型腔中施加了高成型压力,并且在聚合物黏结剂从模具中弹出之前,通过冷却聚合物黏结剂将金属粉末保持在粉末压坯中,很明显,成型压力会影响表面的孔隙结构。这种效应可用于通过单步注射成型生产具有致密表面的复杂烧结多孔零件。

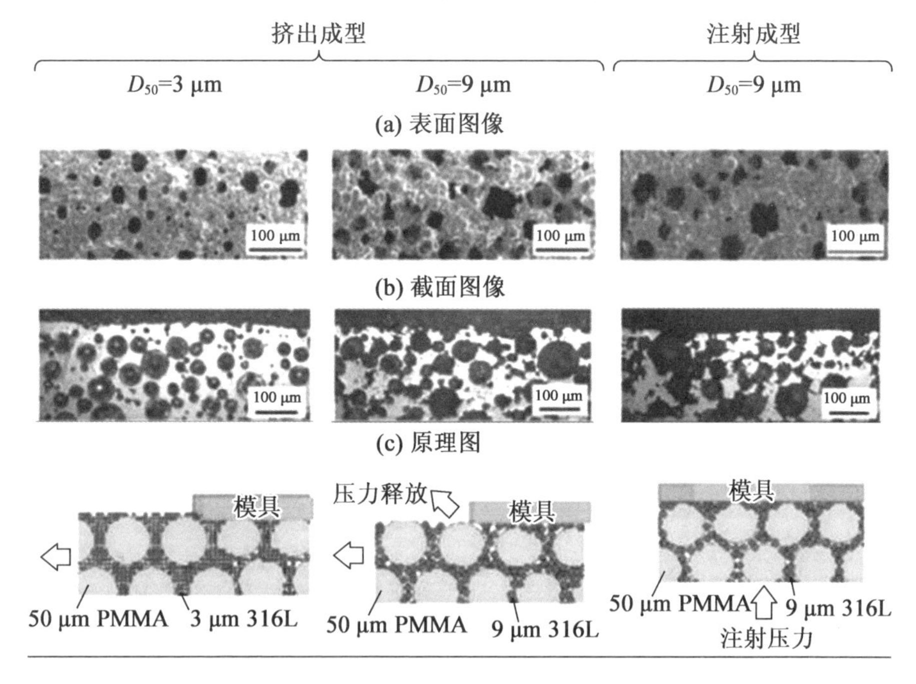

图 17.9　粒径和成型方法对多孔金属表面孔隙形成的影响

17.4 使用PSH法控制多孔结构

17.4.1 材料和制造条件

用于多孔化合物成型的试验材料及组分配比见表17.1。通过水雾化法并装载体积分数为50%的金属粉末制作的316L奥氏体不锈钢(D_{50} = 3μm、9 μm),其黏结剂为石蜡和聚缩醛聚合物。使用PMMA制成的球形颗粒(D_{50} = 10 μm、50 μm)将金属粉末固定到位。这些材料通过高压混炼机和柱塞式挤出机混合和造粒。所得试样标记为试样3-10或试样3-50。第一种情况,使用10 μm PMMA颗粒和3 μm的316L粉末;第二种情况,将50 μm PMMA颗粒与3 μm的316L粉末混合。PMMA颗粒的体积分数在0~80%之间变化,以上是主要的试验参数。为了简化试验,通过热压成型,用各种多孔化合物制备了直径为40 mm、厚度为2 mm的压坯圆盘。样品也可以通过注射成型生产。热压成型在恒定条件下进行,模具温度为200 ℃,表压为10 MPa。脱脂和烧结在600 ℃氮气气氛下进行2 h,在1 050~1 200 ℃氩气气氛下进行2 h,以避免氧化。

表17.1 用于多孔化合物成型的试验材料及组分配比

项目	成分	平均粒径/μm	体积分数/%	
			金属注射成型原料	多孔化合物
金属粉末	不锈钢、316L	3.9	50	20~100
黏结剂	蜡	—	50	—
空间保持颗粒	PMMA	10、50	—	0~80

17.4.2 表面结构

通过扫描电镜观察了烧结试样的表面结构,不同尺寸金属粉末和PM-MA颗粒烧结试样表面的SEM图像如图17.10所示。随着PMMA颗粒体积分数从0增加到80%,表面上的孔隙数量增加。孔径与PMMA的粒径密切相关。这些特性是PSH方法的典型成孔行为。为了使微米多孔不锈钢拥有更高的表面体积比,最好使用3 μm 316L粉末和10 μm PMMA颗粒的组合。

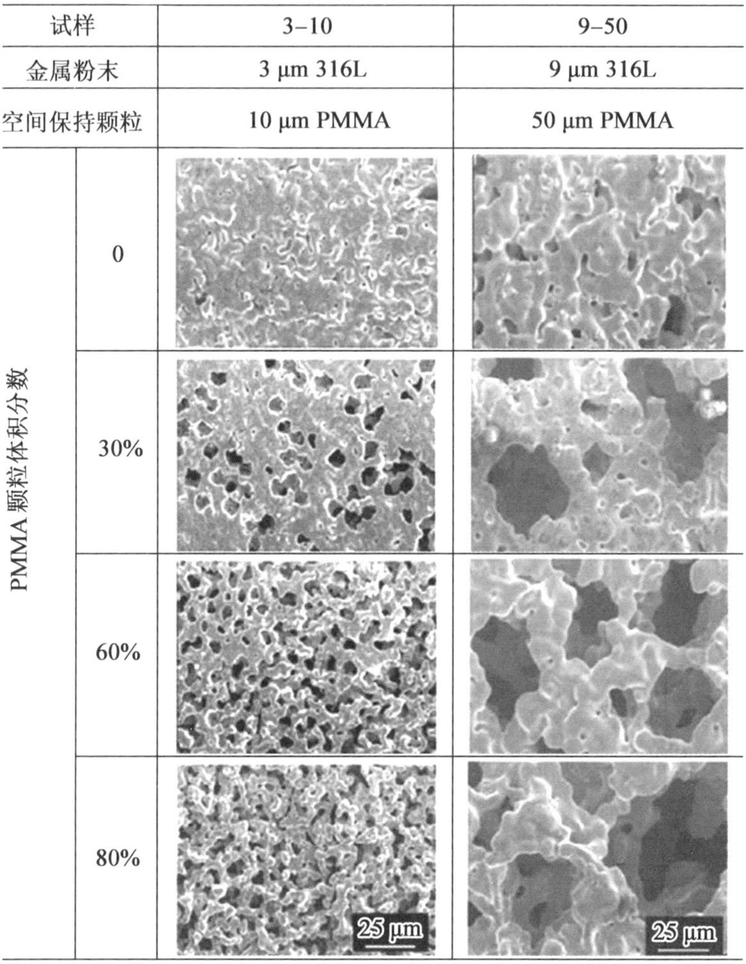

试样		3–10	9–50
金属粉末		3 μm 316L	9 μm 316L
空间保持颗粒		10 μm PMMA	50 μm PMMA
PMMA 颗粒体积分数	0		
	30%		
	60%		
	80%		

图 17.10 不同尺寸金属粉末和 PMMA 颗粒烧结试样表面的 SEM 图像

17.4.3 烧结收缩率和孔隙率

用千分尺和分析天平测量烧结试样的相对密度(与孔隙率成反比)和收缩率。含有不同比例 PMMA 颗粒的烧结多孔试样的收缩率和孔隙率如图 17.11 所示。试样 3-10 和 9-50 分别在 1 050 ℃和 1 200 ℃下烧结。对于两个试样,收缩率在 15% ~20% 之间,PMMA 颗粒体积分数最高可达 50% ~60%。然而,当 PMMA 颗粒的体积分数超过 50% ~60% 时,其收缩率迅速上升。过渡点对应于从封闭多孔结构到开放多孔结构的变化。换句话说,在封闭的多孔结构中,无论 PMMA 颗粒的体积分数如何,收缩率都保持不变。在开放式多孔结构中,随着 PMMA 颗粒体积分数的增加,收缩率增大。在封闭多孔结构和开放多孔结构之间的边界处可以看到明显的过渡点。如图17.11(b)所示,两个试样的孔隙率都随着 PMMA 颗粒体积分数的增加而增加。这里也可以区分两个区域,它们之间有一个过渡点。这一结果与图 17.11(a)相似,图中的收缩率与 PMMA 颗粒的体积分数成反比。

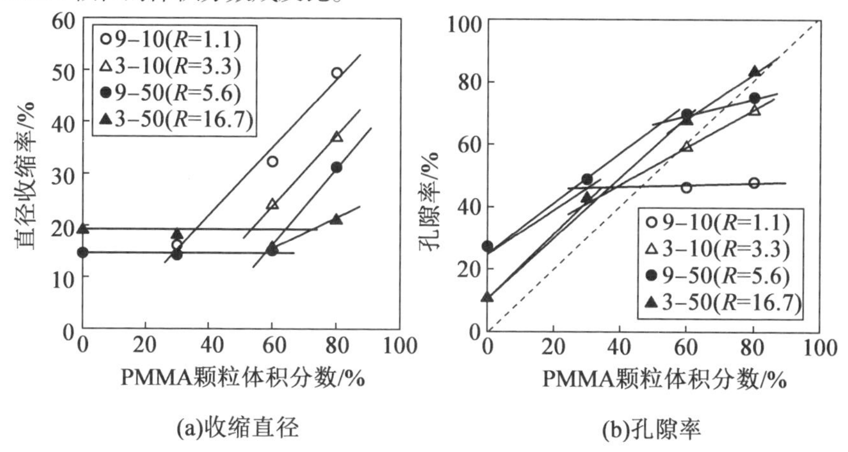

图 17.11　含有不同比例 PMMA 颗粒的烧结多孔试样的收缩率和孔隙率

关于前面描述的烧结试样,孔径、孔分布、比表面积和流体的流动阻力是用毛细管流动孔隙度计测量的。不同尺寸 PMMA 颗粒的烧结试样的最小孔径分布如图 17.12 所示。多孔试样的最小孔径和比表面积见表 17.2。随着 PMMA 颗粒粒径的减小,平均最小孔径相应减小,但比表面积显著增加。结果使得孔的平均最小直径大约为 PMMA 颗粒直径的 1/4。

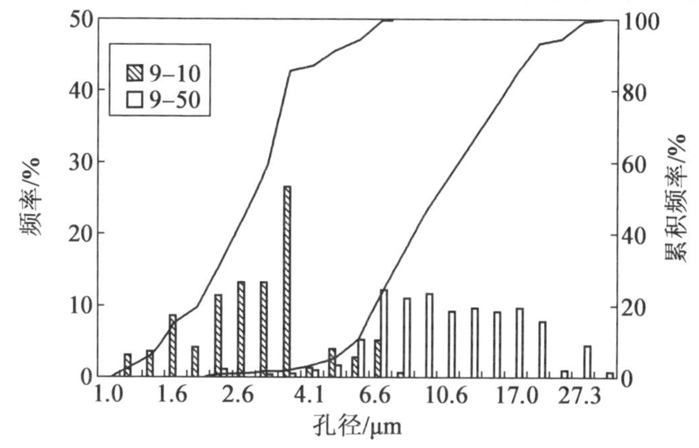

图 17.12　不同尺寸 PMMA 颗粒烧结试样的最小孔径分布

表 17.2　多孔试样的最小孔径和比表面积

试样	9 - 50	3 - 10
金属粉末	9 μm 316L	3 μm 316L
空间保持颗粒	50 μm PMMA	10 μm PMMA
最小孔径/μm	9.58	2.39
比表面积/($m^2 \cdot g^{-1}$)	0.04	0.15

17.4.4　烧结温度的影响

60% PMMA 颗粒试样在不同温度下的收缩率和孔隙率如图 17.13 所示。结果表明,随着烧结温度的升高,收缩率增加,孔隙率相应降低。这些现象与试样经历过度烧结后孔径随烧结温度的升高而变小相一致。烧结后收缩率平均为20%,通过 MIM 原料的固体负载体积计算,即 50%。因此,当 3 μm 316L - 10 μm PMMA(试样 3 - 10)的烧结温度设定为 1 050 ℃、3 μm 316L - 50 μm PMMA(试样 3 - 50)的烧结温度设定为 1 200 ℃、9 μm 316L - 50 μm PMMA(试样 9 - 50)的烧结温度设定为 1 300 ℃时,直径收缩率将接近 20%。在这种情况下,可获得非常接近 PMMA 颗粒添加量的孔隙率,即 60%。

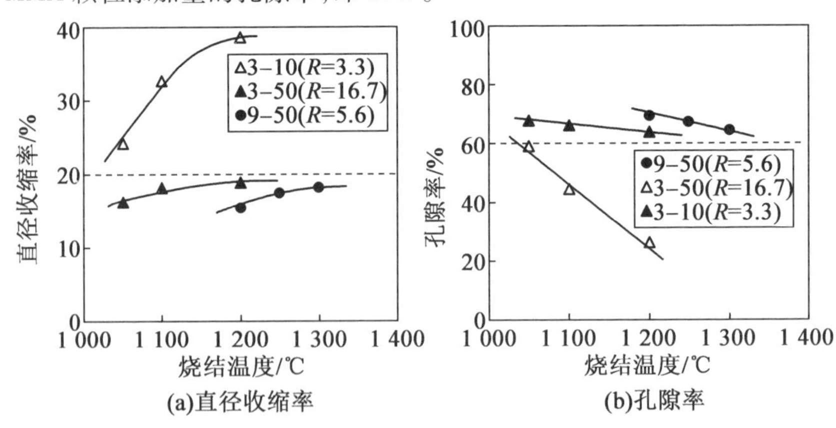

图 17.13　60%PMMA 颗粒试样在不同温度下的收缩率和孔隙率

可以得出结论,对于金属粉末和空间保持颗粒的每种尺寸组合,在之前提到的烧结条件下,可以获得具有相同大小孔隙的多孔结构。可以看出，在较高的烧结温度下，金属粉末越细，烧结越充分。在 50 μm PMMA 试样（试样 3－50 和 9－50）中，由于烧结不充分，金属颗粒之间会形成小孔。在 10 μm PMMA 试样（试样 3－10）中，由空间保持颗粒产生的多孔结构受到烧结温度的显著影响。

科研人员更详细地研究了烧结温度对 3 μm 316L－10 μm PMMA 试样（试样 3－10）结构特性的影响，不同温度下烧结的最小孔径分布如图 17.14所示。在较低的烧结温度下，如 1 020 ℃，平均孔径为1.65 μm，多孔结构广泛分布在产品中。在较高的烧结温度（如 1 070 ℃）下，平均孔径几乎不变，为 1.62 μm，但其分布变得更加清晰。这被认为是空间粒子所在孔周围金属粉末之间进行烧结的结果。当烧结温度增加到1 100 ℃时，平均尺寸显著减小到 0.91 μm，但仍保持尖锐分布。这是由于在不同温度下烧结的试样表面致密化，可在扫描电镜（SEM）图像上看到，如图 17.15 所示。同时测量了一定比表面积、不同温度下烧结的试样，其比表面积与烧结温度的关系如图 17.16 所示。具体而言，随着烧结温度的升高，比表面积呈线性下降趋势。还测量了不同温度下的流体流动阻力，如图 17.17 所示。具体而言，随着烧结温度的升高，比流量显著降低。如前所述，这些结果与在较高温度下烧结的试样中孔径的减小是一致的。

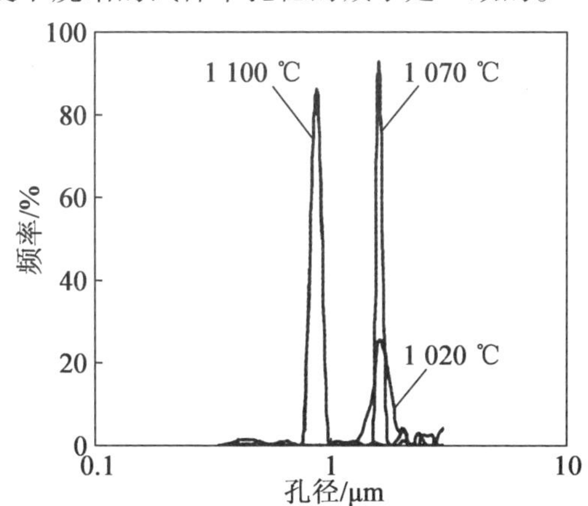

图 17.14　3 μm 316L－10 μm PMMA 试样在不同温度下烧结的最小孔径分布

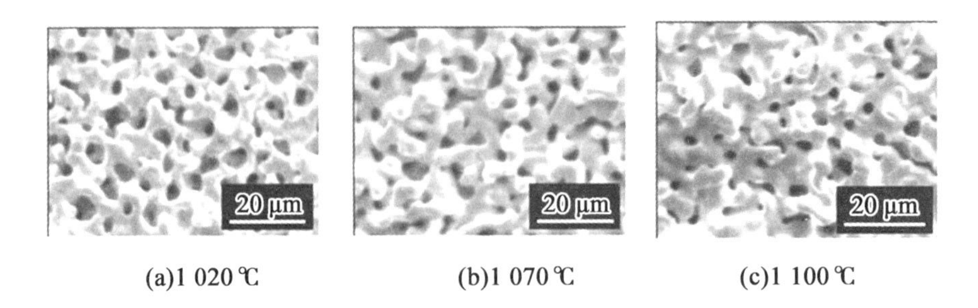

(a)1 020 ℃　　(b)1 070 ℃　　(c)1 100 ℃

图 17.15　3 μm 316L－10 μm PMMA 试样在不同温度下烧结的表面 SEM 图像

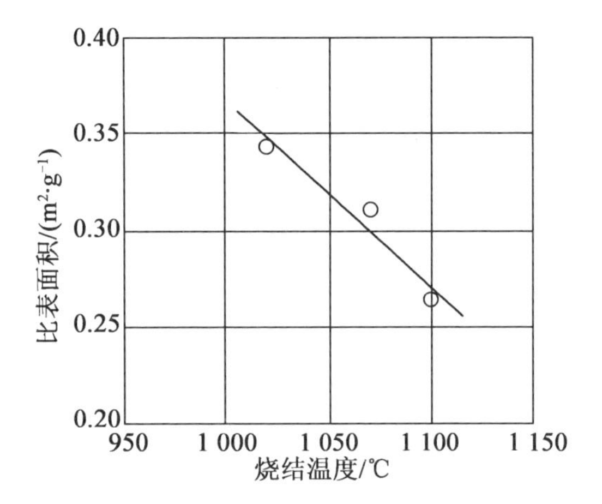

图 17.16　3 μm 316L－10 μm PMMA 试样比表面积与烧结温度的关系

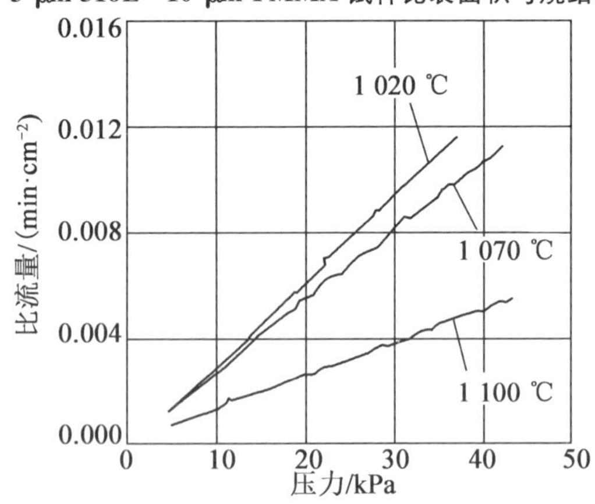

图 17.17　3 μm 316L－10 μm PMMA 试样的比流量与烧结温度的关系

17.4.5　几何分析

封闭多孔结构和开放多孔结构之间的过渡点与 PMMA 颗粒分数之间的函数关系可以通过简单的几何分析来估计。当假设金属粉末均匀地分布在 PMMA 颗粒周围时，可以将其建模为一个球形 PMMA 颗粒，该颗粒由一个单颗粒包覆一层金属粉末。当球体紧密堆积在面心立方（fcc）结构中时，PMMA 颗粒的体积分数在封闭孔结构中达到最大值。PMMA 颗粒的最大分数$(V_{PMMA})_{max}$可由式（17.1）得出，如下所示：

$$(V_{PMMA})_{max}=\frac{4\times(4/3)\pi(d_p/2)^3}{[\sqrt{2}(d_p+d_m)]^3} \tag{17.1}$$

式中，d_p 为 PMMA 颗粒的平均直径；d_m 为 316L 粉末的平均直径。

通过几何分析估算了封闭多孔结构中 PMMA 颗粒的最大分数，然后将其与试验结果中获得的 PMMA 颗粒体积分数的过渡点进行比较。图 17.18（a）和（b）分别为具有不同粒径比的试样的收缩率和孔隙率。如图 17.18 所示，绘制了不同粒径比 R 下这些过渡点的 PMMA 颗粒分数。为了进行比较，根据式（17.1）估算的 PMMA 颗粒的最大分数与图 17.18 中的曲线一起绘制，该曲线表示封闭多孔结构和开放多孔结构之间的边界。可以看出，试验结果与几何分析估算的曲线吻合良好。

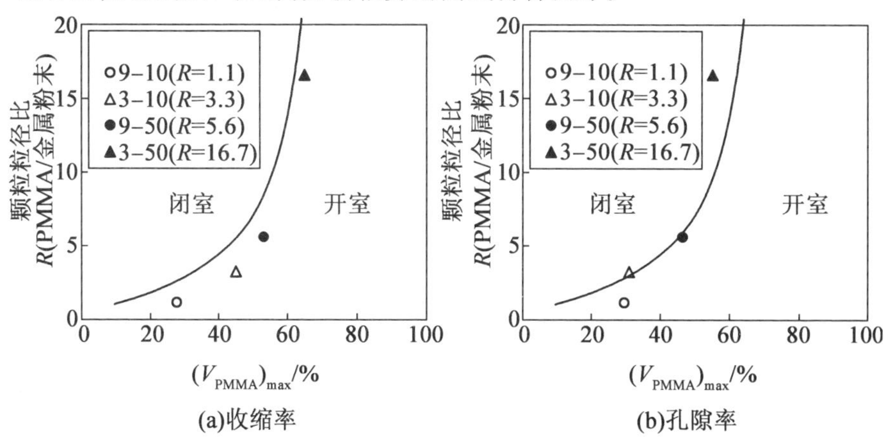

图 17.18　在闭孔结构下 PMMA 颗粒/金属粉末的尺寸比与 PMMA 颗粒的最大分数

17.5 PSH法生产的微孔金属的液体渗透性能

17.5.1 液体渗透性能的测量

本节重点介绍了PSH-MIM工艺生产的微孔金属的液体渗透性能,通过液体渗透试验研究了试验条件、表面处理和孔径对渗透行为的影响。

PSH-MIM工艺生产的微孔金属的微孔结构被毛细流动缓慢渗透,液体可储存在孔隙中,并可以缓慢渗出。用于评估多孔试样液体渗透性能的试验装置是通过分析天平开发的。通过液体渗透试验过程中的质量变化,揭示了影响多孔试样吸水现象的因素。将渗透速率的结果与多孔试样的一些重要特征进行比较,如平均孔径、液体和气体渗透性以及毛细管流量计测得的比表面积。在孔径为15 μm的缩孔多孔试样中,用一个电子千分尺观察孔径对渗透速率的影响。

17.5.2 原则与评价方法

毛细管流量计可用于测定多孔材料的一些重要特征,如孔道收缩部分的分布f,平均直径d_m,液体和气体渗透率K_L、K_G,比表面积S_p。下面简要说明该方法的原理。样品的孔隙由润湿液体填充,这些润湿液体通过逐渐增加气压挤出,较小的孔隙则需要更大的气压。从孔隙中置换润湿液体所需的压力可以被指定。对于湿样品和干样品,都测量了流量曲线与压力差的关系。通过比较相同压力下湿多孔样品和干多孔样品的气体流速,可根据压力关系计算通过大于或等于规定尺寸孔隙的流量百分比。通过基于Kozeny-Carman方程的包络表面积法(ESA)可以获得比表面积。另外,如图17.19所示,使用分析天平开发了用于评估多孔试样液体渗透性能的试验装置。在这种液体渗透试验中,当多孔试样在大气压下浸泡在液体中时,液体缓慢渗透进入试样。分析天平上的质量因试样浮力和液体转移会发生变化。

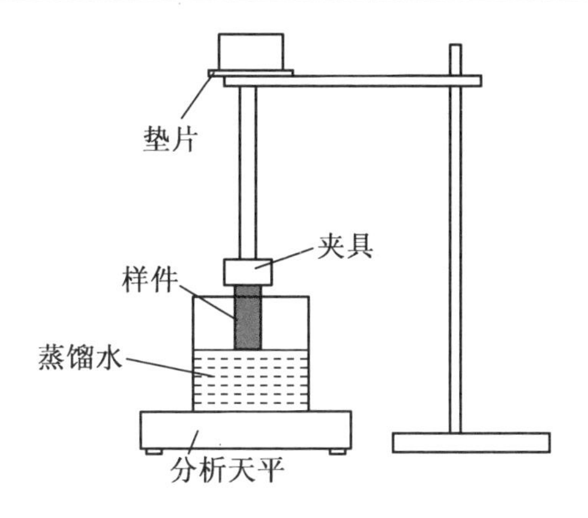

图 17.19　用于评估多孔试样液体渗透性能的装置示意图

Miyasaka、Manabe 和 Konishi (1976)评估了液体在粉末中渗透的渗透率和高度,该方法被应用于液体渗透试验。渗透高度 h 表示为

$$h = \frac{W}{A \cdot \varepsilon \cdot \rho_L} \tag{17.2}$$

式中,W 为质量;A 和 ε 分别为样品的横截面积和孔隙度;ρ_L 为液体密度。渗流高度 h 由 Washburn 方程(17.3)给出,该方程是针对圆柱形管道中的毛细管流而建立的,即

$$h^2 = \frac{r^2}{4\eta}\left(\frac{2\gamma_L \cos\theta}{A \cdot \varepsilon \cdot \rho_L} + \Delta p\right)t \tag{17.3}$$

式中,r 为管道半径;t 为时间。

假设压力为常数 $\Delta p = 0$,通过将式(17.2)代入式(17.3)中,可以得到多孔试样每单位横截面积的质量变化,即

$$\frac{W}{A} = \alpha\sqrt{t}$$

$$\alpha = \left(\frac{r \cdot \varepsilon^2 \cdot \rho_L^2 \cdot \gamma_L \cdot \cos\theta}{2\eta}\right)^{0.5} \tag{17.4}$$

因此,多孔样品中液体的渗透率 α 可以通过其在$\frac{W}{A}-\sqrt{t}$图上的斜率来评估。

17.5.3　试样和试验结果

试验使用了具有表 17.3 所示物理特性的多孔试样。烧结多孔试样的

相对密度(与孔隙率成反比)用千分尺和分析天平测量。用毛细管流量计测量孔径分布。Galwick($\gamma=16$ mN/m)用于润湿液体。多孔试样(试样3-10,$l=7.5$ mm)浸泡期间质量变化曲线如图17.20所示。试样浸入水中后,浮力和液面对质量(W_1)有相当大的影响。水从浸没部分渗透到A点和B点之间的干燥部分,导致质量显著下降。在前一个B点,蒸发造成的水损失会导致质量下降(W_2)。在C点,当试样从水中移除时,浮力和液面会恢复(W_3)。因此,相当于孔隙率的水量进入多孔试样(W_4-W_2)。

表17.3 多孔试样的特性

试样	3-10	9-50	9-90
孔隙率 ε/%	54.2	60.5	63.1
平均孔径 d_m/μm	1.34	7.29	14.92
比表面积 S_p/($m^2\cdot g^{-1}$)	0.343	0.040	0.030
液体渗透性 K_L	0.105	3.345	7.518
气体渗透性 K_G	0.070	1.564	3.028

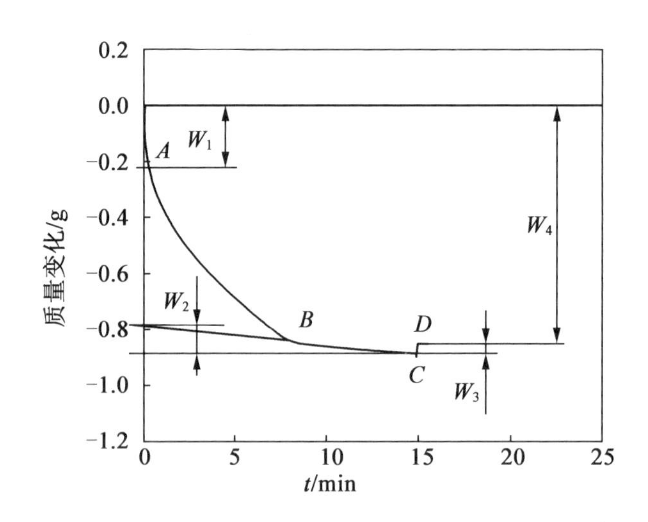

图17.20 多孔试样(试样3-10,$l=7.5$ mm)浸泡期间质量变化曲线

图17.21所示为浸泡时间对质量变化的影响(试样3-10)。增加浸入时间会减少到达B点的时间(即饱和时间t_s),因此饱和时间随着浸入时间的增加而线性减少,如图17.22所示。这是因为水中的入渗速度比空气

中的快。图 17.23 所示为孔径对质量变化的影响(l = 7.5 mm)。如表 17.4 所示,样本 3-10 和 9-50 的渗透率无显著差异,但样本 9-90 的渗透率显著降低。与具有较小孔径的试样相比,吸水体积分数(V_a)也显著降低。

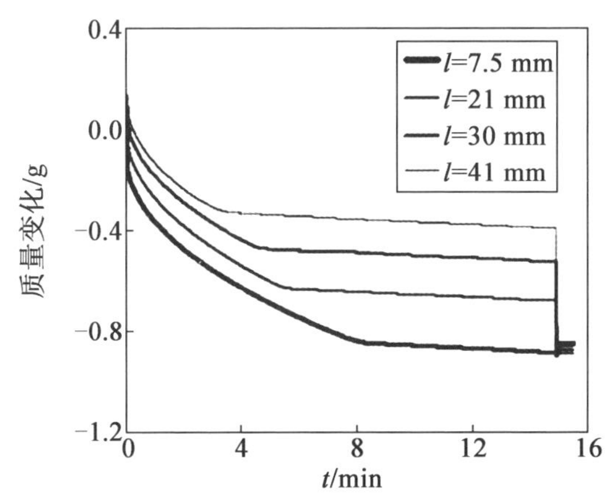

图 17.21　浸泡时间对质量变化的影响(试样 3-10)

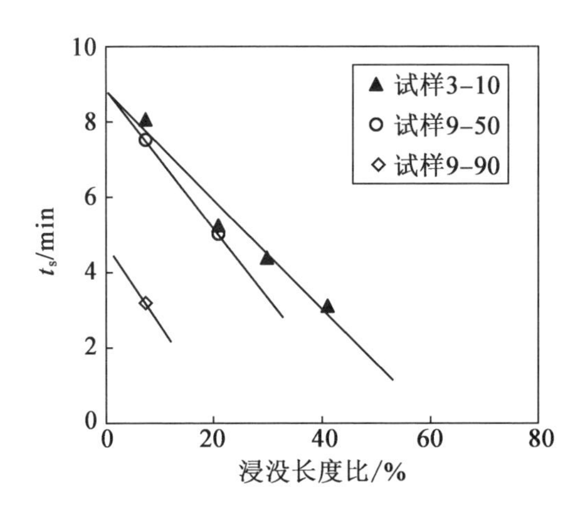

图 17.22　饱和时间与浸泡时间的关系

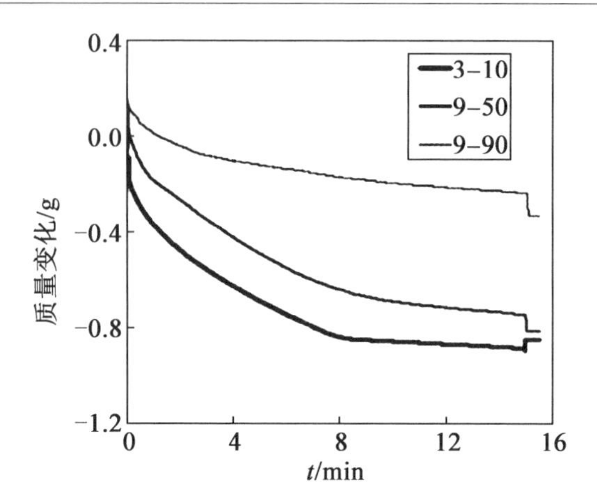

图 17.23 孔径对质量变化的影响(l=7.5 mm)

表 17.4 浸没长度和孔径对渗透率(α)和渗透百分比(V_a)的影响

3-10	9-50				9-90	
l	7.5	21	30	41	7.5	7.5
α	0.020	0.020	0.019	0.018	0.018	0.005
V_a/%	109	110	113	115	84	26

本节根据所描述的结果,考虑了试验条件、表面处理和孔径对 PSH 法生产的不同孔径微孔不锈钢渗透行为的影响,并通过液体渗透试验进行了研究,得出了一些结论。这种类型的微孔结构被液体通过毛细管流缓慢渗透,液体可以储存在孔隙中并缓慢离开。用毛细管流量仪测定了多孔材料的一些重要特性。

17.6 微孔 MIM 零件的尺寸精度

17.6.1 测量尺寸精度

多孔材料通常不适合切割和抛光之类的机械加工,这会导致表面的多孔结构因塑性变形而受损,而且加工成本相对较高。多孔金属零件仅适用于近净成型制造,即粉末烧结,这是唯一可行的工艺。通过 PSH - MIM 制造具有高度致密微孔结构的净成型产品通常需要高尺寸精度（±0.05%），与机加工零件所需精度（±0.01%）相似。本节阐述了空间保持颗粒的大小和体积分数组合对尺寸误差及其变异系数的影响。通过注射成型和挤压成型制备了两种具有微孔结构的试样，以评估形状复杂程度对尺寸精度的影响。

17.6.2　试样和制造方法

将PMMA颗粒（D_{50} = 10 μm、40 μm）与MIM原料（由316L不锈钢粉末（D_{50} = 3 μm）和黏结剂（石蜡和聚缩醛聚合物）混合，制备用于试验材料的多孔化合物。由表17.5可见，MIM原料中PMMA颗粒的体积分数分别为0、30%和60%，MIM原料的固体体积分数为50%。使用这些多孔化合物，通过不同的成型方法制备了两种类型的试样，如图17.24所示，通过注射成型（图17.25（a））制造叶轮零件，通过挤压成型（图17.25（b））制造平板试样。叶轮零件的尺寸生坯的外径 D_{50} = 6.38 mm，高度 h = 2.28 mm。板材试样在挤出后从纵向毛坯上以 L = 65 mm、W = 65 mm的距离切割。两个试样成型后每个尺寸的收缩率为1%～2%。在图17.25所示的加热条件下，这些生坯的脱脂和烧结依次为在400 ℃ 在 N_2 中进行2 h或在1 200 ℃ 的氩气气氛中进行2 h。

表17.5　试验材料成分及组成

项目	316L金属粉末		黏结剂	PMMA颗粒	
	颗粒尺寸/μm	体积分数/%	体积分数/%	颗粒尺寸/μm	体积分数/%
密度	3	50	50	—	0
闭腔	3	35	35	10 40	30
空腔	3	20	20	10 40	60

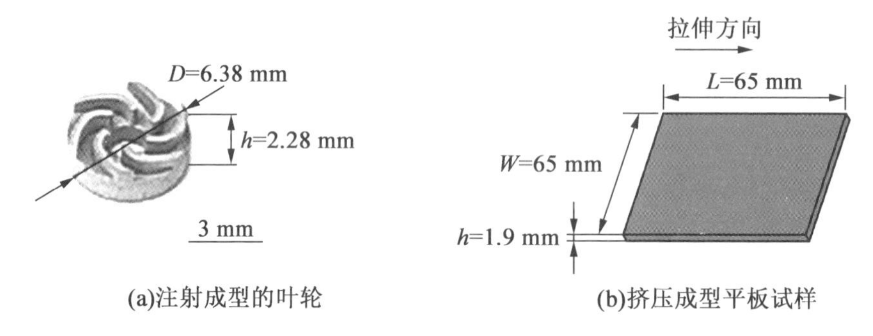

(a)注射成型的叶轮　　(b)挤压成型平板试样

图 17.24　不同成型方法制备的试样

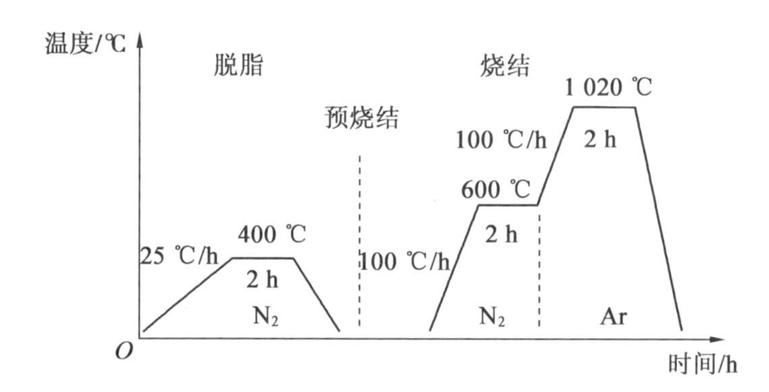

图 17.25　脱脂和烧结过程中的温度控制条件

17.6.3　试验结果

图 17.26 所示为具有微孔结构的叶轮的 SEM 图像,其中添加了 60%(体积分数)的 10 μm PMMA 颗粒。从宏观观察发现,叶轮叶片的边缘形状可以被精确地模制出。显微观察还表明,开孔均匀分布在烧结件的所有表面,孔径约为几微米。

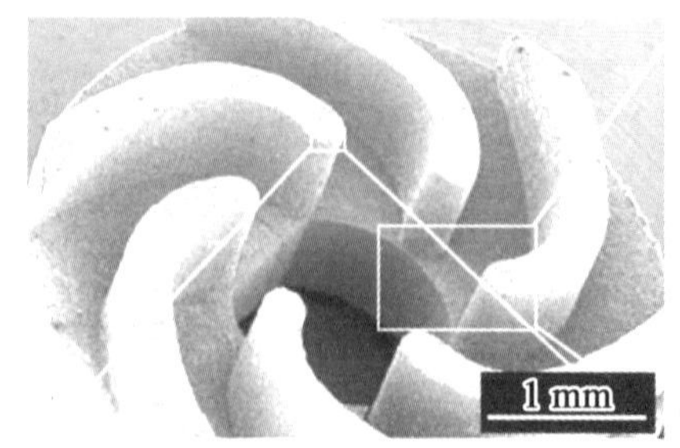

图 17.26　具有微孔结构的叶轮的 SEM 图像

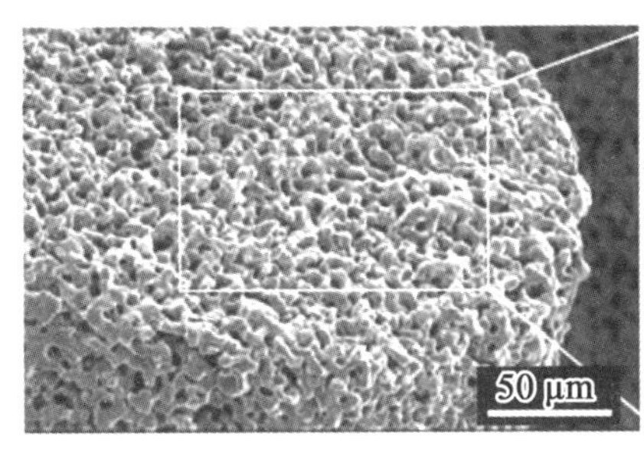

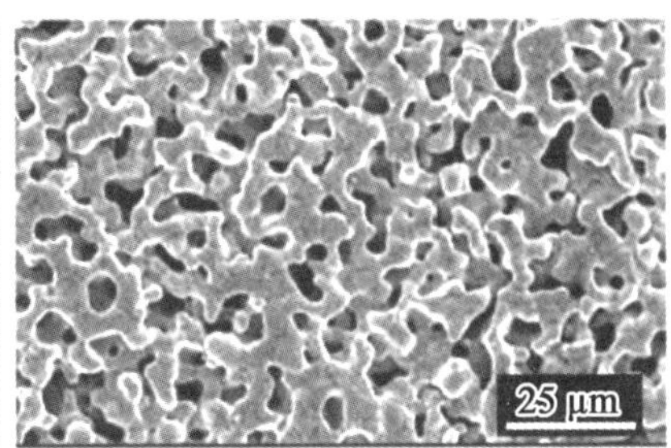

续图 17.26

挤压成型板材试样的尺寸偏差和变异系数见表 17.6。结果表明,宽度和长度尺寸之间的精度没有显著差异。这意味着,与单向流动的毛坯相比,挤压力对尺寸精度没有影响。平面内各向同性的特性可用于通过挤压成型制造多孔零件。但重要的是,高度方向的尺寸精度较低,这是因为尺寸效应,质量和孔隙度的偏差与 CV 值也不够小。然而,尽管毛坯通过挤压从模具中排出并且微孔结构在脱脂后不稳定,整体生产质量还是达到了与传统 MIM 相同的水平。

表 17.6　挤压成型板材试样的尺寸偏差和变异系数

项目	平均	偏差		CV 值
宽度 W	48.15 mm	±0.66 mm	±1.37%	0.51%
长度 L	47.23 mm	±0.70 mm	±1.47%	0.45%
高度 h	1.37 mm	±0.05 mm	±3.65%	0.96%
质量 m	11.64 g	±0.08 g	±0.67%	0.32%
孔隙率 P	52.55%	±1.51%	±2.88%	1.38%

图 17.27 所示为通过注射成型和挤出成型生产的多孔试样的尺寸和质量偏差与 CV 值的比较。向多孔化合物中添加体积分数为 60% 的 10 μm PMMA颗粒,注射成型的桨叶试样明显比挤出成型的片状试样具有更高的尺寸精度。这是因为注射成型可以制造高密度的紧密件毛坯,因为成型压力均匀地施加在型腔中。然而,对于偏差和质量的 CV 值,则得到了相反的结果,这可以用形状复杂度的差异来解释。

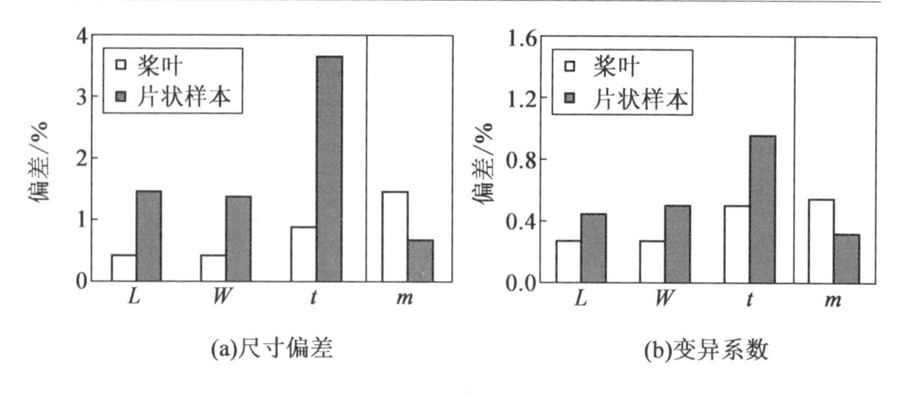

图 17.27　MIM 叶轮和挤压板的比较

从前面提到的尺寸精度测量结果可以得出结论，PSH 方法可以在注射成型和挤出成型中制造具有高尺寸精度的商用微孔金属部件。封闭多孔结构零件的尺寸精度小于几微米，与致密 MIM 零件生产中的尺寸精度相同，而开放多孔结构零件的尺寸精度在十分之几微米以内，孔隙率偏差可以控制在百分之几以内。

17.7　微孔金属的功能梯度结构

17.7.1　通过热压形成多层多孔结构

多孔试样的力学性能远低于致密试样，这是因为多孔试样的真实横截面积非常低。这种强度降低是多孔材料的主要缺点，因此应考虑一种有效的方法来提高多孔部件的强度。

众所周知，在复合材料的结构设计中，夹层结构在特定模量和特定强度方面表现出良好的性能。作者试图制作具有梯度多孔夹层结构的多层试样，与均匀致密多孔结构的材料相比，研究了该方法对多孔金属力学性能缺陷的补偿效果。在通过顺序热压成型将每个多孔化合物固结后，利用共烧结形成梯度多孔结构。通过改变共烧结过程中的堆叠顺序，获得多层金属。表皮层和内核分别形成高度致密结构和微孔结构，反之亦然。

图 17.28 所示为梯度多孔结构多层金属的制备工艺。为了简化这些试验，使用致密 MIM 原料和具有不同空间保持颗粒含量的多孔化合物，通

过热压成型制备了圆形的致密件毛坯(直径 40 mm,厚度 2 mm),也可以通过注射成型制备。在模具温度和压力读数分别为 200 ℃和 10 MPa 的恒定条件下进行成型。为了避免氧化,脱脂和烧结在真空炉中 600 ℃的氮气气氛中连续处理 2 h,并在 1 050 ~ 1 200 ℃的氩气气氛中连续处理 2 h。

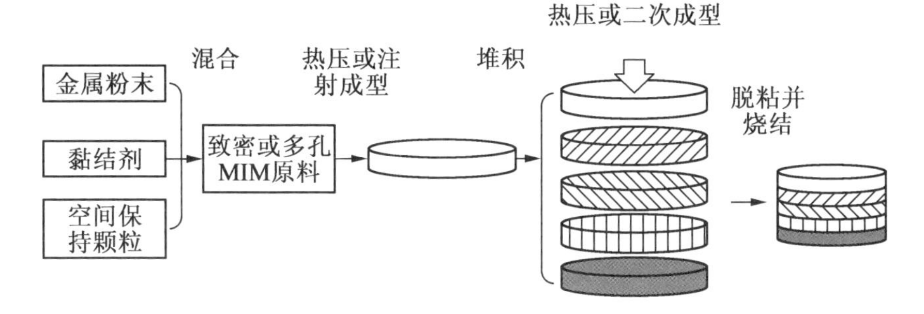

图 17.28　梯度多孔结构多层金属的制备工艺

图 17.29 所示为由共中心层压压坯产生的多孔梯度结构图像,这些毛坯以多个顺序堆叠在 5 个板中,具有不同含量的 PMMA 颗粒,即致密表面梯度结构和多孔表面梯度结构。这些 SEM 图像揭示了宏观分级的多孔结构,并表明在每层之间的界面区域没有出现缺陷。

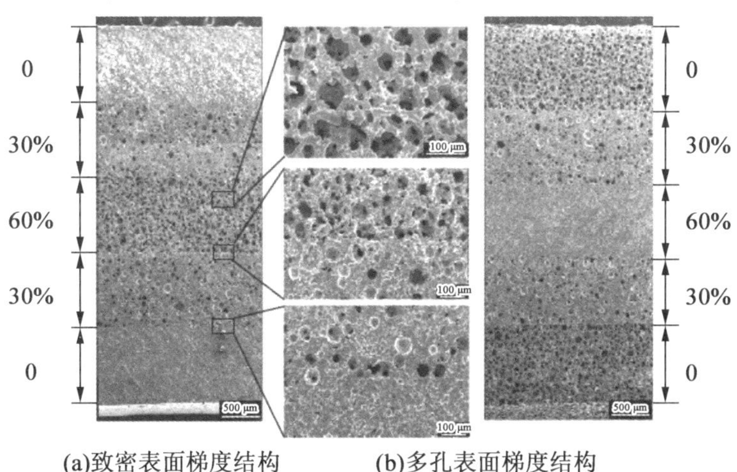

(a)致密表面梯度结构　(b)多孔表面梯度结构

图 17.29　由共中心层压压坯产生的多孔梯度结构图像

17.30所示为含不同比例PMMA颗粒试样的弯曲性能。试验条件参考ISO178标准,对短梁试样(5 mm×10 mm×40 mm)进行了三点弯曲试验。弯曲应变由弹性力学理论计算,除了加载点处的缺陷外,还涉及试样的长度和高度。对于普通多孔试样,含有30%和60% PMMA颗粒含量的试样的极限应力很低,随着PMMA颗粒含量的增加,弯曲强度和模量急剧下降。

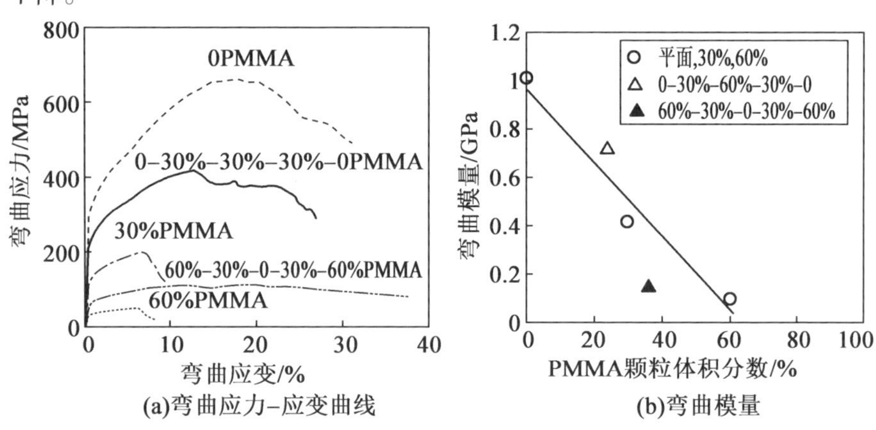

(a)弯曲应力-应变曲线　(b)弯曲模量

图17.30　含不同比例PMMA颗粒试样的弯曲性能

从图17.31所示的断裂现象中也可以观察到这种现象。脆性断裂是由于上拉伸侧的快速断裂扩展而发生的。两种梯度多孔试样都出现了明显的变形现象,与致密的0 PMMA试样相同。在成型0-30%-60%-30%-0(a)和60%-30%-0-30%-60%(b)试样之间,弯曲模量出现了明显的差异。类型(a)试样的弯曲模量高于预期,类型(b)试样的弯曲模量低于预期。这是因为裂纹发生在(b)试样中承受拉伸载荷的开放多孔结构上。因此,普通多孔结构和夹层结构之间的机械性能表现出明显的差异。故可以得出结论,所提出的制造方法对于结合微观和宏观材料特征的材料设计是有效的。

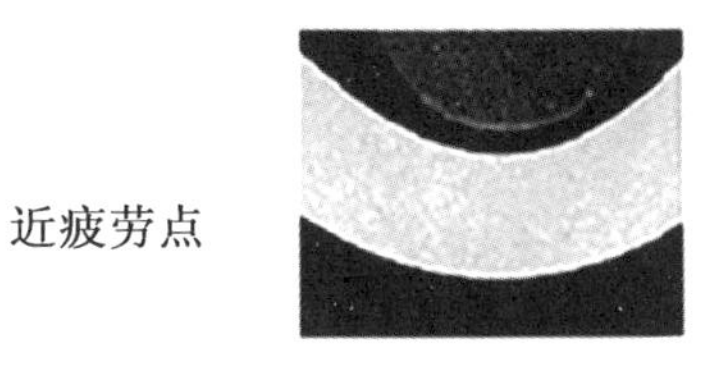

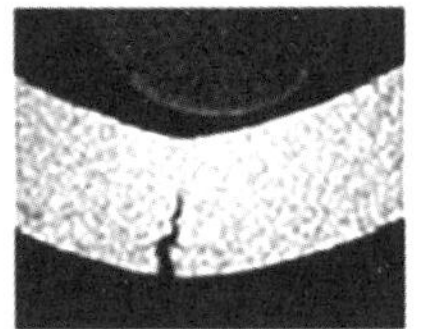
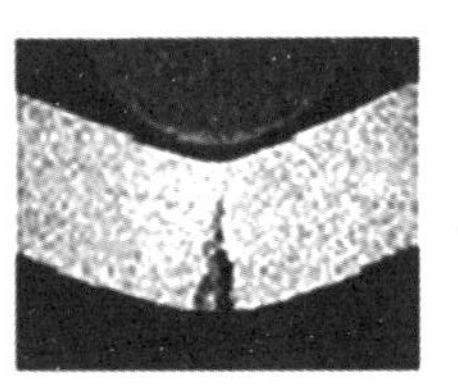

(a1)0,23.1% ε　(a2)30%,11.6% ε　(a3)60%,11.6% ε

近疲劳点

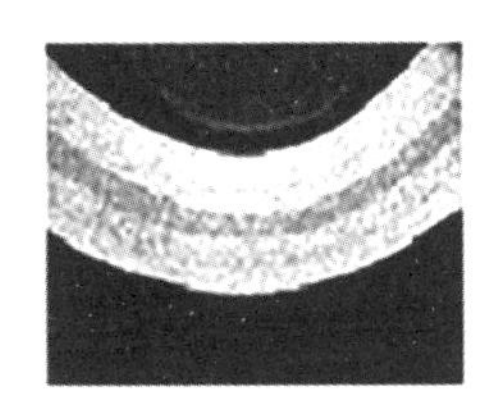
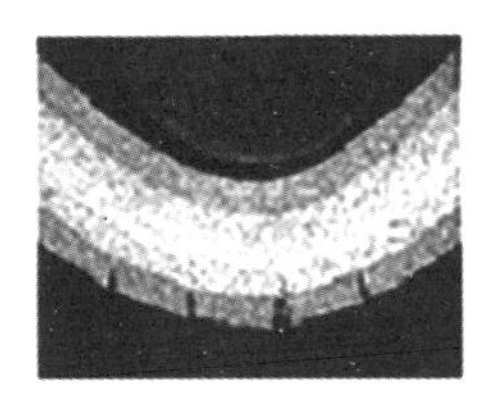

(b1)0–30%–60%–30%–0,23.1% ε (b2)60%–30%–0–30%–60%,23.1% ε

图 17.31　弯曲载荷下含有不同比例 PMMA 颗粒的试样的断裂情况

17.7.2　通过顺序注射成型多芯套内多孔 Ti – MIM 零件

试验选择纯钛作为医用植入物材料。本试验的目的是证明 MIM 在制造多层多孔金属构件中的可行性和有效性。采用顺序金属注射成型技术，对具有三层不同孔隙率的空心厚壁圆筒结构进行注射成型。研究烧结多孔试样的孔隙形成和一些物理性质。这些样品是用多孔化合物制成的，通过改变空间保持颗粒的比例制备的。结果表明，本试验提出的方法可用于制备具有微孔和多层结构的金属构件。

近年来，除了替代人工骨骼、人工髋关节和人工牙等硬组织器械外，用于骨骼和牙齿等功能性硬组织医用植入物的可能性受到了广泛关注。纯钛(Ti)是迄今为止应用最广泛的骨科植入金属材料，因为它具有良好的生物相容性、耐酸、耐盐水和血液腐蚀性以及机械性能，如低密度和高强度。然而，纯钛的弹性模量(110 GPa)远高于人类骨骼的弹性模量(12 ~ 23 GPa)。由于植入物和人体骨骼之间的弹性模量不匹配而导致的问题仍未解决。因此，解决方法是通过引入孔隙来降低纯钛的弹性模量，从而最大限度地减少对植入物附近组织的损伤，并延长植入物的寿命。Oh 等人已开发出具有接近人类骨骼弹性模量的烧结多孔 Ti 压块。使用粒径为

300 ~ 500 μm 的纯 Ti 粉末制备了孔隙率为 19% ~ 35% 的多孔压坯。此外,在 Oh 等人的研究中,使用具有三种不同粒径的 Ti 粉末研究了孔隙度分级的 Ti 压块,三种粒径分别为 65 μm、189 μm 和 374 μm。

从实际生产情况来看,钛植入物具有非常复杂的形状,包括具有高耐久性的核心结构和高成骨性的表面结构。因此,有必要制造具有高尺寸精度和高强度可靠性的产品。然而,无论多么迫切地希望这些微孔金属部件用于医疗植入物,目前很少有涉及它们且具有经济效益的近净成型生产研究。顺序注射成型方法用于生产多层多孔结构零件。第一步,将内部材料注射到模具中(内径和外径分别为 2 mm 和 4 mm),在第二步和第三步中,在依次插入二次成型零件后,对中间和外部材料进行二次成型。使用致密 MIM 原料和含有不同比例 PMMA 颗粒的多孔化合物,获得了厚度为 2 mm 的三层结构压坯;金属粉末是通过气体雾化法生产的纯钛。多元黏结剂由聚缩醛聚合物和蜡形成。由 PMMA 制成的球形颗粒(平均直径为 180 μm)用于保持空间间隙。用高压混炼机和柱塞式挤出机将这些材料混合、造粒并作为主要参数,PMMA 颗粒的体积分数在 0 ~ 65% 之间变化。

为了评估烧结多孔钛的物理性能,使用直径为 40 mm 的钢模,通过热压成型将压坯的圆盘形状压实。脱脂和烧结后获得直径为 33.4 mm、厚度为 2.6 mm 的烧结多孔试样。此外,使用直径为 8 mm、高为 24 mm 的模具注射成型,制备了单层和多层多孔管。通过改变成型顺序,制备了 65% - 30% - 0 和 0 - 30% - 65% 两种类型的多层试样。在脱脂炉中,在 600 ℃ 氩气中脱脂 2 h,在 1 200 ℃、0.1 MPa 级高真空气氛下脱脂 2 h。

图 17.32 所示为不同 PMMA 颗粒体积分数的单层多孔钛管的表面结构。高密度烧结钛管具有高模量和强度,但使用 30% 或 65% PMMA 颗粒生产的烧结多孔钛管分别具有闭孔或开孔。图 17.33 所示为顺序注射法生产的多层多孔钛管 (65% - 30% - 0) 的表面结构,外圆柱层出现开孔,中间层可见闭孔,在每层之间的界面区域中没有发现缺陷。图 17.34 所示为烧结多孔钛管的孔隙率与 PMMA 颗粒体积分数的关系。随着 PMMA 颗粒体积分数的增加,孔隙率线性增加至 PMMA 颗粒的约 50%,这相当于从封闭多孔结构到开放多孔结构的转变。因此证实了能够通过空间保持颗粒的比例来控制烧结体的孔隙率。

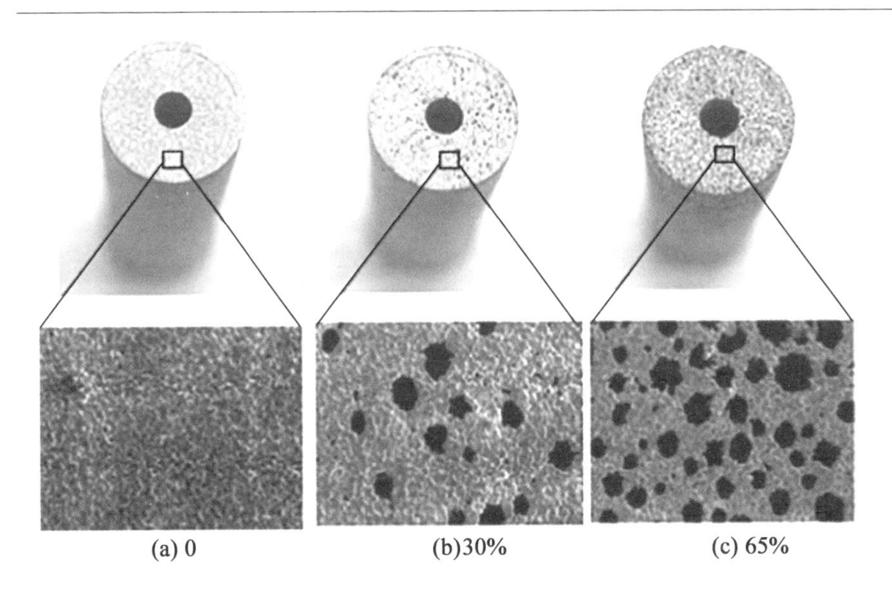

图 17.32　不同 **PMMA** 颗粒体积分数的单层多孔钛管的表面结构

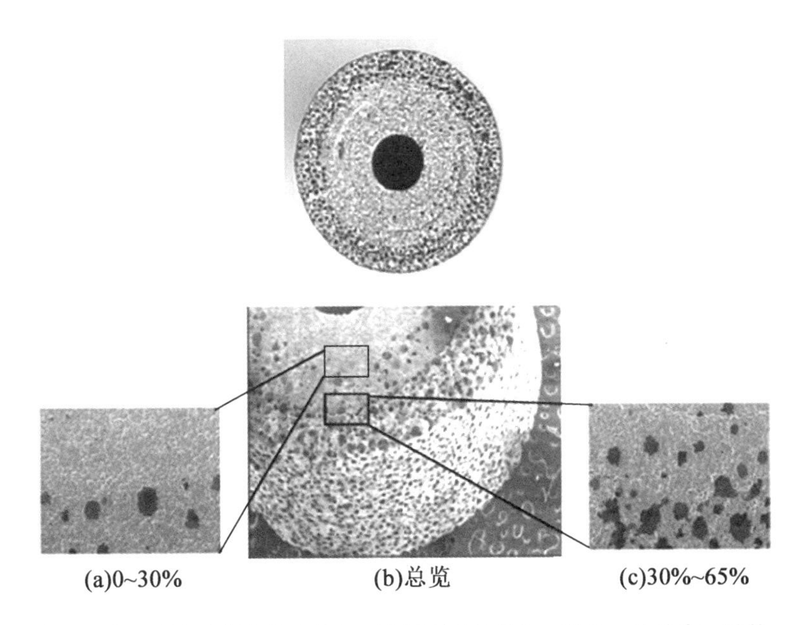

图 17.33　顺序注射法生产的多层多孔钛管(**65% -30% -0**)的表面结构

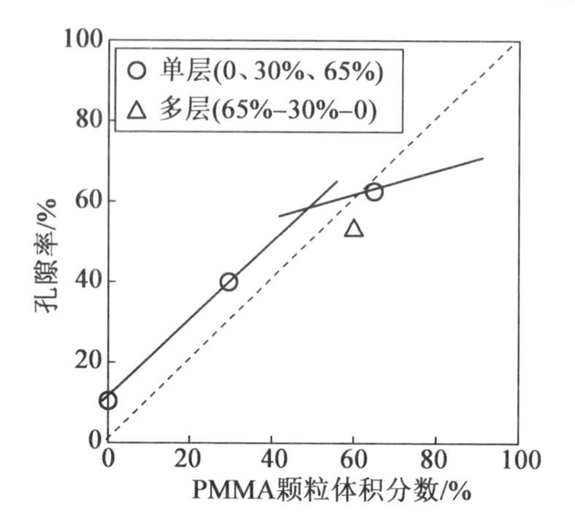

图17.34　烧结多孔钛管的孔隙率与PMMA颗粒体积分数的关系

图17.35所示为单层和多层(65% -30% -0)多孔钛管的轴向压缩应力-应变曲线。对于单层多孔钛管,高密度试样(0PMMA)显示出高屈服抗压强度的特性,并在剪切模式下断裂,而具有开放多孔结构的试样(65% PMMA)在低压缩应力下变形较大。因此,屈服应力随着PMMA颗粒体积分数的增加而急剧降低。另外,多层多孔钛管显示出较高的可压缩性能,尽管表面存在开放的多孔结构。

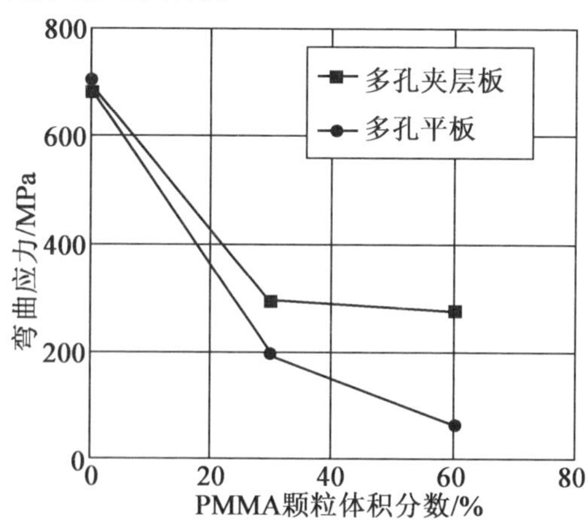

图17.35　单层和多层(65% -30% -0)多孔肽管的轴向压缩应力-应变曲线

这些试验结果表明,本研究提出的MIM基粉末空间支架方法在实现形状复杂、多层结构的微孔金属部件的净成型制造方面具有很大的潜力。

此外,为了验证所提出的制造方法的可靠性,通过热压成型堆叠具有梯度含量的空间保持颗粒的压坯,并对其使用共烧结技术以形成梯度多孔结构。通过将材料的力学性能与普通、均质、多孔试样和多孔梯度结构进行比较,可以证实:首先,可以较容易地制备出所需的功能梯度多孔结构;其次,梯度多孔结构可以有效地增强多孔金属的力学性能。当这种方法应用于注塑或挤压成型时,可以实现具有复杂三维形状的金属部件的近净成型生产。

17.7.3　通过共注射成型面包状多孔结构

共注射成型方法的特点是在多孔 MIM 组件中使用夹层结构。双浇口热流道系统的扁平试样共注射成型可顺序注射,以生产两种材料。图 17.36所示为纵向和横向夹层结构的横截面图。从图中可见深颜色的核心材料在样本中心,浅颜色的表皮材料厚度为 200 ~ 300 μm。当 PMMA 颗粒的体积分数为 30% 时,芯材形成封闭的孔隙,而当 PMMA 颗粒的体积分数为 60% 时,芯材形成开放的孔隙。在这些图片中通过 SEM 观察,可以清楚地显示芯材(多孔)和表层(致密)之间的边界区域烧结试样材料无任何缺陷。图 17.37 所示为由 PMMA 颗粒函数绘制的弯曲强度。具有夹层多孔结构的烧结试样显示出比具有普通多孔结构的烧结试样更高的弯曲强度。

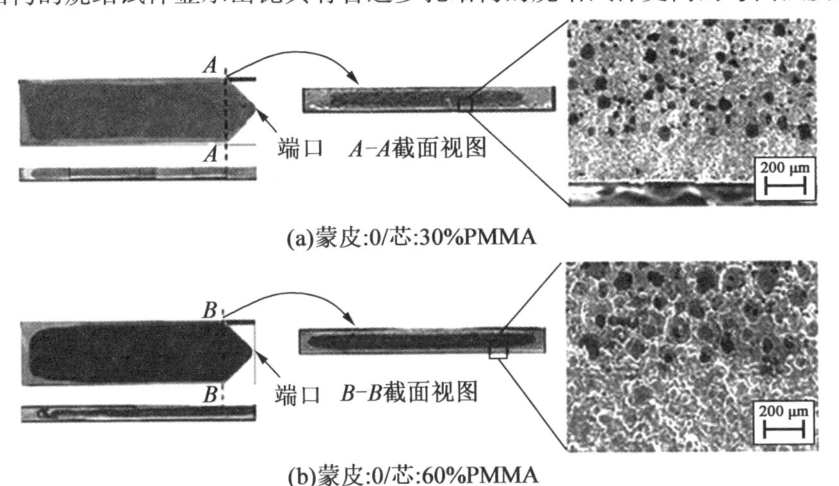

(a)蒙皮:0/芯:30%PMMA

(b)蒙皮:0/芯:60%PMMA

图 17.36　纵向和横向夹层结构的横截面图

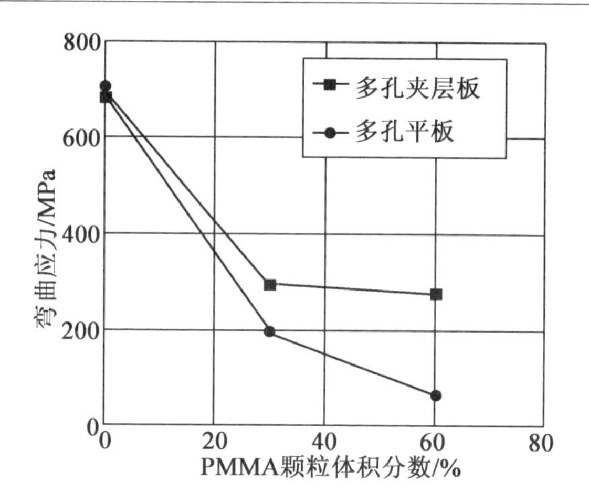

图 17.37　含有不同比例 PMMA 颗粒的多瓦平板和多孔夹层板试样的弯曲试验结果

经证实,PSH 方法可用于生产具有微尺寸多孔结构和高功能梯度多孔结构的金属部件。在使用共烧结时,证实了生产梯度多孔结构的可行性,显示了对多孔结构机械缺陷的有效补偿。

17.8　小　　结

本研究介绍了采用 PSH 法和 MIM 工艺制造微孔金属部件的方法。从试验结果和简单的几何分析可以得出结论,当优化以下两个参数时,可以均匀地形成具有微孔的多孔金属:①粉末粒度。粉末粒度是支撑金属粉末的球形材料。②烧结温度。孔隙率可以很容易地由用于空间保持的 PMMA 颗粒的体积分数控制。孔径取决于 PMMA 颗粒的大小。流体流过烧结多孔金属的表面积和阻力显著受烧结温度的影响。该方法可应用于注射或挤压成型,用于具有复杂三维形状的微孔金属部件的净成型生产。

本章参考文献

[1]　Ashby, M. F., Evans, A., Fleck, N. A., Gibson, L. J., Hutchinson, J. W., Wadley, H. N. G. (2000). Metal foams, a design guide.

Oxford: Elsevier Science.

[2] Banhart, J. (2001). Manufacture, characterization and application of cellular metals and metal foams. Progress in Materials Science, 46, 559 - 632.

[3] Bram, M., Laptev, A., Stover, D., Buchkremer, H. P. (2003). Method for producing highly porous metallic moulded bodies close to the desired final contours. US Patent 7,147,819.

[4] German, R. M. (1984). Powder metallurgy science (2nd ed.). Princeton, NJ: Metal Powder Industries Federation.

[5] German, R. M., Bose, A. (1997). Injection molding of metals and ceramics. Princeton, NJ: Metal Powder Industries Federation.

[6] Gibson, L. J., Ashby, M. F. (1988). Cellular solids—Structure and properties. Oxford: Pergamon Press.

[7] Greene, C. D., Heaney, D. F. (2007). The PVT effect on the final sintered dimensions of powder injection molded components. Materials and Design, 28, 95 - 100.

[8] Heaney, D. F., German, R. M. (2001). Porous stainless steel parts using selective laser sintering. Advances in Powder Metallurgy and Particulate Materials, 8, 73.

[9] Heaney, D. F., Gurosik, J. D., Binet, C. (2005). Isotropic forming of porous structures via metal injection molding. Journal of Material Science, 40, 973 - 981.

[10] Jena, A., Gupta, K., Sarkar, P. (2003). Porosity characterisation of microporous small ceramic components. American Ceramic Society Bulletin, 82(12), 9401 - 9406.

[11] Lefebvre, L. P., Thomas, Y. (2003). Method of making open cell material. US Patent 6,660,224.

[12] Miyasaka, K., Manabe, T., Konishi, M. (1976). A modified penetration rate method for measuring the wettability of magnesium oxide powders. Chemical and Pharmaceutical Bulletin, 24(2), 330 - 336.

[13] Nishiyabu, K., Matsuzaki, S., Ishida, M., Tanaka, S., Nagai, H. (2004). In Development of porous aluminum by metal injection molding. Proceedings of the 9th international conference on aluminum alloy

(ICAA -9)(pp. 376 -382).

[14] Nishiyabu, K., Matsuzaki, S., Okubo, K., Ishida, M., Tanaka, S. (2005). Porous graded materials by stacked metal powder hot - press molding. Materials Science Forum, 492 -493, 765 -770.

[15] Nishiyabu, K., Matsuzaki, S., Tanaka, S. (2005a). In Production of high functionally micro porous metal components by powder space holder method. Proceedings of international symposium on cellular metals for structural and functional applications (CELLMET 2005) (p. 41).

[16] Nishiyabu, K., Matsuzaki, S., Tanaka, S. (2005b). In Production of micro porous metal components by metal injection molding based powder space holder method. Proceedings of the 4th international conference on porous metal and metal foaming technology (MetFoam2005) (p. B55).

第五部分　特定材料的金属注射成型

第18章 不锈钢金属注射成型

18.1 概 述

不锈钢是指在空气中具有抗染色、生锈和点蚀能力的材料。术语“钢”指铁基合金,通常含有碳和其他合金元素。事实上,钢是一种铁碳合金。因此,可以说不锈钢“名不副实”,因为它不是钢(通常不含碳),而在某些情况下(极端条件)它不是不锈的。事实上,不锈钢具有一定程度的耐腐蚀性和抗氧化性(高于任何其他系列的铁基合金),而称其为“钢”,是因为它在历史上一直符合钢系列的标准。

保证这些铁基合金性能的是合金溶液中12%的铬(按质量计算)。注意这是“在溶液中”。这意味着,如果铬形成碳化物或氮化物,铬在溶液中的含量就会降低,材料的不锈性能也会大大降低。由于在粉末冶金和(尤其是)金属注射成型等特殊制造方法中,当烧结后冷却速度异常缓慢时,就会在400~800 ℃下形成碳化铬(敏化过程),导致这些材料缺乏耐腐蚀性。同样,含氮的烧结保护气氛利于氮化铬的形成,但也会产生不利影响。

由于在不锈钢烧结后的冷却过程中可能产生敏化,因此使得金属注射成型技术特别具有挑战性。首先,粉末中的原始碳含量应非常低(L级,质量分数低于0.03%),如果希望钢中没有残余碳,则应完成脱脂,但这可能会降低最终零件的耐腐蚀性。即使是马氏体,在其锻造中也会存在一些碳,而金属注射成型中没有任何(或极低的)碳,因此避免了这一问题。从这一点来说,它们可以被认为是一种低铬铁素体。

MIM在生产不锈钢方面的主要优势是可生产尺寸相对较小的高度复杂零件,且具有非常接近锻造等级的高尺寸公差和机械性能(由于可以达到高密度)。由于金属注射成型工艺的固有特性(脱脂和烧结),其仅会造成耐腐蚀性的小幅下降,这使得不锈钢金属注射成型具有很强的竞争力。

事实上,不锈钢是金属注射成型最早工业化生产的材料之一。尽管新材料在金属注射成型的产品生产中日益增多,但不锈钢继续主导金属注射成型全球市场。据统计,其在欧洲市场占50%,在美国市场占42%,在日本市场占65%,在中国台湾市场占69%,所以可以认为至少在产量上,不锈钢依旧是金属注射成型生产中最重要的金属。

不锈钢可根据其微观结构分为不同牌号,主要的牌号等级分为三类:奥氏体不锈钢、铁素体不锈钢和马氏体不锈钢。奥氏体不锈钢为Fe-Cr-Ni合金,延伸最广的为含18%~20% Cr和含8%~10% Ni的牌号。铁素体钢具有较高的Cr含量(且不含碳),常规马氏体一般含有12%以上的Cr并含有一定量的碳,可以通过马氏体淬火使钢硬化。一些粉末冶金级(包括一些金属注射成型级)并不含碳,使其成为一种铬含量较少的铁素体级。另外还有两种特殊不锈钢,双相不锈钢和相硬化(PH)不锈钢,这两类不锈钢的首选加工路线是金属注射成型。双相不锈钢(即铁素体-奥氏体微观结构)可通过预混合奥氏体和铁素体不锈钢的粉末获得。某些双相合金的耐蚀性高于奥氏体钢,性能介于奥氏体钢和铁素体钢之间。它们的综合性能优异,与奥氏体钢相比,具有更高的强度和更低的价格。PH不锈钢可以通过固溶处理进行强化,但为了充分利用其优越的机械性能,需要实现完全或接近完全致密化。此外,得益于REACH法规,一个新的不锈钢系列,无镍奥氏体不锈钢已经被创造出来,其特别适用于医疗器械和皮肤接触的应用。

表18.1所示为不同方法制造的不锈钢的力学性能比较。锻造不锈钢的密度接近8 g/cm^3(取决于合金含量),而传统粉末冶金不锈钢的密度约为理论密度的90%,金属注射成型不锈钢的密度约为理论密度的95%(就平均值而言,马氏体不锈钢较低,PH不锈钢和一些奥氏体不锈钢较高)。

表18.1 不同方法制造的不锈钢的力学性能比较

牌号	抗拉强度/MPa	屈服强度/MPa	伸长率/%	硬度(HRB)
奥氏体				
锻造	520	210	40	90
PM(冲压和烧结)	310	126	16	65
MIM	415	170	38	80

续表 18.1

牌号	抗拉强度/MPa	屈服强度/MPa	伸长率/%	硬度/(HRB)
铁素体				
锻造	450	200	25	90
PM(冲压和烧结)	570	120	10	65
MIM	360	160	24	80
马氏体[a]				
锻造	540	350	20	100
PM(冲压和烧结)	325	210	8	70
MIM	450	290	19	90
双相				
锻造	600	550	15	30
PM(冲压和烧结)	360	330	6	20
MIM	480	440	14	27
相硬化[b](PH)				
锻造	1 400	1 200	10	45
PM(冲压和烧结)	840	720	4	32
MIM	1 120	960	9.5	40

注:a,调质处理;b,溶液处理。

从表中可以看出,与常规粉末冶金不锈钢相比,金属注射成型不锈钢的力学特征更接近于锻钢的性能,特别是伸长率,相比于拉伸特征和硬度,伸长率对孔隙率更敏感。腐蚀性能也遵循类似的趋势。

18.2　不锈钢金属注射成型

18.2.1　黏结剂、原料和脱脂

不锈钢在金属注射成型技术的发展中起着重要的作用,因此许多关于工艺参数的理论研究都是以不锈钢为对象进行的。这是因为这种材料的应用范围更广泛,比金属注射成型开发阶段使用的其他任何材料都要

广泛。

不锈钢金属注射成型工艺的所有步骤已经得到了研究,包括黏结剂成分和流变参数的影响。值得注意的是,关于表面添加剂对于其他黏结剂组分相互作用和原料流变性影响的研究,这些研究使得表面活性剂如硬脂酸已被广泛应用于许多原料配方中。

有学者针对粉末形态(圆形或球形,来自水雾化粉末或气体雾化粉末)的影响以及尺寸和粒度分布(可能影响填充特性)开展了一系列重要的研究。颗粒的形态是影响流变性的一个重要因素,市场上不同尺寸和分布的水雾化和气体雾化粉末,使得这一系列研究成为可能。使用相似尺寸的两种粉末所获得的结果非常相似(相比于水雾化粉末,气雾化粉末略好)。使用水雾化粉末的一个优势是,当与气体雾化粉末混合时,可改善烧结过程中的形状保持和尺寸控制能力。此外,水雾化粉末比同级的气雾化粉末经济性更好。

对于流变性来说,比形态更重要的是颗粒的大小。通过使用不同粒径的气体雾化粉末,发现平均粒度为45 μm时,性能没有太大变化,但当粒径较大时,填充特性可以得到改善。大颗粒会产生一些负面影响,如较高的烧结温度、成型螺杆止回环磨损、表面光洁度降低、形状保持性变差,但其成本较低。大多数研究使用的是最常用的粉末(特别是316L级),但也有一些工作与PH钢和特殊工艺(如微金属注射成型)有关。粉末填充是影响流变行为和工艺参数的另一个重要因素。纳米级粉体的使用有利于获得更好的表面粗糙度和尺寸精度,如微金属注射成型,但其导致了表面积增大、低固体负荷和高原料黏度。为了克服这些问题,纳米级粉体可以与传统的微粉体混合,形成双峰式粉体分布。

在金属注射成型不锈钢原料中,所有可能用于任何其他材料的黏结剂都可以使用,特别是蜡基系列(石蜡、微晶蜡和天然蜡)和热塑性系列(聚缩醛、聚乙烯和聚丙烯)。此外,可以使用热固性树脂基系列。在不锈钢金属注射成型中,生物源聚合物(热塑性淀粉和纤维素衍生物、聚乳酸等)也可以替代传统合成聚合物的黏结剂。

如今,可以使用任何常见的不锈钢(所有不同的不锈钢类别)作为粉末。不同的粉末具有不同的特性、尺寸和形态,在市面上都可以买到。最常用的粉末是20 μm以下的气雾化粉末,水雾化粉末也是可用的。如今不仅可以找到不同等级的粉末,而且还可以得到不同特性的原料。在市场上也可以买到催化脱脂、热脱脂和溶剂(包括水)脱脂的原料。此外,目前市场上有许多微金属注射成型粉末和原料。例如,表 18.2 列出了在金属注射成型中最常用的不锈钢原料。

表 18.2　在金属注射成型中最常用的不锈钢原料

<table>
<tr><th>牌号
(AISI/SAE/MPIF)</th><th>元素组成
(质量分数)</th><th>特性</th><th>代号</th><th>DIN
标准</th><th>UNS
标准</th></tr>
<tr><td>AISI/SAE/MPIF420</td><td>Fe - 0.2% C - 13% Cr (Mn < 1%, Si < 1%)</td><td rowspan="2">马氏体级/可硬化,铁素体级/铁磁性</td><td>X20 Cr13</td><td>DIN 1.4021</td><td>UNS S42000</td></tr>
<tr><td>AISI/SAE/MPIF430</td><td>Fe - 16% Cr (< 0.08% C, < 1% Mn)</td><td>X6 Cr17</td><td>DIN 1.4016</td><td>UNS S43000</td></tr>
<tr><td>AISI/SAE/MPIF316L</td><td>Fe - 17% Cr - 12% Ni - 2% Mo (C < 0.03%, Mn < 1%, Si < 1%)</td><td>奥氏体级/无磁性的</td><td>X2 Cr17Ni13Mo2</td><td>DIN 1.4404</td><td>—</td></tr>
<tr><td>SAE/J467/MPIF</td><td>Fe - 16% Cr - 4% Ni - 4% Cu 即 0.3% Nb(C < 0.07%, Mn < 1%, Si < 1%)</td><td>PH 级/铁磁体/可硬化</td><td>X5 Cr17Ni4 CuNb</td><td>DIN 1.4542</td><td>UNS S17400</td></tr>
</table>

有一些基于奥氏体成分的双相原料,其镍含量较少,以便在烧结温度冷却时可以形成双相微观结构(铁素体 - 马氏体),这些原料的成本较高(由于需求较低)。另外,通过混合铁素体和奥氏体粉末也可以获得双相组织,导致这些原料应用范围不广。通过使用富氮气体,氮元素的存在可形成双重微观结构,但会降低腐蚀性能。

在进料及注射之后,黏结剂的去除是一个非常重要的问题。脱脂时间与工业参数和黏结剂成分高度相关,其影响所有的工艺参数。金属注射成型生产的大多数不锈钢通过以下章节中讨论的方法之一进行脱脂。

(1)催化脱脂。

聚缩醛黏结剂系统应在近120 ℃(比黏结系统软化温度略低)的酸性气体环境(通常是高浓度的硝酸或草酸)中进行黏结。酸在聚合物黏结剂体系降解中起催化剂的作用。所有反应产物都会在600 ℃以上的天然气火焰中燃烧。这种方法非常有效,在很短的时间内(取决于组件的大小,大约2 h或3 h)就能产生高度互连的孔隙。在欧洲,这是最常用的生产零件的方法。催化脱脂的主要缺点是使用了腐蚀性酸(如硝酸)与相对较高的温度,这会导致周围设备的腐蚀。

(2)溶剂脱脂。

适用于溶剂脱脂方法的黏结剂在低温下应能够溶解在液体中,浸没在溶剂中的部分能形成相互连通的孔隙网络。金属注射成型中可能使用的溶剂有丙酮、乙醇(和其他醇)、己烷和水。除水外,所有其他溶剂(有机溶剂)如果使用不规范,都可能对人体产生危害。溶剂脱脂比催化脱脂需要更多的时间,但投资成本和对环境的影响(尤其是水)要低得多。

(3)热脱脂。

黏结剂可以通过将原料加热到聚合物分解或降解的温度来消除。加热温度可达到800 ℃,具体取决于所使用的黏结剂,所需时间比催化脱脂的时间长。为了减少脱脂时间,可以将溶剂脱脂与热脱脂结合。

18.2.2 关于烧结

脱脂后,下一个关键步骤是烧结。在此步骤中,不同不锈钢之间存在显著差异。在奥氏体不锈钢和铁素体不锈钢中,因为钢的敏化问题(特别是在奥氏体等级),烧结应避免任何碳或氮污染,但在PH不锈钢和马氏体不锈钢中发现了其他问题。通过控制烧结温度和接下来的热处理,可以在奥氏体不锈钢中获得不同数量的δ铁素体;在铁素体含量达到8%时,该相的存在改善了机械性能,更重要的是不会降低腐蚀性能。通过建模分析可以预测这些钢的烧结性能。

在PH钢中,主要目标是实现最高的拉伸特性,从这个意义上讲,允许增加一些碳含量来改善这些性能,这可以由脱脂过程实现;因此,棕体中残留的一些黏结剂可以在烧结过程中提供额外的碳含量。然而一些研究表明,碳的增加会干扰析出物的形成,从而降低硬度。在这方面,PH不锈钢应避免加入碳元素,Nb被用来获取碳并形成Nb的碳化物,从而防止碳对析出相硬化过程的干扰。通过控制碳含量可以提高 δ－γ 场的稳定性并提高铁素体的自扩散效应（铁素体的自扩散效应远大于奥氏体），从而提高致密化效果。淬火后产生具有较高延展性（略低于抗拉强度）的双相组织马氏体－δ 铁素体。在奥氏体不锈钢中加入 Mo 也可以产生同样的效果。这些钢（PH）在良好的烧结条件下（在惰性气体中加热到 1 380 ℃/90 min），密度可以达到 7.7 g/cm^3，极限抗拉强度为 1 275 MPa，伸长率为 55%，同时具有良好的抗腐蚀性能。在非惰性气体中烧结，如在 N_2-H_2 混合气体中会降低抗腐蚀性能。

从烧结的角度来看，最关键的不锈钢是马氏体不锈钢。尽管在烧结过程中可以在高硬度马氏体基体中获得良好的圆形碳化铬微观结构，但在这个过程中该系列钢存在固有的问题。温度低于 1 200 ℃时的致密化速率与固相扩散一致，非常低。然而一旦液相在较高温度下出现，致密化过程就会迅速进行。问题是一旦液相出现在相对较低的温度下，该液相的体积分数就会增大。温度的小幅升高会导致大量液相存在，这会产生一些负面影响，如晶粒生长、坍落、不均匀的致密化和膨胀。由于碳的存在，所有这些负面影响都会被增强。因此，有效烧结温度区间非常低，约为 10 ℃，这给行业带来了技术难题。有效烧结温度区间可通过使用氮气添加剂略微增加。与聚缩醛基黏结剂一起使用的催化脱脂可以提供额外的氮元素。所有牌号不锈钢的共同点是，粉末越细，烧结效果越好。

传统粉末冶金不锈钢在不同类型的熔炉（连续熔炉，通常为步进式或推式熔炉（如果可以达到高温），或分批熔炉）和多种类型的保护气氛中烧结，甚至在氮基保护气中烧结，导致腐蚀性能降低。比起传统的压制和烧结粉末冶金方法，以不锈钢为基材的金属注射成型产品具有较高的密度，附加值略高。因此，当烧结温度较高时必须小心，并且该过程通常在具有极低露点和无氮气氛（例如氢气或真空）的间歇式炉中进行。

由于吸收气氛中的氮元素（氨解离或人工氮氢混合）会导致氮化铬（Cr_2N）的形成，使得铬元素的消耗和抗腐蚀性能的降低。当从烧结温度缓慢冷却时会促进这些氮化铬的形成，尤其是在 500～600 ℃的范围内。因此，可以通过非常快的冷却速率（>200 ℃/min）减少氮化物的形成。然而，这样的冷却速率并非总能达到。氢气气氛或真空是最合适的选择，在这两种情况下都可以达到极低的露点，以保证不锈钢的良好烧结性能。使用真空时的主要问题是可能会耗尽铬，这会导致腐蚀性能降低，但在一定分压下的烧结过程中,使用回充气体可以解决这一问题(通常使用氩)。不同的研究使用氮基气氛提高机械性能,但会导致腐蚀性能降低。

不锈钢金属注射成型中使用的烧结温度范围为1 200~1 350 ℃,烧结时间为20~60 min。烧结不足(时间太短或温度过低)将导致烧结件黏结不足、原始颗粒边界和尖角孔。烧结温度在很大程度上取决于各牌号的固相线温度,所选温度应略高于固相线温度,以避免大量液相出现从而导致烧结零件变形。如前所述,马氏体不锈钢的烧结会产生不同的技术问题。

某些不锈钢的烧结过程可借助微波加速致密化运动,从而实现快速内部加热和较低的峰值温度。大大降低处理时间和所需能量,并且可以获得更精细的微观结构。17-4PH、316L和434L不锈钢的金属注射成型试样适合通过微波辅助烧结进行固结。应仔细考虑粉末形态、加热速率和炉内零件定位,以优化致密化并避免微波辅助烧结过程中的微观结构不均匀性。

18.2.3　金属注射成型不锈钢的性能

金属注射成型不锈钢可以获得比传统粉末冶金(压制和烧结)不锈钢更好的机械性能,主要原因是可以达到更高的密度,但其性能略低于相应的锻造不锈钢牌号(表18.1)。除非在获得全密度时进行烧结后处理,如热等静压。尽管金属注射成型工艺中获得了较小的孔隙率,但这些钢的动态性能,尤其是抗疲劳性能受孔隙率的影响较大,尤其是当孔隙率超过8%时,会对抗腐蚀性能产生不利影响。

因此,控制孔隙率是一个关键问题,金属注射成型不锈钢的孔隙率在某些特殊应用中(如热交换器、医疗植入物、过滤器和生物和化学反应中的电极)可以通过空间支架得到增强。最后,金属注射成型不锈钢可以在与锻造不锈钢相似的条件下进行焊接。

18.2.4　基于不锈钢的特殊牌号和产品

1. 添加硼情况下的烧结工艺改进

众所周知,在传统粉末冶金不锈钢中,硼元素的添加可以通过液相烧结来改善烧结行为,但这也会导致塑性降低和变形。在金属注射成型领域也有一些相关的尝试。硼可以元素硼、FeB铁合金或硼化镍的形式添加。与传统粉末冶金一样可以增加材料密度,从而实现拉伸特性(伸长率和断裂韧性除外）的改善。基于微观结构可以解释塑性降低的原因，是因为硼的添加在晶界形成了连续的脆性硼化物相。

2. 无镍不锈钢

REACH 法规涉及化学物质的注册、评估、授权和限制，强制消除镍，尤其是粉末产品中的镍。该法规促进了对新型无镍不锈钢的大量研究和开发，包括锻钢、粉末冶金钢和金属注射成型钢。减少镍含量的首次尝试是通过引入另一种伽马稳定元素。如今，完全无镍钢可与粉末冶金钢竞争，两者具有非常相似的加工路线，因为这些高氮钢应该进行固溶退火以获得不含不规则氮化物的完全奥氏体微观结构。在此处理之前，这些钢可能具有 γ 奥氏体和 α 铁素体的微观结构以及 Cr_2N 氮化物网状结构。

为此，ETH Zurich 开发了 P. A. N. A. C. E. A. 钢（Fe－17Cr－10Mn－3Mo－0.49N－0.2C，用于防止镍过敏、腐蚀、侵蚀和磨损），用于金属注射成型（聚缩醛黏结剂）。这是一种无镍奥氏体不锈钢，与 316L 相比具有优异的耐腐蚀性能。

3. 不锈钢基金属基复合材料

在传统的粉末冶金中，已经尝试通过生产基于不锈钢的金属基复合材料来改善磨损和腐蚀行为。金属注射成型是制备这类复合材料的一种合适的方法。Gulsoy 开发了一种基于 316L 的提高硬度和耐磨性的复合材料。

通过添加玻璃或陶瓷空心填料可形成 316L 复合泡沫塑料，以降低材料密度并提高复合结构的强度。金属注射成型可生产羟基磷灰石－316L 复合材料，以改善医用植入物的生物相容性，同时实现良好的机械性能。

18.2.5　金属注射成型新兴技术中的不锈钢

1. 微金属注射成型（μMIM）

正如不锈钢可能是金属注射成型技术发展的关键材料一样，它们在 μMIM 中也发挥着同样的作用。μMIM 是一种低成本、高性能和尺寸控制良好的生产微器件的工艺。这种方法允许生产最大尺寸不超过几百微米的零件，而以前只能生产最大尺寸小于 100 μm 的零件。有时，一些微型零件的尺寸甚至小于 30～40 μm；因此，如果所用粉末的平均尺寸为 5 μm，则该方向最多可有 6 个颗粒。可以推断，这项技术的主要限制因素是粉末粒子的大小。这就是为什么 μMIM 最初是用陶瓷（通常粒径较小）开发的,该技术的一个趋势是使用粒径小于100 nm的纳米级粉末。

对于这项技术的研究存在许多挑战,可以通过修改金属注射成型中常用的一些技术参数来应对。低黏度的黏结剂系统是必要的,它使模具更容易填充以及生坯强度更高,并且提供了合适的成型参数,如更高的熔体和模具温度,当然,颗粒尺寸小于传统金属注射成型中使用的尺寸。为了提高μMIM的性能,将进行额外的材料和工艺开发。此外,任何开发都必须使用建模工具,并应使用细金属粉末(甚至接近纳米级)。

2. 双色金属注射成型

采用双色金属注射成型工艺生产零件需要克服许多技术难题,主要是控制热膨胀系数不同的两种注射材料在加热、烧结和冷却过程中可能产生的畸变。从这个意义上说,使用不同等级不锈钢的一种原因可能是,在保持相似的热特性的同时,将混合物建立在具有不同磁性特性的钢上。这是Imgrund等所描述的发展趋势,即在模具型腔中注入了两种不同类型的不锈钢(一种非磁性不锈钢和一种铁磁性不锈钢的组合)。316L和17-4PH或314和430不锈钢的原料组合可以在前者的基础上共同注入。其他一些可能的组合包括不锈钢和其他系列材料。Mulser和Petzoldt开发了一种基于316L和Ti-6Al-4V原料共注入的复合材料。使用不锈钢的双色金属注射成型的可能性并不局限于两种金属材料的组合,也可以使用硬质合金或氧化钇-稳定氧化锆。

18.3 MIM不锈钢的应用

不锈钢是MIM技术中最重要的材料。然而,由于缺乏相关信息,要了解应用的细分情况并不容易。通过分析不同的来源,世界市场金属注射成型中不锈钢应用的大致分类如图18.1所示。可以看出,信息技术和通信(ITC)占据了最高的市场份额,这是一个增长非常迅速的市场。该市场开发的一些重要部件包括一些装饰应用(按钮、移动电话翘板开关、徽标,抛光316L)、内部加固框架(移动电话,17-4PH)、硬盘驱动器(计算机,17-4PH)和铰链(笔记本电脑、移动电话,440和17-4PH)。

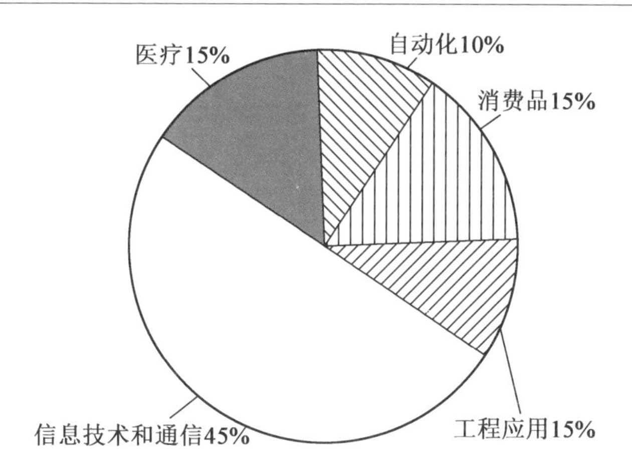

图18.1 世界市场金属注射成型中不锈钢应用的大致分类

表18.3为金属注射成型技术在不锈钢中的主要应用。可以看出其包括大多数金属注射成型应用,且在生物医学领域处于主导地位。图18.2~18.7所示为其中一些具体应用。

表18.3 金属注射成型技术在不锈钢中的主要应用

牌号	微观组织	性能描述	应用
430L	铁素体	耐大气腐蚀和一般氧化的磁性不锈钢,比含镍奥氏体不锈钢成本低	需要一定抗腐蚀能力的传感器、电枢和电杆件
316L	奥氏体	非磁性不锈钢,具有优良的耐蚀性、韧性和延展性	医疗和牙科设备(机械接头、支架)、手机(摇臂键、电池锁)、消费品(手表外壳、相机组件、锯片紧固件、电动牙刷齿轮)、眼镜(旋转弹簧铰链)、保险(导弹弹头安全装置的转子、枪的部件)、船用部件和非磁性外壳(计算机隔板)

续表 18.3

牌号	微观组织	性能描述	应用
双相	铁素体/奥氏体	弱磁性不锈钢提供奥氏体和铁素体等级之间的混合性能	锁定部件
17-4PH	沉淀硬化	具有优良的强度、硬度和耐腐蚀性的结合	军需部件、高强度紧固件、手机(GPS天线插头)、五金(气缸锁外壳)、眼镜(眼镜旋转铰链)、汽车(液压连接器、仪表盘安装螺钉、电缆连接器的角插头、光纤连接器、医疗设备(机械接头、缝合口、刨口钳、假体膝关节)
MIM440C	马氏体	具有较高的强度、硬度和耐磨性,耐腐蚀性适中	耐磨板、汽车(涡轮增压器叶片,燃油喷射喷嘴)、五金(防火门锁箱)、医疗应用(机械接头)和切割仪器
无镍	奥氏体	所有奥氏体特征和敏化性	特别适用于生物医学领域

图 18.2 用于汽车行业电缆连接器的角插头(0.45 g,17-4PH)

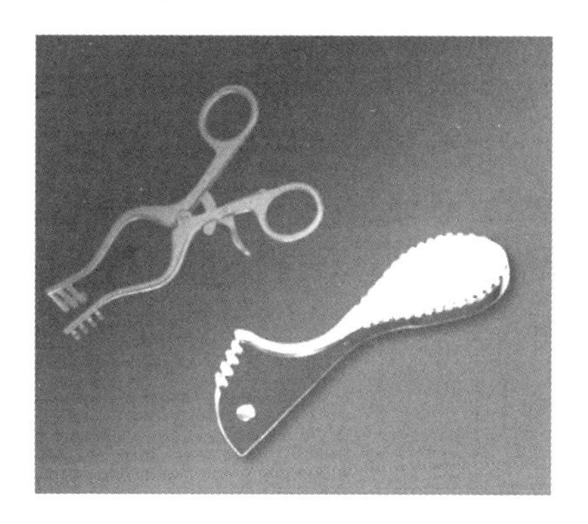

图18.3　创口钳半壳(4.7 g,316L)

(a)由17–4PH制成的金属注射成型零件

(b)细节展示

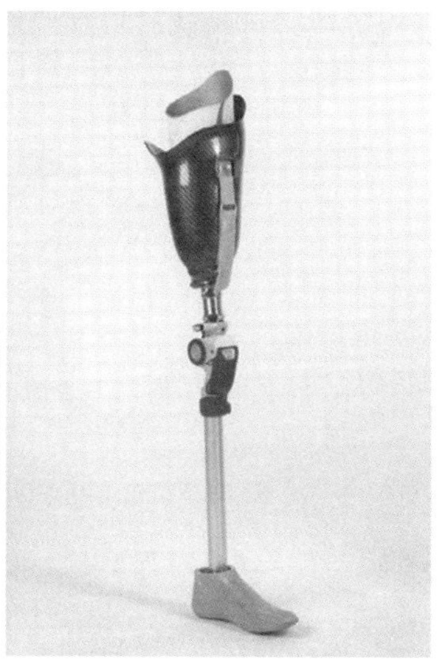

(c)奥托·博克人工膝关节3R93

图18.4　假体膝关节

如图18.4所示,金属注射成型制造的不锈钢满足了不同材料性能领域的最严格要求,其中图18.4(b)所示的金属注射成型零件在假肢膝关节内作为一个单元一起工作,图18.4(c)所示的人工膝关节能够保护膝关节免受意外弯曲,并在拉伸或弯曲膝盖时传递力量。这些组件生产的操作要求非常严格,因为这关系到使用者的安全。鉴于这些要求,需要耐腐蚀性、高强度和有优异的表面外观,只有金属注射成型技术才能保证上述性能的实现。

图 18.5 所示为由 310N 制成的家用五金件的门锁外壳。该零件的质量相对较高(在金属注射成型领域),为 96 g,但它很好地展示了通过金属注射成型技术可实现的优异平整度和精度。该零件替代了另一种由(压铸锌合金)Zamak 制成的零件。通过使用不锈钢制造零件,能够得到更好的消防安全保证。

图 18.6 所示为金属注射成型内刀头,是金属注射成型在医学领域的另一个有趣应用在尖端的顶部有 50 μm 和 100 μm 的凸起),这使得去除金刚石涂层成为可能。

图 18.7 所示为石英表(316L 微颗粒粉末)的机械部分,是一个复杂部件的金属注射成型案例。该零件形状复杂,需要成型非常精确的结构(其应与其他精密零件组装)。

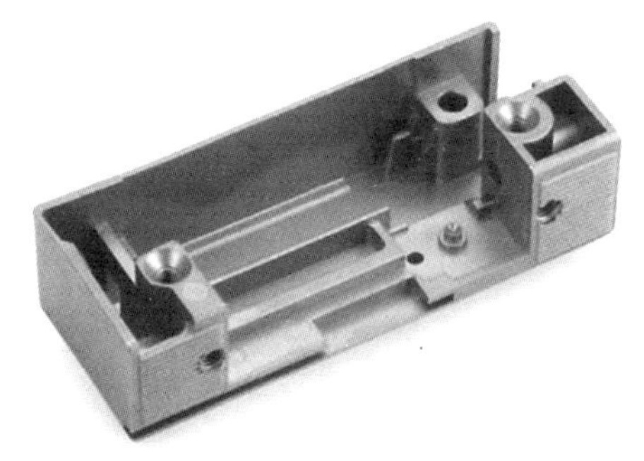

图 18.5 由 310N 制成的家用五金件的门锁外壳

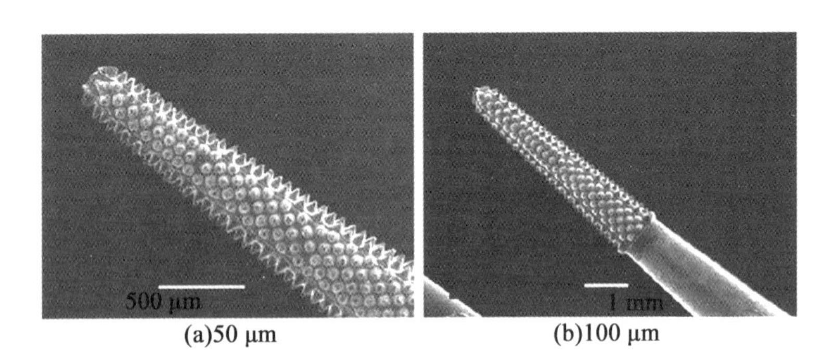

(a)50 μm (b)100 μm

图 18.6 金属注射成型内刀头(其在尖端的顶部有 50 μm 和 100 μm 的凸起)

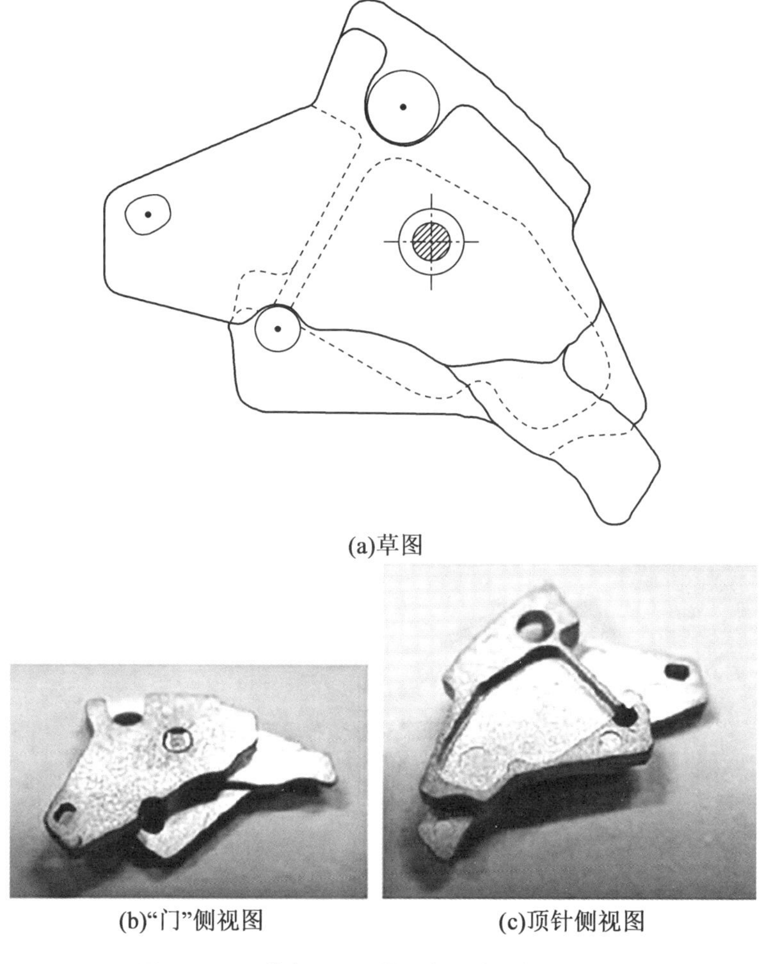

(a)草图

(b)“门”侧视图　　(c)顶针侧视图

图 18.7　石英表(316L 微颗粒粉末)的机械部分

本章参考文献

[1] Abenojar, J., et al. (2002). Reinforcing 316L stainless steel with intermetallic and carbide particles. Materials Science and Engineering: A, 335(1), 1-5.

[2] Anon (2006). Regulation (EC) No 1907/2006: Registration, evalua-

tion, authorisation and restriction of chemicals (REACH). Official Journal of the European Union L 396,49,1 -850.

[3] Anon (2016). Metal injection moulding in Japan: growth anticipated after a poor 2015. Powder Injection Moulding International,10(3), 14.

[4] Anwar, M. Y., et al. (2005). Rapid debinding of powder injection moulded components. Proceedings of the EUROPM'95, Birmingham (Vol. 1). (pp. 577 -584). UK.

[5] Aslam, M., et al. (2016). Powder injection molding of biocompatible stainless steel biodevices. Powder Technology,295, 84 -95.

[6] Bakan, H. I., Heaney, D.,German, R. M. (2001). Effect of nickel boride and boron additions on sintering characteristics of injection moulded 316L powder using water soluble binder system. Powder Metallurgy, 44(3), 235 -242.

[7] Bakan, H. I., et al. (1998). Study of processing parameters for MIM feedstock based on com-posite PEG-PMMA binder. Powder Metallurgy, 41(4), 289 -291.

[8] Bayraktaroglu, E., et al. (2012). Effect of boron addition on injection molded 316L stainless steel: mechanical, corrosion properties and in vitro bioactivity. Bio-Medical Materials and Engineering,22(6), 333 -349.

[9] Bialo, D., Kulesza, T.,Ludynski, Z. (2005). In Selected problems of injection moulding of 316L type powders. Proceedings of the EUROPM'95, Birmingham, UK(pp. 626 -630).

[10] Blomacher, M., et al. (1998). Powder injection molding of martensitic stainless steels. In Advances in powder metallurgy & particulate materials(pp. 5131 -5141). Metal Powder Industries Federation: Princeton, USA.

[11] Bogan, L. E., Jr. (1997). Debinding of acrylic - based 316L stainless steel MIM feedstock. In Advances in powder metallurgy and particulate materials. Princeton, NJ: Metal Powder Industries Federation.

[12] Campos, M., et al. (2003). Ni diffusion process between austenite and ferrite in a sintered duplex stainless steel obtained by powder mixing. In Materials Science Forum(Vols. 426 -432,pp. 4343 -4348).

[13] Cheng, L. H. ,Hwang, K. S. (2010). High-strength powder injection molded 316L stainless steel. International Journal of Powder Metallurgy (Princeton, New Jersey),46(2), 29 –37.

[14] Cui, D. W. , et al. (2010). Sintering optimisation and solution annealing of high nitrogen nickel free austenitic stainless steels prepared by PIM. Powder Metallurgy,53(1), 91 –95.

[15] Davies, P. A. (2017). Metal injection moulding in Asia: a story of continuing success for the world's largest MIM region. Powder Injection Moulding International,11(2), 45 –55.

[16] Davis, J. R. (Ed.), (1998). Metals handbook desk edition(2nd ed.). ASM International. Metal injection molding (MIM) of stainless steel 425.

[17] Dourandish, M. ,Simchi, A. (2009). Study the sintering behavior of nanocrystalline 3Y-TZP/430L stainless-steel composite layers for co-powder injection molding. Journal of Mate-rials Science,44(5),1264 –1274.

[18] Dutra, G. B. , et al. (2012). Investigation of material combinations processed via two-componentmetal injection moulding (2C-MIM). In Materials Science Forum(Vols. 727 –728,pp. 248 –253).

[19] Ertugrul, O. , et al. (2014). Effect of particle size and heating rate in microwave sintering of 316L stainless steel. Powder Technology,253, 703 –709.

[20] García, C. , Martin, F. ,Blanco, Y. (2012). Effect of sintering cooling rate on corrosion resis tance of powder metallurgy austenitic, ferritic and duplex stainless steels sintered in nitrogen. Corrosion Science,61, 45 –52.

[21] German, R. M. (1997). Powder injection moulding. Princeton: New Jersey Metal Powder Industry Federation.

[22] Guan, D. , He, X. ,Qu, X. (2012). Fabrication of Si_3N_4 reinforced 316L stainless steel com-posites by powder injection moulding. InAdvanced materials research. (Vols. 535 –537,pp. 133 –138).

[23] Gulsoy, H. O. (2007). Mechanical properties of injection moulded 316L stainless steel with(TiC)N additions. Powder Metallurgy,50(3),

271 – 275.

[24] Gulsoy, H. O. (2008). Production of injection moulded 316L stainless steels reinforced with TiC(N) particles. Materials Science and Technology, 24(12), 1484 – 1491.

[25] Gulsoy, H. O., German, R. M. (2008). Production of micro-porous austenitic stainless steel by powder injection molding. Scripta Materialia, 58(4), 295 – 298.

[26] Gulsoy, H. O., Salman, S., Ozbek, S. (2004). Effect of FeB additions on sintering character istics of injection moulded 17-4PH stainless steel powder. Journal of Materials Science, 39(15), 4835 – 4840.

[27] Hartwig, T., et al. (1997). In MIM of 316L powders with large particle sizes. Proceedings of the 1st European symposium on powder injection moulding, Munich(pp. 62 – 68).

[28] Harun, W. S. W., et al. (2012). Effect of MIM processing parameters on the properties of 440C stainless steel. Journal of the Japan Society of Powder and Powder Metallurgy, 59(5), 264 – 271.

[29] Heaney, D. (2010). Personal communication. USA: Penn State University.

[30] Heaney, D. F., et al. (2004). Variability of powder characteristics and their effect on dimen sional variability of powder injection moulded components. Powder Metallurgy, 47(2), 144 – 149.

[31] Huang, M. S., Hsu, H. C. (2009). Effect of backbone polymer on properties of 316L stainless steel MIM compact. Journal of Materials Processing Technology, 209(15 – 16), 5527 – 5535.

[32] Ibrahim, M. H. I., et al. (2015). In Processability study of natural hydroxyapatite and SS316Lvia metal injection molding. Proceedings of the 2nd international symposium on technology management and emerging technologies (ISTMET 2015).

[33] Imgrund, P., et al. (2007). Manufacturing of multifunctional micro parts by two-componentmetal injection moulding. International Journal of Advanced Manufacturing Technology, 33(1 – 2), 176 – 186.

[34] Johansson, E., Nyborg, L., Becker, J. (1998). InRheology of 316L

MIM powder plastisol. Effect of surface active additives. Proceedings of the powder metallurgy world congress (pp. 39 – 44). Spain: Granada.

[35] Johansson, E., Nyborg, L., Becker, J. (1997). In Interactions between surface active additives and 316L MIM powder. Proceedings of the 1st European symposium on powder injection moulding, Munich (pp. 89 – 96). 426 Handbook of Metal Injection Molding.

[36] Johnson, P. K. (2014). State of the north american metal injection molding industry. International Journal of Powder Metallurgy, 50 (1), 17 – 21.

[37] Jorge, H., et al. (2005). InTailoring solvent/thermal debinding 316L stainless steel feedstocks for PIM: an experimental approach. Proceedings of the EUROPM'95, Birmingham, UK – Vol. 1, (pp. 342 – 348).

[38] Karatas, C., et al. (2005). In Investigation of rheological properties of the feedstocks composed of steatite and 316L stainless steel powders and peg base resins. Proceedings of the EUROPM'95, Birmingham, UKvol. 1, (pp. 367 – 373).

[39] Keams, M. A., et al. (2007). In Influence of gas atomized powder size on mechanical properties of 15-5PM. Proceedings of the EUROPM2007, Tolouse, FranceVol. 2, (pp. 171 – 176).

[40] Kong, X., et al. (2010). Sintering of powder injection molded 316L stainless steel: Experimental investigation and simulation. International Journal of Powder Metallurgy, 46(3), 61 – 72.

[41] Koseski, R. P., et al. (2005). Microstructural evolution of injection molded gas-and water-atomized 316L stainless steel powder during sintering. Materials Science and Engineering: A, 390(1), 171 – 177.

[42] Krug, S., Zachmann, S. (2009). Influence of sintering conditions and furnace technology on chemical and mechanical properties of injection moulded 316L. Powder Injection Moulding International, 3, 66 – 70.

[43] Kwon, Y. S., et al. (2004). Simulation of the sintering densification and shrinkage behavior of powder-injection-molded 17-4PH stainless steel. Metallurgical and Materials Transactions A, 35(1), 257 – 263.

[44] Kyogoku, H. , et al. (1997). Microstructures and mechanical properties of sintered precipitation hardening stainless steel compacts by metal injection molding. In Advances in powder metallurgy and particulate materials. Princeton, NJ: Metal Powder Industries Federation.

[45] Kyogotu, H. , et al. (2000). In Influence of microstructural factors on mechanical properties ofstainless steel by powder injection moulding. Proceedings of the 2000 powder metallurgy world congress, Kyoto, Japan Vol. 1, (pp. 304 - 307).

[46] Levenfeld, B. , et al. (2000). Modified metal injection moulding process of 316L stainless steel powders using thermosetting binder. Powder Metallurgy, 43(3), 233 - 237.

[47] Li, Y. M. , Khalil, K. A. , Huang, B. Y. (2004). Rheological, mechanical and corrosive properties of injection molded 17-4PH stainless steel. Transactions of Nonferrous Metals Society of China (English Edition), 14(5), 934 - 939.

[48] Li, Y. , Li, L. , Khalil, K. A. (2007). Effect of powder loading on metal injection molding stainless steels. Journal of Materials Processing Technology, 183(2), 432 - 439.

[49] Li, D. , et al. (2010). Powder injection molding 440C stainless steel. International Journal of Advanced Manufacturing Technology, 49(1 - 4), 105 - 110.

[50] Liu, Z. Y. , et al. (2003). Injection molding of 316L stainless steel microstructures. Microsystem Technologies, 9(6), 507 - 510.

[51] Loh, N. H. , et al. (2003). Micro powder injection molding of metal microstructures. In Materials Science Forum. (Vols. 426 - 432, pp. 4289 - 4294).

[52] Mariappan, R. , Kumaran, S. , Rao, T. S. (2009). Effect of sintering atmosphere on structureand properties of austeno - ferritic stainless steels. Materials Science and Engineering: A, 517(1), 328 - 333.

[53] MIM (2010 - 2011). Metal injection moulding (MIM) growth slows in 2009(14th ed.). Interna-tional Powder Metallurgy Directory.

[54] Mishra, A. K. , et al. (2003). Powder injection molding and sinte-

ring of austenitic stainless steel. Indian Journal of Engineering and Materials Sciences,10(4), 306 - 313.

[55] Molinari, A., et al. (1994). Sintering mechanisms of boron alloyed aisi 316l stainless steel. Powder Metallurgy,37(2), 115 - 122.

[56] MPIF (2016). MPIF standard 35: Materials standards for metal injection molded parts (issued 1993-revised 2016)(p. 35). MPIF.

[57] Muhamad, N., et al. (2014). Micro powder injection moulding using nano sized powders. In Advanced materials research(Vol. 1024, pp. 116 - 119).

[58] Mulser, M., Petzoldt, F. (2016). Two-component metal injection moulding of Ti-6Al-4V and stainless steel bimaterial parts. In Key engineering materials(pp. 148 - 154).

[59] Mulser, M., Veltl, G., Petzoldt, F. (2016). Development of magnetic/non-magnetic stainless steel parts produced by two-component metal injection molding. International Journal of Precision Engineering and Manufacturing,17(3), 347 - 353.

[60] Muterlle, P. V., Perina, M., Molinari, A. (2010). Mechanical properties and corrosio'n resistance of vacuum sintered MIM 316L stainless steel containing delta ferrite. Powder Injection Moulding International,4, 66 - 70.

[61] Newell, M. A., et al. (2005). Metal injection moulding of scissors using hardenable stainless steel powders. Powder Metallurgy,48(3), 227 - 230.

[62] Oh, J. W., Lee, W. S., Park, S. J. (2007). Influence of nano powder on rheological behavior of bimodal feedstock in powder injection molding. Powder Technology,311, 1 8 - 24.

[63] Okubo, K., Tanaka, S., Ito, H. (2010). The effects of metal particle size and distributions on dimensional accuracy for micro parts in micro metal injection molding. Microsystem Technologies,16(12), 2037 - 2041.

[64] Ou, H., et al. (2015). Modeling, identification and simulation of the sintering stage for microbimaterial components. In Key engineering materials. (Vols. 651 - 653, pp. 726 - 731).

[65] Park, D. Y. , et al. (2013). Effects of particle sizes on sintering behavior of 316L stainless steel powder. Metallurgical and Materials Transactions A,44(3), 1508 -1518.

[66] Pascoali, S. , Wendhausen, P. A. P. ,Fredel, M. C. (2001). InOn the use of gas and water atomized 316L powder blends in PIM. Proceedings of the PM2001 congress, Nice, France - Vol . 3, (pp. 147 - 152).

[67] Peroni, L. , et al. (2014). Investigation of the mechanical behaviour of AISI 316L stainless steel syntactic foams at different strainrates. Composites Part B: Engineering,66, 430 -442.

[68] Piotter, V. , et al. (2003). Current status of micro powder injection molding. InMaterials Science Forum(Vols. 426 -432, pp. 4233 - 4238).

[69] Rajabi, J. , et al. (2015). Fabrication of miniature parts using nanosized powders and an environmentally friendly binder through micro powder injection molding. Microsystem Technologies,21(5), 1131 -1136.

[70] Ramli, M. I. , et al. (2014). Stainless steel 316L-hydroxyapatite composite via powder injection moulding: Rheological and mechanical properties characterisation. Materials Research Innovations, 18. S6 - 100 - S6 - 104.

[71] Shi, J. , et al. (2017). Sintering of 17-4PH stainless steel powder assisted by microwave and the gradient of mechanical properties in the sintered body. The International Journal of Advanced Manufacturing Technology,91(5), 2895 -2906.

[72] Shu, G. J. , Hwang, K. S. ,Pan, Y. T. (2006). Improvements in sintered density and dimen-sional stability of powder injection-molded 316L compacts by adjusting the alloying compositions. Acta Materialia, 54(5), 1335 -1342.

[73] Simchi, A. ,Petzoldt, F. (2009). Cosintering of powder injection molding parts made from ultrafine WC-Co and 316L stainless steel powders for fabrication of novel composite structures. Metallurgical and Materials Transactions A,41(1), 233.

[74] Sotomayor, M. E., et al. (2014). Microstructural study of duplex stainless steels obtained by powder injection molding. Journal of Alloys and Compounds, 589, 314 - 321.

[75] Sunada, S., Nunomura, N., Majima, K. (2008). Electrochemical characteristics of 410 stain-less steel produced by MIM process through EIS method under SSRT test. InMaterials Science Forum. (Vols. 706 - 709, pp. 2008 - 2013).

[76] Supriadi, S., et al. (2007). Binder system for STS 316 nanopowder feedstocks in micro-metal injection molding. Journal of Materials Processing Technology, 187, 270 - 273.

[77] Tandon, R., et al. (1998). Mechanical and corrosion properties of nitrogen-alloyed stainless steels consolidated by mim. International Journal of Powder Metallurgy, 34(8), 47 - 54.

[78] Toyoshima, H., Kusunoki, M., Otsuka, I. (2006). In Sintering properties of high-pressurewater atomized SUS 316L utra fine powder. Proceedings of the 2006 world congress on powder metallurgy, Busan, Korea(vol. 2, pp. 769 - 770).

[79] Vardavoulias, M., et al. (1996). Dry sliding wear mechanism for P/M austenitic stainless steels and their composites containing Al_2O_3 and Y_2O_3 particles. Tribology International, 29(6), 499 - 506.

[80] Wahab, N., et al. (2014). The potential of starch as an eco-friendly binder in injection moulding of 316L stainless steel for medical devices applications. In Key engineering materials. (Vol. 911, pp. 200 - 204). Advanced materials research. Trans Tech Publishing.

[81] Weise, J., et al. (2014). Production and properties of 316L stainless steel cellular materials and syntactic foams. Steel Research International, 85(3), 486 - 497.

[82] Wohlfromm, H. (2002). Powder injection molding stainless steel: produce process, performance, application. In Powder metallurgy stainless steels: Processing, microstructures, and properties(pp. 7 - 15). OH, USA: ASM International, Materials Park.

[83] Wohlfromm, H., et al. (1998). In Novel stainless steels for metal in-

jection moulding. Proceedings of the world congress on PM, Granada, Spain(pp. 3 – 8).

[84] Wohlfromm, H., et al. (2005). InMetal injection moulding of a modified 440C-type martensitic stainless steel. Proceedings of the EUROPM'95, Birmingham, UK Vol. 1, (pp. 325 – 332).

[85] Wolf, E. L., Collins, S. R. (2002). GTA welding of AISI 316L metal injection moulded components. Powder Metallurgy, 45(3), 201 – 203.

[86] Wu, Y., et al. (2002). Effects of residual carbon content on sintering shrinkage, microstructureand mechanical properties of injection molded 17-4PH stainless steel. Journal of Materials Science, 37(17), 3573 – 3583.

[87] Wu, M. W., et al. (2015). Microstructures, mechanical properties, and fracture behaviors of metal-injection molded 17-4PH stainless steel. Metals and Materials International, 21(3), 531 – 537.

[88] Xu, Z. W., et al. (2010). Fabrication and sintering behavior of high-nitrogen nickel-free stainless steels by metal injection molding. International Journal of Minerals, Metallurgy and Materials, 17(4), 423 – 428.

[89] Ye, H., Liu, X. Y., Hong, H. (2008). Sintering of 17-4PH stainless steel feedstock for metalinjection molding. Materials Letters, 62(19), 3334 – 3336.

[90] Yoon, T. S., et al. (2003). Effects of sintering conditions on the mechanical properties of metal injection molded 316L stainless steel. ISIJ International, 43(1), 119 – 126.

第19章　钛及钛合金的金属注射成型

19.1　概　　述

自1940年William Justin Kroll发明了从矿石中经济且工业化提取金属钛的工艺以来,钛在工业和商业领域的应用不断加速推进。然而,与钢铁相比其年产量仍然相当小,且应用范围主要局限于海上工业、化工业、航空航天和汽车工业、医疗器械及植入物、奢侈品5个领域。这些应用领域直接与钛的以下特定特性有关:高强度比和密度比,对盐水和大多数化学试剂的优异耐腐蚀性,良好的生物相容性,以及温和且光滑的表面。根据对耐腐蚀性、机械性能和成本的要求,可以选择纯钛或钛合金材料。原材料和加工的高成本是限制其广泛应用的主要原因,但由于钛和钛合金具有良好的性能,故即使花费较高的成本也是值得的。现在人们高度关注材料的轻质性和生物相容性,如果能在一定程度上降低材料价格,钛基材料的应用范围会更加广泛。

在这种背景下,金属注射成型似乎是钛加工的理想选择,其典型特点是材料利用率高,而且在大批量制造中的生产成本很低。在传统钛加工领域,由于刀具成本高、加工速度慢,其加工成本相当高昂。因此,机加工钛零件的几何结构往往相当简单,且未针对其功能进行优化。而MIM可以实现对高复杂度零件的成型制造,同时成本也可以降到很低。此外,选择性激光熔化(SLM)或电子束熔化(EBM)等AM技术仍然具有很高的成本,而且MIM在产能上仍然具有明显的优势。然而,即使当下MIM技术已较为成熟且受到人们的持续关注,但是对钛材料的MIM制造仍然相对少见。本章介绍了金属注射成型钛及其合金的具体困难以及解决这些难题的方法,然后从可用原料和机械性能方面介绍了金属注射成型钛及其合金的研究和发展现状。最后对当前的研究进行了探讨,并展望了未来的发展趋势。

19.2 钛金属注射成型的挑战

19.2.1 间隙元素

钛最显著的特征是对氧、氮、碳和氢等间隙元素的高亲和力,这对粉末冶金(PM)来说是一个挑战。钛在真空技术中作为吸气剂用于气氛中氧气的净化,这表明了粉末材料加工过程中可能出现的问题。根据 Ti-O 的二元相图,钛能够在高温下在间隙晶格位置吸收 13% 的氧。即使在质量分数为 0.1% ~0.4% 的范围内,钛与间隙元素的高亲和力也会对机械性能产生显著影响。为便于说明,表 19.1 所示为 ASTM B348-02 标准规定的锻造棒材和坯料的最大氧质量分数和拉伸性能。

表 19.1 ASTM B348-02 标准规定的锻造棒材和坯料的最大氧质量分数和拉伸性能

等级	最大氧质量分数/%	最小屈服强度/MPa	最小抗拉强度/MPa	最小 ε_f/%
Ti 1 级	0.18	170	240	24
Ti 2 级	0.25	275	345	20
Ti 3 级	0.35	380	450	18
Ti 4 级	0.40	483	550	15
Ti-6Al-4V 5 级	0.20	828	895	10
Ti-6Al-4V 23 级	0.13	795	828	10

该标准还规定了铁、氮和碳含量的最大值,其中氧是对机械性能影响最大的元素,因为氧最先被吸收。表 19.1 中给出的只是最小限值,从这些数值可以估计,对于纯钛而言,从 1 级到 4 级仅增加 0.22% 的氧就会使抗拉强度增加一倍以上。然而会导致钛的塑性大大降低,这就是在 MIM 过程中必须尽量减少间隙元素吸收的根本原因。仅仅通过增加氧质量分数,

MIM 钛组件很容易获得高强度,但不能获得良好的塑性。对于 Ti-6Al-4V 等钛合金,氧质量分数的上限甚至比纯钛 2 级更小(表 19.1)。对于由钛合金粉末制成的 PM 产品(ASTM B817)也有相应的标准,允许 Ti-6Al-4V 中的氧质量分数为 0.3%。然而,本标准通常不适用于 MIM 组件。

从溶液硬化的角度来看,氧、氮和碳具有相同的效果,但效果不同。因此,以氧当量 O_{eq} 的形式来表示这些元素的影响是合理的。一个常用的方程式为

$$O_{eq} = x_O + 2x_N + 0.75x_C \tag{19.1}$$

式中,x_O、x_N、和 x_C 分别表示氧、氮和碳的原子数分数。

已有文献表明,x_C 系数可为 0.5、0.66 和 0.75。此外,式(19.1)以原子数分数给出,但文献中通常使用质量分数。但在实践中这种差异并不重要,因为碳和氮的质量分数与氧相比相当低,而 O、N 和 C 的原子量相当。即使氮的作用效果是氧的两倍,但实际上氧才是最重要的间隙元素。这主要是由于其高扩散率、高溶解度以及表面自发形成的氧化层阻碍了其他元素的渗透。经验表明,在 MIM 过程中氮的吸收通常不是问题。通常情况下也不需要考虑氢的影响,因为钛的烧结通常是在高温、高真空下进行的。在此条件下,氢元素会从材料中抽出。另外,必须考虑碳的影响,因为碳存在于所有黏结剂中,并且在高温步骤(如热脱脂)中可以吸收碳。因此,在讨论机械性能试验结果时,使用式(19.1)而不是仅考虑氧质量分数更为合理。

2010 年,Baril、Lefebvre 和 Thomas 发表了一项关于 MIM 过程中间隙物质(尤其是氧元素)来源的综合研究。如图 19.1 所示,间隙物存在几种来源,包括从原材料粉末到烧结载体,烧结载体通常由 Y_2O_3 或 ZrO_2 等陶瓷材料制成。这些来源之间的比率略微取决于粉末粒度大小,但总体吸收量几乎相同。研究表明,只要温度低于 200 ℃,粉末的储存和处理就不是关键因素。而当温度高于 400 ℃时,快速氧化过程开始出现。如果使用正确的黏结剂组分并充分进行脱脂,则即使从黏结剂中吸收氧元素也不会产生明显影响。最关键的是粉末的间隙元素含量和烧结气氛,烧结气氛中必须尽可能不含氧气。

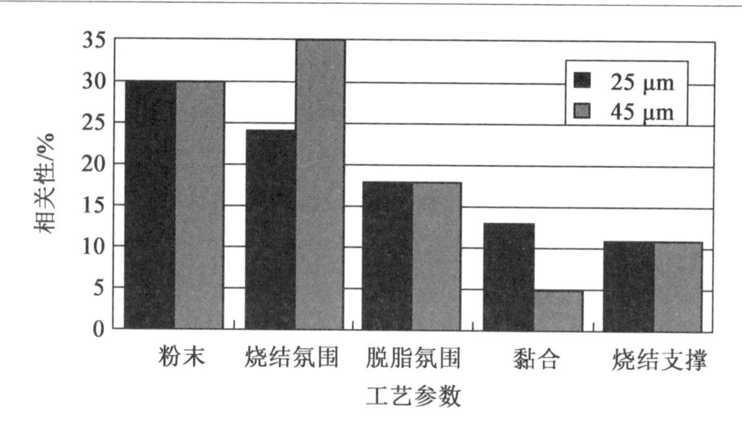

图19.1 金属注射成型工艺参数对烧结件最终氧质量分数的相对贡献与最大粉末粒径的关系

19.2.2 粉末和原料

与不锈钢或钴基材料相比,商用钛基MIM原料的可用性相当差。多年来只有4级的纯钛原料可在市场上买到。由该材料制成的部件具有足够的强度,但其塑性不符合ASTM的要求。如今,各种Ti-6Al-4V原料均可在市场上买到,如果经过充分加工,部件的强度和断裂伸长率将会大大提高,达到10%以上。然而,即使是商业MIM供应商,也通常自行混合粉末和黏结剂来制造原料。自行生产原料不是一个严重的问题,而且这在使用粉末和合金方面提供了很大的自由度。

1. 粉末

粉末可以非常粗略地分为纯净且昂贵的,以及相对不纯净但价格较低的。在该语境下,粉末"纯"度与氧和碳含量有关,也与来自特定生产过程的残留物有关,如Cl、Ca、Na或Mg。此外,这些粉末在几何形状上是有差异的:球形的粉末更昂贵,不规则形状的粉末较为便宜。目前生产昂贵粉末材料的技术有惰性气体雾化、等离子体雾化和等离子旋转电极处理。由于合金可以用作初始材料,因此这些技术也可以制成预合金粉末。成本较低的粉末是通过机械研磨海绵、废料或钢锭制成的,例如氢化物脱氢(HDH)工艺,在原料中含有氢,会导致材料发生剧烈的脆化,因此它可以很容易地被碾磨,并在真空下通过热处理再次提取氢气,也可以用废钢或钢锭作为原料。通过这种方法可以得到不同纯度的HDH粉末和合金。为了降低成本,目前对不采用Kroll法还原氧化钛进行了大量的研究,其中直接利用氧化物生产粉末是一个热点研究方向。目前在满足零件性能的前提下，HDH 粉末原料是一种经济的选择。通常，HDH 粉末的氧含量较高，这是因为在加工过程中必须包括钝化工序，以避免粉末的燃烧。此外，该过程还涉及相当高的温度，足以影响颗粒之间的烧结。因此，或多或少的团聚是典型现象。进一步的工艺能够降低粉末生产后的氧含量，如利用液态钙将钛降低到符合相应 ASTM 标准的水平。然而，这种额外的工艺将增加成本，只有在未来才能揭示这种方法是否会为市场提供一种有吸引力的粉末。

如果仍然使用氢化粉末进行烧结，使用 HDH 粉末甚至有助于保持较低的氧气水平。氢原子在烧结过程中逸出，并与黏结剂、粉末和炉内可能存在的氧气发生反应。此外，TiH_2 粉末的烧结通常会导致材料的高密度。

为 MIM 选择合适的粉末意味着考虑所需的机械性能、粉末流动性、部件几何形状和成本等技术问题。球形粉末进料系统所需的黏度最低，因此，黏结剂含量可以保持较低水平，以获得较高的烧结活性。结合高纯度，使用这些粉末通常可获得最佳的机械性能。然而，到目前为止，球形粉末相对昂贵。但随着增材制造（AM）技术的不断发展应用，球形粉末的可用性大大提高，其价格也在下降。基于粉床的 AM 技术，如 SLM 和 EBM，需依赖于性能优良的球形粉末。

如果对强度和塑性要求不高，HDH 钛粉可以满足要求。此外，不规则形状的粉末使得原型件强度更高。也可以混合这两种粉末来降低成本，这将在后面介绍。如果没有特定的预合金粉末，甚至可以用混合元素技术生产合金。此外，还可以将成本较低的 HDH 钛粉与较昂贵的预合金粉末混合，以获得烧结零件的最终成分。如果有相应需求且经济性合理，不规则形状的粉末也可以通过等离子技术球化。

与钢粉末相比，钛粉的生产工艺不同，并且由于会产生污染（使用细粉末时更为显著），故在钛的 MIM 过程中通常使用粒径小于 45 μm 的粉末。因此，通常它比不锈钢粉末粗得多，导致的缺点是注射成型过程中黏结剂和粉末分离的趋势会更明显。另外，即使使用这些粉末，也可以实现 0.2 mm以下壁厚零件的烧结且不会出现重大问题。

2. 黏结剂

目前有几种适合与钛粉结合使用的黏结剂体系。基本上，该组合物可以两步脱脂，通常是通过溶剂和热脱脂过程；此外催化脱脂也是可行的。

例如,聚醋酸酯可以作为一个组分。对于溶剂脱脂,黏结剂通常是石蜡,对于热脱脂,黏结剂是聚乙二醇(PEG)。此外,萘的使用是可能的,它从毛坯部分慢慢蒸发。第二种成分在烧结前通过热处理分解,通常在400 ℃以上。因此,氧化和碳化是这一阶段可能存在的风险。故第二种成分应含有尽可能少的氧,并应在适当的温度范围内分解。一般来说,热降解温度应该尽可能低,因为这个温度越高,钛被氧和碳污染的风险越高。另外,基于对机械稳定性的考虑,烧结必须在黏结剂完全脱离之前开始。降解温度在400~500 ℃是相当合适的。钛粉颗粒的首次结合开始于600 ℃或更低的温度。

在实际应用中,聚乙烯或聚丙烯与乙烯醋酸乙烯酯混合或作为共聚物都获得了良好的结果。第一和第二黏结剂组分的比例取决于所要求的毛坯强度和所使用的粉末,也取决于烧结后可接受的污染程度。第二种成分的含量越高,意味着氧和碳的含量也越高。质量分数在20%~40%通常是一个合理的值。第三种典型的添加剂是硬脂酸,它作为表面活性剂可以改善粉末的润湿性,并影响黏度和脱模性,使用的质量分数范围为1%~12%。

19.2.3 设备

在加工钛时,对于MIM设备没有特殊要求。然而,在整个生产过程中必须考虑污染问题,因此设备的规格会受到影响。如果原料是自行生产制造的,可以考虑在保护性气氛下进行成型。任何适合不锈钢MIM的设备都可以使用,如注射机。注射过程中的温度通常在120~180 ℃,而模具加热至40~60 ℃。参数的精度取决于原材料以及部件的几何形状。

溶剂脱脂产品很容易在市场上购得,经认证可使用的易燃介质包括庚烷、己烷和丙酮。此外,水也用于一些黏结剂的脱脂,如在含有PEG的情况下。溶剂的典型工作温度范围为40~60 ℃。也有使用超临界二氧化碳进行脱脂的试验,其目的是缩短脱脂时间,并允许毛坯部分的壁厚大于10 mm。然而,对于这个过程是否真的有益的研究结果仍不明确,它取决于黏结剂,且必须适应特定的脱脂方法。

热脱脂既可以在烧结炉中进行,也可以在独立的烘箱中进行。在这两种情况下,都要用到吹气设备,以方便去除黏结剂中残留的气体,同时也需要能够产生高真空小于10^{-3} Pa的环境,可优先将黏结剂残留物冷凝在炉后的冷却器中。如果脱脂使用单独的炉子,操作温度应至少为1 000 ℃,

以便进行预烧结。

烧结炉应该是带金属加热器（如钨）和防护器（如钼）的高度真空装置。烧结是处理高温污染最关键的工艺。对于钛，典型的烧结温度范围为1 250～1 350 ℃。而当金属间钛铝化物等烧结时，需要高达1 500 ℃的高温。

此外，在特殊情况下，如果烧结炉能在不同的气体气氛下运行，这也会有好处。例如，如果使用高纯气体，在氩气下烧结而不是在真空下烧结，可有助于避免氧的吸收，并且可以最小化低熔点合金元素的升华（例如 Al），即使在氢气下烧结也有助于实现低氧污染。然而，这对设备的安全性提出了更高的要求，并且必须考虑可能形成的氢化物。

最近，通过优化黏结剂的去除过程，市场上出现了专门用于钛加工的烧结炉。其使用特殊的装置，如蒸馏罐和气流引导装置，如果对污染排放有严格的要求，则应考虑购买这种专用的钛烧结炉。

19.2.4　孔隙

钛零件烧结后的残余孔隙率可能比不锈钢的更为重要，原因是钛基材料对缺口和小裂纹的敏感性相当高。特别是在应力变化引起疲劳载荷的情况下，孔隙应尽可能小且圆润，并尽量减少表面缺陷。在一定程度上这些特性可能会受到工艺参数选择的影响。通常，残余孔隙度的数值为3%～4%。这意味着孔隙是封闭的，并且可以应用额外的热等静压（HIP）工艺，从而产生几乎100%致密的材料，然而这一过程必须考虑可能出现的杂质吸收现象。

19.2.5　生物相容性

由于钛是一种常用的医用植入物材料，因此在这一领域利用 MIM 进行加工也需要考虑。在这种情况下，必须确保可能的黏结剂残留物不会影响生物相容性。最后，必须对烧结部件进行试验来证明这一点。使用完全无毒的生物相容性黏结剂组件是一个可以采纳的方法。第19.6.1节描述了该问题的研究现状。

19.3 加工基础

19.3.1 粉末处理

如果原料是自行制备的,那么开放式粉末处理的持续时间一般应限制在最小。研究表明,对于严重的氧化必须加热到400 ℃以上,这一点已被作者的调查所证实。然而,原料暴露在空气中存在氧化的风险。此外,如果在发生快速氧化时(400~500 ℃以上)将钛粉加热到一定温度,钛粉容易产生爆炸或者燃烧。作为保护气体,氩气是一个不错的选择,而氮气在其他环境中经常用作惰性气体,但在高温下会被钛吸收。

19.3.2 原料生产

在混炼过程中,黏结剂和粉末被加热到一定温度,这个温度取决于特定的黏结剂,但通常在120~180 ℃之间。如前所述,200 ℃以下的温度似乎对氧富集不是最关键的,但为了保证不增加氧元素的吸收,最好在保护性气氛下进行混炼。混炼常采用剪切辊式混合机、双行星混合机、双螺杆混合机或刀片混合机。设备的选择取决于所使用的黏结剂和固体载荷。一般来说,在高剪切条件下混炼有利于提供良好的均匀性。

19.3.3 注射成型

如前所述,注射成型不需要特殊设备。工艺参数取决于几何形状和原料。不同于不锈钢粉末,这里无法给出一般性建议。与钢原料的主要区别是钛金属采用更大颗粒的粉末,这意味着粉末和黏结剂更容易分离。另外,与钢相比,黏结剂和钛粉之间的密度差异较小,从而缓解了这种影响。其中,最关键的部位是模具的浇口,用于钛基喂料的浇口尺寸一般应大于钢基喂料,并应特别注意浇口的边缘。一个圆形和对称构造的浇口定位在两个模具零件上是有利的,对于操作者来说也是有利的。目前,模拟注射过程的软件可以对设计模具的过程产生极大的帮助。

确保钛原料不受其他材料,特别是钢粉的污染是非常重要的,否则组织中会出现脆性或低熔点相,使材料的力学性能显著下降。因此,设备的清洁是至关重要的。如果更换原料,必须仔细清洁注射机与原料接触的所有部位。此外,还应注意螺杆回流阀的间隙,它应略大于粉末颗粒的最大尺寸,以避免磨损。在使用钛粉的情况下,通常使用粒径小于45 mm的颗粒,回流阀和气缸壁之间的间隙为0.1 mm通常是一个合理的值。

19.3.4 脱脂

在热脱脂过程中碳污染的风险相当高,因此应尽量减少黏结剂的用量,这可能受到第一和第二黏结剂成分之间比例的影响,应确保在第一脱脂阶段(如溶解或催化)将所有第一黏结剂成分除去,这会导致形成开放的微孔结构,有利于在热脱脂过程中第二黏结剂成分的逸出,而不会使零件开裂。如第19.2.2节所述,热脱脂的温度应尽可能低,以减少钛对氧和碳的吸附。根据所使用的黏结剂成分,400～500 ℃的温度通常是足够的。此外,可以利用氩气来将黏结剂气体吹出脱脂炉(吹扫气)。使用氦气也是可行的,但氦气价格更昂贵。不应该使用氮气,因为它会与钛发生反应。将脱脂端加热至烧结温度,在使用单独脱脂炉的情况下,零件需在900 ℃左右的温度下预热约1 h,处理后的零件机械刚性得到提升,可以进一步处理,最后进行烧结。

19.3.5 烧结

烧结是防止氧气对金属钛造成污染的最关键的步骤。此外,由此产生的微观结构和机械性能也由该工艺决定。因此,在钛材料的烧结过程中必须特别注意。

在烧结过程中不可能完全避免氧元素的吸附,但可以在烧结中通过提供高真空环境来将其最小化,一般最少需要10^{-2} Pa或更低的压强。也可以在高纯度氩气气氛下烧结,但在这种情况下气体会进入气孔中,导致烧结密度降低。此外,应使用含氧量低的金属粉末,例如Ti－6Al－4V合金的超低间质(EFL)变体。作者的经验是,如果整个过程运行效果良好,粉末和烧结件之间的氧含量差异可以控制在0.05%左右。然而在实践中,根据粉末的初始氧含量、烧结炉中的样品数量等因素,氧含量差异可能会高达0.1%。

选择烧结参数需要在低残余孔隙率和细小晶粒之间做出权衡。一般来说,较高的烧结温度和较长的保温时间会导致较高的烧结密度,从而产生较好的强度和塑性。另外,晶粒的粗化也值得引起注意,这会损害上述性能特性。纯钛和 Ti-6Al-4V 等典型合金在单相 β 区高温以上烧结可以促进晶粒长大。研究人员发现,在较低的温度下烧结较长时间比短时间保持较高的温度更有利。典型的烧结温度在 1 300 ℃左右,保温时间为 2 h。使用统计工具可减少烧结参数优化试验的次数。Sidambe、Figueroa、Hamilton 和 Todd 等人给出了一个使用 Taguchi 方法的例子,以找到针对给定黏结剂系统的纯钛和 Ti-6Al-4V 金属注射成型的烧结温度、时间、升温速率和保护气氛的最佳组合。Shibo、Xuanhui、Xinbo、Ting 和 Bohua 等人对成型、黏结剂和烧结参数进行了研究。

烧结支撑材料的选择是至关重要的,因为钛会与几乎所有的材料发生反应。大多数钛金属注射成型供应商使用 Y_2O_3、ZrO_2 或类似的陶瓷材料作为支撑或作为分离层。

19.3.6 后续处理

烧结件可采用常用的抛光方法进行表面处理。由于表面存在孔隙性,故在应用蚀刻技术时应注意该问题,此外阳极氧化等着色方法也可使用。

HIP 可应用于氩气气氛。典型参数为 850~915 ℃、在 100~200 MPa 的压力下工作 2 h。烧结件的密度必须超过 95%,以确保气孔封闭;否则 HIP 是不可行的。

19.4 机械性能

由于力学性能取决于微观组织,所以理解 MIM 材料与锻造材料的区别是很重要的。图 19.2 所示为锻造和 MIM 加工 Ti-6Al-4V 合金的典型显微照片。

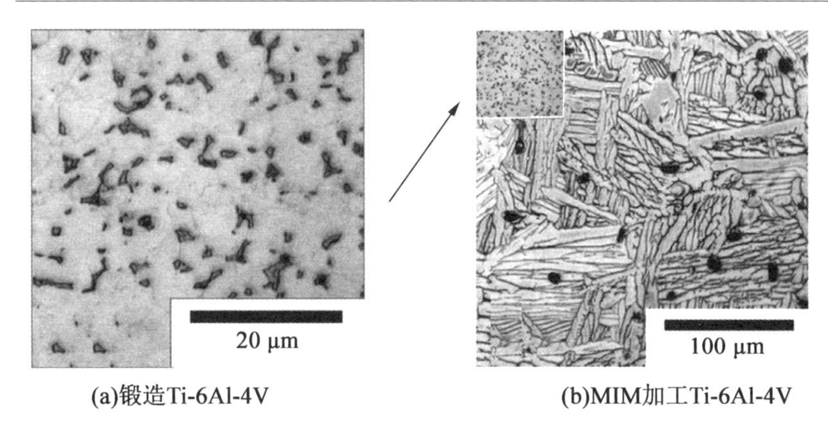

(a)锻造Ti-6Al-4V　(b)MIM加工Ti-6Al-4V

图 19.2　锻造和 MIM 加工 Ti－6Al－4V 合金的典型显微照片

锻造和 MIM 加工有以下三个明显的区别。

(1)β 相和 α 相的形态是不同的。锻造材料呈球状结构,由晶界区域具有 β 相的等轴 α 晶粒组成。相比之下,MIM 材料呈现出具有 α－β 组织的层状结构,这种结构是在通过 β 截面的温度冷却时形成的。

(2)晶粒和组织大小有显著差异。如前所述,这是在单相 β 区域内的烧结造成的。对于锻造材料,包括再结晶在内的热机械处理在初始铸坯后产生细小晶粒。

(3)MIM 处理的合金具有小的孤立孔,一般为球形。根据烧结参数,孔隙率可能会受到影响,但几乎无法达到低于 2% 的情况。

这些差异导致金属注射成型材料的机械性能与锻造材料的机械性能不同。层状结构有利于裂纹的扩展,细球状的微观结构有利于强度、延展性和疲劳性能的改善。在下面的章节中,将 MIM 处理纯钛零件和 Ti－6Al－V4零件的拉伸和疲劳性能与标准值进行了比较。

19.4.1　拉伸性能

2011 年第一个用于医疗应用的 MIM 加工 Ti－6Al－4V 的 ASTM 标准已经发布(ASTM F2885－11)。2013 年采用了非合金钛 MIM 标准(ASTM F2989－13)。通常将烧结零件的性能与 ASTM B348－02 给出的限值进行比较,尽管该标准适用于锻造材料。Ti－6Al－4V 合金有两个等级:5 级和 23 级,主要区别是氧含量的极限值不同。5 级至多允许 0.2% 的氧含量,而 23 级(也称为 ELI)将该值限制在 0.13% 以内。如图 19.3 所示,将 MIM

加工 Ti-6Al-4V 的拉伸性能与本标准进行了比较。这些值取自三项不同的已发表的研究成果中,揭示了目前的氧含量水平远低于0.3%的加工状态。此外,还对烧结样品和烧结后经过额外热等静压工艺处理的样品进行了比较。条形图的浅色区域表示研究中测量值的分散性。同时,最近的一些研究表明,现在的加工及处理方式很容易获得优异的拉伸性能。

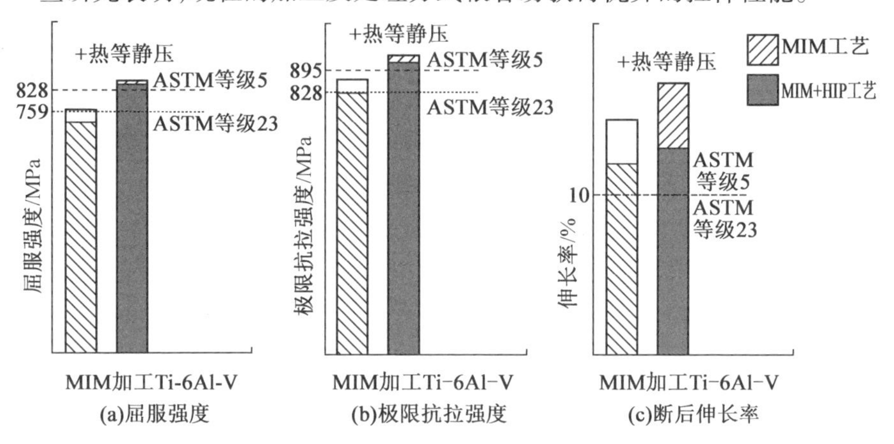

图19.3 拉伸性能与 ASTM B348-02 的5级和23级比较 MIM 加工 Ti-6Al-4V 及额外 HIP 处理后的性能

对于粉末材料而言,可使用23级预制合金粉末,或基本粉末和预制合金粉末的混合。此外,研究中采用了不同的黏结剂和加工温度,但结果非常类似。通过适当的加工,拉伸性能可以满足23级的强度要求。

孔隙的减少大大提高了强度,甚至达到了5级。在所有试验中,试样的延展性明显高于标准要求。这是将孔隙率控制在一定限度内的结果。在引用的两项研究中,氧含量在0.20%~0.23%之间。同样地,在这两项研究之间,伸长率的离散度明显大于强度的离散度,这再次证明了精确控制氧元素含量和碳元素吸附的困难和必要性。另外,调查表明如果式(19.1)中的氧当量保持在约0.4%以下,则拉伸性能不会下降。在该研究中,氧当量为0.37%时,屈服强度为784 MPa,极限抗拉强度为901 MPa,断后伸长率为14.8%。在这种情况下,氧含量为0.26%。图19.4和图19.5所示为屈服强度、极限抗拉强度、塑性伸长率与氧含量的关系。

Baril 评估了目前对于 Ti-6Al-4V 的 MIM 氧当量和拉伸性能的关系。他的结论是,氧当量不应超过0.34%,孔隙率应保持在3%以下,以满足医用植入物的机械性能要求。如果考虑一定的安全裕度,这一结果以及一项更深入的研究与作者的研究一致。

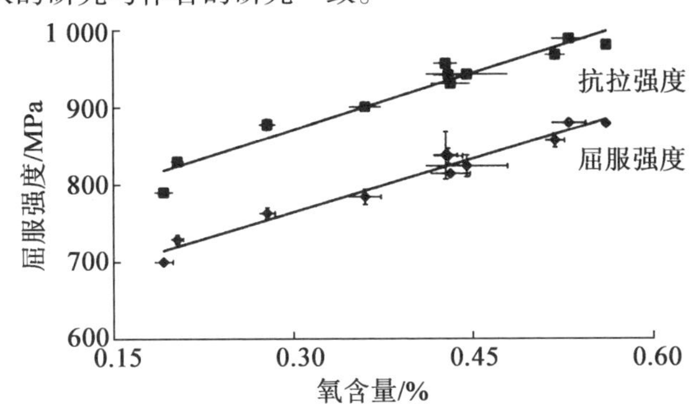

图 19.4　MIM Ti-6Al-4V 样品中屈服强度、极限抗拉强度与氧含量的关系

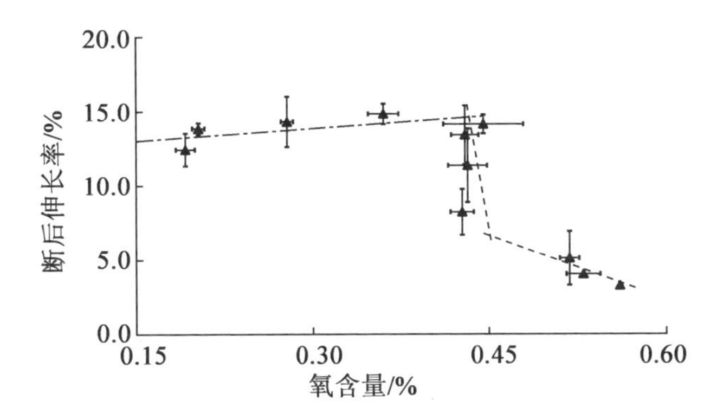

图 19.5　MIM Ti-6Al-4V 样品中断后伸长率与氧含量的关系

目前,研究人员一致认为氧元素可以作为一种增强机械性能的合金添加元素,至少在拉伸性能方面是这样。首次关于氧对高周疲劳影响的研究表明,随着氧含量的增加,疲劳强度会降低。但与拉伸性能不同的是,在疲劳情况下,疲劳强度并没有出现突然而急剧的下降。

如图 19.5 所示,在 Kursaka、Kohno、Kondo 和 Horata 的研究中,纯钛在一定间隙范围内的伸长率不具备明显的独立性。在他们的研究中,当氧含量从 0.2% 增加到 0.4% 时,塑性的线性损失从 20% 减小到 8%,而极限抗拉强度从 560 MPa 增加到 720 MPa。另外,本研究表明,即使纯钛也可以通过 MIM 加工,使用合适的原材料也可以获得良好的机械性能,同时机械性能还具有进一步提升的空间。在这项研究中,在拉伸强度为 470 MPa

时,断裂延伸率达到27%。

也存在其他合金(如Ti－Al－7Nb)的MIM加工案例。German对MIM材料的机械性能进行了概述。然而对这些研究进行比较是相当困难的,因为它们使用了不同的粉末、黏结剂和工艺参数,一些样品甚至还额外应用了HIP工艺。如图19.6和图19.7所示,这些研究中的非合金钛、Ti－6Al－4V和Ti－6Al－7Nb的极限抗拉强度和伸长率的分布范围较大。这些图表清楚地说明了合适的工艺参数和充足的粉末对于保证高质量和可重复生产的重要性。在这些研究中,非合金钛的极限抗拉强度和伸长率的最佳比值为640 MPa/20%,Ti－6Al－7Nb的最佳比值为830 MPa/11%。如前所示,在使用Ti－6Al－4V的情况下,伸长率超过14%时,极限抗拉强度还可能高达900 MPa。这些结果与Ti－6Al－7Nb的MIM最新研究成果一致。

研究表明,MIM可以获得与锻造材料相似强度的高韧性部件。但是,如果需要最佳的拉伸性能,必须使用HIP工艺来减少气孔。

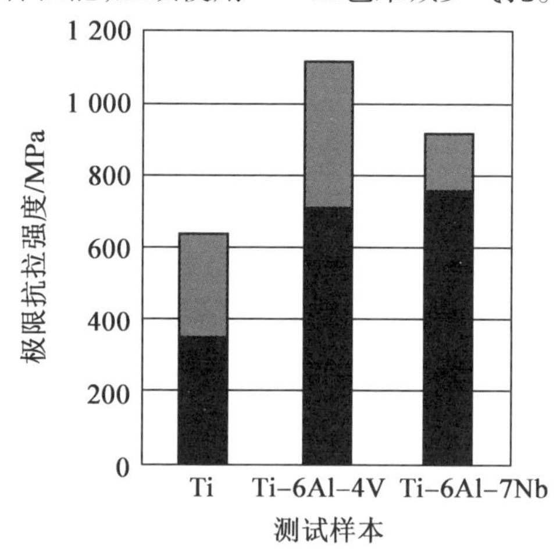

图19.6 German(2009)收集的非合金钛、Ti－6Al－4V和Ti－6Al－7Nb的极限抗拉强度范围

(所有样品都是用金属注射成型生产的,但使用不同的粉末、黏结剂和工艺参数,一些样品还进行了HIP处理)

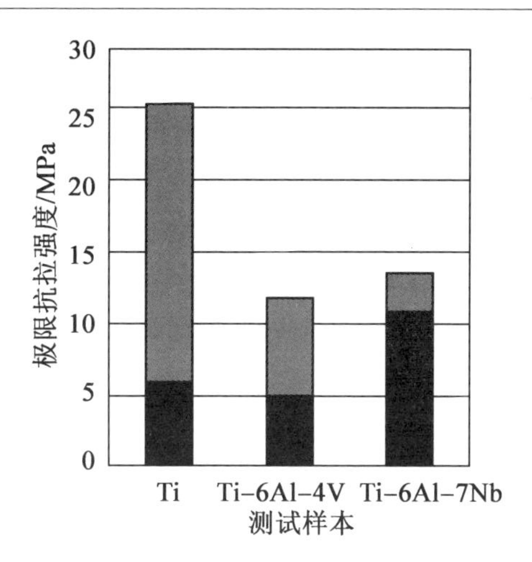

图19.7　German(2009)收集的非合金钛、Ti-6Al-4V和Ti-6Al-7Nb的断后伸长率范围

19.4.2　疲劳性能

对MIM钛材料疲劳性能的研究较少。Ferri、Ebel、Bormann和Niinomi等分别研究了Ti-6Al-4V在弯曲和轴向载荷下的疲劳特性。在这两种情况下，试样在经历10^7次循环后的疲劳极限均在350~400 MPa。Muterlle等在一项关于喷丸效果的研究中发现了类似的结论。MIM钛材料的疲劳性能优于铸造材料，但低于锻造材料。在后者中，疲劳性能的离散度较大，这很大程度上取决于微观结构。可以假设Ti-6Al-4V的变形范围在450~800 MPa之间。表面处理可以极大程度地改善材料的疲劳性能。通过简单的喷丸强化，在表面附近区域引入了压应力，疲劳极限可以提高约50 MPa。裂纹扩展是引起表面产生孔隙和缺陷的原因。疲劳性能也会受到注射成型参数和黏结剂的影响。

孔隙率对拉伸性能的影响远大于对疲劳性能的影响。研究结果表明，经过额外HIP工艺处理后材料的抗疲劳极限为500 MPa，即相当于较差的锻造材料的性能。另外，微观结构是仅次于表面性能的关键性能。如前所述，MIM零件的晶粒尺寸通常比锻造材料大得多，其他研究也表明，疲劳强度与晶粒尺寸之间存在强烈的相互影响。Kudo发现这两个参数之间存在Hall-Petch关系。本研究使用更细的粉末来降低烧结温度，以获得更小的晶粒。

为了生成更细小的 MIM Ti - 6Al - 4V 组织,Ferri 等在合金粉末中添加了质量分数为0.5%的硼粉。在烧结过程中形成了针状 TiB 组织,称为晶粒细化剂。如图 19.8 所示,硼的加入使微观结构发生了剧烈变化。为了更清晰地观察晶粒,除了采用 SEM 图像的 BSE 模式外,还进行了电子后向散射衍射(EBSD)测量。每个灰色调代表一个特定的晶粒方向。很明显,加入硼前后合金的组织是完全不同的。加入硼后仅可观察到少量片层区域,晶粒尺寸在 150 ~ 20 μm。硼的加入改善了烧结过程,残余孔隙率仅为2.3%。细化的组织使材料的疲劳强度提高到 640 MPa,与高性能锻造材料相当。屈服应力为 787 MPa,极限抗拉强度(UTS)为 902 MPa,塑性伸长率为11.8%。这意味着该材料满足了 23 级的所有机械性能要求。该示例表明,开发针对金属注射成型的特定合金是值得的,因为长期以来多用铸造或锻造来加工这种材料。

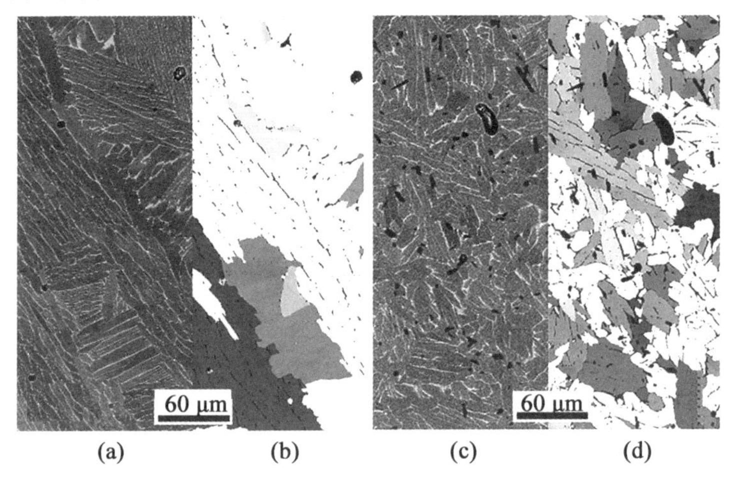

图 19.8 金属注射成型加工试样的微观结构

(a)和(b)为 Ti - 6Al - 4V;(c)和(d)为 Ti - 6l - 4V - 0.5;(a)和(c)图像使用 BSE 模式下的扫描电子显微镜(SEM)得到;(b)和(d)图像通过电子背散射衍射(EBSD)得到,相同的灰度表示相同的晶粒取向,图中显示了 α 相

19.5　降低成本

目前,金属钛 MIM 技术已经取得了长足的发展,并获得了良好的性能,但还没有得到广泛的应用,大幅降低成本可以改变这种情况。一些相关的研究正在进行,目的是降低粉末或其他成分的价格,它们可以分为以下两类:

(1)更具成本效益的粉末生产技术或 Kroll 的替代工艺。

(2)用低成本的粉末代替昂贵的粉末。

19.5.1　新型生产技术

钛的生产成本较高是因为矿石复杂的还原过程,这通常需要通过 Kroll 工艺来实现。这是一个多步骤的过程,首先氧化物转化为氯化物,然后氯化物被还原为金属。人们曾多次尝试用其他方法或开发新的粉末生产技术来取代这种成本密集型技术。稍后将描述相应的示例。

1. Plasma – quench 过程

Plasma – quench 过程使用的原料是 $TiCl_4$,它是通过等离子弧热解离的,通过快速淬火形成粉末颗粒。然而,$TiCl_4$ 相当昂贵,而且由于涉及多个化学反应,过程难以控制。

2. MHR(金属氢化物还原)

MHR 根据化学公式 $TiO_2 + 2CaH_2 \longrightarrow Ti + 2CaO + 2H_2$,使用 CaH_2 直接还原 TiO_2。其优点是只需一个反应步骤,且粉末不含氯化物。该方法也可以生产 TiH_2,如第 19.5.2 节所述,TiH_2 可用作原料。

3. Armstrong 过程

基本上,Armstrong 过程是 Hunter 工艺的改进,使用钠发生以下反应:$TiCl_4 + Na(熔融) \longrightarrow Ti + NaCl$,这是一个连续的过程,可以生产海绵状或者粉末状原料。缺点是原材料成本相当高。

4. TiRO 过程

在 TiRO 过程中,$TiCl_4$ 在流化床反应器中与镁粉反应,并通过真空蒸馏将钛从 $MgCl_2$ 中分离出来。这一过程是连续的,最后极细的粉末颗粒团聚形成块状。

5. FCC – Cambridge 过程

Fray – Farthing – Chen (FCC) – Cambridge 过程是一个电解过程,将 TiO_2 颗粒压制的阴极和石墨阳极置于 $CaCl_2$ 槽中。氧离子从阴极扩散而二氧化碳在阳极形成,即 $TiO_2 + C \longrightarrow Ti + CO_2$。海绵状材料可以被粉碎成粉末,但这会导致阴极生产成本上升,而且还必须考虑到能耗的增加。与 Kroll 过程相比,这种技术被认为是最适合大幅降低成本的技术,目前已在商业上得到应用。通过加入其他化学元素的氧化物,也可以生产合金。

到目前为止,所有工艺均存在摄入杂质的风险,大规模生产的成本并非在所有情况下都明确。这些工艺仍在继续发展,希望未来出现合理的高质量、低成本粉末的生产方法。

19.5.2 混粉

粉末冶金工艺的灵活度非常高,可以混合廉价和昂贵粉末来降低原材料成本。例如,纯钛的 HDH 粉末可以与气雾化合金粉末混合,如果预合金粉末不可用或对于给定的应用场景来说过于昂贵,则可通过混合元素粉末来制备合金。粉末混合不仅与 MIM 有关,而且与 PM 有关。许多研究主题是混合元素粉末以生产用于后续的粉末冶金。除了降低成本外,与铸造相比,材料更好、更均匀的性能也是应用粉末冶金工艺的原因,并且可以很容易地定制新型合金。

然而,当使用低成本粉末(如 HDH 处理过的粉末)时,必须注意,如第 19.2 节所述,该粉末通常比气体雾化粉末更容易产生污染和吸收间隙元素。使用此类粉末生产的零件往往具有相当低的塑性。与纯度更高的粉末混合可以很好地兼顾成本和机械性能,这已经可以满足大多数应用。因为这些粉末有不同的纯度,所以价格和可达到的性能之间的比例也有很大的探索空间。

许多研究表明,对于 Ti – 6Al – 7Nb 或 NiTi 等医用且难以获得的预合金粉末,可以通过混合粉末冶金制备。Bolzoni、Esteban、Ruiz – Navas、Gordo 和 Itoh 等人采用混合粉末方法生产了 Ti – 6Al – 7Nb,以便比较与所使用粉末(粉末由母合金制成)的机械性能。结果表明,该工艺可以获得良好的性能,包括延展性(极限抗拉强度为 830 MPa,伸长率为 11%),总体上比使用预合金粉末工艺复杂,但能够获得最好的性能。对于 NiTi 合金,使用元素粉末是因为预合金粉末很少，而且非常昂贵。研究人员针对这个问题开展了几项研究，一些研究应用了 MIM，比如针对多孔植入物的生产。此外，在应变为 17% 时获得了致密的试样，其极限抗拉强度为 1 000 MPa。这种情况使用的是 d_{50} 为 11 的非常细的预合金粉末。

使用氢化钛粉末进行粉末冶金加工也是降低成本的一种方法。Sun 等人观察到，使用精细的 TiH_2 粉末，毛坯部分致密度高达 90%。他们认为除了较低的成本外，它的脆性似乎是有益的。在 700 MPa 的压力下，他们发现粉碎粉末可以更好地压实。然而由于塑性变形，使用韧性粉末是否会导致类似的结果尚不清楚。将脱脂过程与烧结过程相结合，可获得干净的颗粒表面，从而获得良好的烧结条件。此外，氢被认为是氧的吸附剂，可以避免粉末吸收额外的氧元素。TiH_2 粉末也可用于 MIM，可实现 98% 的高烧结密度和 15% 的伸长率。

目前在寻找低成本粉末或更高效的粉末和零件生产技术方面取得了很大进展，其中一个原因是 AM 方法在世界范围内被引入工业生产。直接金属沉积（DMD）技术也被称为激光工程净成型（LENS）技术，在使用的粉末颗粒几何形状方面非常灵活。然而粉床技术如 SLM 和 EBM，仍依赖于球形粉末。此外，球形粉末的价格正在缓慢下降，这也使得 MIM 技术的应用比前几年更广泛。在原料方面，MIM 受益于使用 PM 生产零件总体趋势，即使对于常规加工而言也是如此，并且未来几年很可能在该领域带来重大改进。

19.6　特殊应用

19.6.1　医学应用

钛金属 MIM 已被引入医疗器械领域多年，主要用于制造外科器械手柄、内窥镜或其他器械设备。MIM 可提供非常高的几何成型自由度，与钛本身低质量、具有生物相容性等特点相结合。在非高载荷应用中，使用 Ti 4 级原料是能满足要求的，与机械加工或铸造相比，使用 MIM 具有成本优势。如前所述，近年来钛合金加工水平的提升使得 Ti－6Al－4V 或 Ti－6Al－7Nb 部件能够承受 700 MPa 甚至更高的载荷，这些合金适用于医用植入物的 MIM 制造。如今，由 MIM 生产的 Ti－6Al－4V 永久性植入物已获得批准上市,例如图19.9中的端口系统,作为药物输送装置可用于癌症治疗。Ebel就这一点进行了综述。其他关于医疗器械用钛金属MIM的研究文献显示,除了Ti-6Al-4 V和Ti-6Al-7Nb外,还研究了采用MIM加工的β-钛合金。

图19.9 由MIM生产的Ti-6Al-4V商用永久性种植入物(端口系统)
阳极氧化可以使零件产生不同的颜色,由德国Tricumed Medizintechnik提供

使用MIM生产医用植入物涉及生物相容性的问题。与传统制造技术相比,MIM是一个几乎不会产生污染的过程。单一的黏结剂成分对身体是无害的,如石蜡或聚乙烯。而高温分解通常会产生新的物质,MIM中只有碳元素在烧结温度下是稳定的。如果这些物质都存在,烧结后会被困在孔隙中,并覆盖在表面。对于第一种情况,它们不会与人体接触,但对于第二种情况,它们可以在必要时被去除。事实上,据作者所知,没有研究表明MIM制造的植入物有任何毒性。此外,与机加工合金的对比表明,MIM植入物的表面细胞通常生长得更好,这可能是由于其表面比较粗糙。然而,关于这点的综合性研究科学论文很少。目前关于MIM加工钛的生物相容性的综述已经发表。医疗行业对钛金属MIM的极大关注体现在以下几点:非合金钛金属MIM的第一个标准是ASTM F2989-13,此外还有Ti-6Al-4V的ASTM F2885-11,这些标准专注于医疗应用。能够低成本制造解剖型植入物是这一发展的动机之一。

用MIM制造医用植入物也很值得关注,因为它可以生产多孔元件,这对骨骼的生长是有益的。根据植入物对形成血管的需求,通常认为50~

500 μm之间的孔径是合理的。不同于髋关节植入物采用在植入物上涂覆多孔层的方法,该植入物可以在MIM过程中制造多孔结构。根据Oh、Nomura、Masahashi、Hanada等人的研究,使用颗粒度较大的粉末和适当的烧结参数可使孔隙率达到35%。或植入物生产前向粉末中添加空间支架,这些空间支架可以在脱脂期间或在此之前溶解,例如,NaCl可以用水溶解,PMMA可以用丙酮溶解。空间支架技术更为复杂,但可以大量制造出高质量的孔隙。应该注意的是,在这两种情况下注射成型过程比使用标准原料更困难。大颗粒的粉末或空间支架会影响黏度,甚至浇口、流道等的直径都必须考虑在内。如前所述,在生物医学应用中,所期望的孔径是0.5 mm,这意味着粉末或空间支架的尺寸也必须在该范围内。

除了改善骨整合性能外,多孔结构的弹性模量也有所降低。通常,弹性模量值与相对密度成正比,如图19.10所示。因此,可以将植入物的刚度调整为骨骼的刚度,以避免应力屏蔽效应。如果植入物的刚度高于骨骼的刚度,则大部分载荷会集中在植入物上,这会导致骨骼退化和植入物松动。皮质骨的弹性模量在5~20 GPa范围内。如图19.10所示,经过MIM处理的Ti-6Al-4V具有约35%的孔隙率,弹性模量与皮质骨的弹性模量相同。另外,如图19.11所示,孔隙率的增加会导致材料强度显著降低。

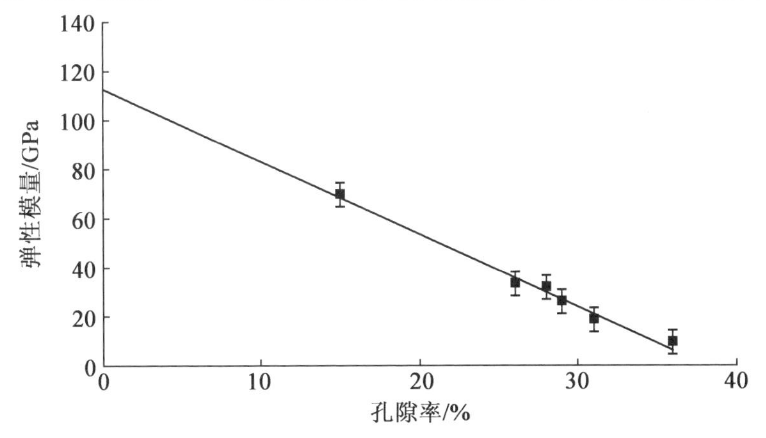

图19.10 MIM加工的Ti-6Al-4V的弹性模量与孔隙率的关系

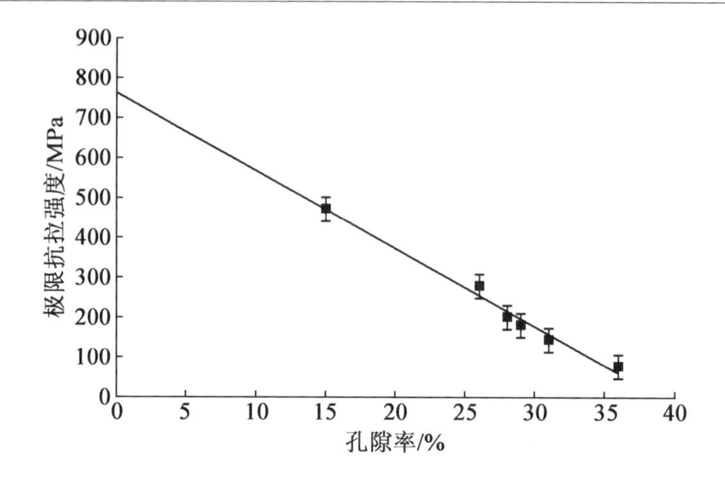

图 19.11 MIM 加工的 Ti-6Al-4V 的极限抗拉强度与孔隙率的关系

通过双组分(2C)-MIM,甚至可以使用两种不同的原料实现具有梯度孔隙度的植入物,一种用于制造致密的内芯,另一种用于制造空间支架,以提供材料的多孔表面。Bram 等人展示了这种技术,使用 2C-MIM 制作脊柱植入物的原型。

也有关于多孔 Ti-6Al-4V 植入物与 MIM 制备的羟基磷灰石(HA)结合的研究。钛基体提供了机械性能的稳定性,HA 则负责提供生物活性。该技术可生产约 50% 孔隙率的材料,孔隙由 HA 填充,实践表明这种植入物与骨骼接触良好。

如 19.5.2 节所述,采用 MIM 加工 TiNi 合金也是可行的。TiNi 是一种形状记忆合金,它的伪弹性提供了一个非常大的弹性变形区间。在外科器械领域,它主要用于血管支架,在手术中,当支架位于正确的位置时,形状记忆效应通过热激活实现支架的扩张。传统的 TiNi 加工是较为困难的,而 MIM 可以为此提供新的选择,并可以提供所需的几何形状。由于其固有的低弹性模量,该合金也被认为是一种理想的骨植入材料。另外, Ni 的高含量是一个值得研究的主题,因为 Ni 是一种潜在的高致敏元素。

19.6.2 钛合金的金属注射成型

钛铝化物是一种新型的用于高温应用的轻量金属间化合物合金。由于其低密度、高比强度和刚度以及可耐受高达 800 ℃温度的性能,故钛铝化物是内燃机和燃气轮机中旋转和摆动部件的理想材料。与传统钛合金不同，它们完全由金属间 α_2 相和 γ 相组成，其中大约一半的原子是铝原子，这些合金的成分通常以原子数分数表示。由于钛铝化物由金属间相组成，因此其温度稳定性好，耐氧化，但相当脆。在室温条件（RT）下，塑性伸长率约为 0.2%，而在 700 ℃下，塑性伸长率仅增加约 2%。这些特性意味着这类合金的锻造、机械加工甚至铸造要求极高。因此，至少对于相对较小和复杂形状零件的生产而言，MIM 被视为一种合适且具有竞争力的生产技术。如前所述，由于钛对氧和碳的高亲和力，微细 TiAl 粉末的 MIM 加工也相当复杂，必须克服以下两个主要挑战。

（1）由于扩散率较低，烧结温度必须接近固相线，这是高温稳定材料的典型特征。这意味着晶粒生长和蒸发损失（如铝）可能是严重的问题。此外，钛铝化物对氧含量非常敏感。通常，约 0.12% 的氧含量被视为最大值。

（2）钛铝化物的微观结构对烧结和冷却过程中相图的路径准确程度非常敏感。若经历不同的冷却曲线，机械性能会受到很大影响，故精确的过程控制是必要的。Ti－Al 系的相图相当复杂，必须考虑冷却过程中的几种相变。相比之下，Ti－6Al－4V 在工艺变化方面并不重要，因为烧结发生在较广的纯 β 相区域。

关于 TiAl MIM 的文献很少，但最新的研究表明，如果对粉末进行充分加工，就可以获得良好的性能，当前可以获得与铸造材料相当的性能。图 19.12 所示为本书作者在一项研究中对 Ti－45Al－5Nb－0.2B－0.2C 样品在室温和 700 ℃下进行拉伸试验的典型结果。样品在1 500 ℃高真空（$<10^{-2}$ Pa）下在非陶瓷炉中烧结 2 h，并在拉伸试验前抛光，氧含量为 0.12%，孔隙率仅为 0.5%。表 19.2 比较了 MIM 制造的样品与铸造材料的性能。对 MIM 样品进行表面抛光，同时对铸造样品进行了 HIP 处理和抛光。

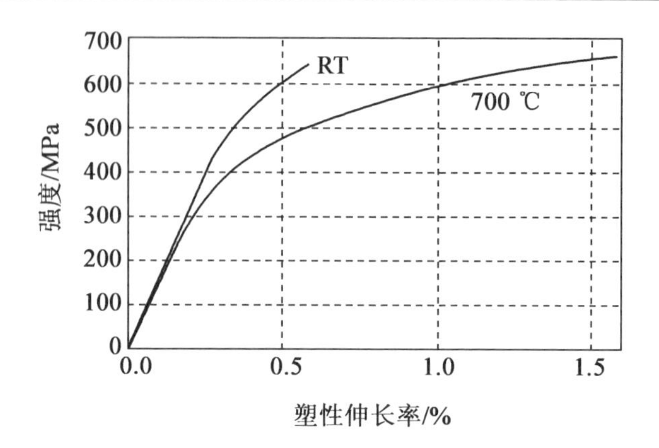

图 19.12 在室温(RT)和700 ℃条件下,经MIM生产的Ti-45Al-5Nb-0.2B-0.2C的拉伸曲线

表 19.2 室温(RT)和700 ℃下MIM生产的Ti-45Al-5Nb-0.2B-0.2C 2B-0.2C合金的拉伸性能与铸造材料比较

温度	样品	极限抗拉强度/MPa	塑性伸长率/%
30 ℃	MIM	630	0.2
铸造	745	0.1	
700 ℃	MIM	650	1.0
铸造	720	1.4	

Zhang等人对Ti-45Al-8.5Nb-(W,B,Y)的MIM过程进行了研究,测定其极限拉伸强度为382 MPa,塑性伸长率为0.46%。这些值低于铸造材料的值。作者认为可能的原因是该材料的孔隙度为3.8%,氧含量为0.18%导致的。

钛铝化物的MIM工艺还有待发展,但目前的结果令人惊喜。因此,MIM在未来可能是铸造或锻造的重要替代品。

19.7 结论和未来发展趋势

到目前为止,钛和钛合金的金属注射成型已经是成熟的工艺,但在粉末成本和疲劳性能方面仍有提升的空间。然而,与钢的 MIM 相比,钛对氧和碳吸收的高亲和力使从粉末生产到烧结的整个生产链更为复杂。另外,如果使用合适的粉末和黏结剂,并结合钛的特殊要求进行烧结,则可以生产出性能优良的部件,并满足通用标准的要求。这种加工所需的所有材料和设备都可在市场上购买到,潜在的 MIM 供应商可以查阅大量的已发布的信息,在生产开始之前,做出开发的时间和资金的预算。

在过去的几年里,人们对钛合金金属注射成型的关注日益增长,目前已经建立了 ASTM 标准,这表明目前的研究正在向 MIM 供应商提供缺失的数据。现在和未来的研究重点如下:

(1)疲劳性能优化。

(2)开发适合 MIM 特殊要求的钛合金。

(3)开发和应用生产低成本粉末的新技术。

(4)创建 MIM 标准,用于汽车和航空航天领域。

如果 MIM 供应商和用户现在就成为研究人员的积极合作伙伴,那么就有很大的机会参与到钛和钛合金 MIM 的新兴市场。工业和研究之间的合作是 MIM 行业快速、准确发展的最佳先决条件。

本章参考文献

[1] Abkowitz, S. , Abkowitz, S. ,Fisher, H. (2015). Titanium alloy components manufacture from blended elemental powder and the qualification process. In F. H. Froes M. Qian (Eds.),Powder metallurgy of titanium. Waltham, USA: Butterworth-Heinemann.

[2] Aller, A. J. ,Losada, A. (1990). Rotating atomization processes of reactive and refractory alloys. Metal powder report, 45(1), 51 –55.

[3] Amherd Hidalgo, A. , Ebel, T. , Limberg, W. ,Pyczak, F. (2016). Influence of oxygen on the fatigue behaviour of Ti-6Al-7Nb alloy. Key Engineering Materials, 704, 44 –52.

[4] Baril, E. (2010). Titanium and titanium alloy powder injection moulding: matching application requirements. PIM International, 4(4), 22 –32.

[5] Baril, E., Lefebvre, L. P., Thomas, Y. (2010). In Interstitals sources and control in titanium P/M processes. PM2010 Proceedings Vol. 4, PM2010 World congress and exhibition, Florence, 10 – 14 October 2010 (pp. 219 – 226). Shrewsbury. UK: European Powder Metallurgy Association.

[6] Barrie're, T., Gelin, J. C., Liu, B. (2002). Improving mould design and injection parameters in metal injection moulding by accurate 3D finite element simulation. Journal of Material Processing Technology, 125 – 126, 518 – 524.

[7] Bolzoni, L., Esteban, P. G., Ruiz-Navas, E. M., Gordo, E. (2012). Mechanical behaviour of pressed and sintered titanium alloys obtained from prealloyed and blended elemental powders. Journal of the Mechanical Behaviour of Biomedical Materials, 14, 29 – 38. Metal injection molding (MIM) of titanium and titanium alloys 455

[8] Bolzoni, L., Esteban, P. G., Ruiz-Navas, E. M., Gordo, E. (2010). Biomedical Ti-6Al-7Nb titanium alloy produced by PM techniques. PM2010 Proceedings Vol. 4, PM2010 World congress and exhibition, Florence, 10 – 14 October 2010 (pp. 805 – 812). Shrewsbury, UK: European Powder Metallurgy Association.

[9] Bram, M., Ahmad Khanlou, A., Heckmann, A., Fuchs, B., Buchkremer, H. P., Stover, D. (2002). Powder metallurgical fabrication processes for NiTi shape memory alloy parts. Materials Science and Engineering A, 337, 254 – 263.

[10] Bram, M., Kohl, M., Barbosa, A. P. C., Schiefer, H., Buchkremer, H. P., Stover, D. (2010). In Powder metallurgical production and biomedical application of porous Ti implants. PM2010 Proceedings Vol. 4, PM2010 World congress and exhibition, Florence, 10 – 14 October 2010 (pp. 689 – 696). Shrewsbury, UK: European Powder Metallurgy Association.

[11] Carrenío Morelli, E., Bidaux, J. E., Rodr'guez-Arbaizar, M., Girard, H., Hamdan, H. (2014). Production of titanium grade 4 components by powder injection moulding of titanium hydride. Powder Metal-

lurgy, 57(2), 89 –92.

[12] Carrenío Morelli, E., Rodriguez Arbaizar, M., Amherd, Bidaux, J. E. (2014). Porous titanium processed by powder injection moulding of titanium hydride and space holders. Powder Metallurgy, 57(2), 93 –96.

[13] Chen, L., Li, T., Li, Y., He, H., Hu, Y. (2009). Porous titanium implants fabricated by metal injection molding. Transactions of the Nonferrous Metals Society of China, 19, 1174 –1179.

[14] Conrad, H. (1966). The rate controlling mechanism during yielding and flow of titanium at temperatures below 0.4 TM. Acta Metallica, 14, 1631 –1633.

[15] Dehghan Manshadi, A., Bermingham, M. J., Dargusch, M. S., StJohn, D. H., Qian, M. (2017). Metal injection moulding of titanium and titanium alloys: challenges and recent development. Powder Technology, 319, 289 –301.

[16] Doblin, C., Cantin, G. M. D., Gulizia, S. (2016). Processing TiROTM powder for strip production and other powder consolidation applications. Key Engineering Materials, 704, 293 –301.

[17] Ebel, T. (2008). Titanium and titanium alloys for medical applications: opportunities and challenges. PIM International, 2(2), 21 –30.

[18] Ebel, T., Akaichi, H., Ferri, O. M., Dahms, M. (2010). In MIM fabrication of porous Ti-6Al-4V components for biomedical applications. PM2010 Proceedings Vol. 4, PM2010 World congress and exhibition, Florence, 10 – 14 October 2010 (pp. 797 – 804). Shrewsbury, UK: European Powder Metallurgy Association.

[19] Ebel, T., Ferri, O. M., Limberg, W., Oehring, M., Pyczak, F., Schimansky, F. P. (2012). Metal injection moulding of titanium and titanium-aluminides. Key Engineering Materials, 520, 153 –160.

[20] Ebel, T., Limberg, W., Gerling, R., Stutz, L., Bormann, R. (2007). In Optimisation of the sintering atmosphere for metal injection moulding of gamma TiAl alloy powder. EUROPM 2007, Proceedings of the international powder metallurgy congress and exhibition,

[21] Zwicker, U. (1974). Titan und Titanlegierungen. Reine und ange-

wandte Metallkunde inEinzeldarstellung. Vol. 21. Berlin, Heidelberg, New York: Springer-Verlag (in German).

[22] Entezarian, M., Allaire, F., Tsantrizos, P. Drew, R. A. L. (1996). Plasma atomization: a new process for the production of fine, spherical powders. JOM, 48, 53 – 55. https://doi.org/10.1007/BF03222969.

[23] Evans, W. J. (1998). Optimising mechanical properties in alpha + beta titanium alloys. Materials Science and Engineering A, 243(1 – 2), 89 – 96.

[24] Fang, Z. Z., Sun, P., Wang, H. (2012). Hydrogen sintering of titanium to produce high density fine grain titanium alloys. Advanced Engineering Materials, 14(6), 383 – 387.

[25] Ferri, O. M., Ebel, T., Bormann, R. (2009). High cycle fatigue behaviour of Ti-6Al-4V fabricated by metal injection moulding technology. Materials Science and Engineering A, 504, 107 – 113.

[26] Ferri, O. M., Ebel, T., Bormann, R. (2010a). Influence of surface quality and porosity on fatigue behaviour of Ti-6Al-4V components processed by MIM. Materials Science and Engineering A, 527, 1800 – 1805.

[27] Ferri, O. M., Ebel, T., Bormann, R. (2010b). In Substantial improvement of fatigue behaviour of Ti-6Al-4V alloy processed by MIM using boron microalloying. PM2010 Proceedings Vol. 4, PM2010 World congress and exhibition, Florence, 10 – 14 October 2010 (pp. 323 – 330). Shrewsbury, UK: European Powder Metallurgy Association.

[28] Zhao, D., Chang, K., Ebel, T., Qian, M., Willumeit, R., Yan, M. (2013). Microstructure and mechanical behavior of metal injection molded Ti-Nb binary alloys as biomedical material. Journal of the Mechanical Properties Biomaterials, 28, 171 – 182.

[29] Froes, F. H. (1998). The production of low-cost titanium powders. JOM, 50, 41 – 43.

[30] Froes, F. H., Gungor, M. N., Imam, M. A. (2007). Cost-affordable titanium: the component fabrication perspective. JOM, 59, 28 – 31.

[31] Froes, F. H., Qian, M. (Eds.), (2015). Powder metallurgy of titanium. Waltham, USA: Butterworth – Heinemann.

[32] Gerling, R. , Aust, E. , Limberg, W. , Pfuff, M. ,Schimansky, F. P. (2006). Metal injection moulding of gamma titanium aluminide alloy powder. Materials Science and Engineering A, 423, 262 –268.

[33] German, R. (2009). Titanium powder injection moulding: a review of the current status of materials, processing, properties and applications. PIM International, 3(4), 21 –37.

[34] Hamidi, M. F. F. A. , Harun, W. S. W. , Samykano, M. , Ghani, S. A. C. , Ghazalli, Z. , Ahmadd, F. ,(2017). A review of biocompatible metal injection moulding process parameters for biomedical applications. Material Science and Engineering C: Materials for Biological Applications, 78, 1263 –1276.

[35] Hohmann, M. ,Jonsson, S. (1990). Modern systems for production of high quality metal alloy powder. Vacuum, 41(7 –9), 2173 –2176.

[36] Hu, G. , Zhang, L. , Fan, Y. ,Li, Y. (2008). Fabrication of high porous NiTi shape memory alloy by metal injection molding. Journal of Materials Processing Technology, 206, 395 –399.

[37] Imgrund, P. , Petzoldt, F. ,Friederici, V. (2008). μMIM: making the most of NiTi. Metal Powder Report, 63, 21 –24.

[38] Ismail, M. H. , Sidambe, A. T. , Figueroa, I. A. , Davies, H. A. , Todd, I. (2010). In Effect of powder loading on rheology and dimensional variability of porous, pseudoelastic NiTi alloy produced by metal injection moulding (MIM) using a partly water soluble binder system. PM2010 Proceedings Vol. 4, PM2010 World congress and exhibition, Florence, 10 –14. October 2010 (pp. 347 –354). Shrewsbury, UK: European Powder Metallurgy Association.

[39] Itoh, Y. , Miura, H. , Uematsu, T. , Sato, K. , Niinomi, M. ,Ozawa, T. (2009). The commercial potential of MIM titanium alloy. Metal Powder Report, 64, 17 –20.

[40] Ivasishin, O. ,Moxson, V. (2015). Low-cost titanium hydride powder metallurgy. In F. H. Froes & M. Qian (Eds.), Powder metallurgy of titanium. Waltham, USA: Butterworth-Heinemann.

[41] Katoh, K. ,Matsumoto, A. (1995). In Powder metallurgy of Ti-Al in-

termetallic compounds by injection moulding. Proceedings of the 6th symposium on high-performance materials for severe environments, Tokyo, 20 – 21 November 1995 (pp. 49 – 55). (partly in Japanese).

[42] Kim, Y. C., Lee, S., Ahn, S., Kim, N. J. (2007). Application of metal injection molding process to fabrication of bulk parts of TiAl intermetallics. Journal of Materials Science, 42, 2048 – 2053.

[43] Krone, L., Schuller, E., Bram, M., Hamed, O., Buchkremer, H. P., Stover, D. (2004). Mechanical behaviour of NiTi parts prepared by powder metallurgical methods. Materials Science and Engineering A, 378, 185 – 190. Metal injection molding (MIM) of titanium and titanium alloys 457.

[44] Kudo, K., Ishimitsu, H., Osada, T., Tsumori, F., Miura, H. (2016). Static and dynamic fracture characteristics of the MIM Ti-6Al-4V alloy compacts using fine powder. Journal of the Japan Society of Powder and Powder Metallurgy, 63(7), 445 – 450.

[45] Kursaka, K., Kohno, T., Kondo, T., Horata, A. (1995). Tensile behaviour of sintered titanium by MIM process. Journal of the Japanese Society of Powders and Powder Metallurgy, 42, 383 – 387.

[46] Laptev, A. M., Daudt, N. F., Guillon, O., Bram, M. (2015). Increased shape stability and porosity of highly porous injection-molded titanium parts. Advanced Engineering Materials, 17(11), 1579 – 1587.

[47] Lee, D. W., Lee, H. S., Park, J. H., Shin, S. M., Wang, J. P. (2015). Sintering of Titanium Hydride Powder Compaction. Procedia Manufacturing, 2, 550 – 557.

[48] Leyens, C., Peters, M. (Eds.), (2003). Titanium and titanium alloys. Germany: Wiley-VCH Weinheim.

[49] Liang, Y., Wu, Y. (2016). In V. Venkatesh (Eds.), Methods to prepare spherical titanium powders and investigation on spheroidization of HDH titanium powders. Proceedings of the 13th world conference on titanium (pp. 139 – 144). TMS (The Minerals, Metals, Materials Society).

[50] Zhang, R., Kruszewski, J., Lo, J. (2008). A study of the effects of

sintering parameters on the microstructure and properties of PIM Ti6Al4V alloy. PIM International, 2(2), 74 – 78.

[51] Limberg, W., Ebel, T., Schimansky, F. P., Hoppe, R., Oehring, M., Pyczak, F. (2009). In Metal injection moulding (MIM) of titanium-aluminides. Euro PM2009 Proceedings, Euro PM2009 congress and exhibition, Copenhagen, 12 – 14 October 2009 (pp. 47 – 52). Shrewsbury, UK: European Powder Metallurgy Association.

[52] Liu, Y., Chen, L. F., Tang, H. P., Liu, C. T., Liu, B., Huang, B. Y. (2006). Design of powder metallurgy titanium alloys and composites. Materials Science and Engineering A, 418, 2 5 – 35.

[53] Lutjering, G. (1998). Influence of processing on microstructure and mechanical properties of (α + β) titanium alloys. Materials Science and Engineering A, 243(1 – 2), 32 – 45.

[54] McCracken, C. G., Barbis, D. P., Deeter, R. C. (2010). In Key titanium powder characteristics manufactured using the hydride – dehydride (HDH) process. PM2010 Proceedings volume 1, PM2010 World Congress and Exhibition, Florence, 10 – 14 October 2010 (pp. 71 – 77). Shrewsbury, UK: European Powder Metallurgy Association.

[55] McCracken, C. G., Robinson, J. W., Motchenbacher, C. A. (2009). In Manufacture of HDH low oxygen titanium – 6aluminium – 4vanadium (Ti-6-4) powder incorporating a novel powder de – oxidation step. Euro PM2009 Proceedings, Euro PM2009 congress and exhibition, Copenhagen, 12 – 14 October 2009. Shrewsbury, UK: European Powder Metallurgy Association.

[56] Mellor, I., Doughty, G. (2016). Novel and emerging routes for titanium powder production an overview. Key Engineering Materials, 704, 271 – 281.

[57] Miura, H., Kang, H. G., Itoh, Y. (2012). High performance titanium alloy compacts by advanced powder processing techniques. Key Engineering Materials, 520, 2 4 – 29.

[58] Muterlle, P. V., Molinari, A., Perina, M., Marconi, P. (2010). In Influence of shot peening on tensile and high cycle fatigue properties

of Ti6Al4V alloy produced by MIM. PM2010 Proceedings Vol. 4. PM2010 World congress and exhibition, Florence, 10 – 14 October 2010 (pp. 791 –796). Shrewsbury, UK: European Powder Metallurgy Association.

[59] Niinomi, M., Akahori, T., Nakai, M., Ohnaka, K., Itoh, Y., Sato, K., (2007). In M. N. Gungor, M. A. Imam, F. H. Froes (Eds.), Mechanical properties of α + β type titanium alloys fabricated by metal injection molding with targeting biomedical applications. Innovations in titanium technology, 2007. TMS annual meeting and exhibition, Orlando, 25 February – 1 March 2007 (pp. 209 –217). Wiley.

[60] Nyberg, E., Miller, M., Simmons, K., Weil, K. S. (2005). Microstructure and mechanical properties of titanium components fabricated by a new powder injection molding technique. Materials Science and Engineering C, 25, 336 –342. 458 Handbook of Metal Injection Molding.

[61] Obasi, G. C., Ferri, O. M., Ebel, T., Bormann, R. (2010). Influence of processing parameters on mechanical properties of Ti-6Al-4V alloy fabricated by MIM. Materials Science and Engineering A, 527 (16 –17), 3929 –3935.

[62] Oh, I. H., Nomura, N., Masahashi, N., Hanada, S. (2003). Mechanical properties of porous titanium compacts prepared by powder sintering. Scripta Materialia, 49, 1197 – 1202.

[63] Piemme, J. C., Grohowski, J. A. (2016). Titanium metal injection molding, a qualified manufacturing process. Key Engineering Materials, 704, 122 – 129.

[64] Scharvogel, M., Winkelmuller, W. (2011). Metal injection molding of titanium for medical and aerospace applications. Journal of Minerals Metallurgy and Materials, 63, 94 –96.

[65] Schuller, E., Bram, M., Buchkremer, H. P., Stover, D. (2004). Phase transformation temperatures for NiTi alloys prepared by powder metallurgical processes. Materials Science and Engineering A, 378, 165 – 169.

[66] Shibo, G., Xuanhui, Q., Xinbo, H., Ting, Z., Bohua, D. (2006). Powder injection molding of Ti-6Al-4V alloy. Journal of Materials Pro-

cessing Technology, 173, 310 – 314.

[67] Shimizu, T., Kitajima, A., Sano, T. (2000). Supercritical debinding and its application to PIM of TiAl intermetallic compounds. In K. Kosuge H. Nagai (Eds.), Proceedings of the 2000 powder metallurgy world congress. Kyoto, Japan: Japan Society of Powder and Powder Metallurgy.

[68] Shimizu, T., Kitazima, A., Nose, M., Fuchizawa, S., Sano, T. (2001). Production of large size parts by MIM process. Journal of Materials Processing Technology, 119, 199 – 202.

[69] Sidambe, A. T., Figueroa, I. A., Hamilton, H., Todd, I. (2009). In Sintering study of CP-Ti and Ti6V4Al metal injection moulding parts using Taguchi method. Euro PM2009 Proceedings. Euro PM2009 congress and exhibition, Copenhagen, 12 – 14 October 2009, Shrewsbury, UK: European Powder Metallurgy Association.

[70] Sidambe, A. T., Figueroa, I. A., Hamilton, H. G. C., Todd, I. (2012). Metal injection moulding of Cp-Ti components for biomedical applications. Journal of Material Processing Technology, 212, 1591 – 1597.

[71] Sidambe, A. T., Figueroa, I. A., Hamilton, H. G. C., Todd, I. (2014). Biocompatibility of advanced manufactured titanium implants—a review. Materials, 7, 8168 – 8188. https://doi.org/10.3390/ma7128168.

[72] Sun, P., Wang, H., Lefler, M., Fang, Z. Z., Lei, T., Fang, S., (2010). In sintering of TiH_2—a new approach for powder metallurgy titanium. PM2010 Proceedings Vol. 4. PM2010 World Congress and Exhibition, Florence, 10 – 14 October 2010 (pp. 227 – 234). Shrewsbury, UK: European Powder Metallurgy Association.

[73] Terauchi, S., Teraoka, T., Shinkuma, T., Sugimoto, T., Ahida, Y. (2001). In G. Kneringer, P. Rodhammer, H. Wildner (Eds.), Proceedings of the 15th international plansee seminar 2000. Reutte, Austria: Plansee Holding AG.

[74] Thian, E. S., Loh, N. H., Khor, K. A., Tor, S. B. (2002). Microstructures and mechanicalproperties of powder injection molded Ti-

6Al-4V/HA powder. Biomaterials, 23,2927 – 2938.

[75] Thomas, Y., Baril, E. (2010). In Benefits of supercritical CO2 debinding for titanium powder injection moulding? PM2010 Proceedings Vol. 4. PM2010 World congress and exhibition,

[76] Zhang, H., He, X., Qu, X.,Zhao, L. (2009). Microstructure and mechanical properties of high Nb containing TiAl alloy parts fabricated by metal injection molding. Materials Science and Engineering A, 526, 31 – 37.

[77] Vert, R., Pontone, R., Dolbec, R., Dionne, L.,Boulos, M. I. (2016). Induction plasma technology applied to powder manufacturing: example of titanium-based materials. Key Engineering Materials, 704, 282 – 286.

[78] Wen, G., Cao, P., Gabbitas, B., Zhang, D.,Edmonds, N. (2012). Development and design of binder systems for titanium metal injection molding: an overview. Metallurgical and Materials Transaction A, 44, 1530 – 1547. Metal injection molding (MIM) of titanium and titanium alloys 459.

延伸阅读

[1] Gopienko, V. G.,Neikov, O. D. (2009). Production of titanium and titanium alloy powder.

[2] In O. D. Neikov, S. S. Naboychenko, I. V. Murashova, V. G. Gopienko, I. V. Frishberg,D. V. Lotsko (Eds.), Handbook of non-ferrous metal powders, technologies and application. Amsterdam: Elsevier.

第20章 微电子热管材料的金属注射成型

20.1 概　　述

金属注射成型可以为微电子器件的散热问题提供独特的解决方案。为了提高传热效率,人们所设计出的散热器的形状愈加复杂。MIM 工艺具有较高的设计自由度,为微电子元件散热器的大批量生产提供了一种低成本的方法。本章总结了用于温度管理的特定材料的 MIM 加工条件,并提供了使用 MIM 制造的散热器的实例。

20.2 微电子中的散热技术

高性能微处理器不断增加的功率以及不断减小的尺寸给微电子封装设计带来了散热方面的挑战。所使用的材料必须具有高导热性,在某些情况下,它们还必须具有低热膨胀系数。先进的散热器设计通过使用气动翅片、热管和微通道来应对不断增加的热负荷。可使用 MIM 来大规模生产具有这类结构的高导热性组件,所使用的材料一般包括 Cu、W - Cu 和 Mo - Cu等。

20.2.1 散热片设计

微处理器最常见的散热方法是利用散热器,散热器包括主动式与被动式两种类型。主动式散热器通过安装在其上的风扇或泵循环流体来散热,但这种方式通常存在发热、功耗大和故障率高等缺陷。被动式散热器上设有翅片,通过提高散热面积的方式来增加释放到周围空气中的热量。以上这两种情况都需要导热性较高的材料来将热量从微处理器传递到散热器上。

早期的散热器是铝合金经挤压工艺制成的。挤压是一种自动化程度高、低成本、适用于大批量生产的工艺,但它限制了翅片的几何形状。此外,为提高材料的可挤压性而添加的合金元素,从而降低了材料的导热系数。使用挤压或压铸工艺可生产间隙比较高的铝合金翅片,但这些工艺的成本较高。与挤压式散热器相比,折叠式散热器的性能是其两倍,但相应地,制造成本也会增加。

与挤压或压铸相比,MIM 具有更高的设计灵活性。例如,通过 MIM 可以很容易地生产圆销翅片,而挤压仅限于生产方形翅片。图 20.1 所示为使用 MIM 制造的圆销翅片的散热器和使用一般方形翅片的散热器之间的性能差异。MIM 也可以用来生产其他几何形状的翅片,如锥形销翅片和翼形翅片,如图 20.2 所示。散热器的尺寸通常比一般的 MIM 部件大。MIM 最适合用来生产高 50 mm、宽 50 mm、长 50 mm 的散热器。

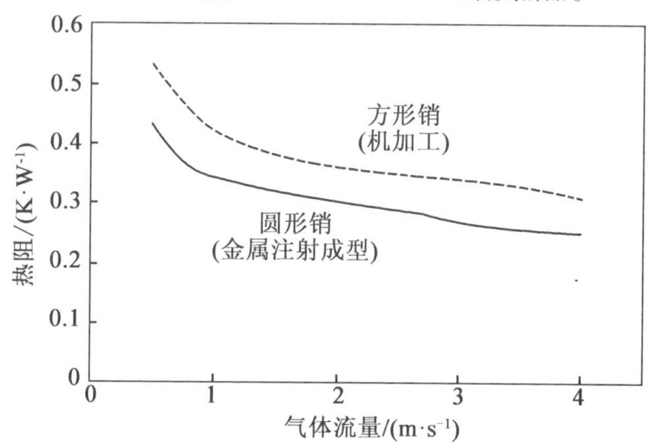

图 20.1　方形机加工散热器和圆形 MIM 加工散热器散热性能的比较

将热管集成到散热器中可以进一步提高散热能力,这种相变冷却装置的工作原理是利用热区中的液体蒸发吸收热量。蒸发后的液体流到冷区,并凝结释放热量,冷却后的液体又回到热区开始下一个循环。这种传热装置的导热系数比铝或铜要高得多。利用 MIM 与其他粉末冶金技术,可以在散热器中制造多孔毛细结构,从而实现热管的集成。热管可以从无芯、非圆形的微通道中产生,从而实现小型化,而这些微通道则可以使用 MIM

制造。

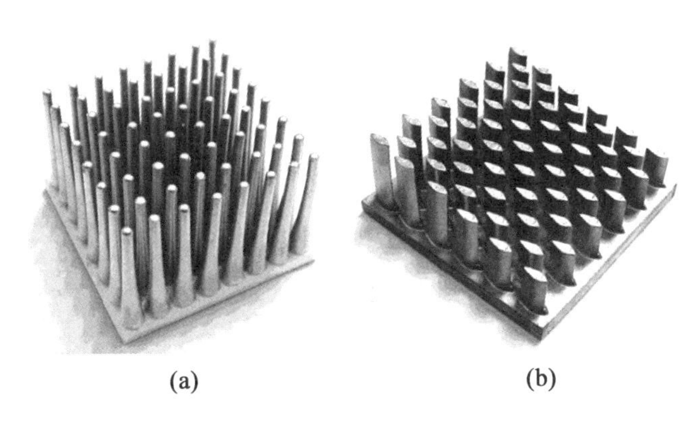

(a)　　(b)

图 20.2　MIM 可制造的散热器的几何形状示例

散热器的设计目的是消除电子封装中的热量，但封装必须设计为直接从半导体器件中提取热量，或者通过使用散热片将热量从器件背面传导到散热器。在这两种情况下，都需要较高的导热系数，同时热膨胀系数需要保持在$(4\sim7)\times10^{-6}K^{-1}$之间，以满足与硅元素的兼容，从而最大限度地减少设备关闭和打开时产生的热疲劳。

除了热管理，电子封装还需为半导体器件提供结构支撑、环境保护以及电源和信号的互连。为了满足这些要求，电子封装通常是带有互连孔的薄壁外壳，这些孔可以用玻璃密封。Fe－Ni－Co 合金 F－15 也因其商标名而被称为 Kovar，由于其具有较低的热膨胀系数和良好的玻璃－金属密封能力，因而被用于电子封装，但其导热系数较低。

如图 20.3 所示，烧结封装必须具有封闭的孔隙结构，以提供密封，因此烧结密度必须超过理论密度的 92% 左右。尺寸一般为 8～125 mm，壁厚为 1～3 mm。封装的公差要求较高，一般为 ±25 μm。散热片有相似的尺寸和公差，但没有孔。直接连接到半导体器件的热传导器或封装具有 ±25 μm/24.5 mm的平面度要求。有些表面可以进行抛光，但有些表面不容易进行平整度矫正。封装通常采用钎焊的方式，这需要对 MIM 零件的表面进行电镀。MIM 零件表面的气孔会导致电镀困难，可以通过特殊技术加以克服。

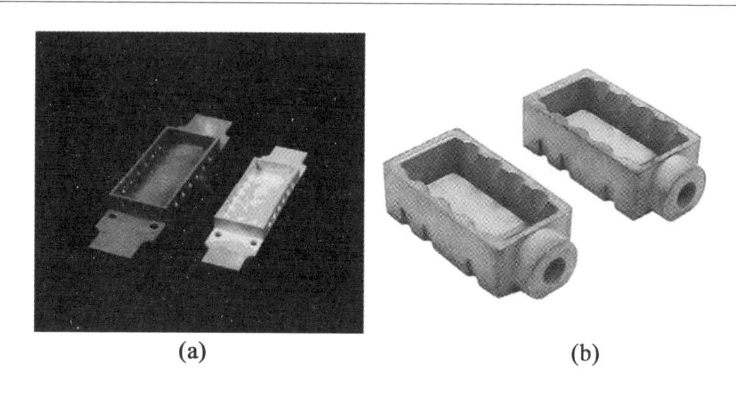

(a) (b)

图 20.3 MIM 可制造的电子封装的几何形状示例

20.2.2 选料

在需要高导热性材料时一般选择铜而不是铝,铜的热膨胀系数较低,因而也可以减少热疲劳问题。相比于铝,铜很难使用挤压、冲压、机械加工或铸造等方法加工,但它非常适合使用 MIM 等粉末冶金技术进行加工。

铜的热膨胀系数虽然低于铝,但仍远高于硅或陶瓷,这给散热器的安装带来了挑战。因此,为了便于封装,对于 W - Cu 和 Mo - Cu 等复合材料,需要同时具有较高的导热系数和较低的热膨胀系数。这些复合材料中的各种成分具有不同的熔点,并且由于它们不是合金,所以通常使用粉末冶金技术进行加工。W - Cu 和 Mo - Cu 的传统加工方法包括薄板轧制、铜浸压、钨烧结或钼压坯,这些技术通常用于制造铜的体积分数相对较高且形状不太复杂的电接触材料。MIM 可用于制备多孔的钨和钼骨架,也可通过 W - Cu 和 Mo - Cu 混合粉末的注射成型和烧结来满足散热片的设计要求。

含 10% ~20% 铜的钨是一种常见的散热器材料。与之相比,含铜量相近的钼虽然具有较低的导热系数,但同时具有较低的密度,因此在对质量有较高要求的应用场合中更具优势。MIM - Cu、W - 15Cu 和 Mo - 18Cu 的典型性质见表 20.1。W - Cu 和 Mo - Cu 中的铜元素使材料的热膨胀系数和热导率最大化,这对于大多数电子封装的应用来说是可以接受的。正如后面几节所讨论的,理论热导率通常是无法得到的。

表 20.1　散热片材料的典型性质

性能	Cu	W - 15Cu	Mo - 18Cu
密度/($g \cdot cm^{-3}$)	8.5	15.6 ~ 16.2	9.3 ~ 9.5
导热系数/($W \cdot m^{-1} \cdot K^{-1}$)	320 ~ 340	180 ~ 190	140 ~ 160
热膨胀系数/($\times 10^{-6} K^{-1}$)	17.0	7.2	7.0

20.2.3　热物性测试

热物性的测试非常重要。通常使用激光脉冲法(ASTM E1461)来测量热导率 λ,首先测出热扩散率 α,然后根据以下公式计算热导率 λ。

$$\lambda = \alpha c_p \rho \tag{20.1}$$

式中,c_p 为比热容;ρ 为样品密度。

这种方法需要待测样品为圆盘状,同时在测量的过程中需要非常仔细地操作以减小测量误差。

电导率比较容易测量,而且不依赖于样品的几何形状。对于 Cu 等元素金属,电导率 σ 可以用四点法测量,然后根据 Wiedemann - Franz 公式计算出热导率 λ。

$$\lambda = L\sigma T \tag{20.2}$$

式中,L 为洛伦兹数(铜在 25 ℃时为 $2.28 \times 10^{-8}\ V^2/K^2$);$T$ 为绝对温度,K。

孔隙率和杂质降低了材料的导电性和导热性。另外,这种方法不适用于复合材料,如 W - Cu 或 Mo - Cu,这是因为各成分具有不同的洛伦兹数,这种方法也不适用于电绝缘体,因为电绝缘体通过声子传导热量。

尽管导热系数是一个重要指标,但热阻能更好地表征散热器的整体热阻特性。热阻(单位为 K/W)是当一定量的热能通过散热器时,散热器与环境空气之间的温度的差值。它考虑了散热器的整体结构以及材料的导热性,并且受到外部因素(如空气温度和空气流量)的影响。高效的散热器一般具有低的热阻,热阻通常在设计阶段进行计算,并在原型测试时进行测量以验证。

20.3 Cu

应用于电子系统散热的非合金铜粉末的MIM已经有很多实例。在市场上可以买到很多类型的铜粉,它们已被证明适用于传统的黏结系统。主要的挑战在于要同时满足高烧结密度和高电导率,这需要烧结到接近理论密度,同时将氧和其他杂质降到较低的水平。铜在烧结过程中非常容易发生氢致膨胀。封闭孔隙中的氧化物可以与氢发生反应生成水蒸气,从而增加孔隙中的气体压力,最终导致孔隙膨胀,致密化程度降低和零件起泡。因此,铜的金属注射成型需要注意控制初始粉末中氧含量以及在烧结过程中的还原反应。本节中描述了使用MIM加工高导热铜元件时的关键要求。

20.3.1 粉末

铜粉的生产有多种方法,包括化学沉淀法、电解沉积法、氧化物还原法、水雾化法、气雾化法和喷射研磨法。因此,在市场上存在各种各样的颗粒形状和大小的铜粉。使用化学沉淀法和电解沉积法制造的铜粉在成型过程中表现出较差的填充性和流变性,因此它们不太适用于MIM。钢粉的材料特性见表20.2。铜粉样品的扫描电子显微图如图20.4所示。这些粉末的粒径相似,但形貌不同。厂家给出的纯度约为99.85%;然而,氧含量可达0.76%。粉末在运输和存储时通常需要添加适量的干燥剂,以避免在购买和使用过程中发生氧化现象。

表20.2 铜粉的材料特性

生产方法		氧化物还原法	水雾化法	气雾化法	喷射研磨法
氧含量(质量分数)/%		0.332	0.223	0.379	0.214
粒径分布	D_{10}/μm	5.9	7.8	4.1	4.7
	D_{50}/μm	11	13	8.2	7.9
	D_{90}/μm	17	23	13	12

续表 20.2

生产方法	氧化物还原法	水雾化法	气雾化法	喷射研磨法
比重瓶密度[a]/($g \cdot cm^{-3}$)	8.62	8.48	8.84	8.75
表观密度/($g \cdot cm^{-3}$)	2.8	3.6	3.9	3.4
占比重瓶密度的百分比/%	32	42	44	39
振实密度/($g \cdot cm^{-3}$)	3.6	4.4	4.2	4.3
占比重瓶密度的百分比/%	42	52	47	48

注：a，理论密度为 8.96 g/cm^3。

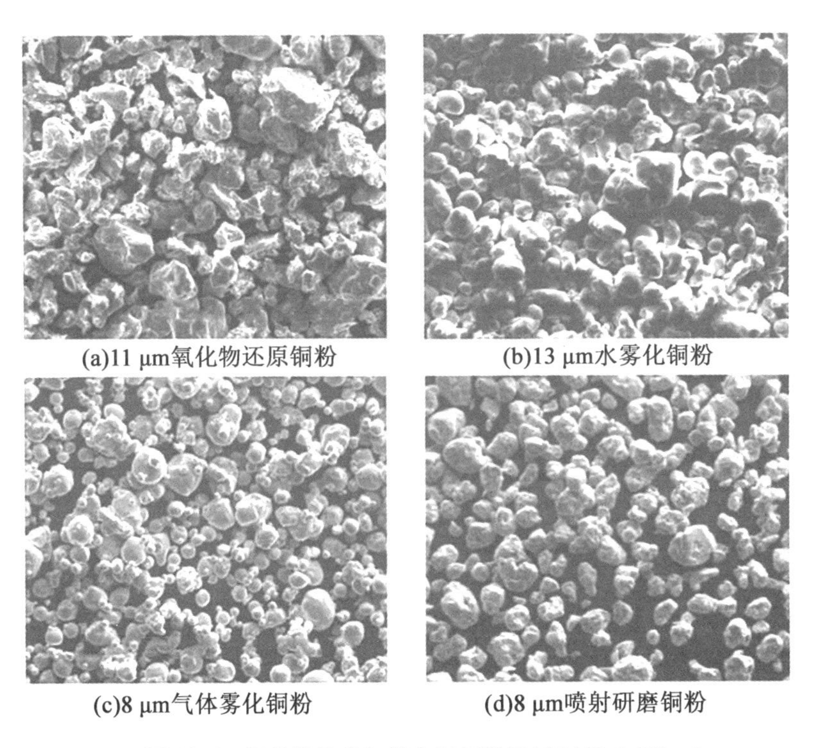

(a)11 μm氧化物还原铜粉　(b)13 μm水雾化铜粉

(c)8 μm气体雾化铜粉　(d)8 μm喷射研磨铜粉

图 20.4　铜粉样品的扫描电子显微图(15 kV,1 000 ×)

表 20.2 中所有铜粉无须进一步处理就可用于 MIM，但它们各自具有不同的优势。喷射研磨铜粉的杂质含量最低。气雾化粉末具有最高的振实密度，这意味着其具有更高的固相体积分数，因而使 MIM 变得更加容易。氧化还原和水雾化粉末的成本较低，这是与锻铜和铸铜相比时的关键

优势。比表20.2中更细的粉末更昂贵,更难成型,烧结优势很小。使用较粗的粉末不会显著降低成本,但需要注意尺寸控制和烧结行为。

20.3.2 喂料制备

蜡聚合物黏结剂一般适用于铜粉原料。在市场上可以买到现成的蜡聚合物黏结剂复合铜原料,但BASF Catamold黏结剂与铜的组合是不适用的,这是因为在脱脂过程中使用的硝酸会溶解铜。作为一种替代方案,可以使用琼脂黏结剂。MIM-Cu原料中的最佳固相体积分数取决于粉末的形态和填充特性,因此,根据粉末的选择,固相体积分数可能会有很大的变化。对于氧化还原粉末而言,蜡聚合物黏结剂的固相体积分数一般为48%~52%,对于水雾化和喷射研磨粉末,为52%~56%,气雾化粉末为65%~70%。假设最终烧结密度为理论密度的95%,氧化还原粉末的固相体积分数所转化的平均加工放大系数为1.24,水雾化和喷射研磨粉末为1.21,气体雾化粉末为1.12。

MIM-Cu喂料制备实例见表20.3。可模压铜喂料使用了不同的混合机和铜粉来生产。喂料制备的关键问题在于如何避免原料的污染以及减小混合设备的磨损,从而使最终成品具有高热导率。

表20.3 MIM-Cu喂料制备实例

黏结剂	粉类类型	粒径/μm	固体载荷体积分数/%	混合方式	参考文献
45%丙烯酸酯共聚物 23%聚丙烯 23%蜡 9%邻苯二甲酸二丁酯	未给出	11	56	未给出	Uraoka等(1990)
基于石蜡和其他2种成分	气雾化	15~45	70	双螺杆式	Moore等(1995)
12%琼脂 12%葡萄糖 76%去离子水+杀菌剂	未给出	22	70	弓形机	LaSalle等(2003)

续表 20.3

黏结剂	粉类类型	粒径/μm	固体载荷体积分数/%	混合方式	参考
55%石蜡 40%聚丙烯 5%硬脂酸	气雾化	13	52	双螺杆式	Johnson等(2003);Johnson,Tan等(2005)
50%聚丙烯 35%石蜡 10%聚甲基丙烯酸丁酯 5%硬脂酸	氧化物还原	7,10,14	48	曲拐式	Chan等(2005)
65%石蜡 30%聚乙烯 5%硬脂酸	气雾化	10	66	密炼机	Moballegh等(2005)
聚乙烯、石蜡、硬脂酸、碳酸钾	气雾化	22	63	曲拐式	Jabir等(2016)

20.3.3 模塑

铜的模塑相对简单,但由于铜的热导率较大因而冷却速度较快,使薄壁零件的成型变得困难。与喂料制备一样,在成型过程中必须避免交叉污染,从而使最终成品具有高导热性。对于MIM-Cu而言,注射速度或压力过大会导致黏结剂与铜粉分离,由于铜的屈服强度低,其很容易发生变形成为刚性固体。相比于氢还原粉末,表面氧化铜粉末对黏结剂有更好的附着力。

气雾化粉末已经被用于制造大型、复杂的散热器,这些零件为中空结构,质量为100~150 g,壁厚最小可达0.3 mm。制造这类零件通常需要多个滑轨、一个热流道和一个空腔压力传感器,但最大的挑战在于零件弹出前对模具温度的控制。组合使用电加热器和水温控制单元已被证明可用于制造长约25 mm、厚约0.3 mm的管状零件。较高的注射温度和温模需要5 min的冷却时间,远小于加热和冷却模具所需的15 min冷却时间。模具加热和冷却过程的三维模拟可以准确地预测填充特性。

20.3.4 脱脂和烧结

铜制零件通常可以使用溶剂和(或)加热技术脱脂。加热过程需要仔细控制气氛,以尽量减少残留的碳和氧,否则可能会对致密化产生负面影响。在空气中对含有蜡基黏结剂的模制零件进行热脱脂时,会因吸热反应而开裂;在氩气中脱脂则会导致坍落。与之相比,在真空中脱脂不但可以保证良好的精度控制,而且可以使碳和氧的含量保持在中等水平。同时,使用溶剂脱脂和氢气热脱脂也是可行的。

在烧结过程中,为了避免水蒸气滞留在孔隙中,必须在前期降低氧含量,但这往往伴随着晶粒的快速生长和孔隙与晶界的分离,这些会导致孔隙率增加。添加活性掺杂剂,如Al、Cr和Si,有助于降低氧含量,但同时也会降低电导率。使用氢烧结和精心设计的热循环,可在孔隙闭合的最后阶段(密度接近92%)之前就将氧气吸收。

在加热过程中,干氢对氧化铜的还原通常发生在550~680 ℃之间。在这个范围内或更高的温度下长时间保持,即可在最后阶段烧结孔闭合之前减少氧化铜的含量,从而消除膨胀。为达到高烧结密度需要温度接近铜的熔点(1 080 ℃)。例如,通过使用以下加热工艺在干氢中进行脱粘和烧结,可实现高烧结密度:

3 ℃/min-300 ℃保持1 h;

3 ℃/min-500 ℃保持1 h;

3 ℃/min-600 ℃保持1 h;

5 ℃/min-700 ℃保持2 h;

5 ℃/min-800 ℃保持2 h;

5 ℃/min-900 ℃保持2 h;

5 ℃/min-1 050 ℃保持1 h。

孔隙的闭合取决于粉末,175 MPa单轴模压下烧结温度对4种铜粉末密度的影响如图20.5所示,由表20.2给出的4种不同粉末在175 MPa单轴压力下,在上述不同热循环工艺下的密度可知,在700 ℃时,密度与生坯密度大致相同。一般来说,烧结致密化发生在700~900 ℃。800~900 ℃,气体雾化粉末的密度从80%增加到90%以上。因此,必须在900 ℃以下将该粉末中的氧化物还原,以防止水蒸气的滞留。可以通过继续加热到

1 050 ℃,进一步减小剩余粉末的开放孔隙率。无论采用何种生产方法,在 1 050 ℃下烧结后的密度都在 93% ~96% 之间。平均粒径为 25 μm 的铜粉也可以在 1 050 ℃下达到这种致密程度。较细的粉末有较高的初始氧含量,在较低的温度下就会发生致密化,导致水蒸气滞留在封闭孔隙中的可能性更高。

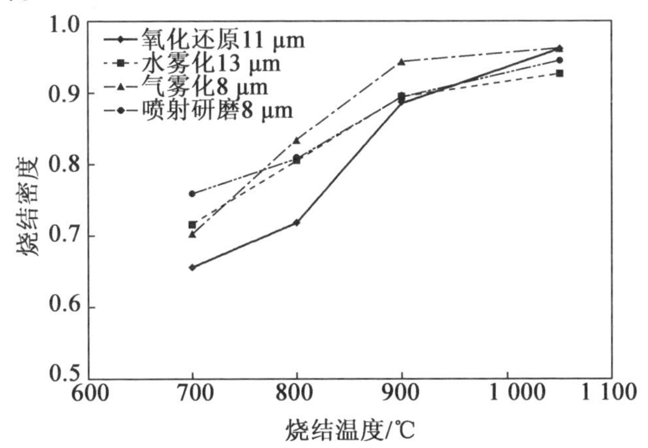

图 20.5　175 MPa 单轴模压下烧结温度对 4 种铜粉末密度的影响

从图 20.6 可以看出,烧结温度为 900 ℃时,气雾化粉末几乎完全被还原。除氧化物还原粉末的氧含量为 0.04% 外,其他粉末的氧含量在 0.02% 以下。900 ℃时氧化物还原粉末的密度为理论的 89%,证明仍存在一些开放孔隙,从而允许还原反应继续进行以及水蒸气的逸出。

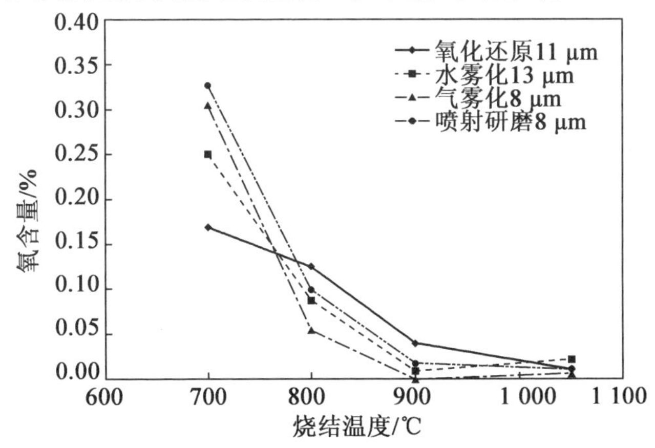

图 20.6　烧结温度对 175 MPa 单轴压制的 4 种 Cu 粉末氧含量的影响

水雾化粉末在900 ℃烧结2 h和在1 050 ℃烧结1 h后的微观结构如图20.7所示。可以看到,在900 ℃时,晶粒较小,晶界处可见小孔;在1 050 ℃时,晶粒和孔隙均发生显著粗化,整体密度略有增加。造成孔隙较大的原因是虽然在900 ℃时氧含量低于0.02%,但仍有足量氧气会在孔隙中产生水蒸气,并在加热到1 050 ℃时发生膨胀,使孔隙变大。相对地,在1 050 ℃下烧结1 h的氧化物还原粉末的微观结构如图20.8所示,可以看到其内部的气孔较小,说明几乎没有受到水蒸气的膨胀的影响。

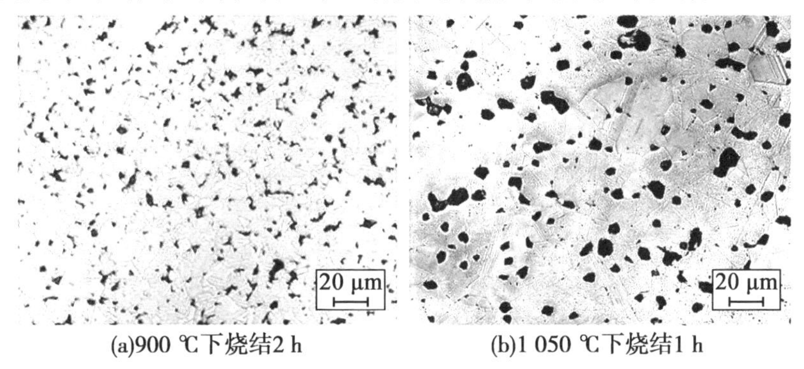

(a)900 ℃下烧结2 h　　(b)1 050 ℃下烧结1 h

图20.7　水雾化粉末在900 ℃烧结2 h和在1 050 ℃烧结1 h后的微观结构

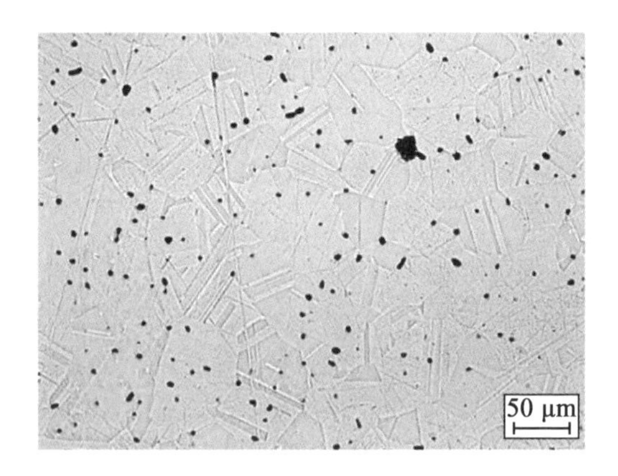

图20.8　在175 MPa下压制,在1 050 ℃下烧结1 h的11 μm氧化还原铜粉末的显微照片

20.3.5　热性能

由于孔隙率和杂质的不同,MIM - Cu的热导率在280 ~ 385 W/(m · K)之间。气孔率一般为4% ~7%,铁含量为0.002% ~0.057%。相比之下,商用纯铜锻造合金,如C11000,在金属杂质含量低于0.005%并且氧含量高达0.04%时,其热导率可以达到390 W/(m·K)。商业纯铜铸造合金,如C83400,由于使用硅、锡、锌、铝和磷等作为还原剂,因而热导率较低,通常为340 ~350 W/(m·K)。商用铜粉中的杂质(其含量约为0.15%)也主要是由这些元素构成。

基于Wiedemann - Franz公式和Nordheim法则,铁含量对铜热导率的影响如图20.9所示。将该模拟结果与试验结果进行了对比,发现预测值与测量值趋势一致。但对于大多数样品,仅根据铁杂质含量预测的热导率低于测量值,这是由于在浓度较低时,可以认为所有的杂质都由铁构成,但实际上热导率的损失是各种杂质的综合作用导致的。铁杂质的含量较高可能是由加工过程中的污染造成的。

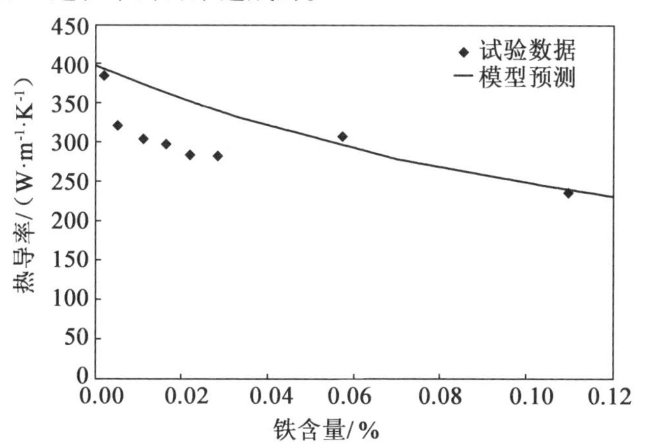

图20.9 铁含量对Cu热导率的影响

除杂质外,孔隙率也会降低MIM - Cu散热器的热导率,如图20.10所示。试验数据表明,与Koh和Fortini的结果相比,孔隙率对热导率的影响略低,假设无孔隙时的热导率为350 W/(m ·K)(考虑杂质效应),试验数据表明,与Koh和Fortini提出的预测关系相比,孔隙率对热导率的影响略小。Koh和Fortini假设无孔热导率为350 W/(m·K)(考虑杂质效应),杂质含量为0.1% ~0.2%时的热导率与孔隙率为20%时一致。

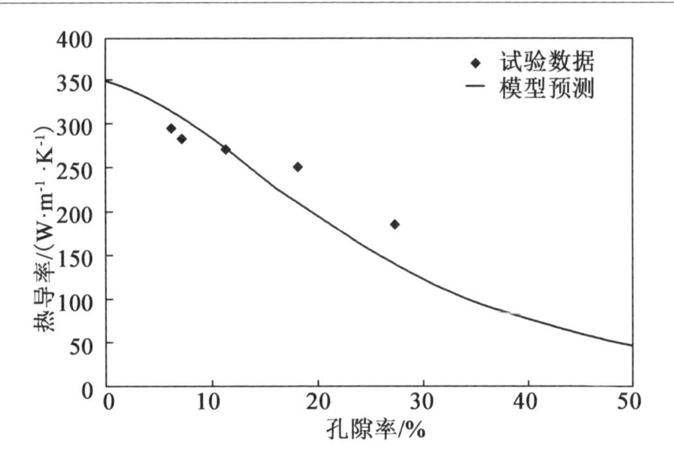

图 20.10 孔隙率对 Cu 热导率的影响

20.3.6 应用实例

MIM 工艺与成熟的机加工工艺和铸造工艺之间存在竞争关系。相比于锻造铜,MIM 可以用更低的成本来生产形状复杂的零件。纯铜合金难以铸造,而 MIM－Cu 由于合金添加剂含量高,因而其热导率比其他易铸合金(例如 C83400)高得多。但是,成功使用 MIM 加工铜需要正确权衡粉末成本、可成型性、尺寸控制、烧结密度和热导率。

MIM 可生产如图 20.2 所示几何形状的高导电性铜制散热器。另一个实例为图 20.11 所示的宽度约为 20 mm、长度约为 20 mm、高度约为 2.5 mm的 MIM 铜制散热器。该零件由水雾化粉末制成,粉末(体积分数为 52%)与蜡聚合物黏结剂混合。成型后,使用溶剂脱粘以除去组件中的蜡。剩余的黏结剂会在烧结周期的加热过程中烧尽。最终烧结密度为 94%,热导率为 296 W/(m·K)。

MIM－Cu 还被用于生产散热片,散热片中的引脚被薄壁管取代,从而增加了表面积。如图 20.11 所示的零件由 96 根长度为 29.2 mm、外径为 3.65 mm、内径为 3.05 mm 的管组成。烧结密度为理论密度的 94%,同时管未发生明显变形。需要注意的是,在制造长度/厚度比较大的铜质结构时,由于完全退火后铜的屈服强度较低,材料容易发生变形。

图 20.11　MIM 铜制散热器

作为另一个例子，双材质 MIM 已用于制造铜热管结构。在这个过程中，内芯由粗铜粉模压制成，内芯外围则由细铜粉模压制成。然后对该复合结构进行热处理，使两个部分烧结，产生良好的冶金接合。图 20.12 所示为该热管的整体结构以及外壁和内芯之间界面的剖面图。这种设计将散热片与外壳集成在一起，外壳包裹着多孔内芯和一个大的开放式蒸汽通路。MIM 可实现这些部位之间的无缝过渡，从而消除了界面热阻。

(a)热管模型

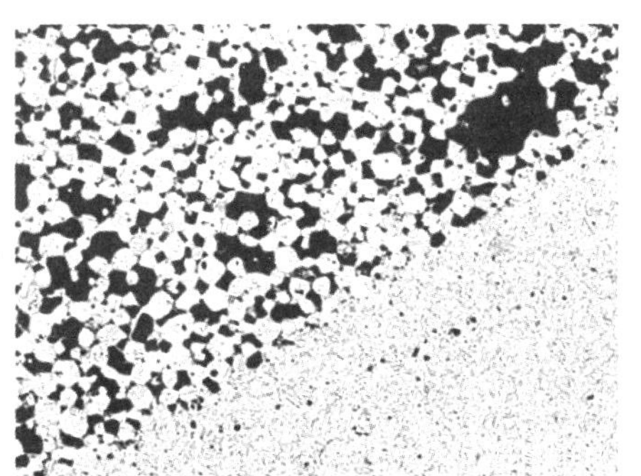

(b)外壁和内芯交界面的显微照片

图 20.12　热管模型及外壁和内芯交界面的显微照片

20.4 W - Cu 合金

W - Cu(铜的含量为10% ~20%)的 MIM 于1991 年首次获得专利,从那以后,研究者们对其进行了更深入的研究。与 MIM - Cu 相同,W - Cu MIM的主要挑战在于如何同时获得高烧结密度和高电导率。由于钨在铜中的溶解度极低,极大地降低了 W - Cu 合金的密度。虽然可以通过添加易与钨相溶的过渡金属元素(如镍、钴和铁)来增强密度,但会降低合金的导热性。为了获取接近理论密度的高纯度 W - Cu 往往需要颗粒尺寸达到亚微米级别的钨。在市面上可以买到一些适用于 MIM 的 W - Cu 粉末。虽然可以分别单独购买单质钨和铜粉,但生产复合粉末的方法至关重要。或者,可以先进行钨的 MIM,然后用铜渗透。

使用 MIM 加工 W - Cu 零件,需要根据其成型特性和烧结特性决定原料的颗粒尺寸。本节将介绍使用 MIM 加工高导热 W - Cu 组件时的关键要求。

20.4.1 粉末

市场上的钨粉几乎都是用氧化物还原法生产的,为了获得较高的导热性,非氧化物杂质的含量一般小于0.05%。颗粒尺寸通常为3 ~5 μm,但钨铜液相烧结所需的1 μm 以下颗粒尺寸的钨粉也可以在市场上买到。复合 W - Cu 粉末可以通过用铜氧化物共还原钨氧化物来生产。这种粉末在市场上也可以买到,并且这种混合粉末内铜的分布地很均匀,无须进一步加工即可用于混合。也可以混合还原钨和铜粉,但需要特别小心。

氧化物还原钨粉必须解聚后才能使用,通常通过研磨来生产 MIM 喂料。否则,在保证具有可模塑黏度的前提下,原料中固体的含量将过低。解聚后的钨粉可以使用双锥、V 形内锥或 Turbula 混合器与铜粉混合,但是这增加了额外的工艺步骤并且需要钨与铜粉的颗粒尺寸相近。如果铜粉的粒径远大于钨粉,形成的熔池则具有较差的致密化效果。颗粒尺寸小于10 μm的高纯度铜粉价格昂贵,因此可将较粗的铜粉(如表20.2 中给出的铜粉)和钨粉混合后进行研磨。

可用棒磨、球磨、行星磨和搅拌球磨来制备 W - Cu 粉末。这些方法按照能量输入增加的顺序列出。在研磨强度较高时,可以使用较粗的铜粉。搅拌球磨与其他高能研磨工艺可以将钨嵌入尺寸更大的铜中,从而产生均匀的复合粉末,颗粒尺寸和分布取决于几个研磨参数,包括速度、时间和粉末装载量。

元素粉末研磨的一个显著缺陷是研磨介质或衬垫污染可能会污染成品。钢制的介质和衬垫由于可能会产生铁和硅污染,严重影响喂料的导热性,因此不太适用。硬质合金的介质或衬垫以及聚乙烯衬底比较适用,但成本高。

可用氧化铜部分或完全替代铜粉,与还原钨粉一起研磨,通常使用氧化亚铜(Cu_2O)。氧化亚铜粉末的成本比还原铜粉更低,并且当与钨粉一起研磨时,可以提供良好的均匀性。氧化铜在烧结过程中会被还原。铜和氧化亚铜可在 1 065 ℃时形成共晶液体,这有利于在湿氢气中的烧结。还原试验表明,在加热过程中,处于干燥氢气中的 Cu_2O 在低于该温度时大部分被还原。

表 20.4 给出了用于制备 W - Cu 粉末的原料的特性,以及共还原 W - 15Cu 粉末的特性,这些粉末的扫描电子显微照片如图 20.13 所示。钨粉可以和 10 μm 的铜粉通过混合或研磨来组合,也可以与氧化亚铜粉末或表 20.2 中给出的铜粉进行研磨混合。棒磨不足以粉碎氧化亚铜颗粒,但可以用来获得均匀分布的 10 μm 铜粉,如图 20.14 所示。钨将铜颗粒封装在共还原粉末中,可直接用作生产喂料。

表 20.4　用于制备 W - Cu 粉末的原料的特性

成分		W	Cu	Cu_2O	W - 15Cu
生产方法		氧化还原法	水雾化	电化学精制	氧化物共还原
粒径分布	D_{10}/μm	0.4	1.3	3.6	1.5
	D_{50}/μm	0.7	3.6	9.7	2.9
	D_{90}/μm	1.2	5.5	17.1	5.6
理论密度/($g \cdot cm^{-3}$)		19.3	8.96	6.0	16.44
比重瓶密度/($g \cdot cm^{-3}$)		18.0	8.8	6.1	16.1
理论密度/($g \cdot cm^{-3}$)		19.3	8.96	6.0	16.44
比重瓶密度/($g \cdot cm^{-3}$)		18.0	8.8	6.1	16.1

续表 20.4

成分	W	Cu	Cu_2O	W - 15Cu
表观密度/($g \cdot cm^{-3}$)	3.3	3.3	2.2	1.8
占比重瓶密度的百分比/%	18	38	36	11
振实密度/($g \cdot cm^{-3}$)	4.9	3.7	3.1	2.6
占比重瓶密度的百分比/%	27	43	51	16

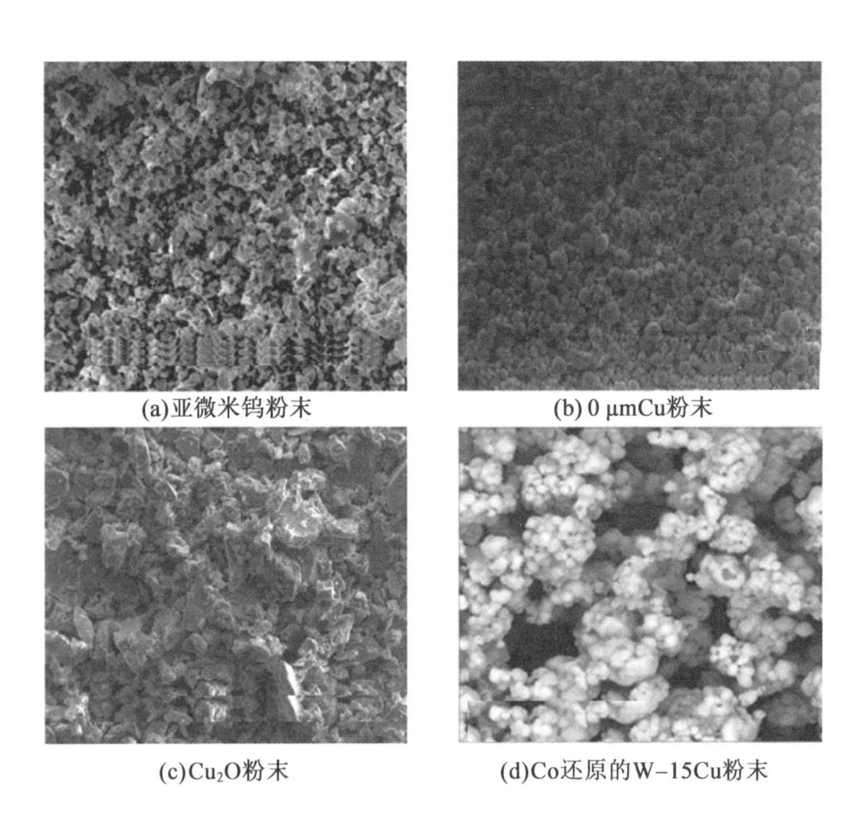
(a)亚微米钨粉末 (b) 0 μmCu粉末
(c)Cu_2O粉末 (d)Co还原的W–15Cu粉末

图 20.13 W - Cu 粉末的扫描电子显微照片

20.4.2 喂料制备

W - Cu 的 MIM 几乎全部使用蜡聚合物作为黏结剂,也可使用非水黏结剂如环己烷,或非水分散剂如丙烯酸基聚电解质,其可以在模塑后冷冻并通过升华脱粘。致密化需要颗粒尺寸较小,从而导致较差的填充特性,因此用于MIM粉末的固体体积分数相对较低,通常在52% ~58%,烧结密度为理论值的95%时,工具放大系数为1.22~1.18。由于分散困难,因此混合需要使用具有高剪切速率的连续混合器。表20.5给出了各种黏结剂的成分和配方。

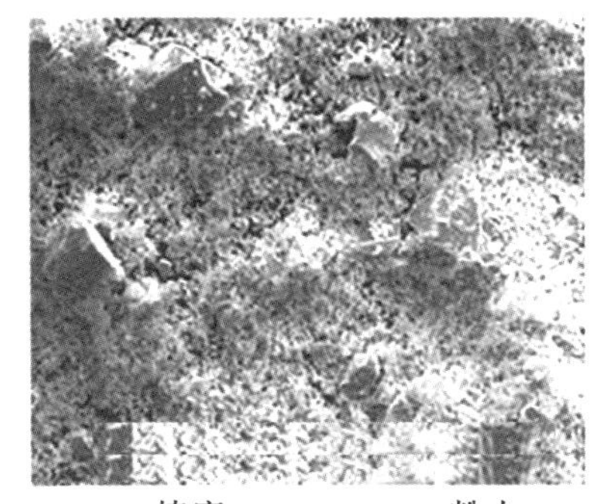

(a)棒磨W-17.12Cu_2O粉末

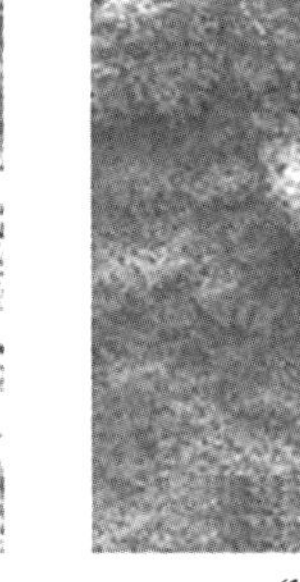

(b)棒铣W-15Cu粉末

图20.14 棒磨和棒铣铜粉末

表20.5 MIM W-Cu喂料制备实例

黏结剂	粉末制备	固体载荷(体积分数)/%	混合方式	参考文献
39%聚丙烯 49%石蜡 10%卡鲁巴蜡 2%硬脂酸	1~2 μm钨掺杂25%或35%铜(8~10 μm)	59~61	真空式	Oenning和Clark(1991)
含40%聚丙烯的蜡聚合物	钨与细铜混合,机加工制备W-Cu合金	52~58	双螺杆式	Hens等(1994)
30%聚乙烯 45%石蜡 15%蜂蜡 10%硬脂酸	4 μm钨与30%铜(各钟尺寸)混合或研磨	45~55	单凸轮机	Moon等(1996) Kim等(1999)
35%聚丙烯 60%石蜡 5%硬脂酸	亚微米钨与2.5%铜(12μm)研磨	52	弓形混合机	Yang和German(1999)

续表 20.5

黏结剂	粉末制备	固体载荷(体积分数)/%	混合方式	参考文献
蜡聚合物	1.5、3.6 μm 钨与 10%、20% 或 30% 铜混合(6.0 μm、12.0 μm)	50～63	双弓形混合机	Knuewer 等(2001)
蜡聚合物	1.8、3.6 μm 钨与 10%、20% 或 30% 铜混合(6.0 μm、13.6 μm)	53～63	双弓形混合机	Petzoldt 等(2001)

20.4.3　注射成型

虽然表 20.5 中所示的任何一种喂料都可以用于生产注射成型棒状测试样,但在模制具有薄壁和大量引脚或馈通的复杂散热零件时,还必须考虑几个因素。可以通过轻度研磨亚微米钨粉和粗铜粉来得到宽粒度分布,从而改善成型性能。对于带引脚的散热器,通常需要更高强度的黏结剂来防止它们在顶出时断裂。这需要添加高比例的主链聚合物(聚丙烯或聚乙烯)或高分子聚合物。

对于电子封装,由于需要考虑关键表面的平整度以及型芯的移出,因此需要找到合适的浇口位置以便流体顺利填充。由于喂料的高导电性,熔体可能会过早凝固,导致填充不充分。模具填充模拟可用于优化特定零件几何形状的浇口位置和类型,例如同心浇口或薄膜浇口。

20.4.4　脱脂与烧结

W－Cu 的脱脂工艺是其他 MIM 材料的典型。对于表 20.5 中的蜡基聚合物,首选的脱脂方法是溶剂脱脂(溶解主要黏结剂组分)和热脱脂(通过开孔空间使剩余主链聚合物热解)的结合。当然,也可以使用单独的热脱脂或芯吸和热脱脂的组合。氧化钨和氧化铜的还原需要氢气气氛。如前一节所述,氧化铜的还原发生在 550 ℃～680 ℃之间。在干燥氢气中烧结时,氧化钨会在 800 ℃时发生还原,典型的脱脂工艺为,首先缓慢(约 2 ℃/min)升温至 500 ℃以去除黏结剂,然后进一步加热至 800～950 ℃以减少氧化物,并产生足够的使用强度。

图 20.15 所示为烧结温度对 W－15Cu 密度和氧含量的影响。可以发现,在温度超过 1 100 ℃(铜的熔化温度)之前,密度没有显著增加。

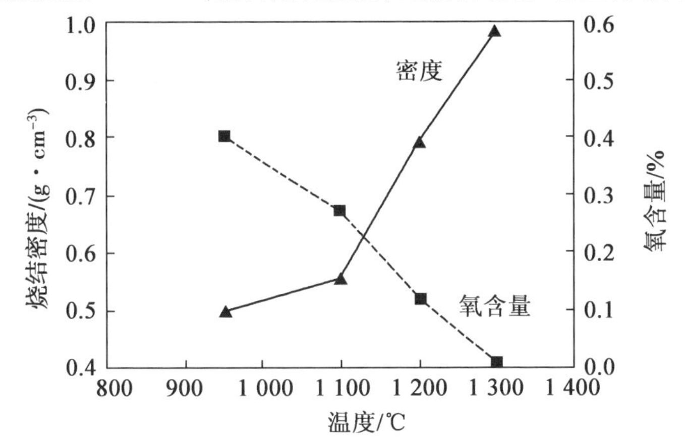

图 20.15　烧结温度对 W－15Cu 密度和氧含量的影响

即使在 1 100 ℃下,氧含量仍约有 0.25%,且随烧结温度线性降低。在烧结温度为 1 300 ℃,氧含量为 0.15% 时,可实现近似理论密度。图 20.16所示为在 1 300 ℃烧结 60 min 的 W－15Cu 的微观组织。

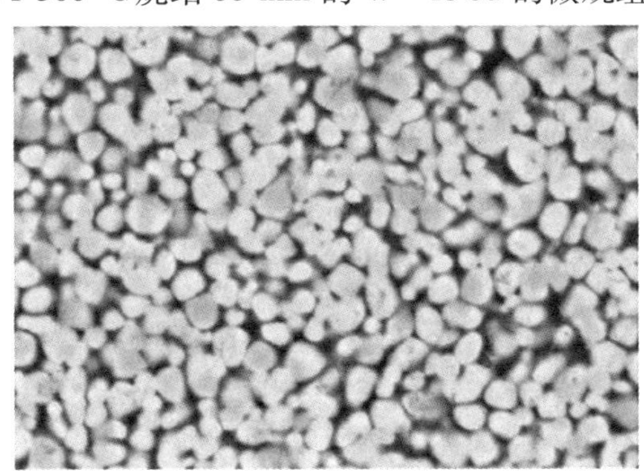

图 20.16　在 1 300 ℃下烧结 60 min 的 W－15Cu 的微观组织

一般而言,液相有利于烧结过程,但钨在铜中极低的溶解度却严重影响密度。使用亚微米级别的钨粉可促进固态致密化,同时在低于1 400 ℃的温度下烧结可避免铜蒸发带来的影响,从而达到理论密度。图 20.17 所示为钨粉的颗粒尺寸和烧结温度对 W－10Cu 密度的影响。从图 20.18 可以看出,随着铜含量的增加,颗粒尺寸对烧结密度的影响逐渐降低。

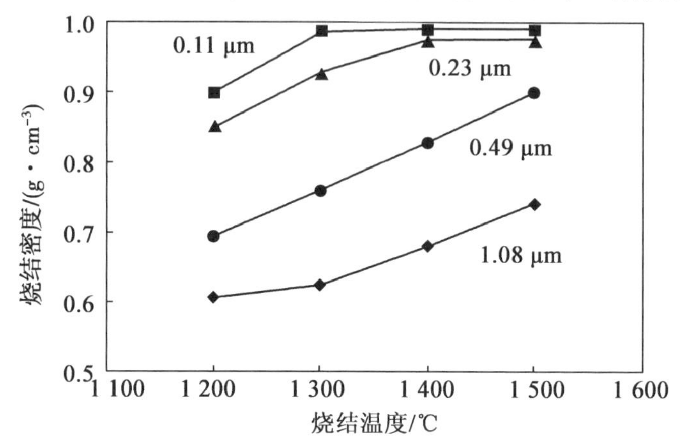

图 20.17　钨粉颗粒尺寸和烧结温度对 W－10Cu 烧结密度的影响

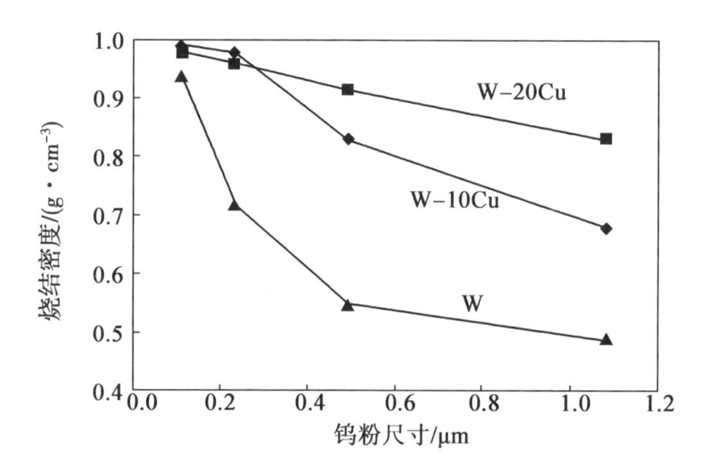

图 20.18　钨粉颗粒尺寸对 W、W－10Cu、W－20Cu 烧结密度的影响

钨基体的固态致密化在接近理论密度时仍可继续。由于液态铜可填充的空隙很少,所以进一步烧结迫使铜在表面渗出,如图 20.19 所示。

虽然基体烧结随着温度的升高而增加,但是当温度达到 1 400 ℃时,由于表面的液态铜会迅速蒸发,因此铜的渗出会减少。过度烧结会增加钨铜比,使表层的铜含量减少。过渡金属杂质,尤其是铁,可以在较低的温度下加速钨基体的烧结,形成大量的析出物。MIM 零件表面铜含量过高或过低都会使零件发生翘曲,并可能引起电镀问题。

图20.19　W－Cu样品边缘铜渗出的例子

20.4.5　渗透性

除了液相烧结,也可以通过将压制好的铜粉或锻造的铜片与多孔的钨预制坯接触,并将其加热到高于铜熔点的温度来制造W－Cu复合材料。在干燥的氢气中,液态铜将渗入钨预制件。使用渗透法生产电触点已有几十年的历史,但这种工艺不适用于生产形状复杂度较高的零件,但通过在高压下模压钨粉末来生产预制件。预制件在熔渗过程中的尺寸变化很小,熔渗时铜的体积分数约等于预制件的孔隙率。由于临界固相含量的限制,MIM不能直接用于制造具有高密度的生坯,因此必须将预制件预烧结至与最终复合材料中钨体积分数相对应的密度。这需要精细的喂料粉末或较高的烧结温度,因为烧结活化剂(如钴、镍或铁)对热导率有严重的负面影响。本节第23章中给出了钨粉的尺寸和烧结温度对密度影响的流程图。

熔渗可以在单个热循环中与预烧结相结合。为保证钨的含量达到80%或更高,在铜熔化并渗入预成型坯后,往往需要亚微米的钨,在低于1 500 ℃的温度下对预成型坯进行致密化。在熔渗烧结时,根据烧结温度和铜含量的不同,MIM－W预制件的收缩率为12%～14%,一般可以达到理论密度的99%以上。

20.4.6　热学性能

金属注射成型W－Cu的热学性能主要取决于其成分,但孔隙率和微观结构也是影响热学性能的重要因素。几种模型已经被开发出用来预测复合材料的热导率。最简单的是混合物法则和逆混合物法则,它们可以用来预测热导率的上下边界值。最近的一个模型考虑了晶粒形状对液相烧结复合材料热导率的影响。图 20.20 所示为这些模型预测的纯无孔 W - Cu的导热系数与铜含量的关系,以及与试验结果的对比。可以看出,尽管研究者们尽最大努力来提高材料纯度和密度,但大多数情况下,实际数值仍然低于逆混合物法则的预测值。

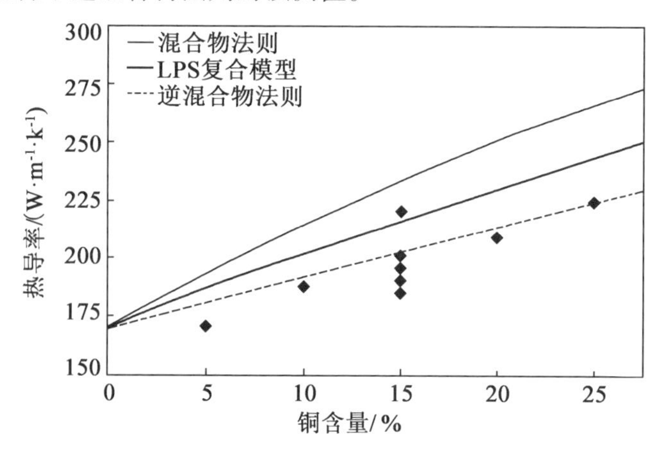

图 20.20 铜含量对纯净无孔 W - Cu 热导率的影响

杂质对导热性是非常有害的。基于 Wiedemann - Franz 关系和 Nordheim 法则,过渡金属杂质对 W - 10Cu 和 W - 15Cu 热导率影响的模型预测如图20.21所示。随着过渡金属杂质含量的增加,铜的体积分数对热导率的影响减小,在杂质含量为 0.25% 或更高时,W - 10Cu 和 W - 15Cu 的热导率几乎相同。杂质含量通常与所添加的烧结助剂有关。当杂质含量为 0.1% 时,热导率预计降低 40 W/(m · K),这可能是污染造成的。

金属注射成型 W - Cu 零件的孔隙率一般为 1% ~3%。孔隙率对纯 W - 15Cu热导率影响的模型预测如图 20.22 所示。试验也显示出类似的结果,证明孔隙率对 W - Cu 热导率的影响相对较小,但并没有解释试验结果的分散性。其他模型的预测表明,当 W - W 边界热导率为 108 W/(m · K)时,1 μm 粒度的减小将降低约 25% 的热导率,与试验结果相符。因此,较大的晶粒尺寸和较低的连续性有利于提高热导率,但这在实际的液相烧结中很难实现,通过熔渗在高温条件下预烧结的粗钨粉末更容易制备高热导率材料。

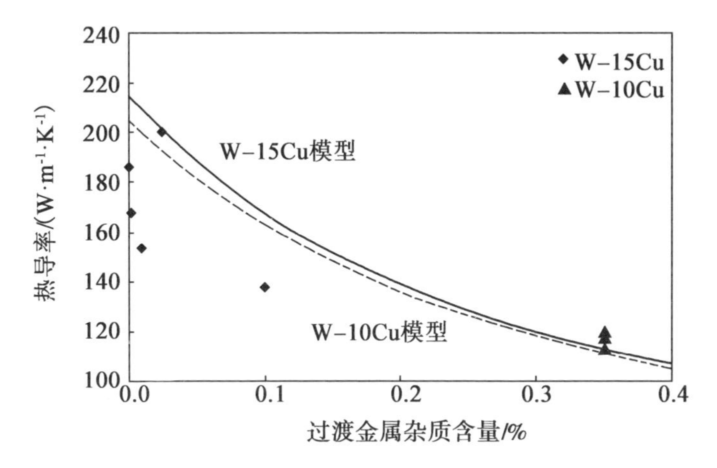

图 20.21　过渡金属杂质对 W－10Cu 和 W－15Cu 热导率影响的模型预测

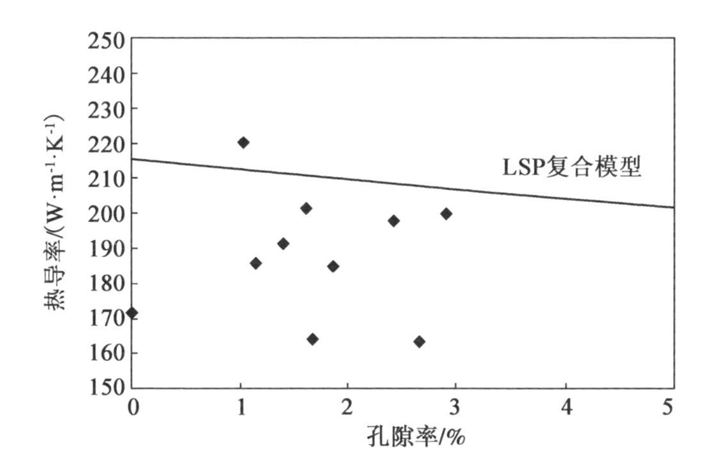

图 20.22　孔隙率对纯 W－15Cu 热导率影响的模型预测

复合材料的热膨胀系数主要取决于复合材料各组分的比例以及它们之间的微应力。孔隙率几乎不影响烧结零件的热膨胀系数,但其对微观组织的影响尚不明确。Turner、Kerner、Fahmy 和 Ragai 的模型考虑了各相的应力耦合,并估算了不同铜含量下 W－Cu 的热膨胀系数,如图 20.23 所示。Kerner 所提出模型的预测结果最接近 Wang 和 Hwang 所测量的 W－15Cu 的平均热膨胀系数。

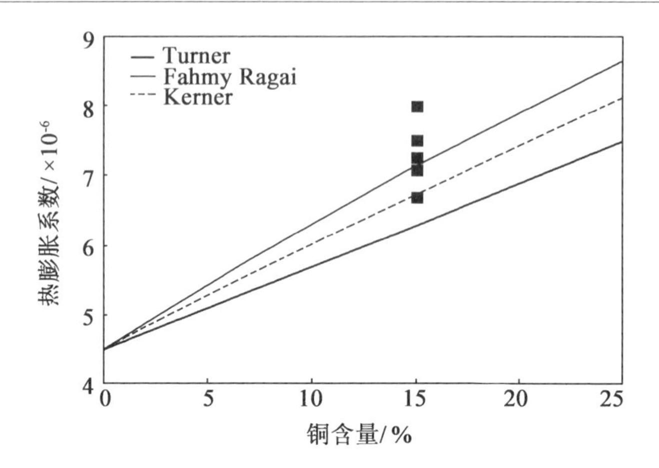

图 20.23 用三种不同的模型预测铜含量对 W-Cu 热膨胀系数的影响

20.4.7 应用实例

大多数 W-Cu 散热器和散热片都是由熔渗板制成的,但 MIM 可以制造更复杂的几何形状,如光电子器件的芯片底座和芯柱散热器、集成电路的金属基底和鳍状散热器、多芯片板的底座以及微电子封装。图 20.24 所示为 W-Cu 制品。图 20.24(a)所示的部件与由熔渗板制成的部件类似,它证明了螺纹紧固件可以与近净的 MIM 组件相结合。

缺乏平整表面的零件在烧结过程中需要支撑。由于它们在烧结中会发生显著的收缩,所以夹具必须设计成既适用于生坯又适用于尺寸小得多的烧结件。例如,图 20.24 所示的零件由氧化铝衬底支撑,其中矩形截面被加工成与生坯底部矩形截面相同的尺寸。该矩形槽的深度等于烧结件矩形区域的厚度。这样,在烧结周期结束后,烧结件的外边缘就可得到支撑。尽管液相体积分数较大,但在 W-Cu 烧结过程的前期就会形成刚性的钨基体,从而有效防止坍塌。相比之下,重钨合金由于钨在其液相中具有相当大的溶解度,因此在相同的液体体积分数下存在明显的坍缩和尺寸精度损失,这将在第 23 章中进一步讨论。

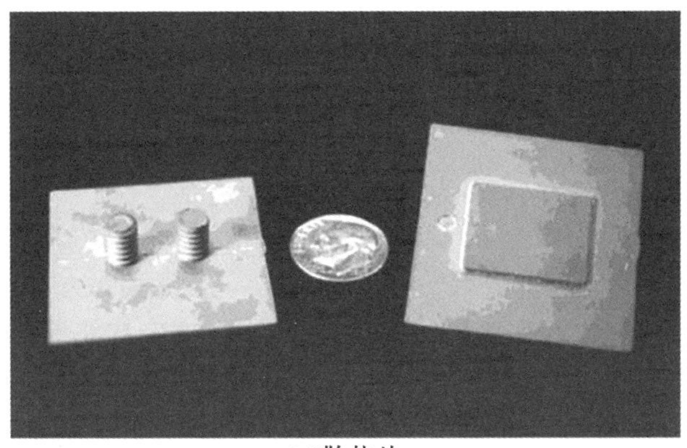

(a)散热片

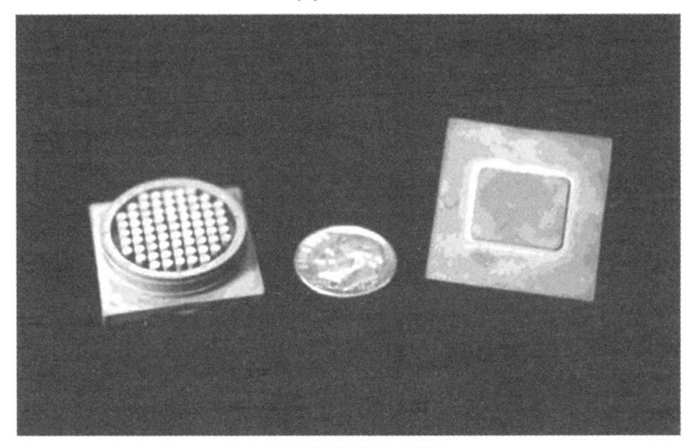

(b)烧水器底座

图20.24　W – Cu 制品

图20.24所示样品零件关键尺寸的公差能够保持在标准偏差的±0.1%内,且所有尺寸的公差均可保持在标准偏差的±0.3%内。图20.3所示的W – Cu封装样品尺寸的公差为±0.1%,尺寸屈服为57%。用于高频电路的W – Cu外壳的长度、宽度和高度的公差分别为0.06% ~0.22%、0.25% ~0.29%和0.23% ~0.35%。随着烧结密度的增加,翘曲变得更加严重,因此实际密度通常被限制在理论密度的97%左右。这种密度足以满足密封要求,并且对材料的性能几乎没有影响。

20.5 Mo－Cu合金

Mo－Cu的金属注射成型与W－Cu类似,但关于这方面的研究较少。与钨类似,钼在铜中的低溶解度对致密化有害,添加过渡金属虽有助于致密化,但会降低合金的导热性。相比于W－Cu的金属注射成型,在W－Mo的液相烧结以及熔渗中一般使用较大颗粒尺寸的钼,然而市面上可供选择的颗粒尺寸有限。另外,由于钼的延展性较高,因此无法通过研磨制备小颗粒的钼,因而生产复合Mo－Cu粉末的方法有限。在使用MIM加工Mo－Cu零件时需要特别注意原料的颗粒尺寸、形态和热循环。这些内容将在后续章节中详细介绍。

20.5.1 粉末

与钨粉类似,一般采用氧化还原法来生产钼粉,但成品颗粒尺寸的范围有限。颗粒尺寸通常为2～4 μm,采用这种方法生产尺寸更小的粉末是比较困难的。可以通过研磨来解聚,但由于钼的延展性大于钨,因此如果采用能量输入较大的方式,则会将粉末加工成片状,因此不能采用磨碎机研磨之类的高能研磨工艺。为了提高烧结密度,需要将颗粒尺寸相近的钼粉与铜粉混合。可以将钼氧化物和铜氧化物进行共还原来制造原料,但是这种粉末在市场上一般买不到。一般而言,使用高纯度粉末作为原料才可以获得具有高热导率的产品。

表20.6所示为两种不同MIM钼粉的参数。图20.25所示为粉末的扫描电子显微照片。由于2.5 μm钼粉中含有氧化物杂质,因此密度较低,这个缺陷可在后续的烧结过程中得到改善。

表20.6 两种不同MIM钼粉的参数

参数		第一氧化物还原法	第二氧化物还原法
粒径分布	D_{10}/μm	1.1	2.1
	D_{50}/μm	2.5	4.1
	D_{90}/μm	4.8	7.9

续表 20.6

参数	第一氧化物还原法	第二氧化物还原法
比重瓶密度[a]/(g·cm^{-3})	9.62	10.14
表观密度/(g·cm^{-3})	2.1	3.0
占比重瓶密度的百分比/%	21	29
振实密度/(g·cm^{-3})	3.1	5.0
占比重瓶密度的百分比/%	31	49

注:a,密度为 10.2 g/cm^3。

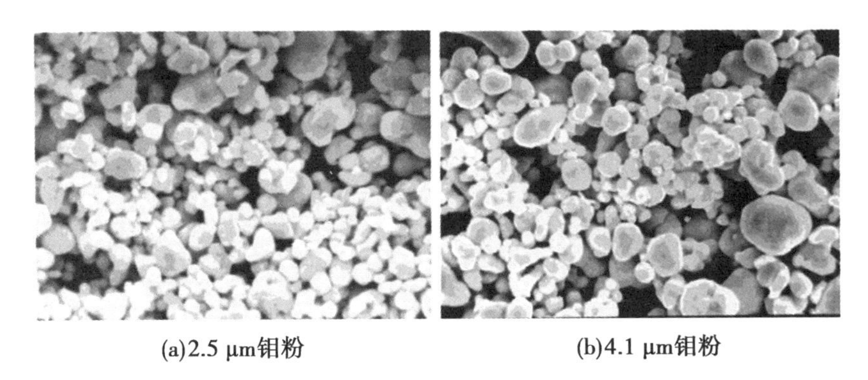

(a)2.5 μm钼粉　　(b)4.1 μm钼粉

图 20.25　粉末的扫描电子显微照片

20.5.2　喂料制备

蜡基聚合物黏结剂已被用于 Mo 和 Mo-15Cu 的注射成型。图 20.26 所示为两种 MIM 级钼粉的混合扭矩与固体体积分数的关系。根据该图,对于2.5 μm 和4.1 μm 的钼粉,临界固体体积分数的估计值分别为60%和64%。可先用固相含量为62%(体积分数)的粗钼粉模制钼骨架,然后再进行熔渗。铜和钼的液相烧结需要精细的钼粉,当固相含量58%(体积分数)时,成品的密度为理论密度的95%,工具放大系数为1.18。研磨技术使钼颗粒变形,从而显著降低固体体积分数。

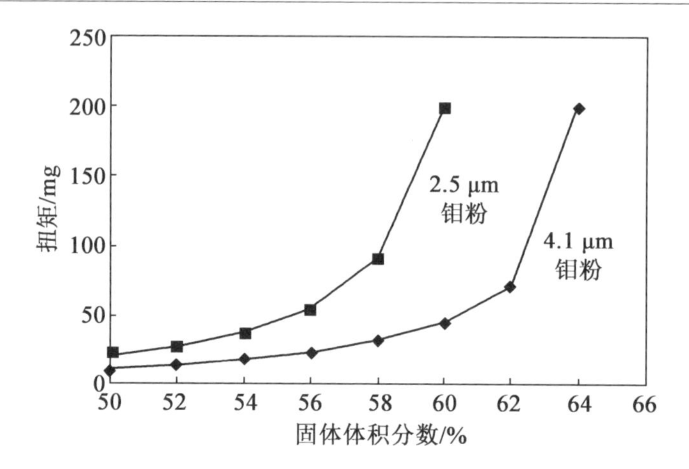

图 20.26 两种 MIM 级钼粉的混合扭矩与固体体积分数的关系

20.5.3 注射成型

相比于细钼粉,将粗钼粉和铜粉混合可得到更好的模塑性。钼的金属注射成型已经用于制造散热器和电子封装,但需要较大的充填压力,以防止沿图 20.24(a)中所示部件的螺栓边缘和底部出现冷却裂纹。在使用相同的黏结剂体系模制氮化铝散热器时,可以通过增大原料的粒径来解决类似的冷却裂纹问题。同样地,可以通过增加填充压力的方式来减小 Mo - Cu 铸造中出现的开裂。由于喂料的导电性过高以及颗粒尺寸不理想,导致填充压力不能很好地传递到 Mo - Cu 部件中。在使用相同的黏结剂体系制造 AlN 散热器时,可以通过增大粒径的方式解决类似的问题。因此,可以通过调整 Mo - Cu 复合材料的粒度来改善其模塑性。

20.5.4 脱脂和烧结

Mo - Cu 的脱脂与 W - Cu 相似。热脱脂需要在氢气中进行,以减少氧化钼和氧化铜的生成。铜对氧化钼的还原过程有阻碍作用,因此氧化钼初始还原温度为 750 ~ 800 ℃。

虽然钼在铜中的溶解度比钨在铜中高得多,但相比于其他物质而言仍然很低,因此难以达到液相烧结的理论密度,这是温度管理应用中的一个重要难题。对于 W - Cu,在烧结早期形成的固体难熔金属基体使致密化速率降低到固态扩散速率。在这种情况下,铜对致密化的影响很小,只是填充了空隙。液态铜对致密化过程有阻碍作用,因为相比于 W – Cu,其更能促进钼晶粒的生长。随着晶粒变大,致密化的驱动力降低。因此,Mo – Cu的烧结温度必须与固态钼的烧结温度相同。

对于 Mo – 18Cu 的烧结,为了提高烧结密度,烧结温度需要远高于铜的熔点。由于高温下铜会发生蒸发,从而导致显著的质量损失。表 20.6 中所示的钼粉在烧结 4 h 后,烧结温度对 Mo – 18Cu 最终烧结密度和质量损失的影响如图 20.27。为了达到高烧结密度,需要 2.5 μm 的钼粉和 1 400 ℃的烧结温度。高温使铜蒸发,从而导致相对烧结密度降低。图 20.28 所示为颗粒尺寸和 1 400 ℃下烧结时间对 Mo 和 Mo – 18Cu 烧结密度的影响。即便使用 2.5 μm 的钼粉,在 1 400 ℃下烧结 1 h 后,Mo – 18Cu 的实际密度仅达到理论密度的 85.2%,但在 1 400 ℃烧结 4 h 后,实际密度增加到理论密度的 95.7%。缓慢烧结动力学在液相烧结中不常见,而在固相烧结中更为典型,随着烧结时间从 1 h 增加到 4 h,钼粉的致密化程度增加。

注射成型和烧结 Mo – 15Cu 的微观结构如图 20.29 所示。该样品在 1 450 ℃下烧结 3 h,实际密度为理论值的 97.1%,晶粒尺寸为 5.7 μm。不规则的晶簇表明微观组织的均匀化速度较慢。

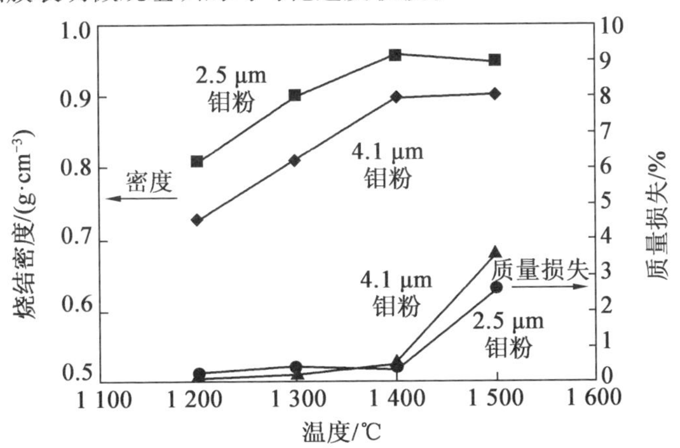

图 20.27　颗粒尺寸和烧结温度对 Mo – 18Cu 烧结密度的影响

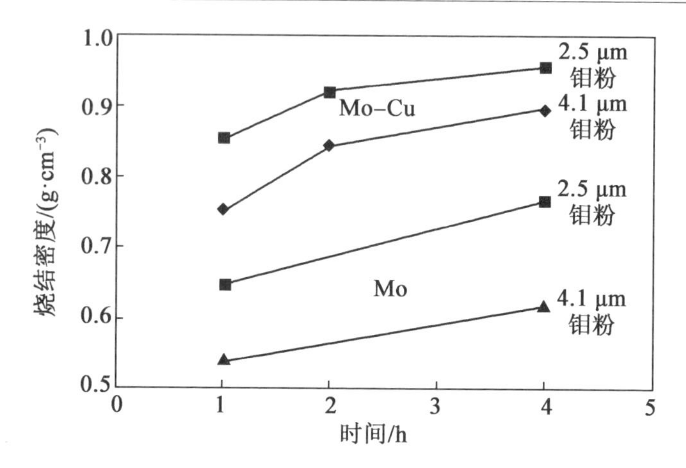

图 20.28　颗粒尺寸和 1 400 ℃下烧结时间对 Mo 和 Mo－18Cu 烧结密度的影响

图 20.29　注射成型和烧结 Mo－15Cu 的微观结构

微电子工业对公差的要求较高,因此需要精密烧结。加热炉内的升温速率和温度梯度可能会导致零件出现变形。例如,10 ℃/min 的升温速率会导致钼散热器发生翘曲,而将升温速率降低至 2 ℃/min 可消除这种变形。但通常而言,零件的尺寸与之前的每个加工步骤都有关,要求从收到原料开始,对注射成型过程的每一个步骤都进行严格的质量控制。

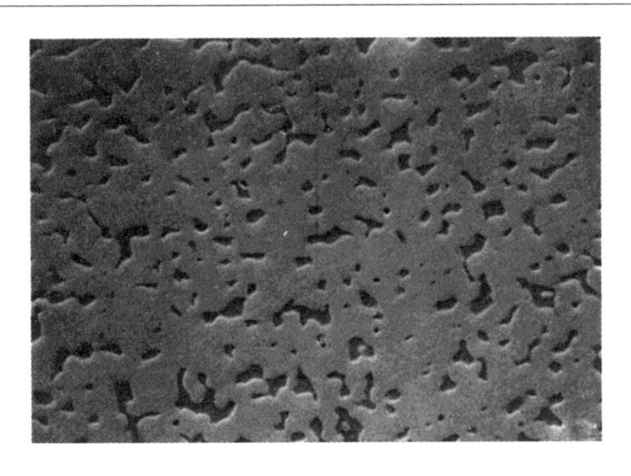

图20.30　注射成型和熔渗 Mo－15Cu 的微观结构

20.5.5　熔渗

对于 Mo－Cu 来说，熔渗是一种很好的加工方法。因为当不存在铜时，钼基体的烧结行为将会得到改善。另外，由于无须担心铜的蒸发，因此烧结温度可以高于1 400 ℃，而在该烧结温度下可以使用较粗的钼粉。此外，可以通过改变烧结周期来控制钼基体的密度，从而可以熔渗不同量的铜。第23章中给出了钼粉尺寸和烧结温度对密度的影响。对于通常尺寸的钼粉，需要在1 400～1 800 ℃下烧结，才能达到与温度管理应用中靶铜体积分数相当的孔隙率。

使用4.1 μm的钼粉进行注射成型，并在1 450 ℃下烧结8 h，其实际密度可达理论值的83%，然后用体积分数为15%的无氧高导电性铜（OFHC）进行熔渗，成品的微观结构如图20.30所示。其实际密度大于理论值的97%，晶粒尺寸为4.3 μm。可以发现，尽管在1 450 ℃下烧结了较长的时间，但其晶粒尺寸小于图20.29中所示液相烧结样品的晶粒尺寸。这是因为在液相烧结中，铜对晶粒生长有显著的促进作用，但它对致密化的影响不大。

20.5.6　热学特性

与 W－Cu 类似，铜含量、杂质、孔隙率和微观结构等因素也影响 Mo－Cu 的热导率。由于钼在铜中的溶解度较高，因此烧结温度和冷却速率也会影响 Mo－Cu 的热导率，在1 150 ℃时钼在铜中的溶解度远远小于1%，在1 400 ℃时钼在铜中的溶解度增加到1.5%。在温度较高时,如果冷却速度较大,则会减少钼的析出,溶解在铜中的钼将会降低热导率。例如,虽然使用了高纯度的铜粉和钼粉,并且在加工步骤中小心地避免了杂质的污染,在1 400 ℃的温度下进行液相烧结或溶渗以及炉内冷却后,最终的热导率仅为110～130 W/(m·K)。与之相对,在1 150 ℃下溶渗以及炉内冷却,成品的热导率为160 W/(m·K)的热导率。这个数值非常接近German所提出模型的预测值169 W/(m·K)。

以1 ℃/min的冷却速率,将温度从1 400 ℃降低到1 050 ℃(低于铜的熔化温度),可使更多的钼析出,使热导率从110 W/(m·K)提高到140 W/(m·K)以上。通过降低冷却速率或在冷却循环中保持1 150 ℃等温,可进一步提升热导率。在W－Cu中没有观察到类似现象,这是因为即使在高温下,钨在铜中的溶解度也不会超过0.01%。钼在铜中每溶解1%,便会使热导率降低30 W/(m·K),与铁相比,钼对热导率的影响要小得多。相对地,铁在铜中每溶解1%,便会使热导率降低30 W/(m·K)以上。

20.5.7 应用实例

和W－Cu一样,大部分Mo－Cu也是以熔渗片的形式出售的,但MIM可以对更复杂的零件进行近净加工。图20.31所示为溶渗Mo－15Cu散热器和小型晶体管封装。它的密度是理论密度的95%,内部几乎没有孔隙,散热器螺杆的溶渗没有出现问题。因此,虽然熔渗工艺已被证明比液相烧结更成功,但由于注射成型可以减小尺寸收缩从而改善精度控制以及具有更低的成本,因此复杂的Mo－Cu散热器可以使用注射成型制造。

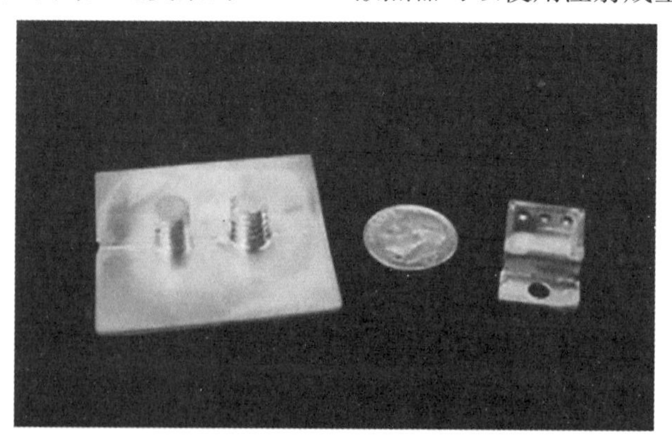

图20.31 熔渗Mo－15Cu散热器和小型晶体管封装

20.6　结　　论

铜可通过固态烧结达到近似理论密度,但需要注意避免氢带来的膨胀。W - Cu 和 Mo - Cu 可以通过液相烧结或熔渗达到接近理论密度。商用 W - Cu 复合粉末具有优异的烧结性能,使得液相烧结成为加工 W - Cu 的首选工艺。由于细钼粉的成型性能与液相烧结密度较差,因此推荐采用熔渗工艺加工 Mo - Cu。选择适当的粉末与烧结周期以及减少杂质的含量,可以实现与模型预测值相近的热性能。金属注射成型技术可以制造出其他金属加工技术难以制造的散热器,还可直接加工复杂形状的新结构零件,例如具有多孔芯和高导热性外壳的热管。

本章参考文献

[1] Babin, B. R., Peterson, G. P., Wu, D. (1990). Steady-state modeling and testing of a micro heat pipe. Journal of Heat Transfer, 112(August), 595 - 601.

[2] Chan, T. Y., Chuang, M. S., Lin, S. T. (2005). Injection moulding of oxide reduced copper powders. Powder Metallurgy, 48(2), 129 - 133.

[3] Cheng, J., Wan, L., Cai, Y., Zhu, J., Song, P., Dong, J. (2010). Fabrication of W-20% Cu alloys by powder injection molding. Journal of Materials Processing Technology, 210(1), 137 - 142.

[4] Danninger, H., Gierl, C., Muehlbauer, G., Gonzalez, M. S., Schmidt, J., Specht, E. (2011). Thermophysical properties of sintered steels—effect of porosity. International Journal of Powder Metallurgy, 47(3), 31 - 42.

[5] Dorfman, L. P., Houck, D. L., Scheithauer, M. J. (2002). Consolidation of tungsten-coated copper composite powder. Journal of Materials Research, 17(8), 2075 - 2084.

[6] Dorfman, L. P., Houck, D. L., Scheithauer, M. J., Frisk, T. A.

(2002). Synthesis and hydrogen reduction of tungsten-copper composite oxides. Journal of Materials Research, 17(4), 821 – 830.

[7] Ermenko, V. N., Minakova, R. V., Churakov, M. M. (1976). Solubility of tungsten in copper-nickel melts. Soviet Powder Metallurgy and Metal Ceramics, 15, 283 – 286.

[8] Fahmy, A. A., Ragai, A. N. (1970). Thermal-expansion behavior of two-phase solids. Journal of Applied Physics, 41, 5108 – 5111.

[9] German, R. M. (1993). A model for the thermal properties of liquid phase sintered composites. Metallurgical and Materials Transactions A, 24A, 1745 – 1752.

[10] German, R. M., Hens, K. F., Johnson, J. L. (1994). Powder metallurgy processing of thermal management materials for microelectronic applications. International Journal of Powder Metallurgy, 30(2), 205 – 215. 494 Handbook of Metal Injection Molding

[11] German, R. M., Johnson, J. L. (2007). Metal powder injection molding of copper and copper alloys with a focus on microelectronic heat dissipation. International Journal of Powder Metallurgy, 43(5), 55 – 63.

[12] German, R. M., Tan, L. K., Johnson, J. L. (2005). Advanced microelectronic heat dissipation package and method for its manufacture. US Patent 6,935,022, 30 August 2005.

[13] Gessinger, G. H., Melton, K. N. (1977). Burn-off behaviour of W-Cu contact materials in an electric arc. Powder Metallurgy International, 9(2), 67 – 72.

[14] Hayashi, K., Lim, T. W. (1990). A consideration on incompleteness of densification of Cu, Cu-Sn, and Cu-Ni injection molding finer powders by sintering in H_2 gas. In PM into the 1990s. Proceedings of the world congress on powder metallurgy, Vol. 3(pp. 129 – 133). London: Institute of Metals.

[15] Hens, K. F., Johnson, J. L., German, R. M. (1994). Pilot production of advanced electronic packages via powder injection molding. C. Lall A. Neupaver (Eds.), Advances in powder metallurgy (pp.

217 - 229). vol. 4 (pp. 217 - 229). Princeton, NJ, USA: Metal Powder Industries Federation.

[16] Hinse, C., Zauner, R., Nagel, R., Davies, P., Kearns, M. (2007). Simulation-based design for powder injection moulding. PIM International, 1(2), 54 - 56.

[17] Ho, P. W., Li, Q. F., Fuh, J. Y. H. (2008). Evaluation of W-Cu metal matrix composites produced by powder injection molding and liquid infiltration. Materials Science and Engineering A, 485, 657 - 663.

[18] Jabir, S. M., Noorsyakirah, A., Afian, O. M., Nurazilah, M. Z., Aswad, M. A., Afiq, M., et al. (2016). Analysis of the rheological behavior of copper metal injection molding (MIM) feedstock. Procedia Chemistry, 19, 148 - 152.

[19] Jech, D. E., Sepulveda, J. L., Traversone, A. B. (1997). Process for making improved copper/tungsten composites. US Patent 5,686,676, 11 November 1997.

[20] Johnson, J. L. (1994). Densification, microstructural evolution, and thermal properties of liquid phase sintered composites. Ph. D thesis University Park, PA, USA: Engineering Science and Mechanics, The Pennsylvania State University.

[21] Johnson, J. L., Brezovsky, J. J., German, R. M. (2005). Effects of tungsten particle size and copper content on densification of liquid phase sintered W-Cu. Metallurgical and Materials Transactions A, 36A, 2807 - 2814.

[22] Johnson, J. L., German, R. M. (1993a). Factors affecting the thermal conductivity of W-Cu composites. A. Lawley A. Swanson (Eds.), Advances in powder metallurgy (pp. 201 - 213). vol. 4 (pp. 201 - 213). Princeton, NJ, USA: Metal Powder Industries Federation.

[23] Johnson, J. L., German, R. M. (1993b). Phase equilibria effects on the enhanced liquid phase sintering of W-Cu. Metallurgical and Materials Transactions A, 24A, 2369 - 2377.

[24] Johnson, J. L., German, R. M. (1996). Solid-state contributions to

densification during liquid phase sintering. Metallurgical and Materials Transactions B, 27B, 901 –909.

[25] Johnson, J. L. ,German, R. M. (1999). Powder metallurgy processing of Mo-Cu for thermal management applications. International Journal of Powder Metallurgy, 35(8), 39 –48.

[26] Johnson, J. L. ,German, R. M. (2001). Role of solid-state skeletal sintering during processing of Mo-Cu composites. Metallurgical and Materials Transactions A, 32A, 605 –613.

[27] Johnson, J. L. , German, R. M. , Hens, K. F. , Guiton, T. A. (1996). Injection molding AlN for thermal management applications. American Ceramics Society Bulletin, 7522(8), 61 –65.

[28] Johnson, J. L. , Hens, K. F. ,German, R. M. (1995). W-Cu and Mo-Cu for microelectronic packaging applications: processing fundamentals. In A. Bose R. J. Dowding (Eds.), Tungsten and refractory metals—1994 (pp. 246 –252). Princeton, NJ, USA: Metal Powder-Industries Federation.

[29] Johnson, J. L. , Lee, S. , Noh, J. W. , Kwon, Y. S. , Park, S. J. , Yassar, R. , et al. (2007). Microstructure of tungsten-copper and model to predict thermal conductivity. J. Engquist T. F. Murphy (Eds.), Advances in powder metallurgy and particulate materials-2007 (pp. 99 –110). vol. 9(pp. 99 –110). Princeton, NJ, USA: Metal Powder Industries Federation.

[30] Johnson, J. L. , Park, S. J. ,Kwon, Y. S. (2009). L. S. Sigl, P. Roedhammer,H. Wildner (Eds.), Experimental and theoretical analysis of the factors affecting the thermal conductivity of W-Cu. Proceedings of the 17th International Plansee Seminar, vol. 2. Reutte, Austria: Metallwerk Plansee pp. 2/1 –2/11.

[31] Johnson, J. L. , Park, S. J. , Kwon, Y. S. , German, R. M. (2010). The effects of composition and microstructure on the thermal conductivity of liquid-phase-sintered W-Cu. Metallurgical and Materials Transactions A, 41A, 1564 –1572 1871.

[32] Johnson, J. L. , Suri, P. , Scoiack, D. C. , Baijal, R. , German, R.

M. ,Tan, L. K. (2003). Metal injection molding of high conductivity copper heat sinks. R. Lawcock M. Wright (Eds.), Advances in powder metallurgy and particulate materials (pp. 262 -272). vol. 8(pp. 262 - 272). Princeton, NJ, USA: Metal Powder Industries Federation, MPIF.

[33] Johnson, J. L. ,Tan, L. K. (2004a). Metal injection molding of heat sinks. Electronics Cooling,10, 22 -28.

[34] Johnson, J. L. ,Tan, L. K. (2004b). Fabrication of heat transfer devices by metal injection molding. H. Danninger R. Ratz (Eds.), Euro PM2004 conference proceedings (pp. 363 -368). vol. 4(pp. 363 - 368). Shrewsbury, UK: European Powder Metallurgy Association.

[35] Johnson, J. L. , Tan, L. K. , Bollina, R. , Suri, P. ,German, R. M. (2005). Evaluation of copper powders for processing heat sinks by metal injection molding. Powder Metallurgy, 48(2), 123 -128.

[36] Kerner, E. H. (1956). The elastic and thermo-elastic properties of composite media. Proceedings of the Physics Society, 69B, 808 -813.

[37] Kim, J. C. , Ryu, S. S. , Lee, H. ,Moon, I. H. (1999). Metal injection molding of nanostructured W-Cu composite powder. International Journal of Powder Metallurgy, 35(4), 47 -55.

[38] Kim, S. W. , Suk, M. J. ,Kim, Y. D. (2006). Metal injection molding of W-Cu powders prepared by low energy ball milling. Metals and Materials International, 12(1), 39 -44.

[39] Kirk, T. W. , Caldwell, S. G. ,Oakes, J. J. (1992). Mo-Cu composites for electronic packaging applications. J. Campus R. M. German (Eds.), Advances in powder metallurgy (pp. 115 -122). vol. 9(pp. 115 - 122). Princeton, NJ, USA: Metal Powder Industries Federation.

[40] Knuewer, M. , Meinhardt, H. ,Wichmann, K. H. (2001). Injection moulded tungsten and molybdenum copper alloys for microelectronic housings. Proceedings of the 15th International Plansee Seminar (pp. 44 -59). vol. 1(pp. 44 -59). Reutte, Austria: Metallwerk Plansee.

[41] Kny, E. (1989). H. Bildstein H. M. Ortner (Eds.), Properties and uses of the pseudobinary alloys of Cu with refractory metals. Proceedings of the 12th International Plansee Seminar, vol. 4 (pp. 763 - 772). Reutte, Austria: Metallwerk Plansee.

[42] Koh, J. C. Y., Fortini, A. (1973). Prediction of thermal conductivity and electrical resistivity of porous metallic materials. International Journal of Heat and Mass Transfer, 16, 2013 - 2021.

[43] Kothari, N. C. (1982). Factors affecting tungsten-copper and tungsten-silver electrical contact materials. Powder Metallurgy International, 14, 139 - 143.

[44] Lasalle, J. C., Behi, M., Glandz, G. A., Burlew, J. V. (2003). Aqueous nonferrous feedstock material for injection molding. US Patent 6,635,099, 21 October 2003.

[45] Lee, J. S., Kaysser, W. A., Petzow, G. (1985). Microstructural changes in W-Cu and W-Cu-Ni compacts during heating up for liquid phase sintering. Modern developments in powder 496 Handbook of Metal Injection Molding metallurgy (pp. 489 - 506). vol. 15 (pp. 489 - 506). Princeton, NJ, USA: Metal Powder Industries Federation.

[46] Ludvik, S., Clair, S., Krischmann, R., Clark, I. S. R. (1991). Metal injection molding (MIM) for advanced electronic packaging. L. F. Pease R. J. Sansoucy (Eds.), Advances in powder metallurgy (pp. 225 - 239). vol. 2 (pp. 225 - 239). Princeton, NJ, USA: Metal Powder Industries Federation.

[47] Massalski, T. B. (1986). Binary alloy phase diagrams. Metals Park, OH, USA: ASM. Moballegh, L., Morshedian, J., Esfandeh, M. (2005). Copper injection molding using a thermoplastic binder based on paraffin wax. Materials Letters, 59, 2832 - 2837.

[48] Moon, I. H., Kim, S. H., Kim, J. C. (1996). The particle size effect of copper powders on the sintering of W-Cu MIM parts. T. Cadle S. Narasimhan (Eds.), Advances in powder metallurgy and particulate materials—1996. vol. 19 (pp. 147 - 156). Princeton, NJ, USA:

Metal Powder Industries Federation.

[49] Moore, J. A. , Jarding, B. P. , Lograsso, B. K. ,Anderson, I. E. (1995). Atmosphere control during debinding of powder injection molded parts. Journal of Materials Engineering and Performance, 4 (3), 275 - 282.

[50] Oenning, J. B. ,Clark, I. S. R. (1991). Copper-tungsten metal mixture and process. US Patent 4,988,386, 29 January 1991.

[51] Parrot, J. E. ,Stuckes, A. D. (1975). Thermal conductivity of solids. London: Pion. Petzoldt, F. , Knuewer, M. , Wichmann, K. H. , Cristofaro, N. D. (2001). Metal injection molding of tungsten and molybdenum copper alloys for microelectronic packaging.

[52] W. B. Eisen S. Kassam (Eds.), Advances in powder metallurgy and particulate materials—2001 (pp. 118 - 125). 4(pp. 118 - 125). Princeton, NJ, USA: Metal Powder Industries Federation. Rose, R. M. , Shepard, L. A. ,Wulff, J. (1966). Structure and properties of materials, Volume Ⅳ: Electronic properties. New York, USA: John Wiley and Sons.

[53] Sebastian, K. V. (1981). Properties of sintered and infiltrated tungsten electrical contact material. International Journal of Powder Metallurgy, 17(4), 297 - 303.

[54] Shropshire, B. H. , Chan, T. Y. ,Lin, S. T. (2002). Applications of oxide-reduced copper powders in electronics cooling. Bulletin of the Powder Metallurgy Association, 27, 163 - 172.

[55] Shropshire, B. H. , Klatt, K. , Lin, S. T. ,Chan, T. Y. (2003). Copper P/M in thermal management. International Journal of Powder Metallurgy, 39(4), 47 - 50.

[56] Skorokhod, V. V. , Uvarova, I. V. ,Landau, T. E. (1983). Effect of various methods of charge preparation on sinterability in the molybdenum-copper system. Soviet Powder Metallurgy and Metal Ceramics, 22, 185 - 188.

[57] Song, J. , Qi, M. , Zeng, X. , Xu, L. , Yu, Y. ,Zhuang, Z. (2011). Metal injection moulding of W-10% Cu material with ultra fine composite

powder. Powder Injection Molding International, 5(4), 74 –78.

[58] Stevens, A. J. (1974). Powder-metallurgy solutions to electrical-contact problems. Powder Metallurgy International, 17, 331 –346.

[59] Sundback, C. A., Novich, B. E., Karas, A. E., Adams, R. W. (1991). Complex ceramic and metallic shapes by low pressure forming and sublimative drying. US Patent 5,047,182, 10 September 1991.

[60] Swanson, L. W. (2000). Heat pipes. In The CRC handbook of thermal engineering. New York, USA: CRC Press pp. 4.419 –4.430.

[61] Sweet, J. F., Dombroski, M. J., Lawley, A. (1992). Property control in sintered copper: function of additives. International Journal of Powder Metallurgy, 28, 41 –51.

[62] Terpstra, R. L., Lograsso, B. K., Anderson, I. E., Moore, J. A. (1994). Heat sink and method of fabricating. US Patent 5,366,688, 22 November 1994.

[63] Metal injection molding (MIM) of thermal management materials in microelectronics 497 Terpstra, R. L., Lograsso, B. K., Anderson, I. E., Moore, J. A. (1996). Heat sink and method of fabricating, US Patent 5,523,049, 4 June 1996.

[64] Tummala, R. R. (1991). Ceramic and glass-ceramic packaging in the 1990s. Journal of the American Ceramics Society, 74(5), 895 –908.

[65] Turner, R. S. (1946). Thermal expansion stresses in reinforced plastics. Journal of Research NBS, 37, 239 –249.

[66] Upadhyaya, A., German, R. M. (1998a). Densification and dilation of sintered W-Cu alloys. International Journal of Powder Metallurgy, 34 (2), 43 –55.

[67] Upadhyaya, A., German, R. M. (1998b). Shape distortion in liquid-phase-sintered tungsten heavy alloys. Metallurgical and Materials Transactions A, 29A, 2631 –2638.

[68] Uraoka, H., Kaneko, Y., Iwasaki, H., Kankawa, Y., Saitoh, K. (1990). Application of injection molding process to Cu powder. Journal of the Japan Society of Powder and Powder Metallurgy, 37, 187 –190.

[69] Viswanath, R., Wakharkar, V., Watwe, A., Lebonheur, V. (2000).

Thermal performance challenges from silicon to systems. Intelligent Technology Journal, Q3, 1 –16.

[70] Wada, N. , Kankawa, Y. ,Kaneko, Y. (1997). Injection molding of electrolytic copper powder. Journal of the Japan Society of Powder and Powder Metallurgy, 44, 604 –611.

[71] Wang, W. S. ,Hwang, K. S. (1998). The effect of tungsten particle size on the processing and properties of infiltrated W-Cu compacts. Metallurgical and Materials Transactions A, 29A, 1509 –1516.

[72] Williams, C. (1991). Design consideration for microwave packages. Ceramic Bulletin, 70(4),714 –721.

[73] Yang, B. ,German, R. M. (1997). Powder injection molding and infiltration sintering of superfine grain W-Cu. International Journal of Powder Metallurgy, 33(4), 55 –63.

[74] Zlatkov, B. S. ,Hubmann, R. (2008). Tube type X-COOLER for microprocessors produced by MIM technology. PIM International, 2(1), 51 –54.

第21章 软磁材料的金属注射成型

21.1 概　　述

本章将介绍三种不同的注射成型材料的软磁性能。软磁材料具有磁感应强度高和磁场小的特点,可用于电磁应用,如电机、变压器、传感器等。近年来,这些零件要求尺寸小、产量高和效率高。为了实现上述特性,软磁材料需要在高频条件下将铁损矢量降至最低。因此本章将讨论如下三种铁磁工业应用中最具吸引力的材料。

(1)Fe-6.5Si。该合金具有优异的软磁性能,然而众所周知,Fe-6.5Si合金是脆性材料,变形能力较差。粉末冶金是生产复杂形状零件的一种有效方法,可以通过将涡流区细分成小晶粒来降低高频涡流的损耗。然而,传统的粉末模压成型很难实现高密度。金属注射成型有望成为一种即使使用硬脆材料也能适用于复杂形状零件的加工技术。由于金属注射成型可实现高密度,故预计其磁性能会优于传统的模压烧结材料。在本章第2节中将讨论Fe-6.5Si金属注射成型零件的磁性能随粉末类型、加工工艺等的变化。

(2)Fe-9.5Si-5.5Al。铁镍合金和铁硅合金是众所周知的软磁材料。具体来说,Fe-9.5Si-5.5Al合金被称为铁硅铝磁合金,它具有高磁导率、高磁通密度、高耐磨性等优点,适用于制造磁带录像机的磁头。然而,该合金的可加工性较差,限制了其应用。本章第3节讨论了用MIM技术生产Fe-9.5Si-5.5Al合金的可行性,以及注射成型材料的软磁性能。详细研究了不同类型的粉末、粒度和杂质(如碳、氧)对磁性能的影响,提出如何通过改变工艺条件获得高性能的软磁材料;此外,考虑到微观结构,还将讨论一些影响其性能的因素。

(3) Fe－50Ni。

以混合元素粉末和预合金粉末为喂料，对Fe－50Ni（坡莫合金）MIM过程进行研究。在混合元素粉末中，由于烧结是在奥氏体区进行的，扩散速率较低，因此很难获得较高的相对密度。另外，由于铁素体烧结的进行，预合金粉末的相对密度较高。同时，预合金粉末压坯的微观组织比混合元素粉末压坯更均匀。因此，在本章的最后一节，将讨论混合元素粉末和预合金粉末对注射成型坡莫合金磁性能的影响。

21.2　Fe－6.5Si

21.2.1　试验步骤

本研究中使用的金属粉末是三种类型的Fe－6.5Si预合金粉末，表21.1所示为Fe－6.5Si的特性。不同氧含量的水雾化和气雾化粉末根据不同的雾化方法和氧含量分别表示为W_H、G_M和G_L。每种粉末和蜡基多组分黏结剂体系（石蜡（69%）、聚丙烯（20%）、巴西棕榈蜡（10%）和硬脂酸（1%））在423 K温度下，以65%的粉末装载量混合1 h。

表21.1　Fe－6.5Si的特性

粉末	W_H	G_m	G_L
制备方法	水雾化粉末	气雾化粉末	气雾化粉末
碳含量/%	0.006	0.005	0.006
氧含量/%	0.31	0.09	0.004
平均粒径/μm	29.8	36.3	38.0
示意图			

为了研究磁性能,采用注射成型的方法制备了环形压坯。腔体尺寸为外径45 mm,内径30 mm,厚度5.6 mm。在正庚烷气氛中,生坯在348 K的温度下脱脂5 h,然后在氢气气氛中进行热脱脂。烧结在1 423 ~1 623 K的电炉中进行,为氢气气氛,时间为1 ~3 h。图21.1所示为热脱脂和烧结程序,烧结条件见表21.2,未进行二次热处理。

采用阿基米德法对烧结坯进行密度测量,以及硬度测试(HRa)、光学观察、碳氧元素分析和磁性表征。

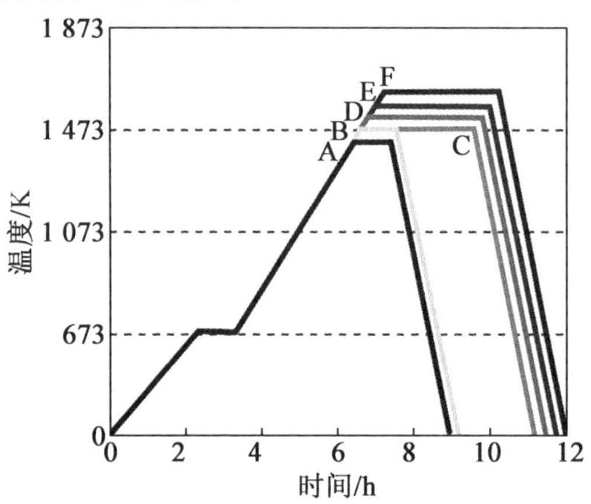

图21.1　热脱脂和烧结程序

表21.2　烧结条件

模式	温度/K	时间/h
A	1 423	1
B	1 473	1
C	1 473	3
D	1 523	3
E	1 573	3
F	1 623	3

21.2.2　相对密度、硬度、平均晶粒尺寸和化学成分

相对密度与烧结温度的关系如图21.2所示,烧结密度随烧结温度的

升高而增大。即使在较低的烧结温度下，G_L 的烧结密度也明显高于其他合金。硬度与相对密度的关系如图21.3所示。硬度也随着相对密度的增加而增加。

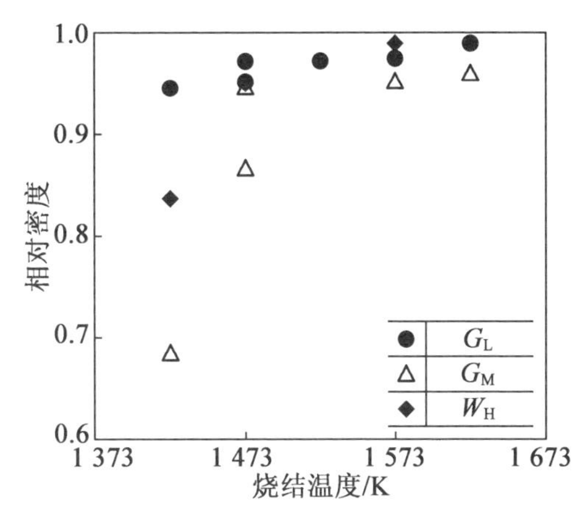

图21.2 相对密度与烧结温度的关系

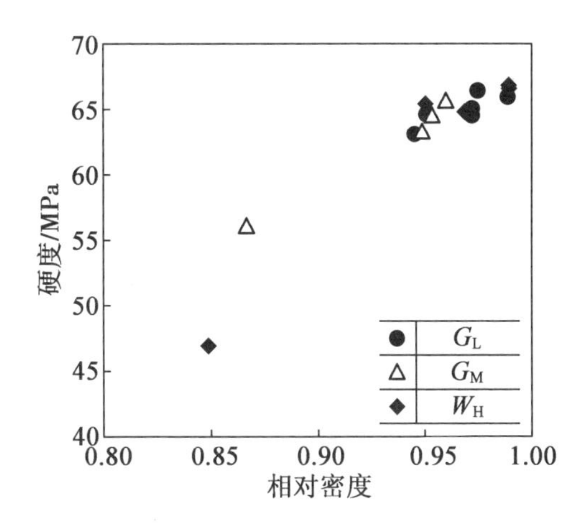

图21.3 硬度与相对密度的关系

图21.4所示为致密材料在1 623 K下烧结3 h的光学显微图。平均粒径与相对密度的关系如图21.5所示。G_L 的粒径比其他致密体大10倍左右。这可能是由于烧结中期（致密化）结束时间较短，而烧结后期（晶粒长大）粉末含氧量较低。

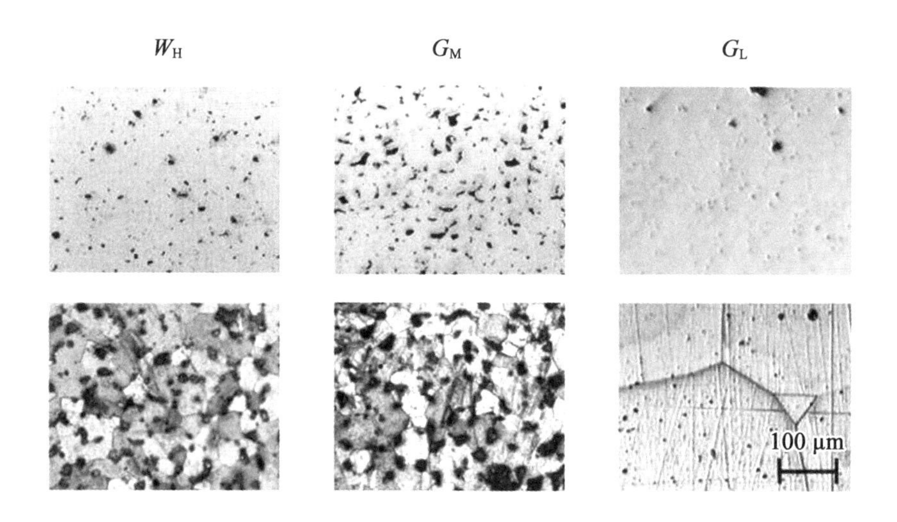

图 21.4 致密材料在 1 623 K 下烧结 3 h 的光学显微图

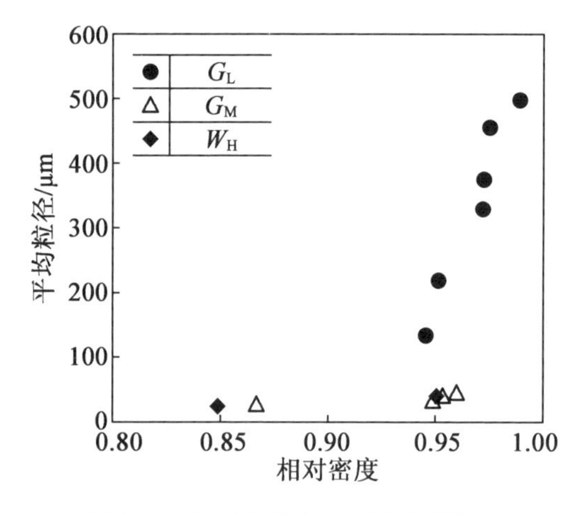

图 21.5 平均粒径与相对密度的关系

碳含量与相对密度的关系如图 21.6 所示,氧含量与相对密度的关系如图 21.7 所示。在这两种情况下,碳和氧的含量不受相对密度的影响。高密度压坯的碳含量明显低于喂料粉末,见表 21.1。W_H 和 G_L 的粉末原料氧含量也有所降低,而 G_M 的粉末原料氧含量增加,导致密度降低。一般情况下,磁性能主要受杂质的影响,因此高纯度的 G_L 可表现出较高的磁性能。

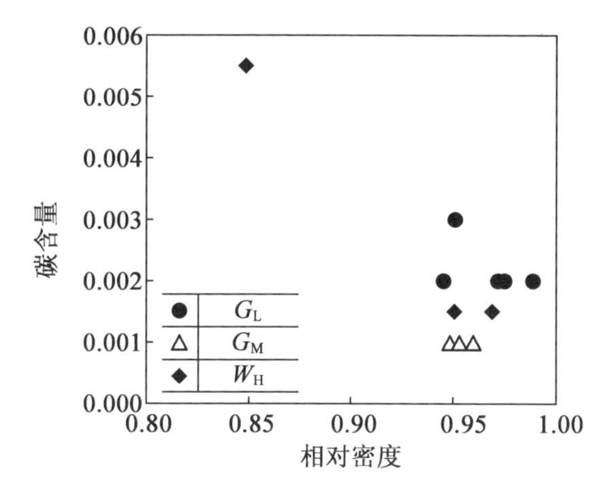

图 21.6　碳含量与相对密度的关系

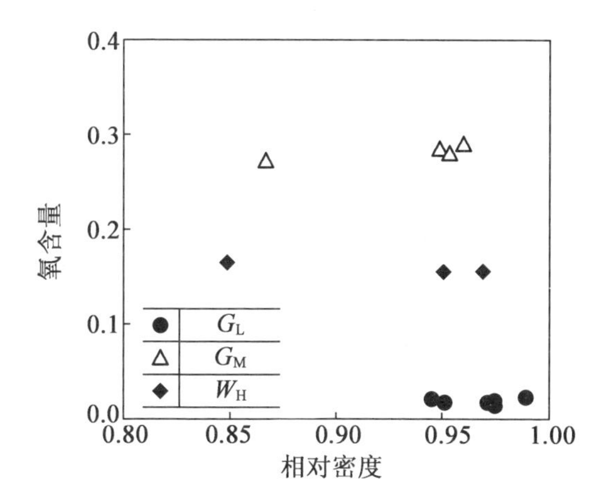

图 21.7　氧含量与相对密度的关系

21.2.3　磁特性

优良的软磁材料具有高磁感应(B)、高磁导率(μ_m)、低矫顽力(H_c)和低铁芯损耗($W_{B/F}$)的特性。本节对 Fe－6.5Si 变形材料与烧结坯的磁性能进行了比较。

磁感应强度与相对密度的关系如图 21.8 所示。在所有的致密材料中,磁感应强度的增加率与其相对密度成正比。此外,密度较高的压坯表现出较高的、相当于锻造材料的磁感应强度。最大渗透率(μ_m)与相对密度的关系如图21.9所示。最大渗透率随相对密度的增大而增大。相对于相对密度,矫顽力的变化如图21.10所示。矫顽力随着相对密度的增大而减小,而G_L值较低。结果表明,高密度、高纯度的致密烧结坯具有良好的磁性能。

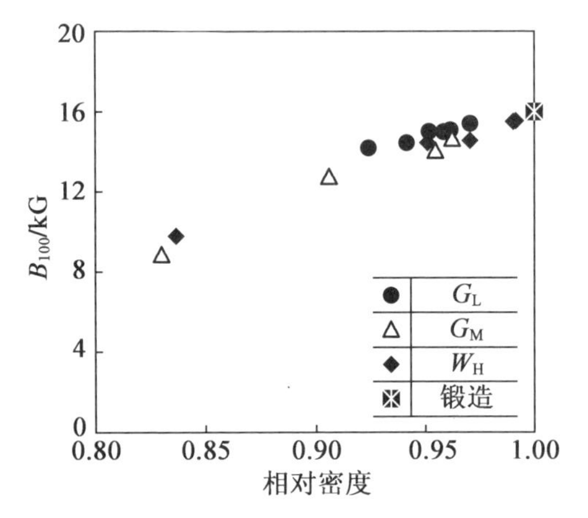

图21.8　磁感应强度与相对密度的关系

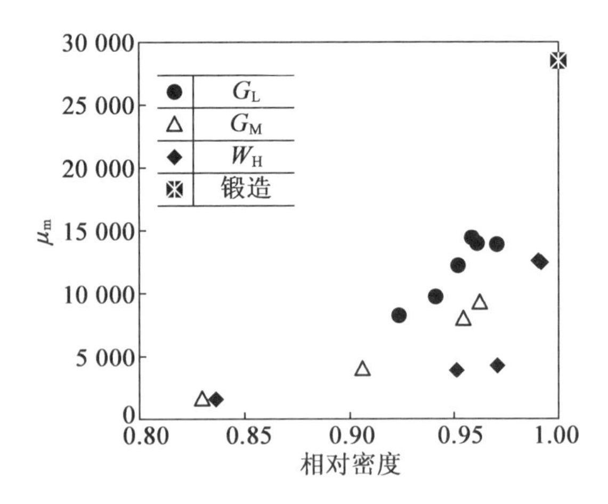

图21.9　最大渗透率与相对密度的关系

图21.11和图21.12分别为滞回损耗(K_h)和涡流损耗(K_e)与相对密度的关系。K_h和K_e与密度之间没有明显的强相关关系,但W_H的涡流损耗相对较低。图21.13为三种试样在不同频率下的铁损失量($W_{B/F}$),其相对密度在0.97左右。虽然在较低频率下的铁损失量基本相同,但在较高

频率下的铁失量有很大的差异。W_H 的铁损失量最小,这是因为涡流损耗对铁损失量的影响较大。在这种情况下,不仅纯度,而且平均粒径似乎也对磁性能有影响。因此,提高磁致密度和控制晶粒长大是获得优异磁性能的必要条件。

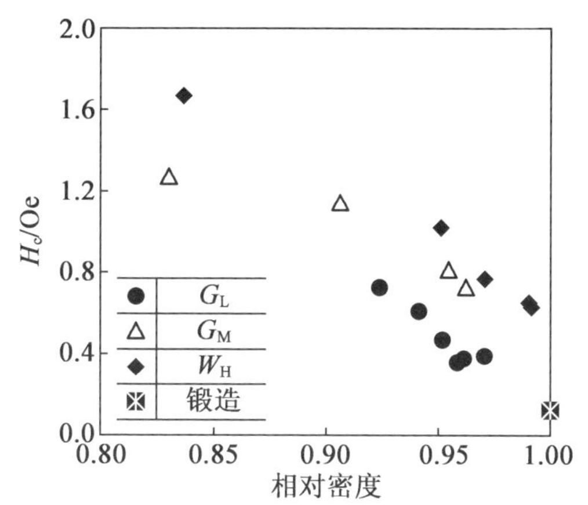

图 21.10 相对于相对密度,矫顽力的变化

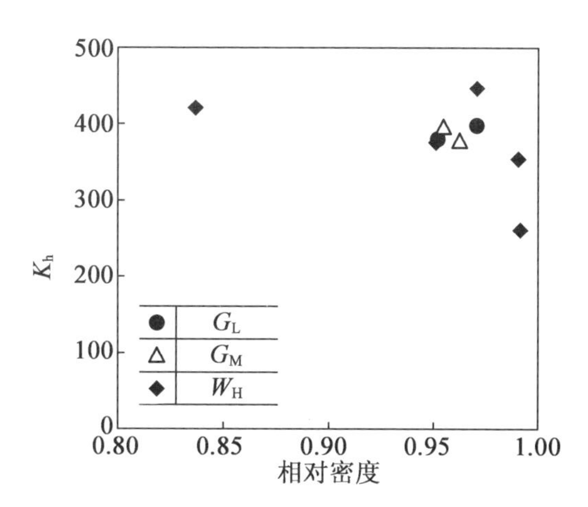

图 21.11 滞回损耗与相对密度的关系

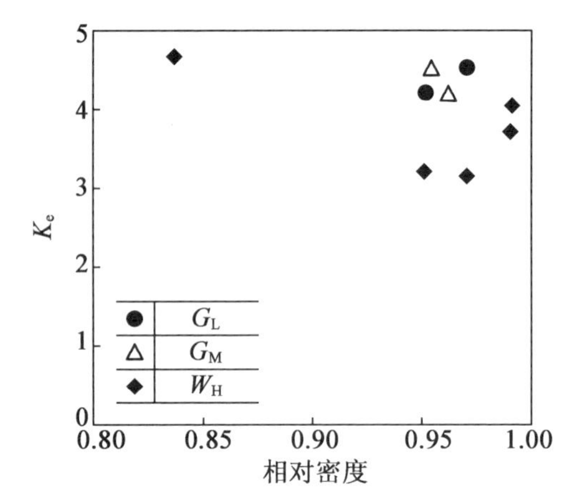

图 21.12　涡流损耗与相对密度的关系

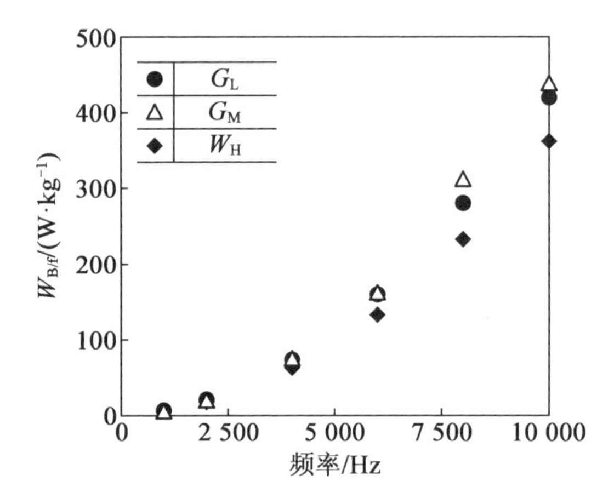

图 21.13　三种试样在不同频率下的铁损失量

21.3　Fe－9.5Si－5.5Al

21.3.1　试验方法

试验采用气体雾化粉末(平均粒径为12.7 μm)进行研究。Fe－9.5Si－5.5Al粉末的化学组成见表21.3。首先将粉末与蜡基多组分黏结剂(石蜡

69%、聚丙烯20%、巴西棕榈蜡10%和硬脂酸1%在423 K下混合1 h。注射成型后，在缩合溶剂中进行萃取脱脂，在正庚烷中，在348 K下进行萃取脱脂5 h，以去除部分蜡成分。在此处理之后，在1 103 K的氢气中进行最后的热脱脂。在1 473 ~ 1 543 K的氢气或真空中烧结1 h。将烧结坯加工成外径为9 mm、内径为6 mm、厚度为3 mm的环形坯体，在1 173 K的真空条件下退火6 h以消除残余应力。用B－H环形跟踪仪测定试样的最大磁感应强度(B_{10})、剩余磁感应强度(B_r)和矫顽力(H_c)。试样的微观结构使用显微镜进行检查。

表21.3　Fe－9.5Si－5.5A1粉末的化学组成　%

组成	Si	Al	Mn	P	S	C	N	O	Fe
气雾化粉末质量分数	9.5	6.1	—	—	0.001	0.02	0.002	0.09	Bal.
水雾化粉末质量分数	9.2	5.3	0.3	0.05	0.01	0.07	—	0.26	Bal.

注：Bal表示剩余质量分数。

21.3.2　气相雾化粉末压坯的磁性能

图21.14所示为烧结气体环境和温度对使用气雾化粉末注射成型铁硅铝磁合金致密性的影响。虽然低温氢气氛下烧结和真空气氛下烧结的压坯之间有一定差异，但在温度超过1 523 K时，两者的密度都达到了理论值的98%。

图21.15所示为MIM铁硅铝磁合金在真空和氢气中不同温度烧结后的显微组织。在1 473 K和1 493 K下烧结的致密体均有大量气孔。另外，在1 523 K下烧结的致密体致密化程度较高，且仍保持较小的晶粒尺寸。在1 543 K下烧结的致密体表现出了明显的液相烧结导致的晶粒长大，并出现一定程度的变形。因此，注射模压坯的最佳烧结温度为1 523 K。

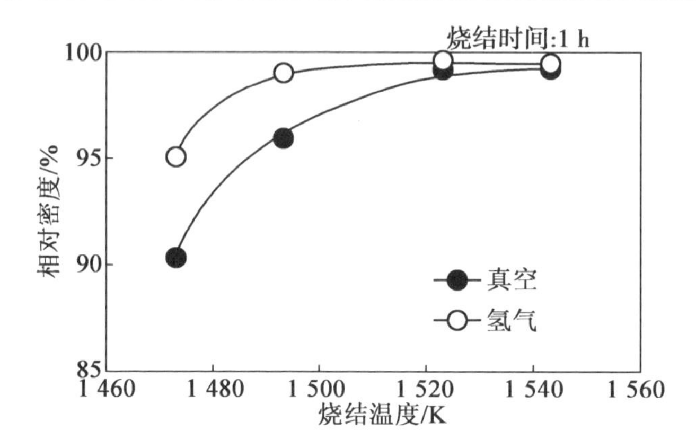

图 21.14 烧结气体和温度对使用气雾化粉末注射成型铁硅铝磁合金致密性的影响

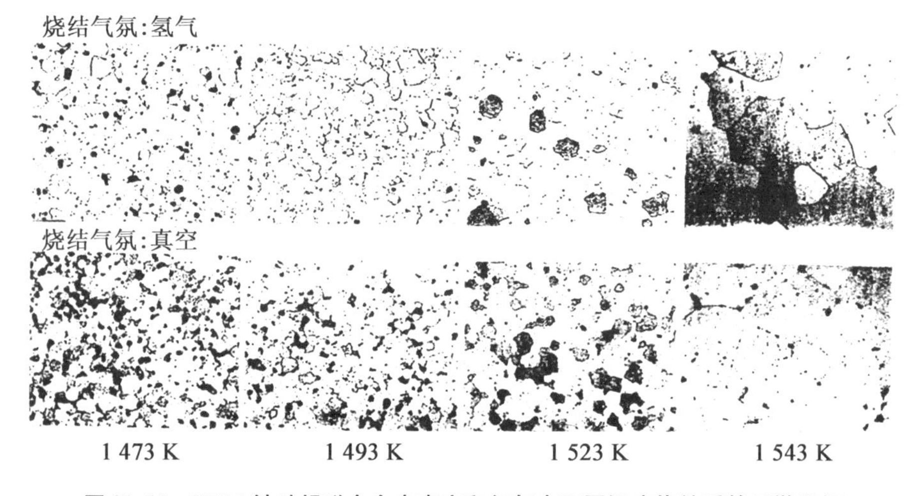

图 21.15 MIM 铁硅铝磁合金在真空和氢气中不同温度烧结后的显微组织

烧结气体和温度对气雾化粉末 MIM 铁硅铝磁合金致密体磁性能的影响如图 21.16 所示。一般情况下,高 B_{10}、高 B_r、高 H_c 适用于软磁材料。在图 21.16 中,B_{10}的值变化不大,而 B_r 和 H_c 则随着烧结温度的升高而降低。降低 B_r 和 H_c 是一个有利的趋势,但其值相对于锻造材料而言较低。

一般情况下,晶粒尺寸和碳、氧等杂质会对磁性能产生强烈影响。图 21.17 为在不同温度下烧结的致密体的晶粒尺寸。除液相烧结致密体(1 547 K)外,晶粒尺寸变化不大,大部分晶粒尺寸与喂料粉末尺寸相似。烧结后碳含量从总质量的 0.02% 急剧下降到 0.003% ,氧含量从总质量的

0.09% 显著增加到 0.27%。从这些结果可以看出,较小的晶粒尺寸和大量的氧化物滞留似乎阻止了畴壁的迁移,从而导致软磁材料的磁性不足。

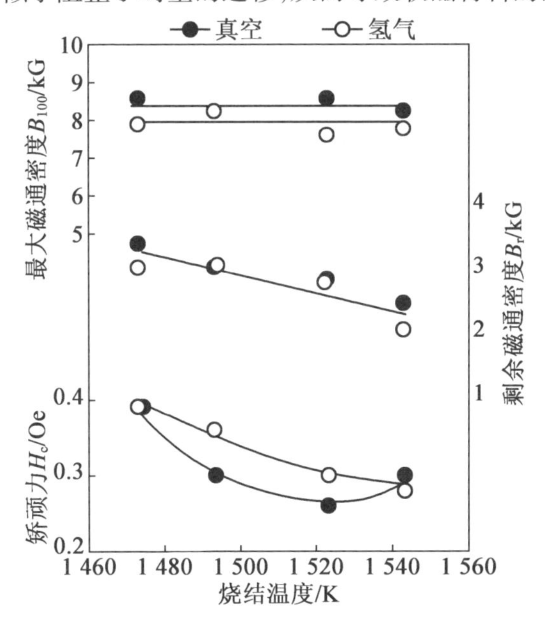

图 21.16　烧结气体和温度对气雾化粉末 MIM 铁硅铝磁合金致密体磁性能的影响

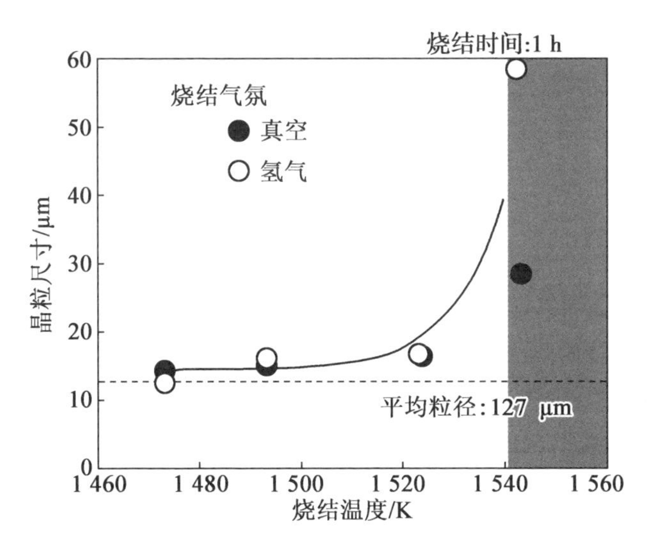

图 21.17　烧结气体和温度对 MIM 铁硅铝磁合金致密组织晶粒尺寸的影响

为了避免脱脂和烧结过程中的氧化,试验采用脱脂和烧结过程相结合的连续工艺,加热条件如图21.18所示。图21.19所示为连续工艺对气雾化粉末MIM铁硅铝磁合金致密体磁性能的影响。即使改变工艺流程,B_{10}值也几乎没有变化。而连续工艺可显著降低B_r和H_c。特别是在较低的烧结温度下,连续工艺的效果似乎更明显。

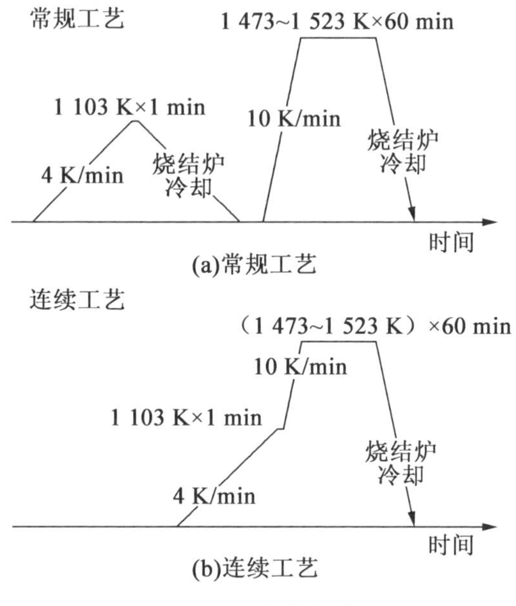

图21.18　加热条件

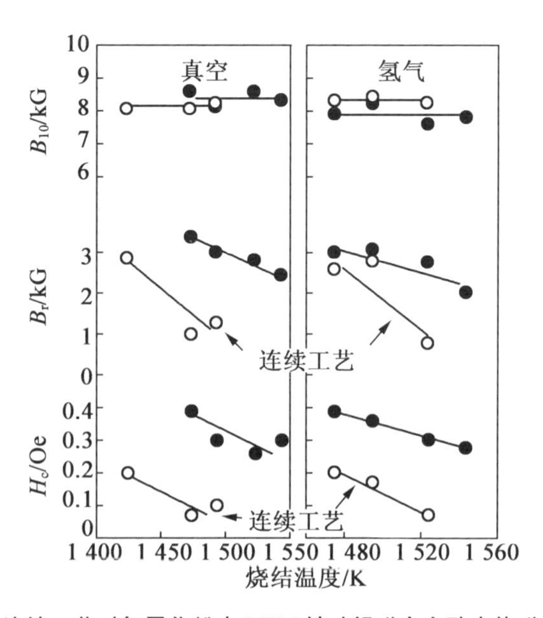

图21.19　连续工艺对气雾化粉末MIM铁硅铝磁合金致密体磁性能的影响

图21.20所示为工艺条件对MIM铁硅铝磁合金致密件密度的影响。在连续烧结的情况下,低温烧结的致密化程度明显更高。图21.21所示为工艺条件对MIM铁硅铝磁合金致密件密度的影响。对于连续的过程,在较低温度的真空气氛和在相似温度的氢气气氛中有显著的晶粒生长。然而对于常规工艺,即使提高温度,晶粒尺寸也几乎没有变化。

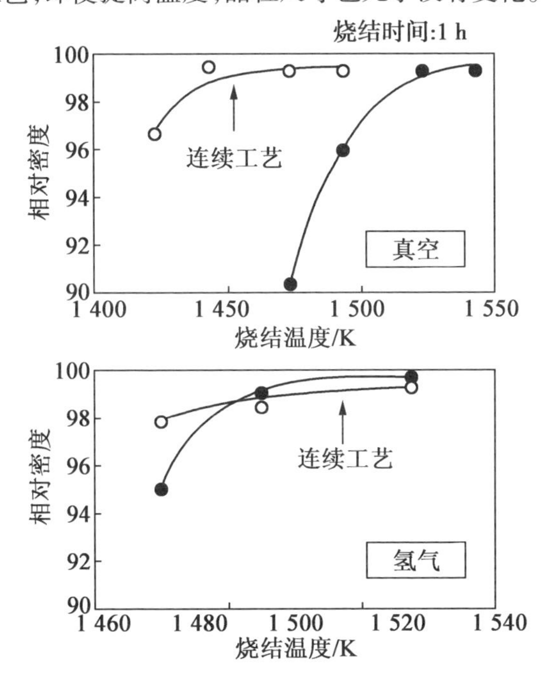

图21.20 工艺条件对MIM铁硅铝磁合金致密件密度的影响

对于连续工艺,含氧量低,晶粒尺寸大,这有助于提高MIM铁硅铝磁合金的软磁性能。烧结温度对气雾化和水雾雾化粉末MIM铁硅铝磁合金磁性能的影响如图21.22所示。

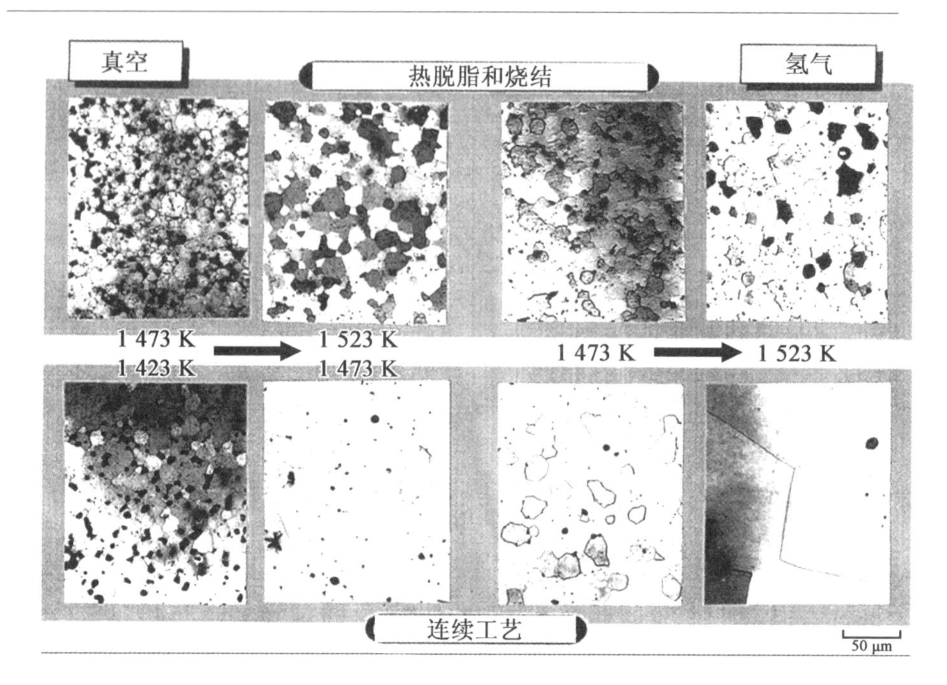

图 21.21　不同工艺制备的 MIM 铁硅铝磁合金的致密组织

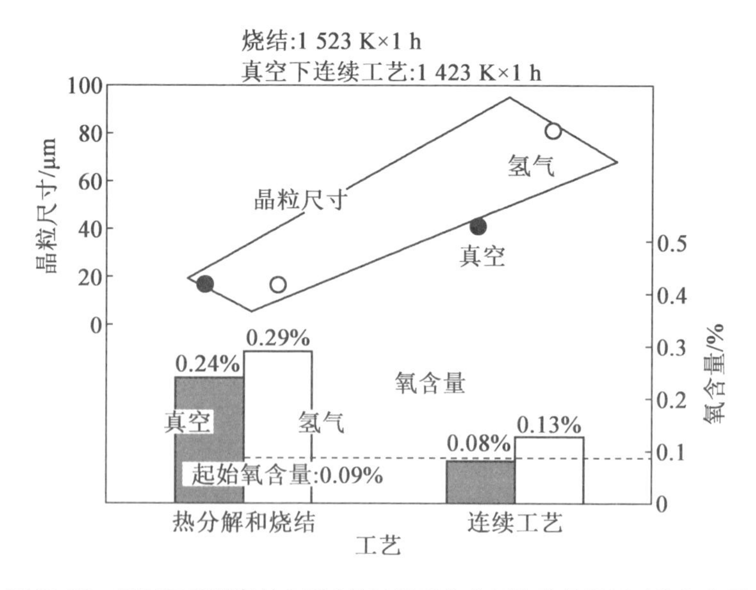

图 21.22　不同工艺制备的 MIM 铁硅铝磁合金坯体的晶粒尺寸和氧含量

21.3.3　气雾化粉末和水雾化粉末的不同磁性能

图21.23所示为烧结温度对气雾化和水雾化粉末MIM铁硅铝磁合金致密性、硬度和碳含量的影响。密度和硬度随温度的升高而升高，但两者相差不大。烧结温度对气雾化和水雾化粉末MIM铁硅铝磁合金磁性能的影响如图21.24所示。B_{10}几乎没有变化，而粉末致密体的B_r和H_c有很大的不同，其中水雾化粉末致密体的磁性能较差。

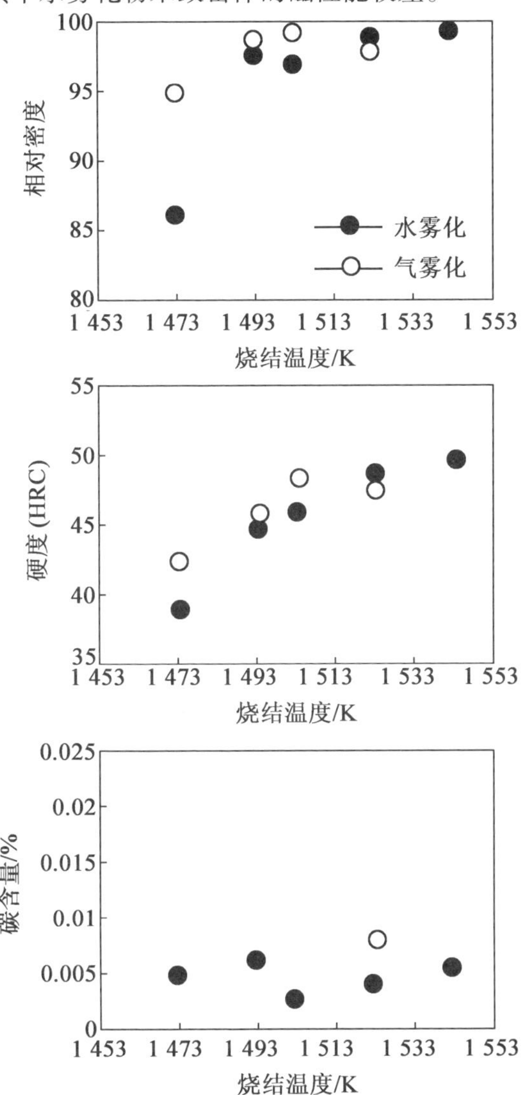

图21.23　烧结温度对气雾化和水雾化粉末MIM铁硅铝磁合金磁性能的影响

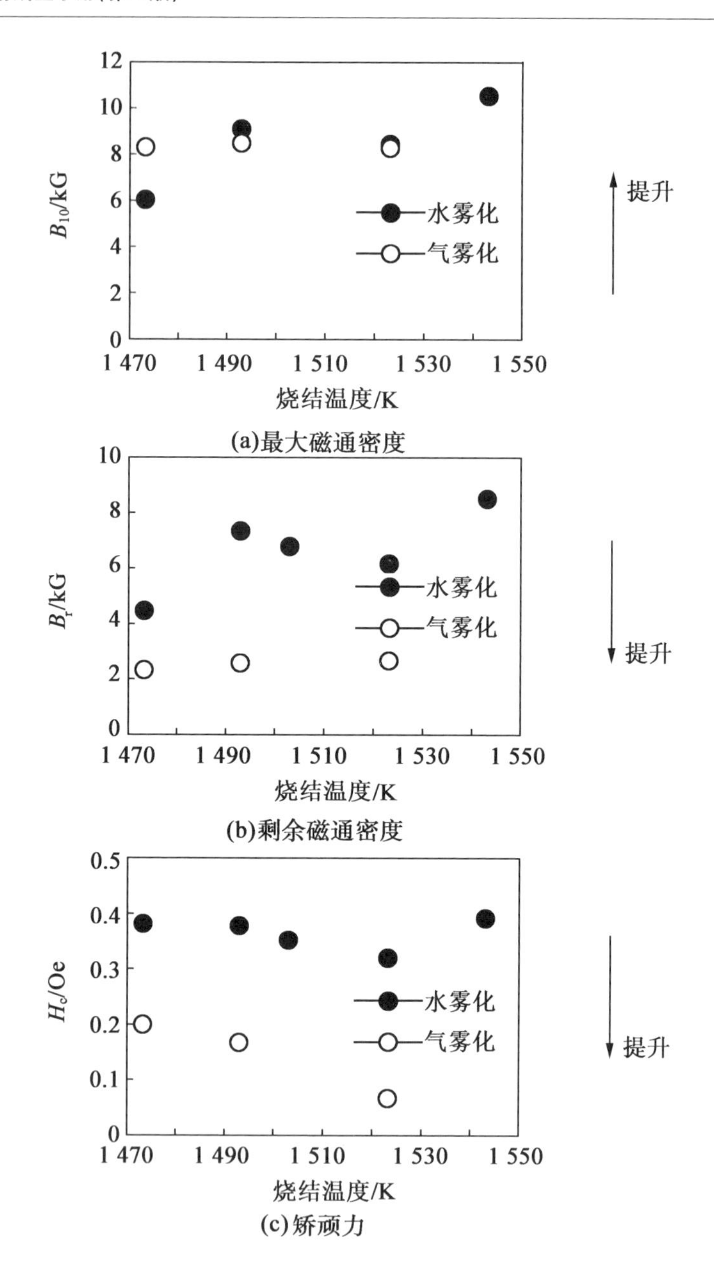

图 21.24　烧结温度对气雾化和水雾化粉末 MIM 铁硅铝磁合金磁性能的影响

图 21.25 所示为气雾化和水雾化粉末在不同温度下烧结而成的 MIM 铁硅铝磁合金的显微组织。即使在较高的烧结温度下,水雾化粉末致密体

也具有细小的晶粒。此外,图 21.26 所示为粉末和烧结坯的碳和氧含量。烧结后,水雾化粉末致密体的含碳量在标准范围内得到了充分的降低,然而氧含量并没有降低,即水雾化粉末仍然保留了较高的氧含量。因此水雾化粉末致密体的磁性能较差,见表 21.4。另外,气雾化粉末致密体则表现出优良的磁性能,如前所述,由于氧化物含量少,晶粒粗大,其性能接近于锻造材料。

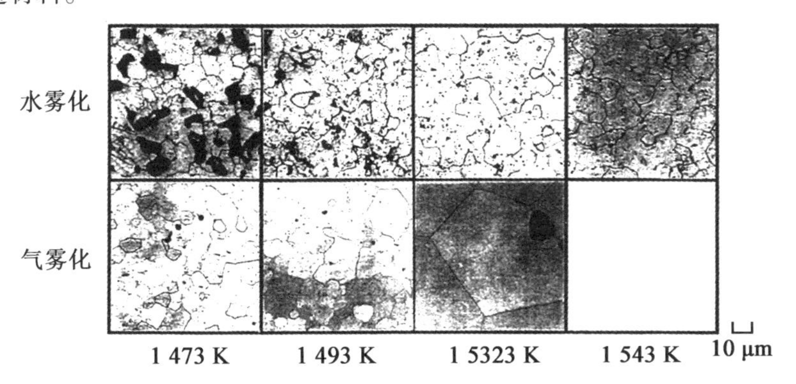

图 21.25　气雾化和水雾化粉末在不同温度下烧结而成的 MIM 铁硅铝磁合金的显微组织

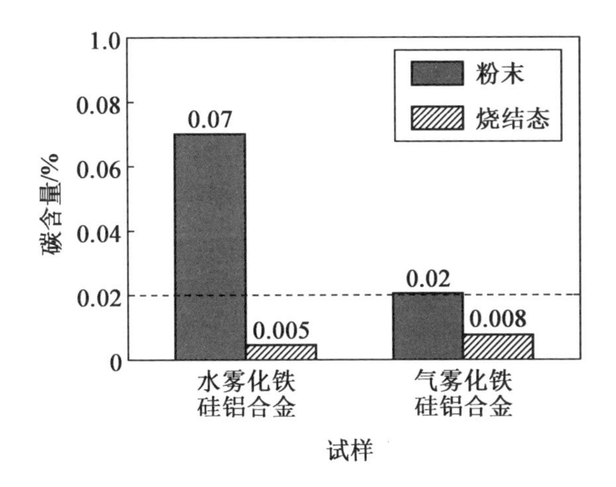

图 21.26　粉末和烧结坯的碳和氧含量

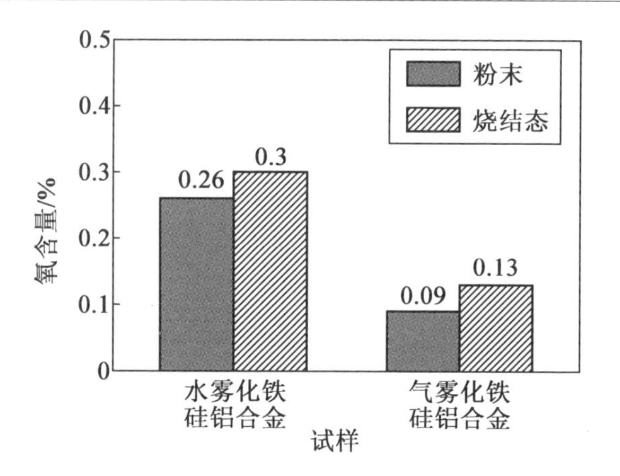

续图 21.26

表 21.4 不同工艺生产的铁硅铝磁合金的磁性能

项目	MIM		PM	锻造
	气雾化	水雾化		
相对密度/%	98	99	92	100
最大磁通密度 B_{10}/kG	8.3	8.9	6.3	10.0
剩余磁通密度 B_r/kG	0.78	5.6	2.0	—
矫顽力 H_c/Oe	0.07	0.32	0.1	0.02

21.4 Fe－50Ni

21.4.1 试验步骤

该试验以50:50的质量比混合羰基铁粉和雾化镍粉,制备气相雾化粉末作为预合金粉末。Fe－50Ni的化学组成见表21.5。黏结剂由石蜡(69%)、聚丙烯(20%)、巴西棕榈蜡(10%)和硬脂酸(1%)组成。粉末和黏结剂按60:40的质量比混合,在418 K的条件下进行混炼0.5 h。用注射机制备圆盘形试样(直径30 mm,高度8.3 mm),然后进行溶剂脱脂去除蜡成分。最后在氢气气氛下连续进行热脱脂和烧结。烧结后测定材料的相对密度和碳含量、氧含量。此外还制备了环形试样(外径23 mm,内径13 mm,厚度6.5 mm)用于测量磁性能,并在1 373 K的氢气下退火2 h以去除残余应力。

表21.5　Fe-50Ni的化学组成

<table>
<tr><td colspan="7">预合金粉末</td></tr>
<tr><td colspan="7">平均粒径</td></tr>
<tr><td>元素</td><td>Ni</td><td>Si</td><td>C</td><td>O</td><td>S</td><td>Fe</td></tr>
<tr><td>质量分数/%</td><td>50.1</td><td>0.93</td><td>0.012</td><td>0.055</td><td>0.005</td><td>0.5</td></tr>
</table>

<table>
<tr><td colspan="8">混合元素粉末</td></tr>
<tr><td colspan="4">平均粒径4.5 μm</td><td colspan="4">平均粒径5.6 μm</td></tr>
<tr><td>质量分数/%</td><td>Fe</td><td>C</td><td>O</td><td>N</td><td>质量分数/%</td><td>Ni</td><td>C</td><td>O</td></tr>
<tr><td>羰基铁(L粉末)</td><td>0.5</td><td>0.03</td><td>0.48</td><td>—</td><td>雾化Ni</td><td>0.5</td><td>0.003</td><td>0.37</td></tr>
</table>

21.4.2　磁性能

烧结温度对MIM Fe-50Ni致密体烧结密度的影响如图21.27所示。随着烧结温度的升高,烧结密度也随之增大。在所有烧结温度下,混合元素粉末比预合金粉末具有更高的烧结密度。在不同的烧结温度下,两种压坯的光学显微结构如图21.28所示。

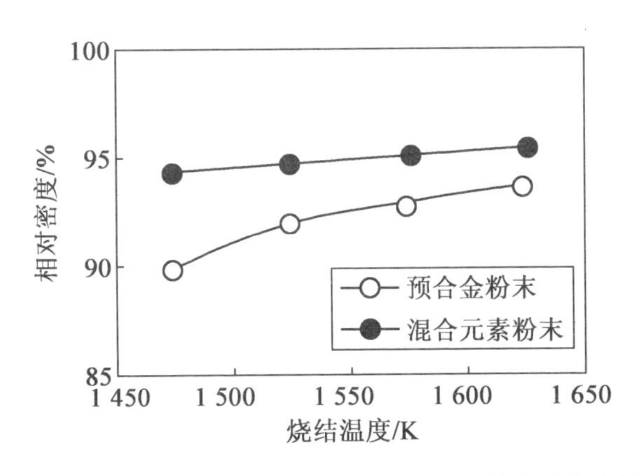

图21.27　烧结温度对MIM Fe-50Ni致密体烧结密度的影响

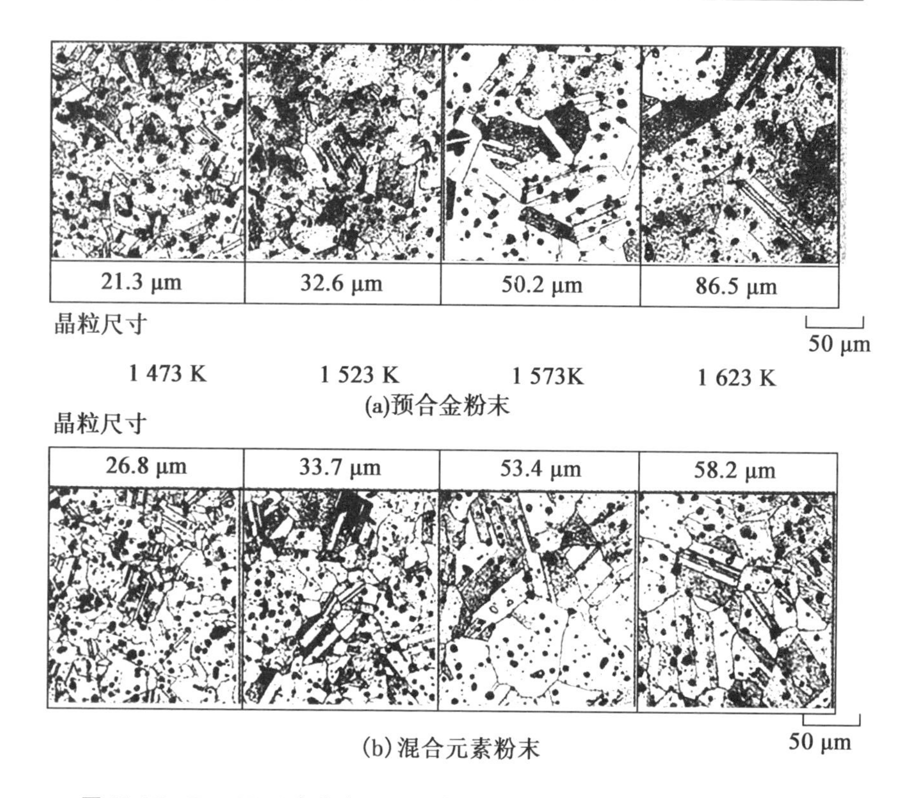

图 21.28 Fe-50Ni 合金在不同温度下，在氢中烧结 1 h 后的显微组织

在 1 473 K 下烧结的预合金粉末致密体中可观察到大量连通的孔洞。但随着烧结温度的升高，连通孔数量减少，在 1 623 K 时，孔隙密度较高，呈圆形。另外，混合元素粉末在所有烧结温度下都表现出细小的圆形孔隙。随着烧结温度的升高，两种粉末的晶粒尺寸均有相同程度的增大。在 1 623 K的烧结温度下，混合元素粉末压坯的晶粒尺寸较大。混合元素粉末压坯组织的不均匀性是由 Ni 和 Fe 的偏析引起的，然而在光学显微镜下并没有观察到这种现象。

在讨论软磁特性时，通常需要对最大磁导率、矫顽力和饱和磁通密度进行评估。对于软磁材料，退磁时要求具有较高的最大磁导率和较低的矫顽力，图 21.29 所示为烧结温度对 MIM Fe-50Ni 致密体磁性能的影响。两种粉末的最大渗透性随烧结温度的升高而增大，而混合元素粉末的最大渗透系数明显较低。此外，从矫顽力的角度来看，预合金粉末致密体具有较好的磁性能。另外，两种粉末致密体的饱和磁通密度近似为恒定值。这证明了混合元素粉末致密体具有良好的磁性能。

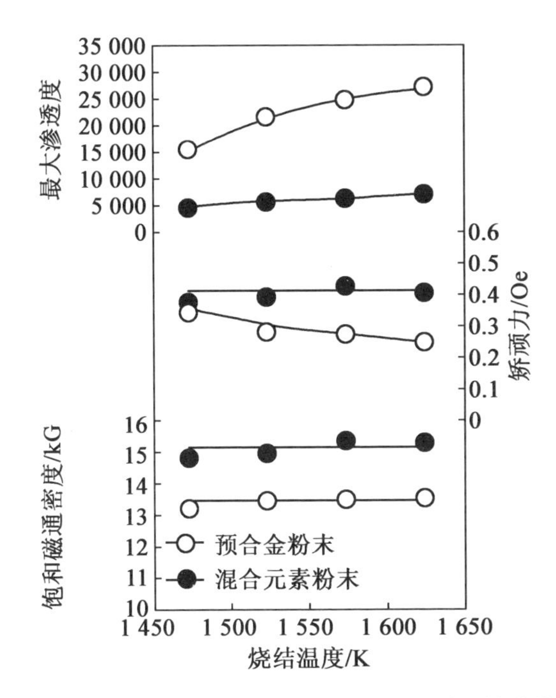

图 21.29　烧结温度对 MIM Fe－50Ni 致密体磁性能的影响

21.4.3　磁性能的改善

研究表明,磁特性中的最大磁导率和矫顽力会受到晶粒尺寸和杂质(特别是 C、O、P 和 N 等间隙元素)的影响。因此对烧结后的碳、氧含量进行分析的结果如图 21.30 所示。两种粉末的碳含量均被抑制在较低水平;混合元素粉末致密体中的氧含量明显高于预合金粉末致密体。因此,为了改善混合元素粉末的磁性能,对以下两点进行了进一步的研究。

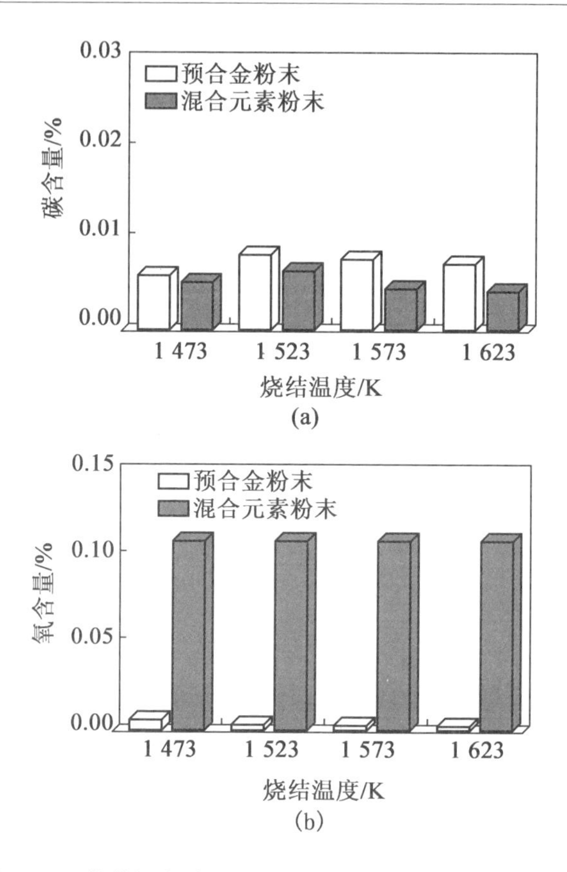

图 21.30 烧结温度对 MIM Fe-50Ni 致密体碳、氧含量的影响

通过光学显微镜并没有观察到各元素的非均质结构,因此通过电子探针显微分析仪(EPMA)对各元素的扩散程度(或浓度分布)进行研究,结果如图 21.31 所示。对于在 873 K 加热的混合元素粉末,每个粉末颗粒(Fe 和 Ni)都可以被观察到;这意味着 Fe 和 Ni 的扩散不会发生。在 1 273 K 时,由于元素在局部区域发生扩散,出现了非均匀的微观结构。而在 1 623 K 下,混合元素粉末致密体颗粒浓度分布均匀,微观组织均匀,磁性能没有下降。

随后对氧含量减少的影响进行研究。首先考察热脱脂加热速率对氧含量下降速率的影响。采用图 21.32 所示的加热模式(加热速率为 4 K/min,至 874 K 保温 60 s,然后以 10 K/min 加热至烧结温度)。为了促进在氢气下的脱氧过程,致密体须在 773 K 和 873 K 下保持 1 h,但这一试验过程并没有证实氧含量的减少,如图 21.32 所示。致密体也被以 2 K/min的加热速率缓慢加热至 873 K;然而氧含量还是没有改变。从结果可以看出,升温速率上升到烧结温度并不会导致氧含量的下降。

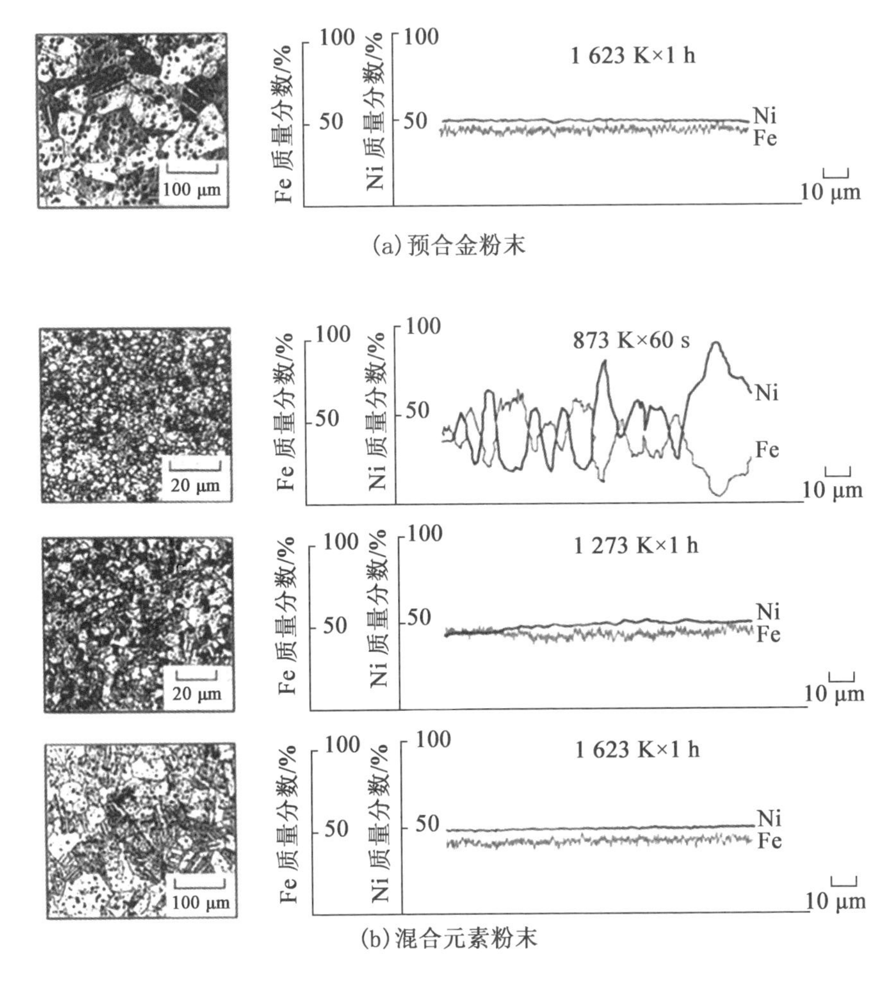

图 21.31　不同烧结条件下 MIM Fe-50Ni 致密体的 EPMA 线分析

然后,尝试使用碳质量分数为 0.8% 的高碳羰基铁粉促进脱氧,高碳羰基铁粉的化学组成见表 21.6,结果如图 21.33 所示。与低碳羰基铁粉相比,氧含量从 0.14% 下降到 0.01%,碳含量没有变化。所有致密体的磁性能如图 21.34 所示。烧结在 1 623 K 下进行,时间为 1 h,因为这能够使混合元素粉末获得良好磁性的条件。采用高碳羰基铁粉可获得较高的磁导率和较低的矫顽力;因此,可以通过降低混合元素粉末的含氧量来改善其磁性能。与预合金粉末熔坯相比,混合元素粉末还获得了良好的矫顽力。

然而其最大渗透率并没有得到改善,因此,对最大渗透率较低的原因进行了研究。

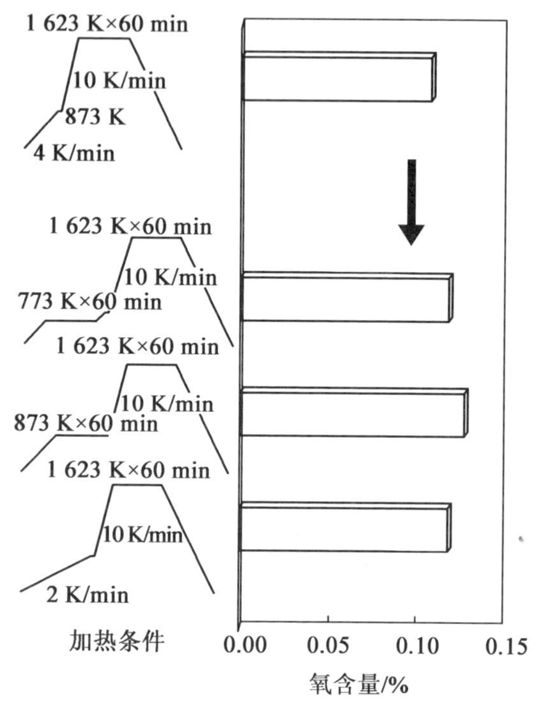

图 21.32 加热条件对 MIM Fe-50Ni 压坯氧含量的影响

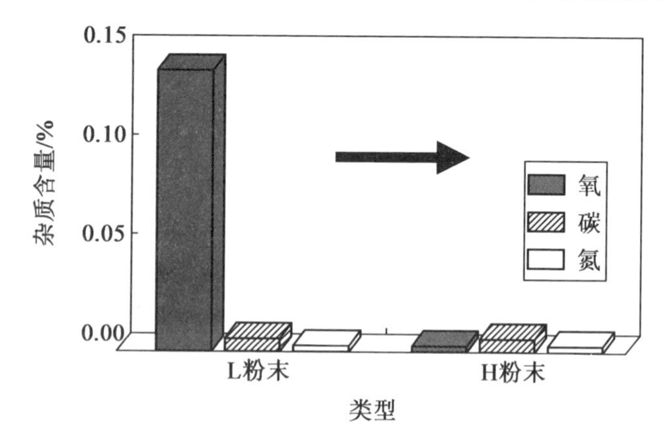

图 21.33 粉末类型对 MIM Fe-50Ni 压坯中杂质含量的影响

表 21.6　高碳羰基铁粉的化学组成

平均粒径 4.2 μm				
质量分数/%	Fe	C	O	N
羰基铁(H 粉末)	0.5	0.79	0.34	0.76

粉末	预合金粉末	混合元素粉末	
		H粉末	L粉末
微观结构			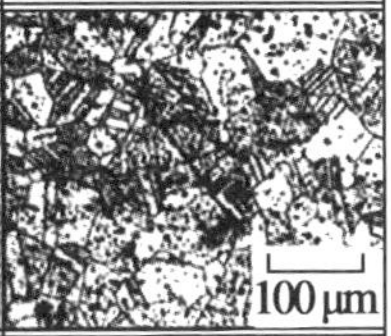 100 μm
最大渗透度	26 600	12 600	7 100
矫顽力/Oe	0.26	0.22	0.42
饱和磁通密度/kG	13.6	15.5	15.4

图 21.34　采用不同粉末制备的 MIM Fe-50Ni 压坯的显微结构与磁性能

两种粉末的差别在于颗粒大小,混合元素粉末的颗粒大小差值在 30 左右,颗粒大小差值较小的粉末,其最大渗透率相差不大。在 Fe-Ni 体系中,随着冷却速度的增加形成了有序晶格,并且渗透率降低,还进行了 X 射线衍射测试。由于 $FeNi_3$ 的定量比较困难,在这两种粉末中都证实了 $FeNi_3$ 的形成。因此,为了抑制 $FeNi_3$ 的形成,尝试在退火后提高冷却速度,并研究其对磁性能的影响。退火后快速冷却对 MIM Fe-50Ni 致密组织和磁性能的影响如图 21.35 所示,冷却速度对预合金粉末致密体的磁性能影响不大。另外,淬火可以显著提高混合元素粉末的磁性能。更准确地说,在退火后冷却速度较低的情况下,混合元素粉末致密体中形成了许多 $FeNi_3$ 相,导致最大磁导率降低,出现这一现象的原因还尚不清楚。最后,在优化热处理条件下,混合元素粉末致密体的磁性能也比预合金粉末致密体有所提高。

粉末	预合金粉末		混合元素粉末	
微观结构	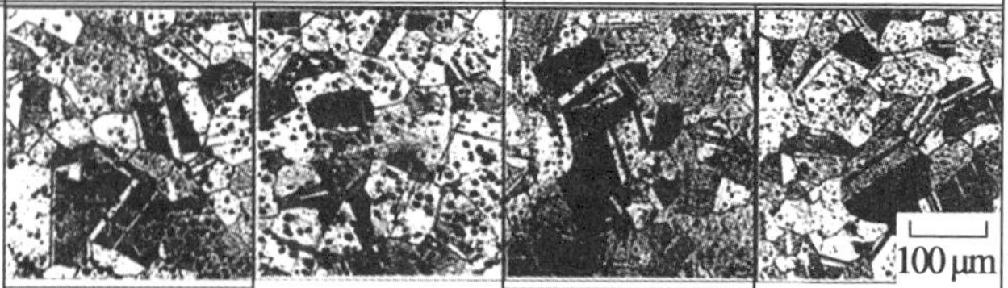			100 μm
	快速冷却	炉内冷却	快速冷却	炉内冷却
最大渗透度	27 000	26 600	19 500	12 600
矫顽力/Oe	0.23	0.26	0.20	0.22
饱和磁通密度/kG	13.7	13.6	15.6	15.5

图 21.35 退火后快速冷却对 MIM Fe-50Ni 致密组织和磁性能的影响

21.5 结 论

(1)Fe-6.5Si。以3种不同含氧量的Fe-6.5Si预合金粉末为喂料制备MIM压坯,并对其烧结性能和磁性能进行研究。低氧含量的压坯相对密度较高,晶粒长大较明显。使用低氧粉末的压坯在烧结后也具有较高的纯度。低氧压坯具有较高的最大渗透性和矫顽力;但在较高的频率下,晶粒明显长大,铁损增加。要获得最佳的软磁性能,必须同时控制晶粒长大和压坯的高密度。

(2)Fe-9.5Si-5.5Al。MIM铁硅铝磁合金致密体的性能和显微组织与粉末类型和工艺参数有很大关系。其中,晶粒尺寸和残留氧化物是影响磁性能的主要因素。结合脱脂和烧结步骤的连续工艺,气雾化和水雾化粉末压坯均达到98%的理论密度。然而,水雾化致密材料的晶粒尺寸较细,且有大量氧化物残留,磁性能较差。另外,在相同的烧结条件下,气雾化粉末致密体晶粒粗大,氧化物减少,磁性能与锻造材料接近。

(3)Fe-50Ni。研究了不同喂料粉末在MIM工艺中制备的坡莫合金的磁性能。预合金粉末压坯的相对密度较低,约为94%,但可将残余碳和氧含量控制在较低水平。混合元素粉末压坯比预合金粉末压坯的相对密度高,为96%,不存在Fe和Ni偏析现象,但氧含量明显增加,导致磁性能不佳。采用碳含量高的羰基铁粉可以抑制混合元素粉末烧结后的氧含量，因为碳对脱氧有促进作用，但磁性能没有改善。对于混合元素粉末致密体，金属间化合物 $FeNi_3$ 的形成是一个难题，通过退火后淬火可提高其磁性能；因此热处理条件的优化被认为是一个非常重要的因素。

本章参考文献

[1] Kawaguchi, T., Tamura, K., Yamamoto, H. (1967). Powder rolling of sendust alloys and their electromagnetic properties. Journal of the Japan Society of Powder and Powder Metallurgy, 14, 20 – 27.

[2] Konuma, M. (1996). Magnetic materials. Tokyo, Japan: Engineering Book Corporation.

[3] Lall, C. (1992). Soft magnetism: Fundamentals for powder metallurgy and metal injection molding, monographs in P/M series No. 2. Princeton, NJ, USA: MPIF.

[4] Maeda, T., Toyota, H., Igarashi, N., Hirose, K., Mimura, K., Nishioka, T., et al. (2005). Development of ultra low iron loss sintering magnetism material. SEI Technical Review, 166.

[5] Miura, H., Yonezu, M., Nakai, M., Kawakami, Y. (1996). Influence of process condition on magnetic characteristic of soft magnetic material by MIM process. Powder and Powder Metallurgy, 43(7), 858 – 862.

[6] Shimada, Y., Matsunuma, K., Nishioka, T., Ikegaya, A., Itou, Y., Isogaki, T. (2003). Development of efficient sintering soft magnetic material. SEI Technical Review, 162.

[7] Tasovac, M., Baum, L. W., Jr. (1993). Magnetic properties of metal injection molded (MIM) materials. Advances in Powder Metallurgy and Particulate Materials, 5, 189 – 204.

第22章　高速工具钢的金属注射成型

22.1　概　　述

工具钢是一类在硬化钢基体中含有分散碳化物的钢,这些钢用于金属切削、工具和模具,以及其他许多冷热磨损应用。这些钢中存在的碳化物通常是富钒的 MC 型、富钨和富钼的 M_6C 型,根据合金成分不同,还有富钼的 M_2C 型和富铬的 $M_{23}C_6$ 型。MC 碳化物是所有碳化物中最耐磨的。$M_{23}C_6$ 碳化物在较低温度和热处理过程中沉淀。热处理包括奥氏体化和淬火,类似于传统钢;然而,由于高碳含量,淬火后残留奥氏体存在。奥氏体化是在固相线温度附近进行的,在此温度下所有的 $M_{23}C_6$ 和大部分的 M_6C 被溶解。通常进行两次回火操作:第一次操作回火与淬火形成的马氏体,还析出 M_6C 和 $M_{23}C_6$ 碳化物。这耗尽了碳的残余奥氏体,使其在冷却过程中转变为马氏体;第二次回火操作将回火新形成马氏体(Hoyle, 1988)。

传统上,工具钢采用铸锭铸造,这会导致凝固过程中合金元素的偏析以及在热加工时形成纵梁的大量碳化物沉淀物。在 1960 年,有学者将大型球形气体雾化工具钢粉末热等静压 (HIP) 至理论密度。将经过 HIP 处理的坯料热加工成各种近净形状。这种方法避免了铸造固有的偏析,并且由于粉末中的析出物尺寸小,具有良好分散的碳化物的微观结构更精细。由于微观结构的细化,与相同成分的铸锭工具钢相比,HIP 工具钢将具有更高的韧性和相似的硬度。HIP 工艺的发展也让无法铸造的高合金工具钢得以发展,如 CPM10V(AISI A11)和 CPM9V(AISI A11 的低碳和钒含量版本)。

在 1980 年和 1990 年初,冷压和烧结水雾化粉末被用于几个等级的工具钢,与 HIP 高速工具钢相比,其净成型能力提高,微观结构和性能类似于 HIP 热加工工具钢。工具钢的粉末注射成型(PIM)出现在 1990 年后期,进一步提高了成型能力。PIM 工具钢可以利用精细切割的气体雾化粉末,但这对于 HIP 来说是不理想的。常见的 PIM 高速工具钢牌号有 M2、M4、T15 和 M42。MIM 工具钢部件可用于中到大批量磨损应用,例如切削钻头、压接钳口和其他工具部件。MIM 高速工具钢切削钻头如图 22.1 所示。其他工具钢等级如 A2 和 S7 正在尝试使用 MIM 生产;但是,它们的加工工艺与高速工具钢不同,与低合金钢的匹配度更高,因为它们的合金含量低于高速工具钢。

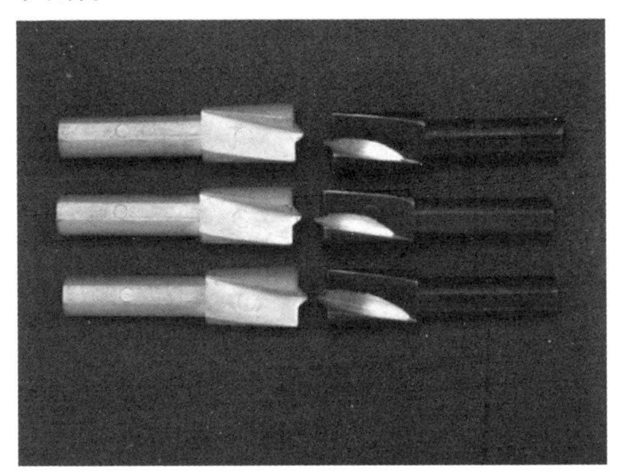

图 22.1 MIM 高速工具钢切削钻头
(左边为模制,右边为热处理、黑色氧化、打磨过的)

22.2 工具钢 MIM 工艺

本节中,在高速工具钢加工的背景下对 MIM 工艺进行综述。在适用的情况下,与其他金属 MIM 工艺的问题进行比较。

22.2.1 喂料

由于高速工具钢粉末的球面形状和尺寸与不锈钢粉末相似,气体雾化高速工具钢粉末的喂料配方和注射成型与 316L 和 17 - 4PH 不锈钢非常相似。典型的 $D_{90} < 22\ \mu m$ 气体雾化高速工具钢粉末特性见表 22.1。几种高速工具钢的典型化学成分见表 22.2。

表22.1 典型的 D_{90} <22 μm 气体雾化高速工具钢粉末特性

合金	粉末粒径分布/μm			比重瓶密度/
	D_{10}	D_{50}	D_{90}	$(g \cdot cm^{-3})$
M2	5.7	11.2	18.6	8.02
M4	7.8	14.2	22.8	8.02
T15	7.8	10.7	18.3	8.18
M42	8.2	15.7	23.6	8.02

表22.2 几种高速工具钢的典型化学成分

合金	C	Mn	Si	S	P	Cr	W	V	Ni	Mo	Co	Cu	Fe
M2	0.80	—	0.18	—	4.10	6.08	1.93	1.93	—	5.16	—	—	0.5
M4	1.43	0.41	0.42	0.016	4.42	5.69	3.9	3.9	0.21	4.5	0.39	0.10	0.5
T15	1.53	0.19	0.21	—	4.2	12.0	4.6	4.6	—	1.32	4.8	—	0.5
M42	1.13	0.23	0.6	0.019	3.8	1.46	1.15	1.15	0.31	9.5	7.98	0.10	0.5

蜡-聚合物(Liu 等,2000;Miura,1997;Zhang,1997)和聚缩醛基黏结剂已被证实并可作为预混原料获得。气体雾化粉末的固体体积分数通常为60%~67%,水雾化粉末的固体体积分数为51%~63%,具体取决于粉末尺寸分布和黏结剂配方。

A2 和 S7 等工具钢具有与合金钢(例如4140 或 4605)类似的原料加工工艺,其中基材是羰基铁粉,合金添加物以元素添加物或母合金的形式存在。

22.2.2 脱脂

PIM 工具钢的脱脂在碳控制方面提出了一些挑战。纯 H_2 气体环境会导致脱碳,而 N_2 或 Ar 环境会导致碳因黏结剂燃烧不完全而产生,或因与粉末或气氛中的氧气反应而导致碳损失。通常使用5%~25% H_2/其余 N_2 的混合物;但是,CO/CO_2 或 CH_4/H_2 混合物也可以在预烧结过程中使用,以更精确地控制碳。脱脂温度取决于聚合物在相关气氛中燃烧的温度。模塑材料的热重分析(TGA)应在相应的气体环境中进行,以确定适当的温度，确保聚合物正确燃烧且不会太快。当聚合物燃烧过快时，会留下碳残留物，这会极大地影响烧结响应和随后的机械性能。

22.2.3 烧结

PIM 工具钢的烧结是通过超固相液相烧结实现的。在预合金粉末中，当加热到固相线温度以上时，液体会在晶界和颗粒之间形成。当达到液体对晶界的临界覆盖率时，会发生快速致密化至接近 100% 的密度。致密化可能会在短短 10 min 内发生。使用膨胀法可以清楚地看到这种快速致密化。图 22. 2 所示为 M2 工具钢的膨胀计图。需要注意的是，在大约 1 250 ℃之前几乎不会发生致密化，此时会发生快速致密化。这种快速致密化是由于在晶界处形成液体而过多的液体覆盖晶界会产生变形。在超固相液相烧结过程中，晶粒生长非常迅速，因此晶界面积不断减小。这意味着即使在烧结保持开始后液体体积分数可能是恒定的，但在保温期间，液体覆盖晶界的比例会增加，这可能会导致变形。

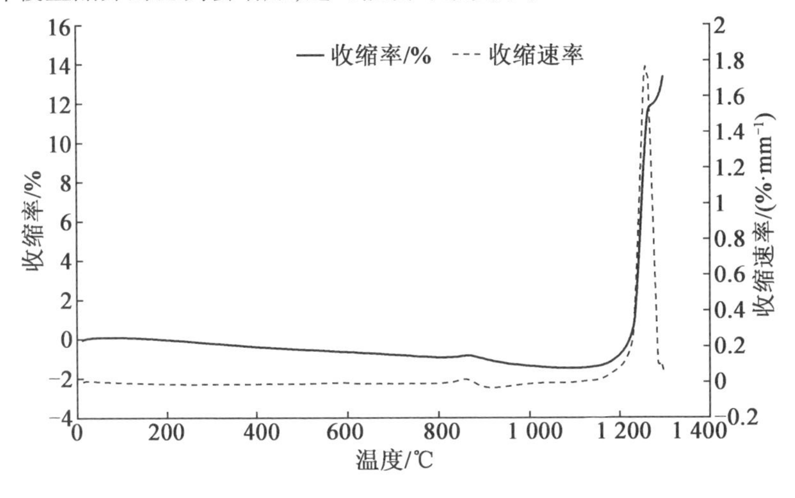

图 22. 2 M2 工具钢的膨胀计图

对于工具钢，微观结构问题比宏观变形更早发生。M_6C 碳化物在烧结过程中与钢基体形成共晶液体。冷却后，过度烧结产生的过量液体池将凝固成晶界碳化物薄膜或碳化物和钢的层状混合物，而不是离散的碳化物颗粒。这些薄膜和层状结构会沿晶界形成裂纹传播路径而降低机械性能。适当烧结的工具钢在冷却时会在原奥氏体晶界上析出离散的碳化物。图

22.3 显示了欠烧结、适当烧结、轻微过烧结和过烧结的 M2 工具钢。“烧结窗口”是温度和时间的允许变化范围,这将产生可接受的密度,而不会出现不可接受的微观结构粗化或变形。通常,在给定时间内,允许的温度变化小于50 ℃,但可能低至 5 ℃。这个烧结窗口由热力学决定,可以用伪二元相图来说明。M2 工具钢的伪二元相图如图 22.4 所示。烧结窗口可以近似为 M2 碳含量下液体 + 奥氏体 + 碳化物相区域的温度范围,约为 0.85%。此碳含量的温度区间仅为 13 ℃(1 245 ~1 258 ℃)。严格的温度控制和较短的保持时间是最佳的工艺方法。使用经过良好调整的多区烧结炉可以获得高度精确的烧结控制。

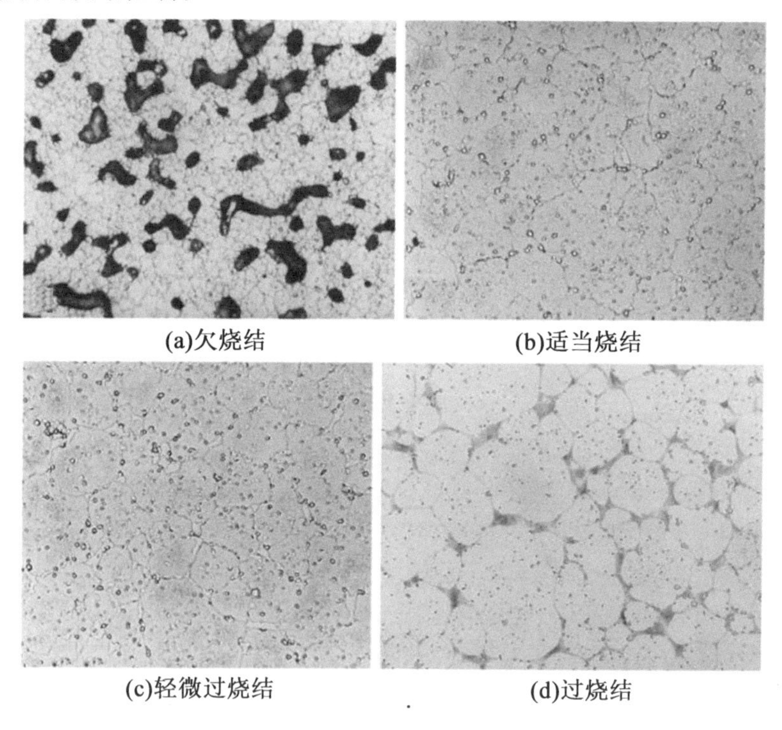

图 22.3 欠烧结、适当烧结、轻微过烧结和过烧结的 M2 工具钢

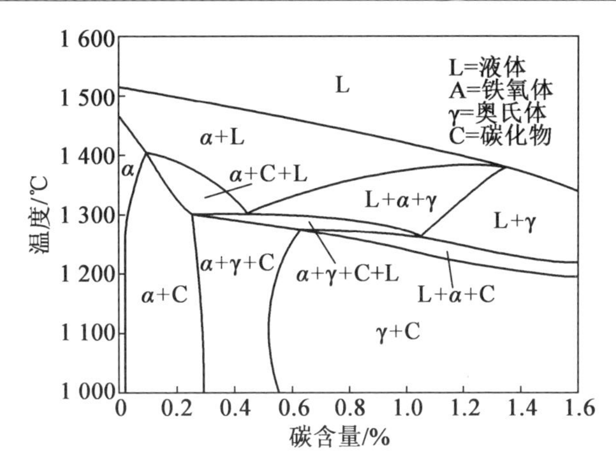

图 22.4　M2 工具钢的伪二元相图

真空烧结通常用于工具钢,它通过从孔隙中去除气体来帮助实现完全致密化。具有石墨结构的炉热区可以提供避免脱碳所需的碳势;然而,这些熔炉并不总是配备用于聚合物燃烧的设备,需要单独的热脱脂步骤。真空烧结配置的综述见其他部分。在富含 N_2 的 N_2/H_2 和 $N_2/H_2/CH_2$ 气体环境中进行烧结也已得到证实,尽管 N_2 吸收到合金中会导致形成 MX 碳氮化物代替 MC 碳化物,但会增加 T15、T42 和 M2 工具钢在真空烧结过程中的烧结窗口,因为碳氮化物在烧结过程中起到固定晶界的作用。由于具有较高的 V 含量,这种效应在 T15 中最为明显,因此更多的 MC 可用于转化为 MX 碳氮化物。在 MC 碳化物中用 N_2 代替碳可将碳释放到基体中以降低固相线温度,从而降低高 V 钢(如 T42 和 T15)的烧结温度。已公布的烧结数据表明,在 PIM 常用工具钢中,M2 的烧结窗口最窄,T15 的烧结窗口最宽。表 22.3 总结了 M2、T42 和 T15 工具钢在各种气氛中的烧结温度。由于 A2 和 S7 的基体羰基铁粉添加了母合金,因此烧结与低合金钢的加工非常相似。

表 22.3　M2、T42 和 T15 工具钢在各种气氛中的烧结温度　℃

烧结气氛	M2	T15	T42
H_2	1 280 (Jauregi et al., 1992)	1 220 (Kar et al., 1993)	1 200 (Kar et al., 1993)

续表 22.3

烧结气氛	M2	T15	T42
N_2/H_2	1 265 ~ 1 285 (Jauregi et al., 1992)	1 225 ~ 1 275 (Jauregi et al., 1992; Urrutibeaskoa et al., 1993)	1 215 ~ 1 245 (Urrutibeaskoa et al., 1993)
	1 275 ~ 1 287 (Myers, German, 1999)		
	1 270 ~ 1 290 (Liu et al., 2 000)		
真空	1 210 ~ 1 220 (Liu et al., 2000)	1 270 (Kar et al., 1993)	1230 (Kar et al., 1993)
	1 235 ~ 1 245 (Urrutibeaskoa et al., 1993)	1 253 ~ 1 257 (Wright, Ogel, 1995)	1 270 ~ 1 285 (Jauregi et al., 1992; Urrutibeaskoa et al., 1993)

一些研究人员已经证明,增加 0.2% ~ 0.6% 的碳将使最佳烧结温度降低 25 ~ 50 ℃,并将烧结窗口增加约 30 ℃,具体取决于合金种类。这是通过降低固相线温度来实现的,同时上相边界极限的降低最小,这会导致过度的微观结构粗化。然而,应该注意的是,这种数量级的碳含量变化会影响钢的性能,而改变等级可能是更好的解决方案。

22.2.4 热处理

MIM 零件的热处理可以使用与常规加工工具钢相同的条件进行。一个问题是碳含量,因为 MIM 零件的碳含量可以在规格范围内变化,热处理响应可能会发生变化。最佳方法是测量每批零件的碳含量并调整热处理条件以匹配。高速工具钢的热处理条件见表 22.4。采用多次回火,以减少残余奥氏体量,提高工具钢的硬度。高速工具钢在盐浴处理后的显微组织如图 22.5 所示。

表 22.4　高速工具钢的热处理条件

合金	热处理	奥氏体化	淬火	回火
T15	盐浴	1 205 ℃,3～5 min	579～593 ℃,保持4 min	3次回火,566 ℃,2 h
T15	真空	1 177 ℃,5 min	2 bar N_2 至66 ℃ 以下	2次回火
M4	盐浴	1 205 ℃,3～5 min	579～593 ℃,保持4 min	回火,538 ℃,2 h
M4	真空	1 177 ℃,5 min	2 bar N_2 至66 ℃ 以下	2次回火,538 ℃,2 h
M42	盐浴	1 177 ℃,3～5 min	579～593 ℃,保持4 min	3次回火,566 ℃,2 h

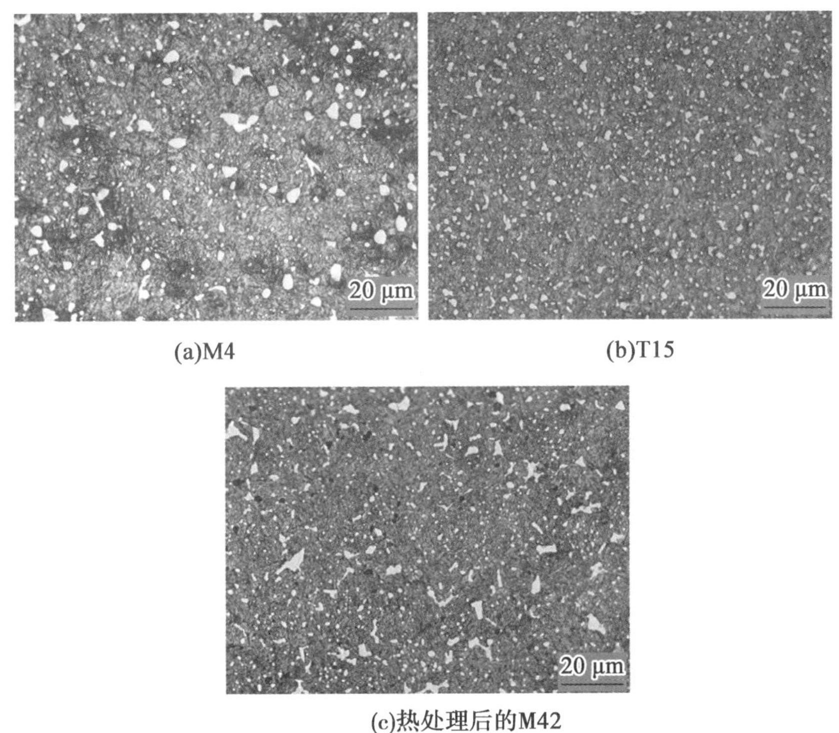

(a)M4　(b)T15

(c)热处理后的M42

图 22.5　高速工具钢在盐浴处理后的显微组织

22.3　机械性能

本节提供了经过表22.4所示热处理条件的 MIM T15、M4 和 M42 高速钢的机械性能。这些 MIM 样品在 T15 的1 285 ℃、M4 的 1260 ℃ 和 M42 的

1 220 ℃ 下烧结 30 min。使用表 22.4 的热处理条件的各种 MIM 工具钢的平均硬度见表 22.5。注意热处理方法与洛氏硬度和努氏硬度的区别。

表 22.5 使用表 22.4 的热处理条件的各种 MIM 工具钢的平均硬度

合金	热处理	烧结硬度(洛氏 C)	HT 硬度(洛氏 C)	Knoop 显微硬度(转换为 HRC)
T15	盐浴	52.0	60.5	64.0
T15	真空	50.5	61.5	64.5
M4	盐浴	52.5	62.0	63.0
M4	真空	52.5	63.5	65.5
M42	盐浴	51.0	63.0	65.0

使用改进的 ASTM G65 – 94 测试评估这些相同的工具钢的磨损行为。在这种情况下,试样尺寸为直径 6.3 mm × 长 37 mm,测试条件为 6 000 r,转速为 200 r/min,试样的作用力为 13 N。磨损结果如图 22.6 所示。在盐浴中热处理的钢的耐磨性略高于在真空中热处理的钢。T15 和 M4 表现出比 M42 更好的耐磨性。

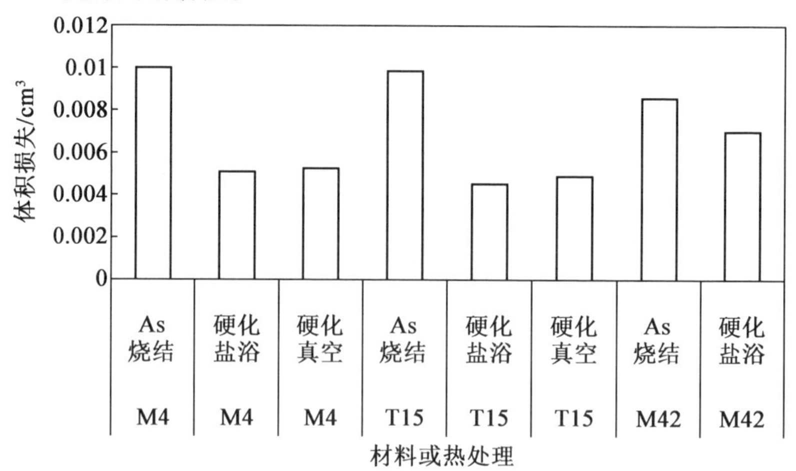

图 22.6 使用表 22.4 中给出的条件进行热处理的各种金属注射成型工具钢的磨损结果

本章参考文献

[1] Boccalini, M. , Goldenstein, H. (2001). Solidification in high speed steels. International Materials Reviews, 46(2), 92 – 115.

[2] Dixon, R. B. , Stasko, W. , Pinnow, K. E. (1998). ASM handbook, Vol. 7, Powder metal technologies and applications. Materials Park, OH: ASM International.

[3] Dorzanski, L. A. , Matula, G. , Varez, A. , Levenfeld, B. , Torralba, J. M. (2004). Structure and mechanical properties of HSS HS6-5-2 and HS12-1-5-5 type steel produced by modified powder injection moulding process. Journal of Materials Processing Technology, 157 – 158, 658 – 668.

[4] German, R. M. (1990a). Supersolidus liquid phase sintering, part Ⅰ: process review. International Journal of Powder Metallurgy, 26(1), 23 – 34.

[5] German, R. M. (1990b). Supersolidus liquid phase sintering, part Ⅱ: densification theory. International Journal of Powder Metallurgy, 26(1), 35 – 43.

[6] German, R. M. (1997). Supersolidus liquid phase sintering of prealloyed powders. Metallurgical and Materials Transactions, 28A, 1553 – 1567.

[7] Heaney, D. F. (2010). Vacuum sintering. In Z. Fang (Ed.), Sintering of advanced materials (pp. 189 – 221). Cambridge, UK: Woodhead Publishing Limited.

[8] Heaney, D. F. , Mueller, T. (2002). Heat treat response of metal injection molded high speed tool steels. Proceedings of PM2 TEC 2002 world congress, 16 – 21 June (p. 223). vol. 10. (p. 223). Princeton, NJ, USA: MPIF.

[9] Hoyle, G. (1988). High speed steels. Boston, MA, USA: Butterworths. Jauregi, S. , Fernandez, F. , Palma, R. H. , Martinez, V. , Urcola, J. J. (1992). Influence of atmosphere on sintering of T15 and M2 steel powders. Metallurgical Transactions A, 23, 389 – 400.

[10] Fig. 22.6 Comparative ASTM G65-94 wear results of various MIM tool steels that were heat treated using the conditions given in Table 22.4. The T15 shows the least wear in the heat treated condition (Heaney & Mueller, 2002). Metal injection molding (MIM) of high-speed tool steels 533

[11] Kar, P., Saha, B., Upadhyaya, G. (1993). Properties of sintered T15 and T42 high speed steels. International Journal of Powder Metallurgy, 29(2), 139 – 148.

[12] Liu, Z. Y., Loh, N. H., Khor, K. A., Tor, S. B. (2000). Microstructural evolution during sintering of Injection molded M2 high speed steel. Materials Science and Engineering A, 293(1 – 2), 46 – 55.

[13] Miura, H. (1997). High performance ferrous MIM components through carbon and microstructural control. Materials and Manufacturing Processes, 12(4), 641 – 660.

[14] Myers, N. S., German, R. M. (1999). Supersolidus liquid phase sintering of injection molded M2 tool steel. International Journal of Powder Metallurgy, 35(6), 45 – 51.

[15] Urrutibeaskoa, I., Jauregi, S., Fernandez, F., Talacchia, S., Palma, R., Martinez, V., et al. (1993). Improved sintering response of vanadium-rich high speed steels. International Journal of Powder Metallurgy, 29(4), 367 – 378.

[16] Wright, C. S., Ogel, B. (1993). Supersolidus sintering of high speed steels: Molybdenum based alloys. Powder Metallurgy, 36(3), 213 – 219.

[17] Wright, C. S., Ogel, B. (1995). Supersolidus sintering of high speed steels: Tungsten based alloys. Powder Metallurgy, 38(3), 221 – 229.

[18] Zhang, H. (1997). Carbon control in PIM tool steel. Materials and Manufacturing Processes, 12 (4), 673 – 679.

第 23 章　重合金、难熔金属和硬质合金的金属注射成型

23.1 概　　述

难熔金属、重合金和硬质合金通常由粉末加工方法制造。它们的主要成分是从矿石中提取的粉末,其高熔点使传统的基于熔体的加工成型技术无法使用。金属注射成型是一种有吸引力的成型技术,因为它降低了需要二次加工的可能性。对难熔金属和重合金来说,由于材料废料成本高,加工困难,二次加工的经济性差。硬质合金不能用机械加工,只能磨削,因此,对于传统方法无法成型的复杂形状零件,近净成型具有更大的优势。由于所有这些材料的加工通常都是从粉末开始的,MIM 在材料成本上并不处于劣势。事实上,MIM 在减少损失和回收昂贵材料的便利性方面提供了第二个重要的成本优势。因此,MIM 生产的难熔金属和硬质合金组件,即使是在技术上更具挑战性的大型组件,也具有令人信服的成本优势。

MIM 已被证明可用于许多难熔合金,包括钨、钨重合金、钨铜、铼、钼、钼铜、铌基合金等。这些金属、合金和复合材料具有独特的强度、硬度、延展性、韧性、密度和耐温性,因此它们构成了一类重要的 MIM 材料,应用范围从军械组件到电气和医用电极。

与通常是球形粉末的不锈钢 MIM 相比,难熔金属、重合金和硬质合金粉末具有较高的表面积与体积比,以及不规则形状的颗粒,这导致喂料配方对于粉末含量较低和聚合物含量较高的可塑黏度更好。此外,与传统的不锈钢和铁基合金相比,这些材料在更高的温度下烧结。因此,加工过程更接近陶瓷注射成型,其中喂料配方具有较低的固相体积分数和较高的烧结温度。而显著的区别在于难熔金属、重合金和硬质合金通常是在氢气或真空中烧结的,而陶瓷通常是在空气中烧结的。

本章概述了这一类重要的金属、合金和复合材料的加工和应用。讨论了合金的应用、添加剂、粉末制备、烧结处理和力学性能。

23.2 应 用

难熔金属通常用于高温应用:需要高密度的场合使用重合金,需要高耐磨性的场合使用硬质合金。重合金和硬质合金以最常见的难熔金属——钨为基体。难熔金属的一般性能见表23.1。

表23.1 难熔金属的一般性能

属性	Mo	Nb	Re	Ta	W
熔点/℃	2 617	2 468	3 180	2 996	3 410
密度/($g \cdot cm^{-3}$)	10.2	8.6	21.0	16.6	19.3
热膨胀系数/($\times 10^{-6}$℃)	4.8	7.3	6.2	6.3	4.5
导热率/($W \cdot m^{-1} \cdot$ ℃)	142	52	71	54	166
电阻/Ω	5.4	14.4	18.5	13.1	5.3
抗拉强度(20 ℃)/MPa	1 030	550	1 380	340	2 070
模数(20 ℃)/MPa	330	130	450	190	410
晶体结构(20 ℃)	BCC	BCC	HCP	BCC	BCC

钨的熔化温度为3 410 ℃,是所有金属中最高的。它具有高强度、高密度、高导电性和导热性,以及低热膨胀系数,这些特性使得钨可用于灯丝、电极、电触点、热沉、热电偶、离子植入组件、熔炉组件、热成型模具、聚能衬垫以及特种弹簧和紧固件。面对等离子体组件,如模块化冷却指状物,是MIM钨的新兴应用。

在钨中可溶的合金元素可以通过固溶强化来改善其性能。铼在提高钨的高温强度方面特别有效,并通过"铼效应"提高其室温下的塑性,对于钼也是如此。铼的一般合金化水平为钨的3%~26%,而钼的合金化水平高达51%。

采用固定晶界的氧化物可以对钨进行弥散强化,提高钨的高温强度和抗蠕变性能。常见的例子包括添加2%的ThO_2、La_2O_3、Ce_2O_3或Y_2O_3,这些氧化物的添加限制了晶粒生长,从而在接受循环加热的应用中提供必要的使用寿命,如电极和烧结炉组件。碳化物的热力学稳定性一般低于氧化物,但也可用于改善机械性能。HfC 具有最高的熔点和最大的热力学稳定性,对钨的室温延性没有不利影响。

钨合金和镍、铁、钴以及铜的组合称为重合金,它们由金属基体中的钨晶粒组成,用于屏蔽或校准高能 X 射线、γ 射线、动能穿透器、电极和各种类型的重物。较小的重合金组件,如手机振动器砝码、医疗电极和小惯性产品通常是注射成型的。图 23.1 为钨重合金驱动配重。

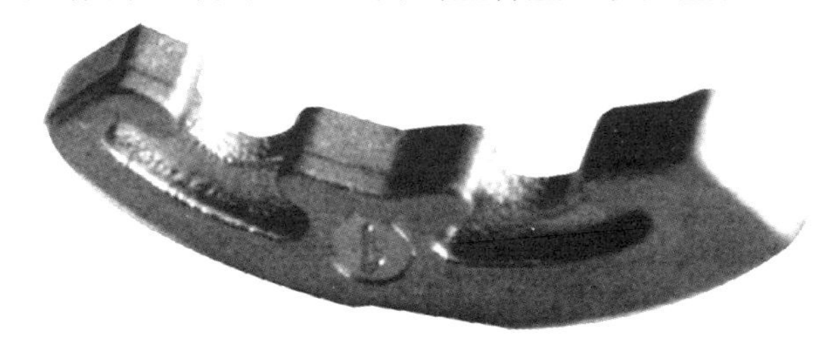

图 23.1　钨重合金盘驱动配重

钨与碳结合可形成 WC,具有很高的硬度。WC 可以与金属结合,如钴、镍和(或)铬,以生产硬质合金,也被称为烧结碳化物。这些复合材料由 WC 颗粒在韧性金属基体中胶合而成,具有独特的硬度和韧性组合,广泛应用于高速加工工具、土方钻头、路面刨削部件以及模具、砧和轧辊等耐磨部件。一些已经成型的 WC - Co 组件的例子是冲击式采矿钻头、手表的壳环和其他用于磨损及切割应用的复杂形状工具。

钼在化学性质上与钨相似,但它的密度较低,这在要求较低质量的应用中是一个优势。一种常见的钼合金是 TZM,它含有少量的 Ti、Zr 和 C,从而显著提高了材料的高温强度。钼也通常添加 0.3% ~0.7% 的 La_2O_3 以进行氧化物弥散强化,大大提高其抗蠕变能力。Mo、TZM 和 Mo - La_2O_3 被用于电极、离子刻蚀栅格、热电偶、炉组件、热成型模具、注射成型工具、X 射线靶、蓝宝石晶体生长坩埚、电触点、聚能衬垫、热沉、特种弹簧和紧固件。Mo - Re 合金被用于支架、热电偶和火箭喷管的制造。

铼的熔点是所有金属中第二高的。与 W 不同,Re 在室温以下有从塑性到脆性的转变。铼具有难熔金属中最高的拉伸和蠕变破裂强度,而且可以承受热冲击。其耐磨性仅次于 Os,且具有难熔金属中第二高的应变硬化系数。Re 的主要缺点是稀缺性和易氧化。由于成本高、成型困难,Re

及其合金的商业化制造受到很大限制。其大多数应用都是军事方面的,用于需要高温强度和高延展性的火箭系统。

钽具有生物相容性,并根据 ASTM F560 的规定,被批准用于长期外科医疗植入物。其熔化温度和密度均低于 W,但远高于其他常用金属。Ta 柔软,延展性好,容易加工。由于 Ta 的氧化物(Ta_2O_5)的介电特性,Ta 的最大应用是电解电容器,但也以金属丝、箔、薄片、夹子、订书针和网状物等形式被用于外科植入物。它也被认为是某些医疗设备的可植入配重器。钽在 1 430 ℃以上的温度下可以通过添加 W 和 Hf 来增强其强度,以改善其性能。

铌的化学性质与钽非常相似。Nb 的熔点较低,密度为 8.57 g/cm^3,是所有难熔金属中最低的,因此在对强度质量比要求很高的应用中,Nb 是主要的候选材料,其中包括一些特种弹簧和紧固件。和 Ta 一样,Nb 的强度可以通过添加 W 和 Hf 来增加。大多数 Nb 和 Ta 合金是通过电子束熔炼、高温挤压和锻造生产的强度相对较低的合金。MIM 为高强度合金的近净成型制造提供了潜在的优势,但要获得理想的性能,需要高纯度和均匀的微观结构。

23.3 喂料配方问题

难熔金属、重合金和硬质合金的喂料在粉末/聚合物比例上与陶瓷注射成型相似,在聚合物配方上与其他金属体系相似。通常,固相体积分数在 50% ~60% 范围内,聚合物可以是蜡聚合物、水溶性聚合物或催化剂类型。假设该零件烧结到全密度,固相体积分数将转化为 1.18% ~1.26% 的平均加工放大系数。与典型的气雾化金属(5 ~20 μm)相比,喂料中的粉末含量受细颗粒(1 ~4 μm)高表面积的限制,其粉末体积分数可达 67%。

23.3.1 粉末和喂料

由于具有较高的熔点,难熔金属粉末通常是通过热加工化学前驱体来生产的。化学前驱体的性质和热处理周期的温度、时间及气体环境决定了粉末的特性,这些特性会影响成型和烧结行为。

钨和钼粉末通常是用氧化物氢还原法生产的。钨颗粒尺寸一般为 3 ~5 μm,但根据时间、温度、氢气流量、露点和粉层深度的不同,可以在

0.1 ~50 μm之间变化。钼颗粒尺寸可以通过控制相同的变量使 W 颗粒的大小在 1 ~6 μm 的狭窄范围内进行调整。采用钨钼氧化物与其他金属氧化物共还原可以制备复合粉末。用来弥散强化的氧化物和碳化物或其化学前驱体,在氢还原 W 或 Mo 粉末之前添加。

在被还原后,W 和 Mo 粉末必须脱团聚,通常通过磨铣生产合适的 MIM 喂料。否则,在可塑黏度下,固相体积分数过低。W 和 Mo 粉末还经常需要与合金添加剂结合,如重合金中的镍和铁。脱团聚的 W 或 Mo 粉末可以使用双锥、v 锥或湍流混合器与其他金属粉末混合干燥,被还原的 W 或 Mo 粉末也可以用合金添加剂进行研磨或涂覆。

WC 粉末是通过对钨粉进行渗碳而得到的。WC 粉末的特性,尤其是粒度,主要取决于 WC 的初始粒度、渗碳温度和渗碳时间,其中化学控制是关键。碳含量必须保持在 6.13% 的化学计量值附近。在渗碳之前可以加入少量的钒或铬的氧化物,通过后续的加工步骤来控制晶粒尺寸。WC 粉末与金属基体一起研磨时,可添加 VC、Cr_3C_2 以及 TiC、TaC、NbC。

WC 粉末与 Co 粉末及其他添加剂的研磨条件是制备硬质合金粉末的关键工艺参数。两种常见的研磨技术是球研磨和研磨机研磨。这两个过程都可以使混合物混合均匀,并减小颗粒尺寸。研磨后的粉末通常进行喷雾干燥。大多数商用的喷雾干燥分级硬质合金粉末都含有黏结剂,如蜡或聚乙二醇,在研磨过程中加入它们可以保持粉末的自由流动,使喷雾干燥团聚,其后在压制零件中还可以提供足够的强度。如果喷雾干燥粉末中的黏结剂与 MIM 黏结剂相兼容,这些粉末便可以用于 MIM。否则,必须生产不含黏结剂的定制产品,或者粉末必须在混合喂料之前经过脱脂循环。

硬质合金粉末也可以通过锌回收工艺从回收的废料中生产或粉碎。这些“回收的”粉末通常具有可以预测的成型行为,因为它们比直接从渗碳 W 制成的 WC 粉末表面积更小。

铼粉末的生产采用两阶段氢还原工艺,其中高铼酸铵首先被还原成氧化物,然后再最终还原成金属铼,这两个阶段使用不同的温度和氢气流速。典型的颗粒尺寸为 1 ~3 μm。典型的铼粉末呈团聚状,具有较差的填充性,表观密度为 1.2 ~1.8 g/cm^3。粗球形铼粉末也可用于 MIM;然而,由于其表面积较小,故其烧结反应响应较慢。

钽粉末的生产首先用钠还原氟化钽钾,而铌粉末的生产首先用铝还原氧化铌。所得到的产品随后用电子束熔化、氢化、粉碎、脱氢、磨成有棱角的颗粒。熔体中可以包含合金元素。钽和钽合金的粒径范围为 3 ~6 μm,

而铌和铌合金的粒径范围为 10 ~ 15 μm。如果需要,还可以进一步对颗粒进行研磨。

表 23.2 为一些难熔金属和硬质合金的特性。最常用的难熔金属和难熔金属碳化物粉末的粒径在 1 μm 到几 μm 之间不等。粒径小于 1 μm 的颗粒用于特殊应用,但其高表面积会导致产生更多污染问题。粒度大于几 μm 的颗粒也可以用于特殊的场合,但它们烧结性能较差,一般用处不大。氧是难熔金属粉末中的主要杂质,能显著降低测量密度。粉末的团聚性质表现为其较低的表观密度和振实密度。如图 23.2 所示,在扫描电子显微图(SEM)中可以看到它们不规则的颗粒形态,其中还包括喷雾干燥的 WC - Co 粉末。

表 23.2　一些难熔金属和硬质合金的特性

难熔金属	W	M	Re	Ta	Nb	WC
化学特性						
$w(O)/\%$	0.120	0.606	0.090	0.178	1.80	1.091
$w(C)/\%$	0.005 7	0.001 7	<0.001	0.000 9	0.006 8	6.14
$w(H)/\%$	—	—	0.005 6	0.166	0.400 0	—
FSSS	1.25	2.2	3.5	2.4	2.9	1.32
颗粒尺寸分布						
$D_{10}/\mu m$	0.88	2.8	7.5	1.8	3.7	0.9
$D_{50}/\mu m$	2.7	6.2	17.5	5.0	7.4	1.7
$D_{90}/\mu m$	9.8	7.0	32.8	7.7	12.4	3.2
BET						
比表面积/($m^2 \cdot g^{-1}$)	0.65	0.48	—	0.39	—	1.00
颗粒尺寸/μm	0.49	1.23	—	0.90	—	0.39
比重瓶密度/($g \cdot cm^{-3}$)	19.0	19.2	10.1	—	8.4	15.5
表观密度/($g \cdot cm^{-3}$)	3.6	4.1	1.9	4.7	2.1	2.7
BET						
比重瓶百分比/%	19	18	8	28	25	17
振实密度/($g \cdot cm^{-3}$)	4.9	6.2	2.7	6.0	3.0	—
比重瓶百分比/%	26	32	26	—	36	—

(a)2.7 μm W粉　(b)6.2 μm Mo粉

(c)17.5 μm Re粉　(d)7.4 μm Nb粉

(e)1.7 μm WC粉　(f)喷雾干燥WC-10Co粉

图23.2　金属及粉末的扫描电子显微图

23.3.2　固相体积分数

不规则的小颗粒难熔金属和硬质合金粉末导致固相体积分数相对较低。固相体积分数对不同粒子大小的 W - Cu 和 Mo 粉末混合扭矩的影响如图23.3。从图中可以看出，W - 15Cu的最佳固相体积分数从 0.23 μm W 粉的58%下降到0.11 μm W 粉的52.5%，同样，最佳固体载荷由 1.52 μm Mo 粉的62% 降至0.47 μm Mo 粉的58%。

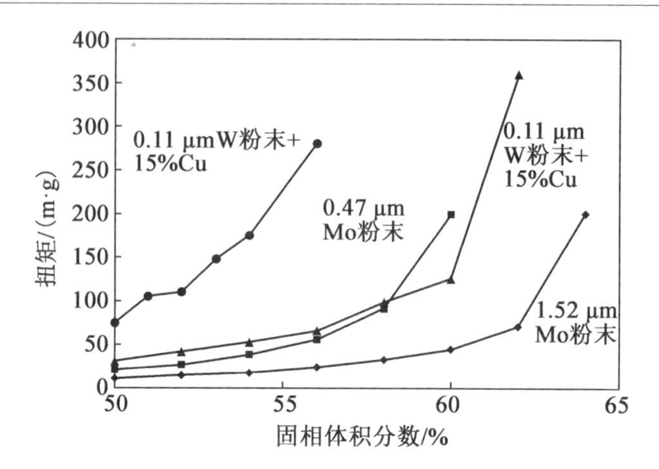

图 23.3　固相体积分数对不同粒子大小的 W – Cu 和 Mo 粉末混合扭矩的影响

由于细粒度粉末分散困难,故高剪切速率连续混合机是首选。黏结剂的不均匀分布导致喂料黏度升高,因为在一个区域黏结剂的高浓度会导致其他区域的低浓度。低浓度的黏结剂区域将由于欠润滑粉末的颗粒间摩擦而增加黏度。黏结剂分散性差会导致 WC – Co MIM 零件的烧结缺陷。有机黏结剂浓度高的区域,一旦在脱脂过程中被去除,就可能会留下无法在真空烧结中消除的孔隙。压力辅助烧结可以消除零件内部的气孔,但不能阻止气体压力进入气孔的表面或附近。此外,压力辅助烧结会填充内部孔隙,这将对机械性能产生不利影响。表面孔隙如果不通过磨削去除,也会对机械性能产生负面影响。

难熔金属,特别是硬质合金粉末的磨蚀性会导致混炼机磨损增加,从而增加加工成本。重合金和硬质合金因磨损导致的污染是有限的,因为它们通常含有少量的铁,难熔金属的加工和性能对污染更敏感。

表 23.3 为一些重合金、难熔金属和硬质合金喂料。蜡聚合物黏结剂对这些材料来说很适用。在水基凝胶系统、蜡基低压系统和纳米颗粒粉末中,固相体积分数低至 46%。使用射流研磨 W 粉末可实现高达 65% 的固相体积分数。对于重合金喂料,在混合前将 W 粉末脱团聚,可使最大固体相体积分数增加约 3%,但团聚体对烧结件的显微组织或力学性能没有影响。对于 WC – Co 硬质合金,最优的表面活性剂是长碳链的脂肪酸,如十八烷酸(硬脂酸)。一般来说,其成型和脱脂过程与其他 MIM 喂料相似。

表 23.3　一些重合金、难熔金属和硬质合金喂料

黏结剂	成分	固相体积分数/%	混合技术	参考文献
聚乙烯蜡	W－4.9Ni－2.1Fe	49	双行星混料器	Wei 和 German(1988)
聚乙烯聚苯乙烯油	W－4Ni－1Fe	50	双行星混料器	Bose 等(1992)
石蜡聚丙烯	W－2.1Ni－0.9Fe	60	双螺桨混料器	Suri 等(2003,2009)
50% 微晶石油蜡,29% 褐煤酯蜡,21% 合成烃蜡	WC－6Co	65	三叶片混料器	Martyn 和 James(1994)
54% ~65% 石蜡	WC－11Co	56.5	双螺桨混料器	Yang 和 German(1998)
30% ~36% 聚丙烯	WC－6Co	59		
5% 十八烷酸	WC－15Co	55		
65% 石蜡,15% 低密度聚乙烯,15% 植物油	WC－5TiC－10Co	57	辊式搅拌机	Qu 等(2005)
石蜡聚丙烯聚乙烯硬脂酸	Nb	57	双螺桨混料器	Aggarwal, Park,以及 Smid(2006)
聚丁烯	W	55	叶轮混料器	Puzz, Antonyraj, German, Oakes(2007)
聚乙烯蜡	WC	55		
聚乙二醇硬脂酸酯	WC－10Co	56.8		
65% 石蜡,10% 高密度聚乙烯,10% 聚丙烯,5% 邻苯二甲酸二辛酯,5% 三元乙丙橡胶,5% 硬脂酸	WC－8Co	62	自制混合装置	Baojun 等(2002)
49% 聚(乙烯－共－α－辛烯),39% 石蜡,5.6% 费托蜡,7.7% 硬脂酸	WC－13Co	55.3	变形刀	Lundell 等(2013)

23.4 重合金

将熔化温度较低的过渡金属如Ni、Fe、Co和Cu添加到难熔金属(尤其是W)中,可以生产具有特殊性能的两相合金,与商用纯难熔金属相比,其可以在较低的温度下通过液相烧结处理。最常见的重合金含有W与Ni-Fe或Ni-Cu基体,但其他过渡金属如Co、Cr、Mo和Mn有时会被添加或替换,以改善性能或降低烧结温度。过渡金属在难熔金属中的溶解度有限,难熔金属在过渡金属中溶解度高,这有利于加工过程的进行,但代价是高温性能降低。但是,这种成型机制使难熔金属的其他特殊性能,如高密度或低热膨胀系数等更容易被利用。

基体材料提高了合金的塑性,且在固溶体中含有W。在添加纯Ni的情况下,质量分数高达40%的W在冷却到室温后仍能留在基体中,然而Ni_4W金属间相的形成导致其力学性能较差。W-Ni中铁的加入降低了W在基体中的溶解度和金属间化合物的形成。Ni、Fe的质量比一般应在1.5~4之间。当Ni、Fe质量比达到15时,通过分解和淬火可以减少金属间化合物的形成。Ni、Fe质量比值低于1.2会导致Fe_7W_6金属间化合物的形成,这种金属间化合物在随后的热处理中无法分解。

在W-Ni中添加铜降低了基体中W的固溶体含量,但抑制Ni4W形成的效果较差。在冷却过程中,钨也会从基体相中析出,产生杂质,导致强度和延展性的降低。W-Ni-Cu合金的快速冷却可以使基体的过饱和度提高,同时提高力学性能,但也会导致其塑性低于W-Ni-Fe合金。与W-Ni-Fe合金相比,W-Ni-Cu合金的主要用途是非磁性合金的应用。这两种类型的重合金可以通过添加其他过渡金属来调整静态或动态性能,从而进一步适应特定的应用场合。

23.4.1 液相烧结技术

由于基(固)相金属原子在液体中扩散率高,在工艺过程中形成液相的合金添加剂通常会导致较高的致密化率、较低的烧结温度和更高的成本效益。难熔金属的液相烧结(LPS)通常涉及添加过渡金属,如Ni(作为元素粉末),这些金属对难熔金属具有高溶解度,并且可以形成液相线温度低于1 500 ℃的热力学稳定的第二相。

液相烧结传统上可分为初始阶段、中间阶段和最终阶段。初始阶段，即重新排列，从液相的形成开始。当液体形成难熔金属时，液相中的溶解性使加热时形成的固 - 固接触面溶解。由于润湿液体产生的毛细力作用在固体颗粒上并把它们拉在一起，因此金属迅速收缩。中间阶段，即固溶 - 再沉淀，粒子接触点和其他凸点上的原子溶解在液相中，扩散到相邻的凹面上再沉淀。随着颗粒形状的改变，它们可以更好地包裹并释放液体来填充任何剩余的孔隙。除致密化外，固溶 - 再沉淀过程还通过 Ostwald 熟化作用引起晶粒长大。因为坚实的骨架的刚性较大，LPS 的最后阶段会包括持续的微观结构粗化和缓慢的致密化。LPS 的这一阶段通常在实践中是需要避免的，特别是对于 MIM 过程，长时间加热会导致变形和保形性的丧失。在这一阶段，致密化几乎完成，进一步增大晶粒尺寸会降低其性能。

大多数重合金的致密化发生在液相形成之前。特别地，添加镍和铁可以增强 W 的固态烧结性能。图 23.4 所示为在10 ℃/min的加热速率下 W - Ni - Fe 和 W - Ni - Cu 重合金的致密化。对于 W - Ni - Fe，液相在1 400 ℃开始形成，在1 455 ℃ 基体完全熔化之前，基本实现了完全致密化。当第一液相在1 285 ℃形成时，W - Ni - Cu 致密化程度较低，但当基体在1 370 ℃完全熔化时，W - Ni - Cu 致密化速度迅速增加。

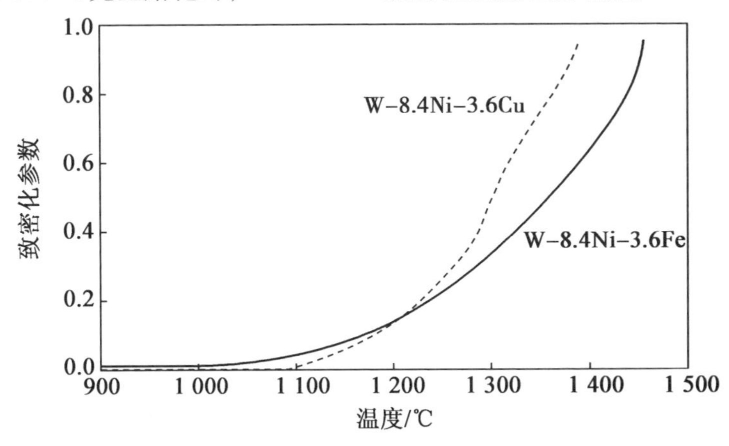

图 23.4　在 10 ℃/min 的加热速率下 W - Ni - Fe 和 W - Ni - Cu 重合金的致密化

液体形成后，晶粒生长速率显著增加，如图 23.5 所示。因为当液相形成时，重合金致密化和晶粒生长得非常快，其与固态烧结材料相比，对初始粒径的敏感性较低。在等温烧结过程中,晶粒尺寸与时间的立方根成正比。比例系数称为晶粒生长速率常数,它取决于 W 在基体中的扩散率和溶解度以及基体的体积分数。W 体积分数越大,晶粒生长速率常数越大,如图 23.6 所示。基体体积分数对含量高达 97% 的 W 的致密化的影响很小,但会显著影响其变形。

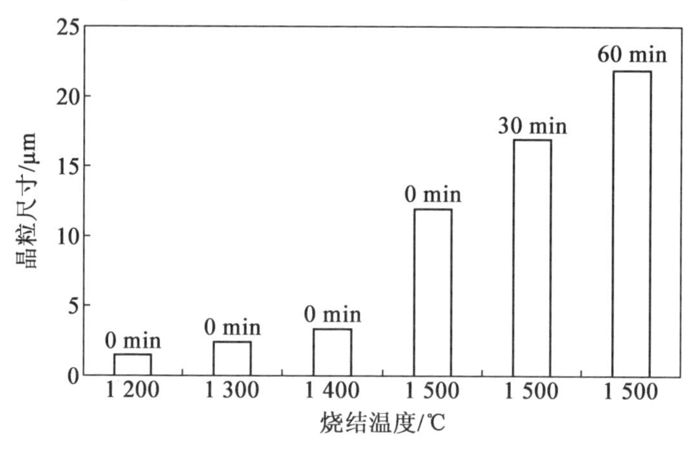

图 23.5 在 1 500 ℃加热和 1 500 ℃等温烧结过程中,88W - 8.4Ni - 3.6Fe 晶粒尺寸增大

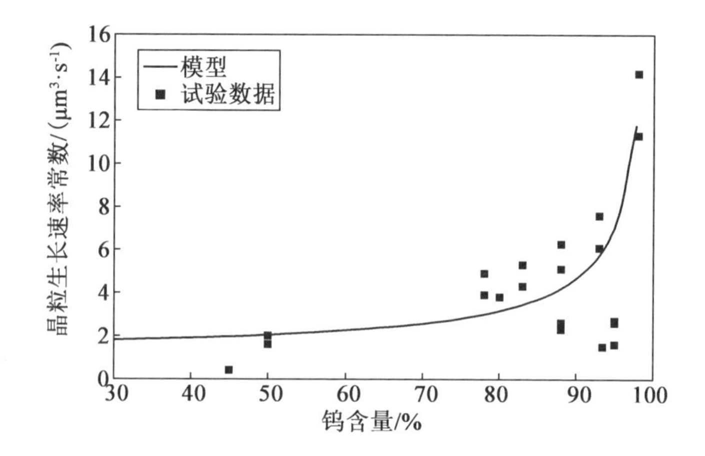

图 23.6 钨含量对 LPS W - Ni - Fe 重合金晶粒生长速率常数的影响

1. 典型工艺周期

重合金通常在 1 500 ℃的纯氢或氢/氮混合物(如游离氨)气氛的烧结

炉中烧结。典型的配置是推杆式连续炉，也可以使用包裹真空炉。干燥氢气虽然可用，但使用湿氢已成为行业标准，以抑制起泡缺陷的形成和氢脆现象。整个过程可以在湿氢气氛中进行，也可以在闭孔之前先通入干氢，以获得最大的氧化还原效果，然后在闭孔和形成液体之前通入湿氢，以防止缺陷的形成。在烧结循环的后期使用湿氢可以减少滞留的水蒸气量。

这些合金的加工周期包括在 900 ~ 1 100 ℃范围内的保温，可在孔隙闭合之前以获得最大程度的氧化物还原效应，并从粉末表面释放挥发物。孔隙闭合前金属氧化物的还原至关重要；否则会导致水蒸气被捕获，产生残留的孔隙、起泡和氢脆现象。建议随后将烧结温度提高到 1 325 ~ 1 500 ℃范围内，并保持 20 min 至 2 h。时间/温度曲线是合金、所需微观组织和部件尺寸的函数。对于 W 含量较高的合金、镍铁合金和对性能敏感的部件，建议采用更高的烧结温度和更长的烧结时间。烧结温度越高，烧结时间越长，W 含量越低，工件在自重作用下会发生塌缩变形。对于 W 含量较低、镍铜合金和尺寸要求高的部件，建议使用较低的温度和较短的保温时间。

不同条件和晶粒尺寸下 MIM 重合金的微观结构显微照片如图 23.7 和图 23.8 所示。其中，图 23.7 中的颗粒是完全圆化的，而图 23.8 中的颗粒不是完全圆化的。图 23.8 中 MIM 组件的特征是微观结构基本无变化，特征也不明确。如果需要一个完全变化的微观结构，如图 23.7 所示，对于特定的性能，应该会有特征定义。形状保持性也可以通过使用钨含量较高的合金来获得，即使用 95% W 而不是 90% W。

冷却速率也会影响最终的成型性能。缓慢的冷却速度会减少基体中固溶体 W 的数量，但也会导致金属间化合物的形成，这取决于合金成分。由 90% ~97% W 组成的 W – Ni – Fe 合金通常在 1 470 ~ 1 580 ℃时在氢中烧结至接近全密度。用 Cu 代替 Fe 会使钨基合金的烧结温度降低到与 316L 或 17 – 4PH 不锈钢的烧结温度相近的范围。这些 W – Ni – Cu 合金在 1 325 ~ 1 380 ℃的高温、干氢中烧结至接近全密度。具有较低 Ni、Cu 质量比值的 W – Ni – Cu 合金在较低温度下形成液相，但由于 W 在基体中的溶解度较低，故致密化行为较差。

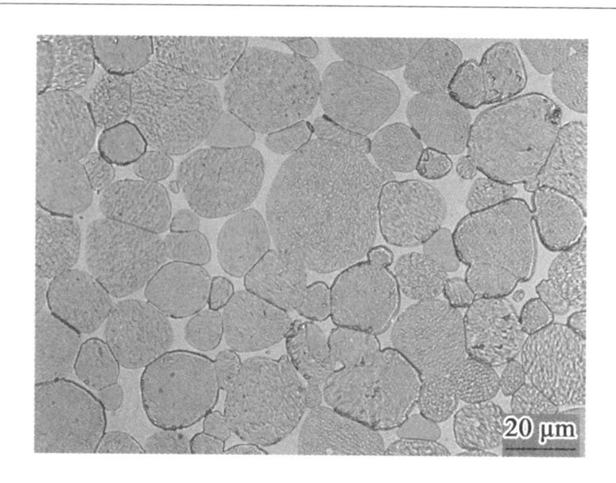

图23.7　在1 490 ℃、氢气条件下烧结1 h,晶粒尺寸为35 μm的95W－4Ni－1Fe MIM重合金的微观结构显微照片

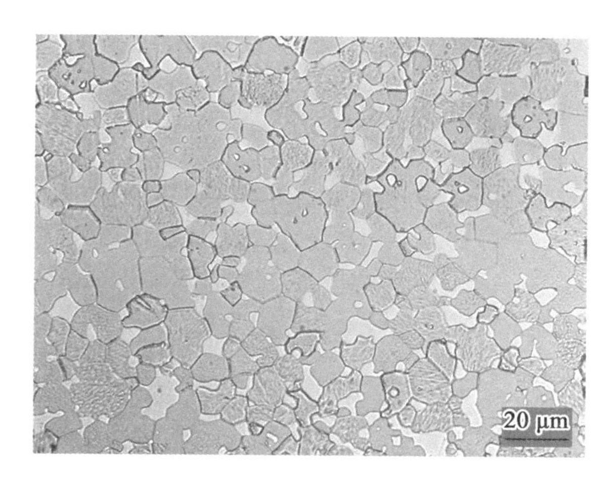

图23.8　在1 480 ℃、氢气条件下烧结1 h,晶粒尺寸为10 μm的95W－4Ni－1Fe MIM重合金的微观结构显微照片

2. 失真效应

高密度和液相有助于重合金致密化,也会导致部件尺寸稳定性差,除非固体晶粒之间形成足够的接触以抵抗重力、表面张力和摩擦力。LPS MIM组件在这些力下的变形阻力由其在烧结过程中的黏度决定。较高的液体量和较大的晶粒尺寸会导致较小的体积、剪切黏度和较低的尺寸稳定性。为了避免滑脱,LPS主要限于具有高固体体积分数的组合物。W－Ni－Cu重合金中W含量为90%时,总体呈现变形的状态,此时固相体

积分数约为76%。W含量在90%及以上的重合金也会随着烧结温度的升高或烧结时间的延长而滑塌，从而导致合金组织粗化，性能和特征保真度下降。

有限元建模可以准确预测重力、表面张力、基体摩擦、固体体积分数和烧结时间对烧结件形状的影响。在使用重合金时要避免用于悬臂梁或支撑不良的大截面。较大的MIM零件更容易受到重力作用下的滑动和摩擦引起的变形，而表面张力会导致微型MIM零件的特征圆化。图23.9所示为适当烧结和90W－8Ni－2Fe过烧结MIM特征。在过烧结的情况下，由于在精细特征细节处的润湿效应，液相特征开始去除。

(a) 适当烧结　　(b)90W-8Ni-2Fe过烧结

图23.9　适当烧结和90W－8Ni－2Fe过烧结MIM特征

3. 实际工艺问题

在用MIM加工重合金时，主要关注的问题是微观组织的均匀性/充分生长，由于塌缩引起的变形、形状保持，以及由于不适当的烧结气体环境或外形引起的起泡。

每个工艺步骤都可能影响组织。如果粉末没有完全混合或研磨，组织中可能存在液相形成元素区域，从而降低局部性能。这种微观结构行为也可能是难熔金属粉末脱团聚不良或在烧结过程中生坯裂纹充满液体，使难熔金属和液相形成金属的富集区域。通常情况下，研磨不良或混合不良会导致球状的液体池，而生坯状态的裂纹则会产生线性的液体池。图23.10所示为重钨合金充液区在烧结过程中出现的绿色裂纹充液。

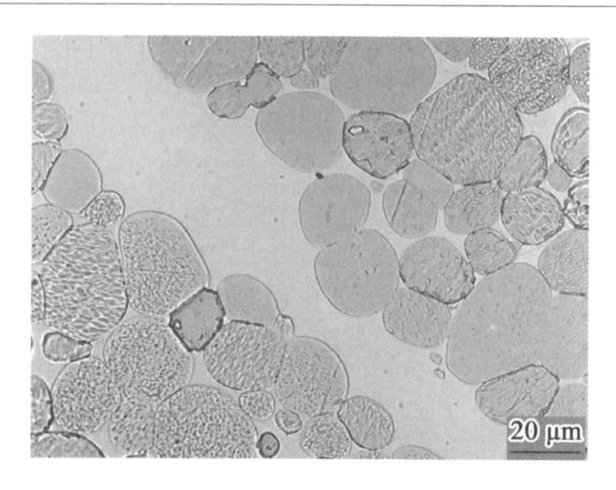

图 23.10 重钨合金充液区在烧结过程中出现的绿色裂纹充液

所有的 MIM 系统都会发生变形,其特征是塌陷和特征形状保持性能的丧失,主要是几何形状、烧结温度下材料黏度和密度的函数。由于重合金具有 MIM 材料的最大密度和液相烧结具有最大的变形倾向,这种变形可以通过几种技术途径来减轻。在烧结过程中,该显微结构可以欠烧结,从而减少烧结过程中的液体量。然而,这会导致未形成的微观组织具有较差的力学性能,但具有标称密度性能和良好的尺寸一致性。另一种技术是改变合金的固相数量,这将改变性能,但允许微观组织充分生长和可接受的尺寸一致性。

最后一项减少变形的技术是通过使用固定装置来适当地支持组件。重合金的固定装置通常由纤维或高氧化铝制成。这种固定装置被设计成具有支持组件和减少重力引起的变形或塌陷的功能。选择具有最小无支撑截面的组件也可以防止这类材料的变形。

在干氢气氛下,MIM 重合金的起泡现象是一个重要的问题。消除这些缺陷的主要方法是在湿氢气氛中烧结,以抑制微结构中水蒸气孔隙的形成,这些孔隙会在高温下合并,并在组件表面喷发。

23.4.2 性能

重钨合金因其特有的高密度和力学性能而受到工程界的关注,这种合金的密度能够达到 19 g/cm^3,具有 35% 的伸长率,硬度为 43HRC、极限抗拉强度为 1 380 MPa(200 ksi)。表 23.4 所示为不同等级重合金的典型性能。

表 23.4　不同等级重合金性能的典型性能

合金	90W - 6Ni 4Cu	90W - 7Ni - 3Fe	95W - 3.5Ni - 1.5Cu	95W - 3.5Ni - 1.5Fe	97W - 2.1Ni - 0.9Fe
ASTM - B - 777 - 15	等级 1	等级 1	等级 3	等级 3	等级 4
典型密度/($g \cdot cm^{-3}$)	16.96	17.00	18.0	18.12	18.56
硬度(RC)	24	25	27	29	30
UTS/MPa	770	860	760	862	883
0.2% YS/MPa	517	610	590	620	586
伸长率	6	15	5	3	2
弹性模量/GPa	280	270	310	340	360
热膨胀系数 (20 ~ 400 ℃, $\times 10^{-6}$℃$^{-1}$)	5.4	4.8	4.4	4.6	4.5
热导率/($W \cdot m^{-1} \cdot K$)	96	75	140	110	125
电导率/%	14	10	16	13	17
相对磁导率	<1.01	5.0 ~ 5.5	<1.01	4.0 ~ 4.5	1.6 ~ 2.0

这些合金易受氢脆的影响,并在烧结过程中会暴露于氢气中,因此需要释放氢气以提高合金的延展性。通常,900 ~ 1 300 ℃固溶退火和随后的淬火可以避免杂质偏析和金属间相的形成。表 23.5 所示为真空退火对 95% 钨重合金力学性能的影响,该材料在两个温度,即 1 480 ℃和 1 490 ℃的纯氢气气氛中烧结。烧结后,一半的样品在 1 200 ℃下 799.8 ~ 1333 Pa 真空度下退火 2 h。

表 23.5　真空退火对 95% 钨重合金力学性能的影响

烧结温度/℃	是否真空	密度/($g \cdot cm^{-3}$)	YS/MPa	UTS/MPa	伸长率/%
1 480	否	18.0	598	814	6.1
1 480	是	18.1	717	986	17.3
1 490	否	18.0	596	658	3.7
1 490	是	18.0	641	947	18.7

23.5 难熔金属

难熔金属和难熔金属合金由于具有较高的熔点,通常在高温下进行固态烧结。传统的烧结方法是给固结的粉末通电流直接加热。随着密度的增加和电阻率的降低,通过该部件的电流会增大。直接烧结可以在几千安培的电流下达到3 000 ℃的温度。虽然这种方法适用于生产将要进行热机械加工的棒材、线材或板材材料,但它不适用于烧结净成型 MIM 零件。因此,MIM 难熔金属通常是使用辐射电阻加热的固态烧结,但具体烧结条件取决于特定的合金、颗粒大小和杂质。

对于具有互溶性成分的合金,如 W – Re 合金,在烧结过程中致密化和均匀化会同时发生。当合金添加物的熔点低于母材时,合金的扩散会得到增强,但不同的扩散速率可能会导致产生 Kirkendall 孔隙。例如,当 Re 的粒径大于 W 时,将 Re 添加到 W 中可以减缓致密化,但由于其扩散率略高,一般会促进致密化。

不溶性氧化物的添加,如 La_2O_3、Y_2O_3、CeO_2 和 HfO_2,可以对致密化现象起到增强或延缓作用,这取决于添加的粒子数量、大小、分布、含量和类型。在 W 中添加氧化镧能通过 Zener 效应对晶界进行致密性强化,使晶粒尺寸保持在较小的范围内。

23.5.1 固相烧结

难熔金属的致密化是通过固相烧结产生的,因为相互接触的颗粒发生颈部生长,会导致它们的中心相互靠近。多种烧结机制可以兼用,但在低温下,晶界扩散是导致 W 等难熔金属致密化的主要原因。当孔隙率降低到8%左右,同时孔隙闭合,晶格扩散开始占主导地位。然而,同时发生的晶粒生长减缓了致密化进程。在实践中,固态烧结难熔金属的密度很难达到理论密度的96%以上。烧结收缩率随烧结坯体接近全密度呈现渐近特征,可通过基于主烧结曲线(MSC)概念的模型进行预测。这些预测结果可以用来构建粒度、初始密度、烧结温度和烧结时间影响的工艺图。

基于 MSC 模型,在初始密度(固相体积分数)为理论密度的55%、烧结时间为600 min 时,W 颗粒尺寸和烧结温度对密度和晶粒尺寸影响的过程图如图 23.11 所示。即使在 2 500 ℃时,10 μm 以上的 W 颗粒也几乎没有发生致密化或晶粒生长。在 2 000 ℃时,颗粒尺寸为 2 μm 时,可达到最大致密化,颗粒尺寸增加约 10 倍。虽然图中显示 0.5 μm 或更小的 W 颗粒在 1 500 ℃或更低的温度下可以实现接近全密度的颗粒生长,但这种小颗粒的不良堆积特性使得实现 55% 的固相体积分数非常困难。

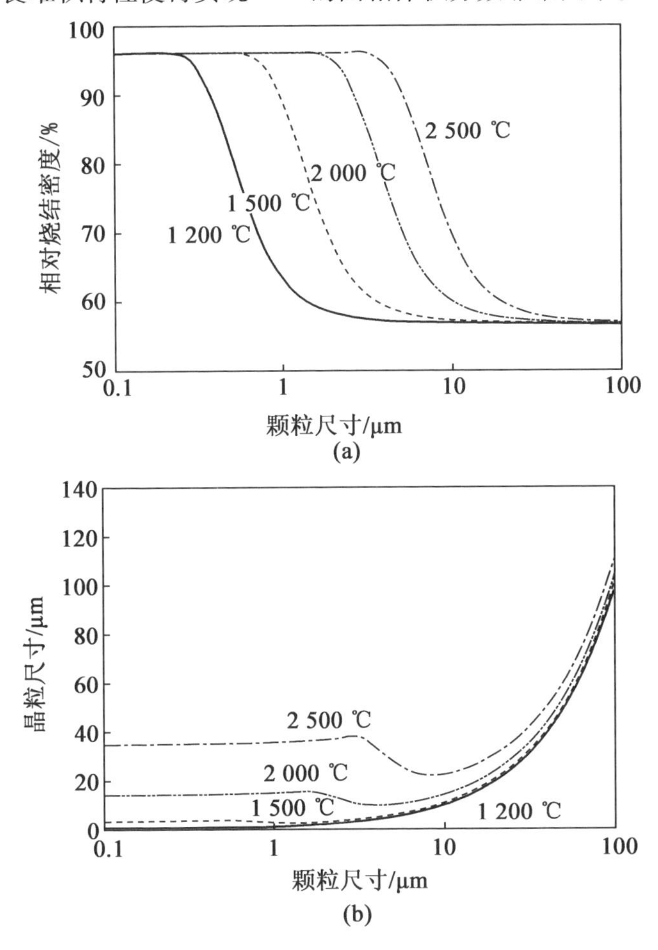

图 23.11　W 颗粒尺寸和烧结温度对密度和晶粒尺寸影响的过程图

在烧结温度为 1 800 ~ 2 400 ℃,烧结时间为 600 min 时,固相体积分数和烧结温度对密度和晶粒尺寸影响的过程图如图 23.12 所示。较高的烧结温度可以部分补偿低固相体积分数,但即使在 2 400 ℃,也需要至少 54% 的固相体积分数才能达到最大密度。

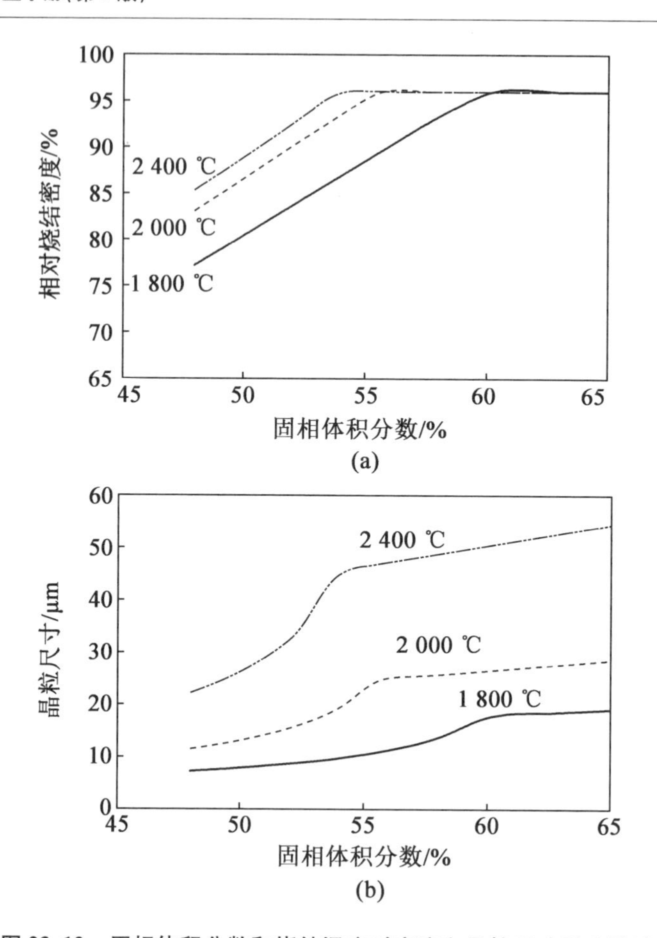

图 23.12　固相体积分数和烧结温度对密度和晶粒尺寸影响的过程图

使用相同的 MSC 模型,在固相体积分数为 55%、烧结时间为 600 min 时,Mo 颗粒尺寸和烧结温度对密度和晶粒尺寸影响的过程图如图 23.13 所示。Mo 的熔点较低,扩散率较高,烧结温度略低,但总体烧结现象与 W 相似。

23.5.2　活化烧结

少量的添加剂可以增强或活化固态烧结,这些添加剂在晶界上偏析,形成高扩散率的第二相。对于 W 和其他难熔金属,最有效的烧结活化剂是过渡金属,如 Co、Fe、Ni、Pd 和 Pt,它们对 W 有很高的溶解度,液相温度相对较低,但在 W 中溶解度有限。添加少于 1% 的这些元素就可以显著降低W和Mo的烧结温度。添加Pt和Pd可以活化Re的烧结。虽然在1 600 ℃时，氧化铌会成为活化烧结的阻碍，但钴、铁和镍的加入可促进Nb的致密化。然而所有的烧结活化剂都对性能有不利影响。

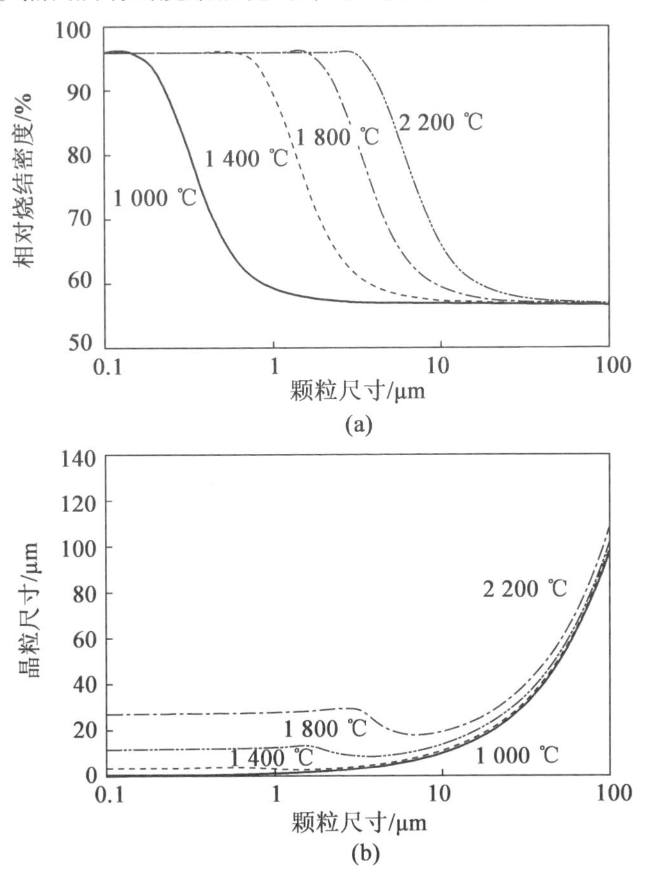

图23.13　Mo颗粒尺寸和烧结温度对密度和晶粒尺寸影响的过程图

过渡金属对难熔金属的致密化和性能有很强的影响，需要特殊的工艺来确保它们不会从混炼机和注射机的螺丝和料筒中获得。如果铁基材料之前已经复合和成型，这些磨损表面必须被适当地清洗。此外，载体聚合物必须适当熔化，以防止这些磨损的表面产生杂质。使用这些活化剂特别是Co、Pt和Pd的另一个问题是载体聚合物的降解。即使在室温下，这些元素也能催化分解聚合物。为防止这种情况的发生，使用抗氧化剂作为黏结剂系统的一部分是必需的。

23.5.3 典型工艺周期

MIM 难熔金属组件通常在1 900~3 050 ℃的温度范围内烧结。烧结所需的高温要求使用难熔金属材料。例如,纯 W 组分可以在 W 片上烧结。难熔金属的氧化需要在还原气体环境或真空气氛下才能烧结。除了促进致密化,高温烧结还有助于杂质的挥发,如碱金属、土碱金属或过渡金属,这些杂质会显著降低难熔金属的延展性。加热速度必须足够慢,以防止在杂质蒸发之前迅速致密化和孔隙关闭。对于 MIM 尺寸零件的制造,加热速率一般在14 ℃/min 左右。

难熔金属的工艺循环包括在温度低于600 ℃时去除 MIM 聚合物,在加热到最终烧结温度之前,在900~1 100 ℃的温度范围内去除氧气和其他残留杂质。在实际操作中,获得足够密度的一种方法是在氢气中脱脂并预烧结至接近闭合的孔隙条件,以减少颗粒中的氧化物,并除去其他杂质,然后在真空中高温烧结。通过这种方法,在氢还原材料颗粒表面后,就可以在真空中获得较高的温度。

钨和钼通常在100%的氢气气氛中烧结,露点低于20 ℃。钨组件通常在2 000~3 050 ℃的干燥氢气氛下烧结,密度为理论值的92%~98%,典型的晶粒尺寸为10~30 μm。钼组件通常在1 700~2 200 ℃的温度下在流动的干氢中烧结,密度为理论值的90%~95%。对氧化钼的还原是很重要的,因为氧质量浓度超过50~200 μg/mL 会导致脆性晶间破坏。虽然通常使用氢气,但在1 750 ℃真空烧结10 h 后,氧质量分数可低至170 μg/mL,密度为理论值的97%~98.5%,晶粒尺寸约为56 μm。氧化钼的还原需要氧分压不超过75 MPa。采用 MIM 制备钝钼的显微组织如图23.14所示,力学性能见表23.6。

弥散强化 W 的烧结温度通常在2 600~2 800 ℃,但添加 Y_2O_3、La_2O_3、TiC 和 TaC 的 MIM W 在2 400 ℃时烧结密度可达到理论密度的98%以上。Mo-CeO_2 可以在1 850 ℃下在流动的干燥氢气中烧结4 h,但需要热处理才能达到全密度。添加3.5%的 CeO_2 可使非合金 Mo 的晶粒尺寸从17 μm 减小到1 μm,并提高其屈服强度、伸长率和断裂韧性。

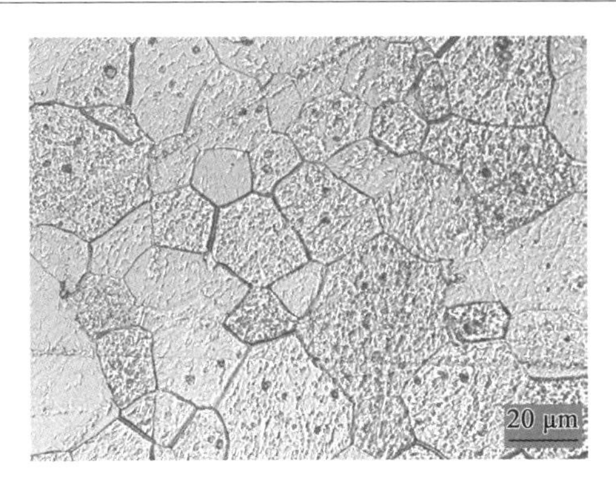

图23.14　采用MIM制备纯钼的显微组织

表23.6　采用氢还原法(1 400 ℃)和真空烧结法(2 000 ℃)烧结3 h,获得的MIM Mo的力学性能

材料	密度/($g\cdot cm^{-3}$)	晶粒尺寸/μm	UTS/MPa	伸长率/%	$w(C)/\%$	$w(O)/\%$
1	92.8	13	480	13	0.01	0.05
2	95.5	31	580	35	0.01	0.19

净成型Re组件可以在1 200~1 400 ℃的氢中预烧结30 min,以增加其处理强度,然后在2 300~2 700 ℃的氢气或高真空气氛中烧结,密度能达到理论值的97%或更高。烧结部件也可以采用热等静压的方式处理,以达到此密度,晶粒尺寸一般在25~50 μm之间。图23.15所示为MIM Re在2 400 ℃下于氢中烧结4 h以及在1 660 ℃与140 MPa下热等静压的微观结构。

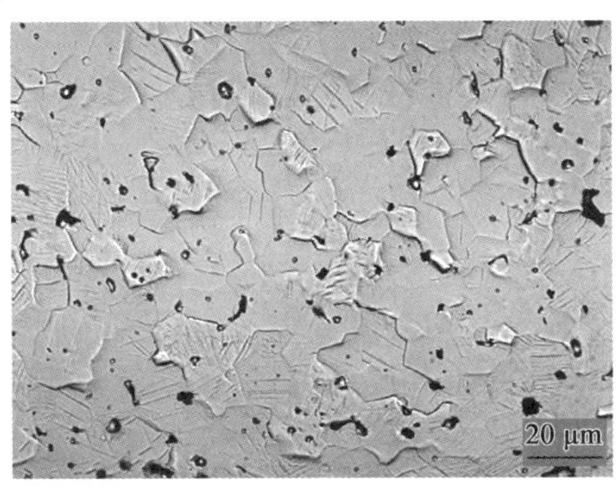

图23.15　MIM Re在2 400 ℃下于氢中烧结4 h以及在1 660 ℃与140 MPa下热等静压的微观结构

锟和钽可与氢气反应形成氢化物,所以烧结通常在 10^4 Torr 或更高的真空度中进行,也可以在惰性气体如氩气中进行。与其他难熔金属相比,它们对杂质的耐受度要低得多。钽元素通常在 2 300 ~2 800 ℃的真空中烧结,高温有助于间隙杂质的挥发。在高真空中(真空度为 10^{-7} Torr),于 1 900 ~2 000 ℃的温度下,铌组分可以烧结到接近全密度。铌的密度和晶粒尺寸随烧结温度的变化曲线如图 23.16 所示。当密度超过 90% 时,晶界从孔隙中脱离,导致晶粒迅速长大。在真空中(10^{-3} ~ 10^{-5} Torr),于 1 800 ~2 000 ℃下烧结 MIM Nb 达到了相似的密度,而氧和碳含量分别为 0.03% 和 0.02% ,并且 NbC 在晶界处析出。

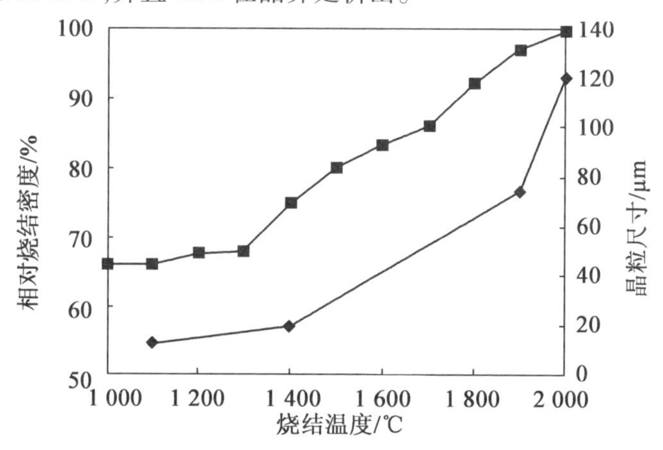

图 23.16　铌的密度和晶粒尺寸随烧结温度的变化曲线

预合金氢化物脱氢粉末可制备固溶强化 Nb 和 Ta 合金。预合金 Nb－30Hf－9W 可以通过注射成型并在 2 250 ℃的真空中烧结,达到理论密度的 94% 。在碳和氧质量浓度分别为 80 μg/mL 和 230 μg/mL 的情况下,在 1 950 ℃、200 MPa 的条件下进行 3 h 的无容器热等静压(HIP)可以实现全密度,这都低于导致脆性行为的临界水平。PIM Nb－12Hf－9W－0.1Y (C－129－Y)的烧结响应较差,导致在 2 350 ℃烧结温度下的最大密度为理论密度的 91% 。预合金的 Ta－9.2W－0.5Hf 粉末在 1 300 ~1 500 ℃时热等静压能达到理论密度的 99% ,且强度高于熔化轧制的合金,但伸长率较低。2 200 ℃无压烧结提高了伸长率,但降低了强度,对密度影响不大。

23.5.4　实际工艺问题

固态烧结通常不会产生完全致密的部件。对于传统的难熔金属加工，低烧结密度可以通过热机械加工克服，但这不是一个净成型 MIM 组件的选项。烧结至小于 8% 的孔隙率对于封闭孔隙是必要的，以使 HIP 进一步固结，而无须外部罐装。然而，HIP 通常仅限于 2 000 ℃的温度和 200 MPa 的压力，这对于最难致密化的难熔金属可能是不够的。其他压力辅助固结技术，如快速全向压实（ROC）和放点等离子烧结（SPS）已被用于致密化 W，但这些方法似乎并不适用于净成型 MIM 组件。

为了提高致密性和避免不溶颗粒或沉淀物的夹杂，需要均匀的难熔金属合金粉末。例如，使用 Re 涂层颗粒，W－5Re 合金在 2 230 ℃下可以在 30 min 内完全均匀化，而由 W 和 Re 粉末混合而成的相同成分的均匀化需要长达 60 h。类似的，机械合金化改善了 W－25Re 合金的均匀化性能。这些方法也可用于制备 W－Mo、Mo－Re 和 Mo－W 等其他固溶强化合金粉末。Mo 合金如 Mo－0.5Ti、Mo－0.5Ti－0.1Zr（TZM）和 Mo－1.2Hf－0.1C（MHC）可以通过与 Mo 一起碾磨单质粉末或其氢化物，在 1 920～1 980 ℃的氢中烧结得到。

采用适当的前驱体与难熔金属前驱体配合处理，可以获得均匀分布的氧化物和碳化物，如 ThO_2、CeO_2、ZrO_2、HfO_2、Er_2O_3、La_2O_3、Y_2O_3、TiC、TaC、HfC 或 ZrC，从而实现 W 和 Mo 的弥散强化。硝酸盐，如 $La(NO_3)_3$，可以作为水溶液加入，是常见的前驱体。这些前驱体在氢还原过程中分解成热力学性能稳定的氧化物。氢化物，如 ZrH_2，可以作为前驱体与碳添加物一起形成原位碳化物。弥散体的粉末形式通常必须具有 1 μm 的颗粒尺寸，以有效地规定晶界。添加量为 0.3%～4%。

与液相烧结重合金不同，烧结过程中的变形不是固态烧结难熔金属的主要问题。虽然高密度的 W 在垂直方向上比水平方向上的收缩幅度大 0.5% 左右，但 MIM W 零件的尺寸精度主要取决于注射成型工艺，尤其是注射压力。采用优化的模具参数和 2～3 μm 的 W 粉末，在 2 300 ℃烧结至相对密度为 92.9% 后，其尺寸精度可保持在 ±0.09%。

在 2 400 ℃或更高温度下烧结 1 μm 粒径的 W 粉末可获得 99% 的相对烧结密度。在 2 400 ℃烧结的 MIM W 零件在 200 ℃时具有延展性，而在 2 600 ℃烧结的 MIM W 零件在 400 ℃时具有延展性。添加 1% 的 TiC 可以使零件具有更高的强度,在400 ℃时仍可获得99%的相对密度和较好的延展性。

23.6 硬质合金

大多数硬质合金是由碳化钨和钴混合而成的。最常用的钴含量为3% ~25%,Ni 和 Cr 常用于需要增强耐蚀性的应用中。金属黏结剂可以通过额外的合金化工艺进一步改性。例如,在 WC - Co 硬质合金中添加 Ru 可以显著增加硬度而不降低韧性。较低的黏结剂含量也会增加硬度,但会降低韧性。

硬质合金成分可分为三种基本类型:单纯型、微晶型和合金型。单纯型主要是含 Co 黏结剂的 WC,但可能也含有少量的晶粒生长抑制剂。微晶型由 WC 和 Co 黏结剂组成,其中含有百分之几的 VC 和(或)Cr_3C_2,晶粒尺寸可达1 μm。合金型由 Co 黏结剂和 WC 组成,并添加 Ti、Ta 和 Nb,它们形成具有更圆润形貌的单独碳化合金晶粒,这些通常被称为立方或固溶体碳化物。

金属加工用单纯型硬质合金一般含3% ~12% Co,WC 晶粒尺寸一般在1 ~8 μm之间。随着晶粒尺寸的减小,硬度和强度会增加,但韧性降低。用于岩石和泥土钻井工具的部件由含6% ~16% Co 的单纯型硬质合金生产,粒度在1.5 ~10 μm或以上。用于模具和冲床的单纯型硬质合金具有中等晶粒尺寸,并且 Co 含量范围为16% ~30%。

微晶型通常含6% ~15% 的 Co。在 LPS 过程中,VC 和(或)Cr_3C_2 的添加可控制晶粒的生长,从而使最终晶粒尺寸小于1 μm。细小的晶粒尺寸提供了非常高的硬度和强度,这对于软工件材料的切削工具特别有用,因为它们可以达到很高的抛光度,以保持非常锋利的切削刃。它们也可以用于镍基高温合金的加工,因为它们能够承受高达1 200 ℃的温度。微晶型也适用于制造钻头等会产生剪应力的旋转工具。

合金型主要用于钢的切削加工,通常含有5% ~10% Co,晶粒尺寸在0.8 ~2 μm。TiC 含量在4% ~25%之间,这降低了 WC 向钢屑表面扩散的趋势。TaC 和 NbC 添加范围为0 ~25%,提高了强度、耐抗缩孔性和抗热震性。这些立方碳化物的添加也增加了热硬度,有助于在产生高温切削刃处避免热变形。合金型也用于非金属加工应用,主要是用作耐磨件。典型的晶粒尺寸为1.2~2 μm, Co含量为7%~10%。在需要增加耐蚀性和更高硬度的应用中,可以添加镍和铬来提升耐磨等级。

23.6.1 液相烧结

几乎所有的WC-Co硬质合金都是通过LPS处理的,这在第23.4节中已有描述。W和C均可溶于Co,在1 280 ℃左右形成共晶三元体系。当共晶液相形成时,致密化迅速发生。此液相即使使用粗WC粉末和低Co含量也能使密度达到理论值的99%以上。硬质合金需要烧结至完全密度,因为极少量的气孔就会使它们脆化。硬质金属可以固态烧结到高密度,但通常需要LPS来形成最佳的金相组织。

晶粒生长是由WC晶粒界面处发生的反应控制的,而不是像在重合金中那样由液相中的扩散控制的。硬质合金的晶粒生长速率比重合金低得多,允许的晶粒尺寸也小得多。在等温烧结过程中,晶粒尺寸与时间的平方根成正比。添加少量的过渡金属碳化物(包括VC、Cr_3C_2、NbC、TaC、TiC和Zr/HfC)可以控制晶界反应的速率,从而控制WC晶粒长大的速率,并以效率降低递减的方式显示出来。

烧结温度对起始WC粒径为0.05 μm的掺杂VC和纯的WC-7Co晶粒尺寸的影响如图23.17所示。未掺杂的WC-7Co粉末必须在1 400 ℃以下烧结才能保持亚微米级的晶粒尺寸,而掺杂VC的WC-7Co粉末在1 480 ℃烧结温度下也能保持亚微米级的晶粒尺寸。由于掺杂硬质金属的晶粒生长受到限制,最终晶粒尺寸一般与起始晶粒尺寸有关。

WC-Co的LPS过程中会出现晶粒异常生长,其中一些大晶粒的生长比平均晶粒尺寸大几倍。在这种情况下,平均粒度较小的粉末比平均粒度较大的粉末烧结粒度更大。使用粒度分布较窄的粉末可以避免晶粒异常生长。较低的烧结温度和使用晶粒生长抑制剂也能减少晶粒异常生长的发生。

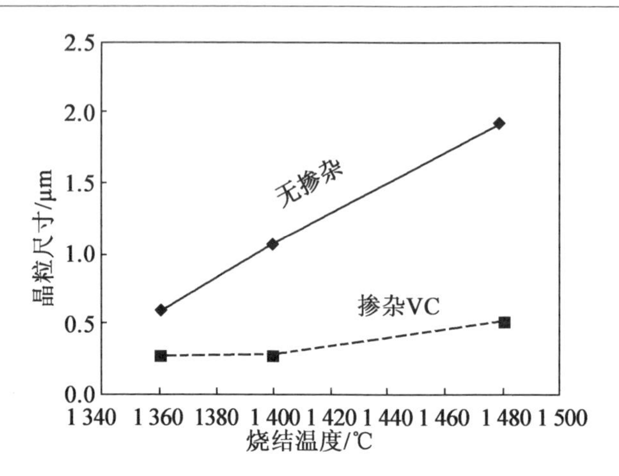

图23.17　烧结温度对起始WC粒径为0.05 μm的掺杂VC和纯的WC－7Co晶粒尺寸的影响

23.6.2　典型工艺周期

硬质合金通常在真空间歇炉中烧结,温度为1 400～1 450 ℃,但根据Co含量和所需的金相组织,温度也可能在1 350～1 600 ℃之间。烧结炉的热区通常由石墨构成,MIM硬质合金组件设置在涂有石墨漆的石墨托盘上。烧结期间的真空度通常为0.1 Pa (3～10 Torr),但特殊的烧结炉能够在基体仍处于熔融状态时,将氩气回填到至少3 MPa的压力,以确保零件完全致密化。压力辅助烧结的使用变得越来越普遍,几乎消除了由于残余孔隙而产生的废料。传统的真空烧结组件可以在单独的操作中热等静压达到全密度,但这样操作的成本更高。它们也可以在不使用热等静压的情况下用于某些场合,但通常需要更高的烧结温度,从而使微观组织变粗。较小的WC颗粒尺寸或添加晶粒生长抑制剂有助于保持细小的晶粒尺寸。

特殊的烧结周期和粉末化学成分的调整可以使Co在烧结组分最外层的20～30 μm处富集或减少。富集层可以使该组分具有更高的性能等级,并具有较低黏结剂含量的抗变形能力。耗损层可以提供更好的表面沉积耐磨涂层,如TiC、TiN、TiCN、TiAlN或Al_2O_3。

图23.18所示为单纯型、微晶型和合金型三类烧结组织的微观组织。单纯型的晶粒相对于微晶型较大,但它仍比液相烧结重合金的晶粒小得多。细小而不规则的晶粒使WC－Co比重合金更不容易受到重力引起的

变形的影响。合金型的深色块状区域是立方碳化物。

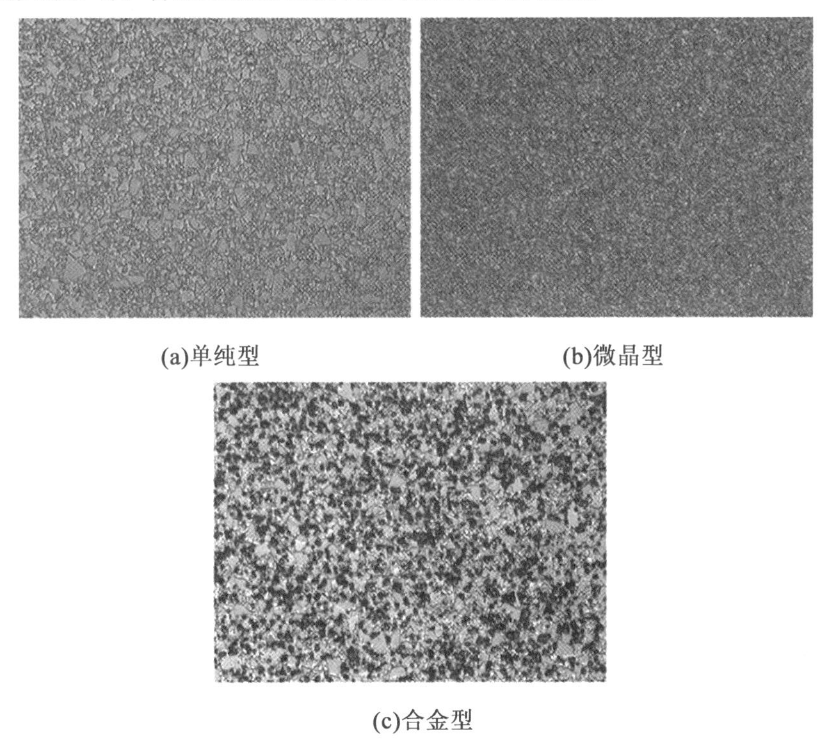

(a)单纯型　(b)微晶型

(c)合金型

图23.18　单纯型、微晶型和合金型三类烧结组织的微观组织

23.6.3　实际工艺问题

注射成型过程需要小心控制残留空气、熔接线和溢料。由于碳化物比金属对金相组织缺陷更敏感,因此在生坯中任何由喷射或不良焊缝造成的大气孔都会导致不可接受的金相组织缺陷。由于粉末的颗粒尺寸较小,喂料能够进入比大些的钢粉更小的模具间隙,因此控制溢料是一个重要问题。由于粉末的小颗粒尺寸,故对溢料的控制是一个挑战,与较大的钢粉相比,使原料进入模具间隙的可能性要小得多。如果要成型切削刀具,在切割刃处的溢料将限制可达到的切削刃半径或珩磨尺寸,因为生坯溢料的切除将导致倒角边缘的产生。烧结后珩磨可以将此倒角磨圆到一个半径,但是珩磨的尺寸会超过原来溢料的厚度。更加困难的是,由硬质合金喂料造成的溢料区域的刀具高磨料磨损,会增加间隙并限制刀具的寿命。但是,使用合适的模具,可生产出几乎没有溢料的切削刀具,烧结后很少或不需要后处理。

在注射成型过程中为了避免溢料的产生,碳化物的低压注射成型得以发展,在使用成本较低的工具材料和成型设备的同时延长了刀具寿命。黏结剂和固体填充是定制的,可以在较低的压力下注入低黏度的浆料。低压注射可能会导致厚型材包装困难,造成凹陷或空洞。这可以部分补偿较大的浇口和增加模具温度,以延长包装时间。这也要求浇口位于或靠近最厚的横截面。微尺寸零件的注射成型也是可能的,只要调整流道,允许在正常注射压力下填充微特征。这可以通过减少粉末成分和适当选择黏结剂来实现。

由于压坯中存在的应力,陶瓷和硬质合金注射件中经常出现裂纹、凹陷和气孔。当热塑性塑料冷却时,它们通过压力-体积-温度(PVT)反应收缩。这些收缩应力在模具收缩受限的情况下可能导致裂纹。例如,工具芯在厚截面中产生的内径,模具限制压坯的收缩,在内径中产生拉伸应力。如果压坯中存在不良的截面或其他缺陷,这些应力就可能会在相应位置产生裂纹。具有厚截面的注射组件通常在最厚截面凝固前先在浇口处固结,由此导致的材料收缩会产生收缩应力,压坯中出现孔隙或凹陷。孔隙或凹陷可能的解决方案包括增加浇口尺寸,将浇口移至材料较厚的部分,对浇口进行加热,提高模具温度以延长浇口凝固前的时间,或增加浇口凝固前的保持压力。然而,过大的压力会导致零件的应力变化,从而导致裂纹。非晶聚合物或低熔点聚合物的加入可以降低整体收缩率。在非晶聚合物中,没有发生玻璃化转变,这消除了在结晶聚合物中观察到的部分收缩现象。在喂料中使用较低熔点的聚合物可以降低所需的成型温度,这反过来可以减少系统的总体膨胀量,从而减少冷却时的收缩。使用柔性聚合物可以在不产生裂缝的情况下对应力进行调节。

蜡基体系的全热脱脂可以成功完成,但这需要较长的热循环时间。由于重力的作用还会导致部件发生变形,特别是在厚截面上。可以使用氧化铝和石墨的粉末床层帮助将黏结剂吸出并避免变形。其他研究人员也证明了蜡-聚合物体系的全热脱脂是可以实现的,尽管这可能会导致尺寸精度下降。

碳化物的热脱脂与工具钢相似,需要密切注意碳含量的控制。可以使用氢气,但氢气会引起脱碳反应。脱碳也可能是由碳与粉末中的氧化物反应引起的，如果黏结剂脱除不完全，就可能发生渗碳，这很可能发生在惰性气体中。

在氮/氢混合气氛中脱脂和真空脱脂均可防止脱碳。在最高温度为500 ℃的条件下，在体积分数为20% ~50%的 H_2/N_2 气体下对黏结剂体系中的聚合物部分进行热脱脂，与初始粉末相比，其碳含量没有发生变化。当 H_2 体积分数高于50%时，会导致脱碳，当 H_2 体积分数低于20%时，会导致烧结后的碳残留。在600 ℃的高温下，蜡－聚合物体系的全热脱脂过程中，100%的 N_2 导致渗碳，100%的 H_2 导致脱碳，75%的 H_2/N_2 导致碳平衡。同一体系先进行溶剂萃取后快速循环热脱脂的两步脱脂工艺，在75% H_2/N_2 和100% H_2/N_2 可得到等平衡碳。这是由于最大脱脂温度为600 ℃时保持时间较短。最佳的 H_2/N_2 比例可能取决于黏结剂成分、气体流量、部分截面和（或）炉膛负荷等。

为了获得最佳性能，必须小心地控制硬质合金的碳含量。高碳含量会导致组织中的游离碳析出。低碳含量会导致形成脆化的双碳化物，如 Co_3W_3C 或 Co_6W_6C，称为η相。碳含量的范围取决于Co的含量。Co含量越高，对碳含量的限制越宽。如果硬质合金的基体是由钴或镍以外的金属组成的，这种情况下通常要求更严格的碳控制。

影响碳含量的因素有很多，包括粉末的化学成分、黏结剂组成、部件尺寸、脱脂方法、炉体结构、炉膛负荷、烧结基体、烧结气氛、升温速率、烧结时间和温度等。烧结组分的碳含量通常通过测量磁饱和进行无损测定。如果硬质合金未作渗碳处理，Co基体会溶解更多的W，从而降低其磁饱和度。磁饱和度低于等效碳饱和合金的78%时，表明存在η相。在磁饱和度达到100%时，可能会出现沉淀碳，此时磁饱和度不再随着碳含量的增加而增加。

除了碳控制外，晶粒尺寸对许多硬质合金的应用也很重要。晶粒尺寸与材料硬度直接相关，但通过矫顽力的测量可以更精确地进行非破坏表征，矫顽力与WC晶粒与Co基体的接触面积有关。接触面限制了铁磁Co基体内磁畴壁的运动，因此，较小的晶粒尺寸需要较强的磁场才能使磁饱和的硬质合金构件恢复零磁化。

虽然WC－Co组分在烧结过程中并不容易因自身质量而产生变形，但它们很容易受到温度和炉内碳梯度的影响，所以稳定的炉膛负荷是很重要的，尺寸精度为±0.2%。硬质合金对污染非常敏感，只能在专用的烧结炉中烧结。

烧结后的硬质合金部件偶尔会在炉外涂上一层薄 Co 涂层。如果要对这些部件进行钎焊,这种钴涂覆现象可能是有益的,但在大多数情况下必须将其磨掉。在各个部件和熔炉中,钴涂覆现象可能会随机出现。它与残留气体的碳活性有关,在熔炉的不同位置和单个产品的不同表面上,碳活性会有所不同。建议在非脱碳气体和脱碳气体中冷却以避免钴涂覆。有些牌号的硬质合金利用特殊的烧结方法有意地将 Co 驱动到表面,以增加刀具切削刃的韧性。

在几乎所有的情况下,烧结件都会进行后烧结操作。对于切削刀具的一般操作是切削刃的珩磨,这对其性能至关重要。许多几何形状的刀具在烧结后需要磨削。对于一些工具,顶部和底部的部分将进行磨削处理,其他的则要求采用边缘磨削处理。在许多情况下,成品部件是有涂层的,涂层提供了润滑性和增加了硬度,并提供了一个扩散屏障,以防止硬质合金在加工过程中遇到高温发生氧化。

本章参考文献

[1] Aggarwal, G., Park, S. J., Smid, I. (2006). Development of niobium powder injection molding. Part Ⅰ: feedstock and injection molding. International Journal of Refractory Metals and Hard Materials, 24(3), 253-262.

[2] Aggarwal, G., Smid, I., Park, S. J., German, R. M. (2007). Development of niobium powder injection molding. Part Ⅱ: debinding and sintering. International Journal of Refractory Metals and Hard Materials, 25(3), 226-236.

[3] Antusch, S., Armstrong, D. E. J., Britton, T. B., Commin, L., Gibson, J. S. K. L., Greuner, H., et al. (2015). Mechanical and microstructural investigations of tungsten and doped tungsten materials produced via powder injection molding. Nuclear Materials and Energy, 3-4, 22-31.

[4] Antusch, S. , Norajitra, P. , Piotter, V. , Ritzhaupt-Kleissl, H. ,Spatafora, L. (2011). Powder injection molding—an innovative manufacturing method for He-cooled DEMO divertor components. Fusion Engineering and Design, 86, 1575 -1578.

[5] ASTM (2017). ASTM standard F560-17: Standard specification for unalloyed tantalum for surgical implant applications (UNS R05200, UNS R05400). In Annual book of ASTM standards volume 13.01: Medical and surgical materials and devices. West Conshohocken, PA, USA: ASTM International.

[6] Baojun, Z. , Xuanhui, Q. ,Ying, T. (2002). Powder injection molding of WC-8% Co tungsten cemented carbide. International Journal of Refractory Metals and Hard Materials, 20 (5 -6), 389 -394.

[7] Blaine, D. C. , Gurosik, J. D. , Park, S. J. , Heaney, D. F. ,German, R. M. (2006). Master sintering curve concepts as applied to the sintering of molybdenum. Metallurgical and Materials Transactions A, 37A, 715 -720.

[8] Blaine, D. C. , Park, S. J. , Suri, P. ,German, R. M. (2006). Application of work-of-sintering concepts in powder metals. Metallurgical and Materials Transactions A, 37A, 2827 -2835.

[9] Bose, A. (2011). A perspective on the earliest commercial PM metal-ceramic composite: cemented tungsten carbide. International Journal of Powder Metallurgy, 47(2), 31 -50.

[10] Bose, A. , Coque, H. R. A. ,Langford, J. , Jr. (1992). Development and properties of new tungsten-based composites for penetrators. International Journal of Powder Metallurgy, 28(4), 383 -394.

[11] Bose, A. ,German, R. M. (1988a). Microstructural refinement of W-Ni-Fe heavy alloys by alloying additions. Metallurgical Transactions A, 19A, 3100 -3103.

[12] Bose, A. ,German, R. M. (1988b). Sintering atmosphere effects on tensile properties of heavy alloys. Metallurgical Transactions A, 19A, 2467 -2476.

[13] Bose, A. ,German, R. M. (1990). Matrix composition effects on the tensile properties of tungsten-molybdenum heavy alloys. Metallurgical Transactions A, 21A, 1325 - 1327.

[14] Bruhn, J. ,Terselius, B. (1999). MIM offers increased application for submicron WC-10Co. Metal Powder Report, 54(1), 30 - 33.

[15] Bryskin, B. D. ,Danek, F. C. (1991). Powder processing and the fabrication of rhenium. JOM, 43(7), 24 - 26.

[16] Caldwell, S. G. (1998). Tungsten heavy alloys. In Powder metallurgy technologies, Vol. 7, ASM handbook (pp. 914 - 921). Materials Park, OH: ASM International.

[17] Chen, L. C. (1994). Dilatometric analysis of sintering of tungsten and tungsten with ceria and hafnia dispersions. International Journal of Refractory Metals and Hard Materials, 12, 41 - 51.

[18] Chen, L. C. ,Bewlay, B. P. (1994). Microstructural evolution and densification kinetics during sintering of oxide-dispersed tungsten alloys. Materials Research Society Symposium Proceedings, 322, 483 - 488.

[19] Cho, K. C. , Kellogg, F. , Klotz, B. R. ,Dowding, R. J. (2006). Plasma pressure compaction (P2C) of submicron size tungsten powder. In A. Bose,R. J. Dowding (Eds.), Proceedings of the 2006 international conference on tungsten, refractory, and hardmetals VI (pp. 161 - 170). Princeton, NJ: Metal Powder Industries Federation.

[20] Dropman, M. C. , Stover, D. , Buchkremer, H. P. ,German, R. M. (1992). Properties and processing of niobium superalloys by injection molding. In J. M. Capus & R. M.

[21] German (Eds.), Advances in powder metallurgy and particulate materials (pp. 213 - 221). Princeton, NJ: Metal Powder Industries Federation.

[22] Fan, J. , Lua, M. , Chenga, H. , Tiana, J. ,Huang, B. (2009). Effect of alloying elements Ti, Zr on the property and microstructure of molybdenum. International Journal of Refractory Metals and Hard Materials, 27, 78 - 82.

[23] Fang, Z. Z. ,Eason, J. W. (1993). Nondestructive evaluation of WC-Co composites using magnetic properties. International Journal of Powder Metallurgy, 29, 259 -265.

[24] Fang, Z. Z. ,Eason, J. W. (1995). Study of nanostructured WC-Co composites. International Journal of Refractory Metals and Hard Materials, 13, 297 -303.

[25] Fernandes, C. M. ,Senos, A. M. R. (2011). Cemented carbide phase diagrams: a review. International Journal of Refractory Metals and Hard Materials, 29, 405 -418.

[26] Gaur, R. P. S. ,Wolfe, T. A. (2006). Sub-micron and low-micron size Mo metal powders made by a new chemical precursor. In A. Bose R. J. Dowding (Eds.), Proceedings of the 2006 international conference on tungsten, refractory, and hardmetals Ⅳ(pp. 122 -131).

[27] Princeton, NJ: Metal Powder Industries Federation. German, R. M. (1981). How to get more from a sintering cycle. Progress in Powder Metallurgy, 37, 195 -211.

[28] German, R. M. (1985). Liquid phase sintering. New York: Plenum Press.

[29] German, R. M. (2001). In G. Kneringer, P. Roedhammer,H. Wilder (Eds.), Unique opportunities in powder injection molding of refractory and hard metals. Proceedings of the 15th international plansee seminar (pp. 175 -186). Reutte, Austria: Metallwerk Plansee.

[30] German, R. M. ,Bose, A. (1997). Injection molding of metals and ceramics. Princeton, NJ: Metal Powder Industries Federation.

[31] German, R. M. , Bose, A. ,Mani, S. S. (1992). Sintering time and atmosphere influences on the microstructure and mechanical properties of tungsten heavy alloys. Metallurgical Transactions A, 23A, 211 -219.

[32] German, R. M. ,Labombard, C. A. (1982). Sintering molybdenum treated with Ni, Pd, and Pt. International Journal of Powder Metallurgy and Powder Technology, 18(2),147 -156.

[33] German, R. M. ,Munir, Z. A. (1976). Enhanced low - temperature

sintering of tungsten. Metallurgical Transactions A, 7A, 1873 - 1877.

[34] German, R. M. ,Munir, Z. A. (1977). Rhenium activated sintering. Journal of Less Common Metals, 53, 141 - 146.

[35] German, R. M. ,Munir, Z. A. (1978). Heterodiffusion model for the activated sintering of molybdenum. Journal of Less Common Metals, 58, 61 - 74.

[36] German, R. M. ,Rabin, B. H. (1985). Enhanced sintering through second phase additions. Powder Metallurgy, 28, 7 - 12.

[37] Green, E. C. , Jones, D. J. ,Pitkin, W. R. (1956). In Developments in high-density alloys. Symposium on Powder Metallurgy (pp. 253 - 256). London: Iron and Steel Institute. Special Report #58.

[38] Greene, C. D. ,Heaney, D. F. (2007). The PVT effect on the final sintered dimensions of powder injection molded components. Materials Design, 28(1), 95 - 100.

[39] Guo, J. , Fan, P. , Wang, X. ,Fang, Z. Z. (2010). Formation of Co-capping during sintering of straight WC-10% Co. International Journal of Refractory Metals and Hard Materials, 28, 317 - 323.

[40] Hens, K. F. , Johnson, J. L. ,German, R. M. (1994). Pilot production of advanced electronic

[41] Packages via powder injection molding. In C. Lall A. Neupaver (Eds.), Advances in powder metallurgy (pp. 217 - 229). Princeton, NJ: Metal Powder Industries Federation.

[42] Huang, H. S. ,Hwang, K. S. (2002). Deoxidation of molybdenum during vacuum sintering. Metallurgical and Materials Transactions A, 33A, 657 - 664.

[43] Huppmann, W. J. (1979). The elementary mechanisms of liquid phase sintering, Part Ⅱ: Solution - reprecipitation. In G. C. Kuczynski (Ed.), Sintering and catalysis (pp. 359 - 378). New York: Plenum Press.

[44] Ivanov, E. Y. ,Bryskin, B. D. (1997). G. Kneringer, P. Rodhammer,P. Wilhartitz (Eds.), The solid-state synthesis of the W-25% Re

using a mechanical alloying approach(pp. 631 – 640). Proceedings of the 14th International Plansee Seminar, vol. 1(pp. 631 – 640). Reutte, Austria: Metallwerk Plansee.

[45] Janisch, D. S., Lengauer, W., Roediger, K., van den Berg, H. (2010). Cobalt capping: why is sintered hardmetal sometimes covered with binder. International Journal of Refractory Metals and Hard Materials, 28, 466 – 471.

[46] Johnson, J. L. (2008). In A. Bose, R. J. Dowding, J. A. Shields (Eds.), Progress in processing nanoscale refractory and hardmetal powders. 2008 International conference on tungsten, refractory, and hardmaterials Ⅶ, vol. 5 (pp. 57 – 71). Princeton, NJ: Metal Powder Industries Federation.

[47] Johnson, J. L., Campbell, L. G., Park, S. J., German, R. M. (2009). Grain growth in dilute sintered tungsten heavy alloys during liquid-phase sintering under microgravity conditions. Metallurgical and Materials Transactions A, 40A, 426 – 437.

[48] Johnson, J. L., German, R. M. (2006). In A. Bose R. J. Dowding (Eds.), Liquid phase sintering of W-Co-Mn heavy alloys. 2006 International conference on tungsten, refractory metals, and hardmetals Ⅵ (pp. 257 – 265). Princeton, NJ: Metal Powder Industries Federation.

[49] Johnson, J. L., Upadhyaya, A., German, R. M. (1998). Microstructural effects on distortion and solid-liquid segregation during liquid phase sintering under microgravity conditions. Metallurgical and Materials Transactions B, 29B, 857 – 866.

[50] Jonsson, P. (2013). Method for producing cemented carbide products. US Patent Application 2013/0200556 A1, 8 August 2013.

[51] Kaysser, W. A., Petzow, G. (1985). Present state of liquid phase sintering. Powder Metallurgy, 28, 145 – 150.

[52] Kipphut, C. M., Bose, A., Farooq, S., German, R. M. (1988). Gravity and configurational energy induced microstructural changes in liquid phase sintering. Metallurgical Transactions A, 19A, 1905 – 1913.

[53] Kostic, B., Zhang, T., Evans, J. R. G. (1993). Effect of molding conditions on residual stresses in powder injection molding. International Journal of Powder Metallurgy, 29(3), 251 -257.

[54] Kwon, Y. S., Wu, Y., Suri, P., German, R. M. (2004). Simulation of the sintering densification and shrinkage behavior of powder injection molded 17 -4PH stainless steel. Metallurgical and Materials Transactions A, 35A, 257 -263.

[55] Larsen, E. I., Murphy, P. C. (1965). Characteristics and applications of high-density tungstenbased composites. The Canadian Mining and Metallurgical Bulletin, April, 413 -420.

[56] Lassner, E., Schubert, W. D. (1999). Tungsten: properties, chemistry, technology of the element, alloys, and chemical compounds. New York: Kluwer Academic.

[57] Leichtfried, G., Shields, J. A., Jr., Johnson, J. L. (2015). Pressing and sintering of refractory metal powders. In ASM handbook, vol. 7. Powder metallurgy (pp. 605 -610). Materials Park, OH: ASM International.

[58] Leonhardt, T., Moore, N., Downs, J., Hamister, M. (2001). Advances in powder metallurgy rhenium. In W. B. Eisen, S. Kassam (Eds.), vol. 8 Advances in powder metallurgy and particulate materials. (pp. 193 -203). Princeton, NJ: Metal Powder Industries Federation.

[59] Li, R., Qin, M., Liu, C., Huang, H., Lu, H., Chen, P., et al. (2017). Injection molding of tungsten powder treated by jet mill with high powder loading: a solution for fabrication of dense tungsten component at relative low temperature. International Journal of Refractory Metals and Hard Materials, 62, 42 -46.

[60] Lisovksy, A. F. (2000). Cemented carbides alloyed with ruthenium, osmium, and rhenium. Powder Metallurgy and Metal Ceramics, 39(9 -10), 428 -433.

[61] Lisovksy, A. F., Tkachenko, N. V., Kebko, V. (1991). Structure

of a binding phase in Re-alloyed WC-Co cemented carbides. Refractory Metals and Hard Materials, 10, 33 – 36.

[62] Lundell, R. , Jonson, P. ,Puide, M. (2013). Method for producing cemented carbide products. US Patent Application 2013/0064708 A1, 13 March 2013.

[63] Luo, T. G. , Qu, X. H. , Qin, M. L. ,Ouyang, M. L. (2009). Dimension precision of metal injection molded pure tungsten. International Journal of Refractory Metals and Hard Materials, 27, 615 – 620.

[64] Manneson, K. , Borgh, I. , Borgenstam, A. ,Agren, J. (2011). Abnormal grain growth in cemented carbides: experiments and simulations. International Journal of Refractory Metals and Hard Materials, 29, 488 – 494.

[65] Manneson, K. , Jeppsson, J. , Borgenstam, A. ,Agren, J. (2011). Carbide grain growth in cemented carbides. Acta Materialia, 59(5), 1912 – 1923.

[66] Martyn, M. T. ,James, P. J. (1994). The process of hardmetal components by powder injection moulding. International Journal of Refractory Metals and Hard Materials, 12, 61 – 69.

[67] Massalski, T. B. (1986). Binary alloy phase diagrams. Metals Park, OH: ASM. Meredith, B. , Milner, D. R. (1976). Densification mechanisms in the tungsten carbide—cobalt system. Powder Metallurgy, 19(1), 38 – 45.

[68] Milman, Y. V. ,Kurdyumova, G. G. (1997). Rhenium effect on the improving of mechanical properties in Mo, W, Cr, and their alloys. In B. D. Bryskin (Ed.), Rhenium and rhenium alloys (pp. 717 – 728). Warrendale, PA: The Mineral, Metals, and Materials Society.

[69] Morton, C. W. , Wills, D. J. ,Stjernberg, K. (2005). The temperature ranges for maximum effectiveness of grain growth inhibitors in WC-Co alloys. International Journal of Refractory Metals and Hard Materials, 23, 287 – 293.

[70] Muddle, B. C. (1984). Interphase boundary precipitation in liquid

phase sintered W-Ni-Fe and W-Ni-Cu. Metallurgical Transactions A, 15A, 1090 - 1098.

[71] Myers, N., Mehrotra, P. K. (2015). Compaction of carbide powders. In ASM handbook, vol. 7. Powder metallurgy (pp. 715 - 719). Materials Park, OH: ASM International.

[72] Paramore, J. D., Zhang, H., Wang, X., Fang, Z. Z., Siddle, D., Cho, K. C. (2007). In J. Engquist T. F. Murphy (Eds.), vol. 8 Production of nanocrystalline tungsten using ultra-high-pressure rapid hot consolidation (UPRC). Proceedings of the 2007 international conference on powder metallurgy and particulate materials, (pp. 1 - 9). Princeton, NJ: Metal Powder Industries Federation.

[73] Park, J. J., Jacobson, D. L. (1997). Steady-state creep rates of W-4Re-0.32HfC. In B. D. Bryskin (Ed.), Rhenium and rhenium alloys (pp. 327 - 340). Warrendale, PA: The Mineral, Metals, and Materials Society.

[74] Park, S. J., Chung, S. H., Johnson, J. L., German, R. M. (2006). Finite element simulation of liquid phase sintering with tungsten heavy alloys. Materials Transactions, 47(11), 2745 - 2752.

[75] Park, S. J., Chung, S. H., Martin, J. M., Johnson, J. L., German, R. M. (2008). Master sintering curve for densification derived from a constitutive equation with consideration of grain growth: application to tungsten heavy alloys. Metallurgical and Materials Transactions A, 39A, 2941 - 2948.

[76] Park, S. J., Martin, J. M., Guo, J. F., Johnson, J. L., German, R. M. (2006b). Densification behavior of tungsten heavy alloy based on master sintering curve concept. Metallurgical and Materials Transactions A, 37A, 2837 - 2848.

[77] Park, S. J., Martin, J. M., Guo, J. F., Johnson, J. L., German, R. M. (2006c). Grain growth behavior of tungsten heavy alloys based on master sintering curve concept. Metallurgical and Materials Transactions A, 37A, 3337 - 3346.

[78] Petzow, G., Kaysser, W. A., Amtenbrink, M., Kolar, D., Pejovnik, S., Ristic, M. M. (1982). Liquid phase and activated sintering. In Sintering—Theory and practice (pp. 27 - 36). Amsterdam, The Netherlands: Elsevier.

[79] Povarova, K. B., Bannykh, O. A., Zavarzina, E. K. (1997). Low- and high-rhenium tungsten alloys: properties, production, and treatment. In B. D. Bryskin (Ed.), Rhenium and rhenium alloys (pp. 691 - 705). Warrendale, PA: The Mineral, Metals, and Materials Society.

[80] Puzz, T. E., Antonyraj, A., German, R. M., Oakes, J. J. (2007). Binder optimization for the production of tungsten feedstocks for PIM. In J. Engquist, T. F. Murphy (Eds.), Advances in powder metallurgy and particulate materials—2007 (pp. 4.21 - 4.27). Princeton, NJ, USA: Metal Powder Industries Federation.

[81] Qu, X., Gao, J., Qin, M., Lei, C. (2005). Application of a wax-based binder in PIM of WC-TiC-Co cemented carbides. International Journal of Refractory Metals and Hard Materials, 23(4 - 6), 273 - 277.

[82] Roebuck, B. (1996). Magnetic moment (saturation) measurements on hardmetals. International Journal of Refractory Metals and Hard Materials, 14, 419 - 424.

[83] Roebuck, B. (1999). Magnetic coercivity measurements for WC-Co hardmaterials. In NPL CMMT(MN)042. UK: National Physical Laboratory.

[84] Roebuck, B. (2002). Hardmetals: hardness and coercivity property maps. In NPL MATC(MN)14. UK: National Physical Laboratory.

[85] Roediger, K., Van den Berg, H., Dreyer, K., Kassel, D., Orths, S. (2000). Near-net-shaping in the hardmetal industry. International Journal of Refractory Metals and Hard Materials, 18, 111 - 120.

[86] Samsonov, G. V., Yakovlev, V. I. (1969). Activation of the sintering of tungsten by the irongroup metals. Soviet Powder Metallurgy and Metal Ceramics, 8, 804 - 880.

[87] Sandim, H. R. Z., Padilha, A. F., Randle, V. (2005). In G. Kneringer, P. Rodhammer, H. Wildner (Eds.), Grain growth during sintering of pure niobium. Proceedings of the 16th international plansee seminar (pp. 684 – 695). Reutte, Austria: Metallwerk Plansee.

[88] Santhanam, A. T., Tierney, P., Hunt, J. L. (1998). Cemented carbides. In Powder metallurgy technologies, vol. 7, ASM handbook (pp. 950 – 977). Materials Park, OH: ASM International.

[89] Schwenke, G. K., Sturdevant, J. V. (2007). Magnetic saturation and coercivity measurements on chromium – doped cemented carbides. International Journal of Powder Metallurgy, 43(2), 21 – 31.

[90] Sethi, G., Park, S. J., Johnson, J. L., German, R. M. (2009). Linking homogenization and densification in W-Ni-Cu alloys through master sintering curve (MSC) concepts. International Journal of Refractory Metals and Hard Materials, 27, 688 – 695.

[91] Snowball, R. F., Milner, D. R. (1968). Densification processes in the tungsten carbide cobalt system. Powder Metallurgy, 11(21), 23 – 40.

[92] Solonin, S. M., Kivalo, L. I. (1982). Sintering of mixtures of tungsten and rhenium powders. Soviet Powder Metallurgy and Metal Ceramics, 21, 451 – 453.

[93] Sommer, F., Walcher, H., Kern, F., Maetzig, M., Gadow, R. (2013). Influence of feedstock preparation on ceramic injection molding and microstructural features of zirconia toughened alumina. Journal of the European Ceramic Society, 34(3), 745 – 751.

[94] Srikanth, V., Upadhyaya, G. S. (1986). Sintered heavy alloys—a review. International Journal of Refractory and Hard Metals, 5, 49 – 54.

[95] Stjernberg, K., Johnsson, J. (1998). Recycling of cemented carbides. In J. J. Oakes, J. H. Reinshagen (Eds.), vol. 1. Advances in powder metallurgy and particulate materials (pp. 173 – 179). Princeton, NJ: Metal Powder Industries Federation.

[96] Su, H., Johnson, D. L. (1996). Master sintering curve: a practical

approach to sintering. Journal of the American Ceramic Society, 79 (12), 3211 -3217.

[97] Sundin, S., Haglund, S. (2000). A comparison between magnetic properties and grain size for WC-Co hard materials containing additives of Cr and V. International Journal of Refractory Metals and Hard Materials, 18, 297 -300.

[98] Sung, H. J., Yoon, T., Ahn, S. (1999). Application of PIM for manufacturing WC-Co milling inserts. Journal of Japan Society of Powder Metallurgy, 46(8), 887 -892.

[99] Suri, P., Atre, S. V., German, R. M., de Souza, J. P. (2003). Effect of mixing on the rheology and particle characteristics of tungsten-based powder injection molding feedstock. Materials Science and Engineering A, 356(1 -2), 337 -344.

[100] Suri, P., German, R. M., De Souza, J. P. (2009). Influence of mixing and effect of agglomerates on the green and sintered properties of 97W-2.1Ni-0.9Fe heavy alloys. International Journal of Refractory Metals and Hard Materials, 27(4), 683 -687.

[101] Trybus, C. L., Wang, C., Pandheeradi, M., Meglio, C. A. (2002). Powder metallurgical processing of rhenium. Advanced Materials and Processes, December, 23 -26.

[102] Uskokovic, D., Petkovic, J., Ristic, M. M. (1976). Kinetics and mechanism of sintering under constant heating rates. Science of Sintering, 8, 129 -148.

[103] Uskokovic, D., Zivkovic, M., Zivanovic, B., Ristic, M. M. (1971). Study of the sintering of molybdenum powder. High Temperature—High Pressures, 3, 461 -466.

[104] Wang, C. M., Cardarella, J. J., Miller, K. R., Trybus, C. L. (2001). Powder injection molding to fabricate tungsten and rhenium components. In W. B. Eisen, S. Kassam (Eds.), Advances in powder metallurgy and particulate materials (pp. 8.180 -8.192). Princeton, NJ: Metal Powder Industries Federation.

[105] Wei, T. S. ,German, R. M. (1988). Injection molded tungsten heavy alloy. International Journal of Powder Metallurgy, 24, 327 -335.

[106] Wojcik, C. G. (1991). High temperature niobium alloys. In J. J. Stephens Ⅰ. Ahmad (Eds.), High temperature niobium alloys (pp. 1 -13). Warrendale, PA: The Mineral, Metals, and Materials Society.

[107] Wolfe, T. A., Enneti, R. K., Leonhardt, T., Johnson, J. L. (2015). Production of refractory metal powders. In ASM handbook, vol. 7. Powder metallurgy (pp. 599 -604). Materials Park, OH: ASM International.

[108] Yang, M. J. ,German, R. M. (1998). Nanophase and superfine cemented carbides processed by powder injection molding. International Journal of Refractory Metals and Hard Materials, 16, 107 -117.

[109] Yin, H., Tong, J., Qu, X. ,Zheng, J. (2011). In A. Bose, R. J. Dowding,J. L. Johnson (Eds.),Powder injection molding for micro cemented carbide parts. Proceedings of 2011 international conference on tungsten, refractory and hardmaterials Ⅷ. Princeton, NJ: Metal Powder Industries Federation.

[110] Youseffi, M. ,Menzies, I. A. (1997). Injection molding of WC-6Co powder using two new binder systems based on montanester waxes and water-soluble gelling polymers. Powder Metallurgy, 40(1), 62 -65.

[111] Yunn, H. S. (2011). Critical solid loading and rheological study of WC-10% Co. Applied Mechanics and Materials, 42 -43, 97 -102.

[112] Zhang, G. J., Sun, Y. J., Sun, J., Wie, J. F., Zhao, B. H., Yang, L. X. (2005). In G. Kneringer, P. P. Rodhammer, H. Wildner (Eds.), Microstructure and mechanical properties of ceria dispersion strengthened molybdenum alloy. Proceedings of the 16th international plansee seminar (pp. 1089 -1095). Reutte, Austria: Metallwerk Plansee.

[113] Zhang, X., Zhang, T., Hu, Z., Li, Q., Tan, S., Yin, W. (2005). G. Kneringer, P. Rodhammer,H. Wildner (Eds.), Effect

of hot isostatic pressing and high temperature sintering on the performance of PM Ta-W-Hf alloys (pp. 776 - 784). Proceedings of the 16th international plansee seminar, Reutte, Austria: Metallwerk Plansee.

[114] Zorzi, J., Perottoni, C., Jornada, J. (2003). A new partially isostatic method for fast debinding of low-pressure injection molded ceramic parts. Materials Letters, 57(24 - 35), 3784 - 3788.

[115] Zovas, P. E., German, R. M., Hwang, K. S., Li, C. J. (1983). Activated and liquid phase sintering—progress and problems. Journal of Metals, 35(1), 28 - 33.

延伸阅读

[1] Dushina, O. V., Nevskaya, L. V. (1969). Activated sintering of rhenium with palladium additions. Soviet Powder Metallurgy and Metal Ceramics, 8, 642 - 644.

[2] German, R. M. (1983). A quantitative theory of diffusional activated sintering. Science of Sintering, 15, 27 - 42.

[3] Hwang, K. S., Huang, H. S. (2003). Identification of the segregation layer and its effect on the activated sintering and ductility of Ni-doped molybdenum. Acta Materialia, 51, 3915 - 3926.

[4] Hwang, K. S., Huang, H. S. (2004). Ductility improvement of Ni-added molybdenum compacts through the addition of Cu and Fe powders. International Journal of Refractory Metals and Hard Materials, 22, 185 - 191.

[5] Lipetzky, P. (2002). Refractory metals: a primer. JOM, 54, 4749.

[6] Munir, Z. A., German, R. M. (1977). A generalized model for the prediction of periodic trends in the activation of sintering of refractory metals. High Temperature Science, 9, 275 - 283.

第24章 镍基高温合金的金属注射成型

24.1 概 述

镍基高温合金是一种耐腐蚀高温合金，通常在500 ℃以上的环境中使用。它们通常含有多达10种合金元素，包括轻元素如硼或碳，以及重难熔元素如钽、钨或铼。高温合金即使在接近熔点的温度下也表现出优异的抗蠕变、抗硫化和抗氧化性能。镍基高温合金自20世纪50年代出现以来，由于其具有良好的高温性能，已广泛应用于航空航天、发电和汽车高温应用。

最早的镍基高温合金是多晶铸造高温合金。真空熔炼技术的引入，使镍基铸造高温合金变得越来越重要。从多晶铸造合金开始，铸造技术和合金技术得到了进一步的发展，并实现了定向凝固的单晶高强度高温合金的生产。镍基高温合金的粉末冶金是在20世纪60年代引入的。传统的粉末冶金制造技术包括热等静压和之后的锻造，该技术通常用于生产无法通过铸锭冶金来制造的零件，例如，当某些合金元素含量较高，或者需要合金元素具有很高的均匀性、密度和均匀的晶粒度时常采用该技术。

镍基高温合金的金属注射成型是一种相对较新的制造技术，可以追溯到20世纪80年代末。金属注射成型作为一种高度自动化的近净成型工艺，是一种很有前景的多晶高温合金零件大批量生产的互补甚至替代生产技术。这种技术可以让零件具有均匀的组织和良好的力学性能；可以避免高强度镍基高温合金在凝固过程中出现的宏观偏析问题。此外，与传统的制造技术相比，该技术可以减少昂贵且耗时的加工步骤。

在过去的25年中，学者们已经研究了几种镍基高温合金的MIM性能，如Inconel 625（IN 625）、Inconel 713（IN 713）、Inconel 718（IN 718）、

Nimonic 90、Udimet 720（U720）和 Mar－M247。根据德国的一份评估报告显示，镍基高温合金约占全球 MIM 销量的 2%。镍基高温合金的熔体注射成型取得了很好的结果，即烧结后的密度较高，室温力学性能较好。但是，有关镍基高温合金的高温力学性能（包括蠕变和疲劳试验）的文献资料有限。

24.2 镍基高温合金 MIM 流程

与其他类型的材料相比，镍基高温合金的金属注射成型在加工过程中需要特别的预防措施。这涉及寻找合适的烧结工艺参数，控制烧结过程中的夹杂量以及在烧结和后续热处理过程中控制材料的显微组织以获得良好的高温性能。

24.2.1 粉末制备和粉末质量

金属注射成型用的镍基高温合金粉末通常采用气雾化方法制备，采用惰性气体氩气保护以避免合金粉末的氧化，因为表面氧化物会降低粉末烧结活性，导致零件密度降低。制备气雾化粉末的原始材料需要使用常规的高质量合金锭。为了获得所需的粒度分布，在气雾化后需对粉末进行筛分。氩气惰性气体雾化制备的镍基高温合金 CM247LC 金属注射成型用粉末如图 24.1 所示。

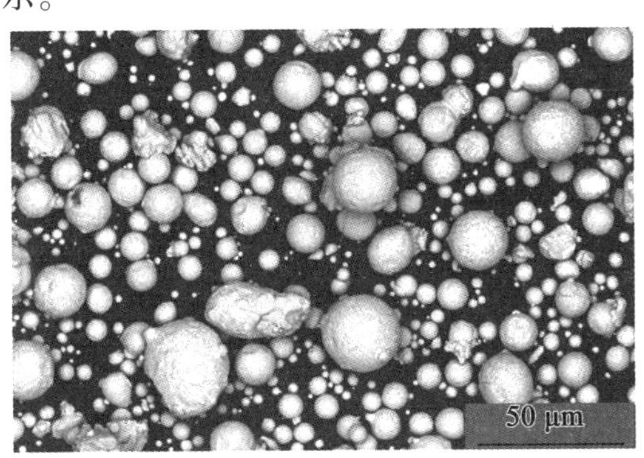

图 24.1 氩气惰性气体雾化制备的镍基高温合金 CM247LC 金属注射成型用粉末

2013 年 Klöden、Weissgärber、Kieback 和 Langer 发表了一篇关于 MIM

高温合金粉末的综述,其中包括关于颗粒尺寸分布和雾化条件的信息。

当粉末形貌为球形且粒径小于45 μm时,注射成型可获得最佳的充填效果。不符合这些标准的粉末需要较高的黏结剂含量,而这将导致零件产生较大的收缩,从而增加了最终零件存在致密化不均匀和变形的风险。

众所周知,采用氩气气雾化制备合金粉末的过程中,粉末颗粒中会充满气体而引入孔隙,应尽量避免使用这种带孔隙的粉末。由于孔隙主要在颗粒粒径较大(100 μm)的粉末中出现,因此对于典型的MIM用细粉来说通常不存在这种问题;此外,混合粉末的使用即不同元素粉末的混合物或不同化学成分的预合金粉末的混合物对镍基高温合金的注射成型带来了巨大的挑战;因此必须严格控制氧化和不均匀收缩带来的风险。

夹杂物和杂质会影响MIM零件的强度。在气雾化过程中使用的陶瓷坩埚可能会产生陶瓷杂质。从雾化喷嘴上可能会脱落细小的碎屑从而污染粉末。在雾化喷嘴前安装陶瓷过滤器有助于减少杂质的含量和限制坩埚陶瓷杂质的尺寸,通过对粉末进行筛分可以将这些缺陷产生的概率进一步缩小到一个可接受的范围内。

使用符合MIM生产要求的粉末是至关重要的。因此,无论是在开发阶段还是在系列化生产阶段,都应该对粉末进行详细的表征,以保证粉末具有所需的粒度、颗粒形态、密度和化学性质。

24.2.2 原料制备及注射成型

对于镍基高温合金来说,原料制备和注射成型与其他类型的金属基本相同。关于这两个工艺的详细信息参考第4~6章。

从黏结剂中吸收碳、氧和氮等元素会对镍基高温合金的微观结构和机械性能产生负面影响;因此,建议选择合适的黏结剂体系,使黏结剂几乎完全脱除。

通过使用无氧黏结剂体系或在热脱脂之前的溶剂脱脂过程中提取和溶解含氧组分的黏结剂体系,可以将吸氧量降至最低或最大限度地避免镍基高温合金从黏结剂中吸氧。迄今为止,已有几种不同的黏结剂体系成功地用于镍基高温合金的注射成型。典型的黏结剂体系通常由蜡或水溶性成分如聚乙二醇(PEG)与主链聚合物组成。常用的主链聚合物有聚乙烯、聚丙烯和乙烯-醋酸乙烯。与其他金属注射成型一样,分散剂也经常使用硬脂酸。缩醛基黏结剂体系也常用于镍基高温合金的注射成型。Klöden

等人对镍基合金中使用的黏结剂系统进行了详细的总结。烧结后碳、氮和氧的残余量可在 Wohlfromm、Contreras、Jiménez - Morales、Torralba、Miura、Ikeda、Iwahashi、Osada 和 Meyer 等人的研究中找到。

24.2.3　脱脂和烧结

在 MIM 的热脱脂和烧结过程中,合金粉末可能会从黏结剂或大气中吸收碳和氧等杂质。对于镍基高温合金,通常不希望产生这种杂质。碳和氧的含量必须控制在一定的范围内,因为它们可能会降低镍基高温合金的机械性能和抗氧化性能;因此,需要将这些元素的污染程度降到最低。为了实现这一目的,需要特别注意黏结剂组分的选择、原料的制备和处理以及热脱脂和烧结参数的选择。

此外,合金成分也可能会影响杂质的析出,比如一些活性元素如铪,很有可能与碳和氧发生反应。吸收的碳和氧通常以碳化物和氧化物的形式出现,且一般位于颗粒粉末的晶界处(PPB)。图 24.2 所示为注射成型用 IN713 合金的粒子晶界。

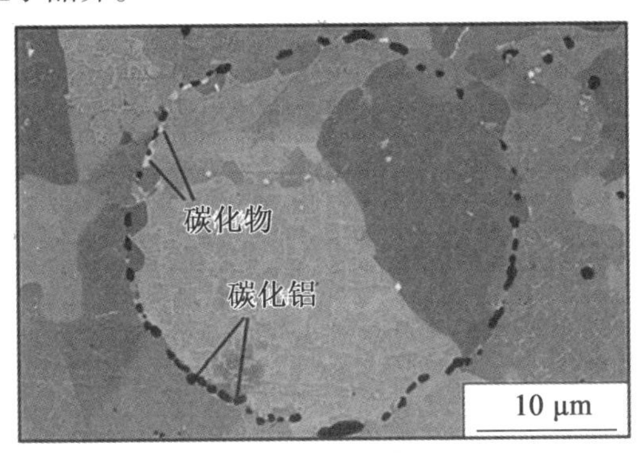

图 24.2　注射成型用 IN713 合金的粒子晶界

尽管晶界上的碳化物有助于提高高温强度,但晶界和晶粒内部过多的高温稳定碳化物会对材料的力学性能产生不利影响,比如成为裂纹的起始点。

通过对样品进行大量的静态和动态强度测试试验可确定零件中可接受的碳化物最大尺寸和浓度。通过金相检测可确定零件中碳化物的含量是否合格。对炉膛内气体和烧结温度的一致性控制有助于达到规定的质量标准。

除了碳和氧以外,合金元素也会从黏结剂中吸收磷和硫等杂质。众所周知,这两种元素都对镍基高温合金的力学性能有不利影响。造成这一现象的主要原因之一是它们都能形成熔点极低的共晶(在二元体系 Ni - S 中为 635 ℃共晶体,在二元体系 Ni - P 中为 870 ℃共晶体),这些共晶体在高温载荷下会导致零件产生液相破裂。

在烧结致密化过程中,零件会发生 15% ~22% 的线性收缩,这主要取决于粉末/黏结剂的体积配比。显然,对烧结过程的正确控制是成型出具有最终几何形状零件的关键因素。高质量零件的烧结工艺特点是烧结炉内温度分布均匀,气氛控制良好,具有最优的烧结温度程序,从而可在烧结条件下达到高密度。

采用膨胀仪、差示扫描量热仪(DSC)来分析相变温度(如固相线温度)以及热力学计算有助于找到合适的烧结温度。通常高温合金的烧结需要接近固相线温度的高温(图 24.3)。高含量的合金元素如铝会导致材料发生氧化和固态烧结速率降低;如果烧结温度略高于合金的固相温度,则在烧结过程中会形成液相,称为超固相液相烧结(SLPS)。一般来说,只有在很小的温度范围内才能获得良好的烧结效果。

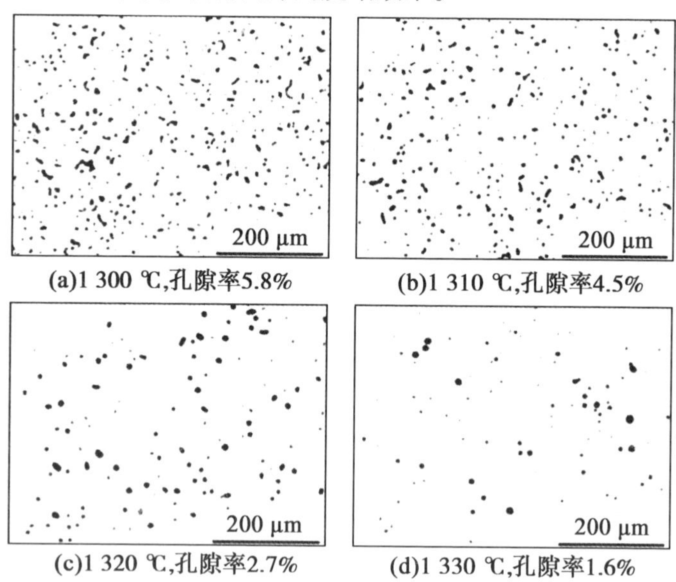

图 24.3 不同烧结温度下 CMSX -4 金属注射成型的孔隙率(烧结温度越高,孔隙率越低)

在烧结过程中,需要控制高温合金的微观组织,特别是晶粒尺寸。由于用于 MIM 的细粉在烧结状态下晶粒尺寸通常也非常小,但对于需要具有良好的抗蠕变性能的高温应用领域,粗晶粒更加有益。通过调节烧结温度和烧结时间,可以影响烧结过程中的晶粒长大。此外,烧结温度和随后的冷却速率对析出物(如 γ′颗粒,大多数镍基高温合金的主要强化相)和碳化物的尺寸、形态都有影响。

为了防止零件产生形状偏差和变形,在烧结过程中应使用特殊的陶瓷定型器;此外,应选用合适的加热和冷却速率,以抑制零件的变形和收缩应力,加热和冷却速率通常控制在 5 ~ 15 K/min 范围内,由零件的几何形状和尺寸决定。零件壁厚分布不均匀,容易产生收缩裂缝,整体公差也受收缩变形的影响,适当的定型装置可以消除收缩裂缝,并将变形降低到可接受的水平。此外,还应当避免陶瓷定型器与金属部件发生化学反应。

通常情况下,在大多数应用中都要求零件具有低的孔隙率,但烧结后零件总会残留一定的孔隙度。如图 24.3 所示,不同烧结温度下镍基合金 CMSX -4 的金属注射成型中的残余孔隙中有一些裸露在零件表面,则在后续的 HIP 过程中不会被消除,小尺寸的孤立孔隙尚可接受,因为其对零件的机械性能影响较小,但是团聚的孔隙会对零件的机械性能产生相当大的危害。

Klöden 等人的综述对几种高温合金材料的溶剂和热脱脂参数以及烧结参数进行了详细的介绍。

24.2.4 后处理(HIP、热处理)

几乎镍基高温合金的每一个微观结构特征都可能受到后处理的影响,即烧结后的 HIP 和(或)热处理。这两个后处理步骤通常应用于镍基高温合金铸造件,其可以调节析出相(碳化物、γ′粒子)的尺寸和形态,在 HIP 过程中施加压力来使零件中残留的孔隙闭合,高温下的晶界滑移会使晶粒粗化。这些微观结构的变化都会影响材料的力学性能。

HIP 和热处理也可以用来提高 MIM 高温合金零件的性能。然而,HIP 处理和热处理会产生额外的加工成本。此外,还需考虑在后处理过程中零件产生的变形。

镍基高温合金零件烧结后的相对密度在 96% ~99% 之间。如果零件在使用过程中需要完全致密化,则可采用后续的热等静压处理来消除零件内部孔隙和小裂纹。图24.4所示为用MIM制备的CM247LC,在1 315 ℃下烧结3 h和在1 200 ℃下HIP处理、103 MPa的压力下烧结4 h后的孔隙率。通常情况下,HIP处理后零件可达到大于99%的相对密度。

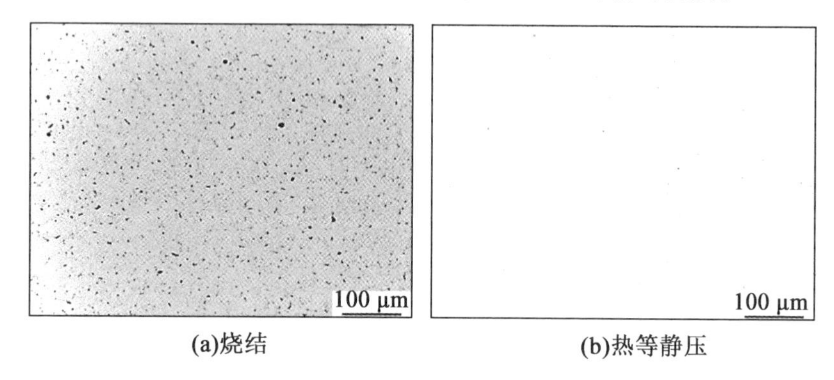

(a)烧结　　(b)热等静压

图24.4　用MIM制备的CM247LC在烧结状态下和热等静压后的孔隙率

MIM镍基高温合金的总体碳化物含量取决于粉末中碳含量以及加工过程中的额外碳吸收量。不同镍基高温合金中可观察到不同类型的碳化物;MC、M6C和M23C6是最常见的碳化物类型,其中M代表金属成分。碳化物可在晶粒内部和晶界处析出,其中一些碳化物非常稳定,另一些则可能会在热处理过程中溶解,在冷却和时效过程中再次析出(图24.5)。因此,热处理可以用来改变碳化物的尺寸和形态,从而影响其力学性能。关于镍基高温合金中碳化物的更多详细信息可以在Sims等人的研究中找到。

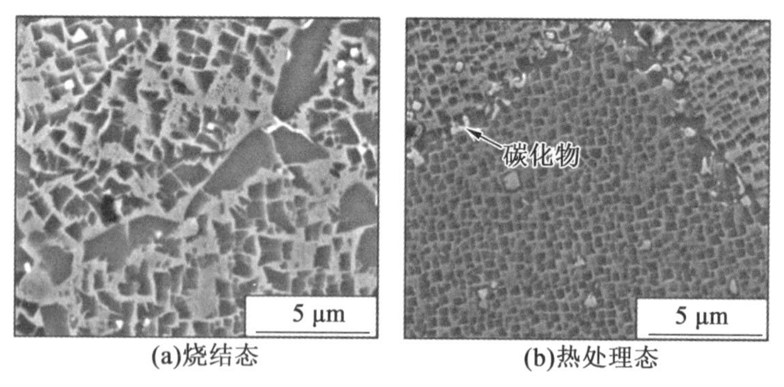

(a)烧结态　　(b)热处理态

图24.5　用V2A蚀刻剂刻蚀的MIN IN713LC(1 220 ℃/2 h/炉冷和925 ℃/4 h/空冷)烧结态和烧结后热处理态的微观结构

高强度镍基高温合金中另一个重要相是 γ′相，这一相非常重要，因为它即使在高温下也能保持高强度和体积分数不变，从而使镍基高温合金可以在非常高的温度下使用。和碳化物一样，γ′粒子也有一个最佳的尺寸和形态，以达到最优的强化效果。因此，固溶和时效热处理通常应用于铸造或锻造高温合金，也可以应用于 MIM 零件。用 MIM 法制备的 CM247LC 在烧结态和热处理后的 γ－γ′微观结构组织如图 24.6 所示；这种更均匀的 γ－γ′组织加上热处理引起的晶粒粗化，使得合金的蠕变性能比烧结后有所提高。

(a)烧结态　(b)热处理后

图 24.6　用 MIM 法制备的 CM247LC 在烧结态热处理后的 γ－γ′微观结构组织

另一个重要的微观结构特征是晶粒尺寸。晶粒尺寸小，晶界数高，可以提高许多金属在室温下的强度和塑性，也有利于提高零件的高周疲劳性能；然而，在高温下，小的晶粒尺寸对零件的性能是不利的。在航空发动机中，等轴部件的失效通常发生在晶界处，这是蠕变、热疲劳和氧化共同作用的结果。因此，在高温合金铸造工艺的发展过程中，减少垂直于应力方向的晶界区域以提高合金的抗蠕变性，从而实现定向凝固（DS）铸造，甚至完全消除晶界区域，从而实现单晶（SC/SX）铸造。

由于使用细粉，MIM 镍基高温合金在烧结后通常具有非常细小的晶粒尺寸（图 24.7（a））。热处理可以使晶粒粗化，减少晶界面积，从而增加蠕变抗力（图 24.7（b））。不同的颜色表示晶粒取向不同，可以看出，取向是随机分布的。

其他研究人员也成功地采用热处理或 HIP 来改善 MIM 生产的镍基高温合金零件的力学性能。Wohlfromm 等人利用 HIP 提高了几种高温合金零件的延展性和强度。通过对注射成型 IN713C 零件进行 HIP 处理，其室温伸长率由12%提高到25%,屈服强度由916 MPa提高到959 MPa,抗拉强度(UTS)由1 082 MPa提高到1 375 MPa。Kern、Blömacher、ter Maat和Thom开发了一种热处理工艺来减小γ′颗粒尺寸,可以在较大的温度范围内提高IN713C的屈服强度。Özgün等通过固溶时效热处理提高了IN718的强度,将屈服强度从506 MPa提高到780 MPa, UTS从629 MPa提高到1 022 MPa。Zhang等人采用固溶时效热处理将MIM418高温合金的屈服强度从756 MPa提高到1 004 MPa。

(a)烧结态　　(b)热处理后

图24.7　用MIM法制备的CM247LC在烧结态和热处理后的晶粒尺寸

24.3　MIM生产的特定镍基高温合金

在过去的30年里,人们已经利用金属注射成型技术加工了许多种不同的合金。金属注射成型零件的发展和金属注射成型镍基高温合金的研究主要受到航空航天和汽车工业的推动。在大多数情况下,IN718或IN713等普通锻造或铸造合金是通过MIM来加工的。然而,关于加工细节和黏结剂体系的资料相当稀少,因为它们通常受IP(知识产权)限制。从文献数量来看,目前对镍基高温合金IN718的研究最为深入,因为IN718占据了世界大约一半的高温合金的产量。IN718也是唯一一种采用AMS材料标准的镍基高温合金(AMS5917)。要进一步深入研究的材料是IN625和IN713。关于其他合金,如Udimet 700 (U700)、Udimet 720 (U720)、Udimet 720Li (U720Li)、哈氏合金X (HX)、IN100和Nimonic 90只能查到很少的文献。

采用金属注射成型来加工高温合金的可行性是目前大多数已发表文章的研究重点。进一步的研究主题是通过后处理工艺,如HIP和/或热处理,以改善合金零件的机械性能、抗氧化性能和耐腐蚀性能。以下几节概述了研究最为广泛的几种镍基高温合金,包括其力学数据。后述合金的标称化学成分见表24.1。应该注意的是,由于脱脂过程中的碳吸收,烧结时MIM材料的碳含量可能与名义成分不同。

24.3.1　Udimet 700（U700）

20世纪80年代,Diehl等人研究了使用MIM工艺生产Udimet 700的可行性。研究表明,这种方法生产的零件可以达到与铸造材料相似的性能。对烧结后采用热等静压处理的材料进行了高温拉伸试验和蠕变试验,结果表明,对于粒径小于150 μm的粗粉,100 h的蠕变强度与铸造材料U700非常接近。

24.3.2　Udimet 720（U720）/Udimet 720Li（U720Li）

Udimet 720是一种镍基高温合金,通过常规粉末冶金和后续锻造或铸造铸锭而成;典型的Udimet 720零件有涡轮盘。

Klöden等人研究了Udimet 720材料金属注射成型和热处理(固溶退火:1 100 ℃/1 h,时效:650 ℃/24 h + 760 ℃/16 h)的微观组织和高温拉伸性能。在650 ℃、800 ℃和900 ℃时,其拉伸性能低于采用粉末冶金和铸造制备的试样性能,详细测试结果见表24.2。这是由于MIM工艺导致碳含量高于名义值,并由此形成了诱发裂纹的碳化物;此外,氧含量的增加会导致氧化物的形成,对零件机械性能有负面影响。在Klöden等人的进一步研究中,使用Udimet 720Li粉末代替Udimet 720,并对其工艺进行了优化;由于杂质含量的降低,屈服强度显著提高了0.2%(表24.2)。在高达800 ℃的温度下,Udimet 720和Udimet 720Li之间的差距是72%。在800 ℃以上,两种合金的屈服强度都出现下降;然而,在900 ℃时,差距仍然约为70%。MIM Udimet 720Li的拉伸试验数据与其他制造方法生产的材料相似。

表 24.1 几种常见镍基高温合金的名义成分(质量分数)

合金	镍	铁	铬	铝	钼	钴	铌	钨	钛	钽	锰	硅	碳	硼	锆	铪	密度/(g·cm^{-3})
铸造合金																	
IN718	剩余量	18.5	19.0	0.6	3.0	—	5.2	—	0.8	—	0.20	0.2	0.05	0.006	—	—	8.22
IN625	剩余量	2.0	21.6	0.2	8.7	—	3.9	—	0.2	—	0.06	0.2	0.20	—	—	—	8.44
IN713C	剩余量	—	12.5	6.1	4.2	—	2.0	—	0.8	—	—	—	0.12	0.012	0.10	—	7.91
IN713LC	剩余量	—	12.0	5.9	4.5	—	2.0	—	0.6	—	—	—	0.05	0.010	0.10	—	8.00
Mar - M247	剩余量	—	8.2	5.5	0.6	10.0	—	10.0	1.0	3.0	—	—	0.16	0.020	0.09	1.5	8.53
CM247LC	剩余量	—	8.1	5.6	0.5	9.2	—	9.5	0.7	3.2	—	—	0.07	0.015	0.015	1.4	8.50
IN100	剩余量	—	10.0	5.5	3.0	15.0	—	—	4.7	—	—	—	0.18	0.014	0.006	—	7.75
锻造合金																	
IN718	剩余量	18.5	19.0	0.5	3.0	—	5.1	—	0.9	—	0.2	0.2	0.04	—	—	—	8.22
IN625	剩余量	2.5	21.5	0.2	9.0	—	3.6	—	0.2	—	0.2	0.2	0.05	—	—	—	8.44
HX	剩余量	18.5	22.0	—	9.0	1.5	—	0.6	—	—	0.50	0.5	0.10	—	—	—	8.21
Nimonic	剩余量	—	19.5	1.4	—	16.5	—	—	2.45	—	0.30	0.3	0.07	0.003	0.06	—	8.19
U700	剩余量	—	15.0	4.3	5.2	18.5	—	—	3.5	—	—	—	0.08	0.030	—	—	7.91
U720	剩余量	—	17.9	2.5	3.0	14.7	—	1.25	5.0	—	—	—	0.035	0.033	0.03	—	N/A
U720Li	剩余量	—	16.0	2.5	3.0	15.0	—	1.25	5.0	—	—	—	0.025	0.018	0.05	—	N/A

表 24.2 MIM 镍基高温合金和常规制造基准材料的拉伸性能

材料信息	热处理信息	样品几何形状	温度/℃	屈服强度/MPa	抗拉强度/MPa	伸长率/%	相对密度/%	参考
HX								
MIM + SA	SA:1 175 ℃/0.5 h	$l/d=10/1$	20	281	616	38	97.8	Wohlfromm et al. (2003)
Wrought + SA (sheet)	SA:1 175 ℃/1 h/RAC	—	20	360	785	43	100	Inco (1977)
Nimonic 90								
MIM	—	MIM 抗拉试件	20	785	1 144	22	98.5	Nobrega, Eberle, Ristow (2008)
MIM + SA + AG	SA:1 080 ℃/8 h AG:700 ℃/16 h	MIM 抗拉试件	20	906	1 249	22	98.5	Nobrega et al. (2008)
MIM + SA + AG	SA:1 080 ℃/8 h AG:705 ℃/16 h	$l/d=10/1$	20	732	1 222	25	97.8	Wohlfromm et al. (2003)
MIM + SA + AG	SA:1 080 ℃/1 h AG:700 ℃/16 h	MPIF 50	20	—	1 112	15	98.1	Gulsoy, Ozbek, Gunay, Baykara (2011)
MIM + HIP	HIP:1 185 ℃/100 MPa/4 h	MIM 抗拉试件	20	723	1 161	21	99.2	Nobrega et al. (2008)

续表 24.2

材料信息	热处理信息	样品几何形状	温度/℃	屈服强度/MPa	抗拉强度/MPa	伸长率/%	相对密度/%	参考
MIM + HIP + SA + AG	HIP:1 185 ℃/100 MPa/4 h SA:1 080 ℃/8 h AG:705 ℃/16 h	l/d = 10/1	20	791	1 271	27	100	Wohlfromm et al. (2003)
Wrought + SA + AG(Bar)	SA:1 080 ℃/8 h/AC AG:705 ℃/16 h/AC	—	20	810	1 235	33	100	Inco (1977)
IN625								
MIM	—	MIM 抗拉试件	20	344	806	48	100	Valencia et al. (1994)
MIM	—	MIM 抗拉试件	20	351	650	44.7	98.3	Özgün et al. (2013b)
MIM + SA	SA: 1 150 ℃/2 h/OQ	—	20	230	600	21	99.5	Johnson et al. (2004a)
MIM + SA	SA: 1 150 ℃/2 h/OQ	MPIF 50	20	—	680	19	99.2	Gulsoy et al. (2011)
MIM + SA	SA: 1 150 ℃/2 h	MIM 抗拉试件	20	306	505	46.2	98.3	Özgün et al. (2013b)

续表 24.2

材料信息	热处理信息	样品几何形状	温度/℃	屈服强度/MPa	抗拉强度/MPa	伸长率/%	相对密度/%	参考
MIM + SA + AG	SA：1 150 ℃/2 h AG：745 ℃/22 h	MIM 抗拉试件	20	385	674	40.6	98.3	Özgün et al. (2013b)
Wrought + SA (bar)	1 150 ℃	—	20	490	965	50	100	Inco (1977)
Wrought + SA (bar)	n. a.	—	20	≥414	≥827	≥30(4D)	100	AMS 5666
Cast	As - cast	—	20	350	710	48	—	Inco (1977)
Cast	As - cast	—	20	≥310	≥586	≥25(4D)	—	AMS 5401
IN718								
MIM	—	MIM 抗拉试件	20	503	936	20	—	Davies, Dunstan, Howell, Hayward (2004)
MIM	—	—	20	506	667	5.8	97.3	Özgün et al. (2013a)
MIM + HIP	HIP：1 160 ℃/103 MPa/3 h	Machined to BS EN 6892	650	793	1 000	10	>99	Sidambe, Derguti, Russell, Todd (2013)

续表 24.2

材料信息	热处理信息	样品几何形状	温度/℃	屈服强度/MPa	抗拉强度/MPa	伸长率/%	相对密度/%	参考
MIM + SA + AG	SA: 980 ℃/1 h/WQ AG:720 ℃/8 h/FC→ 620 ℃/8 h	—	20	780	1 022	5.3	97.3	Özgün et al. (2013a)
MIM + SA + AG	SA: 980 ℃/1 h AG:720 ℃/8 h→ 620 ℃/8 h	MIM 抗拉试件	20	1 046	1 211	6	—	Davies et al. (2004)
MIM + SA + AG	SA: 980 ℃/1 h AG:720 ℃/8 h→ 620 ℃/8 h	MIM 抗拉试件	540	895	1 027	4	—	Davies et al. (2004)
MIM + SA + AG	SA:980 ℃/1 h/AC 至 20 ℃ AG:700 ℃/16 h/FC→ 620 ℃/8 h/OQ	MPIF 50	20	—	1 065	6	97.8	Gulsoy et al. (2011)
MIM + SA + AG	SA: 980 ℃/1 h AG:718 ℃/8 h/FC→ 620 ℃/8 h	—	20	1 062	1 238	11.4	>99	Valencia et al. (1997)
MIM + SA + AG	SA: 980 ℃/1 h AG:720 ℃/8 h/FC→ 620 ℃/8 h	$l/d = 10/1$	20	840	1 259	21	97.2	Wohlfromm et al. (2003)

续表 24.2

材料信息	热处理信息	样品几何形状	温度/℃	屈服强度/MPa	抗拉强度/MPa	伸长率/%	相对密度/%	参考
MIM + SA + AG	SA：980 ℃/1 h/AC AG：720 ℃/8 h/FC→620 ℃/8 h/OQ	—	20	900	1 065	4	98.8	Johnson et al.（2004a）
MIM + HIP + SA + AG	HIP：1 190 ℃/103 MPa/4 h SA + AG：AMS 5663	MPIF 50	20	1 124	1 330	14.8	>99	Schmees，Valencia（1998）
MIM + HIP + SA + AG	HIP：1 190 ℃/103 MPa/4 h SA + AG：AMS 5663	MPIF 50	482	990	1 108	16.6	>99	Schmees，Valencia（1998）
MIM + HIP + SA + AG	HIP：1 190 ℃/103 MPa/4 h SA + AG：AMS 5663	MPIF 50	538	988	1 105	14.0	>99	Schmees，Valencia（1998）
MIM + HIP + SA + AG	HIP：1 190 ℃/103 MPa/4 h SA + AG：AMS 5663	MPIF 50	593	1 014	1 088	12.5	>99	Schmees，Valencia（1998）
MIM + HIP + SA + AG	HIP：1 190 ℃/103 MPa/4 h SA + AG：AMS 5663	MPIF 50	649	911	1 039	10.2	>99	Schmees，Valencia（1998）
MIM + HIP + SA + AG	HIP：1 160 ℃/103 MPa/3 h SA：980 ℃/1 h AG：720 ℃/8 h/FC→620 ℃/8 h	$l/d = 10/1$	20	908	1 340	23	99.6	Wohlfromm et al.（2003）

续表 24.2

材料信息	热处理信息	样品几何形状	温度/℃	屈服强度/MPa	抗拉强度/MPa	伸长率/%	相对密度/%	参考
MIM + HIP + SA + AG	HIP：n. a. SA：980 ℃/1 h AG：718 ℃/8 h/FC→620 ℃/8 h	—	20	1 133	1 350	14.2	>99	Valencia et al.（1997）
MIM + HIP + SA + AG	HIP：n. a. SA：980 ℃/1 h AG：718 ℃/8 h/FC→620 ℃/8 h	与加工表面一致	650	905	1 050	9.7	>99	Valencia et al.（1997）
MIM + HIP + SA + AG	HIP：1 160 ℃/103 MPa/3 h SA：968 ℃/3 h/FC AG：730 ℃/8 h/FC→630 ℃/8 h/FC	按照 BS EN 6892 标准加工	650	897	1 086	8.1	>99	Sidambe et al.（2013）
锻造 + SA + AG(bar)	SA：980 ℃/1 h/AC AG：720 ℃/8 h/FC→620 ℃/8 h/AC	—	20	1 125	1 365	21	100	Inco（1977）
锻造 + SA + AG(bar)	SA：980 ℃/1 h/AC AG：720 ℃/8 h/FC→620 ℃/8 h/AC	—	538	1 020	1 195	20	100	Inco（1977）

续表 24.2

材料信息	热处理信息	样品几何形状	温度/℃	屈服强度/MPa	抗拉强度/MPa	伸长率/%	相对密度/%	参考
煅造 + SA + AG(bar)	SA：980 ℃/1 h/AC AG:720 ℃/8 h/FC→ 620 ℃/8 h/AC	—	649	965	1 105	20	100	Inco（1977）
煅造 + SA + AG(bar)	SA:954 ~ 1 010 ℃/时间由横截面形状确定/AC AG:718 ~ 760 ℃/8 h/ 冷却速率：56 ℃/h→ 621 ~ 649 ℃/8 h/AC	—	20	≥1 034	≥1 241	≥6(4D)	100	AMS 5663
Cast + SA + AG	SA：1 095 ℃/1 h/AC + 955 ℃/1 h/AC AG：720 ℃/8 h/FC 冷却速率:38 ℃/h→ 620 ℃/8 h/AC	—	20	915	1 090	11	—	Inco（1977）
Cast + SA + AG	均匀化：1 093 ℃/ 1 ~ 2 h/AC→482 ℃ SA：954 ~ 982 ℃/≥1 h/AC AG:718 ℃/8 h/ 冷却速率 :55 ℃/h→ 621 ℃/8 h/AC	—	20	≥785	≥862	≥5(4D)	—	AMS 5383

续表 24.2

材料信息	热处理信息	样品几何形状	温度/℃	屈服强度/MPa	抗拉强度/MPa	伸长率/%	相对密度/%	参考
MIM + HIP + SA + AG	SA:954 ~ 982 ℃/时间由横截面形状确定/AC AG:718 ~ 760 ℃/8 h/冷却速率:56 ℃/h→621 ~ 649 ℃/8 h/AC	MPIF 50	20	≥1 034	≥1 241	≥6(4D)		AMS 5917
MIM + HIP + SA + AG	SA:954 ~ 982 ℃/时间由横截面形状确定/AC AG:718 ~ 760 ℃/8 h/冷却速率:56 ℃/h→621 ~ 649 ℃/8 h/AC	MPIF 50	649	≥827	≥931	≥6(4D)		AMS 5917
IN100								
MIM + SA + AG	SA:1 080 ℃/8 h AG:870 ℃/12 h	$l/d=10/1$	20	785	1 184	5	100	Wohlfromm et al.(2003)
MIM + HIP + SA + AG	HIP:1 220 ℃/103 MPa/4 h SA:1 080 ℃/8 h AG:870 ℃/12 h	$l/d=10/1$	20	780	1 353	21	100	Wohlfromm et al.(2003)
铸件	铸造	—	20	850	1 018	9	—	Inco(1977)

续表 24.2

材料信息	热处理信息	样品几何形状	温度 /℃	屈服强度 /MPa	抗拉强度 /MPa	伸长率 /%	相对密度 /%	参考
铸件	铸造	—	20	≥655	≥795	≥5(4D)	—	AMS 5397
IN713C								
MIM	—	l/d = 10/1	20	916	1 082	12	99.1	Wohlfromm et al.（2003）
MIM	—	MIM 抗拉试件	20	830	1 319	16.4	—	Salk（2011）
MIM	—	MIM 抗拉试件	650	720	997	—	—	Salk（2011）
MIM	—	MIM 抗拉试件	850	340	493	—	—	Salk（2011）
MIM	—	MIM 抗拉试件	1 000	135	170	—	—	Salk（2011）
MIM	—	MIM 抗拉试件	20	734	968	7.2	—	Kim，Lee，Kim，Park，Cho（2013）
MIM + HIP	HIP：1 200 ℃/103 MPa/4 h	l/d = 10/1	20	959	1 375	25	100	Wohlfromm et al.（2003）

续表 24.2

材料信息	热处理信息	样品几何形状	温度/℃	屈服强度/MPa	抗拉强度/MPa	伸长率/%	相对密度/%	参考
MIM + HIP	HIP：1 200 ℃/100 MPa/4 h	MIM 抗拉试件	650	800	1 054	约 13	>99	Klöden et al.(2010)
MIM + HIP	HIP：1 200 ℃/100 MPa/4 h	抗拉试件	900	373	455	约 7.5	>99	Klöden et al.(2010)
铸件	铸造	—	20	740	850	8	—	Inco(1977)
铸件	铸造	—	649	715	870	7	—	Inco(1977)
铸件	铸造	—	760	745	940	6	—	Inco(1977)
铸件	铸造	—	871	495	725	14	—	Inco(1977)
铸件	铸造	—	982	305	470	20	—	Inco(1977)
铸件	铸造	—	20	≥689	≥758	≥3(4D)	—	AMS 5391
IN 713LC								
MIM + HIP	HIP：1 200 ℃/100 MPa/4 h	抗拉试件	20	768	1 210	—	>99	Klöden et al.(2012，2013)
MIM + HIP	HIP：1 200 ℃/100 MPa/4 h	抗拉试件	650	843	1 085	—	>99	Klöden et al.(2012，2013)
MIM + HIP	HIP：1 200 ℃/100 MPa/4 h	抗拉试件	800	756	839	—	>99	Klöden et al.(2012，2013)

续表 24.2

材料信息	热处理信息	样品几何形状	温度/℃	屈服强度/MPa	抗拉强度/MPa	伸长率/%	相对密度/%	参考
MIM + HIP	HIP：1 200 ℃/100 MPa/4 h	抗拉试件	900	459	537	—	>99	Klöden et al.（2012，2013）
MIM + HIP	HIP：1 200 ℃/100 MPa/4 h	抗拉试件	1 000	208	290	—	>99	Klöden et al.（2012，2013）
铸件	铸造	—	20	750	895	15	—	Inco（1977）
铸件	铸造	—	649	785	1 085	11	—	Inco（1977）
铸件	铸造	—	760	760	950	11	—	Inco（1977）
铸件	铸造	—	871	580	750	12	—	Inco（1977）
铸件	铸造	—	982	285	470	22	—	Inco（1977）
铸件	铸造	—	20	≥689	≥758	≥5（4D）	—	AMS 5377
Mar－M247								
MIM	—	DIN 50125	700	857	978	1.9	98	Albert（2012）
MIM	—	DIN 50125	900	442	592	1.5	98	Albert（2012）
MIM + HIP + SA + AG	HIP：1 185 ℃/170 MPa/4 h SA：1 230 ℃/2 h + 1 280 ℃/2 h AG：1 080 ℃/4 h + 870 ℃/20 h	DIN 50125	20	806	1 295	11.1	>99	Albert（2012）

续表 24.2

材料信息	热处理信息	样品几何形状	温度/℃	屈服强度/MPa	抗拉强度/MPa	伸长率/%	相对密度/%	参考
MIM + HIP + SA + AG	HIP：1 185 ℃/170 MPa/4 h SA：1 230 ℃/2 h + 1 280 ℃/2 h AG：1 080 ℃/4 h + 870 ℃/20 h	DIN 50125	700	880	1 022	2.7	>99	Albert（2012）
MIM + HIP + SA + AG	HIP：1 185 ℃/170 MPa/4 h SA：1 230 ℃/2 h + 1 280 ℃/2 h AG：1 080 ℃/4 h + 870 ℃/20 h	DIN 50125	900	460	622	2.0	>99	Albert（2012）
铸件 + AG	AG：870 ℃/16 h/AC	—	20	815	965	7	—	Inco（1977）
铸件 + AG	AG：870 ℃/16 h/AC	—	649	825	1 050	—	—	Inco（1977）
铸件 + AG	AG：870 ℃/16 h/AC	—	760	825	1 035	—	—	Inco（1977）
铸件 + AG	AG：870 ℃/16 h/AC	—	871	690	825	—	—	Inco（1977）
铸件 + AG	AG：870 ℃/16 h/AC	—	982	380	550	—	—	Inco（1977）

续表 24.2

材料信息	热处理信息	样品几何形状	温度/℃	屈服强度/MPa	抗拉强度/MPa	伸长率/%	相对密度/%	参考
Udimet 720								
MIM + HIP	HIP：1 130 ℃/140 MPa/4 h SA：1 100 ℃/1 h AG：650 ℃/24 h + 760 ℃/16 h	抗拉试件	650	677	1 000	Approx. 11	>99	Klöden et al.(2010)
MIM + HIP	HIP：1 130 ℃/140 MPa/4 h SA：1 100 ℃/1 h AG：650 ℃/24 h + 760 ℃/16 h	抗拉试件	800	595	656	—	>99	Klöden et al.(2010)
MIM + HIP	HIP：1 130 ℃/140 MPa/4 h SA：1 100 ℃/1 h AG：650 ℃/24 h + 760 ℃/16 h	抗拉试件	900	343	390	Approx. 13	>99	Klöden et al.(2010)
PM	SA：1 093 ℃/2 h	—	649	1 131	1 434	22.5	100	Green, Lemsky, Gasior (1996)
PM	SA：1 129 ℃/2 h 稳定：760 ℃/8 h/AC AG：649 ℃/24 h/AC	—	649	1 071	1 370	21.3	100	Jain, Ewing, Yin (2000)

续表 24.2

材料信息	热处理信息	样品几何形状	温度/℃	屈服强度/MPa	抗拉强度/MPa	伸长率/%	相对密度/%	参考
铸造+锻造	SA：1 129 ℃/2 h 稳定：760 ℃/8 h/AC AG：649 ℃/24 h/AC	—	649	1 142	1 475	18.1	100	Jain et al.（2000）
Udimet 720Li								
MIM+HIP+SA+AG	HIP：1 130 ℃/140 MPa/4 h SA：1 100 ℃/1 h AG：650 ℃/24 h + 760 ℃/16 h	抗拉试件	20	1 127	1 534	—	>99	Klöden et al.（2012，2013）
MIM+HIP+SA+AG	HIP：1 130 ℃/140 MPa/4 h SA：1 100 ℃/1 h AG：650 ℃/24 h + 760 ℃/16 h	抗拉试件	650	1 026	1 373	—	>99	Klöden et al.（2012，2013）
MIM+HIP+SA+AG	HIP：1 130 ℃/140 MPa/4 h SA：1 100 ℃/1 h AG：650 ℃/24 h + 760 ℃/16 h	抗拉试件	800	931	955	—	>99	Klöden et al.（2012，2013）

续表 24.2

材料信息	热处理信息	样品几何形状	温度/℃	屈服强度/MPa	抗拉强度/MPa	伸长率/%	相对密度/%	参考
MIM + HIP + SA + AG	HIP：1 130 ℃/140 MPa/4 h SA：1 100 ℃/1 h AG：650 ℃/ 24 h ＋ 760 ℃/16 h	抗拉试件	900	592	598	—	>99	Klöden et al.（2012，2013）

注：AC，风冷；AG，时效；FC，炉冷；HIP，热等静压；l/d，长度/直径比；MIM，金属注射成型（烧结态）；OQ，油淬火；PM，粉末冶金；RAC，快速风冷；SA，退火；WQ，水淬。

24.3.3　哈氏合金X(HX)

哈氏合金X是一种固溶强化镍铬铁钼合金,具有良好的抗氧化性、高温强度和优异的抗应力腐蚀性能,这使得该合金在石油化工领域也有很高的应用价值。因此,哈氏合金X也是金属注射成型制备燃料喷嘴的首选材料。Wohlfromm等人研究了金属注射成型HX,使用的是颗粒尺寸小于22 μm的HX粉末。在氢气中,1 300 ℃条件下烧结3 h,相对密度可达97.8%。通过后续的HIP处理(1 185 ℃/100 MPa/4 h)可实现100%的致密化。固溶态合金的拉伸性能优于铸造合金,但低于锻造合金。拉伸性能见表24.2。

24.3.4　Nimonic 90

另一种沉淀硬化的锻造镍基高温合金Nimonic 90也可以通过MIM加工。几个研究小组研究了不同状态下Nimonic 90的显微组织和室温拉伸性能,包括烧结态、烧结热处理态、热等静压态和热处理态。采用粒径小于22 μm的Nimonic 90粉末在1 325 ℃氩气下烧结3 h,获得了97.8%的相对密度。采用后续的HIP处理(1 160~1 185 ℃/100 MPa/4 h),消除材料内部的孔隙,可以将密度提高到理论密度的99%以上。这导致材料的抗拉强度增加,而屈服强度降低。由固溶退火和时效处理组成的热处理工艺(固溶退火:1 080 ℃/8 h;时效:700 ℃/16 h),可以提高屈服强度和抗拉强度,而不降低塑性。Wohlfromm等人应用溶液退火和时效以及HIP处理,结果发现HIP与热处理相结合可获得最高的抗拉强度和塑性。如果仅考虑Wohlfromm等人研究中热处理材料的数据,那么通过HIP和热处理相结合,也提高了材料室温下的屈服强度。拉伸数据见表24.2。然而,必须注意的是高温下的拉伸数据对实际应用更有意义。

24.3.5　Inconel 625(IN625)

IN625是一种通过Mo/Nb碳化物进行固溶强化的合金。IN625用于化工工艺设备、喷气发动机排气系统和海水设备。

Özgün等人研究了金属注射成型IN625在烧结态和热处理态下的微观组织和拉伸性能。在1 300 ℃,略高于1 298 ℃的固相温度下烧结3 h,合金的相对密度可以达到98.3%。测定的烧结态材料的平均室温屈服强度和抗拉强度分别为 351 MPa 和 650 MPa。固溶处理导致合金的屈服强度(306 MPa)和抗拉强度(505 MPa)均下降。Johnson 等人报道了烧结(1 290 ℃/30 min/氢气气氛; D_{90} 值为 16.9 μm 的粉末)和固溶处理(1 150 ℃/2 h/油淬)的 MIM IN625 合金密度为理论密度的 99.5%(表 24.2),与铸造和锻造材料相比拉伸性能更差;然而,采用时效处理后合金的屈服强度可达 385 MPa,抗拉强度可达 674 MPa。断裂伸长率仅比烧结时降低了约 4.1%,由烧结时的 44.7% 降至 40.6%。结果表明,对于烧结态和时效态的 MIM IN 625 合金,屈服强度达到铸造合金水平是可能的,其延伸性也非常接近于铸造材料。

Valencia 等人报道了比铸造和固溶处理相当或具有更好的拉伸性能的材料(表 24.2)。结果表明,烧结温度和烧结时间对合金的微观组织,尤其是晶粒尺寸有显著影响;可得到的平均晶粒尺寸在 20 μm(1 288 ℃/24 min 烧结)至 175 μm(1 298 ℃/60 min 烧结)范围内。

24.3.6 Inconel 718 (IN718)

到目前为止,研究最多的金属注射成型镍基高温合金是 IN718,IN718 可在 650 ℃的温度下使用。IN718 由于其相对较低的成本和在该温度范围内优异的机械性能,常被用于航空发动机零件,如压气机叶片和涡轮盘。IN 718 由 γ′(Ni3Nb)和 γ′Ni3(Al, Ti)相析出物硬化。为了调整机械性能,合金通常会进行热处理。IN718 典型的热处理包括固溶退火和沉淀热处理。大多数对 MIM IN718 的研究也是采用热处理过的样品进行的。

不同文献数据的评估结果表明,烧结后的 MIM IN718 的拉伸强度与采用热处理的 MIM 材料相比较低(表 24.2);因此,根据 AMS 5917,建议对 IN718 进行热处理。文献中应用的热处理通常包括固溶退火和时效/沉淀热处理。在大多数情况下,热处理基于现有的铸造或锻造IN 718使用的规范,如 AMS 5662 或 AMS 5663(工艺参数见表 24.2)。通过应用这种热处理方法,MIM IN718 获得了与铸造和锻造材料相媲美的抗拉强度。烧结之后和热处理之前的 HIP 通常会获得相当的抗拉强度,但会增加材料延展性。将文献数据与 MIM IN718 的行业标准 AMS 5917 进行比较,结果表明大多数拉伸数据满足 AMS 5917 的要求(表 24.2)。

虽然有一些关于 MIM IN718 的出版物,但是关于其高温力学性能的资料却很少。然而,通过适当的工艺处理,可以达到比 AMS 5596 最低要求更好的高温拉伸、应力断裂和疲劳性能。测试样品由平均粒径为15 μm的IN718气雾化粉末制备;烧结温度为1 260 ℃,氩气分压约为1 000 μm Hg,真空烧结6 h,烧结后在1 190 ℃、103.5 MPa环境下热等静压处理4 h;成型后的样品在870 ℃下热处理10 h,然后在950 ℃氩气中固溶热处理1 h,风冷。在718 ℃下沉淀热处理8 h,然后以38 ℃/h的冷却速度冷却到620 ℃,再保温8 h,风冷。

24.3.7 Inconel 713 (IN713)

IN713是一种相对经济有效的γ′相硬化铸造合金,于1956年由美国Inco研究实验室开发。因为其优异的高温强度和抗氧化性,常被用于涡轮增压器车轮和低压涡轮叶片,IN713通常在铸态下使用。通常以合金中的碳含量来区分两种不同类型的合金:IN713C(Inconel 713 Carbon)的碳含量为0.08%~0.20%,IN713LC(Inconel 713 Low Carbon)的碳含量为0.03%~0.07%。这两种合金已被不同的研究小组用于金属注射成型。

由粒径小于22 μm的粉末制成的MIM IN713C材料,在1 280 ℃氩气气氛下烧结3 h,相对密度为99.1%。通过在1 200 ℃和1 030 bar下HIP处理4 h,可以达到100%的致密化。在烧结状态下,得到的晶粒尺寸较小,且有大量0.1~0.2 μm的γ′立方相析出物。热等静压法可以提高烧结材料的室温拉伸性能,并且在烧结态和经热等静压处理后的室温拉伸性能都好于铸造材料。Salk研究了IN713C采用水溶性黏结剂体系的金属注射成型。与Wohlfromm等人的研究结果相比,采用水溶性黏结剂体系时合金材料没有吸收碳,其室温屈服强度$R_{p0.2}$=829.5 MPa,略低于Wohlfromm等人的研究结果,抗拉强度R_m=1 319.4 MPa,断口伸长率A=16.4%,略高一些。除了室温试验外,还进行了650 ℃、850 ℃和1 000 ℃的拉伸试验,所得的值与Klöden等报道的烧结态和热等静压处理的(1 200 ℃/100 MPa/4 h)样品的测试结果一致。Klöden等人的研究使用了IN713LC代替IN713C,由于粉末中杂质较少以及工艺过程中引入的杂质污染较少,研究发现650 ℃和900 ℃下的屈服强度分别可以达到843 MPa(而不是800 MPa)和459 MPa(而不是373 MPa)。所有确定的拉伸试验结果见表24.2。

为了进一步提高IN713的力学性能,不同的研究小组研究了热处理对IN713金属注射成型的影响。由于在不同的研究中均细化了γ′相,所使用的热处理工艺提升了材料的屈服强度，在高温下也是如此；然而，屈服强度的增加伴随着塑性的严重降低。由固溶退火处理（1 220 ℃/2 h）和时效处理(925 ℃/4 h/AC)组成的热处理工艺可以提高材料的抗蠕变性能；在 500 ℃下，材料的旋转弯曲疲劳性能没有差异。

抗氧化能力是材料在高温下应用的另一个重要要求。研究表明，在 800 ~ 1 100 ℃的温度范围内，MIM IN713C 表面会形成一层薄而均匀的氧化层。氧化层由三层组成：Al_2O_3、由尖晶石、铬和其他氧化物组成的混合氧化物以及容易脱落的 NiO 层。与铸造合金相比，金属注射成型材料具有更好的抗氧化性能；结果表明，MIM IN713C 在氧化条件下具有良好的应用潜力。

24.3.8　Mar - M247 和 CM247LC

近期对于 MIM Mar - M247 和 CM247LC 的研究正在进行中，这两种合金的化学成分非常相似。Mar - M247 最初是由 Martin Marietta 公司开发的，CM247LC 源自于 Mar - M247 化合物，是专为定向凝固叶片应用而设计的，并针对浇注性能进行了优化。两种合金的名义成分见表 24.1。

在 Albert 与 MTU 航空发动机股份公司以及 Schunk Sintermetalltechnik 有限公司合作的工作中，重点是通过 MIM 生产 Mar - M247，以及其高温拉伸性能的测定和氧化行为的表征。Mar - M247 的 MIM 试样在烧结条件(1 317 ℃/2 h/高真空)和后续的 HIP 和热处理下的机械性能与铸造和定向凝固材料的性能一样高；此外，在相同的测试时间和温度区间内，Mar - M247 MIM 合金的抗氧化性能优于相同合金的铸造试样。

Meyer 等人研究了 CM247LC 材料的注射成型生产能力。在高真空条件下，1 295 ~ 1 325 ℃烧结 3 h 相对密度可达 98% ~ 99%；他们在最近的研究中还研究了热处理对 CM247LC 合金的影响，对烧结态材料和烧结热处理材料进行了高温拉伸和蠕变试验。与多晶铸造参考合金相比，烧结态 MIM CM247LC 合金在低温和中温下的拉伸性能与铸造加热等静压处理的材料相当；MIM CM247LC 合金的抗蠕变性可以通过热处理工艺来提高，但由于其微观结构更精细，与铸造合金相比抗蠕变性能仍然较低。

24.4 机械性能

为航空发动机零件制造引入新的加工路线,例如MIM,需要广泛的材料和工艺验证,以确保高且可重复的材料质量。机械试验如拉伸试验、疲劳试验和蠕变试验是必不可少的;然而,迄今为止,在注射成型镍基高温合金领域中,有关材料的疲劳和蠕变试验的数据很少。本节概述了注射成型镍基高温合金的力学测试数据。

24.4.1 拉伸性能

材料的拉伸性能主要是在室温下测定的;然而,近年来,不同的研究小组也在高温下测试了不同类型合金的拉伸性能,可以取得与铸造或锻造合金相媲美的结果。不同研究小组测定的MIM IN718和MIM IN713在不同温度下的0.2%屈服强度、抗拉强度和断裂伸长率如图24.8和图24.9所示;铸造和锻造合金的参考数据也被绘制出来以进行比较。

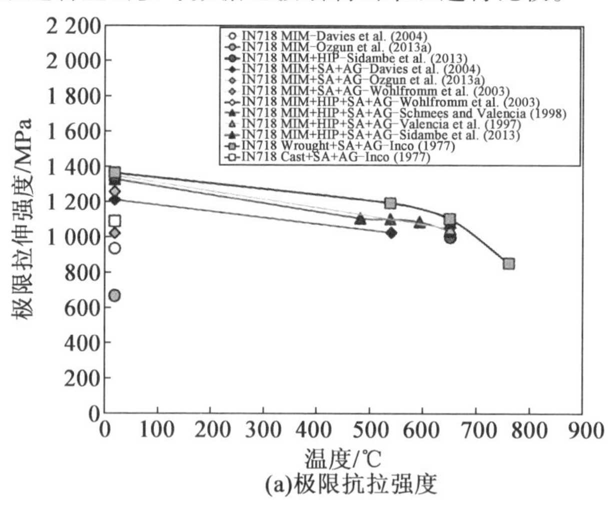

(a)极限抗拉强度

图24.8 不同温度下锻造和铸造基准材料的拉伸性能(彩图见附录)

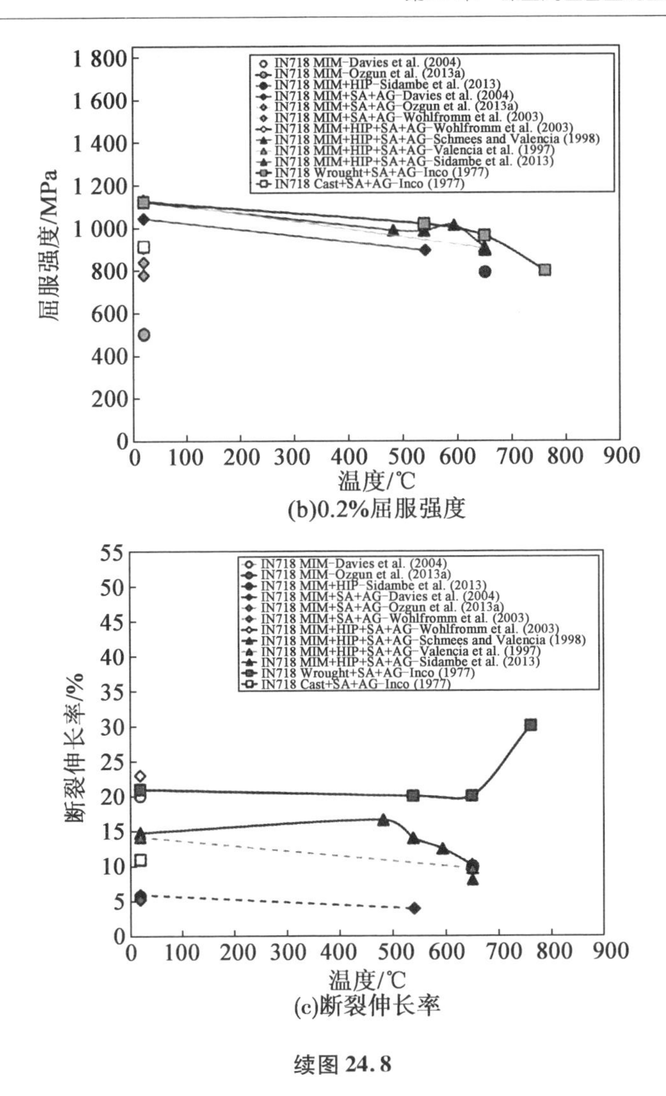

(b)0.2%屈服强度

(c)断裂伸长率

续图 24.8

不同镍基高温合金在不同条件下(烧结、烧结 + 热处理、烧结 + 热等静压、烧结 + 热等静压 + 热处理)的拉伸性能见表 24.2。然而,必须注意的是测试时使用的测试速度和样品的几何形状不同,特别是材料的延展性受试样几何形状的影响较大,因此不同几何形状的试样延展性可能不同;不仅如此,不同研究小组试验的合金的密度和杂质含量不同,合金的化学成分可能也略有不同。

对于 MIM 镍基高温合金,唯一可用的材料标准是 MIM IN718 的 AMS

5917。因此,为了建立其他金属注射成型镍基高温合金的相似标准,还有很多工作要做。

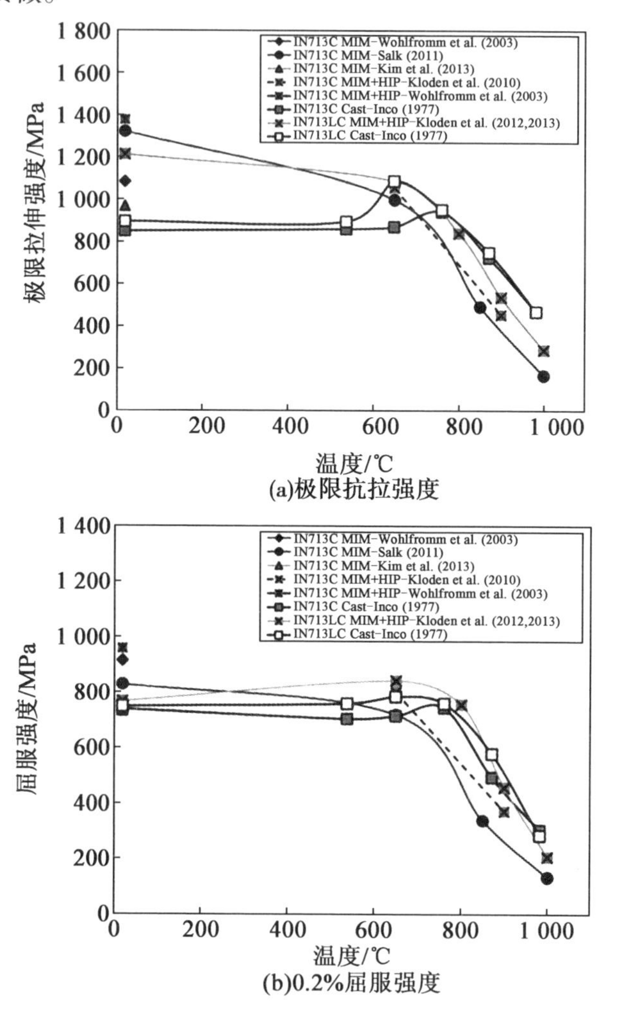

(a)极限抗拉强度

(b)0.2%屈服强度

图 24.9 不同温度下的铸造基准材料的拉伸性能比较(彩图见附录)

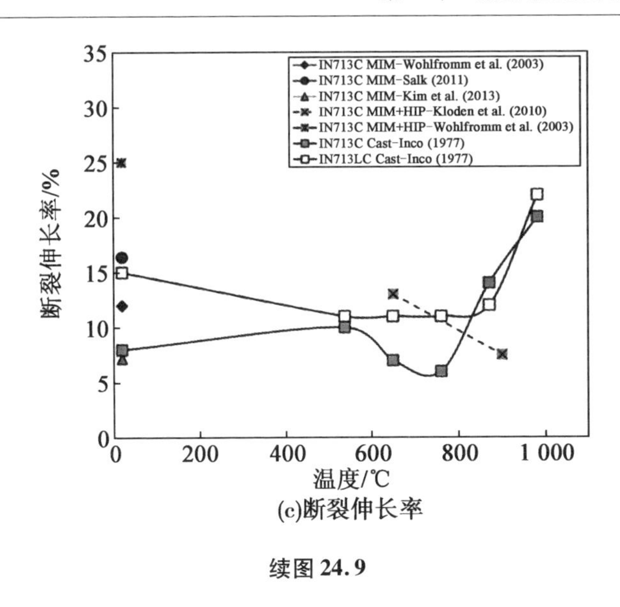

(c)断裂伸长率

续图 24.9

24.4.2　疲劳特性

对于一些航空航天应用,人们主要关注的是材料的高周疲劳（HCF）和(或)低周疲劳（LCF)特性。据报道,对于采用热处理工艺的金属注射成型 IN718 合金在 538 ℃下的疲劳强度与锻造的 IN718 材料相比降低了约 30%。Ikeda、Osada、Kang、Tsumori 和 Miura 发现 MIM IN718 的理论密度为 98% ~99%,其室温旋转弯曲疲劳极限是可锻合金弯曲疲劳极限的 65%;在这两项研究中,都假定了残余孔隙度会降低注射材料的疲劳强度。然而,IHI 公司的一个研究小组报告称,MIM IN718 的高温疲劳强度高于锻造材料。为了模拟微孔隙率对材料的影响,在一些试样中引入了直径为 0.1 mm 的人工缺陷,结果 0.1 mm 的表面缺陷并没有导致材料的疲劳强度下降。

Valencia 等人研究了 MIM IN718 材料在 650 ℃下的高周疲劳强度,该材料经热等静压(1 190 ℃/104 MPa/4 h)处理,然后按照 AMS 5663 标准进行热处理。在应力为 -1 时获得的结果表明金属注射成型材料的疲劳寿命高于 AMS 5596 的最低要求。在经过 107 次疲劳循环后测得材料的疲劳应力为 448 MPa,比 AMS 5596 最低要求（327 MPa)高 37%。

Ott 和 Peretti 报道了 MIM IN718 在室温下的低周疲劳强度。

在疲劳性能方面研究的另一种 MIM 镍基高温合金是 IN713LC,在 500 ℃下的旋转弯曲疲劳试验中,MIM IN713LC 材料的疲劳性能明显优于铸造和热等静压的 IN713LC 合金。

这些研究表明,金属注射成型镍基高温合金可以获得满足实际应用的疲劳性能。金属注射成型镍基高温合金具有良好的疲劳性能,因为金属注射成型镍基高温合金具有细晶组织;与铸件相比,$\gamma - \gamma'$相共晶体和耐火偏析材料的消除也可能在某些情况下起作用。

24.4.3　蠕变特性

对于高温下的应用,必须考虑材料的蠕变变形,因此材料的选择很重要。有关金属注射成型镍基高温合金蠕变性能的资料主要适用于 IN718、IN713LC、CM247LC 和 Udimet 700。

对于金属注射成型,模压的 Udimet 700 蠕变强度可与铸造材料相媲美。Valencia 等人研究了金属注射成型 IN718 的应力断裂特性;结果表明,经过粉末注射成型、热等静压处理和 δ 相优化热处理(870 ℃/10 h + 按照 AMS 5663 规范的热处理)的材料符合 AMS 5596 的要求;结果表明,在 650 ℃的测试温度和 689.5 MPa 的负载下,材料发生断裂的时间为(35.9 ±0.62)h,最终伸长率为 5.4% ±1%。

与铸造和热等静压 IN713LC 相比,注射成型的 IN713LC 的抗蠕变性较低。由固溶退火和时效处理组成的热处理工艺在一定程度上提高了材料的抗蠕变性能。注射成型的 CM247LC 材料也观察到了类似的结果:MIM 材料的蠕变性能不如铸造和热等静压材料,但可以通过溶液退火和两步时效热处理来改善。

然而,由于金属注射成型材料微观组织为细晶组织(ASTM 8 - 10),无法达到铸造合金等级的蠕变强度,为了进一步提高材料的抗蠕变性能,需要有较粗的晶粒。

24.5　潜在的应用

金属注射成型高温合金零件的发展主要受航空航天领域推动。低成本是推动 MIM 技术发展的主要驱动力,可实现低成本的生产制造,因此是一种很有前景的技术。根据 Schmees 等人的研究,用于燃气涡轮发动机的 MIM IN718 与采用锻造加工的材料相比,其制造成本降低了 50% 以上。对 MIM 技术的开发、测试和验证取得了显著的进展,对此有力证据是该领域的研究出版物和专利数量在不断增加。但是,由于研究工作主要由各公司单独资助,因此将会保密,只有很少的测试数据被公布。尽管如此,在一些文献和会议中还是提到了相关进展的实例;遗憾的是,在大多数情况下,无法获得 MIM 技术是否已达到零件生产标准和产品是否已经批产或应用的信息。由于航空航天领域零件的几何复杂性更大,价格更昂贵,因此航空航天领域可实现低成本制造的关键零部件数量比汽车行业要小得多。就零件尺寸和数量而言,高压压气机零件和小型涡轮零件(如压气机叶片和固定板)似乎最适合注射成型。

在 MTU 航空发动机公司的 MIM 开发计划中,可以生产具有高尺寸精度和低表面粗糙度的压气机叶片;通过钎焊 4 个叶片,可以得到叶片组。在将传统的蜂窝密封件连续钎焊到内护罩上后,这些叶片组原型符合发动机测试的要求(图 24.10)。

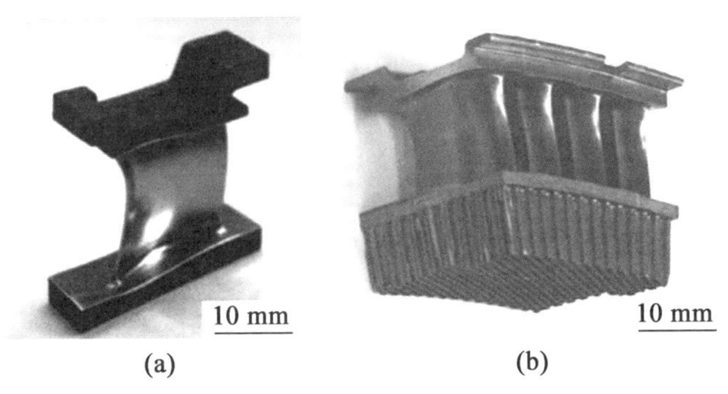

图 24.10　单个 MIM 压气机叶片(a)和用于发动机测试的 MIM 叶片组原型(b)

MTU公司开发的MIM零件的另一个应用是涡轮机的蜂窝密封件。因此,IN713C和Mar－M247的注射成型成为研究的重点。该潜在应用也是一项专利申请的主题,该专利申请描述了蜂窝密封件在最佳情况下由几个部分组成,每个部分都由一个单件构成,并且拥有一个基本元素与一些蜂窝元素,这些蜂窝元素与基本元素又构成一个单件。

Rolls－Royce称MIM可作为锻造IN718压缩机定子叶片的替代制造技术,研究了以聚甲基丙烯酸甲酯(PMMA)和水溶性聚合物作为黏结剂组分生产定子叶片的金属注射成型技术;据报道,零件的公差可达到±0.5%。为了获得所需的尺寸和表面质量,采用先进行单次锻造,然后再进行精加工的工艺。

最近采用MIM工艺加工航空发动机中的潜在候选零件,包括压缩机叶片、阻尼器、销钉、垫圈、锁紧板和套筒等大批量零件;航空发动机行业的典型大批量产品的年需求量为1 000～100 000件;图24.11所示为通过MIM生产的高压压缩机叶片。

图24.11 通过MIM生产的高压压缩机叶片

Safran航空发动机公司的G. Fribourg和J. F. Castagné研究并生产了用MIM制造的哈氏合金X燃料喷嘴。目前制造该零件的方法包括挤压、机加工和钎焊工序。金属注射成型燃料喷嘴由4个子部件组成,这些子部件需要分别注射成型、在生坯状态下加工、组装为生坯部件、脱脂和烧结;烧结后的零件经过热处理从而达到所需的材料性能,最后进行机械加工。组装好的燃油喷嘴如图24.12所示。

MIM能够提供高的尺寸稳定性、非常好的冶金质量和良好的机械性能;因此,金属注射成型技术已被Safran公司成功验证为制造发动机燃料喷嘴的替代技术。此次研究历时 3 年,包括工艺设置和验证以及供应链升级,这说明 MIM 高温合金零件的研究是一个长久的开发过程。

图 24.12　哈氏合金 X 的航空发动机燃料喷嘴

IHI 集团是通用电气 GE－90 发动机(用于波音 777 客机)以及 GEnx 发动机(用于波音梦幻客机)的主要供应商,该集团公布了合金 718 压缩机叶片的研究结果,获得了足够的疲劳强度和材料强度,以满足高压压缩机的应用。复杂的压气机叶片生坯可以使用新开发的抗变形黏结剂体系来制造。

除了航空航天工业外,对 MIM 镍基高温合金零件感兴趣的另一个重要领域是汽车行业。涡轮增压器是目前镍基高温合金金属注射成型技术研究的热点之一,图 24.13 所示为金属注射成型 IN713LC 涡轮增压器轮原型。

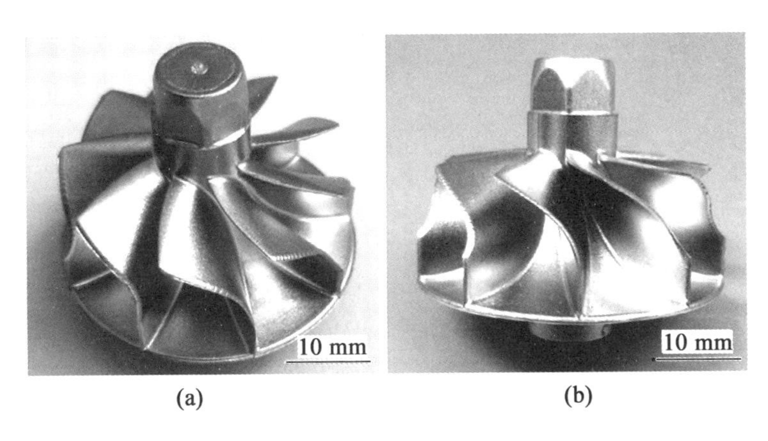

图 24.13　金属注射成型 IN713LC 涡轮增压器轮原型

对于这类应用,由于涡轮是由发动机的废气驱动的,因此需要材料具有良好的抗氧化和耐腐蚀性能以及优异的机械性能,镍基高温合金能满足这些要求。传统的涡轮增压器涡轮轮体是用熔模铸造技术制造的,MIM将是一种非常具有成本效益的替代制造技术;然而,目前还没有关于使用MIM制造涡轮增压器的报道。

由此可见,在航空航天和汽车领域,高温合金的注射成型研究仍在进行;这一点也被BASF公司、MTU航空发动机公司、普惠公司、劳斯莱斯公司几个关于高温合金的金属注射成型方面的专利和专利申请所证实;然而,关于在役部件的公开数据和信息却很少。

24.6 总结及未来发展趋势

高温合金的注射成型通常可与其他类型材料(如钢)的注射成型相媲美。过去30年间的几项研究表明,镍基高温合金可以成功地通过MIM加工,在吸收适度的碳和氧等杂质后烧结致密度仍可达到98%以上。

金属注射成型材料在低温和中温下的拉伸性能通常与铸造或锻造材料相当。遗憾的是,MIM材料在高温下的延展性和抗蠕变性能往往较差,这可能是由于其存在较粗的析出物/夹杂物、残余气孔、晶界和其较小的晶粒尺寸。通过采用铸造或锻造材料的参数对MIM材料进行热处理或热等静压处理,可以消除材料内部气孔,改变显微组织和提高力学性能。

然而,由于材料表征和验证时间长、成本高且难以置信,因此通常只有很少的材料高温机械性能数据可用。从参考文献数量来看,研究最多的是IN718,其次是IN625和IN713。为了评估不同MIM镍基高温合金的应用潜力,还需要更多的数据;此外,材料标准数量的增加将有助于为镍基高温合金的MIM引入更广阔的市场,并将最大限度地减少相关公司的单独开发工作。

未来的一些挑战主要是如何更好地控制MIM工艺中的杂质量,确保零件微观组织和性能的可重复性,以及保证稳定的供应链;在化学成分方面,到目前为止,注射成型还主要使用那些可用于锻造或铸造的合金;利用合金开发计划设计出有利于细粉末快速凝固的特殊MIM高温合金,从而提高材料性能。

本章参考文献

[1] Albert, B. (2012). Hochtemperaturverhalten von spritzguss-nickelbasis-superlegierungen am beispiel von honigwaben-dichtungen (Ph. D. Thesis). University of Bayreuth.

[2] Albert, B., Völkl, R., Glatzel, U. (2014). High-temperature oxidation behavior of two nickel-based superalloys produced by metal injection molding for aero engine applications. Metallurgical and Materials Transactions A, 45A(10), 4561 – 4571.

[3] Beckman, J. P., Woodford, D. A. (1988). Intergranular sulfur attack in nickel and nickel-base alloys. In S. Reichman, D. N. Duhl, G. Maurer, S. Antolovich, C. Lund (Eds.), Superalloys 1998 (pp. 795 – 804). Warrendale, PA: The Metallurgical Society.

[4] Bräunling, W. J. G. (2015). Flugzeugtriebwerke: grundlagen, aero-thermodynamik, ideale und reale kreisprozesse, thermische turbomaschinen, komponenten, emissionen und systeme (4. Aufl). Berlin, Deutschland: Springer-Verlag.

[5] Bürgel, R., Maier, H. J., Niendorf, T. (2011). Handbuch Hochtemperatur-werkstofftechnik: grundlagen, werkstoffbeanspruchungen, hochtemperaturlegierungen und-beschichtungen (4. Aufl). Wiesbaden, Deutschland: Vieweg + Teubner Verlag.

[6] Contreras, J. M., Jiménez-Morales, A., Torralba, J. M. (2010). Influence of particle size distri-bution and chemical composition of the powder on final properties of Inconel 718 fabricated by metal injection Moulding (MIM). Powder Injection Molding International, 4(1), 67 – 70.

[7] Daenicke, E. (2017). MIM for aero-engine parts challenges & opportunities. Presented at the Euro PM2017 congress & exhibition, Milan, Italy, October 1 – 5.

[8] Davies, P. A., Dunstan, G. R., Howell, R. I. L., Hayward, A. C.

(2004). Aerospace adds lustre to appeal of master alloy MIM feedstocks. Metal Powder Report, 59(10), 14 –19.

[9] Diehl, W., Buchkremer, H., Kaiser, H., Stöver, D. (1988). Spritzgießen von superlegierungen und deren kapsellose HIP-Behandlung. Werkstoff und Innovation, 1(4), 48 –51.

[10] Diehl, W., Stöver, D. (1990). Injection moulding of superalloys and intermetallic phases. Metal Powder Report, 45(5), 333 –338.

[11] Donachie, M., Donachie, S. (2002). Superalloys—a technical guide. Materials Park, USA: ASM International.

[12] Erickson, G. L., Harris, K., Schwer, R. E. (1985). Directionally solidified DS CM247LC—optimized mechanical properties resulting from extensive γ′ solutioning. Presented at the gas turbine conference and exhibit, Houston, TX, USA, March 18 –21.

[13] Fribourg, G., Castagne, J. F. (2014). Development of an aircraft engine combustion chamber part manufactured by metal injection molding (MIM). Presented at the 7th International EWI/TWI seminar on joining aerospace materials, Seattle, WA, USA, September 17 –18.

[14] German, R. (1997). Supersolidus liquid-phase sintering of prealloyed powders. Metallurgical and Materials Transactions A, 28A(7), 1553 –1567.

[15] German, R. (2011). Powder injection moulding in the aerospace industry: opportunities and challenges. Powder Injection Molding International, 5(1), 28 –36.

[16] Gessinger, G. H. (1984). Powder metallurgy of superalloys. London, UK: Butterworths mono-graphs in materials.

[17] Giamei, A. F., Tschinkel, J. G. (1976). Liquid metal cooling: a new solidification technique. Metallurgical Transactions A, 7A(9), 1427 –1434.

[18] Green, K. A., Lemsky, J. A., Gasior, R. M. (1996). Development of isothermally forged P/M Udimet 720 for turbine disk applications. In R. D. Kissinger, D. J. Deye, D. L. Anton, A. D. Cetel, M. V. Nathal, T. M. Pollock, D. A. Woodfood (Eds.), Superalloys

1996 (pp. 697 – 703). Warrendale, PA: The Minerals, Metals Materials Society (TMS).

[19] Gulsoy, H. O., Ozbek, S., Gunay, V., Baykara, T. (2011). Mechanical properties of powder injection molded Ni-based superalloys. Advanced Materials Research, 278, 289 – 294.

[20] Harris, K., Erickson, G. L., Schwer, R. E. (1986). CMSX® single crystal, CM DS & integral wheel alloys properties and performance. In Proceedings of high temperature alloys for gas turbines & other applications conference, Lie'ge, Belgium, October 6 – 9.

[21] Horke, K., Daenicke, E., Schrüfer, L., Eichner, T., Langer, I., Singer, R. F. (2014). Influence of heat treatment on microstructure and mechanical properties of IN713LC fabricated by metal injection molding (MIM). In Advances in powder metallurgy & particulate materials-2014 (pp. 112 – 118). Proceedings of the 2014 world congress on powder metallurgy and particulate materials (PM 2014), Volume 2, Part 4, Orlando, FL, USA, May 18 – 22. Princeton, NJ, USA: Metal Powder Industries Federation (MPIF).

[22] Horke, K., Scherr, R., Meyer, A., Daenicke, E., Singer, R. F. (2016). Influence of heat treatment on tensile, fatigue and creep properties of nickel-base superalloy IN713LC fabri – cated by metal injection moulding. In Proceedings of the powder metallurgy 2016 world congress & exhibition, World PM2016, Hamburg, Germany, October 9 – 13.

[23] Ikeda, S., Satoh, S., Tsuno, N., Yoshinouchi, T., Satake, M. (2014). Development of metal injec-tion molding process for aircraft engine part production. IHI Engineering Review, 47(1), 44 – 48.

[24] Inco (1977). High-temperature, high-strength nickel base alloys (3rd ed.). Inco Brochure, The International Nickel Company, Inc.

[25] Jain, S. K., Ewing, B. A., Yin, C. A. (2000). The development of improved performance PM Udimet 720 turbine disks. In T. M. Pollok, R. D. Kissinger, R. R. Bowman, K. A. Green, M. McLean, S. Olson, J. J. Schirra (Eds.), Superalloys 2000 (pp. 785 – 794).

Warrendale, PA: The Minerals, Metals & Materials Society (TMS).

[26] Johnson, J. L., Tan, L. K., Suri, P., German, R. M. (2004a). Mechanical properties and corrosion resistance of MIM Ni-based superalloys. In Advances in powder metallurgy and particulate materials-2004 (pp. 89 – 101). Proceedings of the 2004 PM2TEC2004 international conference on powder metallurgy & particulate materials, part 4, Chicago, IL, June 13 – 17.

[27] Johnson, J. L., Tan, L. K., Suri, P., German, R. M. (2004b). Corrosion resistance of Ni-based superalloys processed by metal injection molding. In Proceedings from processing and fabrication of advanced materials Ⅶ, Pittsburgh, PA, October 13 – 15, 2003 (pp. 219 – 230). Materials Park, OH: ASM International.

[28] Kern, A., Blömacher, M., ter Maat, J., Thom, A. (2010). MIM superalloys for automotive applications. In Proceedings of the powder metallurgy 2010 world congress & exhibition, World PM2010, Florence, Italy, October 10 – 14.

[29] Kim, K. S., Lee, K. A., Kim, J. H., Park, S. W., Cho, K. S. (2013). Manufacturing and high temperature mechanical properties of Inconel 713C by using metal injection molding. Advanced Materials Research, 602 – 604, 627 – 630.

[30] Klöden, B., Jehring, U., Weißsgärber, T., Kieback, B. (2010). High-temperature properties of MIM-processed superalloys. In Proceedings of the powder metallurgy 2010 world congress & exhibition, World PM2010, Florence, Italy, October 10 – 14.

[31] Klöden, B., Jehring, U., Weißgärber, T., Kieback, B., Langer, I., Stein, R. W. E. (2012). Fab-rication of Ni-and Fe-based superalloys by MIM and their properties. In Proceedings of the PM2012 powder metallurgy world congress, Yokohama, Japan, October 14 – 18.

[32] Klöden, B., Weissgärber, T., Kieback, B., Langer, I. (2013). The processing and properties of metal injection moulded superalloys. Powder Injection Moulding International, 7(1), 53 – 66.

[33] Meyer, A., Daenicke, E., Horke, K., Moor, M., Müller, S., Lan-

ger, I. ,Singer, R. F. (2016). Metal injection moulding of nickel – based superalloy CM247LC. Powder Metallurgy, 59(1), 51 –56.

[34] Meyer, A. , Horke, K. , Daenicke, E. , Müller, S. , Langer, I. , Singer, R. F. (2017). Metal injection molding of nickel – base superalloy CM247LC: influence of heat treatment on the microstruc-ture and mechanical properties. In Advances in powder metallurgy and particulate materials 2017 (pp. 355 –363). Proceedings of the 2017 international conference on powder metal-lurgy and particulate materials, POWDERMET 2017, Volume 1, Part 4, Las Vegas, NV, USA, June 13 – 16. Princeton, NJ, USA: Metal Powder Industries Federation (MPIF).

[35] Miura, H. , Ikeda, H. , Iwahashi, T. ,Osada, T. (2010). High temperature and fatigue properties of injection moulded superalloy compacts. Powder Injection Moulding International, 4(4), 68 –70.

[36] Nathal, M. V. (1987). Effect of initial gamma prime size on the elevated temperature creep properties of single crystal nickel base superalloys. Metallurgical Transactions A, 18A (11), 1961 –1970.

[37] Nobrega, B. N. , Eberle, N. ,Ristow Jr. , W. (2008). Mechanical properties of two MIM processed nickel-based superalloys. Materials Science Forum, 591 –593, 252 –257.

[38] Ott, E. A. ,Peretti, M. W. (2012). Metal injection molding of alloy 718 for aerospace applications. JOM, 64(2), 252 –256.

[39] Özgün,ö. , Gülsoy, H. ö. , Yilmaz, R. ,Findik, F. (2013a). Microstructural and mechanical characterization of injection molded 718 superalloy powders. Journal of Alloys and Com-pounds, 576, 140 –153.

[40] Özgün,ö. , Gülsoy, H. ö. , Yilmaz, R. ,Findik, F. (2013b). Injection molding of nickel based 625 superalloy: sintering, heat treatment, microstructure and mechanical properties. Journal of Alloys and Compounds, 546, 192 –207.

[41] Patel, S. J. (2006). A century of discoveries. inventors and new nickel alloys. JOM, 58(9), 18 –20. PIM (2011). Rolls Royce investigates MIM superalloy stator vanes. PIM International, 5(3), 24.

[42] Reed, R. (2006). The superalloys—fundamentals and applications. New York, USA: Cambridge University Press.

[43] Reichman, S. , Chang, D. S. (1987). Powder metallurgy. In C. T. Sims, N. S. Stoloff, W. C. Hagel (Eds.), Superalloys Ⅱ(pp. 459 - 493). New York, USA: John Wiley & Sons.

[44] Richard, S. (2017). Challenges of introducing MIM parts in aerospace. Presented at Euro PM2017 congress & exhibition, Milan, Italy, October 1 - 5.

[45] Salk, N. (2011). Metal injection molding of Inconel 713C for turbocharger applications. Powder Injection Moulding International, 5(3), 61 - 64.

[46] Schmees, R. , Spirko, J. R. , Valencia, J. (1997). Powder injection molding (PIM) of Inconel 718 aerospace components. In F. H. (Sam) Froes & J. Hebeisen (Eds.), Advanced particulate materials and processes 1997 (pp. 493 - 499). Proceedings of the fifth international conference on advanced particulate materials and processes (APMP), West Palm Beach, FL, USA, April 7 - 9.

[47] Schmees, R. M. , Valencia, J. J. (1998). Mechanical properties of powder injection molded Inconel 718. In Advances in powder metallurgy and particulate materials Vol. 5, (pp. 107 - 118).

[48] Sidambe, A. T. , Derguti, F. , Russell, A. D. , Todd, I. (2013). Influence of processing on the properties of IN718 parts produced via metal injection Moulding. Powder Injection Moulding International, 7 (4), 65 - 69.

[49] Sikorski, S. , Kraus, M. , Müller, C. (2006). Metal injection molding for superalloy jet engine components. In Cost effective manufacture via net-shape processing (pp. 9 - 1 - 9 - 12), Meeting proceedings RTO - MP - AVT - 139, paper 9.

[50] Sims, C. T. , Stoloff, N. S. , Hagel, W. C. (Eds.), (1987). Superalloys Ⅱ. New York, USA: John Wiley & Sons.

[51] Tetsui, T. (2002). Development of a TiAl turbocharger for passenger vehicles. Materials Science and Engineering A, 329 - 331, 582 - 588.

[52] Valencia, J. J., McCabe, T., Hens, K., Hansen, J. O., Bose, A. (1994). Microstructure and mechanical properties of Inconel 625 and 718 alloys processed by powder injection molding. In E. A. Loria (Ed.), Superalloys 718, 625, 706 and various derivatives (pp. 935 - 945). Warrendale, PA: The Minerals, Metals & Materials Society.

[53] Valencia, J. J., Spirko, J., Schmees, R. (1997). Sintering effect on the microstructure and mechanical properties of alloy 718 processed by powder injection molding. In E. A. Loria (Ed.), Superalloys 718, 625, 706 and various derivatives (pp. 753 - 762). Warrendale, PA: The Minerals, Metals & Materials Society (TMS).

[54] Williams, B. (2015). Growing demand from the aerospace sector drives MIM superalloys research. Powder Injection Moulding International, 9(2), 45 - 50.

[55] Wohlfromm, H., Ribbens, A., ter Maat, J., Blömacher, M. (2003). Metal injection moulding of nickel base superalloys for high temperature applications. In Proceedings of Euro PM2003 congress & exhibition, Valencia, Spain, October 20 - 22.

[56] Yupko, L. M., Svirid, A. A., Muchnik, S. V. (1986). Phase equilibria in nickel-phosphorus and nickel-phosphorus-carbon systems. Soviet Powder Metallurgy and Metal Ceramics, 25(9), 768 - 773.

[57] Zhang, L., Chen, X., Li, D., Xuanhui, Q., Mingli, Q., Li, Z. (2016). Net-shape forming and mechanical properties of MIM418 turbine wheel. Journal of Materials Engineering and Performance, 25 (9), 3656 - 3661.

[58] Ikeda, H., Osada, T., Kang, H. G., Tsumori, F., Miura, H. (2011). Fatigue failure properties of injection molded superalloy compacts. Journal of the Japan Society of Powder and Pow - der Metallurgy, 58(11), 679 - 685.

第25章　贵金属注射成型

25.1　贵金属MIM简介:贵金属及粉末冶金

目前粉末冶金在贵金属上的应用很少,但商业化的粉末冶金生产始于贵金属,典型的是铂。通过精炼可以获得海绵状的铂(团聚粉末)或从矿业中获得细小的铂粉。将铂熔化是非常困难的,而且成功率很低。加压可以巩固铂颗粒(粉末),建立足够的颗粒接触面积,并提供足够的导热性,以便通过加热(烧结)和加工使坯体进一步致密。公认的是,沃拉斯顿在19世纪早期首次大规模生产可锻铂时使用了PM。19世纪中期,随着大量熔炼铂方法的发展,沃拉斯顿法的方法变得不必要,贵金属粉末冶金的进一步使用和发展也随之停止。这并不是说贵金属粉末没有其他商业用途,它们只是在传统的粉末冶金加工领域之外。例如,通过加压固结铂颗粒(粉),可以获得大的颗粒与颗粒接触面积,并能提供足够的导热系数,从而使压坯能够通过加热(烧结)和加工进一步致密。沃拉斯顿被认为是在19世纪初第一次大规模使用PM技术生产可锻造铂金的人;19世纪中期,随着熔化铂技术的快速发展,沃拉斯顿法变得没有必要,并停止了贵金属粉末冶金技术的进一步使用和研究,这并非贵金属粉末没有其他商业用途,它们只是存在于传统粉末冶金加工之外。

(1)焊膏形式的结构焊料/钎焊。

焊料和钎焊合金(银基、金基和钯基)以膏体形式供给,以便将它们放置于钎焊接头位置。将焊料或钎焊合金的金属粉末与有机载体(膏体)混合,膏体加热后挥发,粉末熔化并焊合接头。

(2)电子焊料和厚膜应用。

类似于焊料和钎焊膏,贵金属(金和银)粉末(通常是化学沉淀物)与有机物混合形成“油墨”,这种油墨通过丝网平板印刷在电子衬底上,以形成导电通道或浸入电子元件中。然后电子衬底被加热,使有机物挥发并使所述粉末烧结成连贯的导电路径;也有一些油墨不需要去除有机载体就可以形成导电通道。

(3)牙科。

贵金属粉末在牙科中最常见的应用是银汞合金修复体(补牙),将银-铜共晶合金粉末和银-铜-锡合金粉末与汞混合后用于制备牙腔。汞随后扩散到粉末中并形成固化的汞齐。其他牙科应用包括Captek工艺:一种与聚合物混合的合金粉末,以片材的形式涂在瓷器基材上,然后用钯合金进行烧制。

(4)电气。

电触点和电机刷由银石墨、银钨、银钼、银(镉或锡)氧化物或银镍复合材料制成。银被用作电流载体,而其他材料则增加了复合材料的强度、抗弧性和润滑性(如电机电刷中的石墨)。压制和烧结、热压和挤压都可用于生产贵金属电子元件。

(5)PMC(贵金属黏土)。

PMC是一个相对较新的应用。贵金属粉末(通常是纯银、金或铂)通常是沉淀出来的,但也可以是细小的雾化粉末,与有机黏结剂混合得到黏土状产品;然后手工制成具有一定形状的零件并经过热脱脂和烧结得到最终产品,由于无法达到高的致密度,因此该工艺只能用于非关键化妆品上。

(6)增材制造(AM)。

人们对采用增材制造技术制造的贵金属零件非常感兴趣,特别是通过激光粉末床熔融技术制造的零件,其产品多涉及珠宝及表壳。EOS与其他AM设备制造商一样,通过制造小型腔室系统以最大限度地降低为填充大型常规尺寸而构建腔室的高成本。目前大部分的利润来自于欧洲。

贵金属粉末有许多用途,但大多数都不属于传统的粉末冶金技术。以不锈钢为代表的传统材料的注射成型技术凭借其丰富的资源和知识基础得到了快速的发展;对于贵金属来说由于没有类似的知识基础或供应,阻碍了贵金属粉末冶金和注射成型技术的应用,直到近几年才将注射成型技术用于贵金属零件的生产。

25.2 贵金属的 MIM 技术应用

25.2.1 当前贵金属零件的生产制造工艺

由于粉末冶金在贵金属零件制造中并不常见,因此贵金属粉末冶金的制造设计(DFM)准则尚未建立。因此,为了确定潜在的应用和机会,必须明确目前由贵金属制成的零件及其制造工艺。

由贵金属制成的零件包括:

(1)电气/电子触点。

(2)受信标记物、电极、栓塞线圈。

(3)硬币/奖章。

(4)手表外壳、手表零件。

(5)珠宝、首饰。

加工这些贵重金属物品的制造方法包括:

(1)熔模铸造。

(2)成型工艺(轧制、挤压、拉伸、冲压、锻造/冲压/压印)。

(3)机加工(车床、铣床)。

(4)AM(增材制造)。

(5)电铸、电泳。

在 MIM 应用的一般准则中,MIM 与熔模铸造和离散加工相得益彰。管材、板材和线材产品通常不用 PM 工艺,电铸或 AM 零件也不用;贵重金属手表表带传统上由锻造合金锻造而成,以提供足够强度,所以这些可能不是很适合金属注射成型工艺。因此,在大多数情况下,最具有 MIM 潜力的贵金属产品是珠宝和珠宝零件(扣环、套圈等),目前它们通常是通过熔模铸造的。进一步的讨论将涉及珠宝行业。

25.3 利用 MIM 制造珠宝的激励措施

相对于其他制造技术,有3个原则可以表明使用PM工艺是合理的:

(1)PM可以降低制造成本。

(2)PM是制造零件的唯一可行方法。

(3)PM生产的材料或部件的质量高于其他工艺。

绝大多数粉末冶金应用都遵循第一个原则,遵循另外两个原则的应用要少得多。硬质合金是一种仅限于使用PM工艺的合金,因为这些复合合金无法铸造成型。镍基高温合金的PM工艺(热等静压(HIP)/挤压/锻造)消除了零件的凝固偏析,可以制备出性能优异的零件。当然,除了这些例子外,还有其他的例子,但是大多数PM工艺的使用都是出于节省成本的考虑。

在贵金属中使用MIM必须遵循同样的原则。贵金属的MIM需要具有更低的单位制造成本(在同等的质量水平上),或者提供传统珠宝制造工艺无法实现的属性,以及生产出性能优异的产品。

25.3.1 成本基础

珠宝的熔模铸造是零散而多样的,有一些产品是独一无二的,而且产量很低,其他更通用的零件如卡钩,可用于多种不同的产品,有时会大量生产(每年产量大于5万件)。

珠宝在尺寸和几何形状复杂性上与牙托非常相似;因此,与熔模铸造相比,MIM将具有成本优势,就像它在牙托生产上具有成本优势一样;然而,单位制造成本只是贵金属制造成本的一部分。

许多珠宝生产本质上是准时制(JIT)的,也就是说,只有在有订单的情况下,才会铸造相应的零件。由于金属成本高,贵重金属零件很少有库存。大部分贵金属库存并不属于珠宝制造商,相反,它是从银行和仓库租用的。制造商租赁材料是为了满足其生产需求,当他们收到了产品的费用后再偿还租赁款(珠宝不需要长期付款)。因此,时间对于制造业的生产率至关重要。

在铸造过程中,熔模铸造型芯是由聚合物制成的,因为其成本低,所以可以允许一定的库存量。在订购零件后,从收到金属、铸造回收到完工所需时间不到一天,因此可将租赁成本降至最低。然而,对于 MIM,需要额外的时间来完成以下工作:①利用粉末来制备喂料;②零件的脱脂;③零件的烧结(假设成型和精加工与熔模铸造具有相同的时间尺度),MIM 至少要多花费 24 h 来生产一个零件,此外,粉末的生产将另外花费 24 ~48 h 来完成,这将大大增加材料的租赁成本。然而,这种租赁成本在银合金和金合金之间有很大的不同,银的成本比金、铂或钯要低得多,因此与工艺时间相关的成本对银来说可能不是问题。

部分 JIT 处理意味着高度的灵活性,零件只在订购时生产。因此,MIM 要实现这种程度的灵活性,单个零件必须能够按需成型。这只有在易于更换的小型模具中才能实现,虽然存在这种可能,但通常不这样做。大多数 MIM 模具都是为长生产周期而设计的;因此,任何用于珠宝的 MIM 应用都必须用于大批量生产。

与珠宝熔模铸造相比,MIM 具有成本优势。MIM 本质上是一种劳动力成本较低的生产方式,较低的单位劳动力成本是单位零件劳动力减少的结果,也是因为所需工艺较少,所以的劳动力成本较低的结果。图 25.1 为熔模铸造与注射成型工艺对比和相对成本示意图。MIM 工艺具有较少的高相对成本单元工序,并且整个工序的数量也比较少。

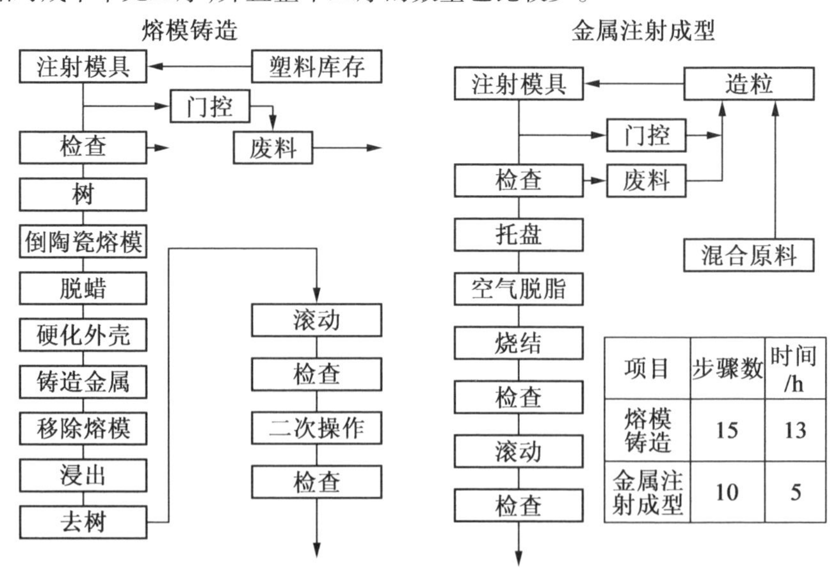

项目	步骤数	时间/h
熔模铸造	15	13
金属注射成型	10	5

图 25.1　熔模铸造与注射成型工艺对比和相对成本示意图

在熔模铸造中,大部分的浇口废料只有在清洗和重熔后才能重新使用。MIM 喷嘴、浇口、流道等的循环回路较小,因为这些废料可以回收造粒后加入喂料中继续使用,这是一种比清洗和重熔成本更低的方式。此外,在注射成型中成型每个零件消耗的材料更少。图 25.2 为珠宝首饰的熔模树,可以看到,熔模树的体积通常比珠宝部分大。尽管重复利用这些废料很简单,只需将其清洁并添加到原材料中,但浇口与零件的比率通常远大于 1,因此要回收的废料量比产品消耗的材料多,这意味着铸造生产比注射成型生产需要更多的材料库存。

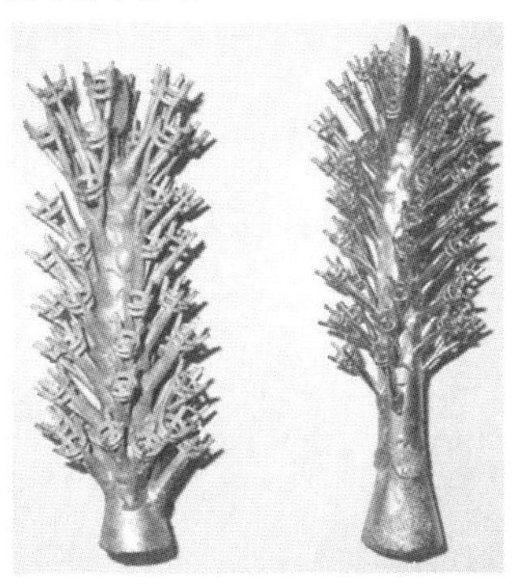

图 25.2　珠宝首饰的熔模树

仅就成本而言,MIM 需要考虑许多经济因素。驱动 MIM 应用发展的主要因素是 MIM 可以节省劳动力,因此,尽管美国率先开展珠宝的金属注射成型研究,但在美国将其进行实际应用之前,欧洲就对 MIM 进行了调研。图 25.3 所示为 MIM 标志性珠宝制品(采用 18K 金(硬度刻度)制成)。当然,也有一些实例证明采用 MIM 制造珠宝是合理的,因为已有几个例子表明 MIM 用于纯银首饰的生产。

图 25.3　MIM 标志性珠宝制品(采用 18K 金(硬币刻度)制成)

25.3.2 独特的属性/质量基础

就材料性能而言,与熔模铸造相比,MIM零件的微观组织具有更细的晶粒,可以实现机械性能的改善和化学偏析的减少,这可以使得零件的抗失光泽性能提高,也是珠宝的一个重要属性。此外,微观组织中晶粒较细的材料比晶粒较粗的材料具有更好的抛光效果。

MIM可以实现一些用熔模铸造难以实现的零件特性。通过烧结的方式将两个零件连接起来可用于制造难以铸模或铸造的复杂零件。图25.4为烧结黏合零件制作空心环。在可去除的嵌件上也可以成型出空心零件,如图25.5所示,嵌件在脱脂过程中熔解。

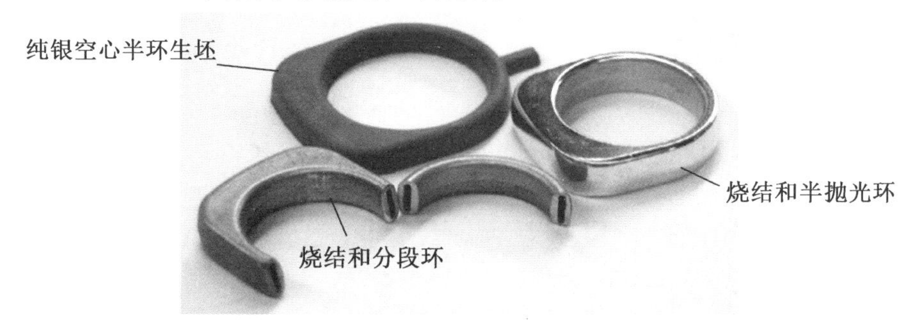

图25.4 烧结黏合零件制作空心环

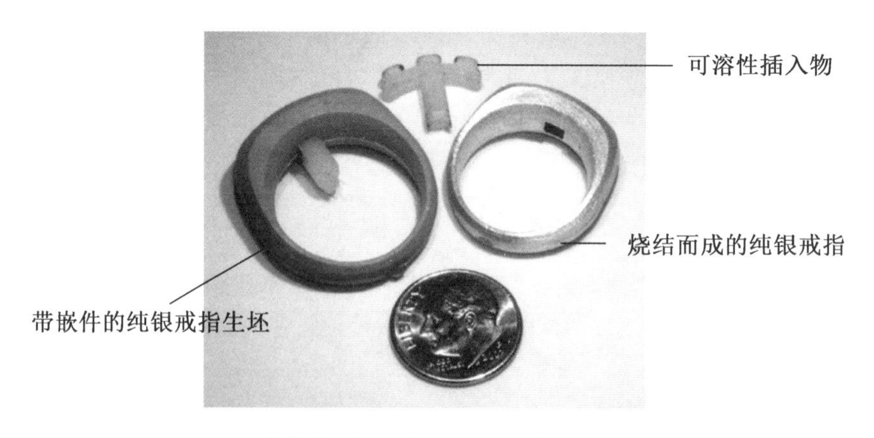

图25.5 中空的纯银零件(由消耗性嵌件合并制成)

熔模铸造难以成型平面零件或截面厚度突变的零件;圆章等扁平薄型

零件在浇铸过程中很难补缩,而厚度的突然变化会在交点处产生缩孔。薄平面零件使用注射成型不存在这些问题,可以很容易地完成。图 25.6 为 MIM 18K 金零件,这对熔模铸造来说是非常具有挑战性的。

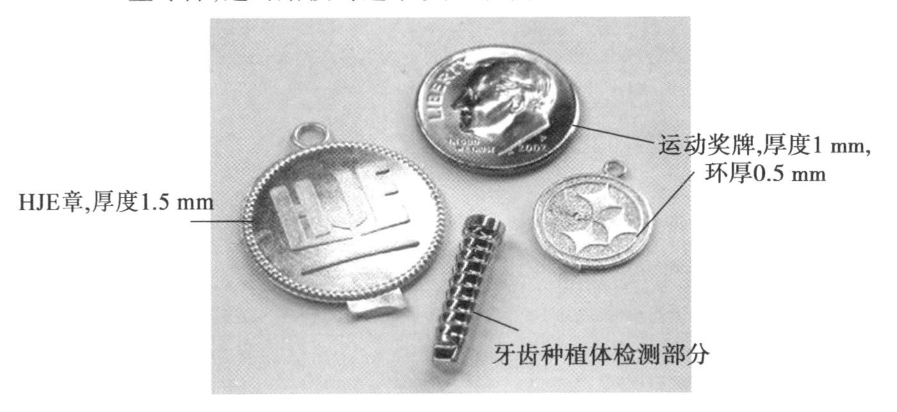

图 25.6　MIM 18K 金零件

通过金属注射成型可以控制首饰零件的孔隙度。气孔通常不是人们想要的,因为它经常导致表面缺陷或熔模铸造零件的失效,在熔模铸造中,它通常以宏观气孔的形式存在。然而,在注射成型中,孔隙以孤立的微孔存在,孔隙度的数量、大小和分布是可以控制的。珠宝零件的最终目的是获得一个良好的表面质量。由于大多数商品珠宝都是按件销售的,所以零件内部含有一些低的孔隙度将意味着可以节省大量材料,并为制造商带来更高的利润。用纯银进行金属注射成型的研究发现,图章戒指类产品可以允许含有 6% 左右的孔隙率并且可获得良好的表面光洁度,对于更高级别的珠宝首饰来说可以允许含有 3% 的孔隙率。

25.3.3　成本/设备的考虑

贵金属注射成型的主要问题之一是 MIM 用贵金属粉末来源有限。从铸造或机加工牙托到金属注射成型牙托的转变很简单,因为 MIM 用不锈钢粉末很容易获得,生产贵金属焊料和钎焊的气雾化公司不能制备足够细的粉末供 MIM 使用。虽然雾化技术和设备可用于制造 MIM 级贵金属粉末,但目前还不普遍。最近珠宝粉床增材制造的盈利,增加了许多新的设备,这些设备都配有专门用于制造贵金属粉末的雾化系统,重新引发了人们对贵金属 MIM 的兴趣,因为这种粉末是可用于金属注射成型的。表

25.1为目前能够提供MIM级粉末的贵金属粉末供应商。

表25.1 目前能够提供MIM级粉末的贵金属粉末供应商

公司	国家
Argon Corporation	美国
Braze Alloy Corporation	美国
Cimini and Associates	美国
Cookson Precious Metals	英国
Hilderbrand/C · Hanfner	瑞士、德国
Legor	意大利
Nobil Metals	意大利
Prince Izant	美国
ProGold	意大利
Technic, Engineered Powder Div.	美国

在贵金属零件制造中采用金属注射成型技术的其他问题包括金属注射成型设备的成本和技术知识库的提供情况。随着传统材料金属注射成型技术的发展,专为金属注射成型而设计的设备也越来越多。随着MIM领域(黏结剂配方、工艺流程)大量的文章被发表、会议的召开以及工程技术人员的流动,MIM技术越来越重要。

25.4 合金体系和粉末生产

由贵重金属制成的珠宝必须符合行业规定的珠宝合金的要求,才能获得认证。纯银可能是最常见的珠宝合金,标准银的银含量最低为92.5%,其余主要为铜;因此,纯银首饰上标有一个符号,其中包括数字“925”,意思是银质量分数为92.5%;纯银记为“999”,意思是银质量分数为99.9%;银币的银质量分数至少为90%,因此记为“900”。

黄金首饰合金是基于“K”制的,纯金是24K,意思是每24克拉中有24份黄金。在美国,最常见的K金是18(18/24或75%)、14(14/24或

58.3%)和10(10/24或41.7%),这些数字也成为黄金的标志之一。黄金也有22K、20K和12K的。“K”表示最低含金量,其他金属可以是任意金属,添加合金元素是为了能生产出相应的贵金属粉末并使珠宝具有所需的性能(强度、延展性、抗失光泽性)。最常见的金合金是金、银、铜三元合金,这些金属元素的不同含量组合将产生白色、黄色、绿色、粉色和红色等颜色的金合金。图25.7为Au－Ag－Cu三元相图,它显示了不同合金的颜色和含量。白色金合金通常用镍、锌或钯来代替银,由于皮肤对镍元素敏感,因此镍正在被逐渐淘汰,钯目前过于昂贵,所以锌是最常见的合金添加剂。锌是14K、12K、10K和9K金合金的必要元素,因为它能丰富金合金的颜色,在金合金中还经常添加有一些其他的微量元素以作为晶粒细化剂和脱氧剂。

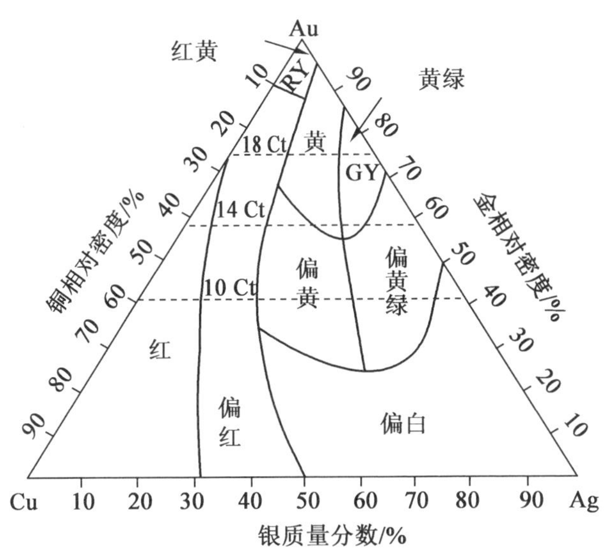

图25.7　Au－Ag－Cu三元相图

铂和钯合金也和银一样,用质量分数来标记,最常见的合金是950和900,有时也有850。与其他珠宝合金一样,名称表示的是贵金属的含量,其余掺杂物可以是任何金属。铂通常与钌、铱或钴合金化,钯通常与钌、镓,有时也与铜合金化。

为了使这些贵金属合金成为MIM的候选材料,有两个基本要求:①合金能够雾化;②雾化粉末必须能够烧结。每种合金都有一些缺点。

银和金合金很容易雾化,它们都相对容易熔化,因为相对于不锈钢合金来说,它们的液相线温度适中,反应性不强。传统的紧密耦合惰性气体雾化技术已经被用于制造 MIM 用的银和金合金。高压水雾化也有可能雾化这些合金,就像用于生产非常细的不锈钢 MIM 粉末一样。

至于烧结,大部分珠宝首饰用的金银合金都可被烧结。主要问题来自于一些合金添加剂的加入可能会降低金银合金的烧结性能,例如,在含锌的 K 金合金中,在气雾化、MIM(特别是脱脂工艺)过程中形成的氧化锌在低于固相温度时不会还原,这将妨碍金合金的烧结性,对于金合金,建议使用金、银、铜三元系合金。

铸造合金通常含有脱氧剂和晶粒细化剂,如果要采用雾化合金粉末用于 MIM 加工,则必须添加这两种添加剂。

铂和钯由于液相线温度非常高,所以不能直接雾化,其雾化所需的温度要比铸造所用的温度高得多,这对于在雾化过程中用于容纳和控制熔体的耐火材料来说是一个很大的挑战。例如,许多铂金首饰合金的液相线温度接近 1 800 ℃,铸造可能只需要 50 ℃的过热度,但生产紧密耦合雾化的 MIM 级粉末可能需要 100~200 ℃的过热度并持续一段时间,这高于大多数耐火材料的使用上限。无坩埚雾化技术(EIGA,等离子丝和等离子粉末球化)的最新进展可能具有制造 MIM 级铂合金粉末的潜力,钯首饰合金需要 1 700 ℃左右的雾化温度,这使其更容易实现。

贵金属也可以以“海绵”形式存在,即提炼过程中沉淀和聚集的粉末产品。这些粉末只存在于金属元素中,而不是合金中。虽然可以通过粉末元素混合来制造贵金属合金,但这些沉淀粉末并不适合注射成型,因为它们具有较大的表面积,所以在注射成型喂料中具有较低的固体粉末装载量,这给成型带来了困难。

25.5 MIM 工艺

25.5.1 金银合金

金银合金的 MIM 工艺非常简单,与传统材料的 MIM 加工非常相似,它们的主要区别在于黏结剂配方和模具设计。

关于黏结剂配方,最重要的有两点:①黏结剂必须能够在相对较低的温度下被去除;②黏结剂去除后不能留下任何碳质残渣。用于银和金首饰合金注射成型的黏结剂必须适应合金的低烧结温度和零碳残留。由于这些合金的烧结起始温度低至300 ℃,因此在低温下,黏结剂必须完全被脱除,否则零件中将有黏结剂残留;在铁基合金的注射成型中黏结剂中残留的碳可以溶解并扩散到基体中,随后在低碳势烧结气体中去除。与铁基合金不同的是,由于碳基本上不溶于银和金合金中,因此珠宝合金烧结件中的残留碳会存在粉末微观结构中,并且基本上没有去除它的方法,这可能会导致烧结不致密,并由此产生的孔隙或碳残留可能会影响零件外观。适用于铜金属注射成型的蜡基聚合物黏结剂也适用于银和金首饰合金的注射成型。对于金和银的MIM喂料,典型的固体粉末装载量在57% ~67%之间,这取决于粉末的粒度分布。

只要合金中不含有在烧结过程中能被还原的添加剂氧化物,就可以在空气中进行热脱脂;在第25.3节中,锌被认为是为14K及以下合金提供不同颜色所必须的元素,氧化锌在低于这些合金的烧结温度下不会被还原,银或金合金中的铜在热脱脂过程中会被氧化,而铜氧化物在随后的还原气氛中会被还原。

银和金合金比传统材料有更高的导热性,因此喂料也将具有更高的导热性,并且可以更好地将热量传递给模具,从而加快冷却和固化速度,可以通过增加流道和浇口的横截面积来避免这种问题,如果有必要,可以使用模温机或热浇口。

这些合金的烧结工艺也很简单,研究结果表明,几乎任何比例的氮-氢还原气体对烧结都是有利的。烧结温度取决于合金,但往往在固相线温度100 ℃以内。

25.5.2　铂和钯合金

铂和钯合金的粉末冶金在很大程度上尚未实现,经证实使用沉淀粉末和水雾化粉末进行零散珠宝制品的压制和烧结是可行的,但没有尝试过MIM技术,因为这些粉末不合适(太粗),直到最近几年才有提供气体雾化铂粉的公司。

碳极易溶于铂和钯,当碳溶解在熔体中时,在凝固过程中碳会析出并形成石墨板,就像灰口铸铁中的石墨一样,这会对铂和钯合金的机械性能产生负面影响,而在烧结过程中溶于固相金属中的碳一般不会出现这种现象。如果黏结剂在脱脂过程中被完全脱掉,就不会产生这种问题,因此使用氧化热脱脂是必要的。

铂和钯粉的烧结是可以实现的,纯铂和钯可以在空气中烧结,就像厚膜浆料那样。然而,珠宝合金中可能含有一些需要惰性气体保护或还原气体的金属元素,在铂中通常会添加钌,钌会形成一种氧化物,该氧化物在烧结温度范围内易挥发,因此应避免其被氧化。铜、钴、镓和锗也是常见的合金添加剂,这些都会发生氧化,因此需要一个保护性的烧结环境。

氢在钯中非常易溶,在铂中的溶解程度较小,这会引起明显的晶格膨胀;然而,这种膨胀在冷却后是可逆的。如果需要氢来还原合金元素中的氧化物,则需要使用分压的氢气来还原氧化物,然后在惰性气体环境下完成烧结,这是一个需要进一步研究的方向。

金属注射成型用铂粉和钯合金粉的驱动力比金银合金粉更大,金和银很容易铸造,而铂和钯很难铸造,如果 MIM 技术被证实可用于铂和钯合金成型,这将为珠宝制造提供许多机遇。

25.5.3 MIM 后处理

在珠宝制造中,首要目标是实现高质量的反光表面处理。大多数 MIM 产品的密度在 95% 以上,许多接近 99%。残余气孔在显微组织中分布非常细小和均匀。然而,即使没有放大,金相检验也可以显示这种孔隙度,并且它看起来是轻微无光泽或混浊,这对于珠宝来说是不可接受的。也就是说,金相制备不适用于珠宝。珠宝饰面方法倾向于处理表面,这会产生抛光表面并可能隐藏一些表面缺陷。因此,需要一种加工或涂抹表面的方法来隐藏孔隙。渐开线表面对金属介质(针)的翻滚反应良好,在平面抛光之前,平面可能需要通过翻滚进行表面喷丸处理。

在珠宝制造中,首要目标是获得高质量的表面光洁度。大多数 MIM 产品的密度在 95% 以上,许多产品的密度接近 99%,残余气孔非常细小且在微观组织中分布均匀。然而,即使不采用放大的金相检测也能发现这种孔洞,它看起来呈哑光或模糊状,这对于珠宝来说是不可接受的。珠宝首饰往往采用表面处理的方法以获得抛光的表面,并遮盖一些可能存在的表面缺陷;因此,需要一种对表面起作用或涂抹表面的抛光方法来掩盖孔洞。在对平面进行抛光之前,需要对平面进行翻滚喷丸处理。

本章参考文献

[1] Beeferman, D. , 1999. Turbo Braze-Okai Corp. , Union, NJ USA. Private communication.

[2] Chitale, S. , 2018. ESL, div. Ferro Corporation, King of Prussia, PA USA. Private communication.

[3] Fioravanti, K. (1985). The effect of heat treatment on the chemical stability of low gold dental alloys. Master's thesis Troy, NY: Rensselaer Polytechnic Institute.

[4] Grice, S. , 2018. Hoover & Strong, Richmond, VA USA. Private communication. Hilderbrand & Cie, SA, Geneva, Switzerland. n. d. http://www. hilderbrand. ch .

[5] HJE Company, 1993 Glens Falls, NY USA, Internal R&D.

[6] HJE Company, Inc, 1998 Glens Falls, N Y USA and Les Manufactures Suisses VLG, Neuchatel, Switzerland, Collaborative Research.

[7] HJE Company, Inc. 2000 Glens Falls, NY USA and Imperial Smelting Refining Co. of Canada Ltd. Markham, Ontario, CA, Collaborative R&D.

[8] HJE Company, Inc, 2017 Queensbury, NY USA, Internal research.

[9] https://web. wpi. edu/Images/CMS/MCSI/2006reti. pdf. (2006).

[10] McCreight, T. (Ed.), (2006). PMC decade: The first ten years of precious metal clay. Brynmorgen Press. http://www. brynmorgen. com/books/samples/PMC - Decade. pdf.

[11] McLellan, R. B. (1969). The solubility of carbon in solid gold, copper, and silver. Scripta Metallurgica, 3, 389 - 391.

[12] Mohanty, B. , 1998 Jostens, Burnsville, MN, USA. Private communication.

[13] Perrot, P. (2006). Hydrogen-palladium-platinum. G. Effenberg S. Ilyenko (Eds.), Noble Metal Systems. Selected Systems from Ag-Al-Zn to Rh-Ru-Sc. Landolt-Bornstein-Group Ⅳ Physical Chemistry. vol. 11 B. Berlin, Heidelberg: Springer.

[14] Product of Argen Corporation, n. d. San Diego, CA USA. www. captek. com.

[15] Product of Nobil-Metal S. p. A., n. d. Villafranca d'Asti Italy. www. nobilmetal. it.

[16] Raykhtsaum, G., 2002 Leach & Garner General Findings, N. Attleboro, MA, USA. Private communication.

[17] Riddle, P. (1992). Metal injection molding at American orthodontics. Powder metal stainless steel course, MPIF, 11 – 12 February, 1992, Pittsburgh, PA.

[18] Roll, K. H. (1984). History of powder metallurgy. Metals handbook (9th ed.). (Vol. 7, pp. 14 – 20). American Society for Metals.

[19] Selman, G. L., Ellison, P. J., Darling, A. S. (1978). Carbon in platinum and palladium. Platinum Metals Review, 14(1), 14 – 20.

[20] Staniorski, A., 2016 Cimini & Associates, Westerly, RI, USA. Private communication.

[21] Tyler Teague, J., 2018. JETT Research & Proto Products, Ashland City, TN USA. Private communication.

[22] Weisner, K. (2003). Metal injection molding (MIM) technology with 18ct Gold. A feasibility study. In Proceedings of the 17th Santa Fe symposium in jewelry manufacturing technology.

[23] www. EOS. info/press/customer_case_studies/glittering_prospects n. d.

[24] www. kitco. com/market/index. html. Accessed 3 February 2018.

延伸阅读

[1] Strauss, J. T., Santala, T. (1993). Powder injection molding (PIM) technology: overview and applications to the jewelry industry. In Proceedings of the 7th Santa Fe Symposium in Jewelry Manufacturing Technology.

名词索引

D

J

K

L

T

W

X

Y

Z

附录　部分彩图

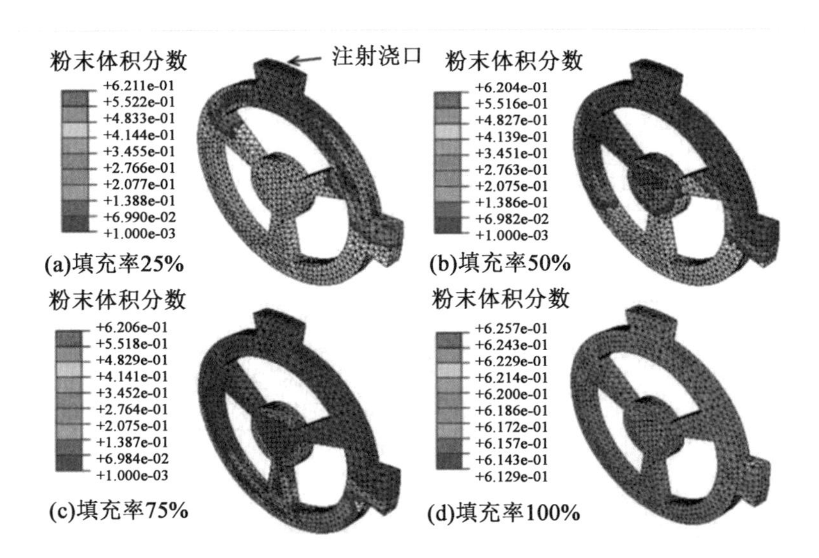

图 5.13　充模过程的计算机模拟研究

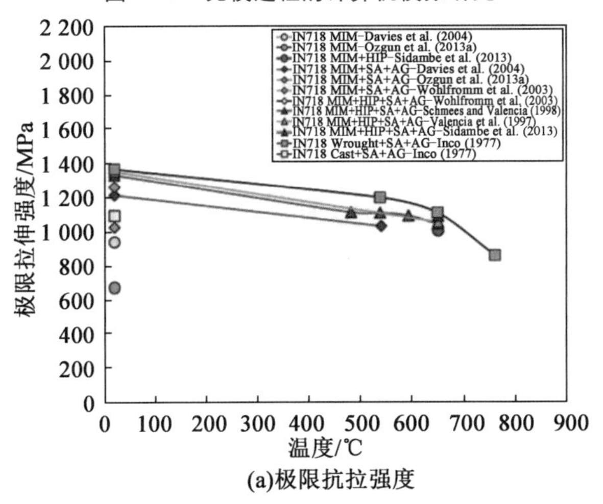

图 24.8　不同温度下锻造和铸造基准材料的拉伸性能

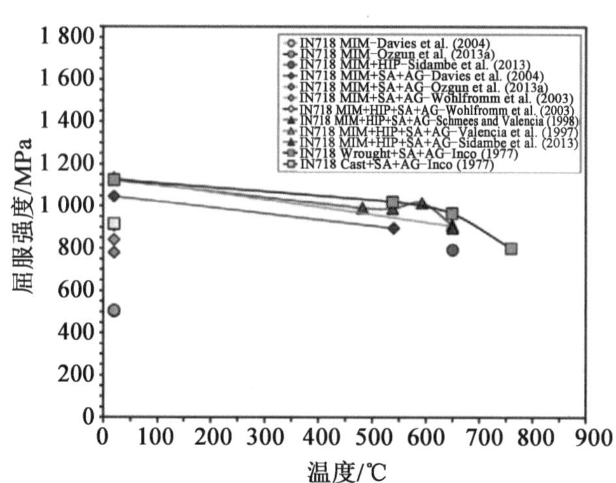

(b)0.2%屈服强度

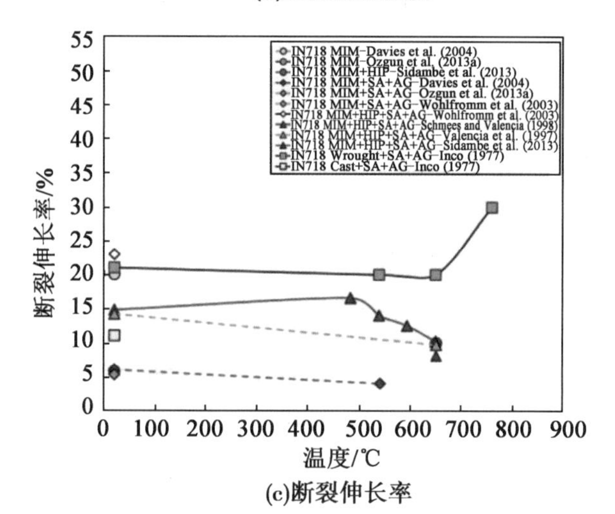

(c)断裂伸长率

续图 24.8

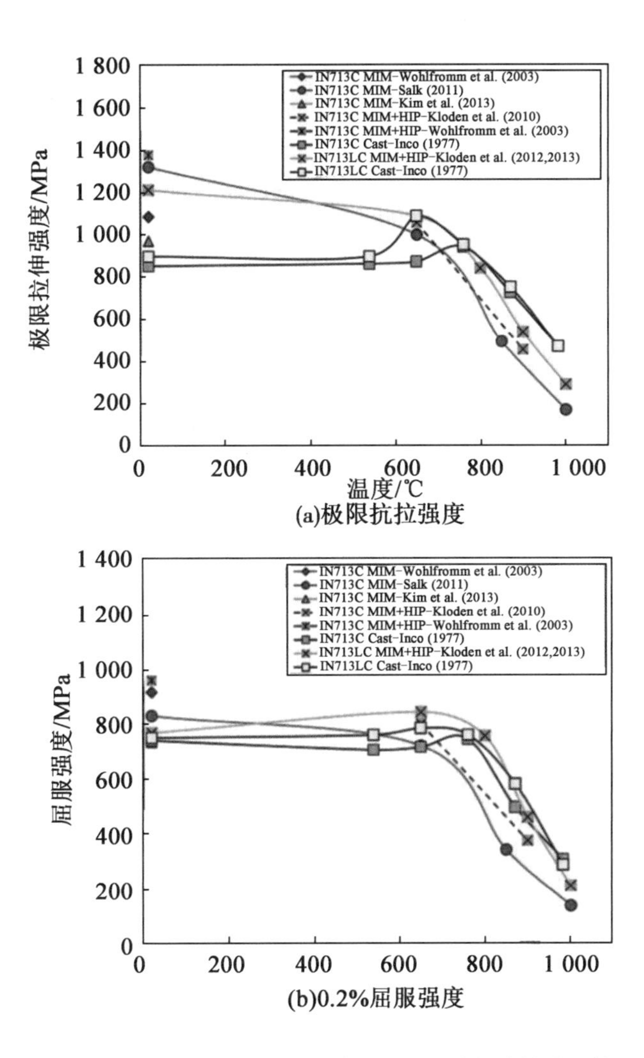

(a)极限抗拉强度

(b)0.2%屈服强度

图 24.9 不同温度下的铸造基准材料的拉伸性能比较

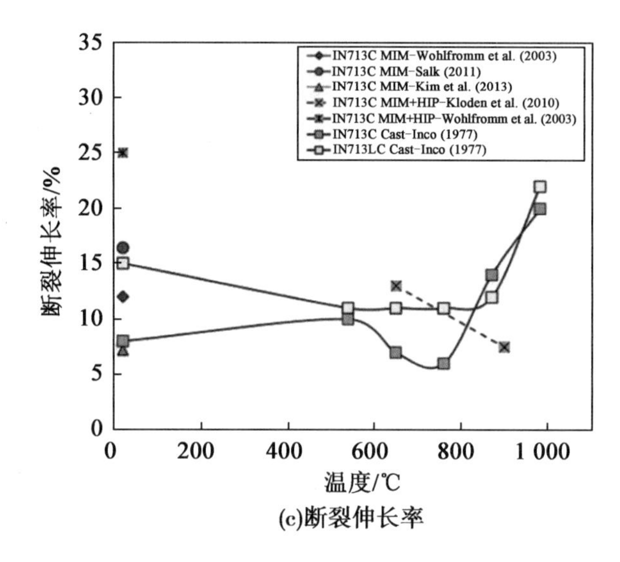

(c)断裂伸长率

续图 24.9